「大京都」の誕生

都市改造と公共性の時代
1895~1931年

伊藤之雄 著

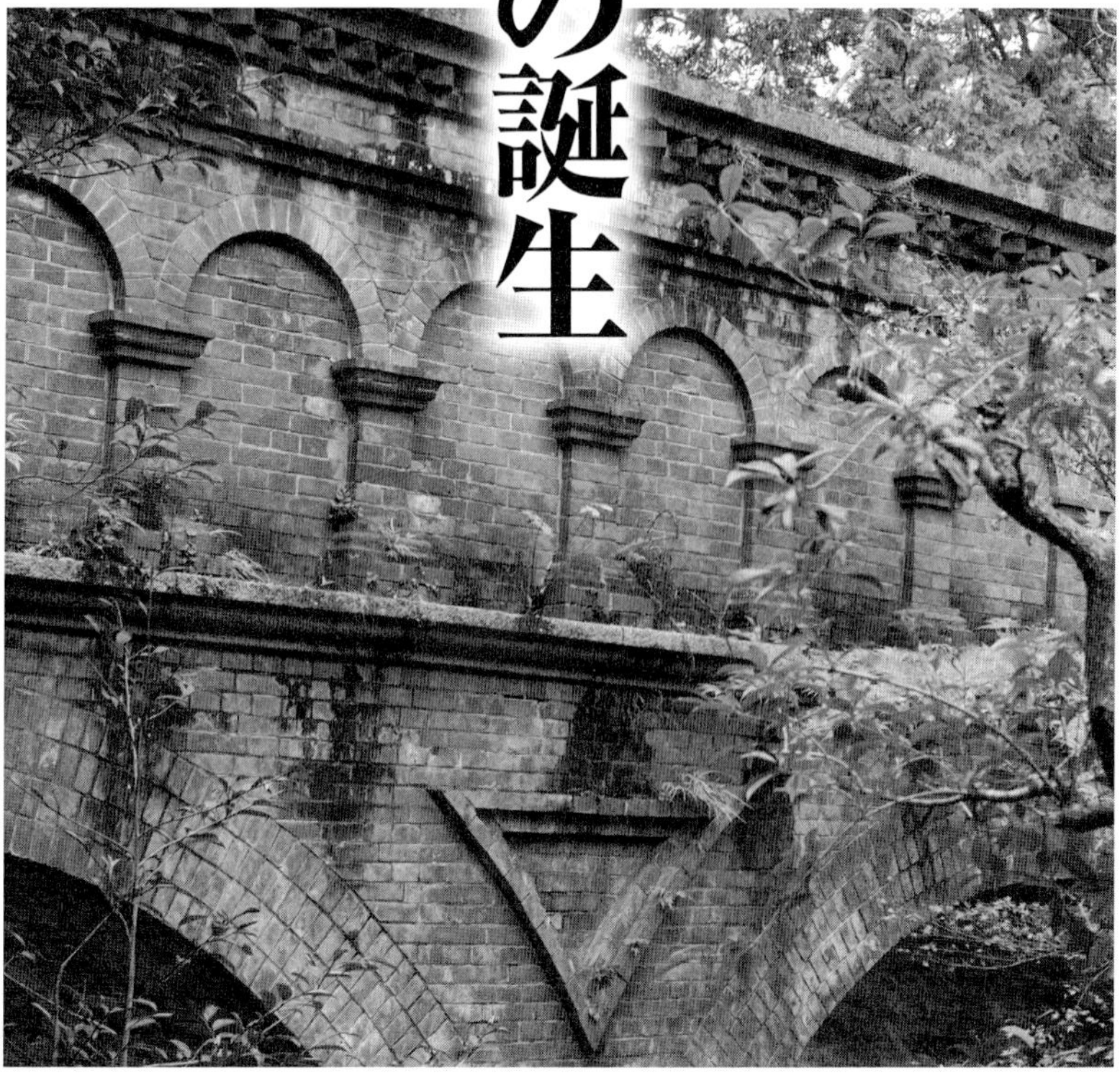

ミネルヴァ書房

はしがき

私は福井県東部の大野市に生まれ、中学一年生の一三歳までそこで育った。市街は、大野盆地の西部に作られた近世以来の城下町で、碁盤の目のような街路を持つ。寺院が並ぶ寺町もある。街角にこんこんと湧き出る清水《しょうず》が何カ所かあるほど湧水が豊富なことも、京都と共通している。小学生の頃、大野は京都に似せて作られた「小京都」だと何度か聞くたびに、まだ本当の京都をほとんど知らない子供ながらに、誇らしい気持ちがした。

知り合いの人が重病になり福井市の日赤病院では手に余るので京大病院に転院したらしい、と大人たちが話すのを聞いては、京都という町はレベルが高いと感じたものである。といってもたまの家族旅行では、京都駅から烏丸《からすま》通を歩いて、東本願寺を見て帰る程度であった。

小学六年生の修学旅行で、一日目の半日の奈良見学の後に京都で一泊し、二日目の午前中京都を見て回ったのが、私の初めての「本格的」な京都体験といえよう。限られた時間であるので、金閣、清水寺を見て、岡崎の市立動物園を見物しただけであった。しかし、貸切バスのガイドさんから東山や御所など、京都の歴史にまつわる話を聞いて、初めて京都を体感した気がした。

その後、京都大学に入学し、選択した歴史地理の講義で、平安京以来の京都の中心は現在の市街の西側に片寄っていたが、御所が現在の場所に移るなど、市街地が次第に東に移ってきたことを初めて知った。京大のある吉田地区も、私の住んでいた吉田中大路《なかおおじ》町も近世までは町並みを形成しておらず、修学旅行で行った金閣・清水寺・岡崎の地も同様だったこともわかった。古い都市ほど長い歴史を持っており、その間に盛衰を繰り返し、大きく変貌しながら現在に至ることは興味深かった。

当時は市電が身近な交通手段であった。京都駅から下宿や大学に戻るとき、私は鴨川の東側の鴨東《おうとう》地区を南北に走る東大路通《ひがしおおじどおり》（東山通ともいう）を通る市電を利用していた。この路線の沿線には、三十三間堂・国立京都博物館・清水寺・八坂神社・知恩院・市動物園・平安神宮など、多くの観光名所があるので、休日は観光客で非常に混雑していた。歴史に縁のある数多くの場所を通るので、東大路は平安京以来の由緒ある通りかと思っていたが、実はこの通りは日露戦争後に新たに造られた道なのであった。

そもそも鴨東地区は、八坂神社の門前町（宮川町のお茶屋も含む）など一部を除き、ほとんどの場所が近代になってから開発され、町並みができた地区である。京都の人の平安京への憧れと誇りを感じるとともに、どの場所でも古くからあるように見せかけてしまうしたたかさも感じた。また子供の目にはとりわけ広い道に見えた、京都駅から東本願寺につながる烏丸通《からすまどおり》も、日露戦争後に三倍以上に拡幅されたものであった。

本書は鴨東地区の大開発など、私の青年時代の驚きであった近代京都の都市大改造について、初めて本格的に考察するものである。

また、研究の過程で気づいた、都市改造において二〇世紀に入ってから登場した公共性（当時は「公益」「公利」の用例も多い）の思想についても、初めて本格的に検討する。

この思想は、京都市で日露戦争後に行われた都市改造事業の際には、大物市長西郷菊次郎（西郷隆盛の庶子）が意欲的に指導したにもかかわらず、市会議員や市民の間には十分に浸透せず、市長や市当局との間に対立が生じた。けれども一九二〇年代の都市改造事業の際には、人々の意識の成熟により市民や市会議員の間に本格的に広がって、木屋町通《きやまちどおり》や高瀬川《たかせがわ》の歴史的景観の保全も提起されるようになる。その後、戦時体制下の過度な統制（国家主義による「公共性」の強制）への反動から、高度経済成長期にかけて公共性の思想は揺らぎ始め、バブル期の混乱も生じる。しかしその一方で、環境や歴史的景観の保全を求める市民の声は、一九六〇年代に双ヶ丘《ならびがおか》保存運動が起こるように、着実に復活してきた。一九二〇年代に本格的に展開し始めた公共性の思想は、今や市民の中に定着し、行政当局や市議会もそれを尊重することなしに様々な都市事業を行うことはできない。

研究の過程でもう一つわかったことは、京都市に起こった近代の都市改造事業は、京都市だけにとどまらず、東京市（現在の東京都の中心部）・大阪市・横浜市・名古屋市などをはじめ全国的に同様の形で展開していたと推定できることである。各市の近代の都市改造事業の各部分を扱った著作や、都市改造事業関係者を対象とした当時の雑誌『都市公論』を読みながら、確信したことである。ただ、歴史的景観の公共性については、おそらく京都が世界の最先端であり、日本をリードしていたことも把握できた。

本書の執筆は、少年時代からのおぼろげで断片的な京都についてのイメージが、日本や世界の歴史の流れの中で一つのまとまった都市像として現れてくる、とても楽しい過程であった。

「大京都」の誕生——都市改造と公共性の時代　1895～1931年

目次

凡例

本文や出典の表記に関しては、以下のように統一した。

一、文字は、原則として常用漢字・現代かなづかいを用いたが、固有名詞などについては慣例などにも配慮し、これによらない場合がある。

一、ふりがなは、読みにくい人名・地名などに対し適宜付した。ただし、他の読み方を排除するものではない。なお、地名は可能な限り該当する時期の正式名称を記し、必要に応じて現在の地名などを（　）を付して補った。また煩雑さを避けるために、幼名や号など複数の呼称を用いている人物については、なるべく最も通用している呼称に統一した。

一、貨幣価値については、週刊朝日編『値段史年表―明治・大正・昭和』（朝日新聞社、一九八八年）の小学校教員の初任給の変遷によって換算し、適宜、巡査の初任給などから推測した。

一、登場人物の官職の注記は、前職・元職を区別せず、すべて前職と表記した。

引用史料の文章表記に関しても、読者の読みやすさを第一に考え、以下のように統一した。

一、漢字に関し、旧漢字・異体字は原則として常用漢字に改め、難しい漢字にはふりがなをつけた。また、一般にカタカナ表記されるものを除いてひらがなに統一し、適宜、句読点等をつけた。

一、史料中の、伊藤之雄による注記は〔　〕内に記した。なお、史料を現代文で要約した部分についても、同様にした。

一、明白な誤字・誤植等については、特に注記せずに訂正した場合もある。

序章　日本の近代都市の歴史と都市の未来

都市の経営と公共性

近年、少子高齢化社会を迎えつつある日本では、地方都市のみならず、本書の対象とする京都市を含め、東京都・大阪市などの大都市も数十年以内に人口が減少するともいわれている。このため、税収が大きく落ち込むので、歳出を大幅に削減しなければならなくなる、等の暗い予測もなされるようになった。これは、都市のみならず日本の未来の一つの可能性としての警鐘といえよう。

しかし、少し前にも、このままでは地球上から石油が枯渇しエネルギー危機が来る、との予測があった。ところが、幸い新しいエネルギーの開発、省エネ製品の発明、省エネ生活の普及などにより、今のところエネルギー危機は生じていない。誤算の原因は、このような予測が、状況の変化に対応する人間の創造力・思想や意思を考慮していないからである。日本や都市の未来についても、現在の数字上のシミュレーションを基に、私たちは過度に悲観することも、逆に楽観することも慎むべきと思われる。

すなわち、日本の都市の未来を考えるためには、日本の近代の都市が大きな状況の変化の中で、どのように適応してきたかを歴史的に考えることも重要と思われる(1)。

この点に関し、二〇〇〇年代に入ると、「都市経営」という概念を近代都市の歴史の中に位置づける研究が出てきたことが注目される。これは都市当局が都市問題や、それに関連する市民の要望に対し、様々な専門知識を持った人物を採用し、政府とも調整しながら、都市のあり方を変えていったと論じるものである(2)。

さらに同時期以降、都市やインフラ整備の事業のあり方を変える基準として、公共性の概念（日本の近代都市が膨張した一九〇〇年頃の用語で「公共」「公益」に注目し、個々の事業をめぐる問題でどのようにとらえられ、展開したかの研究が出てきて、一つの画期を形成しつつある。現在日常的に使われるようになった「公共」という用語は、「公益」より遅く、日本において一九〇〇年前後から使われ始めたようである。(3) この言葉は、一定の地域に現在暮らすすべての人々のためになるという目標であり、次第にその地域の将来にとっても同様であるとの意味も含まれてくる。当然のことながら、「公共」から排除される人々も出てくる。したがって、日本近代において「公共」や「公益」という概念を掲げても、それが特定の利害を隠すためのものでなく、時代を超えて、より多くの人々のためになる真の公共性に近いものになっているかどうかは、十分に検討する必要があろう。

それらを考慮しても、今後の都市の未来も考え、近代都市史研究は、「都市経営」や公共性の観点からなされる方が有効であるとの共通理解が定着しつつあると思われる。

日露戦争後京都の三大事業

本書では、都市がどうあるべきかや、その基準としての公共性の問題について、近代日本の都市の歴史の中で考えるため、江戸時代に大坂・江戸と並んで「三都」（三大都市）の一つであった京都市の都市改造事業を事例としたい。その際に京都市の事業の個性と普遍性を考えるため、日露戦争以降、京都市とともに六大都市であった東京市・大阪市・横浜市・名古屋市・神戸市の状況にも適宜言及しながら、日露戦争後と第一次世界大戦後に京都市および周辺地域で展開した、二つの都市改造事業について論じる。

この二つの都市改造事業は、京都市以外の六大都市でも展開し、近世から維新後に形成された古い町並みを一変させ、中心市街に現代に繋がる新しい町並みを作った。また、都市改造の思想を公共性や国際化という観点も取り入れて発達させた。それらの意味で、近代都市の形成と発展をふり返り、都市の将来を考えるために日露戦争後から第一次世界大戦後は最も重要な時期の一つといえよう。まず、二つの改造事業に至る過程も含め、近代日本の都市改造事業の研究を整理したい。

日本の都市改造事業は、一八八八年（明治二一）からの東京市区改正事業に始まる。(4) 東京市区改正事業は日露戦争後に本格化し、一九一八年（大正七）まで三〇年間続き、道路拡張と市街鉄道の敷設、上水道の敷設などを中心に、下水道事業等も含め、展開した。しかし、東京の市区改正事業の研究は計画の立案まではあるが、事業の展開について本格的になされていない。(5)

日露戦争前、東京とともに近世以来の三大都市「三都」であった大阪でも、類似した事業が始まった。(6)

しかし、東京市・大阪市も都市改造事業が本格的に展開するのは日露戦争後である。同戦争後に、「三都」であった東京・大阪・京都も含めた主要都市は、膨大な外債を発行して都市改造事業を行った。たとえば東京市は、一九〇六年に一四六四万円のイギリス外債、一九一二年に五〇五二万円のイギリス外債と三九〇四万円のフランス外債を発行し、市区改正事業をさらに展開させ、港湾改修・道路拡張や電気事業などを行った。また、大阪市と名古屋市も、一九〇九年にイギリス外債を発行し、都市改造事業を実施した。

京都市では、大物市長の西郷《さいごう》菊《きく》次郎《じろう》（西郷隆盛の庶子）の主導の下、一九〇九年にフランス外債一七五五万円（一九一二年にさらにフランス外債一九四万円の追加）を発行し、第二琵琶湖疏水の建設、上水道の建設、道路拡張（「道路《どうろ》拡築《かくちく》」）ならびに市営市街電鉄の敷設という「三大事業」を行った。(7) 京都の「三大事業」の財政規模は、当時の京都市の人口が現在の三分の一程であることや、当時の物価水準を考慮すると、現在ならば九〇〇〇億円程の負担を要する極めて大きなものといえる。

なお、「道路拡築」とは、京都市の日露戦後の都市改造事業である三大事業で使われた用語で、狭い屈曲した道路を拡幅しなるべく直線になるよう付け替えたり、新規に広い道路を作ったりすることである。その後、「道路拡築」という用語は「道路拡張」という用語に取って代わられ、現在に至っている。本書では、京都市の二つの都市改造事業を一連の流れの中で検討するので、道路拡張という用語に統一して使用する。

ところで、どうして日露戦争後に、東京・大阪・京都などの大都市で大規模な都市改造事業が展開したのだろうか。それは第一に、すでに触れたように、この頃には「都市経営」という概念が日本の都市の幹部に広まっていたからである。「都市経営」という概念は、一九世紀後半のドイツに登場し、二〇世紀初頭にかけて欧米や日本にも伝わっていった。この頃には都市の膨張や、衛生・過密・貧困などの都市問題が発生する一方で、各都市間の競争が激しくなっていた。「都市経営」とは、これらに対応するため、各都市当局が、土木・衛生・産業振興、福祉などの様々な分野に関与し、公債や税収の問題まで考慮し、都市の経営をしていこうとする考え方である。都市経営を実施するため、各都市では法律・工学・医学など専門知識を持った人物を職員として採用した。(8)

日露戦争後に都市改造事業が展開する理由は第二に、日本政府が膨大な外債を発行して戦争を遂行したので、その利子支払いや償還のため在外正貨(金)が必要となったからである。そこで政府は、日露戦争後の各都市の改造事業のため各都市が外国債を発行するのを認め、外債の保証もした。政府は各都市に公共事業の財源として新たに外債を発行させ、そこで得た在外正貨が日本に入るようにし、それを戦争に使用された外債の利子や償還に当てようとしたのである。このため各都市で都市改造事業が行われた。(9)

大東京・大大阪・大京都の用語

日露戦争後になると、大阪では、日本の都市間の競争に後れを取らないため、経済を発展させ、「大大阪」を築くべきで、そうしないと「小大阪」に転落してしまうとの議論が登場するようになる。(10)

ところが、市当局がこの問題に十分に対応していないと、市民の声の反映ともいうべきジャーナリズムは見るようになり、一九一〇年六月には、大阪市は(東京市に次いで)日本第二の大都会であり、人口一二〇万人を有するのに、「文明国の都市たるに恥づることなきか」と論じられる。都市の都市たる設備が一つも完全でなく、日に日に膨張している「『大』大阪市の予定図」さえいまだに作られていない、とも批判された。(11)

同じ頃、一九〇九年三月に東京で発行されている『大東京』という名の総合雑誌には、清国の将来や日本の外交について、大隈重信(前首相・外相、旧改進党系政治家)らが論を寄せた。(12) この雑誌は、「大東京」市民にふさわしい広い視野を持ってほしいとの意図から、誌名が選ばれたのであろう。また一九一一年春には、「携帯番地入大東京地図」が発売された[13]。

このように、日露戦争後の都市の膨張に伴い、大阪市や東京市に「大」の字を冠することが起こった。これには、膨張する都市の未来を考慮した都市計画をすべきだとの意味が込められていた。

一九一四年六月になると、『東京朝日新聞』は「大東京」と題した特集記事を五回にわたって連載する。そこでは、ベルリン市と周辺地区も含んだ「大伯林《ベルリン》」、ロンドン市と周辺地区も含んだ「大倫敦《ロンドン》」と対比させ、東京市も、周辺町村の一部を市に編入して「大東京」の区画を作り、都市整備を行うべきと論じられた[14]。

このように日露戦争後から、都市の膨張に対応するために、大阪市・東京市は周辺町村も含めて区画を改め、都市整備をするべきだとの主張を反映し、「大大阪」、「大東京」の用語が使われるようになった。

しかし、東京市においても「大東京」の用語が本格的に使われるようになるのは一九一八年になってからである[15]。京都市においても、一九一八年四月から白川村・田中村・下鴨村（いずれも、現・京都市左京区）など周辺一六カ町村を編入するとの計画が公表されると、「大京都市の建設」など、「大京都」という用語が一般的に使われるようになる。なお、編入は予定通り実施された。このように、第一次世界大戦が終了する年である一九一八年以降、三〇年代にかけて、「大」や「グレート」を都市名に冠することが、日本の大都市から小都市に至るまで、広く行われるようになる[16]。それは、都市の膨張や都市間の競争に対応することを目指し、編入など区画変更や、都市改造事業に関連している。また後述するように、その対象となる空間は多くの人々の利用に便利なように改造すべき、という公共性の概念も含まれていた。

第一次世界大戦後京都の都市計画事業

日露戦争後と第一次世界大戦後に行われた都市改造事業を考察した本書の名を『「大京都」の誕生――都市改造と公共性の時代　一八九五～一九三一年』としたのも、当時の都市をめぐる精神を反映していると考えるからである。

さて、都市改造事業自体に話を戻そう。第一次世界大戦後になると、一九一九年に原敬内閣は第四一議会で都市計画法案と市街地建築物法案を提出し、成立させた。この法案は、各都市の周辺市町村にまで無秩序に都市化が進展し始めたのに対し、各都市がこれら周辺部まで含め都市改造事業を拡大し、積極的に対応できるようにするものだった。第一次世界大戦中に都市がさらに成長し、東京・大阪・京都に横浜・名古屋・神戸が加わって六大都市と称されるようになっていた。

原内閣で成立した法案により、六大都市のみならず、地方都市にまで都市計画事業が実施され、各都市と近郊農村部も含めて、都市改造や改良が始まる。なお、すでに前内閣、寺内正毅内閣期に、東京市の都市改造事業である市区改正事業を他の五大都市にまで適用していこうという法案が作られている。このため、六大都市に関しては、都市計画事業の計画は、まず市区改正事業として立案されたものを受け継ぐ形となった。

都市計画事業は、一九二〇年代以降、太平洋戦争が激化して事業が中止または繰り延べされていくまで、各都市で長期にわたって展開していく。日露戦争後の都市改造事業が旧市街を中心としたものだったのに対し、この事業は、その成果を周辺部に及ぼしていこうとするものであった。また地下鉄・下水道・区画整理等、日露戦争後の都市改造事業にはなかったか、ほとんど実施されなかった事業にまで拡大していくものだった。都市計画事業が繰り延べされ長期にわたったのは、関東大震災で打撃を受けた東京市と横浜市の復興事業が重視されたことや、その後世界恐慌、さらに満州事変、とりわけ日中戦争以降の戦争の影響等が加わり、財源が不足しがちであったからである。

都市計画事業に関しては、東京市の都市計画事業が、震災後に震災復興事業となり、国が中心となって大規模に実施された事例の検討はある程度行われている。しかし、内務省・都市計画地方委員会・市当局・市会や住民運動も絡めての事業展開の本格的な分析はない。まして、震災に遭った横浜市や、震災に遭わなかった大阪市・京都市・名古屋市・神戸市など他の六大都市、さらに規模の小さい諸都市の都市計画事業についての研究は、あまりなされていない(17)。

このような状況で、都市計画事業については、内務省の主導が強く、各都市の事業計画の決定の中心となる都市計画地方委員会でも内務官僚がリードし、各地方自治体や市民の主体性は弱かったとの評価がこれまで一般的であった。

しかし、これらの一般的評価は、都市計画事業における意思決定過程で、内務省・各都市計画地方委員会・各都市や府県・市民がどのような役割を果たしたのかの事例を、具体的に分析した上での結論ではない[18]。

京都市に関して、私は京都市政史編さん委員会編『京都市政史　第一巻　市政の形成』の都市計画事業に関わる部分を、京都市の行政文書や「京都市会会議録」、「都市計画京都地方委員会議事速記録」などの一次史料を使って執筆し、その後も同市の都市計画事業について、計画形成の意思決定過程や事業の展開を、さらに具体的に論じる研究を進めてきた[19]。その中で、大正デモクラシーの潮流を受けて、都市計画事業でも、市民の意思の反映として、京都市会の意思が形成され、それは市議を兼任している都市計画地方委員の言動を通して、京都の都市計画事業の計画にかなりの影響力を持ったことを明らかにした。

さらに、永田兵三郎（最終的に市土木局長兼電気局長になる。京都帝大理工科大学土木工学科卒）ら、市の幹部技術職員が、京都府・内務省などと調整しながら事業の立案や実施に大きな役割を果たしたことを論証した。また、永田ら市幹部技術職員は、市議などや都市計画京都地方委員会の委員の求めに応じ、必要な技術情報を与え、事業の意思決定を支えたことも示した。

いずれにしても、京都市の都市計画事業の主導権は、内務省や内務官僚ではなく、京都市の状況を知り、主な財源を支出する京都市当局・市会・市民ら京都側にあったことを論じてきた。

京都市の都市改造事業についての私の研究の主要部分が発表されたのに続き、中嶋節子氏は、一九二〇年代から三〇年代初頭までの風致地区設定の研究を通して、その草案作成・調整など、同地区の形成に関して主導したのは、永田兵三郎ら府と市の土木系部局であったこと等、府と市の「技術系幹部職員」の役割を重視する研究を発表した[20]。

その後、京都市など六大都市の都市計画事業に関わった京都帝国大学土木工学科出身の技術吏員（職員）などの異動一覧などを示し、その実行組織が「市町村」の単位であることから、都市計画事業の「実態としての事業主体は市町村であった」と、小野芳朗氏は論じた。しかし、小野氏は琵琶湖疏水を技術史の観点を中心に論じるが、京都市も含め六大都市の都市計画事業の立案や実施過程についての具体的な分析はしていない[21]。

都市改造事業研究に優位な京都市

これまでの近代都市史の研究では、東京市・大阪市・横浜市など個別の都市を事例に、日露戦争後や第一次世界大戦後の都市改造事業の一部を、それぞれ扱った研究はあるが、個別の都市改造事業を総合的に、一貫して論じたものはない。ここで、六大都市のうち京都市以外の五つの都市では、日露戦争後の都市改造事業や第一次世界大戦後の都市計画事業について、なぜ本書の京都市のような体系的研究ができなかったのかについても、触れておかなければならない。それは、太平洋戦争中の空襲の被害が大きく、都市計画地方委員会の議事録のみならず、市会議事録や行政文書など市役所所蔵の一次史料があまり残っていないからである。このため、それらの研究は、新聞記事等の二次的史料に事実確定の多くを頼らざるを得ない面があり、当時政府の地方行政を担当していた内務省などの方針が、各都市にどのように受け止められたのかは、明確にはわからない。まして、内務省の方針と市当局・市会・市民などの様々な意向がどのような形で調整され、事業計画ができ、新しい状況に応じて修正されて実施されていったのかは、十分にわからない。

これに対し、京都市は幸いなことに空襲の大きな被害を受けていないので、市会議事録をはじめとした行政文書の残存状況が、他の五都市に比べて非常に良い。くわえて、都市計画京都地方委員会の議事録も、全てが残っている。同様の理由で、事業に関わった個人の文書の残存状況も比較的良い。日本の六大都市の中で、今のところ京都市のみが史料の残存状況が良く、その意味で日露戦争後と第一次世界大戦後の都市改造事業を本格的に分析できる都市であり、それを行ったところに本書の最も重要な意義がある。

ところで、維新後に東京奠都《てんと》（実質的遷都）を実施し天皇が京都から東京に移ったため、公家や、幕末に政治の舞台となった京都に集まって来ていた各藩士などが京都から移動し、京都は大幅に人口が減少して衰退に直面した。その危機を、琵琶湖疏水（第一疏水）や日露戦争後の都市改造事業である三大事業（第二疏水・上水道・道路拡張と市電）を行うことで、都市を近代化し、何とか切り抜けた。その後、第一次世界大戦後に三大事業の成果を周辺市町村に及ぼし、中心市街地をさらに拡充させていこうとし、都市改造事業を都市計画事業として行う。それにもかかわらず、太平洋の港に面していないハンディなどもあり、京都市は人口や商工業の面で、「三都」から六大都市の一つにすぎない都市になっていく。

しかし現在も京都市は、古代以来の史跡や伝統・文化を背景に、国内外からの訪問客を以前にも増して集め、市民の誇りや生活水準を維持している。今後の都市の未来を考える上で、没落や衰退に直面しながら何とか踏みとどまって甦《よみがえ》ってきた京都市の歴史的な事例は、最も参考になると思われる。これが本書の二つ目の意義である。

本書から見えるもの

本書を読み進めると次のような結論が見えてくるであろう。

第一に、京都市の三大事業・都市計画事業のどちらにおいても、市独自に海外の主要都市の視察を行い、日本の主要都市と京都の実情を調べ、将来の京都市はどうあるべきかという夢を、事業計画として形作っていったことである。その際に、京都帝大等で土木工学や電気工学などを学び、当時の最先端の技術を身につけた市の幹部技術職員の果たした役割が大きかった（市で働く職員を、明治期は「吏員」と呼び、昭和戦前期になると「職員」と呼ぶようになっていき、現在に至る。本書では、条例などの正式名称を除き、用語を「職員」に統一する）。

第二に、これまで、戦前の日本は内務省の権力が強く、各都市の改造事業も内務省や内務官僚のいる府の主導性が強かったと言われてきた。しかし、本書では、京都の実情を知っている市当局の主導性が強いことを示した。さらに、幹部技術職員や法学・経済学などを身につけた市長・助役・幹部職員に支えられた市当局が内務省・府や市会と調整しながら、市民の意向を配慮して事業を推進したことを明らかにした。

第三に、三大事業と都市計画事業の違いは、前者において市民は市当局から説明され理解を求められる対象にすぎなかったのに対し、都市計画事業では市民も自らの利害を主張する存在として登場することである。市民は市会を通し、また自らの運動を通して京都の状況を理解したのみならず、財政状況の限界の枠内で、彼らの要求の合理的な部分を実現していったのである。とりわけ、一九二〇年代初頭には工事費を安くして地域住民の負担を軽減するため、高瀬川を埋め立てる案が浮上し、日本国内で最も早く歴史的景観（歴史的「風致」）が大きな争点となった。(22) 同時に、公共性とは何かという問題も市民に提起され、多くの混乱を経て、公共性の中味が京都市民や市会・市当局から府・内務省にまで大枠で合意されていく。

第四に、本書では都市計画京都地方委員会の審議と意思決定を一次史料に基づいて分析することを通し、内務省が主導していると研究者に論じられていた地方委員会を、内務省ではなく、（京都）市関係の委員が主導していたことが明らかになる。

さらに、本書の結章において現代京都への道のりも、本書の叙述と対応させて簡単に示した。これにより、近代京都の二つの都市改造事業から第二次世界大戦後を経て現在に至るまでの京都の都市改造の流れがわかる。それのみならず、全国の都市の近代から現代の都市改造への動きの大枠も類推できると思われる。また、二つの都市改造事業は、それぞれの都市発展の程度の差はあるものの、世界の主要国の都市改造事業の最先端の思想や技術とつながっていたこともわかる。また何よりも、三大事業においては、西郷市長や市幹部技術職員の、都市計画事業においては、新進の内務官僚の提起に、市民・市会・幹部技術職員が自発的に動いたという、京都市側の主体性が見えてくるであろう。

なお本書において、京都の近代の都市改造事業について根拠に基づいて叙述していることを示すため、多少煩雑になるが、多くの京都の地名を記載した。近代京都都市改造の研究を専門としていない多くの方々は、その一つ一つをあまり気にせずに、本書のテーマの大きな流れをつかむ形で、楽しんで読んでいただけたら幸いである。個々の地名が十分わからなくても読めるよう、本書には関連の図をできる限り多く掲載した。

第Ⅰ部　三大事業――日清・日露戦争後の近代京都の形成

三大事業起工式の余興（岡崎公園）
（『京都市三大事業誌　第二琵琶湖疏水編図譜』より）

道路拡築前後の馬町付近
（『京都市三大事業誌　道路拡築編図譜』より）

第一章　日清戦争後の都市改造事業の胎動

本章では、まず日清戦争後の京都市の状況を検討し、その中でどのような過程を経て、日露戦争後に展開する都市改造事業（三大事業）の源流が形成されていくかを考察する。同時に、同事業を支えることになる市会の会派の形成も明らかにする。

1　琵琶湖疏水の限界

(1)　琵琶湖疏水と近代化

京都市の近代化は琵琶湖疏水から始まったといえる。最初の琵琶湖疏水（第一疏水）は、北垣国道《きたがきくにみち》知事（鳥取藩出身、一八八一年一月から一一年半にわたって府知事を務めた藩閥官僚の実力者）の主導で一八八五年（明治一八）八月に起工し、四年八カ月の年月と総工費一二五万円（現在の四〇〇億円以上）をかけて、一八九〇年四月に完成した。なお、一九四七年（昭和二二）四月に民選の知事が誕生するまで、知事は任命制の官僚であった。第一疏水の結果、滋賀県大津町（現・大津市）の取り入れ口から、御陵《みささぎ》村・南禅寺町・岡崎町（いずれも、現・京都市）を経て鴨川に達する水路が開かれた。北垣は幕末に尊攘運動を行っており、京都への愛着が強かった。

この第一疏水を利用し、蹴上《けあげ》の水力発電所で発電して動力用の電気を供給した。また第一疏水は、水車を動力とした精米・伸銅などの他、琵琶湖側から京都市への運送船による貨物輸送や、乗客を運ぶ渡航船や遊船の水路としても利用された。さらに京都御所の防火用水や灌漑にも使われた。しかし、この第一疏水の水量は毎秒約八五〇〇

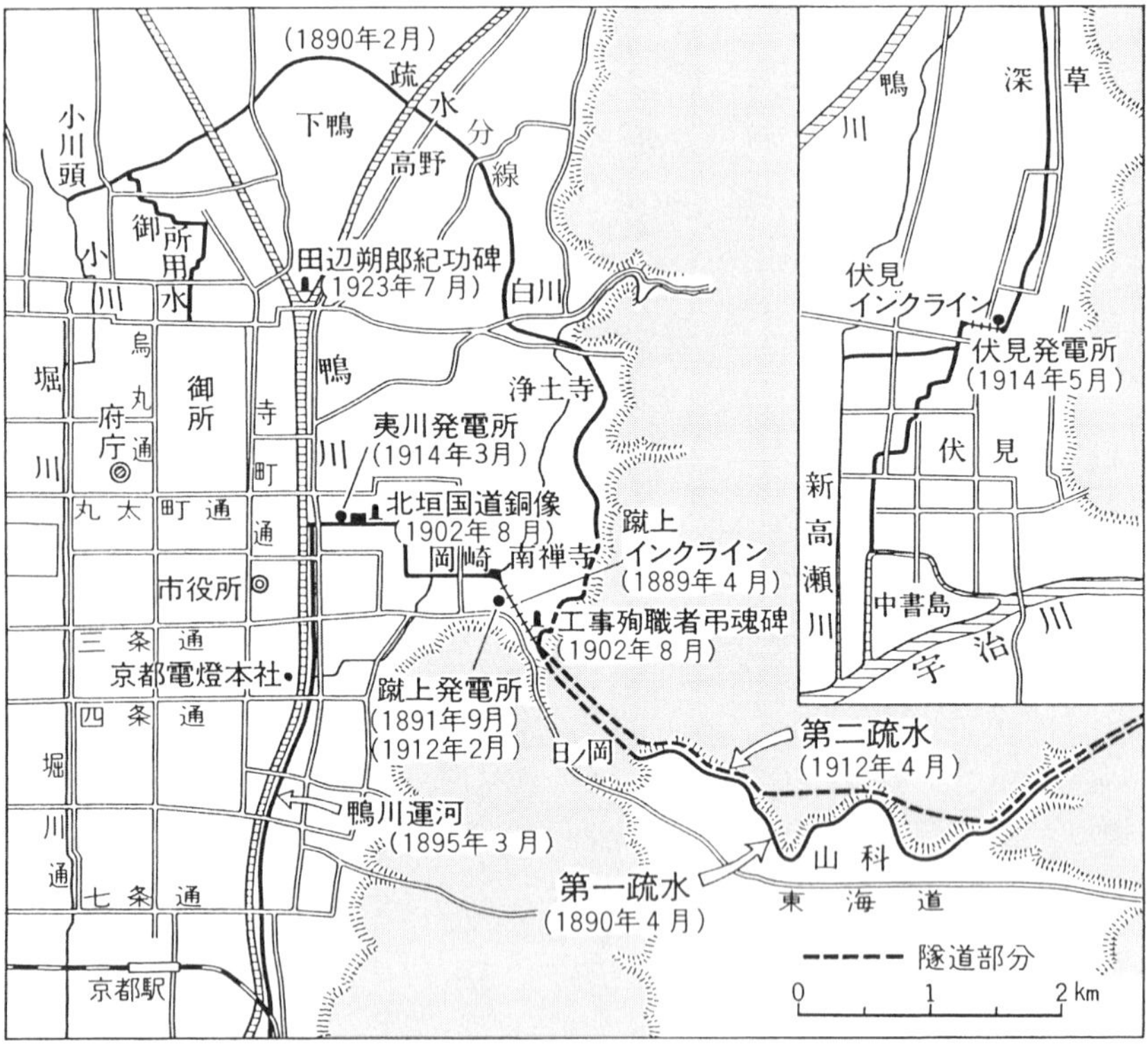

琵琶湖疏水の流路（『京都の歴史８　古都の近代』より）

現在の第一琵琶湖疏水

北垣国道
（『京都府誌』上巻より）

リットルにすぎず、産業革命が本格的に展開する日清戦争後の一八九七年頃には京都市内の工場の電力需要を満たす限界に達した(1)。

この間、一八八八年（明治二一）四月二五日に全国に市制が公布されると、京都はそれまでの上京区（北部）・下京区（南部）の二区がそれぞれ行政単位となる形式から、京都市が行政単位となり、その下に上京区・下京区が置かれた。もっとも、京都市は東京市・大阪市とともに三大重要都市とされ、政府が十分に統制できるように特別市制となり、府知事が市長を兼任した。この市制特例下の初代知事兼市長は、引き続き北垣国道であった。

なお、京都は幕末に政治の焦点となったことにより人口が急増したが、東京遷都後、京都の政治的地位が没落していったことで、一八八九年末には二七万九一六五人まで人口が減少してしまった。それが、一〇年後の一八九九年末には三五万八五七三人と、盛り返した(2)。このペースで人口が増加すれば、京都市は一〇年後の一九〇九年末には四六万五六八人と五〇万人近くの人口を擁するようになると予想された。実際、一九〇九年末には京都市の人口は四五万三〇四六人に増加している。

(2)　井戸水汚染と伝染病

このような一八九〇年代の人口の増加によって、元来湧水が豊富であった京都も、井戸水の汚染が目立つようになった。一八九二年（明治二五）と一八九四年の市内の井戸水の調査では半分以上が飲料に適しないことがわかった(3)。これは下水施設が不完全で、井戸に汚染された下水の水が染《し》み込むことも関係していた。なお、京都市内の水の汚染の問題は、明治維新後の近代化の中で、衛生技術や思想が発展した結果、汚染の調査が進んだこととも関係していた。

一八九五年の市会では飲食水改良の議論が起こり、翌九六年、市長を中心として京都市政の方向を決める機関である市参事会が、市内の井戸水調査を行い、結果を九七年三月に発表した。それによると、市内北部にあたる御所周辺の水質は良いが、堀川以西の市内西端や、鴨川以東三条以南の市内東南端の水質には問題があった。また、一

内貴甚三郎
（『京都市会史』より）

八九八年五月に出された市参事会の調査によると、深さ一五〇～二〇〇尺（約四五～六一メートル）掘っても、地下水はきわめて少量であった。

ここで、市参事会について簡単に説明しておこう。市参事会は一八八八年（明治二一）四月二五日に政府から公布された市制で制定された、市の執行機関である。市の予算や法令などは、参事会で承認されないと市会に提案することができなかった。市長が参事会の議長を兼ね市長と助役の他の参事会員の選出は、市会で行われた。参事会員の資格は市議である必要はなかったが、京都市においても、他都市と同様に結果としてほとんど市議中の有力者で占められるようになっていった。[4]

話を井戸水の汚染に戻すと、京都市内の伝染病の患者は、一八九〇～九九年の一〇年間に一万一二三六人（年平均一一二四人）にも達し、腸チフス・赤痢・コレラ・ジフテリアなどが多かった。[5]この時期の市内の伝染病の死亡者の統計はないが、一九〇六年から一九〇八年の三年間には、伝染病患者数四六〇五人に対し、一一四三人（二四・八％）も死亡している。[6]仮にこの死亡率をあてはめて、一八九〇～九九年の死亡者を推計すると、一〇年間に二七八九人（年平均二七九人）も死亡していることになる。以上のように、京都市内の井戸の水質に問題があるにもかかわらず、第一疏水は水量が少なく、上下水道用に使うことができなかった。

この状況に対し、山田《やまだ》信道《のぶみち》京都府知事（熊本藩出身、市制特例下で京都市長を兼任）は、一八九七年九月の京都市会で、市内道路の拡張と下水の改良は、交通または衛生上、市の発達に重大な関係があるので、実地測量、その他の調査に着手するという議案を可決させた。山田も幕末に尊攘運動に専心、京都への愛着が強かった。

この議案の説明をした山田春三府書記官（府内務部長で、現在の副知事）は、(1)日本では東京・大阪・神戸・馬関《ばかん》（下関）市などにおいて、市の一部の地域で下水改良工事が行われているが、全域ではないのであまり実例にはならない、(2)ロンドンは、完全に下水改良工事を行ったので、人口は四〇〇万人以上であるが、伝染病が盛んになることはない、(3)京都には御所があり、天皇が滞在する関係でも下水を改良し伝染病の流行を防ぐ必要がある、(4)元来、京都は平安京の時代には道路も広く、「井然《せいぜん》たる市域」であったので、市内の道路を拡張してその形にもどす必要がある、等と述べた(7)。

その後、市制特例が撤廃され、京都市も東京市・大阪市とともに念願の独自の市長が置けるようになり、一八九八年一〇月、有力呉服商の内貴甚三郎《ないきじんさぶろう》が初代市長に就任した。内貴は当時五〇歳であった。これは今日の標準からすると市内の名望家の若い市長の誕生のように見える。しかし北垣国道は、四四歳で京都府知事に就任し、四八歳の時に（第二）琵琶湖疏水の起工にこぎつけている。平均寿命が短く、「人生五〇年」といわれた当時において、内貴の市長就任は、若くエネルギッシュな市長の登場というわけではなかった。

以下の節では、内貴市長の時代に、京都市の都市改造について様々な意見が出されたが、実現に向けて何ら具体化させることができなかったことを、少し煩雑であるが示す。内貴市長は渡欧経験がなかったため、都市改造事業について自らの確固としたヴィジョンが描けず、リーダーシップを発揮できなかった。また第一次世界大戦後の京都市のように市長を補完する幹部技術職員もおらず、市会議員の見識も未成熟だったからである。

2　都市改造事業構想の模索

(1) 大槻助役の欧米都市視察

内貴が市長に就任した後の一八九九年（明治三二）三月、京都市会でも烏丸《からすま》通を拡張する際に下水管も埋設すべき、という下水改良工事が議論になった。これに対し、下京区民の中で反対の声が上がり、道路拡張反対演説会が祇園で開かれた。その言い分は、道路拡張は全住民の税金で行われるが、利益を得るのは拡張に伴って土地が騰貴する道路周辺の住民だけであるので不公平だ、ということ等だった。すでに京都市参事会の諮問を受けて、臨時土木調査委員会が組織されており、一〇月二〇日に上下水道工事、市区域拡張、道路改良に関する取調書が市会に提出された。しかし一〇月二八日に市会は、道路改良については下水工事と合わせて再調査することを決議した。こ

ドレスデンの下水工事
（『伯林行政ノ既往及現在』より／京都市歴史資料館提供）

のように、市会の方針は固まらなかった。(8)

これに対し伝染病の問題が深刻となった状況に対応するため、一八九九年一一月六日、内貴市長は、京都市参事会を代表し、山田京都府知事の後任の内海忠勝《うつみただかつ》知事に琵琶湖疏水運河増水願を出した。この内容は大津町から京都市蹴上《けあげ》に達する第一疏水の両側および川底にセメントモルタルを塗って水藻を除去し、毎秒二二〇立法尺（約六二二〇リットル）の水量を増加し、上下水道や防火用水、電力供給用に使用するというものであった。(9) この計画は、琵琶湖疏水を改良し水量を約一・八倍に増加して、衛生状態の改善（上下水道）と電力需要の増大に対応しようとするものであった。これは日露戦争後の第二琵琶湖疏水の計画増水量毎秒五五〇立法尺（約一万五三〇〇リットル）に比べると、その約四〇％にすぎないが、一九〇〇年頃の京都市で、衛生と電力需要に本格的に対応しようという構想が形成されているのは注目される。

その後、京都市の有力者たちの都市改造への関心の高まりを背景に、一九〇〇年二月から一二月まで、大槻龍治《おおつきりゅうじ》助役（現在の副市長）がパリ万国博覧会とヨーロッパ・アメリカ合衆国の各地の視察を行った。大槻は、とりわけベルリンについて日本の参考になると熱心に視察し、帰国後の一九〇一年九月、市に報告書を提出した。その中で大槻は、京都市で最も速やかに実施すべきことは、上下水道と道路拡張（「道路築造法」と表現、人道・車道に区画して幅を広くし、複線の馬車鉄道または電気鉄道を敷設しても余裕があるようにすること）および各種実業学校を充実させるなど実業教育の設備の拡充であると論じている。(10) 大槻が特にベルリンを視察したのは、すでに地下鉄もあるロンドンやニューヨークのような世界の最先端を行く都市をモデルにしても、京都市の実情とあまりにもかけ離れていると判断したからであろう。

この一〇年以上前、一八八九年九月一〇日、北垣国道京都府知事（京都市長を兼任）は、京都府会臨時市部会で、

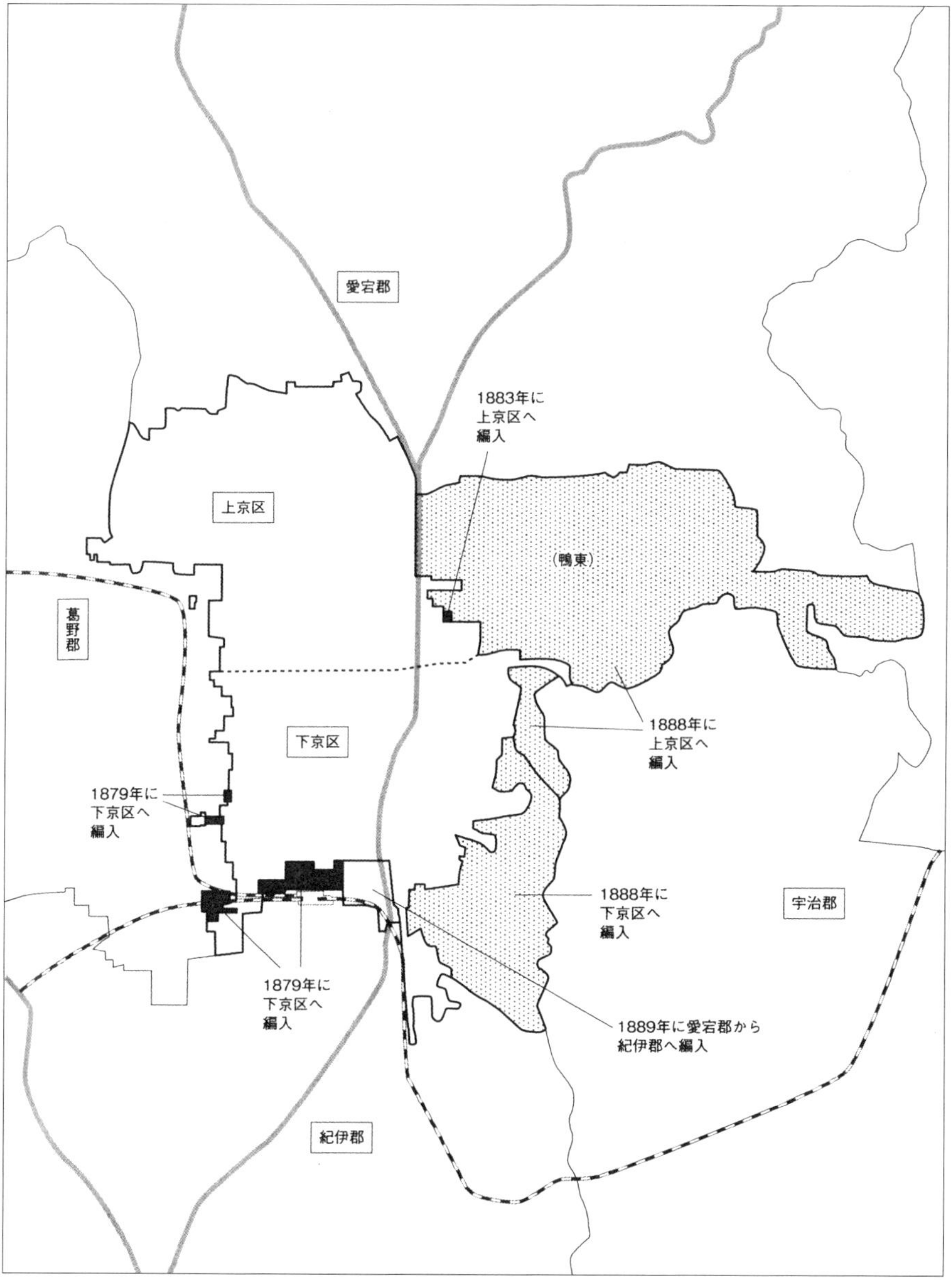

1879～88年の編入地域（『京都市政史』第１巻より）

八八年六月に京都市域に編入された岡崎村・聖護院《しょうごいん》村・浄土寺村など鴨川の東部七カ村の主要道路を拡張していこうという構想を示していた。それにとどまらず北垣は、琵琶湖疏水の開通とともに工業を興し、将来人口が増加したら東京市の都市改造事業である市区改正事業にならって、京都市も道路を拡張し、アメリカ合衆国などのように市街電車を通すことも論じている。これは三大事業の源流となる着想である。(11) 北垣知事の提言の約一〇年後に、京都市当局は、都市の成長を背景に、大槻助役のベルリン視察報告という形で、京都市を近世以来の都市から近代都市に改造する計画の参考資料を具体的に示したのである。

このベルリン市視察報告は、京都市の都市改造事業計画との関連で注目すべき点が二つある。それは第一に、ベルリン市の交通機関である馬車鉄道と電気鉄道はいずれも市営ではなく民営であり、道路使用料として毎年一定の額を市に納めていることである。第二に、電気事業も、市の直営事業とせず民営とし、道路使用の許可を与える報償費を市に納入させていることである。(12) 以下に述べるように、これは市営を基本とする三大事業の構想とは異なっていた。

（2）第二疏水と上下水道による都市改良

このような、市街電車と電気事業は民間に任せるというベルリン市の例は、内貴市長ら京都市当局に影響を与えた。一九〇二年（明治三五）四月一一日、京都市会は第二疏水の建設願を可決した。内貴市長は内海京都府知事の後任の大森鍾一《おおもりしょういち》知事（山県系官僚）に請願した。そこでは、第一に上水道、第二に下水道など衛生面の効用をまず強調し、次いで防火用水に利用することが述べられたが、電力で有利な事業を興すことについては最後に触れられるに留まった。(13)

また、日露戦争前の京都市において、大槻助役のベルリン市視察報告にみられる道路拡張は、具体的な実施目標となることはなかった。まして、新たな市営電気鉄道の敷設は、京都市参事会や市会の合意を得た課題にもならなかった。

すでに一八九五年二月一日には、日本で最初の市街電車が、京都電気鉄道株式会社（京電）の民営市街電車として、塩小路《しおこうじ》（京都市）—下油掛（伏見町）間に開業していた。京電の市街電車は、その後市内に路線を増やしていくが、市街地の狭い道路に敷設せざるをえない制約もあり、のちの市電が広軌《こうき》であったのに対して、狭軌《きょうき》で車体も小さく、スピードも遅く、よく故障するなど、問題も少なくなかった(14)。

日露戦争前の一九〇二年の京都市の都市改造構想は、第二琵琶湖疏水を建設して、上下水道を中心に市民の衛生状態を改善しようというもので、日露戦争後の三大事業のような大規模なものではなく、都市改造というより、都市改良構想というべきものであった。それは、次に述べるように、何よりも一九〇〇年から翌年にかけて、資本主義恐慌が起こったことで、日清戦争後の賠償金ブームによる好景気が終わり、京都市も財政難に見舞われたからであった。しかしこの中に、三大事業への胎動も確認される。以下にそれらを見てみよう。

（3）都市改造事業への胎動

大槻助役が欧米で都市の改造についての調査を行っていた一九〇〇年（明治三三）六月二五日、京都市会には、五四〇万四六〇〇円（現在の八〇〇億円ほど）の予算で、烏丸通の拡張（一六八万八一〇〇円）と下水道改良（三〇六万三七〇〇円）を、一五年計画で実施しようという議案が提出された（他に公債費として六五万二八六〇円）。この計画の財源は、市税が二八〇万四七〇〇円、国庫補助が一五八万三九〇〇円（全体の約二九％）、市公債が九九万五七〇〇円等である。全予算の三〇％近くにのぼる国庫補助を期待していることが特色である(15)。

この議案の熱心な支持者である東枝吉兵衛《とうしきちべえ》（書籍商、下京区二級選出）は、同日の市会で、(1)道路と下水道という「二大工事」は、衛生上より見ても、実業上より考えても、是非勇気を起こして断行すべきである、(2)昨年来、神戸市、大阪市においてペストの発生によって、ハワイ他西洋各国との貿易が激減したことを考えても、「京都は世界の楽園」といわれる名声を維持するためにも上下水道の整備は必要である、(3)将来、人口一〇〇万人の京都市を作るには、下水道のみで満足すべきでなく、市域の拡張や上水道工事も必要である、(4)パリが「世界文華」の中心であるのは、道路に約一二億円、下水道事業に約十数億円も使って、土地の「健康」と設備を完全にしたからであ

田辺朔郎
（『田辺朔郎博士六十年史』より）

る、⑸第一疏水事業をみても、北垣前京都府知事の発案から起工まで三年もかかっているので、このような大事業が、着々と進行できなくても止むを得ない等と演説した[16]。東枝が百万都市という遠大な構想の下に、手始めとして下水道と道路拡張工事に賛成しているのが注目される。

これに対し中村栄助《なかむらえいすけ》（関西貿易、京都電燈、京都倉庫などの会社役員の実業家で鰹節商、下京区二級選出）は、⑴京都市は道路が広いとはいえないが、大阪に比べたらまだまだ余裕があり、必ずしも道路の拡張は交通機関の完成の唯一の妙策ではない、⑵第一疏水事業では負担は六〇万円であったが、今回は五〇〇万円の巨額の負担をするので、軽々しく賛成できる問題ではないと、議案に反対した[17]。

市会での議論は、六月二五日、二六日、二七日、二八日と四日間続き、二八日に、この問題を、調査委員会を設置して検討することが可決された。同日、議長指名で七名の委員が決められた[18]。

その後、調査委員の手で、道路拡張は削除し、下水道のみを作り、三分の一の国庫補助を求めることになった。この計画は各戸の私有地内の小汚水溝の工事は各戸の負担とし、そこから中央幹線に接続して汚水を流し、市の西方の葛野《かどの》郡朱雀野《すざくの》村と、市の南方の紀伊郡東九条村（いずれも、現・京都市）に濾過《ろか》地を設置して汚水を浄化し、淀川に流すというものであった[19]。まず下水道工事を行って、市内の井戸水を汚す原因となっている汚水を、市外に流し、濾過する土地を使って浄化しようとしたのである。

内貴市長は、下水道工事の国庫補助を求めて、内務省・大蔵省や元老の山県有朋《やまがたありとも》などに請願した。内貴は、下水道工事費三〇〇万円のうち、三分の一を国庫補助、三分の一は市税、三分の一は公債によって事業を実施しようと考えたが、政府も財源難であり、三年経っても国庫補助を得る見通しは立たなかった[20]。この間、大槻助役が欧米視察から帰国した後の一九〇一年六月になると、下水道工事に加えて上水の改良も行うべきとの意見が市当局に集まり、内貴市長も田辺朔郎《たなべさくろう》博士（京都帝大理工科大学教授）に上水道の調査を依頼した[21]。

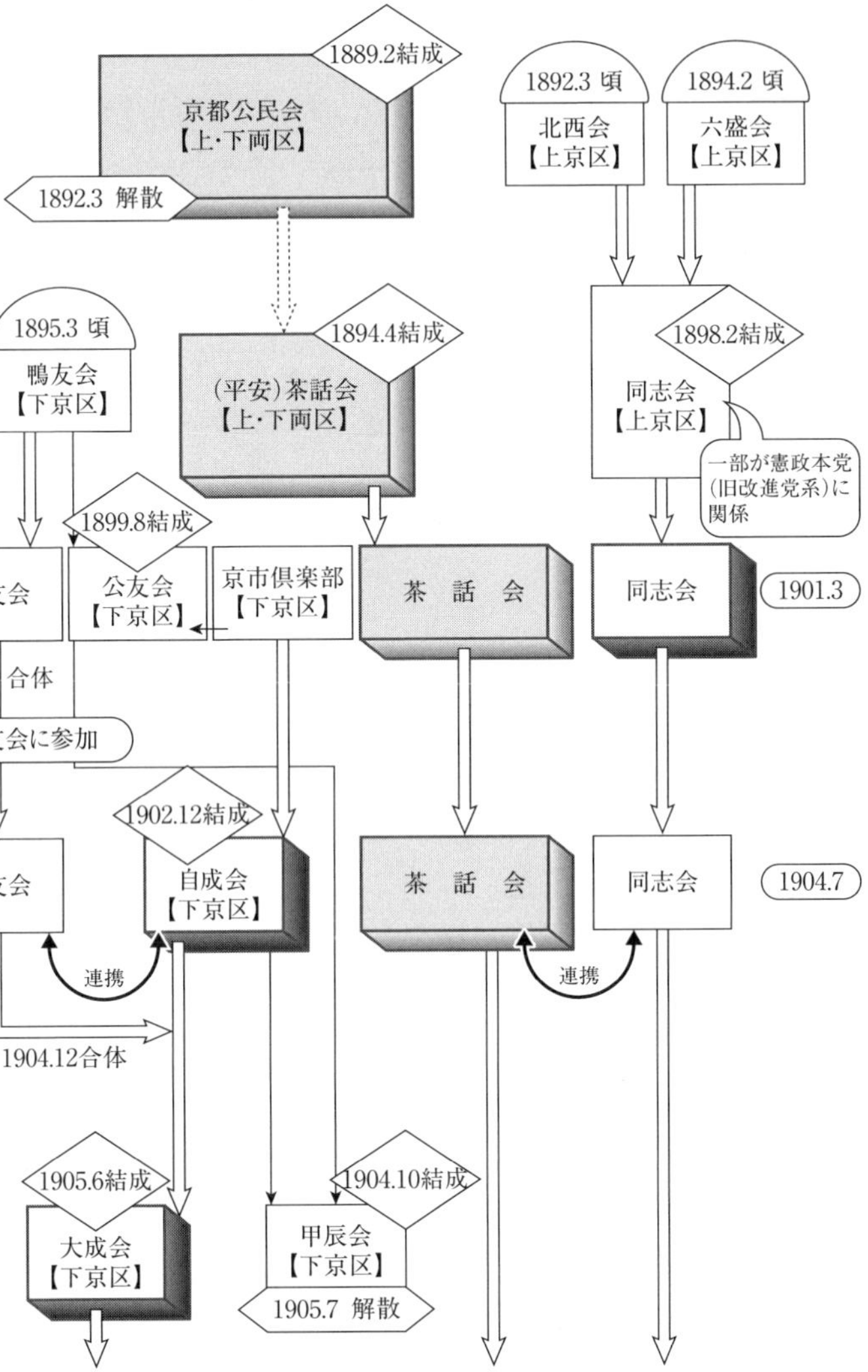

図１－１　日清戦争後の京都市議会主要会派系図

注：１）会派名の下の区名は，会派の地盤である。
　　２）日清戦争以前の会派の多くは省略した。
　　３）［灰色の箱］は最大会派を，［白色の箱］は第二会派を示す。
出所：『京都日出新聞』等により，伊藤が作成。

一九〇二年一月一八日の市会では、林長次郎《はやしちょうじろう》（公友会、全国レベルの党派では政友会員）〔図1－1〕が、⑴欧米、特にフランスなどの都市では財源の大部分は税でなく市有財産から得ている、⑵さしあたり市街電気鉄道と電灯の二事業を市営として、その利益で市費の幾分かを補うべきである、⑶今日の電気鉄道や電灯事業は欠陥が多く、これを民営で行うのは無理である、等と主張し、電気鉄道と電灯事業を市営で行う建議案を提出した。中村栄助（鴨友会、政友会員）・羽室亀太郎《はむろかめたろう》（茶話会）らが賛成し、一部に反対者もあったが、この建議は大多数で可決され、議長は七名の市会議員を調査委員に指名した。(22)

この電気事業問題調査委員会は、京都電気鉄道会社（京電）と府との間でどのような契約があるか、また市で京電を買収する場合の買収価格（前五年間の平均利益を基準として算定）、東京市が東京電気鉄道会社に与えた命令条件などを検討した。同年七月一一日の市参事会では、電気鉄道と電灯事業の市有問題について大体異議はないが、その方法と時期については十分に調査すべきとして、先の林長次郎の他、二名が調査委員に選定された。(23)この電気鉄道を市営で行うという検討は、京電の買収が中心であり、道路拡張は主要な議題となっていないが、先に述べた、第二琵琶湖疏水建設願と合わせ、日露戦争後の三大事業への胎動が始まっているといえる。しかし、これらの事業は、日露戦争以前にはこれ以上展開しなかった。

(4) 内貴市長の限界

事業が展開しないのは内貴の性格や経験とも関係していた。一九二六年（大正一五）七月に内貴が死去した際に、内貴の市長時代から代々の市長に仕えてきた「桑原守衛長」は、内貴のことを「実に温厚な慈父」のような市長であったと回想している。(24)このように、内貴は温厚な人格者であったが、資本主義恐慌と不況に見舞われた中で、自らが強いリーダーシップを発揮して積極的に事業を展開させるという意欲には乏しかった。そもそも、後の三大事業のような都市改造事業を初めて実施するには、財源をどうするのか、どの事業を優先するのか等について、市長が自分のヴィジョンを持っていないと、様々な意見を統合できない。また政府との連携も必要である。京都の有力呉服商ではあるが、外国語もできず欧米の都市を体験したこともなく、政府とのつながりもない内貴には、荷が重すぎる仕事だったのである。

たとえば、市会の建議後五カ月経った一九〇二年（明治三五）六月の新聞には、内貴市長が、電気鉄道事業市営問題について、訪問客に対し、とても実行できない「空論」であると言った、との記事が出た。これに対し、電気鉄道の市営に積極的な前出の林長次郎らが市長を訪問し、市長が市会の決議を軽視したと抗議したところ、市長は「空論」と主張したことはないと答え、このことには最初から賛成で、大森府知事もすこぶる賛成であり、いずれ検討をすると述べたという。

その後七月初頭にも、新聞は市長の電鉄・電灯市営問題への立場を、反対ではないが、どのような方法によるかという点でなんらの具体策がなく、両助役・収入役らにおいても別に成算がないと報じた。さらに、結局、市参事会の議に付することになっているようであるが、参事会でも意見を決定することがすこぶる困難で、数名の委員を選び、電鉄・電灯会社と交渉して専門学者の意見を聞いた上で決定することになる見通しであると伝えた(25)。

一九〇三年九月に内貴市長は、京都市は、上水設備に二七二万三〇〇〇円、疏水増水に二一四万六〇〇〇円必要であり、これに、烏丸《からすま》通・丸太町《まるたまち》通・御池《おいけ》通・千本《せんぼん》通・河原町《かわらまち》通等の道路拡張を加えると、合計一二〇〇万円にも上る、等と記者に述べている。さらに市長は、それらの事業以上に下水道工事を優先的に実施すべきであるとし、家屋の増加にともなって少し雨が降った程度でも下水があふれて浸水し人畜の健康に悪影響を及ぼしている状況を改善する必要があることを指摘した。しかし政府の財源難のために、下水道事業には国庫補助が下りない今の有様では、何とも手のつけようがありません(26)、と事実上すべての都市改造事業をあきらめる姿勢すらほのめかした。

こういった状況の中で同年九月中旬の新聞には、「世人をして、京都を以《もっ》て東京・大阪は固《もと》より、横浜・神戸・名古屋の次に位し、国中第六の都府なりと評せしむるに至るが如き」は、京都のために喜ぶべき兆候ではないと(27)、京都市の没落に強い危機感を示す記事すら登場した。京都は近世以来日本の三大都市の一角を占めていたが、維新後三五年ほどで、そうした誇りは大きく揺らぎ始めていたのである。

3　市会会派茶話会の台頭

このような京都市が没落していくという不安は、すでに日清戦争前からあった。京都市においては、府下・市域を通じた最有力の政治団体である京都公民会が、創立後三年たった一八九二年（明治二五）三月に解散してしまう。それは、北垣国道知事（市長兼任）と連携する公民会とそれに対抗する反北垣・反公民会派という政治対立のみならず、鴨川の東部の開発を優先する「鴨東《おうとう》開発論」を主張するグループと、それに反対する市域西部（とりわけ西陣）のグループなどの地域対立が関係していた。日清戦争後には危機感となって、京都市会は団結を強めていったらしい。全市一致した運動ができるスローガンを考え、一八九五年の平安遷都千百年紀念祭・第四回内国勧業博覧会・京鶴《けいかく》鉄道（京都と舞鶴間の鉄道で、綾部までは現在の山陰本線の一部となる）計画を推進した目的は、市会内部のこれらの対立を克服し、京都市の没落を防ぐことであった[28]。

その後、市議選・府議選等でも、京都公民会の市部の後身で最有力会派の平安茶話会（中京が地盤の中心、中核は元京都公民会の有力者）と、同志会（上京区を地盤）・鴨友会（下京区を地盤）などの、公民会解散後にできた団体が提携して、一時的に市政や選挙の対立は緩和した[29]（図1-1）。なお、すでに述べたように当時の京都市は上京・下京二区の行政区からなり、衆議院議員や市会議員の選挙区も同じ二区である。しかし、祇園祭の主体となる豪商など有力者が住む、近世以来の地域としての中京は両区にまたがるので、平安茶話会は両区に影響力を持っていた。

その後、資本主義恐慌の影響を受け、市政での団結を促進するような大きな事業計画を推進できない中で、一九〇一年以後になると、前年の全日本的レベルでの政党である立憲政友会の創設も多少関連する形で、選挙の対立が激しくなった。それは、市中央部の（平安）茶話会（上・下両区）、西北部の同志会（上京区、一八九八年二月結成[30]）、東南部の鴨友会（下京区）、西南部の公友会（下京区）、市中央部の京市倶楽部《クラブ》（下京区）など、地域対立を背景としていた[31]。上・下両区を地盤とする最大会派の茶話会や、上京区を地盤とする同志会が、それぞれの地域で安定していたのに対し、下京区は種々の会派の形成や離合集散が激しかったのが特色である。

ところで、政友会には、鴨友会・公友会など下京区を中心とした市会会派に属し、公共事業などで積極的な姿勢を示す市議たちの一部が入党した。しかし、一九〇一年三月の市議半数改選で、当選した二二名の市議のうち政友会を名乗った者は一名にすぎず（他に鴨友会・公友会を名乗る政友会員はいる）、全国的には衆議院第一党である政友会は市会内では大きな勢力にはならなかった。[32] この市議半数改選後の、市会の会派別の勢力は、茶話会一九名、同志会一一名、鴨友会七名、公友会五名、政友会一名、京市倶楽部一名、無所属一名であり、[33] 市会の最大会派の茶話会も、市議四五名中の四二・二％を占めているにすぎなかった。その後、一九〇三年二月の市議補欠選挙の後、定員四五名中で茶話会は二三名を占めるようになり、初めて市会の過半数を占めた。[34]

すでに述べたように、京都市が日本の第六の都市にまで没落するのではという危機感が、一九〇三年秋に公然と表現されるが、内貴市長は市の財政状況が困難であるとして、積極的な行動をとろうとしなかった。この中で、同年の一一月になると、電気鉄道や電灯などの電気事業をただちに市有とすることができないなら、大阪市の例にならって相当額の報償金を徴収すべきで、それが不可能であるなら、特別税として課税すべきとの議論が一部で起こってきた。[35] 大阪市では、電気鉄道から報償金を徴収する段階を経て、一九〇三年に民営のガス事業から報償金を徴収する方針を立て、また同年九月から市営電気鉄道の実験的な路線（電車二台、約五キロの線路）の経営を始めた。このように大阪市は、京都市の構想の一部を先に実施していた。[36] 市会の過半数を占める茶話会は、とりあえず電気事業から報償金か特別税の課税金を得ることについて、委員を指名して調査させた。[37]

以上のように、日露戦争開戦前の京都市の有力者の間では、困難な状況下でも市の財政状況を改善し、京都市の没落を防ぐため、自らできることを検討しようという空気が、市会最大会派茶話会を中心に生じてきた。内貴市長は茶話会員であった。しかし、温厚ではあるが欧米視察体験すらなく、強いリーダーシップを発揮できない内貴市長のもとでは、京都市の本格的な都市改造事業を実施することが難しいことは明らかであった。

第二章　カリスマ市長と三大事業計画

本章では、日露戦争後に西郷隆盛の息子というカリスマ性を持った西郷菊次郎《さいごうきくじろう》市長の下で、第二疏水・上水道・道路拡張と市電敷設という、三大事業の体系ができ、外債を財源に実施することが決まるまでを論じる。西郷市長は消極論を抑えながら、京都市の大改造に取り組んだ。市長を支えたのは、市会会派茶話会であった。茶話会はやがて至誠会に再編されていく。

1　西郷菊次郎市長の誕生

(1)「元老」北垣国道

当時、市長の任期は六年であり、一八九八年（明治三一）一〇月に京都市長になった内貴甚三郎《ないきじんさぶろう》の任期は一九〇四年一〇月までであった。その七カ月以上前の、一九〇四年二月二三日、山県系官僚の桂太郎首相は、同じ山県系官僚の大森鍾一《おおもりしょういち》京都府知事に宛てた手紙で、西郷菊次郎を京都市長に推薦することを依頼した。この手紙の内容から、西郷が山県系官僚（長州）人脈の桂と大浦兼武《おおうらかねたけ》農商務相（山県系官僚だが薩摩出身、元逓信大臣（逓信大臣は郵便や電信・電話事業を担当する））や、薩摩派系人脈の元老松方正義や山本権兵衛海相の了解を得て、大森府知事に推薦されていることがわかる。(1) 日露戦争の開戦後、二週間ほどしか経っていない大変な時期に、桂首相が京都市長の後任問題に関与していることから、桂は、この問題をきわめて重要視していたといえる。

西郷菊次郎は西郷隆盛が奄美《あまみ》大島に流されていた間に生まれた子で、父の変名菊池源吾を長く記念するため菊次郎と命名されたという。菊次郎は文久元年正月（一八六一年二月一〇日）に生まれ、アメリカ合衆国に遊学して都市の実情について学んだ後、日清戦争後に一八九五年から台湾の植民地経営に参画し、最終的に、臨時台湾土地調査局宜蘭《ぎらん》支局長兼同局事務官（本省の課長クラス）に昇進、上水道建設等に尽力した。しかし、結核が重くなり、一九〇二年一一月、休職となって日本で静養していた。京都市長候補者として名前が挙がったこの当時、四三歳の若さであった。

この西郷菊次郎を京都市長に推薦することに関しては、一一年半にわたって京都府知事を務めた北垣国道の役割も大きいようである。北垣は府知事を辞任した後、北海道庁長官などを歴任し、官界の一線から退き、一八九九年八月から貴族院議員（勅選）となっていた。

一九〇七年一月に北垣は新聞記者に、西郷の京都市長就任に関し、西郷市長を「推薦したるは余《よ》にして、故児玉男が保証人たり、大浦男の如きは何等の関係を有せず」と回想している[2]。

児玉源太郎（山県系官僚、長州出身、前陸相・参謀総長）は、一八九八年二月から一九〇六年四月まで、陸相・内相などとの兼任も含め台湾総督を務めているので、西郷菊次郎をよく知っている。先に示したように、大浦兼武（山県系官僚）は、桂首相が大森府知事に西郷を京都市長として推薦した書状に了解を得た人物として登場する。しかし、生存している大浦が実際にこの問題に深く関与していたとしたら、北垣がそれを否定する談話を行うとは考えられない。すなわち、まず、元京都府知事の北垣が京都の状況を憂慮して、児玉に市長の人選を相談し、児玉は、それを桂首相に話したと思われる。桂は、それについて大森府知事の了承を得る際に、北垣の名を出すのを避け、先に示した書状のように、西郷菊次郎と同じ薩摩人脈の元老松方や山本海相と、山県系だが薩摩出身の大浦の名を挙げたと思われる。大森は府知事として京都市の行政も掌握していると自負しており、正直で人情に厚かったが、頑固なところもあった。桂は大森の自尊心を傷つけないよう、気配りをしたのであろう。また、長州出身で、山県系官僚の桂首相

西郷菊次郎
（『京都市会史』より）

にとって、西郷菊次郎の問題で、山県系官僚閥の山県・桂に次ぐ有力者の児玉や、薩摩派の支持を得ることは、日露戦争を遂行する上で、内閣や軍の団結を図るためにも重要なことであった。

　さて北垣は、内貴市長の後任が問題となっていた一九〇四年八月上旬に、新聞記者に後任市長問題に関与する理由を述べており、北垣の姿勢の一端が推測できる。それによると、(1)「十二年間も此地の厄介《やっかい》となりし余の情誼《じょうぎ》として実に已《や》むを得ざ」るとあるように、北垣の京都への愛着があった。北垣は四四歳から五五歳まで一一年半も京都府知事を務め、琵琶湖疏水の建設など京都の近代化に働き盛りの年代の大半を費やした。その京都市が没落することは、青年時代に勤王の志士でもあった北垣にとって、見過ごせなかったと思われる。また、(2)日露戦争によって「全世界の形勢に一大変化を来」たし、「世界の舞台」もヨーロッパからアジアに移り、日本は新戦勝国としてその中心になるべきであり、日本の中でも、「東京、京都、大阪其他神戸、横浜等の都市」が「模範となり、又中心となる」という、日露戦争後の世界情勢の変化を予測した中での日本や日本の中核都市が重要であるとの認識があった。これは帝国主義の時代に他の列強に遅れを取らないためには、都市の発展が重要であるとの認識である。さらに、(3)「吾《わが》京都の如き」は、美術工芸その他商工業の「中点」たるのみならず、また「一種の世界的交際」の場になるのは明らかであるとの、京都の特別な地位への認識もあった。その上で、(4)今後京都市長になる者は、少なくとも世界の大勢に通じ、その変化に対応して市の繁栄や発達を達成していく能力が必要であるとの新リーダーを待望する認識と、(5)京都市内の人でそれらを満たす人物があるか否かは、深くこの地の現状を理解していない自分は明言することができないと、婉曲な表現ながら、京都出身者の間の人材不足の認識があった。[3]

　北垣は東京の次に京都の名を挙げるなど、京都市の重要さを強調して、京都市民に向けてリップサービスを行っている。日露戦争後の新状況の中で、愛着ある京都市が日本の発展のためにも成長し続けてほしいと願い、土着の人物ではない西郷菊次郎を市長に推挙したのであった。

　この当時において市長の選出は、市会で第一～第三まで三名の候補者を決め、内務大臣を通して天皇に裁決を求め、天皇は三人のうち一人を裁決し、市長が決まることになっていた（一八八八年市制第五十条）。第一回の横浜市長選定は例外であるが、天皇は市会で第一回目に選出された第一候補者をほぼ自動的に裁可していたので、市会の動向が市長の選出において最も重要であった。

(2) カリスマ市長の選出

京都市会においては、一九〇四年（明治三七）七月上旬になると、内貴甚三郎市長の後任の人選が注目されるようになってきた。その特色は、(1)内貴市長が先に東京へ行った際に種々取り調べた結果、西郷隆盛の子菊次郎を最も適任と認め、機会をみて発表しようとの意向であると、西郷の名前が初めて一般に報じられ、(2)市会最大会派の茶話会（市議一四名）や、新しくできた会派ながら同年三月の市議選の結果、市議九名で市会第二の地位を得た自成会（主に下京区の実業家によって組織）・鴨友会・政友会のいずれの会派においても、市長を名誉職的なポストととらえず、十分に仕事のできる「少壮有為《ゆうい》」の者を選ぶべきことが主張されたことである(4)（前掲、図1-1）。

その後、七月一〇日、市会第三の会派の同志会（市議八名、上京区を地盤）の例会においても、市長選に関し、京都市「土着」の人に適当な人がないなら、他より「輸入」するのもやむを得ないという声や、さらに具体的に西郷菊次郎を推すべきであるとの声が出た。こうして七月一八日には、後任市長問題に関し、市会各派の意見はまだ定まっていないが、「土着人」からはとても適当の人物を得ることができないので、「他より新進有為の人物を輸入して市行政事務の一大刷新を期すべ」きであることは各会派とも一致しているようであると、新聞紙上に報じられるまでになった(5)。

このように、市長の任期を二カ月半残した一九〇四年七月中旬までに、市会内で内貴市長の継続ではなく、外部から新進で有能な人物を市長として招こうという方向が固まった。その中で、西郷菊次郎の名が挙がり、内貴市長自らもそれを支持していることが注目される。新聞によると、内貴市長が西郷への支持を表明する前に、北垣前府知事が西郷を次期市長にと決めて、内貴ら茶話会幹部を説得したらしい(6)。

しかし、市会の市長候補選定は八月に入ると、茶話会と同志会が西郷菊次郎を推す一方、自成会（市議九名）と鴨友会（市議五名）が中根重一《なかねしげかず》を推した。中根は、第四次伊藤博文内閣で内務省地方局長に抜擢され、桂内閣が成立すると休職となった。余談ながら中根の娘鏡子《きょうこ》は、夏目漱石夫人である。西郷が薩摩出身ながら山県系官僚閥の系譜から推されたという意味で元老の山県有朋に近いのに対し、中根は、山県と政治勢力を二分する元老の伊藤博文人脈に近かった[7]。また、西郷は本省の課長級のポストしか経験していないが、四三歳と若いのに対し、中根は本省の局長に就いたことがあるが、五二歳であり、当時としては老人の域に差しかかりつつあった。

京都市域の在住者以外の、新進で有能な人物を市長に招いて市政を刷新しようという点では一致しても、西郷と中根に候補者が割れたのは、第一に地域対立をも背景とした、市会会派間の主導権争いがあった。中京を中心に上・下両区にまたがる全市を背景とした主流会派である茶話会内で西郷を推す声が強まっていくと、第二会派の自成会は中根を推そうとし、鴨友会の支持も得た後、同志会の支持をも得ようとした。七月二六日の同志会総会でそのことが議題となった。また八月上旬には、中根を推すことで合意している自成会と鴨友会の合同の話も進展した。この時点で、自成会と鴨友会が合同すれば、市議一四名で、第一会派の茶話会と同様の勢力になった。しかし、上京区を地盤とする同志会は茶話会と数回交渉した結果、九月三日、茶話会と連携して西郷を市長に推すことに決定し[8]、下京区を地盤とし、中根を推す自成・鴨友両会派と対立するようになった。

市長候補者をめぐる対立には、第二に、市政刷新の程度をめぐって、若い西郷にはきわめて積極的であることが期待されたのに対し、中根の支持者の中には、西郷の支持者が西郷に期待するほどは中根に積極性を期待しない者が多かったことである。

中根を推す財界人の藤田四郎《ふじたしろう》は八月中旬、新聞記者に、(1)中根は「学識経験に富み」「温厚の人」で、京都の気風に適した好人物であり、「無謀の事」をやる人ではない、(2)さりとてただむやみに「消極的方針」を取り、事なかれ主義の人が市長になっても市は発達しないが、京都にはあまりやりすぎる人よりも、中根のように少しは控え目の人物が適している等と述べている[9]。

また、八月七日、藤田四郎は中根を連れて滋賀県彦根町（現・彦根市）に行き、そこで待つ自成会・鴨友会の市会議員に紹介した。その際中根は、京都は美術工芸の奨励発達を以て市の方針とすべきで、もっとも西陣機業はただいたずらに美術性などを唱えている場合でなく、同時に「中流以下一般の需用品及び海外輸出品」を製造すべきであるとの意見を述べ、全国各市の行政事務の現状について談義した(10)。中根や、中根の紹介者である藤田の発言から、京都市の主要産業である西陣織など美術工芸を改良して市の発展を図ろうとの意欲がわかる。しかし、彼らから、この後市長に選ばれた西郷が日露戦争後に三大事業を行ったような、京都市の都市大改造を企図する積極性を感じ取ることはできない。

結局、一〇月三日に市会で市長選挙が行われ、茶話会・同志会の推す西郷菊次郎が二四票を得、自成会・鴨友会の推す中根重一（一六票獲得）を抑えて第一候補者となり、天皇は西郷を市長に裁可し、一〇月九日にそのことが伝えられた。なお、市長選挙の残りの一票は、北垣国道前府知事に入った。これにより、市議中に北垣への強い愛着があることがわかる(11)。すでに述べたように、西郷は四三歳の若さであり、五六歳の内貴市長から大幅に若返った。このように、京都市の有力者たちは、京都の近代化の発端になった琵琶湖疏水事業を推進した北垣前知事が推す、西郷隆盛の息子というカリスマ性のある少壮市長西郷菊次郎を選出した。京都没落の危機が迫る中、積極的な京都市の都市改造を行う方向を選んだのであった。

（3）西郷市長の就任

京都市会で市長の第一候補者として選出された西郷菊次郎は、市長となる意欲は十分であったが、慎重であった。西郷に会見するために東京に行った雨森《あめのもり》菊《きく》太郎《たろう》（市会議長、茶話会）ら三人の代表は、一九〇四年一〇月八日の臨時市参事会で会見の内容を報告した。それによると、西郷は、(1)市長候補者として推薦されたことを非常に光栄に思う、(2)欠員中の高級・下級の両助役の候補者については、特に希望がないが、自分（西郷）は京都市の事情に不案内であるので、一名だけは市の事情に通じた者を選出してほしい、等と述べた(12)。

欠員の二名の助役の選定を市会に一任する姿勢を示したことから、西郷が市の状況を把握し人脈を形成するまで、きわめて慎重に行動していることがわかる。これは、琵琶湖疏水の起工にこぎつけるまで、反対論もあり非常に苦労した北垣前府知事の助言を受けてのことであろう。

京都市長就任が裁可され、西郷は、一〇月一〇日午後一一時五分着の列車で来京し、深夜にもかかわらず、京都駅で市参事会員・市議・市職員など数十名の出迎えを受けた。翌朝、西郷は記者に、(1)今後の仕事について一つの心配は今日まで京都の事情に通じていないことであるが、「市民諸君」の「御補助」によってはそれほど心配する必要がないかもしれない、(2)京都市が衰退し、「第二の奈良」のようになると唱える者もあるように、東京市・大阪市などに比較すれば京都市の発達は遅れている、(3)しかし、東京・大阪両市の発達は、前者は政治の中心として、後者は商工業の中心として「特殊の事情」があり、都市の寿命は長いので、京都市を両市と比較して悲観的になる必要はない、(4)大阪市民は鶴原定吉《つるはらさだきち》大阪市長（在任一九〇一年八月～一九〇五年七月）を深く信任し、市政を一任しているので実績が上がっていると、鶴原の名を出して、[13]最終的には市長に市政を任せてくれることを婉曲に依頼し、市政担当への意欲を示した。

京都の有力新聞には、すでに市長選定過程の同年七月末、(1)京都は「旧帝都で、三府の一」つであるから、市長には、東京・大阪の市長にも優る敏腕市長を選ぶべきとの意見もある、(2)しかし、人口一七〇万の東京、一〇〇万の大阪に比べ、人口四〇万にも満たない京都は、二〇〇〇～三〇〇〇円（現在の二六〇〇万円～三九〇〇万円ほど）くらいの市長年俸しか出しておらず、大物市長を招くために五〇〇〇～一万円の年俸を出すことは困難である、という見解が出ていた。[14]西郷市長の姿勢は、かつての三都の一つとしての見栄を捨てて、京都市の現実にあった都市経営をしようとする市内の有力な潮流に合致したものといえる。一〇月一一日に西郷新市長の話を聞いた記者は、西郷は以前に外交官や宮内省の式部官を務めただけに少しも「抜目」がなく、またいわゆる「ハイカラ的臭味」もなく、「誠に好市長」というべきであると、好意的に評価した。[15]

さて、市会は一〇月一四日、荘林維新《しょうばやしこれよし》（前京都府第一課長）を下級助役に、住友速蔵（前司税官補）を収入役に再任し、高級助役は空席のままとした。[16]日露戦時下でもあり、当面は、前内貴市長下の体制を維持し、高級助役の選定は、西郷市長が市政をある程度掌握してから彼に委ねようとする姿勢であったといえよう。

西郷市長は、一〇月二五日、上京・下京両区役所を巡視し、まだ区役所事務等の調査は十分ではないが、「事務の敏捷」を計ることは重要であると訓示し、また一一月下旬には市職員の規律の緩みを糾《ただ》すなど、行政改革への意欲を示した(17)。

一九〇五年一月一日、旅順のロシア軍が降伏し、日本が日露戦争に勝利する可能性がかなり高まった。この頃になると、戦後を見通し、京都市の行政の前途について、種々な論議が行われるようになった。それらに対し、一九〇五年一月中旬、荘林助役は、実行できない空論を述べるのは意味のないこととし、設計もできた琵琶湖疏水の増水工事を一日も早く実施し、それを利用して電灯・電鉄の両事業を買収して市営とし、拡張して市の利益を直接・間接に増進するほかはないと、記者に述べた(18)。この構想は、日露戦争前の一九〇二年一月の市会で出た電灯・電鉄事業の市営化に加えてその拡張も述べている点で、それなりに積極的であるが、内貴市政下で出た議論の枠を超えるものではなかった。

同年二月一四日の市会では、河村信正市議（西郷を市長に推した同志会員）らが、西郷市長に、「戦後経営」を視野に入れた市政刷新を問う質問をした。これに対し、西郷市長は、(1)教育はすべての面で行き届いている、(2)勧業・土木・衛生・疏水の事業方針は、まだ赴任後四カ月しか経っていないので熟考したい、(3)疏水のことは内務省に相談したことがあるが、それを今日明示するのは不利と思うので、追って申し上げたいと答え(19)、慎重な方針を変えなかった。これは、西郷市長が、日露戦争前の京都市の事業構想の枠にとらわれないスケールの大きな事業構想を抱いていたため、講和など戦争の最終的な帰結が定まった後に計画を提示しようと、慎重であったものと思われる。

市長に西郷を推した北垣前府知事も、この一カ月前に京都を訪れて、記者に対し、(1)日露戦争の結果、世界の大勢は東に移りアジアは二〇世紀の大市場となるので、日本は列強とともにその利益を増進することを企図すべきである、(2)中国大陸および南洋諸島を将来の日本の貿易市場とすれば、日本の生産力を今日の一〇倍にすることとくらいはたやすい、(3)この際、軍事費のみならず、一般商工業の資本も積極的に外国より輸入し、戦勝と同時にますます商工業者の利益を増進する工夫をすべきである、等と述べた。[20] 北垣の談話の特色は、日露戦争後アジアが大市場として伸び、日本は列強と協調して外資を導入し、市場の発展と自らの経済成長を達成することができるとの主張である。西郷も市長として、このような日露戦争後の新状況にふさわしい市政刷新と都市改造事業を考慮していたものと思われる。

(4) 西郷市長の準備

その後、西郷菊次郎市長は日露戦争後の新事業を構想し実施する補佐役となる高級助役候補者として川村鉚次郎《かわむらりゅうじろう》を選定し、一九〇五年（明治三八）一一月一四日の市会で承認を得、一二日に大森府知事の認可を得た。川村は長野県生まれで、帝国大学法科大学（後の東京帝国大学法学部）政治科を卒業し、大蔵省を経て、一九〇四年七月より百三十銀行若松支店長兼飯塚支店長を務めるなど金融・財政や法律に明るく、年齢も西郷より数歳若い三十代後半であった。また、川村はかつて大阪市を本店とする中立銀行（助役選定時は解散）副支配人兼台湾出張所長として、台湾経験もあった。[21]

次いで、西郷市長は三月三一日の参事会で市処務規程の大改正を行った。その特色は第一に、一部・二部・三部の他に水利部を置き、水利事業を管轄する組織を充実させたことである。水利事業は従来は勧業課の担当であったが、独立した部とし、整理課（琵琶湖疏水の事務と経営、事業拡張など）・電気課・工務課（琵琶湖疏水の水路・堰・インクライン・通水など）の三課を置いた。第二に、新任の川村高級助役に第二部長（土木・建築・地理の三課の責任者）と水利部長を兼務させ、将来の都市改造事業計画の立案に備えたことである。従来は、荘林下級助役が第一部長と第二部長を兼務していたが、荘林助役は、第一部長として、庶務・学務・衛生・勧業の事務を担当するだけになった。[22] 本来は、高級助役が第一部長を兼務するのであるが、高級助役が水利（疏水）や土木・建築を主管とするようにした市処務規程の改正は、将来の都市改造事業に向ける西郷市長の意欲を示していた。西郷市長や川村助役は、都市が法律・工学・医学などの専門知識を持った人物を市長に選出したり職員に採用したりして、都市経営を展開し始める時代を象徴する人物であったといえる。

この間、二月一七日の市会で市内の小学校運営の基礎となっていた学区廃止の建議が出され、市会で調査することが可決された。学区ごとに、その豊かさが異なるため、費用負担能力に差が生じ、教員の俸給まで異なるなど学校格差に繋がる一方で、小さな学校区に分かれて運営しているため、無駄な経費も少なくなかった。日露戦争後の事業への準備として、学区を廃止して合理的な小学校運営を行うことは、西郷市長の構想とも矛盾しない。

しかし、豊かな市民の住む有力学区は誇りを持っており、その廃止には、反対論も根強かった。そこで、同年一二月二一日、参事会は学区廃止を全員一致で否決した。翌一九〇六年一月二九日、西郷市長は、学区は維持するが、学区予算の標準を定めて教務と経済を統一するという妥協方針を決めた(23)。学区廃止にこだわると、一丸となって日露戦争後の事業計画を実施しようという西郷市長の構想にも大きな障害となる可能性があった。これが西郷市長や参事会が妥協した理由であると思われる。

（5）市会の都市改造への期待

一九〇五年（明治三八）九月五日、日露講和条約が調印され、日露戦争は日本の勝利で終わった。日露戦争が終結する前後から、各都市で積極的に都市改造事業を実施しようとする動きが出てきた。たとえば大阪市では、市電の第二期線（東西線・南北線、九・六キロ）の建設許可を同年七月に得て、用地の買収を始めた（ただし、用地の買収が難航し、全線の開通は一九一〇年一二月）(24)。また同年九月一八日、横浜市会は、横浜港湾設備の継続工事を大蔵省に稟請《りんせい》することを全会一致で可決した。これは、一九〇四年七月の見積もりでは、工費に対する港湾からの収益は年六・六％とされていた工事で、横浜市が工費の三分の一を負担する計画であった。結局、大蔵省は、工事費八一八万円のうち二七〇万円を市が六年間の分割で負担するように命じた(25)。

この状況下で、地元の有力紙『京都日出新聞』も社説で、(1)京都市が「三大都市」の一つで、旧帝都であるのに、「都市経営」においては、東京市・大阪市に「すべての改良」が及ばないのはもちろん、名古屋市・神戸市・横浜市等に優っているわけでないのは、嘆かわしい、(2)京都市の戦後の事業として望ましいことは、現在の七〇%の給水は不良なので、適当な水源を見つけ上水道を設備することである。また、東京市をはじめとし、名古屋市・横浜市・大阪市には「市区改正道路取り広げ」が行われたり、行われようとしたりしていることを考慮し「市区改正道路の取り広げ」を実施し、交通機関の整備をすることである。今日の京電の状況は満足できないので、路線を増加し、複線とし、発車度数と速力を増すべきである。そのためには、市区改正と「道路取り広げ」をまず断行し、市街電車を市の経営とすべきである、等と主張した[26]。

すでに述べたように、『京都日出新聞』は当初から西郷菊次郎市長に好意を持っており、この社説は西郷市長を中心とした、当時の市当局（市参事会）の意向を大枠で反映したものといえる。この社説で注目されることは、水源を得るため第二琵琶湖疏水を引くことに言及がないものの、上水道や、道路拡張と市街電車軌道の敷設と市街電車の市営など、この四カ月後に西郷市長から市会に提示される三大事業構想の骨格が現れていることである。

こうした空気は市会会派の消長にも影響を及ぼす。一九〇五年七月中旬、市会会派の甲辰会《こうしんかい》が、市内に多くの小政治団体が存在するのは市政上の利益にならないので、各自他の団体に加入した方がよいとの理由で解散したようである[27]。甲辰会は、神田達太郎（自成会）・林長次郎（公友会）ら、西郷を市長に推した茶話会・同志会らの主流派に反発する人物が中心となり、市長選出後に作られ、とりあえず一一名の市議が入会していた[28]（前掲、図1-1）。

すでに論じたように、市長選出過程においても、この反茶話会グループや彼らの推した中根重一は、西郷や西郷を推したグループに比べ、京都市の大改造を計画するという積極性がなかった。甲辰会発足の二カ月後においても、一九〇五年度の京都市の「非常の緊縮を加へ新事業」をすべて見合わせた戦時下の予算に対し、「市費の緊縮を計り市行政事務の刷新を期」すと、さらに緊縮を求めた[29]。緊縮志向の強い甲辰会のような会派は、日露戦争終了前後からの、積極的な事業を求める京都市内の潮流の高まりのなかで、存立基盤を失っていったのである。

また、一九〇五年一一月二三日、上京区の各学区の有力者を中心に、市会の新しい会派として以信会《いしんかい》が発足した（図2-1）。以信会は、「戦後市政上に於ける経営」を発会の目的とし、多くの加盟者を得た[30]。元来、上京区は同志

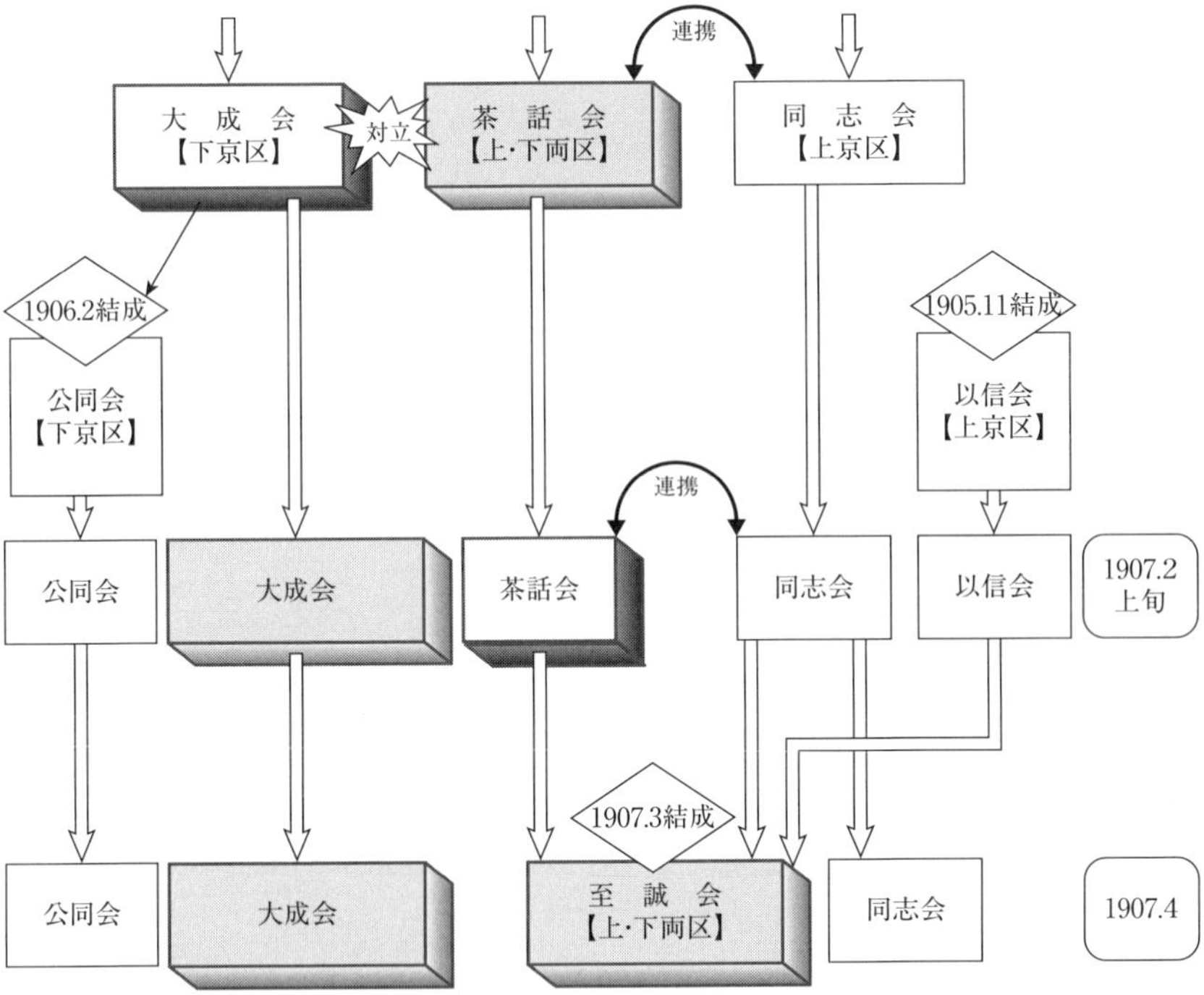

図２－１　日露戦争後の京都市議会主要会派系図

注：１）会派名の下の区名は，会派の地盤である。
　　２）以信会は創立時と1907年２月段階で，市会に議席を有していない。
　　３）［灰色の箱］は最大会派を，［白い箱］は第二会派を示す。
出所：『京都日出新聞』等により，伊藤が作成。

会の地盤で、すでに述べたように同志会は市長選出において西郷を支持した。しかし、同志会は元来の幹部が、中央の政派では公共事業に消極的な憲政本党系が多い[31]。西郷を市長に推すにあたっても、下京区の市会の会派が中根を推したことに対抗し、全市的な茶話会と組んで市会の主流派に留まろうと、上京・下京両区の地域対立に配慮した面も大きかった。同志会は西郷を市長に推したが、いずれ積極的な公共事業をしようという、西郷やそのまわりの空気に全面的に同調していたわけではなかった。

のちになるが、一九〇六年一一月二七日の市会で、同志会の最有力者の一人である中安信三郎《なかやすしんざぶろう》は、西郷市長らの推進しようとする第二琵琶湖疏水について、慎重に検討すべきとの反対派の議論に同調している（また、中安は、西郷市長の選定過程においても、一九〇四年八月中旬に同志会がかなり西郷支持に傾いている中で、他の候補者の名前を提議した[32]）。

すなわち、同志会と同じ上京区の地盤から以信会が発足する動きは、同志会幹部に飽き足らず、積極的な公共事業を考えていこうとする動きで、西郷市長らの目指す方向と同じであるといえる。後述するように、一九〇七年二〜三月に市会で新設する市街電車を市営にするか民営にするかで大きな対立が生じる。その際、同志会は二つに分裂するが、以信会は市営を支持し、茶話会と同志会の半分とともに至誠会《しせいかい》の創設に参加した（図2-1）。茶話会の系譜にある至誠会は市会第一会派となり、西郷市長の三大事業を支え続けた。

他方、西郷市長を支持する茶話会に反発する市会の有力会派も、日露戦争での日本の勝利の見通しが強まると改組が進む。まず、一九〇四年一二月頃に、自成会が、同じ下京区を地盤とし、ともに中根を市長に推した鴨友会を併合した（図1-1）。その後、翌一九〇五年六月一九日、会名を「大成会」と改称し（図1-1）、会則に二、三の修正を加えた[33]。こうして、一九〇〇年前後には、地域開発への期待と競合から、会派の離合集散が激しかった下京区にも、一九〇五年半ばには大成会という、茶話会に対抗できる有力会派が生まれた（図2-1）。この会派の政策的な主張は明確でないが、のち市街電車を市営にするか民営にするかの対立が生じた際、大成会のほとんどは民営を支持した。

すなわち、日露戦争の勝利の見通しがついた頃から二年の間に、京都市の事業構想をめぐる積極論と慎重論という対立は薄れ、積極論を前提として、主要なものを市営にするのか、総事業費を少なくするため、市街電車など民営に委ねる部分も残すのかという対立が中心となっていくのである。

2　三大事業予算の成立

(1) 三大事業計画

一九〇六年（明治三九）一月一八日、西郷菊次郎市長ら市参事会員・市会議員・市役所各課長と両区長ら市幹部

は、祇園の高級料亭中村楼《なかむらろう》に集まり、新年宴会を開いた。その席の開会の挨拶で西郷市長は、(1)日露戦争中は、政府の方針もあって、急を要する事業の他はすべて差し控える「消極的」施政を行ってきた、(2)しかし平和が回復した現在、「消極的」方針を継続すべきでなく、今後は「諸君の助力によりて大に為すあらんと欲す」るので、一層の助力をお願いしたい等と述べた(34)。このように西郷市長は、日露戦争後の積極的な都市経営への意欲を示した。

すでに三日前の一五日の市会で、中安信三郎（同志会）が、(1)疏水を増水する、(2)伝染病対策として下水道と上水道を整備する、(3)市街電気鉄道や道路「改良」を実現すること等を、戦後経営への希望として主張していた(35)。もっとも中安の提案は、第二琵琶湖疏水の建設が含まれず、電気鉄道や道路についても「改良」に留まるなど、まもなく提示される、西郷市長の構想よりもはるかに消極的なものであった。

同年三月八日、西郷市長は市会の一九〇六年度予算説明の中で、「三大事業」という用語を初めて使用して、日露戦争後の積極的な都市改造と経営計画を提示した(36)。

それによると、三大事業の一つ目は、第二琵琶湖疏水を造り、第一疏水の改良よりもはるかに多くの水や電力を得ることである。すでに述べたように、一九〇二年に京都市会は第二疏水を建設することを可決し、内貴甚三郎市長から大森鍾一府知事に請願されていたが、財源の問題から滞っていた。また、同じ問題から第一疏水の改良（増水）構想も並存しており、第二疏水の建設は確固たる京都市の方針となるまでには至っていなかった。

日露戦争後の一九〇五年冬から翌年二月にかけ、京都市において積極的な都市経営を始める空気が強まり、西郷市長の三大事業の提案に先立ち、第二疏水問題は争点となってきた。それは宇治川水電会社（京都市の実業家で、京都電気鉄道の創設者の高木文平らが中心）も琵琶湖の水を利用して電力を起こす計画を政府に申請しており、政府がいずれを（あるいは両方を）認可するかという問題があった。また琵琶湖の水を利用される側の滋賀県は、琵琶湖沿岸に有害な影響を及ぼさないか、第二疏水・宇治川水電の両計画を警戒していた(37)。

三大事業の二つ目は、第二疏水からの大幅な水量増加を利用してまず上水道を敷設し、市の衛生状態を改善することである。すでに述べたように、日露戦争前の京都市においては、衛生状態の改善のため、上水道よりも下水道を優先すべきであるとの考えが根強かった。西郷市長は、第二疏水は四〇万の市民の日常欠くべからざる飲料水に供し、他の一面では御所や神社仏閣の防火用水として利用することを表明した(38)。

西郷は上水道が先か下水道が先かとの議論に対しても、上水道は衛生の改善のみならず、市民が井戸から水を汲む労力と費用を省くので、完成後には利益は上水道建設の費用を償って余りあると、上水道優先の考えを示した。

「上水道設備の急務」については、一九〇六年一月一日の『京都日出新聞』紙上で、医学博士松下禎二も論じていた。松下によると、(1)昨年京都市に発生した腸チフス患者は公的には一〇〇〇人といわれているが、隠された者も含めれば一万人以上に達するであろう、(2)元来京都市は腸チフスおよび赤痢の流行地とされ、地下水に起因する腸チフス・赤痢もしくはコレラは年々多数の患者を出している、(3)この理由は、大便所と井戸水が地下水で繋がっているからで、昨年一〇月の一〇〇カ所の井戸水検査においても、腸チフス菌を確認したのは一カ所にすぎないが、疑わしい井戸は多く、大腸菌はすべての井戸で確認された、(4)おそらく、市内五万の井戸は、「過半否《い》な殆《ほとん》ど其全部同一ならんと信」じている、(5)下水道は道路の清潔を主目的とするが、土を噛《か》んで生活する者はいないので、上水道を先に完成させて、その後に下水道その他に着手するのが衛生上の効果を上げる、(6)長崎市は上水道を設置した後にコレラの流行が収まっていったようで、上水道で京都市も腸チフス・赤痢の流行地から脱却することができる、(7)京都市の患者が最近八年間にこれらの伝染病に費やした額は一八〇万円に達し、市の投じた費用も含めれば巨額となり、上水道設備の費用負担があっても、伝染病が撲滅できるなら十分に償い得る、等である。

松下は、すでに述べた一八九六年の京都市内の井戸水調査の時よりも、市内の井戸水の水質が悪化し、深刻な状態になっているとみた。こうした状況や議論も、西郷市長に上水道の建設を決意させる材料となったといえる。

三大事業の三つ目は、道路の拡張である。西郷市長は、主な道路七カ所を拡張する費用は一八九九年の調査で五四二万円余とされたが、現在は物価が上がっているのでさらに多くの費用が要るはずであるとみた。西郷は、上水道の工事をするならば、幹線道路だけはそれと同時に拡張したいと表明した(39)。

西郷市長が三大事業を市会で説明する半月前、一九〇六年二月二〇日にすでに、京都市内道路拡張主査委員の、中山巳代蔵京都府第一部長・石山二男雄府土木課長技師・井上秀二市技師（京都帝大理工科大学卒）・田辺朔郎《たなべさくろう》工学博士（京都帝大理工科大学教授、第一琵琶湖疏水の設計者）らは、府庁で主査委員会を開き、市内道路の各要所において実情を調査する方針を決めていた（川村鉚次郎京都市高級助役は欠席した）(40)。井上技師は、三大事業を推進する市幹部技術職員の中心人物である。

西郷市長は「三大事業」を提起したほか、一九〇二年に市会で建議された市街電気鉄道と電灯の二事業を市営とする問題についても意見を述べている。西郷は、(1)道路を拡張すれば市街電気鉄道敷設にも便利である、(2)市による発電量を拡大した後、両事業を市営とすれば市民のための利益にもなり、将来市債を起こすに際しても市の財産が増加するので有利になる、等の考えを示した(41)。西郷市長の考えは、電力や水量を得る第二疏水を中心に上水道・道路拡張などの三大事業を完成させた後、それと関連づけて市街電車や電灯の市営化を行おうというものであった。後には、市営市街電車の敷設も含めて、日露戦争後の京都市改造事業が三大事業と呼ばれ、市内に定着していくように、「三大事業」という西郷のネーミングは当を得たものであった。

なお、事業についての三という数字は、一八九五年に予定された内国勧業博覧会と平安京遷都千百年紀念祭、京鶴鉄道建設（京都―舞鶴間の鉄道）を実現する「三大問題」（あるいは「三大事件」とも表現）のネーミングで一八九二年秋から京都市民になじまれた(42)。他に、「京都市の三大土木事業」（道路拡張と上水道、下水道）(43)、「三大工事」（道路拡張と〔上〕下水道）(44)などの類似した使用例がある。西郷市長は、これらをふまえ、包括的な事業計画とともに、事業にふさわしい「三大事業」という用語を創造したのであった。

（2）第二琵琶湖疏水と上水道

西郷菊次郎市長が一九〇六年（明治三九）三月の市会で三大事業の計画を提示すると、一カ月後に内貴甚三郎《ないきじんさぶろう》市長時代に申請していた第二疏水の建設の認可が内務省から下りた。なお、同時に宇治川水電会社に対しても、淀川沿岸に水路を開く認可が下りた(45)。

そこで西郷市長は同年四月一三日、上水道に関する調査を川村鉚次郎《かわむらりゅうじろう》高級助役（東京帝大法科大学卒）・井上秀二技師（京都帝大理工科大学卒）に命じ、設計を市土木顧問の田辺朔郎博士（京都帝大理工科大学教授）に嘱託した。この調査は一一月に終了し、一一月二二日、西郷市長は、上水道事業を工費三〇〇万円、工期四年として市会に提出した。当時、京都市の人口は約四〇万人であったが、一〇年後に五〇万人に達すると推計し、第一期工事の設計は五〇万人を標準とした。また将来第二期工事を行って七〇万人の人口にも対応できるようにも設計されていた（田辺博士の説明）。この案は二五日に可決された[46]。その後、西郷市長は一一月二七日、第二疏水工事と合わせて実施すれば、上水道敷設の工費は三〇〇万円で済むからと、その三分の一の一〇〇万円の補助金を第一次西園寺公望内閣の原敬内相に宛て、申請した。

内貴市長の時代から計画されていた第二疏水については、一九〇六年四月に政府の認可があったが、申請時から四年もの歳月が経っているのである程度の設計変更が必要であった。この変更は、一〇月上旬に終了し[47]、第二疏水の建設は、上水道と同時に、同年一一月二二日の市会に提出された。第二疏水の工事費は約三七八万円で、一九〇六年度から一九〇九年度まで四年で完成する予定であった。市当局の計画では、第一疏水と新設の第二疏水を合わせて、維持費を差し引いても、一九一三年度から五一万八〇〇〇余円の純益が見込まれ（第二疏水の収益は第一疏水の約二・三倍）、上水道からも、維持費を差し引き、一九一四年度から八万円近くの純益が見込まれ、両者で毎年六〇万円近くになった。上水道工事に工事費の三分の一にあたる一〇〇万円の国庫補助を期待しているので、全体の工事費からそれを差し引くと、一九一四年度以降は毎年、総工事費約五七八万円の一割強の純益を得る計画であった（井上秀二技師の説明）。第二疏水の予算は、一一月二八日の市会で可決された[48]。一時的な負担を別にすれば、第二疏水と上水道の建設費用は、純益で返却することは不可能でないとの市当局の見解を、市会は受け入れたのであった。

道路拡張に関しても、引き続き京都市道路拡張委員会が開かれ、大森鍾一《おおもりしょういち》府知事や西郷市長も臨席し、府・市合同で検討を進めていった。その結果、(1)現在の東大路通《ひがしおおじどおり》（東山通）にあたる道を新設する、(2)大和大路通《やまとおおじどおり》（四条―七条）・烏丸通《からすまどおり》（今出川―塩小路）・千本通《せんぼんどおり》（今出川―三条）と大宮通《おおみやどおり》（三条―七条）・今出川通《いまでがわどおり》（千本―寺町）・丸太町通《まるたまちどおり》（千本―東山線〔小堀通の線まで〕）・四条通（大宮―祇園石段下）・七条通（大宮―妙法院）の各線を拡張する、(3)幅は四段階に区別し、烏丸通を第一等の一五間幅（約二七メートル）とし、その他は一二間、一〇間、八間となすことなどが、一九〇六年七月上旬から八月にかけて固まっていった。烏丸通を重視するのは、天皇が御所に行幸する際、京都駅から御所への道となるからである[49]。行幸道路として烏丸通を拡張することは、すでに一八九九年一月一四日に市会で建議案が可決されていた[50]。このように、西郷市長は、数年来の懸案であった道路拡張についても積極的であった。

この間、七月一一日の市会に、「既設電気鉄道買収に関する建議案」が出され、若干の字句が訂正されて一二日に可決された。その趣旨は、(1)道路を拡張し、交通機関を整備して京都市の便宜と繁栄を図るのは、目下の急務である、(2)その経営は近いうちに市会の議題となるであろうから、その機会に適当な調査を完了し相当の価格で京都電気鉄道会社（京電）が経営している電気鉄道を買収する予算案を至急提出することを望むというものであった[51]。

(3)　事業計画の体系化と外債

西郷菊次郎市長はこれらの事業について市で外債を発行して実施する決心を、遅くとも一九〇六年（明治三九）一一月中旬までに固めた。西郷は、計画中の第二疏水建設・上水道敷設・道路拡張・市街電鉄市営などに必要な市の公債募集に関して、内務省・大蔵省と交渉を始めた。

西郷に東京市に呼びつけられ、西郷より一足早く一〇月二一日に帰京した川村鉚次郎高級助役は、(1)上水道の工事に関しては、費用の三分の一の国庫補助が下付される見込みがあり、一九〇七年度または一九〇八年度から事業継続年度に分割して下付されることになるであろう、(2)道路拡張と電鉄市営については、市会で未決であるので、西郷市長個人の考えとして政府の内意を聞いたところ、「政府に於ては別に異議なき模様なれば」、至急参事会と市会にかけるつもりであるなどと述べた。このほか、西郷市長は円山《まるやま》公園拡張費についても市債募集の認可を政府に求めており、その件についても認可される見込みとの見通しが、川村助役によってなされた。[52]三大事業は財源的に公債を発行しない限り不可能であり、そのためには政府の許可が必要なので、西郷はまず政府の意向を打診したのであった。

一一月一九日、西郷市長は市会に第二疏水建設予算を提出した。それは、第二疏水の工事を上水道の工事と合わせて行おうというものであった。また西郷は、次のように事業計画全体を説明した。(1)「道路拡築電鉄敷設問題」はまだ発案していないが、これらの事業の財源を外資に求める考えであり、過日来内務省・大蔵省と内々協議しており、「三問題」を関連したものとして提案した、(2)参事会も大体においては異議がないものと信じており、本日の提案に関し、「三問題」を同一事業として決議してほしい、(3)外債を募集するには一〇〇〇万円以下では困難であるが、第二疏水と上水道の二事業だけなら六〇〇~七〇〇万円の間である、(4)内債は日本の現在の経済界の状況から不可能であるので、いずれ行う必要のある「道路拡築事業」を、財源の必要上から合わせて起工したい、(5)「道路拡築」のみでは、「有形的利益」がないので、「電鉄敷設」をして交通の便を図りたい、(6)電鉄事業は「頗《すこぶる》有益」であり、「道路拡築費」を償うのみならず、いずれ市の大きな財源となるべきものであるので、「三事業」を関連した事業として決議してほしい。[53]

その後、西郷市長は一二月上旬に、元来自分は上水道計画を立てるにあたり、国庫補助に依頼せず、市の独力で経営する考えであったが、「貰へるものなら貰うがよからう」とのことで、補助を請願することになったと、[54]国に対する自立心を示している。これは、遷都に際し皇室から受けた、産業基立金としての下賜金三〇万円に加えて、地元からのその三倍以上の負担を加え、総工費一二五万円で（第一）琵琶湖疏水を建設した北垣国道前知事の姿勢と類似している。

以上の、一九〇六年一一月中旬から一二月上旬にかけての西郷市長の発言は、第一に、第二疏水建設・上水道建設・「道路拡築」と市街電鉄の建設という三大事業のすべての構想を、財源としての外債発行と関連づけて初めて公式に提案したという点で、注目される。これは、約九カ月前に西郷が市会に提示した三大事業構想をさらに具体化したものであった。

　第二に、効率に問題があるとみられた既存の市街電車を買収しての単に市営とするのみならず、「電鉄敷設」というさらに積極的な姿勢を打ち出し、また「道路拡築」という用語を創造し、市街電鉄敷設も含めたさらに積極的な都市改造構想を、提示したという意義がある。後述するように、この市街電車は市電として敷設され、利益を上げ、三大事業の外債償還の財源となっていったのみならず、第一次世界大戦後の都市計画事業の財源ともなっていく。このように、市電による交通網の近代化という公共性のみならず、都市経営の観点が、東京の都市改造事業である市区改正事業以上に明確に入っている。これが、三大事業の特色である。同様のことは、すでに示した上水道も含めた第二疏水の新設構想にもいえる。

　同じ一九〇六年一一月一九日の市会で、井川出彦（同志会）が、道路拡張・電鉄敷設費を市会が否決したら市長はどうするのかとの質問をしたところ、西郷市長は、そのようなことはないと信じるが、「万々一」道路案を否決されたら、明春の市会議員の改選後再び提出して決議を願うつもりであると答えた。これに対し林長次郎（公友会）は、市長の答弁は、「余りに高圧的の議論にして本会を侮辱し、軟弱なる議員を威嚇したる言論」ではないかと、不快感すら示した[55]。このように西郷市長はかなりの決意と自信を持って、第二疏水と上水道の予算を外債を含めた三大事業構想と関連づけて市会に提出したのである。

　また、五日後の一一月二四日の市会では、奥繁三郎《おくしげさぶろう》（衆議院議員兼市議、政友会）が、京都市は上水道工事に工事費の三分の一の一〇〇万円の国庫補助を出願しているが、横浜市・神戸市のような開港場でも三分の一の補助を得ることができなかったのではないかと、国庫補助を期待する計画の見通しが甘いのではないかと質問した[56]。西郷市長は、国庫補助に頼りきっているわけではなかった。しかし、この奥の不安は杞憂ではなく、後述するように、国庫補助は期待した額通りにはいかず、期日も遅れることになった。

　以上のように、市会内には、西郷市長の計画が甘すぎるのではとの危惧からの慎重論もあったが、市会は、一一月二五日に上水道敷設予算を、二八日に第二疏水建設予算を可決した。

(4) 道路拡張と市電の敷設

三大事業のうち残った道路拡張は、一九〇六年（明治三九）一二月中旬から参事会で市長案が検討され[57]、一二月二〇日に決定した。こうして「道路拡張」ならびに電気鉄道建設費予算として一二月二一日に市会に提出された。その特色は、第一に、西郷市長が「道路拡築」という用語を使ったことに象徴されるように、狭い道路に狭軌軌道を敷設して小さな車両で走っていた京都電気鉄道会社（京電）の市街電車を一新する新しい鉄道を、拡張された広い道路に敷設しようとしたことである。一二月二四日の市会での、川村鉚次郎高級助役の説明によれば、京電と計画中の市電を比べると、軌道は京電の三尺六寸の狭軌に対し、市電は四尺八寸半の広軌で（約一・三五倍）、レールの重さは四〇ポンドに対し、七〇ポンド、京電の軌道は道路面にそのまま引いた単線だが、市電はすべて切石を敷いた上に敷設した複線とするなど[58]、大型の電車が速いスピードで走り、大量の輸送をすることに適していた。

第二に、当初の市長案にあった七条線（大宮—東山線〔東大路線〕間、幅は一二間〔約二一・六メートル〕）、四条線（大宮—八坂間、幅は一二間）、丸太町線（千本—東山線間、幅は一〇～一二間）、烏丸線（今出川—塩小路間、幅は一〇～一五間）、今出川線（東山線〔市長案は寺町からで、より短い〕—千本間、幅は八～一〇間）、東山線（一条—七条間、幅は八間）、千本大宮線（今出川—七条間、幅は八間〔市長案の一〇間幅の部分をなくす〕）に加えて、大和大路線（四条—七条間、幅は一〇間）、御池線（千本—烏丸間、幅は一〇間）の三線が追加されたことである。また、東山線が新たにつけ加えられたので、東山線と今出川線の連絡線も加えられた。それは、市長案では寺町から千本までとしていた今出川線に加えて、さらにそれを東に河原町通まで延ばし、河原町通を一条通まで南下し、そこから一条通を東進して、東山線の始点に接続するものであった[59]（図2-2）。

これは、京都市の有力者たちの地域利害も加わり、道路拡張・電気鉄道建設に積極的な西郷市長の案をさらに多くの地域に広げる形にしたものである。そのため、右に示した千本大宮線のように道路幅を狭める修正すら行われた。

ところで、一二月二四日の市会での説明において、西郷市長は、⑴京都市を工業都市と見る以上は道路の拡張は

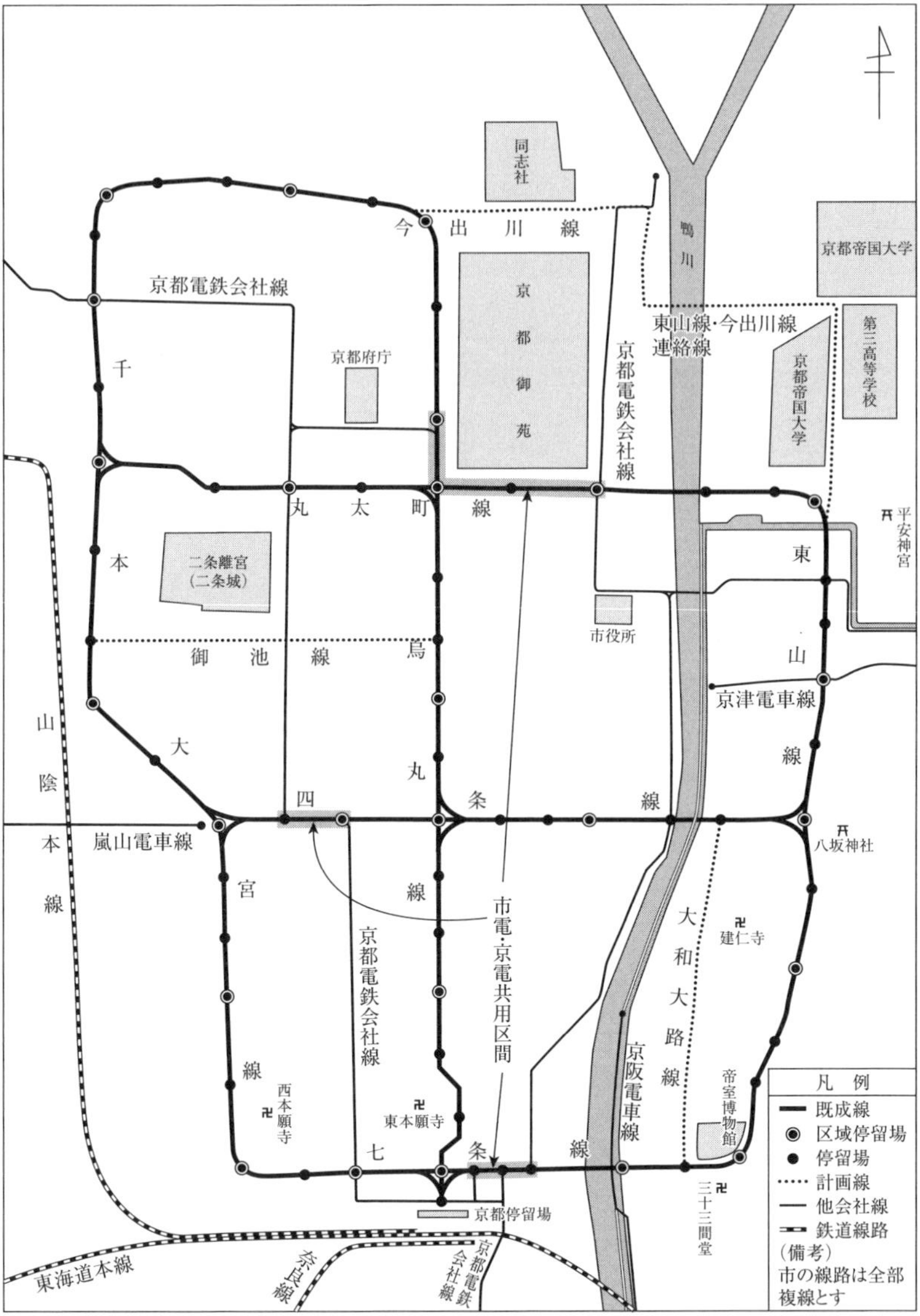

図 2-2　三大事業完成時の京都市電路線図と官有鉄道・他会社路線図

出所：『京都市三大事業誌――道路拡築編（図譜）』（京都市役所，1914年）より伊藤が作成。

最も必要なものである、(2)道路の拡張の効果は、交通機関の発達のみにとどまらず、教育上や衛生上にも波及する、(3)道路拡張案は電気鉄道の利益を財源として提案したもので、この財源によってできないはずはない、と述べた。市の計画書によると、電気鉄道も含めた道路関係で一一四〇万六二一四円を一九〇六年度から一九一三年度の八年にわたって必要とする。これに対し、電気鉄道関係（「道路」と表記してある）からの収入は一九一一年度に三一万四四六〇円が見込まれるのをはじめとし、その後増加し、一九一五年度以降は五二万四一〇〇円が見込まれることになっていた[60]。

収入が十分に入るまでの公債の利子の問題を別とすると、一九一五年以降の収入見込み額は、道路関係の総費用の約四・六%になる。公債の利子を五%程度抑え、市税なども含めて償還していけば、公債残高が減るに従い、電気鉄道関係の収入のみで償還でき、後には剰余金すら出る計算となる。

また三大事業全体の「償還年次表」によると、市税からの三大事業への支出を一九〇七年度以降一五万円で固定しても、一九四二年度にはすべて償還し、八五万八三八一円の剰余金が出ることになっていた[61]。三大事業は事業費の返却に三五年もかかる大事業であるが、その間に人口四〇万人の京都市は、水道の第二期予定人口のように、さらに七〇万都市へと発展し、市税収入も増加し、他の事業をする余裕が出ると、西郷市長は思ったことであろう。

なお、西郷市長は市営電鉄からの純益金を外債償還の主要な財源としていたが、それには、西郷の知人である鶴原定吉市長の下で、日本で初めての市営電鉄を敷設した大阪市の例も参考にされているものと思われる。大阪市は一九〇三年の第五回内国勧業博覧会の開催に関連させ、大阪港と市街地を結び付ける市電を建設し、一九〇三年九月から営業運転を開始した。この市電は試験的なもので、一九〇三年度は純益金を上げることができなかった。しかし翌年から成績を上げ、一九〇五年度にはわずか四台の車両での営業にもかかわらず、八〇〇〇円（現在の一億円ほど）近くの純益を上げることができた[62]。

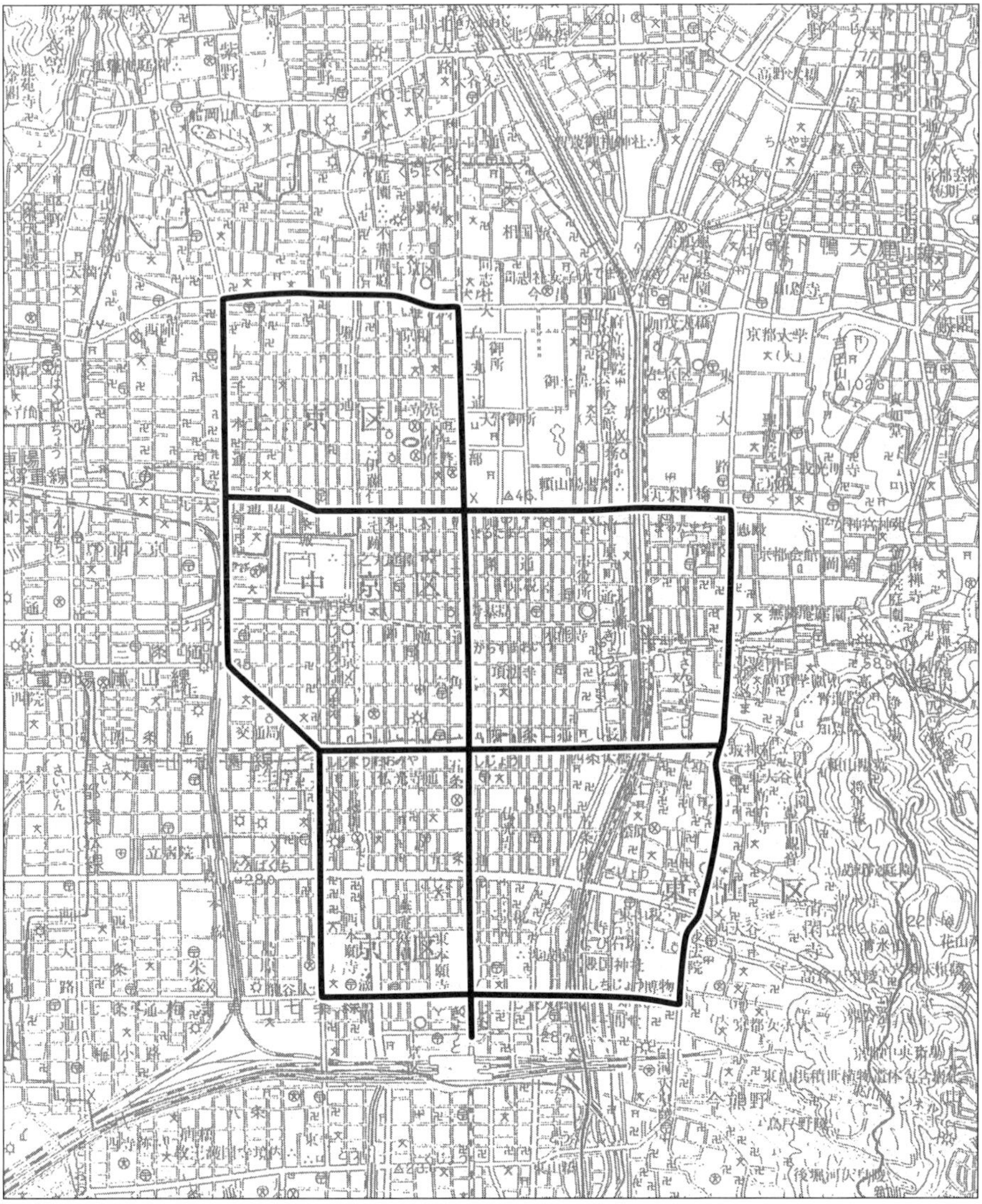

図2-3　三大事業で拡築した道路

（5）建設路線をめぐる対立

道路拡張の路線をめぐって、参事会での修正を経て市会に提出された案は、翌一九〇七年（明治四〇）三月上旬に確定するまでに、さらに動揺する。それは、一九〇六年一二月二五日の市会で、中井三郎兵衛（茶話会）などが、繁華街である三条通・寺町通を拡張して、市電を通したらどうかと質問したように[63]、さらに多くの道路拡張と市電敷設を求める意見があったことである。当時の京都市で、最もにぎわっていた繁華街の三条通と寺町通を広げるには、その補償を考慮すると、さらに多くの費用が要るばかりでなく、立ち退き反対の運動が起こる可能性もあった。

市会では、三条通拡張には支持が得られなかったが、五条線・寺町線・御池線（原案の千本—烏丸間に加えて、烏丸—寺町間）が第二読会で原案に加えられた。これに対し、一九〇七年二月二日の第三読会では中村栄助《なかむらえいすけ》（大成会、後述するように電鉄民営を主張）らから強い反対論が出された[64]。

結局、一九〇七年三月六日の市会で確定した計画は、(1)市長案を修正して市参事会（市長が議長）から市会に提出された案から大和大路線と御池線（千本—烏丸間）を削除して、第二期線として後の時期に建設する、(2)市参事会から市会に提出された案になかった、五条線（寺町—大宮間）、御池線（烏丸—寺町間）、寺町線（丸太町—五条間）も第二期線として、後で建設するものであった[65]。

市会で確定した計画は、参事会にかけられ市会に提出される前の市長案に、東山線と、東山線と今出川線の連絡線の二つの線が加えられたもので、元の市長案より二線多いが、市会提出案より二線少ない決定であった。また市会で市議によって新たに提起された案は、第一期線に一つも入らず、削除された二線とともに、第二期線に入れて、市民の声を背景とした各市議の地域利害の不満をなだめる形になったのである。

すなわち、道路拡張と市電の敷設の費用があまりに膨大になり市民負担が重くなりすぎるのではという危惧が、各市議・市民の地域利害の欲求を押しとどめたのであった。道路拡張と市電敷設の路線をめぐる対立は参事会や市会内を中心としたものであった。それよりも、市民も直接関わって大きな争点となったのは、次に述べるように、市街電鉄を市営とするか民営とするかの争いであった。

（6）市街電鉄は市営か民営か

すでに明らかにしたように、西郷菊次郎市長は遅くとも一九〇六年（明治三九）一一月中旬までに市街電鉄の市営も含め、外債を発行して三大事業を実施する決意を固めた。これに対し、遅くとも一二月下旬には、新たな市街電鉄線を民営で敷設するという動きが大きくなってきた。

その一つは、東京の村井貞之助他十数名の動きである。一二月下旬の新聞報道によると、彼らは、京都市が道路を拡張し電気鉄道を敷設しようとする予定の所に、民営電気鉄道を敷設して営業しようとして、株式会社設立（京都電車鉄道、略称は京都電車）と道路使用の願書を当局に提出した。京都市議の中安信三郎（同志会）は、彼らを支援し、熱心に電鉄民営論を主張し、市議たちに働きかけた。また、京都市選出の衆議院議員の片山正中《かたやませいちゅう》（中央の政派では、京都市選出の内貴甚三郎（前市長）とともに桂内閣に好意的な大同倶楽部に所属）も同意見で、大成会所属の市議の賛同を求めて活動しているという。

もう一つは、旧型で単線・狭軌ながらすでに市街電車を運行している京都電鉄会社（京電）の動きである。社長の藤本清兵衛《ふじもとせいべえ》は、道路拡張工事費の半額を市に寄付し、相当額の報償金を市と協定するとの条件で、道路拡張が成ったら京電の線路を延長敷設することの許可を、市参事会に出願した。同社は許可が得られれば、保証金として道路拡張工事費の十分の一を前納することも追願した。

これら二つの動きに対し、各個別の市会議員の利益も絡むので、電鉄民営問題に対する市会の態度は十分に予測がつかないという状況になった(66)。

西郷市長を支持してきた『京都日出新聞』は、一二月二九日の社説で、次のように、都市経営を重視する論を主張した。(1)東京市・大阪市・京都市の「三都」のうちで、大阪市はすでに市営を決した、(2)東京市も市会で民営電鉄買収問題を審議し、買収価格が合わずに否決されたが、民営電鉄と「因縁」の浅くない市議もいる市会でも、市営よりも民営に利があるという議論はほとんど出なかった、(3)自由・独立と個人を重んじる「マンチェスター流の経済学」を生み出したイギリスでさえ、「都市経営事業」が最も盛んであり、都市経営は世界の大勢になっており、京都市の電鉄についても、市営とするか、市営の権利を市が掌握し、相当の報償を求めるべきである(67)。

同新聞は、その後も、京電の運行実績について、⑴市内の最も有利な線路を独占しているにもかかわらず、収入が比較的少なく、六％前後の株主配当をしているにすぎない、⑵設備の面でも、ポイントは歪み、レールは傾き、車体は破損し、衝突・脱線の危険も大きいが、経営者の目的は「利欲」にある等と攻撃し、理論上からも市営が適当であると繰り返した(68)。

しかし、市街電鉄民営を主張するのは、私的利害からのみではなかった。彼らには、市財政の膨張と市民の負担の増大と、市の資産が土木事業のみに使われてしまうことへの危惧があった。たとえば、市議中で民営を主張する中心人物の一人である中安信三郎（同志会）は、すでに述べたように、鉄道の民営化を主張する憲政本党（立憲改進党）系で、市民の負担が重くなる膨大な公共事業にはこれまでも消極的であった。

市街電鉄を市営にするか民営にするかが大きな争点となった一九〇七年二月上旬、中安は七日の市会において、⑴元来道路拡張については、御所を中心とし市民の利益が均等に得られるように実施すべきとの考えを持っていたが、提案された案は「一部の道路取拡《ひろ》げ」の不十分なものである、⑵そのような案であるなら、中村栄助（大成会）の主張するように、調査委員会で新たに加えた寺町線・五条線・御池線（烏丸―寺町間）と、市会提示の原案にある御池線（烏丸―千本間）の三線路削除に賛成する、⑶市長が京都市民の負担力の限界と算定した二〇〇〇万円のすべてを、第二疏水・上水道・道路拡張ならびに電鉄建築費の三事業に投入するのは適切でない、⑷市の資金は、勧業政策、教育事業その他の急を要する事業にも投資できるようにし、あらゆる方面から市の発展を考えるために、市の財政上の余裕を残しておくべきである、と論じた(69)。中村栄助も、二月二日の市会で、道路拡張案の縮小のみならず、電鉄の民営を主張していた(70)。

ここで注目すべきは、電鉄市営支持派から「都市経営」という言葉が初めて使われたが、電鉄民営派も都市経営を異なった立場から考え、互いに自分の公共性を主張していたことである。それは、膨大な公共事業に市の財力のほとんどを使い切るのではなく、市街電鉄を民営とし、市の財力に余裕を持たせ、その余力を産業振興など他の分野にも使うべきであるとの考え方であった。ところで東京市においても、日清戦争後から日露戦争後にかけて、京都市より少し早く、市外電車の市営か民営かの論争が起きた。その際の市営と民営の論理は、京都市での論争の論理と類似していた(71)。

なお、すでに述べたように、京都市参事会から一九〇一年一二月に発行されたベルリン市の行政の調査（大槻龍治助役の報告）も、「都市経営」という用語は使っていないが、対象が、交通（道路・鉄道・水運など）・上水道・下水道・ガス・教育・福祉（当時の用語で「恤《じゅっ》救《きゅう》」）・市場・公園・浴場・消毒所・墓地・財源など多岐にわたっていることから、公共性を求める都市経営の観点からの調査であるといえよう。大槻の調査では、ベルリン市では馬車鉄道と電気鉄道はいずれも民営で、道路使用料として毎年一定の額を市に納めている、とあった（第一章第2節（1））。

ところで、京都電車（村井貞之助・中安信三郎ら）と京電（藤本清兵衛ら）の市街電鉄の民営を求める二つのグループの他に、公同組合などを背景として、「市民直営」の電鉄を建設しようとするグループが出現した。公同組合とは、山田信道府知事の指示に基づき、一八九七年春頃に、京都市内各町に作られた町内会の一種である。公同組合は、学区教育費や衛生費等を徴収したり、市の布達や広報を通達したりする等、市行政の末端を支えていた(72)。

一九〇七年一月七日、公同組合の電鉄への最初の公然とした動きとして、大原政盛（下京区寺町五条上ル）は京都市民有志者総代と称し、電気鉄道建設に関する請願書を、堀田《ほった》康人《やすと》市会議長(73)（茶話会）ならびに道路拡築電気鉄道建設市会調査委員長に差し出した。請願書では、京都市には各学区に「相互扶助隣保共同」の趣旨で組織された公同組合があるので、電鉄を形式的に株式会社とし、各組内（各学区）より発起人を選定し、広く市民を株主として利益を分配し、いわば市民所有のものとすべきであると唱えていた(74)。

その後一九〇七年一月二三日、「電鉄市民直営派」は、錦光山英太郎・村田栄次郎・藤原忠兵衛ら五〇余名が発起人となり、京都市電気鉄道株式会社を発足させることを内務大臣に出願した。彼らの計画は、拡張された道路に、東山線・大和大路線・烏丸線・千本大宮線・今出川線・丸太町線・御池線・四条線・七条線の九線を複線で敷設しようというものであった。一月末になると、上下両区の連合公同組合幹事会で、電鉄の「市営」問題について調査

表2－1　京都市議の電鉄敷設の民営・市営の会派別人数（人）

会派名	市議の人数	民営派	市営派
大成会	14	13	1
茶話会	12	0	12
公同会	8	7	1
同志会	8	4	4
無所属	3	3	0
合計	45	27	18

出所：『京都日出新聞』1907年2月9日。

委員会も開かれるようになった。しかし、結論は出なかった[75]。

(7) 電鉄市営は「公利公益」だ

一九〇七年（明治四〇）一月末には、民営を求める京都電車派（村井派）と京都電鉄派（藤本派）で、市会議員の獲得工作が激しくなったが、両派が一致して市当局に圧力をかけるべく合同する可能性はみえなかった。しかし、一九〇七年二月九日の新聞によると、市議中で、電鉄の民営派は二七名にもなり、市営派は一八名にすぎず、民営派が上回ってしまった[76]（表2－1）。これは西郷市長の推進する三大事業構想にとって、大きな脅威であった。

その特色は、第一に、大成会・公同会は民営でほぼまとまり、茶話会は市営で全員まとまっているのに対し、同志会は市営・民営で真っ二つに分かれてしまったことである。

第二に、市会の第一会派であった茶話会が、電鉄の市営か民営かが大きな問題になっていくこの時期に、第二会派に転落してしまったことである。無所属の三人中二人は、以前に茶話会員であったが、電鉄問題で茶話会を脱会してしまった。電鉄の市営を支持する『京都日出新聞』は、一九〇七年一月上旬の社説、「市会議員の試験」で、「彼等は常に茶話会と称し同志会と唱へ又大成会と号し」、ややもすれば互いに「中傷讒誣《ざんぶ》蝸牛角上《かぎゅうかくじょう》の争」（中傷し、無実のことでそしり、小さくつまらないことで争うこと）が行動として目立つが、「真に衷心より市の公利公益を目的とし市民の幸福を本位として行動する者、果たして幾人なるか」を判別する試験は電鉄の問題よりよいものはない、と論じた[77]。

ここでは、電鉄の市営が民営かをめぐって、市営の方が「市の公利公益」にかなっていると、「公利公益」という用語が使われていることが注目される。しかし、個別の市議の利益も絡む電鉄問題は、西郷市長を支持してきた茶話会をはじめとして同志会などの会派に大きな影響を与えたのである。

このように市議の中で民営論が多くなっていくことに対し、まず一九〇七年一月一五日に大森府知事が、次いで一九日に北垣国道前府知事が記者に電鉄の市営論を語るなど、市外の有力者による民営論への間接的な牽制がなされた(78)。しかし市会議員たちは、すでに述べたように、二月上旬にかけて民営論に傾いていた。

そこで電鉄市営論の西郷市長や彼を支持している大森府知事らは、最後の手段に出た。それは、内務大臣に申請されている民営電鉄敷設についての各派の出願を不許可にすることである。原敬内相は、西郷市長の申し出に基づいて、不許可の指令を出した。一九〇七年二月二一日に行われた大森府知事の新聞記者への説明によると、この方針は、内務省が大蔵省に妥協して三大事業のための二〇〇〇万円の外債募集に同意した時点から定まっていた方針であったという。しかし、京都市民の民営推進派の人心が「激昂」しないように指令を延期し、市会の市営決議を待っていたが、近日は市営派の形勢が好ましくないので、不許可の指令を出すことになった。また、東京市においても、市区改正事業で建設した道路面に敷設した民営電鉄ですら、命令条件が実施されていないのをみても、民営で行うべきでないのは明らかであると、大森は続けた(79)。

(8)　三大事業予算の成立

その後、一九〇七年（明治四〇）二月末から三月初めにかけ、電鉄市営派と民営派の妥協が進展し(80)、すでに述べたように、三月六日の市会で、道路拡築並電気軌道建設費が可決され、前年一一月に可決されていた上水道建設・第二疏水建設と合わせて、三大事業予算は一七二六万円余（現在の二〇〇〇億円以上）にも及んだ。一九〇七年度の普通市税は、約五〇万三三〇〇円であり、三大事業はその約三四倍もの大事業であった。

なお、三月七日の市会では、村井吉兵衛他一四名が出願した「京都瓦斯《ガス》株式会社のガス事業に必要なガス管敷設のため市の管理する道路および水部上を使用することに関する報償契約」が提出された。その主な内容は、⑴会社は市有財産にガスを供給するときは普通料金の二割引とする、⑵毎年純益の五％の金額を市に納付する、⑶純益から先の五％の納付金や一二％の配当金等を差し引いた後も余剰があるときは、その剰余額の二五％を先の納付金とともに市に納付する、(4)会社開業の日から三〇年経過した後に市が会社の全部または一部を買収しようとする時は会社は拒否できない、等である。[81]

議案の説明に当たった川村助役は、(1)市は三大事業を控え多大の公債を募集しなくてはならず、ガス事業を経営することができないので、申請企業に特別の許可を与えることになった、(2)報償条件は大阪市の報償条件を土台とし、東京市が千代田瓦斯《ガス》会社との間に結んだ条件を参考として起草したと述べた。また川村は議員の質問に答え、大阪市の報償率と本案の報償率の差異はないとも答えた。[82]このように、市当局の姿勢は、都市経営の思想の下でガスも市営にするのが望ましいが、三大事業で財政的な余裕がなくなるので、大阪市と同様の条件で報償契約を結ぶというものであった。この京都瓦斯会社との報償契約の件は、三月九日の市会で可決された。

3　市会会派の再編

(1)　茶話会を至誠会に再編

すでにみたように、一九〇七年（明治四〇）二月九日頃には、市街電鉄の市営か民営かをめぐって、市会会派同志会は大きく動揺し、茶話会は二名の市議が脱会し、第二会派に転落するという危機に直面した（表2－1）。しかも四月には、市議の半数を改選する選挙が控えていた。

これに対応するため、同志会中の電鉄市営派の四人は脱会し、茶話会は同志会脱会者と以信会（上京区、市議を当選させるまでに至っていない）を合わせて新たな会派を作ることになった。一九〇七年二月一五日、茶話会は春季総会を開き、幹事雨森菊太郎《あめのもりきくたろう》（前市会議長）は、「今や又他団体より本会と行動を共にし本市の公利公益を企画せんとの申込を受けた」ので、本会の役員で審議した結果、新たに「大団体」を組織して市のために活動することを全会一致で可決したと、合同を提案し、満場の拍手で合同が認められた。[83]こうして電鉄の市営か民営かの問題をめぐって、西郷市長の推進する三大事業構想を支えるため、茶話会・同志会の半分・以信会の、合同への動きが始まった。ここでも「市の公利公益」を掲げていることが注目される。

二月二二日、この新団体の組織準備委員会が開かれ、会名を至誠会《しせいかい》とすることを決議し、「本会は正義を旨とし、本市の公益を謀るを以て目的とす」などの会則が決められた。三月四日、至誠会の発会式が四〇〇余名の来会者を得て、河原町共楽館支店において行われ、一六名の市議が参加した。また、会長を置かず、西村治兵衛・雨森菊太郎・上田万次郎ら一〇名の幹事を選出した。同志会を脱会した四名の市議のうち、二名が幹事に選出された(84)(図2－1)。

至誠会は、一六名の市議を擁し、再び市会の第一会派になったのみならず、上京・下京に地盤を持つ茶話会、上京を地盤とした同志会の半分、上京を地盤とする以信会が合同したことで、四月の市議選に際し、上京区で優勢を確保し、市会の有力会派であり続ける可能性が出てきた。すでに述べたように、旧茶話会は旧同志会と協力して西郷菊次郎を市長に擁立し西郷市長が行おうとする公共事業を中心とした都市改造と都市経営を支えてきた。旧茶話会系は、至誠会の中心となって、再び同様の路線をとれる市会内での基盤を確保したといえる。

(2)　至誠会の限界

明治後期の京都市の市会の会派を分析し、至誠会の結成を、地域的結合を契機としたそれまでの会派と異なり、全市的な諸問題に対する政策的結合を主とする会派が誕生したとして、「画期性」を強調してとらえる見解がある(85)。これまでみてきたように、一九〇〇年代になると、都市経営への関心が強まり、そのあり方をめぐって、地域対立に加えて、公共土木事業に積極的な茶話会を中心としたグループと、それに慎重な大成会(旧自成会・鴨友会の合同した会派)を中心としたグループの政策対立がみられた。しかし、本書で以下に叙述するように、至誠会が成立した後も、政策対立のみならず、上京・下京などや、さらに小さな地域の利害からの地域対立は残る。したがって、右の見解ほど至誠会成立の画期性は評価できない。

他方、前述した茶話会を中心とした新会派を作る動きに対抗し、遅くとも一九〇七年二月二〇日には、電鉄民営を主張する市議らは祇園中村楼で懇親会を開いた。出席者は、渡辺昭（公同会、中央の政派では政友会）・中安信三郎（同志会）・中村栄助（大成会）・神田達太郎（公同会）・林長次郎（公同会）ら大成・公同・同志三派の市議・市参事会員その他約三〇名で、新たに倶楽部を設けることを決めた。これは二月二五日の会合で丁未《ていび》倶楽部の名称にすることに決まり、電鉄民営派は民営の場合の京都市での報償条件について話し合った。しかし、すでに述べたように、三月六日に電鉄市営も含んだ三大事業予算が市会の本会議で成立すると、共通の目標がなくなり、三月末には同倶楽部は解体に向かうようになった(86)。

その後市議半数改選が四月一五日（三級）、一七日（二級）、一八日（一級）と、有権者の所得別に三つの級に分かれ、三日間にわたって行われた。旧茶話会系の至誠会は九名（留任市議と合わせて一八名）、大成会は九名（同、一八名）、同志会は二名（同、四名）、公同会は一名（同、五名）当選した。選挙の過程では、政策対立は争点とならなかった。また上京区を地盤とした同志会の半分の市議が入会した至誠会が上京区で八名、旧来から下京区に地盤を持つ会派を継承している大成会が下京区で九名の当選者を出して勢力を維持したように、地域対立色が以前と同様に根強かった(87)。このように、至誠会は大成会と同数の市議を確保したが、かつての茶話会のように市会の主流派として市会をリードするまでには勢力を回復できなかった。

次章で述べるように、三大事業予算は成立したものの、市会内の権力と利益を求めた争いが激しくなり、市債の募集がうまくいかず、一年経っても事業は起工できなかった。この中で、一九〇八年三月には新聞紙上で、京都市会は活気がなく、市議の主義や定見がないと批判されるまでになっていく。

西郷市長は、帝国大学を出て法律・金融・財政・工学の専門知識のある市職員や、市の嘱託となった田辺朔郎京都帝大教授などの助けを得て、慎重に京都市改造の計画を立案した。その結果、第二琵琶湖疏水の建設、上水道の建設、道路拡張ならびに市営市街電鉄の敷設という三大事業を外債によって実施するという成案を得、一九〇七年三月の市会で予算の承認を得た。この事業は、道路を広げて広軌の市街電車を走らせ、そこから得た利益を外債償還の一助にするという都市経営的観点がはっきりと入っていることが、大きな特色である。また、京都市街を改造して京都市の発展と市民の生活を向上させるという、公共性（当時の用語で「公利」「公益」）の観点も展開していった。

西郷市長と三大事業を支持したのは、茶話会から至誠会に改組される伝統的市会会派であった。しかし、それらに対立した大成会等も、西郷構想とは異なっているが、都市経営という考え方を持っており、京都市の三大事業は、日本において都市経営構想が最も早く展開した有力事例の一つであったといえる。それにもかかわらず、この構想過程で、様々の私的利害要求と思えるものが市議らの間で登場し始め、京都市にとっての公共性とは何かが問題になっていく。

第三章　三大事業の展開と完成

本章では、前章に引き続き、一九〇七年（明治四〇）三月に市会で三大事業の予算が成立した後、西郷菊次郎市長のもとで三大事業が展開していく過程を分析したい。政府から事業に対する助成金が下りるかどうかや、下りるとしてもその比率が決まっていなかったことから、市当局は自ら創意工夫を行い、政府と相談しながら、少しでも有利になる方法を模索していくことになる。これらに対する市会や市民の動向についても考察する。

1　第二疏水と水道事業

（1）公債の募集難と西郷市長のリーダーシップ

一九〇七年三月六日の京都市会で、道路拡築並電気軌道（京都市電）建設費が可決され、すでに前年一一月に可決されていた第二疏水建設・上水道建設と合わせて一七二六万円余（現在の二六〇〇億円以上）の三大事業予算が成立した（第二章）。京都市の現住人口は一九〇六年末で約三九万六〇〇〇人にすぎず、一九〇七年度の普通市税は、約五〇万三三〇〇円であった。三大事業はその約三四倍もの大事業であった。また現代の人口規模に換算すると八〇〇〇億円程の大事業となる。

西郷菊次郎市長はこの事業の財源として、一八六五万円の外債を募集する計画を立てており、すでに大蔵省と内務省から内諾を得ていた。六％以上の利子が必要な内債に比べて利子の安い外債で事業を行うというのが、市当局の当初の計画であった。しかし、第二疏水と上水道の二事業だけでは外債を募集する資格である一〇〇〇万円以上の事業費にならないので、西郷市長は、道路拡築並電気軌道建設を加えて三大事業としたのであった(1)。

さて、日露戦争の講和条約問題が解決すると、山県有朋系の桂太郎内閣は総辞職し、一九〇六年一月七日、講和問題に協力した立憲政友会を背景として第一次西園寺公望内閣が成立した。政友会からは、西園寺首相に原敬（内務大臣）・松田正久（司法大臣）を加えた計三人が入閣したが、陸相・海相・外相を含む七人の閣僚は、伊藤博文・山県有朋・松方正義ら元老や桂の意向に配慮して選定された。

政権交代があったので、西郷市長が三大事業を実施するにあたり、山県系や薩摩系から全面的な支援を受けるという状況ではなくなった。しかし、政友会の実力者原内相は、数年前に大阪毎日新聞社長を務めていた時代から都市の発展に外資を導入することを主張していたように、都市改造事業に積極的であった(2)。また京都市は、旧首都で「三都」の一つであったことで、重視されていた。このように、政権交代によって三大事業の推進が不利になるわけではなかった。政府の認可や支援は、事業計画の確かさや、京都市側の熱意にかかっていたと言ってよい。

西郷市長は、遅くとも一九〇七年四月上旬までに阪谷芳郎《さかたによしろう》蔵相と相談し、蔵相の助言で興業銀行を通して外債を募ることになり、渡欧する直前の添田寿一興業銀行総裁と面談した。西郷市長の構想では、外債の償還は一九〇七年より一〇年据え置きで、一九一七年から二五年間かけて全額償還する予定であった。償還財源は事業完成後の純益金の他、一九〇七年以降三五年間毎年市税から一五万円ずつ繰り入れることになっていた(3)。これは一九〇七年度の普通市税収入約五〇万三〇〇〇円の三〇％にもなる負担であった(4)。

なおすでに前年一一月二七日に、西郷市長は第二疏水工事と合わせて実施すれば上水道敷設の工費は三〇〇万円で済むからと、一〇〇万円の補助金を第一次西園寺公望内閣の原敬内相に宛てて申請していた。約四カ月後の一九〇七年四月二日、七五万円（工事費の二五％）の補助が下りる旨、通牒があった(5)。

また、一九〇六年一二月二一日において、第二疏水建設・上水道建設のための組織として、臨時事業部を設置し、同部長に川村鉚次郎《かわむらりゅうじろう》高級助役を任命、同部内に水利（第二疏水事業）・水道（上水道事業）の二課を置いていた(6)。

他方、一九〇七年三月に新たに行うことになった道路拡張と電気軌道建設に関しては、とりあえず市役所内の土木課で事務を取り扱った。同年四月初めにおいて、これらの事業が進展するのに対応させ、新たな職制を定めて、それらを担当させることになっていた。しかし、それを臨時事業部の中に含めるのか別に一組織を作るのかは、確定していなかった[7]。これは、まずは第二疏水と上水道の貯水池を建設し、その進展を見て道路拡張を行い市街電気軌道・上水道の配管を建設しようという市当局の考えを反映していた。

同年七月二日には、臨時事業部の組織を改正し、水利・水道の二課から、工務課（第二疏水事業工務）・電気課（第二疏水事業電気）・水道課の三課体制に充実させた。これは、事業が進展するにつれて事務が複雑になったからであった[8]。

また同年六月末段階で、道路拡張のための測量は、烏丸《からすま》線・丸太町《まるたまち》線・千本大宮《せんぼんおおみや》線の今出川《いまでがわ》通―三条通間は終了し、八月中にはすべて終える予定であった。烏丸線は用地買収の調査を終えていたので、今後は市参事会の賛同を得、内閣の許可を受け、早ければ一〇月頃には本工事に入れるとの、楽観的な見通しすら新聞で報じられた[9]。

同年六月末、西郷市長の談として、渡欧中の添田寿一興業銀行総裁からの通報によると、昨年に比べ各国の金融は事業勃興の余波で、日本国内と同様に引き締まっており、最初の借入条件で借り入れることは非常に困難であると報じられた。また、六％以上の利子ならば、内債によって事業を行えるが、なるだけ低利の借入をしたいので、外債に頼りたいと考えているとも報道された。外債募集について、西郷市長は大蔵省の若槻礼次郎次官や荒井賢太郎主計局長、原内相らと連携して尽力しているという[10]。しかし八月上旬になると、当分外債が成立する見込みがないので、一時的に内債によって事業を行うことに方針を変更し、日本興業銀行と交渉を開始したが、予定通りの利率ではなかなかまとまらなかった[11]。

一一月一四日の市会で、西郷市長は低利の外債の募集が困難なので、事業を中止するか、利子が高くても内債を募集して続行するかの決断を迫られたことを訴えた。幸い三井銀行が一〇〇〇万円という巨額は無理であるが、三〇〇万円を利率六％で引き受けることがまとまったことを、西郷は説明した。さらに西郷は、すでに上水道事業には国庫補助が決定しているが、本年度内に事業の認可を得ないと取り消されて、再び下りない恐れがあると、市会に同意を求めた。

また続いて川村助役が、内債は一九〇七年一二月一日に三〇〇万円、翌一九〇八年四月一日も七〇〇万円を発行できるだろうと補足した（これらは三井銀行以外の銀行も含め、本年度より一九〇九年の間に適当と認める時機を見て一回もしくは数回発行）。この結果、水利（第二疏水）費や水道費に六七八万円、道路費に二一八万円（その他公債募集手数料等を含めて三〇〇万円）の資金が確保できる見込みであった。こうして第二疏水事業と水道事業については内債で前年の決議通りの予算が確保できた。しかし、道路拡張や電気軌道敷設には予算が不足し、烏丸線拡張くらいしか実施できず、時機を見て新たに資金を調達して残りを行う予定であった(12)。川村によると、利子は当初の年利五・五%の予定よりかなり上がって、七%内外になる見込みであった(13)。

この方針に対し、京都市会を二分する会派であった大成会と至誠会はどのようにとらえたのであろうか（一九〇七年市議選では旧茶話会以来の伝統的な主流会派の至誠会が衰退し、大成会と同数の一八名で市会を二分するようになっていた〔第二章第3節（2）〕）。しかも後述するように、市参事会選挙では大成会七、至誠会二と、大成会が市の中枢をおさえた。

大成会はすでに一九〇七年一一月八日に会合を開き、同会幹部の柴田弥兵衛《しばたやへえ》が三〇〇万円から四〇〇万円の金額があれば工事には十分で、利益を上げられる第二疏水事業を先にし、次に水道事業に取り掛かり、道路の一部分を少しずつ着手すれば好都合と論じていた。さらに、遅かれ早かれ残りの募債をする時期も来るので、その際に一挙に工事の進展を図ればよいとも述べた。このように大成会は、市当局の原案に賛成であった。至誠会も一一月八日に会合を開いた。同会の幹部堀田康人が、市長が一〇〇〇万円の内債を募るというが第一回で確定しているのは三〇〇～四〇〇万円の少額であるので、残りの六〇〇万円の内債成立の時期を市長が明示しないなら簡単には原案に賛成できないと述べた。このように至誠会は大成会に比べ、市の内債募集計画に対し多少の不信感を持っていた(14)。

いずれにしても、一一月一四日の市会で神田達太郎《かんだたつたろう》（大成会、旧公同会）・渡辺昭《わたなべあきら》（大成会）・林長次郎（大成会、旧公同会）・並河（後に並川）栄慶（至誠会）ら会派を超えた市議が、外債が無理なら多少利子が高くても内債で事業を始めるのはやむを得ないと賛成したように、事業推進を支持していた。結局同日に、一回目が一九〇七年一二月一日に三〇〇万円、二回目が一九〇八年四月一日に七〇〇万円内債を発行するという案が可決された(15)。こうして、三大事業はまず第二疏水工事と上水道工事に着手する財政的基盤ができた。

(2) 第二疏水工事・上水道工事の着手

(1) 工事の構想と展開

第二疏水工事は、一九〇六年（明治三九）四月四日に起工の許可を得ており、財源を得て一九〇八年六月二六日から工事が始まった。工区は五つに分けられ、最初の着工は第一工区（大津市制水門～古関トンネルなど）で、次は一一月一五日に着工される第三工区（黒岩・日ノ岡・大日山トンネル・蹴上発電所）であった(16)。

他方、上水道工事は、一九〇八年二月一四日から田辺朔郎《たなべさくろう》（京都帝大理工科大学教授、第一琵琶湖疏水の設計者）を監督に井上秀二技師（京都帝大理工科大学卒）を主任として、浄水池の位置を選ぶ作業に入った。田辺らは、都《みやこ》旅館（現・ウェスティン都ホテル京都）近くの華頂山《かちょうざん》の背部を適地として西郷市長に上申し、市長は原内務大臣に土地収用法の適用を申請し、同年三月七日に内閣の許可を得た。それに先立ち京都市は水道浄水池の用地買収に着手し、一九〇九年二月にほぼ終了した。同年二月一七日、市長は工事施工認可申請を平田東助内相に提出し、五月三〇日に認可を得て、浄水池の工事を開始した(17)。

この間、第一次西園寺内閣に替わり、一九〇八年七月一四日に第二次桂内閣が成立していた。三大事業に関わることの多い内相は、山県系の有力者の平田東助（前農商相）、大蔵大臣は桂首相の兼任（若槻礼次郎大蔵次官が実務の中心で、蔵相的役割も果たす）であった。

三大事業計画の中心である西郷市長は、京都府の「元老」北垣国道《きたがきくにみち》（前京都府知事）から桂太郎首相という山県有朋系人脈に、元老松方正義・山本権兵衛海相ら西郷の出身地である薩摩系人脈を加えて、京都市会の主流会派茶話会と同志会に推薦された。こうして一九〇四年一〇月に市会の推薦を得て、天皇から市長に任命された（第二章

第1節（1）・（2））。すでに見たように、政友会を背景とする第一次西園寺内閣ができても、三大事業は内閣の更迭に直接の影響を受けておらず、再度桂内閣になっても同様であった。

さて、三大事業の起工式は一九〇八年一〇月一五日に行われた。その後、一九〇九年二月二日の市会で、一九〇六年一一月二五日の市会で決まった京都市水道費予算の更正予算が議定された。それは旧予算が上水道敷設費の国庫補助申請を急いで行うため、あまり緻密な調査をせずに市会に提出されたので、今回は十分な調査の上で実態に合わせて修正しようというものである。

井上秀二技術長の市会での説明によると、上水道の計画は、⑴初めは市内の現住人口四〇万人の半分の二〇万人に給水する、⑵必要に応じ鉄管を敷設すれば、五〇万人にまで今計画中の浄水池で給水可能である、⑶第二期工事を行えば七〇万人にまで給水可能である、⑷現在四〇万人の人口なのに、何十年後のことに配慮して設計するのは不経済にみえるが、大阪市は上水道は六〇万人の人口の設計であったのが、現在一〇〇万人以上の人口になったことをみても京都市の計画は妥当である、というものであった。[18] 上水道工事に関して、大阪市の事例を参考に設計したことが確認される。

⑵川村助役の辞任

すでに述べたように、一九〇六年（明治三九）一二月、第二疏水と上水道工事を統轄するため、京都市は臨時事業部を設置し（部長川村助役兼任、二課体制）、一九〇七年七月には、工務・電気・水道の三課体制に拡充した。

一九〇八年四月になると、三大事業に関し次のように報じられるようになった。⑴三大事業のうち、道路拡築部《どうろかくちくぶ》の方面（後述する）はほとんど中止の状態であるが、第二疏水と上水道の臨時事業部に属している部分は「着々進捗《しんちょく》し」ている、⑵しかし、部長を兼任している川村助役は他の普通事務との掛け持ちで、ほとんど手がまわらない有様となっている、⑶西郷市長は早くから専任の臨時事業部長を置きたい意向であり、それを技術者にするか助役を一名増員して臨時事業部を担当させるか考慮中である、⑷この問題に関して、市参事会の意見を聞くため、数日前に晩餐会を行い種々の懇談をしたが、なんらまとまらず、井上技師を部長に昇格させる意見があった他、新たに部長を選定することになった場合は、人選は市長に一任してもよいとの合意がほぼ得られた、(5)この会合には川村助役が出席せず、川村助役が南満州鉄道株式会社に出向するという噂は事実であるという者もいる。[19]

この五カ月後、一九〇八年九月一五日に川村助役は市会で辞任を認められ、[20]満鉄に就職している。このことから、右の新聞報道は信頼できるといえる。従来からの事務の停滞に加え、川村助役が西郷市長に辞意を表明したので、専任の臨時事業部長を任命する問題が、報道の通り同年四月には生じてきたようである。後述するように、八月に新臨時事業部長が決まると、新臨時事業部長と技術長となった井上技師が対立することになる。すでに四月の段階で井上を同部長に推そうという声が市議中の有力者からなる参事会員の中にあるのも興味深い。

また、同年八月一四日付地元有力紙は、三大事業について、西郷市長に批判的な記事を掲載するようになる。(1)「事業大なれば之が経営の局に当る人物も亦大でなければならぬが、小心翼々杓子定規的に一つの定まつた仕事を処理するの外、何等の能と胆とを有せざる西郷市長」がこのような大事業計画の指導者となったことは、むしろ意外に思うのである、(2)（東京）帝大法科出身で「銀行計算の事務に従事して」いた川村助役が就任した当初は、綿密な仕事ぶりを西郷市長は大いに気に入って、「一にも川村二にも川村」という有様であったが、臨時事業に対する今日迄の手腕はほとんど失敗の跡のみを残した、(3)川村助役の「理財的手腕は最も拙劣」であった、机の上で見事にできた案も現実となっては、ことごとく失敗した、(4)しかも、「設計等は非常に困難であるが金は直ちに出来るものと思ふて居りました」と、銀行家の前で放言するような市長を助け、この大事業の局にあたる川村助役の苦心は一通りのものではないだろう、早くも川村助役の「逃出し」説が伝えられるのも無理はない。[21]

西郷市長についてきわめて否定的な記事であることが注目される。すなわち、三大事業が計画作成段階から実行段階に入っていくにつれ、西郷市長や川村助役への批判が出始めた。そこで川村助役は、自ら身を引こうとしたのか、そうすることを西郷から求められたのかは今のところわからないが、勇退を考えた。そこで西郷はこの機会に専任の臨時事業部長を任命しようとしたのである。

しかし、ここでの西郷市長への批判は、西郷の代わりとなれる人物が見当たらないことを考えると、ないものねだりの、批判のための批判といえる。三大事業のような大事業は十分な予測がつかないのが当然である。市参事会・市会・市民の要求を調整して計画を完成し、予定通りではないものの、政府と協議しながら事業を公平な基準でここまで継続させてきたのは、西郷市長の功績以外の何ものでもない。

(3) 事業をリードした市幹部と幹部技術職員

(1)第二疏水・上水道工事の新しい組織

臨時事業部に関し、西郷市長は川村助役に代わって六角耕雲（前京都府警察部長〔現在の府警本部長〕）を部長に任命しようとする。しかし一九〇八年（明治四一）七月初めになっても、市参事会の同意を得ることができなかった。最も強硬に反対しているのは下間庄右衛門（大成会）で、山本清助（大成会）・柴田弥兵衛（大成会）らも反対していた。[22] 大成会は一九〇七年二月段階で、三大事業計画中の市街電車の経営をめぐり、西郷市長の主張する市営ではなく民営を主張した市会の会派で、元来市長に批判的であった（第二章第2節（7））。

なお、京都市臨時事業部の規定は前年度に決まっていたが（三課体制）、職員制度の定めがなかった。そこで西郷市長は一九〇八年七月一〇日の参事会で職制を決定した。その内容は、(1)京都市の企画で敷設する第二疏水・上水道両工事を完成させるため、臨時に同事業部を開設する、(2)職員には部長・技術長・技師・総務課長らの各幹部および技手・書記および工手等若干名を置く、(3)部長は市長に隷属して一切の工務事務を統轄し（部長の年俸は二〇〇〇円ないし三〇〇〇円）、技術長は技師を統轄し、技師は諸般の設計および工事に従い、総務課長は一切の事務を統轄する等であった。技術長には、井上秀二技師が任命されるという。[23] 部長の年俸の上限の三〇〇〇円は西郷市長の年俸の四〇〇〇円（現在の五二〇〇万円くらい）には及ばないが、高級助役の年俸より多い。西郷市長が臨時事業部長の職を重視し、大物を招こうとしていたことがわかる。

七月三日段階では、技師は置くが技術長を置く話は出ていなかったことから、[24] 参事会で六角を臨時事業部長に任命することに反対が強いので、井上を技術長にして六角に準ずる地位を与えることで、六角任命について参事会の賛同を得ようとしたのであろう。

結局、八月八日に六角は臨時事業部長に任命された。年俸は二〇〇〇円（現在の二六〇〇万円くらい）と決められ[25]、かなりの高給であったが、枠内の最下限の年俸となった。これは、参事会の中の六角への反対を反映しているといえる。

八月一一日には、参事会で臨時事業部職務章程（新しい職制）が決められ、従来の三課から、総務課、水路課（第二疏水の水路工事）、電気課（第二疏水の電気工事）、水道課（上水道敷設工事）の四課体制となった。また、部長は市長の指揮を受けて部員を統監し、技術長は部長の監督を受けて技術に関して各課長を監督し、総務課長は部長の指揮を受けて課員を監督し、水路・電気および水道各課長は部長および技術長の指揮を受けて課員を監督し等と定められた。これは職務権限に関して、六角部長に対し井上技術長の権限を相対的に弱め、七月一〇日に決められた職制をさらに明確にしたものである。おそらく、六角の年俸の点で他の参事会員に譲った西郷市長が、六角の権限の点では自己の意思を通したのであろう。

同時に、工務課長であった技師の井上秀二が技術長（臨時事業部水道課長兼任）に、技師の境田堅吉が臨時事業部水路課長（水利部工務課長を兼任）に任命され、電気課長は従来と同じ技師大瀧鼎四郎《おおたきていじろう》（渡欧中）であった。彼らは京都帝国大学理工科大学（後の京都帝国大学工学部と理学部）等を出た技術職員であった（表3－1）。

西郷市長と井上秀二技術長（・大瀧鼎四郎技師〔電気課長〕）には欧米の都市を視察した経験があり、原全路技師は京都帝大理工科大学卒で大阪市・広島市等で水道工事の経験が、後述する山田忠三技師は京都府技手として第一琵琶湖疏水工事の経験があった。高級助役の川村鉚次郎やその後任の大野盛郁《おおのもりか》は（東京）帝国大学法科大学（後の東京帝国大学法学部）卒で、銀行員の経験がある。当時の法科大学は、経済も含んでいた。一九〇九年一一月に道路拡築部の幹部となる大塚英太郎（主事）はアメリカのイェール大卒で、アメリカの都市を知っている。同じく野依源吾（主事補）は内務省土木局の技手で、東京市の改造事業である市区改正事業を担当する、東京市区改正係であっ

表 3-1　1908年頃三大事業を支えていた京都市幹部・幹部技術職員および学者

人　名	役　職	学歴・経歴など
西郷菊次郎	市長（1904.10-1911.7），この間に道路拡築部長も兼務。	アメリカに遊学し都市の実情を学ぶ。薩摩出身。
川村鉚次郎	高級助役（1905.2-1908.9），この間に臨時事業部長なども兼務。	（東京）帝大法科大学卒，銀行員。
大野　盛郁	高級助役（1908.12-1912.8），この間に臨時事業部長や道路拡築部長なども兼務。	（東京）帝大法科大学卒，銀行員，薩摩出身。
六角　耕雲	臨時事業部長（1908.8-1909.11）	警察官僚
田辺　朔郎	京都帝大理工科大学教授，京都市土木顧問（1908.8-1910.6）	工部大学校（のちの東京帝大工科大学）卒，第一琵琶湖疏水の設計。
井上　秀二	技師，臨時事業部技術長（同部水道課長兼任，1908.8-1909.11）	京都帝大理工科大学土木工学科卒，前同大助教授，1907年から1908年まで欧米とエジプトを視察。後に東京電燈建設次長。
大瀧鼎四郎	技師・電気課長から臨時事業部技術長（1909.11-1912.9の同部廃止まで在職か）	京都帝大理工科大学電気工学科卒，前同大助教授。市参事会の命で1908年２月，水力・電気事業調査のため，市費で欧米視察。
境田　賢吉	技師，水利部工務課長・臨時事業部水路課長	京都帝大理工科大学土木工学科卒。陸軍工兵少尉。
大杉　齢次	技師，臨時事業部水路課員	京都帝大理工科大学土木工学科卒。陸軍工兵少尉。
永田兵三郎	同　上	京都帝大理工科大学土木工学科卒。陸軍歩兵少尉。後に京都市電気局長，横浜市電気局長。
中村　　輪	同　上	京都帝大理工科大学土木工学科卒。
山田　忠三	同　上	京都府技手から疏水事業の実際に携わる。「実地の経験は最も豊富な人」。
安田　靖一	技師，臨時事業部水道課員	京都帝大理工科大学土木工学科卒。後に京都市土木局長。
原　　全路	技師，臨時事業部水道課員から水道課長（1909.11-）	京都帝大理工科大学土木工学科卒。大阪市・広島市等で水道工事の経験。後に東京市水道局長。
多田　耕象	技師，水利部電気課員・臨時事業部電気課員	京都帝大理工科大学電気工学科卒。
来田孫十郎	水利部整理課長・臨時事業部総務課長（1908.8-1909.11）	税務職員。上京税務署長，神戸市収入役。

出所：『京都日出新聞』1908年８月16日，1909年11月11日，19日，1920年12月17日，20日，1927年11月27日。京都市市政史編さん委員会編『京都市政史　第１巻　市政の形成』（京都市，2009年）表９，小野芳朗編著『水系都市京都――水インフラと都市拡張』（思文閣出版，2015年）表１と，中川理『京都と近代――せめぎ合う都市空間の歴史』（鹿島出版会，2015年，121頁）により，若干補足。

た[26]（表3－2）。これらの例から推定されるように、京都市の三大事業は、欧米の都市の視察体験、帝国大学での専門の勉学、京都市の第一疏水、東京市区改正事業、大阪市や広島市等での水道事業等の経験を融合して推進されたのである。

以上、序章で述べたように、「都市経営」という考え方は、一九世紀の後半にドイツで登場し、欧米や日本に広まり、諸都市では都市改良・改造事業を行っていく。京都市においても、日露戦争後の三大事業を通して、日本の都市としてはかなり早い時機に都市経営が展開し始めたのであった[27]。

(2) 市職員間の対立・高級助役人選の遅れ

しかし、三大事業が展開するに従い、市の職員内にも様々な対立と変動が起きる。一九〇八年（明治四一）八月に新職制が制定された直後から、技師達の中には技術長となった井上こそが臨時事業部長になるべきであると考える者が多く、技術のわからない警察官僚出身の六角に就任前から反感を示していたという。「才学見聞も豊富」な井上も、部下として六角の監督に甘んじるのはあほらしい感じがすると知人に洩らしたという。すでに述べたように、井上は水道事業のため欧米に視察に行った経験もあった[28]。

また、三大事業等のため京都帝大理工科大学出身の技師が増加したため、経験はあるが学歴のない技師とのわだかまりも生じてきた。新聞は、山田忠三技師と境田賢吉技師のそれを論じる。山田は京都府技手時代から疏水事業に携わっており、疏水についての経験が最もあり、水利部工務課長であった。しかし、今回の新しい職制制定に伴い、若いがてきぱきとした処理能力を持つ京都帝大出の境田が臨時事業部水路課長兼水利部工務課長に就任したので、山田は別に理由がなく課長を免じられ、境田の部下になった。山田へのこのような処遇は、部内幹部の融和を破り事業の進行を妨げる恐れがあるとみられた[29]。

さて、すでに述べたように一九〇八年九月一五日に川村高級助役が退任したので、その事務は後任者が決まるまで、荘林維新《しょうばやしこれよし》下級助役が代理することになった。ところが、西郷市長は内務省の書記官等で探そうと、東京に行き内務省その他と交渉したものの、後任の高級助役の人選は一一月下旬になっても見通しが立たなかった。そのため年俸二〇〇〇円や二三〇〇円では適当な候補者を得ることができないので、まず俸給額を改正すべきであるという議論すら出るようになった。[30] 三大事業という大事業を統括する人物として、西郷市長は視野の広い帝国大学出身の若手官僚を探したが、京都市の従来の助役給では適任者で応じる人物がいなかったのである。

西郷市長は大浦兼武農商相（山県系官僚）に助役推薦の依頼をし、一一月一八日の海軍観艦式の時に、大浦は元老の松方正義（薩摩出身）にその話をした。こうして、一一月三〇日には西郷と大野盛郁《おおのもりか》（帝大法科大学卒、銀行員、表3－1）が会見し、大野は高級助役就任を承諾した。

一二月上旬になると、西郷市長が高級助役の有力候補として同郷の大野を考えていることが報じられるようになった。市参事会員の中には、大野のような人物が市長が理想としている「経済財政の思想」を持っているのかどうか疑う者もいるという。一二月一五日には、西郷市長は、高級助役の候補者として加藤太郎松（同志社政法学校〔現在の法学部と経済学部〕出身、英語が得意。国民新聞社で徳富蘇峰の指導を受け、大阪支局長を経て『東京日日新聞』を発行している日報社の理事）・島田俊雄（東京帝大法科大学政治学科卒、東京市勧業課長）と大野の三人の名を改めて挙げたが、その後加藤は数日前に本人より辞退し、島田は「相当の手腕」があるが未だ人格まで深く信じることができないと、「竹馬の友」である大野を市会に推薦する報告をした。この高級助役選任に関し、元老松方正義は大野の就任を後押しし、対立候補者をつぶしていったという。[31] こうして大野は、一九〇八年一二月一六日の市会で、京都市高級助役に就任することが決まった。

大野盛郁
（『京都市会史』より）

以上に述べてきたような、臨時事業部内の対立や高級助役選任の遅れによって一一月中旬以降、最も早期に実施していくことになっている疏水工事があまり進んでいない。そこで臨時事業部内の「技術者派と非技術者派」の対立があることや、六角部長が「余りに小心翼々にして」自分の権限内のことまで西郷市長の指揮を仰いで行うので、事業は渋滞すること等が報じられた。[32] こうして一九〇八年末には、三大事業を支持していた地元有力紙で、(1)第二疏水と上水道敷設事業は、工事着手以来はかばかしい進展をみない、(2)この原因は最初は資金が得られなかったためであり、その後に資金ができると部長と技師の間の折り合いが良くないといわれ、「本年亦無意義に越年の模様あり」[33]と、三大事業一年間の実施について批判がなされるほどになった。

2　西郷市長の市会基盤の流動化

（1）与党至誠会の衰退と大成会の台頭

本節では、前節で述べた一九〇七年春から一九〇八年末までの三大事業の始動過程で人事をめぐる混乱が生じるのと並行し、新興勢力の大成会が台頭することを示す。また、その影響で市議と市会の各会派が名誉職・利益と権力を求めてさらに迷走していくことを、系統的に明らかにする。

前章で述べたように、三大事業の予算が成立した直後、一九〇七年（明治四〇）四月の京都市議半数改選後の市会では、西郷市長を誕生させた市会主流派の至誠会（旧茶話会）一八名に対し、市長反対派の大成会が一八名と同数を占めた。至誠会はかつての茶話会のように市会をリードするまでには勢力を回復できなかったといえる。またこの市議選の過程では三大事業等の政策対立は争点とならず、上京区・下京区などの地域対立色が以前と同様に根強かった。

さて、四月の市議選を受け、五月三一日に市参事会員の選挙が市会であった。市長、高級・下級の両助役を除く九名のポストのうち五名が改選となり、大成会がすべてを占めた結果、大成会は七名（旧来は三名）、至誠会が二名（旧来は六名）と、大成会の優位が確定した。[34]

至誠会の前身である茶話会が市会の多数を占めていた時代においては、市参事会員・市会の常設委員・調査委員等を選挙する場合は「公平」に反対派にも分配し、その候補者は各々の会派より推薦させていた。しかし、新興勢力の大成会が市会で主導権を握ると、常設委員等の選挙では至誠会に申し訳程度に少しのポストを割り振るが、その人選も大成会からみて協力的な人物を選ぶようになったという[35]。

この市参事会員選挙も、大成会のそうした行動の一例といえ、京都市会は三大事業を支えるべき時期になったにもかかわらず、協調よりも対立が目立つ流動化の時代に入った。大成会のような新興勢力が市会に台頭するようになったのは、日清戦争前後から産業革命が本格化したからであろう。このため、新しい企業活動が生まれて、新しい人々が伸びてくる等して、京都の伝統的秩序が動揺していったのである。

その後、一九〇七年八月から九月にかけて市会では、京都市近郊の深草村（現・京都市伏見区）に置かれることになった陸軍の第十六師団に、京都市からの歓迎の気持ちとして一五万円（現在の二〇億円くらい）を寄付する問題が焦点となった。この問題に関しては、市参事会で多数を占め市会の与党となった大成会が原則的に賛成したが、西郷市長が賛成であったにもかかわらず、市長の旧来の与党であった至誠会があくまで反対した[36]。結局、九月二日の市会で、至誠会の反対を抑え寄付を可決した（師団の移駐は一九〇八年一一月。市の寄付金を使ってレンガで造られた師団司令部は、現在も聖母学院の本館として使用されている）。

すでに述べたように、同年一一月に一〇〇〇万円の内債を募集する問題が起きた際にも、旧来西郷市長の与党であった至誠会が大成会以上に計画についての不信感を示した（本章第1節（1））。

一九〇八年一月には、市会議長の選出をめぐって大成会と至誠会が多数派工作をして自派から出そうと争った。その中で同月下旬には、大成会からの脱会者を中心に、中正会（市議六名）が作られた。このため市議四五名中、一時は二六名を擁していた大成会が、二一名に減少した。他は至誠会一五名、無所属三名であり、中正会と無所属市議のほとんどが至誠会支持にまわるとしたら、第一会派の大成会が敗北する事態に陥る。結局、一月二七日の市会で第一会派の大成会がなんとか多数を確保し、片山正中（大成会）が堀田康人（至誠会）を一票差で抑え、議長に選ばれた[37]。

このように西郷市長は、市会の第一会派で与党であった至誠会（旧茶話会）が没落したばかりでなく、その支持を期待できなくなってしまった。至誠会に代わって第一会派となった大成会も、その主導権は十分ではなく、また旧来の至誠会のように安定した与党として期待できなかった。三大事業という非日常的な大事業を行う計画を立て、それを推進しようと動き始めるなかで、市会議員に役職欲が増大し、市会内の安定した秩序が崩れ始めたのである。これは期待される公共事業をめぐる種々の個別利益のためでもあろう。

このため一九〇八年三月になると、地元有力紙に、「京都市会の活気なく議員の不真面目なるは今に始まつた事ではないが、殊に此頃審議しつゝある予算案の如き数字的計算的のものになると」、「チャント頭に叩き込んで居る議員は殆んどないと見へて」、いずれの議員の質問を聞いても要領を得たものがない等と、批判されるようになった(38)。また投書として、「京都市会議員中、主義なく定見なきもの頗る多し、現に其所属の会を朝に脱会し夕に復会するが如き、其行為の不確なること」甚だしい、等の意見が掲載された(39)。

すでに述べたように、西郷市長は三大事業の過程を通し公共性への理念を広げようとし、京都市内にも呼応しようとする者もいた。しかし、第Ⅱ部で述べる第一次世界大戦後の都市計画事業の実施過程と比べ、その市内への広がりは十分ではなかった。このため、事業に伴って出てくる小利権のため、多くの市議が動揺しがちになったのである。

西郷市長は、一九〇八年九月二日の市会で、臨時事業委員規定を議決させた。その内容は当面実施する第二疏水事業と上水道敷設事業に関し、市参事会員三名、市会議員一三名の臨時事業委員を設けるというものであった。委員の互選で委員長を決め、委員の任期は六カ月とし、実費弁償として一人一カ月三〇円の支給を受け、臨時の会議の他、週に二回（水・土曜日）に定例会議を行うことになっていた(40)。委員の任期を六カ月としたのは、市会の自らの基盤が流動化してきたことに対応するため、多くの市議を交代で三大事業に関わらせることで、事業をめぐっての西郷市長への不満を発散させるための措置と思われる。

（2）大成会の内紛と至誠会の巻き返し

前項で述べたように、一九〇八年一月下旬に中立を標榜する市議六名からなる中正会ができたので（大成会からの脱党者五名）、市会第一会派の大成会は二一名に減少した。この中正会は、市会議長選挙のために設けられたにとどまり、その後特に市政上の活動をしなかった。そこで、同年一一月下旬になると、新たな中立団体を結成する動きが表面化した。その中心は、大成会幹部の柴田弥兵衛《しばたやへえ》ら大成会・中正会（大成会からの脱党者が中心）関係者を中心とした市議たちであった。これに至誠会の市議一名を合わせ、市議九名と市部選出府議の村岡角太郎《むらおかかくたろう》（下京区選出、中立）らが関わっていた(41)。

柴田らのこの動きは、大成会内の主導権争いと、役職配分への不満が関係していた。一九〇八年一一月末の新聞は、大成会について、次のように述べている。

> 何でも市費の分捕《ぶんど》りを以て唯一の本領となせる大成会の市会議員連は、未だ市臨時委員其他の常設委員に有付《ありつ》かざる議員連を慰藉する為め、公園委員なる者を設け、円山公園の改良東山公園の新設計等をなさしめんとの妙案を立て、既に市参事会の内議に付せしも、例の柴田弥兵衛氏が熱心の反対を試みし為め中止の姿となり居れり(42)。

また同じ記事で、柴田が公園委員の設置に反対したのは、公園委員を設けても、大成会内の中安信三郎派や山本清朗派に占有されるので「馬鹿〳〵し」いからであるという（山本は市参事会員であるが市議ではない）。

柴田弥兵衛らは、その後一九〇八年一二月二一日、「同志の者相会し互に友情を温め府市の利益を増進」することや、「府市政の刷新」、「立法機能の独立」を唱えて新たな中立団体として同友会を結成した（「同友会規則」、同「宣言書」）。祇園中村楼で行われた発会式の出席者は、柴田弥兵衛（大成会）・村岡角太郎（下京区選出府議、中立）・林長次郎（無所属、下京区選出府議でもある）・平井熊三郎（大成会から中正会）・杉本善郎《すぎもとぜんろう》《（よしお）》（中正会）・神田達太郎（大成会から中正会）・佐々木長太郎（大成会）・石田嘉三郎《いしだかさぶろう》（至誠会）・岡本専助らであった。幹事には、柴田・平井の大成会系二人と岡本が選出された(43)。

同友会結成の狙いは、大成会や至誠会などで主導権を取れなかったり幹部に不満を持ったりした市議たちが七名の集団を作り、大成会・至誠会の対立の中でキャスティングヴォートを握り、自らの発言力を増そうとしたことである。直接には翌年一月に予定されている市会議長改選を意識したものと思われる。その意味で、同友会の前身の中正会設立と類似した、役職を求める行動であった。

三大事業という市会や市政に大きな変化を与える事業を処理せざるを得なくなっているなかで、京都市会では新興勢力が台頭して伝統的な有力者の統制は動揺した。すでに述べたように、大成会が台頭し、一九〇七年二月に茶話会がなくなって至誠会が創立されたことは、これを象徴する事件といえる。しかし、市会各会派には明確な理念も利益配分のシステムも形成されなかった。とりわけ新興の大成会には役職への野心のある市議が多く、十分に市会の過半数を占めるまで大きくなると対立が生じて分裂し、小会派がキャスティングヴォートを握る可能性が強まり、市会がさらに不安定になるのであった。

西郷市長は、このような市会を相手に、どのように三大事業を本格的に推進していったのであろうか。次節ではそれらの考察に入る。

3　フランス外債の成立と事業の本格的展開

(1)　市長権限の拡張

(1)フランス外債の成立

すでに述べたように内債では利子が高いのみならず一〇〇〇万円以上の資金を得ることは困難であり、京都市は一九〇九年（明治四二）春以降には三井銀行の仲介の下で、フランスのパリで外債発行を目指すことになった。こうして、フランスのユニオン・パリジアン銀行とソシエテ・マルセイユ銀行の協力が得られる見通しが立つと、市当局は六月一九日の市会で外債発行のための新公債条例を成立させた。六月二八日に外債の契約が成立し、七月三日にフランスで外債の販売が始まった(44)。

外債の内容について、大野盛郁《おおのもりか》高級助役は、⑴四五〇〇万フラン（日本円で約一七五五万円の予定）発行し、一〇〇円につき手取り九三円、利子五％、一〇年据え置き後の二〇年で償還する、⑵この条件は大阪市や名古屋市の外債とほぼ同様である、と一九〇九年六月一九日の市会で説明した(45)。日露戦争後において、日本の都市の外債は、一九〇六年の東京市に続いて一九〇九年五月と六月に大阪市と名古屋市が、ロンドンでそれぞれ三〇二二万円と七八二万円（いずれも年利五％）を発行していた(46)。日本政府は大阪・名古屋両市債と同様に、京都市債にも保証を与えた(47)。外債の成立までに西郷菊次郎市長や大野助役は、財界や大蔵省に顔のきく元老松方正義（薩摩出身）、山県系官僚の大浦兼武農商務大臣や政友会系内務官僚の床次竹二郎《とこなみたけじろう》内務省地方局長（薩摩出身）らと接触したように、薩摩系や桂太郎（山県系官僚）系人脈を利用した。

ところで、京都市のフランスでの起債には、アポヌマンと呼ばれるフランスの国内税の負担が京都市に義務づけられていた。これはフランスの印刷税・財産移転税・所得税で、最大〇・四六％であった。同じ六月一九日の市会での説明で大野助役も最大〇・四六％のアポヌマンについて言及している。また、同日に市会の審議を中断して市会の調査委員会を開いた。その報告でも、委員長の渡辺昭（大成会）が、⑴三〇年間の償還期間にアポヌマンが〇・五％とか〇・六％とかに引き上げられた場合、〇・四六％以上の負担は公債の所有者が行うという明文を入れてほしい、⑵アポヌマンはフランスの大蔵省の意見で率を下げることができるらしく、京都市のような公共団体には、〇・一％とか〇・二％という定率以下で、納税を許可することがあるようなので、市当局はアポヌマンを下げるべくフランスの大蔵大臣に請願する等、適当な対応をしてほしい、等の要望が出された。この後、新公債条例は出席者全員の賛成で、原案通り可決された(48)。

しかし、少しでも早く三大事業の資金が欲しい市当局は、アポヌマンについての条件の変更をする交渉をせず、すでに述べたように六月二八日に契約を成立させた。また市会での審議も、そのことを止むを得ないとするものであった。

市議たちも外債募集の困難さを知っていたが、アポヌマンについての要望を市当局にあえて出したのは、三大事業が京都市民にとってきわめて重い負担になり始めていたからである。「三都」の市民の一人当たりの市税負担は、東京市が八八銭強、大阪市が一円二四銭強であるのに対し、京都市は一円五六銭であると、一九〇九年三月に報じられた。(49) 人口一〇〇万人を超える大阪市が三〇二二万円の外債を起こしているのに対し、人口わずか四〇万人の京都市が一七五五万円もの外債を起債した。「三都」といっても他の二都市に比べはるかに小さい都市ながら、京都市はかなり無理をして都市改造の大事業に乗り出したのである。

(2) 市長専決事項の拡張

三大事業の工事が始まる一九〇八年以来、西郷市長は市長専決事項を拡張したいと考えていた。(50) 西郷市長は工事を円滑に行うため、市長権限を強化しようと考えたのであった。

市長専決事項の拡張は、市参事会員の中に自己の職権の縮小に繋がるとして反対する者がおり、一九〇八年中には実現せず、一九〇九年一月に年頭の課題の一つであると報じられた。(51)

その後、先に述べたように、六月にフランス外債が成立した。しかし後述するように、一九〇九年七月には不法選挙について東京行政裁判所の判決が出て、一三人もの市議が失格になるという事件が起こったが、市会では多数派工作で「暗闘」が続き、市民の市会への批判も強まっていった。一九〇七年春以来続いていた、市会における至誠会と大成会の二大会派を中心とした役職獲得をめぐる争いは、三大事業を本格的に展開しようとした矢先に、最悪の状況になったのである。

西郷市長は市会の窮地を見逃さなかった。まず同一九〇九年七月上旬に、最近市民の間に市会議員の「腐敗」を攻撃する声があるが、このような市議を選挙したのは市民であり、自ら選んだ者を今さらただ攻撃しても効果がないと述べた。西郷は続けて、市民は市議を助け「矯正」して共に市政の改善の実を上げることが必要で、市議も市民も誠心誠意をもって市の理事者の及ばないところを補佐監督し、「京都百年の事業」である「三大工事」完成のために尽くしてほしいと要望した[52]。このように、西郷市長は三大事業の公共性を市民や市議に訴え、市会および市会を背景とした市参事会に対し優位な立場に立っていった。

この状況を利用して西郷市長は、同年三月に市会が恣意で減俸を決議して辞任に追い込んだまま空席になっている荘林下級助役と山本小三郎収入役の人事を進めた（二人の辞任については、本章第4節（1）の(1)で詳述）。こうして七月二七日の市会で収入役に保利捨吉（内務省会計課属）が選ばれた（八月五日選任）。次いで八月一七日の市会で、下級助役に加藤太郎松（前出の高級助役候補であった）が選ばれた（年俸一六〇〇円）[53]。

また西郷市長は、一昨年以来の希望である市長専決事項の拡張にも取り組もうとし、八月二四日の市参事会に提案した。その調査委員には柴田弥兵衛（同友会、市議）・雨森菊太郎（至誠会、市議でない、前市会議長）・中村栄助（大成会、市議でない）という京都市政界の大物がなった。こうして八月三一日の市参事会で主に以下のような市長専決事項の拡張がなされた。（ ）内は従来の専決事項である。

(1)月俸四〇円以下の職員の任免（月俸一五円以下）、(2)助役以下の職員に出張を命ずること、ただし外国出張を除く（書記以下）、(3)一種類三〇円以下の物品の購入または修繕（一〇円以下）、(4)五〇円以下の工事を実施（二〇円未満）等[54]。

(2) 臨時事業部の改革

すでに述べたように、一九〇八年（明治四一）八月、第二疏水と上水道敷設を担当する臨時事業部に、部長として六角耕雲（元京都府警察部長）が、技術長として井上秀二（京都市技師、水道課長）が任命された時から、二人の間は不仲であった（本章第1節（2））。

臨時事業部の工事は、第二疏水関係が第一工区（一九〇八年六月二六日着手、工区は前掲）、第三工区（一九〇八年一

一月一五日着手、工区は前掲）の着工に続き、一九〇九年五月二一日には第二工区（柳山・安祥寺トンネル工事など）が着工され、第四工区（南禅寺船溜以西から西夷川《えびすがわ》閘門《こうもん》を経て西七条）も一九一〇年一月一九日の着工を目前にしていた。[55]こうして一九〇九年秋には、第二疏水の五つの工区のうち、トンネル工事や発電所工事を伴い困難な第一～三工区はすべて着工され、第四工区も着工が近づいていた。

上水道関係の工事も、すでに述べたように、一九〇九年五月に浄水池の工事を始めていた（水管の敷設は各道路の拡張が完成するのを待つ）。

このように三大事業の工事は進展していたが、一九〇九年一一月一〇日に市臨時参事会が開かれ、臨時事業部の部長六角耕雲、技術長井上秀二、総務課長来田孫十郎の三名を諭旨免職にすることが決められた。これと同時に、部長は当分大野高級助役の兼務とし、技術長と総務課長は当分欠員とし、井上技術長が兼務していた市役所の工務課長も当分欠員とし、水道課長には原全路（同課主席技師）が任じられることも決まり、同日付で辞令が出された。[56]その後、一二月二五日、市会は井上には特別慰労として、二〇〇〇円を支給することを決議した。[57]

新聞には三名の免職の理由らしきものとして、臨時事業部の開設以来、六角部長と井上技術長との間の折り合いが悪く、「部下各員の統率を欠き、為めに事業の進捗《しんちょく》にも支障を来すやの噂ありし」との記事が掲載されている。[58]西郷市長は、当初は六角部長も井上技術長も自らの力で統制が可能であると考えていたのであろうが、一年三カ月経っても相変わらずであったため、自分のリーダーシップで工事への影響を防ぐのも限界であると、二人を辞めさせる決断をしたと思われる。

六角部長の免職はともかく、井上技術長に関しては、京都市が水道工事のために欧米に技術視察に派遣した事情や、市役所の工務課長として京都府と京都市の土木行政上の連携の中心となってきたことから、今後の市の事業推進に影響するのではないかと不安がる声が上がった。大成会の森田三郎や渡辺昭ら一部の市議は、臨時事業部の改革（部長・技術長の免職など）ならびに道路拡築部員任命、下京区長の更迭を西郷市長の「専横」であると、問題にしようとした。しかし大成会の幹部においても、山本清助・中村栄助ら参事会員は、井上技術長の罷免は十分に調査したが止むを得ない等と西郷市長を支持した(59)。この例にみられるように、三大事業を円滑に推進するため、西郷市長が自ら選んだ六角を罷免した決断は、市議や市民からは、しかたがないと好意的に受け取られたようである。

そのことは、一九〇九年一二月下旬に、新聞が、「第二疏水の隧道《ずいどう》導坑工事は既に七八分工を了へ、先日来発電所の放水路工事にも着手し、上水道濾過池の土工も又着々進捗しつ、あるは」、いささか市民の望みに添うことであると、臨時事業部をそれなりに評価したことからもわかる。その上で新聞は、後述するように、道路拡張を担当する道路拡築部について、技術の責任者の野依源吾主事補（前内務省土木局技手）がまだ着任しないので、主事以下職員は仕事を進めることができず、暇であり、「道路拡築部にあらずして道路倶楽部《くらぶ》なり」といわれるくらいであると苦言を呈した(60)。

なお、井上は京都帝大理工科大学土木工学科出身の京都市の技師で中心的存在であり、彼の罷免は同大理工科大学にも大きな衝撃となったようである。京都市土木顧問の田辺朔郎《たなべさくろう》（同大理工科大学教授）が井上の罷免を傍観したことで、大学側からは田辺への非難が高まった。こうして一九一〇年六月、田辺は京都市の顧問を辞任することになった。

（3）道路拡築部の設置

⑴道路拡築部の構想

ここで話を一年ほど前に戻し、道路拡張と市電の軌道敷設を担当する組織の形成と事業の展開をめぐる、西郷市長ら市当局と市会・市民の関係を検討したい。すでに述べたように、一九〇九年（明治四二）六月の市会でフランス外債を発行することが可決されると、これまでの第二疏水工事（三七八万円）や上水道工事（三〇〇万円）がさらに本格的にできるようになったのみならず、道路拡張と市街電気鉄道事業工事（一〇四〇万円）にも着手できるようになった。そのためには、前者の工事を担当する臨時事業部（六角耕雲が部長）に加えて、道路拡張を行って市街電気鉄道を敷設することを担当する組織を作らなければならなかった。西郷菊次郎市長・大野盛郁高級助役・田辺朔郎京都市土木顧問（京都帝大理工科大学教授）の三人は、この組織の構想を練った。
八月下旬には、この組織である道路拡築部《どうろかくちくぶ》のすべての調査が終わった。それが市参事会に提出され、字句などの修正を経て、九月一六日の参事会で道路拡築部職務章程が確定した。その主な内容は、以下のようである。[61]

(1)道路拡張および電気鉄道敷設のため道路拡築部を設け、部長一人、主事一人、主事補一人、技師若干名、事務員若干名、技手若干名を置く、(2)部長は市参事会の「監督」を受け部員を「統監」し、部内一切の事務を「総理」す、(3)主事は部長の指揮を受け、技術に関しない一般の事務を「掌理」し、部長に事故があったときにはその代理をする、(4)技師は部長の指揮を受け工事に関する事務を「掌る」、(5)部内に総務課・用地課（用地買収や登記に関すること等を担当）、工務課（測量および製図、道路拡張、橋の架設、軌道敷設、電気、市電の車体と工事用運転、保線等を担当）の三課を置く、(6)総務課長は主事をあて、用地課長は主事補をあて、工務課長は上級技師をあてる。

道路拡築部がまだできていない時期においては、道路拡張と市街電気鉄道については、市役所内に道路拡築部を作り（京都市役所庶務規定）、予備的に道路の測量程度をやっていたようで、すでに一九〇九年七月末には四条通の市民数百名が連署の上で、積極的な町並み改造を求めて請願していた。[62] 独立した形で道路拡築部が設置されると、市役所内の道路拡築部は廃止されることになっていた。

右の他、同部部員の給料額が制定され、市会に付議されることになっていた。それは部長（年俸二五〇〇円以上で四〇〇〇円以下）、主事（同一五〇〇円以上で二〇〇〇円以下）、主事補（同八〇〇円以上で一五〇〇円以下）、技師（市吏員給料条例第二表を準用す）等であった。[63] 道路拡築部長の年俸の上限の四〇〇〇円（現在の五二〇〇万円くらい）は、西郷市長の年俸と同じである。西郷市長が臨時事業部の予算の一・五倍、一〇〇〇万円以上の予算を扱う道路拡築部の責任者の地位をきわめて重視し、有力な人物を招こうとしていたことがわかる。また主事ですら、京都市の高級助役と下級助役の中間くらいの年俸であった。

(2)市会による道路拡築部長の削除

三大事業にかける西郷市長のこのような意気込みは、十分には理解されなかったようである。新聞は、(1)大事業を託する部長は、十分の徳望と手腕とを持っている人でなければいけないが、巨額の俸給さえ提供すればただちにそういう人が得られるという考えは間違っている、(2)その失敗の先例は、身近の「某部長」〔臨時事業部長の六角耕雲を指す、ただし六角は年俸二〇〇〇円しかもらっていない〕にある、(3)西郷市長も最近初めて「某」が「無能」であることがわかり、道路拡築部長にはさらに多くの俸給を提供して有力者を招こうとしているという者もいる、(4)その結果、「第二の某」を担ぎ込むようなことにならなければ幸いである、と多少皮肉を込めて西郷市長の方針に疑問を示している。[64]

道路拡築部職員の給料に関する予算の議案は、一九〇九年〔明治四二〕九月二〇日、市会に提出された。西郷市長と大野高級助役は、大体において臨時事業部と変わらないが、一〇〇〇万円以上の大事業となるので、部長にふさわしい人物が見つけられたら、市長と同じ年俸四〇〇〇円にしてもよい等と説明した。

これに対し市会議員たちから、(1)第二疏水・上水道を担当する臨時事業部と同様に、道路拡築部にも市会と市参事会から常設委員を置いて事業を監督すべきである〔神田達太郎〔市会副議長、同友会〕〕、(2)高い年俸を払って道路拡築部長を置く必要はなく、市長か助役の兼摂とし、主事や主事補に誠実な人を任命すれば十分である〔神田達太郎・若山庄造〔至誠会〕・尾本源吉郎〔中立〕〕等の意見が出た。

市議の中にも、森田三郎〔大成会〕のように、「一文惜みの百知ず」になっては市民の不幸であるので、多少費用がかかっても道路拡築部長を置いて事業を進めたほうが良いとの意見もあった。また西郷市長は、兼摂は責任が薄くなるので絶対に良くない、東京市においても、市長と市区改正委員長の年俸は同じであり、是非十分な俸給を用意して能力ある人を部長に迎えたいと主張した。

しかし、道路拡築部長設置に反対する議員たちの意向を反映し、七名の調査委員を選んで調査させることになった。投票により次の七名が選ばれ、最多数の票を得た石田音吉〔前市長副議長、至誠会〕が委員長となった。

石田音吉・関束《せきつかね》（至誠会）・西村仁兵衛（大成会）・杉本善郎（同友会）・小谷松太郎（大成会）・半井安兵衛（至誠会）・神田達太郎（同友会）[65]

市会の調査委員会の報告書は一〇月四日までにはできた。その内容は、部長年俸二五〇〇円以上で四〇〇〇円以下とあるのを削除することであった。その理由は、⑴適当な人物を得ることができれば、三大事業全体を統轄する一人の部長を置くのがよい、⑵現在臨時事業部には専任の部長を置き〔ただし、すでに述べたように一カ月後の一一月に六角臨時事業部長は免職される〕、市参事会員三名と市議一三名の委員がその諮詢機関になっているが、道路拡築部に新たに部長を設け「専断経営」させるのはよくない、⑶道路拡張の工事は一日も早く着工し完成させることが必要で、その部長はしばらく市長と兼摂とするのがよい、等であった[66]。

西郷市長はこれに反対し、一〇月四日の市参事会で、⑴道路拡張と電鉄敷設は大変重大な事業で、一方に常務のある市長が兼摂することは不可能である、⑵すでに着々と進行している第二疏水および上水道工事と、これから新たに着手しようとする道路拡張と電鉄敷設のことを混合するよりも、各々の工事を独立させて一日も速やかに工事の進行を図ることが必要である、と訴えた。しかし参事会員は、すでに市会の委員会で意見を決定した以上は今更どうすることもできないと応じるのみであった。そこで一〇月五日、西郷は市会の調査委員を市役所に招き、右の意見を述べ、当分は、〔新設される〕道路拡築部長を市長が兼摂してもよいという妥協の姿勢をみせた。その上で、このまま原案に賛成し部長の名義とその俸給額をそのまま残してほしいと説得したが、調査委員会はこれに応じなかった[67]。

こうして一〇月一二日の市会で、右に述べた調査委員会報告書が賛成多数で可決され、道路拡築部には専任の部長を置かず、西郷市長が兼摂することになった[68]。

一〇月一二日の市会での議論も含めての特色は、西郷市長が大物の道路拡築部長を置いて、その下で多少専制的になっても工事を推進しようと考えたのに対し、市会側が常設委員として工事にできるだけ関与することを望み、

表3-2　道路拡築部の幹部職員

人　名	職	俸　給	学歴・職歴など
大塚英太郎	主　事	年俸1600円	イェール大卒，村井銀行京都支店
野依　源吾	主事補	年俸1300円	内務省土木局技手で東京市区改正係
工藤　為本	監督書記	月俸　70円	京都市役所第三部会計課長

出所：『京都日出新聞』1909年11月11日。

専任部長を削除したことである。市会側から見れば、多額の費用で大物部長を招くのは、市会が工事に関与しにくい点からも、経費節減の点からも、望ましくなかったのである。道路拡張に関する西郷市長の構想は、市会によって骨抜きにされた。

(3)西郷市長が道路拡築部長を兼任する

一九〇九年一一月一〇日、参事会で西郷市長が部長を兼摂することが決まり、幹部職員三名が任命された（表3-2）。同じ参事会で、六角臨時事業部長の免職が決まっており、西郷は道路拡築部長の兼摂に改めて強い不満を持ったことであろう。道路拡築部は、同月一五日に市役所内にようやく開設された。しかし、道路拡築部開設の初日に出席したのは、大塚主事・工藤監督書記・市役所地理課兼任の中村政技手の三人のみで、早朝から続々と詰め掛けた市民にも十分対応できない状態であった[69]。

これに先立ち一一月一二日、参事会において道路拡張のための土地買収についての大方針を審議した。西郷市長は、市民の中には道路の片側のみ買収するのは不公平であるので両側を買収すべきであると希望する風潮があると[70]、すでに触れた四条通の四町民の要望などを一般化して述べた。続けて、(1)しかしながら、そうすると非常に経費がかかるので、特別の事情がない限り、なるべく片側を買収する方針である。(2)路線もなるべく既定計画を変更しない方針であるが、調査進行に伴い不利益な点を発見すれば多少変更するかもしれないと[71]、西郷は地域や個人の個別利害に影響されない姿勢を示した。

とはいえ、道路拡築部が開設された頃の京都市の道路拡張・電鉄敷設のために取払う予定地域は錯雑としていた。市の立てた計画では、道路拡張のため家屋などを取払う地域が、片側の所と両側の所の二種類あり、同じ道路でも区間によって違う場合があった。たとえ

表3-3　京都市道路拡張電鉄敷設線路予定と取払地域予定（1909年11月）

線　名	区間（幅）	取払地域（取払う側）
烏丸線	今出川～丸太町(10間)（ただし,1910年5月に12間に確定） 丸太町～七条(15間)	丸太町以北（西），丸太町以南（主に東，ただし，錦～綾小路〔両側〕，四条角〔西2間，東13間〕，烏丸〔ママ〕～夷川〔両側〕〔ただし1910年5月にすべて東側に確定〕）
丸太町線	烏丸～千本（10間） 烏丸以東（12間）	寺町以西（南），寺町～河原町（新道沿い両側），川東（主に北）ただし，1910年6月までに以下のように具体化。聖護院《しょうごいん》～鴨川東岸〔川端《かわばた》通〕～土手町（北），土手町～河原町（漸時南※），河原町～寺町（新設），寺町～松屋町（南），松屋町～千本大宮線（両側・新設※） ※府立第二高等女学校や京都監獄を避けるため
四条線	全線（12間）	鴨川東岸（北），河原町～寺町（両側），寺町以西（南）
七条線	全線（10間）	間之町以東（片側または両側で錯雑），間之町以西（南）
今出川・河原町・一条線	寺町以西（8間）， 寺町以東河原町(10間)， 河原町以東（8間）	河原町（西），河原町～鴨川東岸大手筋〔一条線〕（主に新設），河原町～烏丸（北），烏丸～堀川（錯雑），堀川以西（主に南）
千本大宮線	全線（8間）	三条～四条（北西から南東への斜の道路部分は新設），その他（主に西）
東山線	全線（8間）	北端部京都帝国大学側～丸太町（東），丸太町～仁王門（新設），新門の町～孫橋約1丁（東），孫橋～白川菊屋橋（新設），小堀～安井前（西，この間月見町までは両側），五条付近（東），五条～七条（西）

出所：『京都日出新聞』1909年11月15日，16日，『大阪朝日新聞』（京都付録）1910年6月9～12日。

ば、南北の幹線で行幸道路となる烏丸線では、丸太町以北が西側を取払い、丸太町以南は主に東側を取払うが、錦と綾小路間は両側、四条の角は西側に二間分、東側に一三間分取払い、「烏丸」〔ママ〕と夷川間は両側を取払うことになっていた[72]（表3-3）。すでに決着のついた道路拡築部長設置問題も、大物の専任部長を置かない方が、関係地域住民の個別の利害を反映させやすいとみられたであろう点で、道路拡張のために家屋などを取払う地域や補償等の問題が密接に関係していたのであろう。

なお、一一月一五日に道路拡築部が発足するにあたり、部長を兼摂している西郷市長が、市内各学区の学務委員・公同組合や衛生組合の幹事を招集して、大体の方針を指示すると報じられた。西郷市長は、第一に詳細な線路設計図を製作し、それを各学区に区分し、組内の学校その他の便利な場所に備え付け、関係者が不自由なく閲覧できるようにして、各公同組合幹事その他有力者の協力を得て公平な審査をし、その後に着々と買収を始める方針であるという。しかし一五日当日に道路拡築部を訪れた市民からは、右について、道路拡張に直接関係しない衛生組長や公同組合幹事に説明されても何の役にも立たないので、実際の利害関係を持つ各町の公同組長らに説明する方が良いのではないかとの意見も出た(73)。

すでに述べたように、公同組合とは、京都市独自の住民自治組織で、京都市に公同組合連合会があり、各区に連合幹事会、その下の各学区に学区公同組合、その下に各町公同組合が組織されていた。西郷市長は、広い視野で公共性を判断するため、学区レベルの公同組合などの各団体の長を中心に、道路拡張事業の了解を取っていこうとした。これに対し、市民の中には、学区の中の各町公同組合などの各団体の長に直接説明すべきと主張する者もいたのであった。このように、道路拡張という、関係市民にとっては最も利害を感じる事業の発足にあたって、市民の不安や要求は急速に高まり始めたのである。

また、道路拡築部の発足の日、一九〇九年一一月一五日に西郷市長は、烏丸《からすま》・四条・丸太町・今出川・七条・千本大宮・東山（東大路）の七線路について同時に買収に着手し、時期を同じくして拡張工事を実施する、と積極姿勢を示す演説を行った(74)。これは、個別の利害になるべく影響されずに、一定の基準で道路の拡張を行う、という西郷市長の公共性を含んだ決意でもあった。

(4)道路拡張事業への批判と西郷市長の対応

一九一〇年（明治四三）二月一八日、市会で林長次郎（中立）は、道路拡張で取払い地域になりそうな市民に、どのような形でその事実を伝えているのかわからないと、道路拡張事業について批判を始めた。烏丸通には建築するのを見合わせている人や、借家があってもいつ立ち退きになるかわからないので二～三カ月間も借家人が見つからない家主もいる、昨年一〇月に市会議事堂に多くの人を集めて市長が今日から工事に着手するといった時から大分時間が経っているのにどうなっているのか、と林は続けて質問した(75)。

また神田達太郎（同友会）も、市の有給職員の給料額についての議案の調査報告の中で、道路拡築部の部長（市長兼任）に次ぐ地位である主事について、「主事と云へば道路拡築部のみに主事が置いてありますが、何となく主事と謂ふとストーブに暖って煙草を喫で居るのが役目のようである」[76]等と、道路拡築部の仕事が進展しないことを皮肉った。

新聞も、「道路拡築部に対する市民の攻撃は相変らず盛んにして、今は各市会議員すら殆《ほと》んど愛憎を尽し居れる事は」、一月一八日の市会での二人の市議の質問にも表れていると、右に述べた市議の質問に触れた。[77]

これらは道路拡張のため取払う地域を決め、それを市が購入するという、初めての作業にとまどっている西郷市長ら市当局への批判といえる。しかし、それのみではないであろう。三大事業を成功させ、膨大な外債の償還をするためには、取払う地域の土地を安く購入しなければならない。三大事業において取払地域となった土地がどの程度の価格で購入されたのかは今のところ史料がないが、この十数年後に行われた京都の都市計画事業では「地価」の七〇％程度で買収が行われている（第七章第3節（3）の(1)）。おそらく三大事業でも買収価格が安く、その不満と共に、市当局による一定の基準で自らの所有地が取払地域に入ったことへの不満が、市長や市当局への批判となっていったのであろう。

これらの批判に対し、兼任の道路拡築部長である西郷市長は特に怒りを表さず、「馬耳東風知らざる者」のように受け流した。[78]たとえば林の質問に対し、対象となる二〇〇〇戸ほどの家と土地の調査には時間がかかり、また測量の結果線路の変更をした方が良い所がわかる場合もある、多人数でやれば早いが経費がかかるので少人数でやっている、調査の上で知事の認可を得るので時間がかかる等と説明し、西郷は猶予を求めた。[79]

また同じ市会で渡辺昭（大成会）から、同月末で任期の切れる臨時事業委員（第二疏水工事と上水道工事の諮問機関）について、近いうちに組織改正が必要ではないかとの質問も出た。新聞は、(1)今回は道路拡築部も含めて少数の委員を置き、その任期は三大事業の完成するまでとするのは、ほとんど市会各派やその他主な人々の意見である、(2)しかしそれを実施することになると、その人選について競争を免れない[80]、等臨時事業委員の改組と削減が必要なことでは意見が一致していても、市議や有力者の役職欲と権力欲が強くてその実施が困難であることを論じた。

そこで右の批判や要望に対応するため、同月二六日、西郷市長は京都市臨時三事業委員規程を市会に提出した。その主な内容は、(1)第二疏水・上水道および道路拡張事業に関し事業委員を置く、(2)委員の定員は一九名で、市参事会員三名、市会議員一六名とする、(3)委員は第二疏水および上水道事業と道路拡張事業との二つに分け、市参事会より出る委員を主査とする、(4)委員の実費弁償額は一カ月三〇円とする等である。[81] 新聞記事にもあるように、少数の委員を置くことが総論であったが、西郷市長は臨時事業委員の一六名より三名多い一九名を臨時三事業委員とし、市参事会と市会の中から三大事業の諮問に関わらせ、市会等の不満を発散させようとしたのである。

この案は市会で、委員を二つに分けず互選で委員長を定める形に修正され、三月一九日の市会で成立した。[82] その後、四月二日の市会で市会から選出すべき委員一六名が市会議長西村治兵衛（至誠会）から指名され、同日に市参事会より選出すべき三名の委員も西郷市長から指名された。[83]

市会選出の委員は、三弊保（同友会）・関束《せきつかね》（至誠会）・石田音吉（前市会副議長、至誠会）・大伴源之助（大成会）・若山庄造（至誠会）・藤原清兵衛（至誠会）・村岡角太郎（同友会）・三上金治（至誠会）・谷口文治郎（至誠会）・佐々木長太郎（同友会）・神田達太郎（前市会副議長、同友会）・宮川岸之助（大成会）・和田弁之助（中立）・伊達虎一（至誠会）・丹羽兵太郎（大成会）・沢田辰之助（至誠会）の一六名である。

市参事会選出は、堀田康人（前市会議長、至誠会）・西村彦右衛門（同友会）・今西平兵衛（準大成会、市議でない）の三人であった。

市議選出の委員は至誠会八名、同友会四名、大成会三名、中立一名である。前年、一九〇九年八月の市議選挙後の市会の会派は、大成会一四名、至誠会一二名、同友会九名、中立六名であったが、後述するように至誠会と同友会が連携し、一九一〇年一月の議長選でも第一会派の大成会を抑えて至誠会の西村治兵衛が議長に当選していた。臨時三事業委員の選出においても、至誠会と同友会の連携で大成会を抑えたといえる。

ところで前年一一月に、西郷市長は、七線路の同時買収に着手し、同じ時期に拡張工事に着手すると説明していたが、それは実現できなかった。一九一〇年五月三〇日に、烏丸・丸太町・四条の三線路の工事認可がようやくおりた(84)。

しかし、この半年間の期間においても、道路の拡張を合理的に行うという成果は次第に達成されていった。一九一〇年六月になると、道路拡張のため取払う予定地域は、「片側主義」を原則とすることで複雑な要素を緩和した。「片側主義」とすることで、工事費用を安くすることに加え、取払う地域に含まれる土地所有者間の個別の対立を抑えるねらいがあったと思われる。注目されるのは、烏丸線拡張に関し、高島屋や大丸といった百貨店、三井銀行京都支店等といった有力商店（企業）も土地の一部が取払われることになったことである。しかしながら、それによって「美々しく改築」されることが期待された。なお、京都御苑・府立第二高等女学校（現・京都府立朱雀高校）・京都監獄等は、道路拡張のための土地の取払いが避けられた（表3‐3と同表の出所）。

この間、西郷市長は一九一〇年四月頃から病気となり、五月一九日に入院し七月一六日に五八日ぶりに退院する。脚部の手術のためであった。西郷は一九〇四年一〇月に市長に就任して以来、三大事業に尽力し、政・官・財界との交渉のための度重なる東京出張や、役職など利益を求めて離合集散する市会との調整など、公共性の観点から激務をこなしてきた。六年の任期を終えようとする頃に、蓄積した疲労のために体が変調をきたし始めたのである。

4　西郷市長の辞任

(1)　市会の暗流

(1)市会の恣意で助役・収入役が辞任

本節では少し時間を戻して、一九〇九年（明治四二）から西郷市長の第一期六年の任期満了が争点となり始める前の一九一〇年半ばまでの京都市会の動向に焦点をあて考察する。この時期は、内債で始めた三大事業が、一九〇九年六月にフランス外債を得て本格的に展開していく時期である。市会は三大事業に賛成し予算を承認したという意味で、総論では公共性に同調した。しかし、各論となると公共性とはかけ離れ、ますます個別の利益を求める場となっていく。市会は、この時期に事業が本格的に展開することによりどのように変化するのであろうか。

まず一九〇九年一月上旬になると、市会議長と副議長（「議長代理者」と表現）の選挙をめぐって、大成会・至誠会・同友会（旧中正会）の間で多数派工作が行われていることが記事になる。この時点で市議四五名中、大成会二一名、至誠会一四名、同友会八名、無所属二名であった。大成会・同友会ともに、議長は至誠会の堀田康人を推すので代理者を自派に譲ってほしいと、至誠会に交渉していた。大成会は市会の第一会派であったが、大橋弥七・尾本源吉郎・渡辺昭・若山庄造・伊藤庄兵衛ら五議員はどのように態度を変えるかわからないと見られていたように(85)、そのまとまりは十分なものではなかった。

至誠会には、昨年同友会の前身の中正会と提携して堀田康人を議長にしようと戦い、大成会に一票差で負けた経験があるので、同友会との提携論があった。しかし、議長代理者くらいのことで第一会派の大成会と大競争を試みるのは、三大事業の推進のために望ましくないとの意見が強まってきた。そこで、大成会・同友会の面目を失わせないよう、至誠・大成・同友の三派で十分に話し合い、議長は堀田（至誠会）、代理者は大成会の推す者という論が強まってきたという。

他方、大成会側は一月一日の市会議事堂の官民祝賀会で、至誠会に提携をほのめかして会見を求めた。しかしその後、至誠会は同友会と数回会見したにもかかわらず、大成会とは一月五日に形式的に会見したのみであった。至誠会のこの態度に対し、大成会内で至誠会への反感が出てきた。また大成会には、至誠会の議長候補者の堀田に反対する者もいるという。このような状況なので、一月一三日頃になると、至誠・大成両派の提携は難しいと見る者も現れた(86)。

ところが、状況は一月一五日までに急転回し、大成会と同友会の提携の方向がかなり固まってきた。結局、一月一六日の市会では、大成会と同友会の連携で、議長に渡辺昭（大成会）、同代理者には神田達太郎（大成会から中正会を経て同友会）が選ばれた(87)。こうして、大成会・同友会連合は、市参事会においても市長・両助役を除いて九名のうち七名を掌握したのみならず、市議四五名中二九名と過半数を握って市政に影響力を振るえる基盤を得たのである。

この大成・同友連合がその権力を見せつけようと動いたのが、荘林維新《しょうばやしこれよし》下級助役と山本小三郎収入役の減俸問題である。同年三月三〇日、市会の一九〇九年度歳入歳出予算調査委員会は、経常費中の市役所費において、下級助役の年俸一六〇〇円を一四〇〇円（現在の一八〇〇万円くらい）に、収入役の年俸一〇〇〇円を八〇〇円（現在の一〇〇〇万円くらい）に減額することを議長に報告した。理由として両者が高齢で仕事が十分でないことが挙げられた。しかし真の理由は、同友会の林長次郎の山本収入役に対する個人的な復讐問題から始まったという。それを聞いた大成会の森田三郎は、山本収入役のみでなく荘林下級助役の減俸も行うなら賛成してもよいと同意し、大成会その他の幹部も同意していった。森田らは個人的な反感に加え、大成会の威厳を示すという感情に走ったという。特に落度もないのに、年齢が高いという理由だけで、助役や収入役の辞任に繋がりかねない減俸案を市会に出そうというのは、大成会・同友会連合の慢心ともいうべきものであった。西郷市長は林長次郎と森田三郎両市議に、減俸案を出すくらいなら不信任決議案を出してはどうかと提案し、婉曲に減俸案を諦《あきら》めさせようとした。しかし結局、同じ三月三〇日の市会で、下級助役と収入役の減俸案を含んだ予算が通った[88]。

このため翌日、荘林助役と山本収入役は病気を理由に辞任した。こうして西郷市長は、大成会・同友会連合の無理押しによって下級助役と収入役を失うという屈辱を味わい、後任を見つけなくてはならなくなった。しかし、西郷が東京に出張した際に、一、二心当たりの人々に交渉しても拒絶された。内務省に相談しても、市会が減俸の決議をして助役・収入役を放逐するような京都市に人を周旋することはできないと断られる有様であった。そこで西郷市長は、自分は適当な候補者を推薦することができないと、自らが議長でもある市参事会に人選を任せるという発言すらした[89]。

(2) 役職をめぐる各派の多数派工作

ところが、一九〇九年（明治四二）六月一日に行われた市参事会の改選に際しては、以下で述べるように新会派ができて大成会から脱会者が九人も出て、至誠会と同友会の連合が勝利する。

すなわち、同年四月上旬になると、四名の市参事会員が五月末に任期満了となることが報じられた。残留者は、同友会一名、大成会四名の五名であった(90)。今回の改選で大成会は参事会に圧倒的多数を確保できる可能性もあった。四名の空席予定に対し、大成会では小谷松太郎ら五名、同友会では林長次郎ら四名、至誠会では堀田康人ら二名が参事会員となる野心を持っていると報じられた(91)。五月上旬になると、至誠会員中でも数名が参事会員になる運動をしていると報道されるようにもなった。その中には第一会派の大成会と接触して、優勢な大成会が至誠会に割り振る一名ほどの枠に、至誠会の市議として参事会員に選出されようとしている者もいるという(92)。

その後、五月一二日になると、参事会員の改選に関して大成会幹部の行動に不満を持った一二名もの市議が、幹部の態度によっては会を休会して自由行動を取ることを決議した。彼ら「一二人組」は五月二一日段階では大成会幹部からの復帰の誘いかけにも応じないが、同友会（市議五名）や至誠会内の集団としてできた同志倶楽部《クラブ》（市議三名）との提携では少数しか占められないので、至誠会との提携をせざるを得ないだろうと報じられた。「一二人組」は市友倶楽部を組織した。市友倶楽部は大成会からの九名、同友会から三名の市議でなっていた(93)。これは大成会にとって大打撃であったのみならず、五カ月前の市会議長選で形成された大成会・同友会連合にとっても痛手であった。

その後も大成会と至誠会を中心に各々の市議への多数派工作が行われ、五月三〇日夜のうちに至誠会と同友会、大成会の脱党組の提携がなり、大成会の敗色が濃くなった。そこで、五月三一日は市参事会員を市会で選出する予定の日であったが、大成会の渡辺昭議長は流会とした。しかし結局、六月一日の市会で雨森菊太郎（前市会議長、至誠会）・堀田康人（前市会議長、至誠会）、平井熊三郎（同友会）・西村彦右衛門（同友会）の四名が当選した(94)。大成会は至誠会・同友会連合に敗北したのであった。この結果、市長と両助役を除いた九名の参事会員は、残留者も含めると、大成会四・同友会三・至誠会二となった。

⑶京都など三都の自治制の危機

参事会員選挙など、右のような京都市会の状況について、地元の有力紙『京都日出新聞』は、⑴日本の自治制は「失態百出」し、「東京大阪京都皆不出来なり」、⑵三都ともに最も問題があるのは参事会員で、参事会員は「直接に市政を運転する機関、自治制の首脳に属する機能を有するもの」なのに、この重要な「首脳」が土台よりなっていない、⑶「参事会も非なり、市政団体も非なり、皆改造を要す」、そうしないと市政の改善ができず、その前に市会議員の改造が先決である等と、市会と、市会で選び大半が市議からなる参事会の現状を厳しく批判する社説を掲げた[95]。

参事会員選挙の後、一九〇九年七月八日、東京行政裁判所は、すでに触れたように一九〇七年四月に行われた京都市議選のうち、上京区一級より三級議員全部（一〇名の市議が当選）と、下京区一級議員（三名当選）の選挙無効の判決を出した。こうして、一三名もの市議が失格となった[96]。内訳は至誠会八名、大成会三名、同友会一名で、至誠会にとって大きな打撃となった。

市議一三人の失格によって一九〇九年八月一〇日から一三日にかけて、上京区では三級から一級の順に選挙が行われ、下京区では一級の市議選が行われた。当選者は一三名中、至誠会七、同友会四、大成会二であった。また、再選は六、新たな当選は七であった[97]。残った議員と合わせ、市会の勢力は至誠会一七、大成会一四、同友会九、中立六となった。七月の失格市議数と比べ、至誠会の当選者は一名減ったが、同友会が三名増加した。こうして至誠会・同友会連合は失格問題が生じる前に比べ二名を増加させ、四五名中二六名の安定した過半数勢力になった。この選挙の際には三大事業の臨時事業部のあり方や道路拡築部の設置が問題になっているにもかかわらず、それらはまったく争点とならなかった。十数年後の都市計画事業の際と異なり、市議や市民の多くが事業全体の公共性よりも、個別利害に関心があったからだろう。

至誠会・同友会の役職を獲得するための連合は、一九一〇年一月一八日の市会議長選挙でも続いた。今回は西村治兵衛（至誠会）（京都商業会議所会頭、衆議院議員兼任、衆議院の会派としては都市部の実業家を背景とした戊申倶楽部）が

表3-4　1910年4月の市議選後の市会の勢力

市会会派名	合計人数	留任者数	新当選者数
至誠会	16	8	8
同友会	12	7	5
大成会	13	3	10
中　立	7	1	6

出所：『京都日出新聞』1910年4月19日。

議長に選ばれ、議長代理者には杉本善郎（同友会）が選ばれた(98)。

一九〇九年一二月中旬、『京都日出新聞』の社説は、(1)自治制の運用は日本において失敗と断じるしかないのか、(2)模範的な大都市である東京・大阪も腐敗が百出し、中都市・小都市・町村の自治の失敗も少なくない、(3)今また大阪において市職員が何人も拘引された、(4)市職員の堕落は自治の堕落を象徴するものである、「参事会は堕落し、市会は堕落し、市民又堕落す」、(5)市民が目覚めることが自治に対する「根本的要求」であり、京都はどうであろうか、大津はどうであろうか、その他はどうであろうか、等と論じている(99)。この論は京都市に関しては、すでに見てきた臨時事業部の内紛や道路拡築部の事業推進の遅れもあるが、何よりもここで述べた市会の状況を指しているものと思われる。

その半年後に『大阪朝日新聞』紙上でも、京都の市政団体は立派な主義綱領の下に組織されたものでなく、団体員の「私利私益」を満足するため結合された「野心の一団に外なら」ないと、同様に論じられている(100)。

すでに述べたように、一九一〇年四月二日、三大事業の諮問機関として事業を監督する京都市臨時三事業委員が市会から一六名、市参事会から三名指名された。市会から指名された委員は、至誠会・同友会連合を反映して両会派に所属する者の比率が多く、大成会は第二会派であるにもかかわらず、同友会以下の人数しか指名されなかった（第3節（2））。

同年四月一五日から一八日にかけて行われた市会議員の半数改選においても、至誠会と同友会は連携して運動した。たとえば、四月一一日には上京区市会議員候補者として、至誠会・同友会名で三級から一級まで一一名の候補者の名が新聞広告として掲載された(101)。

選挙の結果は、至誠会・同友会連合が市会で二八議席を確保し、前年八月の市議選の後よりも若干同連合の勢力が伸びた（表3－4）。

市議の半数改選の後、四月下旬に入ると市会議長に誰がなるかをめぐって、至誠会・同友会・大成会の工作が始まった。至誠会・同友会連合は継続していたが、市会議長と議長代理者の組み合わせをめぐり、特定の候補者に他派が反発し、連合が崩れる恐れもあり、事は単純ではなかった。[102]

また、市議の役職への関心は、市会議長や副議長にとどまらなかった。同日に、三大事業の三事業委員・勧業委員・衛生委員等の補欠選挙が行われることになっており、これらも各派の勢力消長に関係するとして関心を集めた。大成会は、この機会を利用して「地に堕ち」た同会の勢力を挽回しようと、中安や浅川平三郎らが瀧谷角蔵（中立）・並川（中立）らと連合して各議員の誘惑を狙っているという。ところが、大成会の議員の中にも裏で同友会や至誠会と通じている者も少なくないらしいと報じられた。[103]

これらに対し、四月二三日午後、至誠会の堀田・上田万次郎・藤原清兵衛と同友会の神田・西村（彦）・佐々木長太郎ら幹部は木屋町中村屋に会合し、今後の大体の方針の打ち合わせをした。また至誠会は同日夜、木屋町井富楼に市会議員会を開き、所属一六名の市議と「実業派」から推されて当選した伊藤平三（中立）も出席し、種々協議した。[104] 伊藤が至誠会と連携したのは、有力商工業者を中心とした茶話会の後身にあたる至誠会が、市会の会派の中では商工業者の利害を反映してくれると判断したからであろう。

一九一〇年四月二七日、市議改選後初めての市会が開かれた。まず、市会議長選挙が行われ、至誠会・同友会連合を背景に、堀田康人（至誠会）が四七票中三〇票を獲得して当選した。こうして、堀田はすでに就任していた臨時三事業委員長に加えて議長になり、要職を二つ兼ねることになった。その他、補充として、臨時三事業委員には杉本善郎（同友会）と井林清次郎（中立）がともに二八票で当選、市常設衛生委員は三林豊次郎（大成会）が二九票で当選、市常設学務委員は神田達太郎（同友会）が二八票で当選、市常設勧業委員は伊達虎一（至誠会）が三〇票、三弊保（同友会）が二八票で当選した。[105] 副議長を継続する杉本善郎を含めると、市会議長以外の役職の補充は、同友会四名、至誠会・大成会・中立がそれぞれ一名で、同友会が最も多い。議長のポストを得た至誠会が連携相手の同友会に譲ったといえる。市会におけるこのような役職配分について『大阪朝日新聞』は、委員のポストのほとんどを至誠会の「堀田一派」と提携相手の同友会員で占有してしまう、と堀田議長の「専恣」を批判した(106)。

三大事業が展開しているにもかかわらず、このように京都市会は、市議がますます役職など個別の利益を求める場と化していった。この最大の原因は、伝統的な名望家秩序が崩れていくにもかかわらず、公共性の理念が第一次世界大戦後の都市計画事業期のように十分に発達していなかったからであろう。

(2) 市長の再任

(1)事業の順調な進展と市会の不満

一九一〇年（明治四三）七月二九日、市会で西村仁兵衛（大成会）は、他に三三名の市議の賛成を得て、堺町線道路拡張の建議案を提出した。これは、京都御苑の正門にあたる堺町御門から南方に京都駅に達する道路の堺町線を拡張して行幸道としようとする建議であった。すでに三年以上前に烏丸《からすま》線の拡張が決まり、この頃には道路拡張用地の買収が進んでいるにもかかわらず、多くの市議がこのような建議に賛成するのは、市会の無責任さを示しているものといえる。三条通から堺町通を通り京都御所に入るコースは、明治維新後に天皇が行幸をするようになってから定まっていた。鉄道が開通し、一八七七年に京都駅が設置されると、これが烏丸通―三条通―堺町通のコースとなった。三大事業では、烏丸通・丸太町通を拡張し、それを京都駅からの行幸道としようとしており、堺町通は行幸道ではなくなる。建議はそれへの対抗策である（この建議は可決されたが、堺町線の拡張はならず、予定通り烏丸線が拡張され、京都駅から北へ烏丸通、東に折れて丸太町通から堺町御門が行幸通となる）。

注目すべきは、西村はこの説明の中で、本市未曾有の大事業として三大事業を起こし、「第二疏水及水道工事は既に着々進行致し、道路拡築事業も将に着手する」ところと述べていることである(107)。また同年八月下旬に新聞も、「第二疏水工事及上水道敷設工事は着々進行し、道路拡築電鉄敷設工事又漸く其の緒に就き」等と評している(108)。

このように、一九一〇年夏の段階で、第二疏水工事や上水道敷設工事は順調に進んでいるというのが市議も含めた一般の評価であった。しかし、道路拡張のための用地買収と家屋の撤去など困難な仕事を伴う道路拡築部の仕事の進み具合に対する、市会の評価は高くなかった。

一九一〇年七月五日、道路拡築電鉄敷設一九一〇年度更生予算が市会に提出されると、臨時三事業委員から八名、市会から八名の調査委員を選び、調査を行った。こうして七月二九日に調査委員会は、新たに招致する工務課長のため等の人件費を含んでも、一万四〇〇〇円ほど削る提案をした。これは人件費原案の四分の一もの大削減であった。調査委員長の杉本善郎（同友会）は、工務課長の人件費を削減した理由を、工務課長が絶対に不必要とは言わないが、土地の買収を行っている現在の状態で、工務課長の必要はないと述べた(109)。

それに対し大野盛郁《おおのもりか》高級助役は、市当局を代表して、⑴道路拡築部が生まれて以来、常に攻撃を受け、「誹謗攻撃日も亦足りない位」である、⑵これについて、われわれも十分に反省するところであるが、相当の人員を入れ仕事に精励し、いまや烏丸通の買収に取り掛かって着々進行している、⑶このように予定通りに進んだので、今後もこの調子で十分に進めたいとの意向から更生予算を出したが、四分の一という「大削減」を加える説に対して驚いている、等と市会に再考を促した(110)。

この七月二九日の市会の姿勢を、地元有力紙は、「明かに道路拡築部に対する一種の不信任決議なり」とみた。西郷菊次郎市長も、工務課長の人件費削除に強く反対し、これでは事業の進行を図れないと主張した。しかし結局、市当局は市会に妥協してこの修正に応じた。これは市会側が、実行にあたって変更しても差し支えないと答弁したからであったという(111)。

⑵市会の消極的な西郷市長支持

以上のような状況において、同一九一〇年九月上旬になると、市長の改選問題が新聞紙上でも取り上げられるようになった。市長の任期は六年であり、西郷市長の任期は一〇月一一日に満了することになっていた。

改選論の一つは、西郷市長の再選論である。三大事業における西郷の功労は決して忘れることはできず、事業を完成させるまで、「益々事務に熟練し」その「人格の高潔」な西郷に任せるべきであるという議論である。

二つ目は非再選論である。第二疏水工事は順調に進行し今後も大した困難はないと思われるが、上水道工事は現在の設計では二〇万人にしか給水できない。さらに工費「一〇《ママ》万円」を追加して全市に普及すべきであるという議論も行われている。特に道路拡張工事においては決議された予算ではとても既定の線路を竣工できないことは明らかである。三大事業を竣工させるまでにはなお多くの波乱が予想され、西郷を再任すると一々責任を負わざるを得なくなるので、西郷を再選せず、その功労を永遠のものにする方がよい、というものであった。また、別に適当な市長を推薦し、西郷を臨時三大事業の部長とし、十分の待遇を与え、もっぱらその任に当たらせる方がよいという議論もあった。

三つ目が折衷論である。さしあたり西郷も候補者の一人として候補者を物色し、西郷以上の人物が見つからなかったら西郷を再選しようというのであった。(112)

すでに西郷市長は五月から七月にかけ、脚部の手術のため京都帝大医科大学病院に入院中に、堀田康人市会議長・杉本善郎副議長を病院に招き、(1)自分は病気であり、市長に再任することはできないので、あらかじめ適当の候補者を探しておいてほしい、(2)もし市会側で適当な候補者を見つけることができないなら、自分も注意して適任者を検討する、と告げていた。堀田議長・杉本議長代理は急を要すべきでないと、そのままにしておいた。九月一日、西郷は新聞記者に三大事業は軌道に乗ったので、市長を辞任したいと話した。また、九月三、四日頃に堀田議長を招き、市長後任者を急いで協議してほしいと忠告した。こうして九月七日以降、市議の間で市長改選の協議会が開かれることになった。(113)

市会議員の間では同友会と大成会が大勢として西郷再選説であり、至誠会と中立議員の間には熱心に非再選説を唱えるものがいるという。しかし九月中旬になっても、再選論者の間にも、「京都市行政の不振今日の如く甚だしきはなく、既往六年間に於て現市長のなせし処を見るも、随分失体も少なからざれば」と、再選にしても条件を提示し、「市政の一大改革」を行わせるべきとの意見が多いという。以上のように、西郷市長の六年間の尽力にもかかわらず、西郷再選を強く願う声は出てこなかったのである。九月一六日、堀田市会議長（至誠会）の発案で、市会各派の市長改選問題の委員が集まり、この問題を協議した。来会者は堀田の他、至誠会五名、同友会三名、大成会三名であった。こうして市会における市長選定作業が本格化した(114)。

だが九月下旬になっても、市会側は適当な候補者を外部で見つける見通しはなく、市政の長老である内貴甚三郎《ないきじんさぶろう》（前市長）・浜岡光哲（前京都商業会議所会頭、前衆議院議員）・西村治兵衛（衆議院議員、京都商業会議所会頭、前市会議長）なども市長の任に当たる意思がないという。こうして形勢は西郷再選に傾き始めた(115)。一〇月初めには、至誠会・同友会・大成会の市会三派ともに、西郷市長を再選する機運となってきた。こうして、一〇月三日、市会は四六票中四二票の多数で、西郷を市長の第一候補者に選んだ(116)。

しかし、同日にこの決定を伝えに行った堀田市会議長らに対し、西郷市長は病気を理由に、三大事業は前途の見込みがついたので、誰がやっても完成させられると、市長の再任を辞退した(117)。当時としては完治がきわめて困難とみられた結核にかかっていた西郷の体調が十分でないことは事実であった。だが病気をかかえながらも、西郷は、これまでみてきたように、三大事業実施過程における京都市会の非協力や批判の中でも三大事業に尽力し、なんとか事業を軌道に乗せた。西郷が事業に情熱がないわけではない。それにもかかわらず、西郷に感謝しない市会に立腹し、市長再任を辞退したのであろう。市会側が反省して、西郷市長にもっと協力する姿勢を示したなら、再任を受けてもかまわない、というのが西郷の気持ちではなかったか。

一〇月四日も堀田市会議長は西郷市長を訪問したが、答えは同じであった。そこで堀田は、西郷市長の誕生にも尽力した、京都市政の元老的存在の北垣国道男爵（前京都府知事）を訪れ、西郷に就任を勧告するよう依頼した。一〇月六日、大浦兼武農商相（西郷市長誕生に協力）と北垣らが西郷を説得し、西郷はようやく就任を承諾した。堀田は西郷に配慮するため、それまでの市長の年俸四〇〇〇円を六〇〇〇円（現在の八〇〇〇万円弱）に引き上げるよう、市参事会を説得した。しかし、一〇月一八日の市会では、一〇〇〇円引き上げられたのみで、五〇〇〇万円にすることが議決された。このため面目をなくした堀田は、市会議長を辞任した[118]。至誠会の内部は、堀田らの「危険分子」とみなされる活動的な新興勢力と、茶話会の伝統を受け継ぐ「固有の至誠会派」である雨森菊太郎（市参事会員、前市会議長）らとの間で争いが続いており、二人は挨拶もしない関係であったという。また至誠会は分裂するのではないかとも見られていた[119]。このことが、堀田の主張が通らなかった一つの原因と思われる。

市会の第一会派至誠会所属の堀田議長が西郷の年俸増加に熱心であり、至誠会・同友会連合が継続しているにもかかわらず、堀田の意図が実現しなかった。そのことから、市会の流動化と西郷与党が消滅したことが再確認できる。

(3) 市長の病気辞任

西郷市長が二期目に入っても、市会では至誠会と同友会の連合が主導権を握り役職等の配分を行った。その一つの例が、堀田康人市会議長（至誠会）が西郷市長の年俸引き上げ縮小で議長を辞任した後、一九一一年（明治四四）一月一六日に行われた市会議長・同代理者の選挙である。議長には柴田弥兵衛（同友会）が、同代理者には石田音吉（至誠会）が当選した[120]。第一会派の至誠会は一九一〇年一月と四月の市会議長選挙で第三会派の同友会と連合して、議長のポストを確保し続けてきたので、今回は同友会に議長を譲り、議長代理者を獲得した。至誠会には自らの会派の堀田が市会の議決に反発して議長を辞任してしまったことや内部対立が激しいというハンディもあった。

同年六月一日に行われた市参事会員五名の満期の改選では、至誠会三名、同友会二名と、五名全部を至誠会・同友会連合で占めた[121]。一九〇七年に大成会が多数派を形成して、市参事会の改選ポストを全部占めるという、対立をむき出しにした新しい行動を取ったが、至誠会もそのような行動を取るようになったのである。こうして、京都市会内の会派間の激しい対立は定着した。

この間、西郷市長の健康は悪化し、一九一一年四月下旬播州（兵庫県）塩屋に転地療養する予定であったが、四月二五日、突然多量の吐血をし、自宅での療養生活に入った。五月上旬になると、結核が悪化したらしいことがわかってきた。[122]

西郷市長が辞意を洩らしたので、五月四、五日頃に市参事会から雨森菊太郎ら三名が留任を勧告し、その他にも二、三の人から留任の勧告があった。しかし、西郷の辞意は固く、五月二三日に市長代理の大野高級助役に、改めて理由書を添えて辞任届を提出した。その内容は、病気のため現職を続けることができないので辞任したいというものであった。[123]

西郷市長は、一九一一年五月三一日に関係者に辞任の挨拶状を発送の上、六月一日午後の列車で療養先の播州塩屋（現・兵庫県赤穂市）に向けて出発した。[124]その後、市長の辞任は七月一三日の市会で、正式に承認された。六年間の市長任期を五年以上残しての辞任だった。西郷市長辞任の理由は、何よりも結核の悪化であった。

西郷市長の辞任の理由として、第二疏水の鴨川の新堤防の上に電鉄を敷設する許可等をめぐり、西郷市長と大森《おおもり》鍾一《しょういち》京都府知事が対立したからとする見方もあった。

西郷市長が播州塩屋に療養に行った後、市長を訪ねた市議の話からである。すなわち、一九一一年六月三日、京都市会の西郷市長留任勧告委員の柴田弥兵衛（市会議長、同友会）・石田音吉（同代理者、至誠会）・並川栄慶（中立）・堀田康人（至誠会、前市会議長）は、西郷を塩屋に訪ねた。その際の西郷の談話によると、辞職の「重《おも》なる理由」は、鴨川疏水堤防の電鉄問題など、監督官庁である京都府の干渉圧迫であったという。[125]

その直後の六月七日には、勧告委員でもあった並川や渡辺昭（大成会）ら一部の市議や弁護士らが発起人となり、時事問題演説会を開き、大森知事の市への圧力を批判し、二〇〇〇人の聴衆を集めている。[126]

大森府知事は、西郷よりも五歳ほど年上で、西郷が京都市長に推薦されるにあたり、桂太郎首相が事前に了解を求めたほどの大物府知事である。この大森とカリスマ市長の西郷とは、互いに自己の主張を譲らないところがあり、元来仲があまりよくなかった。また、西郷市長は大森府知事の行動を市に協力しないものとして不満を持っていたことは間違いない。しかし、そのような問題は、西郷の薩摩や桂太郎との人脈を本気になって使えば解決可能である。西郷が結核を悪化させなかったなら、それだけで辞任したかは疑問である。また、留任勧告に訪れた市議たちに、西郷が知事との対立が辞職の主な理由であると本当に言ったかどうかも疑うべき余地がある。すでに見たように、『京都日出新聞』の記者や並川ら一部の市議が大森知事の市政への関与に強い反感をもっていたことは、事実である。その気持ちがあるため、西郷辞任の主な理由として、彼らが西郷談話と強引に結び付けた可能性もある。その理由は何よりも、西郷市長を支えてきた大野高級助役が、六月一二日に京都市会の秘密会で、西郷が辞任の理由として知事との衝突を挙げて知事を批判したとは信じられない、と述べているからである。(127)

なお、市会・市参事会は、西郷市政が二期目に入るとかなり異なった行動をとるようになっていた。西郷市長は一九一一年三月一〇日の市会で、三大事業はほぼ順調に進展しているとの見解を示している。また、市会も市参事会も一九〇九年秋（道路拡築部長の人件費を削減）から翌一〇年夏（工務課長の人件費等を削減）までのように（本章第3節（2）、第4節（2））、西郷市長を攻撃していない。西郷市長の辞任の直接の要因としては、市会・市参事会の動向はあまり大きくない。

5　三大事業の完成と記憶

（1）忘れられた西郷市長・幹部技術職員と事業

西郷の市長辞任にもかかわらず、西郷が軌道に乗せた三大事業は、薩摩出身で、西郷市長に招かれた大野盛郁《おおのもりか》高級助役（東京帝大法科大学卒）や、西郷の後任市長となった川上親晴《かわかみちかはる》市長（薩摩出身、山県系官僚で前和歌山県知事）、その後任の井上密市長（前京都帝大法科大学教授、憲法学）の下で、それなりに順調に進展した。

こうして、一九一二年（明治四五）四月には市内主要部の申込み者に上水道の給水が始まり、五月には第二疏水が開通し、翌一九一三年（大正二）八月に第一期の道路拡張および市営電気鉄道敷設工事が終了して三大事業が完成した。西郷が市会に「三大事業」という言葉とともに提案してから七年半、外債が成立して工事が本格的に行われ始めてから四年の後であった。冒頭で述べたように、現在に繋がる京都市の中心街の街並みの骨格ができ、都市経営という考え方も、大阪市などに続き、全国的にも早い時期に、しかも本格的な事業の展開の上に定着したのであった。また、事業に関し「公共性」という用語は直接使用されていないが、市にとっての「公利」「公益」という用語が使われたことから、公共性と同様の発想が出てきたといえる。

この間、三大事業に関連し市は四条大橋と七条大橋を架け替えた（一九一三年竣工）。鉄筋コンクリート造の橋のデザインは、ドイツで流行していたきわめて新しいセセッション式と紹介された。橋脚の上に設置された電灯用の「燈籠《とうろう》」はあるが、曲線を用いたデザインは明らかにアール・ヌーヴォーである。また拡張された烏丸通には一九一三年に街路樹としてユリノキ（チューリップツリー）を植えることになった。

橋のデザインと街路樹から、京都市は西洋近代の美意識を積極的に受け入れながら景観（風致）を保存する景観政策を始めたといえる。[128] この政策は第一次世界大戦後の都市計画事業が展開していく中で大枠が固まっていく。

さて、西郷菊次郎は結核の悪化で市長を辞任したにもかかわらず、その後一七年以上も生き、一九二八年（昭和三）一一月二七日午前一一時、脳溢血のため突然に死去した。[129]

この三大事業のイメージは、後の時代にどのようにとらえられたであろうか。それを西郷市長らの担い手と事業の内容とに分けて考えてみよう。

まず京都市役所は、一九一二年から一四年にかけて、『京都市三大事業誌』を、「第二琵琶湖疏水編」・「水道編」・「道路拡築編」に分けて出版した。この本は、三大事業の技術的な点を重視した記録とも言うべきもので、事業の三要素を正確にとらえている。

この本は、西郷が一九一一年五月に事実上辞任してから編纂されたものであり（後任の市長選定は同年一二月までかかり、川上親晴が就任）、西郷市長の名は特に強調されていない。この背景には、市会側が主体的に事業を推進したのでなく、事業の大枠への批判がないにもかかわらず、事業の展開過程で西郷市長と感情的批判ともいえる対立をし、西郷以外に適任者が見出せなかったので西郷を市長として再任したという、すでにみてきたような、市会側の複雑な感情があった。それらによって、西郷の功績を特に強調しないスタイルとなったのであろう。また市の編纂物の暗黙のルールとして幹部技術職員など市職員の役割への特別な言及はない。以降も同様である。

一九二八年刊行の西村善七郎『大京都』（大京都社）になると、総論的な「大京都の沿革」で、博覧会（一八七二年）・第一疏水（一八九〇年）・鴨川運河（一八九四年）・平安神宮や第四回内国勧業博覧会および京鶴鉄道（現在の山陰本線）が鉄道省の予定線に入った祝典（いずれも、一八九五年）と並んで、第二疏水・上水道・道路拡張・電気軌道の竣工（一九一二年）が取り上げられる（八～九頁）。この本には西郷市長の名がないばかりか、現在の京都市街の原型を作った大事業の意義も十分にとらえていない（費用の点でも第一疏水は一二五万円にすぎないが、三大事業は第二疏水・上水道とその拡張・道路拡張・発電所建設の事業費で一八七三万円、公債費を含めると二二八六万円の大事業）(130)。

野中凡童『大京都誌』（東亜通信社、一九三二年）も、総論としての「大京都の沿革」の中に、第一疏水・鴨川運河・平安神宮・第四回内国勧業博覧会・京都鉄道（京鶴線の一部を私鉄として建設したもの。一八九九年に京都―園部間開通）・京都帝大等の建設・開催・創立等と並んで、一九一二年には「第二疏水・上水道・道路拡張・電気軌道等の四大工事も竣成」としてある（一～二〇頁）。西郷の役割や三大事業の意義が特記されていないだけでなく、西郷市長が道路拡築部を設置して、道路拡張と市営電車軌道敷設を統一して実施した意味すら、「四大工事」ととらえることで忘れ去られている。

なお、前掲、西村善七郎『大京都』では、一九一八年に京都市が隣接町村を合併したことを、前掲、野中凡童『大京都誌』では、京都市の一九三一年の隣接市町村の合併や増区を、それぞれ「大都市」としての発展・「大京都市」への発展として注目している。しかし京都市が併合した旧町村に三大事業的な事業を及ぼしていく、一九二〇年代以降の都市改造事業についての言及はない。

他方、京都市は、三大事業の完成二〇年を記念して『京都三事業概要』を出版する（一九三二年）。ところが、その三事業とは、第一が「水利事業」、第二が「電気軌道事業」、第三が「水道事業」とされ、道路拡張事業は電気軌道事業の中に含められてしまった。京都市当局者の間ですら、用地買収や家屋の移転などを含んだ道路拡張の方が、電気軌道を敷設するよりもはるかに困難な事業であったことが、忘れられつつあったといえる。

以上のように、三大事業完成から二〇年程経った一九三〇年前後には、京都市にとっての事業の意義や西郷市長の名もほとんど忘れられてしまったのである。

(2) 六〇年後の復活

三大事業の意味を復活させた著作が、京都市編『京都の歴史』第八巻（学芸書林、一九七五年）（のち一九八〇年に京都市史編さん所から新装版が出る）である。そこでは、三大事業については、第一章の「第三節　京都市の誕生」の一部として「中見出し」の形ではあるが、「近代都市の原型づくり」（七二～七五頁）、「西郷市長の時代」（七五～八四頁）として言及している。

西郷市長を「中見出し」の中に入れて強調したのは、三大事業の評価の形として画期的であったといえる。もっとも、第一疏水事業について、「中見出し」より上の節レベルで取り上げたことや、三大事業の二倍弱のページ数（一四六～一六五頁）を費やしていることから、『京都の歴史』においても、第一疏水の方を三大事業よりも重視しているといえる。すなわち、三大事業完成後約六〇年経っても、事業の画期的意義、西郷市長や市の幹部技術職員の役割は、京都市政の研究者や市民の間にすら十分に評価されていなかったのである。本書は、京都市政史編さん委員会編『京都市政史』第一巻（京都市、二〇〇九年）とともに、これを克服する一つの試みでもある。

以上、京都市の三大事業とは、フランスの外債と政府の補助金を財源に、第二疏水事業・上水道敷設事業・道路拡張事業（市営電車軌道の敷設事業も含む）の三つを行うことである。

注目すべきは、この事業には、市電や第二疏水事業など市民が必要とする事業で利益を上げて外債を償還する一助とし、その利益はその後も市の財政を補う、という発想があることである。後に述べるように、実際に事業からは利益が上がり、この発想は大枠で実現した。またこの発想から、都市改造としての三大事業において、西郷市長を中心に公共性（「公利」「公益」）と都市経営、一部では新しい景観の創生という観点が、京都市で展開し始めた。

すでに述べたように、三大事業の源流段階では、内貴甚三郎市長ら、市議会と関わりの深い京都市の名望家が構想形成の中心となった。しかし内貴市長ら渡欧体験のないリーダーでは、大事業を企画し実施するのにヴィジョンの点で限界があった。結局、その具体化過程においては、渡米したことのある西郷市長をはじめとし、法律・経済・工学などの専門知識を持った市幹部や幹部技術職員らが構想から実施過程まで重要な役割を果たした。

三大事業が展開するようになると、市会・市参事会や家屋・土地を所有する市民たちは、事業の大枠は支持しつつも、個別の不満を強め、しだいに西郷市政への批判を強めるようになった。この中で、市会が役職の配分をめぐって内部で争い始め、会派の統制も弱まって流動化した。

これは、名望家による伝統的な秩序が崩壊していく中で、三大事業によって個別の種々の利益が発生し、市当局や市会内にそれを調整するシステムができていないので、個別利益の関与の拡大を目指して役職をめぐる争いが激しくなったからであろう。また、第Ⅱ部で論じる第一次世界大戦後の都市計画事業と異なり、市会や彼らを選出する市民の間に、公共性という意識が十分に育っていなかったことも重要である。

それにもかかわらず、西郷市長は市の幹部技術職員の助けを得て、中心となって京都市にとって空前の事業である三大事業の計画を立て、政府と協議し、困難を乗り越えて実施し軌道に乗せた。しかし、この記憶は十分には継承されていない。

なお、烏丸通や四条通の拡張問題にみられるように、土地や家屋を所有している多くの市民たちは、三大事業を支持する姿勢を続けた。しかし、土地や家屋を所有せず、市議の選挙権もない下層民が三大事業をどのようにとらえていたのかは、今のところ史料上の制約でわからない。

第Ⅱ部　都市計画事業——第一次世界大戦後の「大京都」の形成

拡張された河原町通（河原町万寿寺）
（京都市歴史資料館提供）

現在の高瀬川（七之舟入址）

第四章　都市計画事業の思想と公共性

第I部で述べてきたように、三大事業の最初の工事として、上水道用の水を確保する第二疏水工事が一九〇八年（明治四一）六月二六日から始まった。約四年後、一九一二年四月一日に上水道の給水が開始され、二週間後の四月一五日に第二疏水の全工事が完了した（五月一日に通水）。土地の買収や立ち退きがあるため、より困難な道路拡張事業も、翌一九一三年（大正二）八月五日までに第一期電車建設計画七線、すなわち、烏丸線《からすません》・東山線・千本大宮線《せんぼんおおみやせん》・今出川線（千本通─烏丸通間に短縮して建設）・丸太町線《まるたまちせん》・四条線・七条線すべてが完成し、市電の運輸開始の許可を得た。三大事業は一九〇六年三月の市会で提示されてからわずか七年半ほどで、一九〇七年三月に市会で確定した案にほぼ近い形で完成したのだった（もっとも、その後に今出川線の烏丸─河原町間は建設されたが、そこから鴨川東岸大手筋を結び、東山線の一条に連絡する線は起工されず、以後も建設されることはなかった）（図4-1）。この市電は予想通り利益を上げ、三大事業の外債の償還財源となったのみならず、これから論じる都市計画事業の財源ともなる。

ここで、日露戦争後から都市計画事業が始まる前までの、三大事業以外の都市整備事業について、簡単に述べておこう。

三大事業の完成に先立ち、一九一〇年四月一日、京阪電気鉄道（京阪電鉄）は、大阪市天満橋《てんまばし》から京都市五条大橋《ごじょうおおはし》東詰《ひがしづめ》間の電鉄を開通させた。その工事中に京阪電鉄は、京都の中心に近い三条まで、さらに線路を延長することを申請した。それを受け、京都府から京都市に諮問があったが、京阪電鉄が京都市に納入する報償金額が市と折り合わなかった。そこで京都市会は、一九〇九年一二月二五日に、市電鴨東線《おうとうせん》（五条─三条─丸太町）を建設することを決議した。また、すでに京都に市の南方とも結ぶ市街電車を走らせている京都電気鉄道（京電）も、新堤防上に電鉄の敷設を出願した。

このように現在の京阪電車の五条駅から北への電鉄敷設をめぐって、三つの計画が競合したが、内務省は京都市の主張を認めた。一九一三年五月、三条―五条間の市電鴨東線の敷設が許可された。

しかし京都市は、鴨東線を京阪電鉄に使用させることとし、一九一四年九月、同社と仮契約を結んだ。翌一九一五年一〇月二七日、京阪電鉄三条―五条間の開通式が行われる。すでに一八七七年に京都・大阪・神戸間が官営鉄道として開業していた（後の東海道本線）（図4-1、東海道本線は一九二一年以降の路線）。こうして、京都と大阪は、官営の東海道本線と合わせて二本の路線で結ばれた。

ところで、市電が一九一三年に全面的に開通するのに先立ち、市内六路線区間で、一八九五年に営業を開始していた民営の京電との線路の使用が問題となった（図2-2）。市電のレールは標準軌（一四三五ミリ幅）を採用していたが、京電は狭軌（一〇六七ミリ幅）を用いていた。同じ道路に市電と京電とが走れば、双方が四本ずつ、計八本のレールを敷くことになり、安全上からも好ましいことではなかった。そこで考えられたのが、「六線共用」である。市電と京電とがレールの一本だけを共有し、全体で六本のレールを並べるものである。京都市と京電は一時的に対立するが、政府の裁定で市の要望が通り、一九一二年九月に六線共用契約が結ばれた。この対立で、市が京電を買収すべきとの声も高まったが。市の財政を考慮して見送られた(1)。

この後、冒頭の序章で述べたように、第一次世界大戦後に都市計画事業が各都市に展開して、各都市を改造していく。京都のこの事業について論じる前に、まずこの章では、都市計画事業の思想を検討したい。

都市計画事業の思想については、それを法的に保障した都市計画法（一九一九年四月五日公布、法律第三六号、一九二〇年一月一日施行）の条文から、市区改正（既成市街地の改良）の観念から脱却し、都市を一つの有機体とみなし、その総合的な整備を図る、との見解がある(2)。

これに対し、都市計画事業は中央集権的であり、欧州諸国では都市計画を定め事業を実施していくのは市町村であったのに対し、日本ではきわめて特異な都市計画制度を作り出した(3)と、各都市が自主的に行う思想を特に認めな

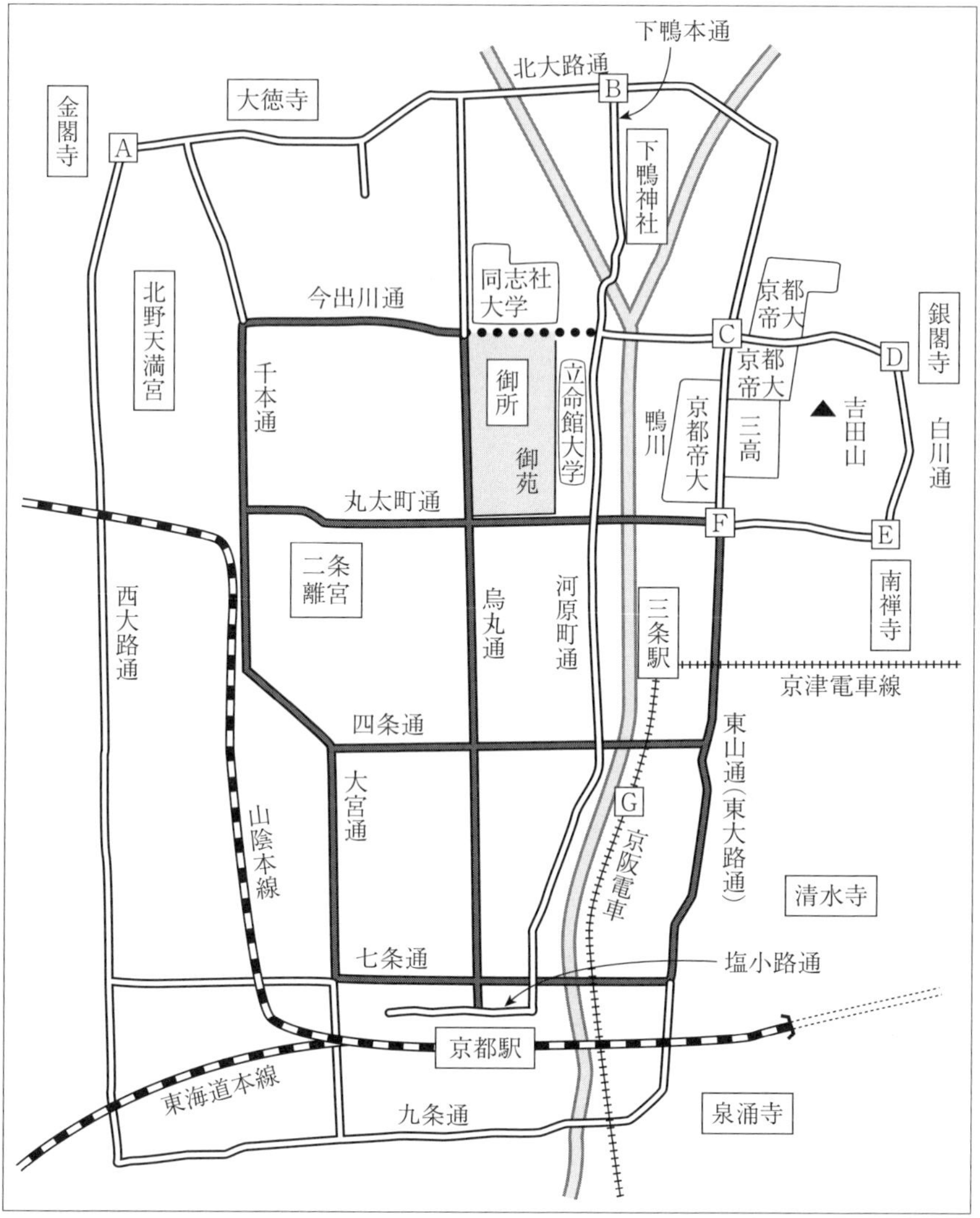

図 4－1　三大事業と都市計画事業で拡築した道路

注：1）▬▬ 三大事業で拡築した道路
●●●● 1917年10月に拡築が竣工した部分
══ 都市計画事業で拡築した道路
2）「交差点などの地名」A　衣笠，B　芝本町，C　百万遍，D　銀閣寺道，E　天王町，F　熊野神社前，G　五条駅

い見方もある。同様に、都市計画事業は市区改正事業に比べて手法の多様化の点では成果を挙げたが、都市総体の土地利用計画の制度化という点では、結果的には市区改正事業と大差ないものに終わったといえよう、と新しい思想による成果をあまり評価しない見解もある（4）。

都市計画事業の新しい思想をあまり評価しない見解が出るのは、序章で述べたように、東京市の市区改正事業や日露戦争後の各主要都市での都市改造事業の展開、さらに都市計画事業の展開についての本格的な分析がなされていないこととも関係している。内務省の主導性が強かった等の憶測に基づいて、都市計画事業がとらえられてきたからである。

いずれにしても、都市計画事業の思想は必ずしも本格的に考察されていない。日露戦争後の都市改造事業（本格的に展開し始めた東京市の市区改正事業、京都市の三大事業を含む）では、各都市が西欧の都市をそれぞれ意識して、近代化に務めたので、背景となる体系的な思想はない。しかし、都市計画事業では、以下に述べる新しい思想が、都市研究会や内務省、各都市間のポストを異動する幹部技術職員等によって全国的に広がり、それを背景に各都市において事業が展開する。本章では、この思想の中に公共性という概念が明確に出てきたことや、事業の推進者について考察する。

1　事業の推進者

都市計画事業に関し、都市研究会は機関誌『都市公論』を毎月刊行した。同誌は事業に関する欧米の思想や事例の紹介、日本の事業の基本的な法令である都市計画法（前掲）、市街地建物法（一九一九年四月五日公布、法律第三七号、同年一二月一日より施行）等の紹介と解説、日本の事業について期待と理想の発表、東京市・大阪市・京都市・横浜市・名古屋市・神戸市等の事例紹介等を行った。都市研究会は一九一七年（大正六）一〇月に作られているが（5）、本格的な体制となったのは、一九一九年二月頃からのようである。

一九一九年二月の時点での幹部は、会長が後藤新平（前内相・外相）、副会長が水野錬太郎《みずのれんたろう》（前内相）・内田嘉吉（前逓信次官）、理事が池田宏（内務省大臣官房都市計画課長兼土木局工管課長）・佐野利器《さのとしかた》（東京帝大工科大学教授、建築学）・渡辺鉄蔵（東京帝大法科大学教授）・片岡安《かたおかやすし》（建築家、関西建築協会創立初代理事長）、幹事が八田五三・阿南常一の他、評議員が五四名いた。後藤会長以下幹部九名は評議員も兼ねていたので、評議員のみの者は四五名であった。[6]評議員の中には、尾崎行雄らの著名な政治家や、渋沢栄一・藤山雷太《ふじやまらいた》（東京商業会議所会頭）らの有力財界人もいたが、多くは原敬内閣の閣僚や都市計画事業に関係する内務省・逓信省の官僚、大阪市・京都市・横浜市・名古屋市などの市長・助役であった。

主な名前を列挙すると、床次竹二郎《とこなみたけじろう》（内相）、中橋徳五郎（文相）、野田卯太郎《のだうたろう》（逓信相）、山本達雄（農商相）、元《もと》田肇《だはじめ》（前逓信相）、小橋一太《こばしいちた》（内務次官）、中西清一（逓信次官）、吉村哲三（内務事務官）、山田博愛（内務技師）、池上四郎（大阪市長）、関一《せきはじめ》（大阪市助役）、安藤謙介《あんどうけんすけ》（京都市長）、鷲野米太郎（京都市助役）、久保田政周（横浜市長）、佐藤孝三郎（名古屋市長）らであった。

田尻稲次郎東京市長は、評議員に就任していなかったが、笠置正（東京市臨時調査課長）が評議員であった。また数カ月後に笠原敏郎（内務技師）が追加された。[7]

なお内相は、原内閣（床次竹二郎）、高橋是清《たかはしこれきよ》内閣（床次）、加藤友三郎内閣（水野錬太郎）、第二次山本権兵衛《やまもとごんべえ》内閣（後藤新平）、清浦奎吾内閣（水野錬太郎）と、清浦内閣が倒れる一九二四年六月一一日まで、都市研究会の幹部であった。

これらのことから都市研究会は、政府とりわけ内務省とほとんど一体化し、六大都市のうち神戸市を除いた五つと密接な関係を持った組織であるといえる。東京市は会長の後藤新平が一九二〇年一二月一七日に東京市長に就任し（一九二三年四月二七日に市長退任）、理事の池田宏が助役に就き（一九二〇年一二月二五日〜一九二三年六月八日）、次の市長の永田秀次郎は後藤の下で助役に就任し評議員になっているように、都市研究会とさらに密接な関係を持つようになる。神戸市も、一九二三年四月二八日に石橋為之助市長が同会の評議員に就任し密接な関係を持つようになる。[8]

すなわち都市研究会は、都市計画事業を民間の団体という形で推進するが、事実上は半官半民の集団であった。

その機関誌『都市公論』で表明された幹部等の意見から、都市計画事業を推進した思想がわかる。それを次節で考察したい。

2　事業の思想

都市研究会の機関誌『都市公論』の記事を分析すると、都市計画事業の思想がほぼ固まったのは一九一九年（大正八）一二月だったとわかる。都市計画法（一九一九年四月公布）・市街地建築物法（一九一九年四月公布）・都市計画法施行令（一九一九年一二月公布）・都市計画委員会官制（一九一九年一二月公布）など、都市計画事業に関連する重要法令は一九一九年一一月までに公布されている。これらの法令の形成過程において、内務省をはじめ政府や帝国議会、都市計画事業に関係する都市研究会のメンバーの間で、同事業についての合意が形成されていったとみることができるからである。

このようなおおよその合意の上で、都市計画法は一九二〇年一月一日に施行された。同法は一九一九年四月に公布されたが、施行日が決まったのは同年一一月二八日の勅令四八一号によってである。これは、都市計画事業の思想の大枠がほぼ固まっていくのと並行して、関連する主要な法令も一一月までに公布され、都市計画法を翌年一月一日より施行する条件が整ったと判断されたからであろう。

(1)「レッセ・フェール」からの離脱

このようにほぼ固まっていった都市計画事業の思想の特色は第一に、東京市・大阪市をはじめ日本の都市は著しく膨張し、工場が市内に乱設され、建築物は市民の保安上危険で、市民の衛生・保健上憂うべき状況が生じ、また街路が狭く交通機関が不足し、都市の経済発展を阻害しているので、それへの対応を急ぐべきとするものである。このため、六大都市のみならず、他の中小都市も含め「レッセ・フェール」（なすに任せる）の「永き眠より」醒め、徹底的に都市生活の改善安定を「策進する」必要がある。そこで、「速に一定の計画を確立し、都市経営に関する各種の施設」を行い、「公共的施設」の完備を図る目的で、「都市改良」のための法制を積極的に整備するべきである、とするものであった(9)。

水野錬太郎副会長は一九一九年（大正八）一月一三日に大阪市の中之島公会堂で開催された都市計画第五回講演会で、「戦後の経営」は「産業戦、教育戦、其他世界改造に当る」覚悟が必要で、大阪市はこの「大戦争の中心となるべき都市」であると、都市計画事業を列強間の競争との関連でとらえた。また評議員の吉村哲三（内務事務官）は、「都市の盛衰は即ち国家の盛衰」に繋がるので、都市計画事業は国家的事業であると論じた。さらに、日本の重要都市の存立発展の条件であるのみならず国家の「存立発展に対し至大の関係ある」とも論じられ、会長の後藤新平は、一九一九年一二月二日の演説で、日本が「五大強国」であると主張するためには、都市の改善の少なくとも準備だけでも示さねばならぬ、と都市計画事業を日本の体面の問題としても論じた(10)。都市計画事業は日本の国力の盛衰と日本の体面にも関わるものとして、とらえられたのである。

（2）米・英・独・仏などをモデルとする

思想の特色は第二に、このような都市計画事業のモデルとされたのは欧米、とりわけアメリカ合衆国・イギリス・ドイツ・フランスなどであったことである。

たとえば、都市計画法など都市計画事業の立案の中心となった内務省都市計画課長の池田宏や、都市研究会副会長の水野錬太郎（前内相）・都市研究会理事の佐野利器・評議員で大阪市助役の関一《せきはじめ》・東京府理事官商工課長の木村淳は、米・英・独・仏の都市計画に特に注目している(11)。

また、フランスのリスレー博士によってフランスの都市の整理と拡張計画が、ロバート・H・モルトンによってシカゴの都市改良計画が、シカゴ都市計画委員会幹事長のムーデーによってシカゴを中心としたアメリカ合衆国・イギリス等の都市計画が、米国都市工学技師フォルウェルによってアメリカの都市を中心とした都市計画が、それぞれ紹介された[12]。

(3)「公共精神」と「自治の精神」

第三に、都市計画事業では、それまでの東京の市区改正事業をはじめとする都市改造・改良事業と比べ、専門家による調査と専門家と市の有力者による審議を経た決定がなされたのみならず、専門家・市の有力者・市民の「公共的精神」と「自治の精神」が強調されたことである。

水野錬太郎副会長は「公共的精神」を、後藤新平会長も「公共の為に尽す」ことや「公共心」の働きの重要性を、池田宏理事（都市計画課長）も「各種の公共的施設」を完備させることを訴えた[13]。都市計画事業に関しては、一九一九年二月の都市研究会の決議文中に、「永久に亘《わた》りて公利を増進」する、と主張された[14]。ここでの「公利」という用語は、日本全体の利益を意味した。この用語は遅くとも一八七〇年代後半には、フランスの啓蒙思想を学んだ中江兆民によってベンサムやミルの功利主義を批判する思想として唱えられ、原敬に受容されて原の生涯の信念となった。この「公利」という用語は原以外にも広がり、十分に考慮した上での自己の考えを持つ自立した国民の意見を集約したものを指す用語である「輿論《よろん》」と密接に結び付いていた[15]。

「輿論」を支える国民が増加するのに対応して、「公利」を実現する基盤も強まっていくととらえられていたのである。すでに述べたように、日露戦争後の京都市の三大事業では、「公利」「公益」の用語が使われた。しかし都市計画事業では、「公利」という用語よりも、むしろ「公共」という用語が用いられるようになった。これは、「輿論」を形成する力のない国民にまで都市計画事業の思想を広げ、できるだけ多数の人々の支持を受けて同事業を速やかに完成させたいとの考えを背景にしたものであろう。都市計画事業に「公共」という用語が使われた思想を反映して、事業において下層民への配慮をこれまでよりも厚くしつつ、全体の利益のために強制力も伴いながら、合理的に事業を推進していこうという潮流が強まっていくのである。

都市計画事業には「公共的精神」のみならず「自治の精神」が必要だということについても、水野錬太郎副会長は早くから主張していた。水野は、外国には一つの私立の協会があり、その協会が声を上げて市民に覚醒を促していて、都市の改良の促進になっている、とロンドンの例などを挙げた。また長崎敏音（名古屋市技師〔土木課長〕、都市研究会特別会員）は、六大都市の「輿論」は、都市計画の実施を高唱するに至った、と述べる。それを実行するに当たり、「一点の私個的思慮を挟むことを避くべき」で、「各市民の充分なる諒解を促」し、運動その他の手段によって「計画者の意思信証を変更」させることがないように勧告しなければいけない、と論じた(16)。

水野や長崎の論に見られる、都市計画事業における「自治の精神」とは、専門家と輿論を形成する自立した中堅以上の市民らが議論することを通して、「公共性」のある計画を作り、それを一般市民や下層民が納得するように教育することで、挙市一致で事業を推進できるというものであった。全国的に都市計画事業を推進するリーダーたちは、「輿論」とは異なり、十分に考慮された上での意思ではない一般市民や下層民の「世論《せろん》」を統制していかなければ、事業は合理性を持って実施されず、成功しないだろうと考えていたのである。

「輿論」による「世論」の統制の例は、京都市の都市計画事業（とその前身の市区改正事業）においても、本書第Ⅱ部で示していくように確認される。ここでは一例の概要のみを示してみよう。まず京都市の幹部技術職員らが事業の原案を作成し、府の技術官僚・職員や内務省との合意の上で案ができる。ところが、この案中の河原町線《かわらまちせん》拡張案が、京都市区改正委員会で、一九一九年（大正八）一二月に京都市選出の市議らの策動で木屋町線《きやまちせん》拡張案に変更された。しかし、さらに一九二二年六月の第三回都市計画京都地方委員会で、市民の多数の声を反映した京都市会や市の幹部技術職員の意向に従い、再び河原町線拡張案に戻された。河原町線は京都市の交通体系として合理的であるのみならず、高瀬川のある木屋町通の景観や歴史的遺産、すなわち歴史的景観を保護するという点で、案の立案者は公共性があると見ていたのである。

（4）都市計画各地方委員会を重視する

第四に、都市計画事業の意思決定において最も重視されたのは、都市計画各地方委員会である。

一九一九年（大正八）一月の講演で、水野錬太郎副会長は、アメリカ合衆国・ドイツ・イギリス等では都市計画を立てる時は必ず市民に公表することや、専門家が都市計画を調査し、あるいは建築家・経済家・市の主な人々が誠心誠意に調査・決定し、市会が決議すると紹介する。さらに、このような制度ができた後には、市民からの計画への訴訟はほとんどなくなったという。八月には内務事務官の吉村哲三が、都市計画の議決機関として、都市計画委員会という国家の機関を設けるが、国家の任命する官庁の代表者のみによらず、少なくとも半数は都市の利害関係を代表する人をもって組織しなければならない、という構想を公言した。そこで、都市計画委員会は「半官半民」である、とみなした(17)。

同じ八月には、フランス人のリスレーが、パリ市やリヨン市の都市整理拡張事業は複数の県域にまたがったので、内務大臣管理下に設置した特別委員において制定し、各関係地区や市町村と協力して執行することになっていると紹介した。また一〇月には、ロバート・H・モルトンにより、シカゴの都市改良計画が、三二八名よりなるシカゴ都市計画委員会を組織して研究計画がなされたことが述べられた(18)。

すでに述べたように一九一九年一一月までに都市計画関連の法令が公布されると、池田宏内務省都市計画課長は、中央に設置される都市計画委員会と都市計画各地方委員会を、都市計画の調査・決定機関として位置づけた。また中央委員会と地方委員会の意見が異なった場合には、内務大臣が適当と認める方の議決を以て都市計画委員会の議決と看做《みな》す、と条文で明らかなので、中央委員会・地方委員会いずれの議決を採ることもある、と公言した。また、中央委員会で各都市の計画に対して審議する場合には、地方委員会の委員長（知事）なり市長のような地位にある人を臨時委員として議事に参与せしめ、十分に地方委員会の意見を中央に反映させるはずである、とも論じた。さらに、中央委員会と各地方委員会の二重議決になるのは「実益」がないので、都市計画区域の全部にわたる計画および変更など、内務大臣において特に必要と認めるもの以外は、各地方委員会の議定のみで、ただちに都市計画委員会の議定を経たものとみなすことにもなっているとした（「都市計画委員会官制」）。このように池田課長は、都市計画関連の法令が、都市計画各地方委員会の権限を重視する形になっていることを解説した(19)。

本書で京都市の事例を通して示していくように、都市計画事業に関し、各地方委員会の議決を重視するという思想は、貫徹したようである。各地方委員会で議決した事項は、形式的に、中央委員会の議決を経て（省略される場合もある）、内務大臣が決定し、内閣が認可するという形で正式に決まっていった。すなわち、各地方委員会の議決によって、事実上決まったのである。

各地方委員会の議決に関しては、事業予算は各市の予算であり市会での決定が必要ということと、各地方委員会の委員には、各市の市会議員の定数の六分の一以内の市議出身の委員が任命されていることから、市会の影響力が強くなった。たとえば京都市の場合、河原町線拡張か木屋町線拡張かの争いが河原町線に決まった一九二二年六月の委員会では、委員三八名中で市会選出委員は九名で、内務官僚の三名よりはるかに多かった。また、地元の実情を知り都市計画事業の原案を作り市会に予算や技術を説明する市の幹部技術職員や、予算を作成する中心となる市長の地方委員会への影響力は、日常からの市議・市会への影響力も考慮すると、地方委員会において市会選出委員に優るとも劣らず強い。人数的にも、この一九二二年六月の委員会では、市長と京都市の幹部技術職員合わせて三名が委員で、内務官僚と同数であった。

すなわち、都市計画関係の内務官僚も参加した都市研究会は、「自治の精神」と専門家による立案と議論を通し、合理的な計画を作り、「公共性」を確保するという構想を形成した。その構想通り、あるいは構想を超えて、事業の計画の立案と審議において、都市の幹部技術職員や市長、市議ら地方の有力者たちの影響力が強くなったのである。なお、都市計画各地方委員会の決議が重視されたのは、都市計画事業が中心となる都市のみならず周辺の町村にまで及び、それを都市計画区域としたからである（都市計画法第二条）。このため、各地方委員会には、市会議員や市当局からのみならず、府県会議員や府県当局からの委員も、学者委員や内務官僚などの官僚委員とともに出ていた。

(5) 平面空間の広がりのみならず立体空間も重視する

第五に、都市計画事業で対象となった事業は、東京市の市区改正事業も含め日露戦争後の六大都市に本格的に展開した都市改造事業よりも、平面空間においても幅広いものとなったのに加え、新しく立体空間における計画と規制が入ってきたことである。

平面空間に関しては、都市計画事業では道路拡張と拡張した道路に市街電車を敷設するという交通網の整備、上水道や下水道の敷設、公園の設置等の市区改正事業の延長のような事業を、合併した町村へ平面的に空間を広げていく形で実施した。これらに加え、市街地の高速鉄道の整備（既存の鉄道の高架化と地下鉄建設）や運輸改善のため築港の実施も重視された。また、都市を工業地域・商業地域・住宅地域などに分ける地域制が登場した。地域制は第二次世界大戦後に至るまでの日本の都市計画の基本を形成するものである。

立体空間に関しては、建築規制が規格化されて強化された。それは、多数の人々が集まる「特殊建築物」について府県ごとに規制が異なっていたのを統一したことである。また、都市に火災が拡大しないように、防火地区を設け、地区内では新築の際に不燃性の資材で建築物を建てさせたり、道路との境界をなす建物を防火線とし、新たな建築物を不燃性のものにしたりする等の規定を設けた。

さらに都市の住宅難を緩和するため、住宅や住宅地の整備を促進したり、そこに電気・ガスを供給させたりする等、都市民の生活の向上に深く関わろうとした。

以上の点をさらに具体的に見ていこう。高速鉄道に関しては、一九一九年（大正八）一月に、水野錬太郎（前内相、都市研究会副会長）が、高架鉄道や地下鉄道も造らねばならぬと論じた。また、東京市の市街電車の建設に従事してきた吉村恵吉（工学士）が、ベルリン・ニューヨーク・パリなどの高速鉄道の市民の平均乗車回数を挙げながら、東京に高架鉄道や地下鉄道の整備が必要であることを主張した。[20] ニューヨークの地下鉄の紹介は、木村淳（東京府理事官、商工課長）によっても行われた。[21] もっとも地下鉄の建設は、東京市を除いては、この段階では現実的にどうしても必要なものとは考えられなかったようで、一九一九年一二月に大阪市区改正委員会が立てた「大大阪建設に関する基本計画」にも入っていなかった。[22] また、同年末頃の大阪市の関係者の議論にも登場しなかった。[23]

地域制は、一九一九年一月に、都市研究会副会長の水野錬太郎・同理事の池田宏内務省都市計画課長らが主張しており、都市計画事業の一つの新しい柱であった[24]。それは、同年四月五日公布の市街地建築物法として結実し、住居地域・商業地域・工業地域の区分が規定され、一二月一日より施行された。

地域制度との関連で、建築の規制も、水野錬太郎や都市計画課長の池田宏によって早くから公言され、内務技師の笠原敏郎によって詳細に建築法の説明がなされた。池田は、建築の規制はドイツの制度をもとにアメリカ合衆国で発展しフランスやイギリスでも近年完備されたと評価し、笠原も、欧米の「文明国」では建築物に対する法規（建築条例）のない所はほとんどない、と都市計画事業で当然実施されるものとした。防火地区や防火線についても、池田課長が早くから論じていた[25]。

建築規制の法令は、すでに述べた市街地建築物法と、市街地建築物法施行令（一九二〇年九月二九日勅令第四三八号）および市街地建築物法施行規則（一九二〇年一一月九日内務省令第三九号）で体系化された。この結果、住居地域では建物の高さが対向壁までの二倍半、商業地域では五倍、それ以外の地域では四倍を超えてはいけない等の規制ができた。

水野錬太郎副会長は、都市の工業が発展すれば労働者が集まり、住宅問題が生じるので解決しなければならなくなる、と一九一九年一月には公言している。同年八月には、『都市公論』の巻頭言でも、「住宅問題解決策の実行」が取り上げられ、同誌九月号には都市研究会評議員会で選任された池田宏ら特別委員五名が数回会合した上で、同会が「都市住宅政策要綱」を議定したことが掲載された。そこには、中産階級以下の住宅経営を目的とする建築会社や建築組合を設置し、低利資金を供給するなど、社会政策的な住宅政策が掲げられていた。また、住宅地の確保のため区画整理を奨励し、その費用を国庫補助することや、住宅地までの交通機関を敷設し、住宅地に上下水道を完成させ、電気およびガスを供給すること等も提示されていた[26]。

一九一九年二月に渡辺鉄蔵（東京帝大法科大学教授、都市研究会理事）は、このような社会政策的姿勢をさらに強く主張した。渡辺は、都市計画事業のみならず、都市の「社会的事業」を奨励すべきと述べ、公設市場・簡易食堂・職業紹介所・実費診療所・児童相談所等を大阪市（都市）が行うべき、と論じた[27]。渡辺は都市計画事業と都市の

「社会的事業」を区別しているが、都市計画事業と関連させて論じており、都市計画事業の背景となる思想にも、下層民を対象とした社会政策的なものがあったことが確認できる。

（6）財政上の負担を覚悟

都市計画事業の思想の特色は第六に、事業の目標と情報を市民が共有し、財政上の負担の多少の増加を覚悟しても、事業を完成させるべきとするものである。

財源の一つは、日本の都市の負担は欧米の都市に比べて軽いと見て、市債を発行することである。その償還財源は、事業で土地や家屋の不動産価値が上がるので、それらの売却で得た利益等を納税させることで生み出す、という「受益者」負担が構想された（たとえば、土地が一〇倍の値で売れたら一〇％課税するなど）。また市営電車事業などからの繰入金も、事業の財源になると見た[28]。これは自家用車などがほとんど普及していない当時において、公共の交通機関を設置し適切に運営すれば、確実に利益が出るからである。

問題は、市区改正事業の主要道路拡張などで国が費用の三分の一以上を負担してきた国庫助成金である。渡辺鉄蔵は財源の五番目に国庫補助金を挙げ、池田宏も大阪の都市計画事業の道路拡張に関し、積極的に行うよう促す中で、主要街路について三分の一の補助金があるはずである、と述べた。ところが、水野錬太郎・内田嘉吉・関一・後藤新平らは、国庫補助金について特に言及しない[29]。大阪市助役の関一も含め、中央における都市計画事業のリーダーたちは各都市が国庫補助金にあまり期待せず、自力で都市計画事業を推進するのが望ましいと考えていたようである。これまで述べてきたように、事業について「自治の精神」を強調し、また都市計画各地方委員会にかなりの権限を委譲しようとしているのには、財源の問題も関連していたのである。

他方、六大都市が国庫補助金を求めているとの記事が『都市公論』に掲載されている[30]。以下の章で述べるように、京都市でも国庫補助金を当然のこととして期待した。各都市はなるべく国庫補助金を得たいとの姿勢であった。

問題は都市計画事業における借家人の多数を占める貧しい住民の立ち退きなど、事業の公共性と、「社会的事業」

が対象とする貧しい住民の生存権など、当面の利害が対立する場合である。これまでに京都市の事例で述べ、また後述していくように、日露戦争後の三大事業、第一次世界大戦後の都市計画事業ともに、公共性を重視した。このため、対象となる土地・住居所有者の公共心に訴え、土地・家屋収用への強制力を持つ法令も整備した。もっとも、三大事業段階では市民や市議は、事業で土地・家屋の収用がなされるのを避けようとしたり、対象となれば補償を少しでも高くしようと策動するなど個別の利益を求める傾向が強く、その公共心は弱く、都市計画事業段階になって初めてある程度強くなる。

二つの事業のもう一つの違いは、日露戦争後の三大事業においては、借家人などの権利は基本的に考慮されなかったのに対し、都市計画事業では借家人にも立ち退き料が支払われ、生存権へのある程度の配慮がなされるようになった（本書の第十章第3節（4））。

借家人のみならず、土地・家屋の所有者も含め、立ち退き補償をどの程度行うのかは大きな問題である。立ち退き料を過大に払いすぎると事業のコストがかかりすぎ、遂行すら不可能となり、公共性が侵害される一方、少なすぎると所有権や生存権が著しく脅かされることになる。京都市の都市計画事業では、どのように対応したのかを、具体的事例として本書で検討していく。

(7) 土地・家屋収用への強制力

都市計画事業の思想の特色の第七は、公共性を重視し、従来の土地収用法よりも土地収用への強制力をもって、「貧民窟」などの除去を行って都市の発展を図ろうとしたことである。

この思想は、すでに述べた一九一九年（大正八）一月の水野錬太郎（前内相、都市研究会副会長）の大阪市での講演の中にも、次のように現れている。

〔市区改正事業のような都市改造事業を実施しようとすると〕市民の中には随分不平を唱へる人もある、自分の地面を取られては困る、あの家を壊されては困ると云《い》ふて、不平を唱へる人々があるが、さう云ふ人は一々訴へさせる、けれども自己一人の利害の為に、市民百五十万の利害を犠牲にしてはならぬと云ふ公共の精神は、市民になければならぬ、一人二人の困るが為に、大多数の幸福を傷つけてはならぬと云ふ精神がなければなりません。[31]

池田宏内務省都市計画課長も、国防事業も都市計画事業も、鉄道・河川の大改修事業も場合によれば土地収用法によって必要な土地を強制的に買収しなければならないので、土地収用法をある程度改正する法案を議会に提出し、都市計画事業のために土地を買収しやすくできるようにしたい、と一月三〇日に都市研究会評議員会で講演した。

その要点を池田は、(1)土地収用に関しては、土地収用法にある土地収用審査会にかけ、裁定に不服があれば司法裁判所に持って行かせる、(2)ただ土地収用法では収用する区域の決定も審査会が行うことになっているが、都市計画事業では収用の可否のみを審査会で審議する、(3)また収用法では審査会が土地の収用が「公益事業」かどうかも判断するが、それも例外として省略することにした、(4)また道路の敷地だけを買収して道路を作っても、「貧民窟」などが残っては衛生上や保安上の問題も残り、商業が発展しないので、家屋も収用できるようにしたい、と説明している。[32] 都市計画委員会で決まり、内相の決定を経て内閣が認可して決まった事業について、従来の土地収用法に基づくよりも、土地収用審査会で審議する事項を少なくし、土地収用を行いやすくしたのであった。また市街の中心にある「貧民窟」などの除去も行いやすくした。これらの方針（思想）は都市計画法と市街地建築物法、および都市計画法施行令（一九一九年一一月勅令四八二号）によって実現していく。

この他に注目すべき点が二つ主張されている。一つは、名勝・旧蹟や陵墓、寺院・神社などのある場所では、それらの「風致」（景観）が周囲によって侵害されないよう、都市計画を行っていくことである。もう一つは、水辺に面した「風致」を資産家のみが住居や別荘を建てて独占して楽しむものではなく、一般の人々も楽しめるよう、散歩道を作るなどして、都市計画事業として「風致」を開放する手段を採ることである。

名勝・旧蹟や陵墓、寺院・神社などとの関連で、景観を保全することも、一九一九年一月には、水野副会長や池田都市計画課長によって論じられた。池田はそれらの臨境地区に建築上の制限を加えていくことが必要だとした[33]。この考えは、すでに触れた市街地建築物法第一五条となり、主務大臣は「美観地区」を指定し、その地区内の建築物の構造・設備または敷地に関して、「美観上」必要な規定を設けることができるようになった。それは市街地建築物法施行規則（一九二〇年一一月九日内務省令）「第五章美観地区」でさらに具体的に規定された。

また一九一九年一二月に池田都市計画課長は、庭園協会理事会が都市において一般市民のために水辺散歩道路を保存する必要があることを決議し、東京府市の当局者に呈出したことを紹介した。その内容は、川や海の岸には必ず道路を作り、誰でも散歩して眺望を楽しめるようにすべきで、一部の富豪たちの住宅で水辺一帯が占有されて眺望が得られなくなるのを防ぐべきである、というものだった[34]。都市計画事業の関連法令として立法化されることはなかったが、都市の水辺について一般市民の眺望権を保障しようというものであった。

これらから都市計画事業に公共性と共にデモクラシー的性格が含まれていたことが改めて確認できる。なお、公共性とデモクラシー的要素では、「貧民窟」の除去にみられるように公共性が重視された。

3　京都市と都市研究会

(1)　積極的な参加

すでに述べたように、都市研究会は、都市計画事業に関係する内務官僚も加わり、内務省とは異なった形で都市計画事業（その前身の市区改正事業）の推進を唱導した。都市研究会の幹部は、会長・副会長・理事と評議員で、会長・副会長・理事は評議員を兼任し、一九一九年（大正八）二月段階で合計五四人である。本節では、この研究会と京都市関係者との関わりや、都市研究会や内務官僚の京都市の都市計画事業への初期の段階での評価を考察したい。

都市研究会の会員は一〇〇円から一〇〇〇円を寄付する賛助会員、毎年一〇円以上納める特別会員、正会員の三

永田兵三郎
（『京都市営電気事業沿革誌』より）

種類に分かれている。『都市公論』（三巻一号、一九二〇年一月）には、賛助会員二一人（法人を含む）、特別会員一八二人（法人の一組織を含む）が名前入りで掲載され、正会員が一五七三人（氏名省略）と公表されている。まず特別会員までの名簿をもとに、都市研究会に京都市関係者がどれほど関わっているかを見てみよう。

一九一九年二月段階で公表された同会の役員中、安藤謙介（京都市長）と鷲野米太郎《わしのよねたろう》（京都市助役）が評議員となっている。一九一九年八月段階では、京都市の都市改造事業の中心となっていた幹部技術職員の永田兵三郎《ながたへいざぶろう》（技師、工務課長）が特別会員として登場する。[35] 現在残っている『都市公論』で特別会員名が公表されたのは初めてであるので、永田はそれよりも早く特別会員となっている可能性もある。

その後、一九一九年一一月中に新たに入会または種別変更した特別会員として、京都市関係者は永田兵三郎の他に少なくとも次の九人の名前が掲載された。そのうち、評議員の安藤謙介と鷲野米太郎の他は、安田靖一（技師、水道課長）・柴田弥兵衛（市会議長、市議）・西村金三郎（市議）・太田重太郎（市議）・田辺朔郎（京都帝大工学部教授、京都市顧問）・伊藤平三（市議）・今井徳之助（市議）の七人であった。[36] 柴田・西村・太田・伊藤・今井の五人の市議は京都市選出の臨時市区改正委員として市区改正事業（後の都市計画事業）を審議する役割を負っていた。また、柴田・西村・太田・今井の四人は永田らを中心に作られた京都市の市区改正事業案のうち、河原町線拡張を木屋町線拡張に変更すべく、熱心に活動した市議であった（第六章～九章）。

その後、一九二〇年八月には馬淵鋭太郎《まぶちえいたろう》（京都府知事）・大藤高彦《おおふじたかひこ》（京都帝大工学部教授、京都市顧問）が、一九二一年一〇月には水入善三郎（京都市助役）が特別会員として紹介された。また、都市研究会主催の第一回都市計画講習会（一九二二年一〇月一九日から二週間、全国の府県および都市より二〇〇余名参加）に、吉岡計之助（京都市技師）が参加し、第二回同講習会（一九二三年三月二二～三一日、全国より一一〇余名参加）に、富田恵四郎（京都市技師）と重永潜（京都市主事補、都市計画調査係長、京都帝大文科大学哲学科社会学専攻）が参加した。[37]

すなわち、都市研究会や内務省で都市計画事業（市区改正事業）の思想（方針）が固まる一九一九年一二月までに、都市研究会と京都市の関係者の関わりもほぼ確定した。それは安藤市長・鷲野助役らと、永田・安田ら幹部技術職員、顧問の田辺京都帝大教授、柴田市会議長ら臨時市区改正委員でもある五人の市会議員らが参加する密接な関係であった。また、工学ではなく社会学を学んだ重永のような職員が、市の都市計画事業の初期から関わっていることも注目される。その後、都市研究会と京都市との関係は、さらに深まっていった。

本書で述べていくように、木屋町線を拡張することで高瀬川が地下水路として暗渠《あんきょ》になるか埋められるかすることに反対して、一九二〇年一月から高瀬川保存運動が起き、二月以降に市議も参加し、六月二一日の市会では、木屋町線拡張を改めて木屋町以西において適当の線を選ぶという意見書が、市会で採択された。この中で、「風致」（景観）も初めて理由とされた（第七〜九章）。この動きは、都市の交通の合理性と景観を重視する意味で都市研究会や内務省の目指している方向と同じであった。しかし、これらの活動の中心となった市議は、都市研究会の特別会員にはなっていなかった。彼らは一般会員になっている可能性があるが、なっていなくても永田兵三郎課長ら京都市の幹部技術職員らから都市研究会や内務省の目指しているものを聞いていたのであろう。

（2）東京・大阪に比べ事業成果は不十分

次に、京都市の都市計画事業が始まるまでの都市改造事業の成果、市の現状と都市計画事業（市区改正事業）計画が、都市研究会幹部や内務省にどのようにみられていたのかを検討する。

一九一九年一一月、小橋一太《こばしいちた》（内務次官、都市研究会副会長）は、六大都市の都市改造事業の現況について論じた。東京市をまず取り上げ、市区改正事業として五千有余万円を投じて道路一一三条（延長四四里）や河川・公園・上水道・下水道工事を実施していると評価したが、築港についてはまだ設計すら確定していない、と現状の課題を述べた。

「帝都」ですらこのような状況なので、京都・大阪以下の都市にあっては、ただわずかに「断片的に公共的施設を施行したるに過ぎず」と、他の五大都市の現状を東京よりはるかに低く評価した。次いで大阪について具体的に言及し、政府の補助を得て施設した大阪築港および上水道の工事、軌道条例による電鉄の道路拡張工事に見るべきものがあるにとどまる、とした。また「京都に在りては、疏水工事・〔上〕水道工事及軌道工事の見るべきものあるのみ」と、さらに低く見た。

続いて、横浜・神戸二市に関しては、港湾修築工事と上水道を完成させているに過ぎず、名古屋も同様である、と論じた。都市計画上緊切である軌道についても、横浜・神戸・名古屋においては、なお未だ市として交通計画として発展を促進するようにまではなっていない、ととらえた(38)。

京都市が市区改正事業計画を内務省内の市区改正委員会に提示する一つ前の段階では、このように京都市は東京市に比べてはるかに遅れ、大阪市よりも遅れていると、評価は低かったが、横浜市・神戸市・名古屋市よりも進んでいる、とみなされた。日露戦争後の三大事業で京都市が、市街地を東西と南北に走る合わせて七本の道路を拡張し市街電車を通し、上水道を敷設したこと等が評価されたのである。

翌一九二〇年一月には、山田博愛（内務技師、都市研究会評議員）が、前年一二月の市区改正委員会で修正された計画（河原町線を木屋町線に変更）について論評した。拡張する路線数は一五、延長は約一一里で、幅一五間のもの三本、一二間のもの一二本、と計画を紹介し、欧米の都市と市の面積に対する道路面積を比較した。ワシントンは四三％で、道路面積が少ないパリでさえ二五％あり、欧米大都市の平均三一％と比べると、現在の京都はわずかに五・二％にしかすぎない。京都の「街路面積の寡少にして、交通上、衛生上、将又《はたまた》保安上速に拡築を要するや明白なり」と、京都の都市改造工事を急ぐべきであることを論じた(39)。

すでに京都市は、財政に苦しみながらも日清戦争前に琵琶湖疏水事業（第一疏水）、日露戦争後に市街地に三大事業（道路を拡張し市街電車を通す、第二琵琶湖疏水を建設する、上水道を敷設する）を行ってきた。しかし、欧米都市と比較すると、一九一八年に周辺町村を合併し、そこには事業が及んでいないこともあり、都市研究会や内務官僚ら中央の人々の目から見て、まだまだ不十分ととらえられていたのである。

第五章　「大京都」を目指す都市計画事業計画

京都市においては、一九一七年（大正六）半ばになると、三大事業の後を考えた市政の計画が必要だとの気運が起こってきた。同じ頃、京都府においても、京都市の市域を大幅に拡張しようという動きが高まった。これは東京市・大阪市などと同様に、第一次世界大戦中の好景気で、日本では農村部から都市への人口流入が急速に進み、都市とその近郊に多くの人々が住み始め無計画に都市が拡大したことにより、様々な問題が生じてきたからである。

このため寺内正毅《てらうちまさたけ》内閣は、翌一九一八年四月一七日に法律と勅令により、東京市区改正条例と付属命令を、大阪市・京都市および内務大臣の指定した市の市区改正に準用することとした（六月一日施行）。東京市の都市改造事業である市区改正事業はその後も継続しており、それを大阪・京都など他の都市でも行えるようにしたのである。

京都市では、六月になると市区改正事業を準用した事業を実施するための財源の検討などを始めた。ところが、その事業が実際に展開する前に、原敬内閣下で一九一九年四月五日に、都市計画法と市街地建築物法が公布された。これは、都市の近郊も含めて都市計画地域に指定できるようにして、都市計画事業を行っていこうとするもので、都市および郊外への人口流入に対し、さらに積極的に対応しようとするものである。

京都市の市区改正計画は、新しくできた都市計画法に影響されて、市の幹部技術職員らによって積極的なものとなり、市会を経て一九一九年一二月の京都市区改正委員会に提出された。これは、旧市街地の都市インフラを充実させつつ、三大事業の成果を周辺地域に及ぼしていこうとするものであり、後の都市計画事業の基本となった。なお、この時点で市区改正委員会が機能しているのは、都市計画法が出されて間がないので、都市計画京都地方委員会が組織されていないからである。本章では、京都の都市計画事業案の原型となった京都市区改正案の形成過程を検討する。

1　新たな都市改造への動き

(1) 外債償還と京電買収・町村の編入

第一次世界大戦期の好景気で、京都市の人口も急増し、隣接町村も人口が増加していった。

これらに対応するには財源が必要だが、京都市は、日露戦争後の都市改造事業である三大事業に使用した、膨大なフランス外債を償還しなければならなかった。幸い第一次世界大戦の影響で、フランスの通貨フランの価値が下落し、相対的に円が強くなっていた。フランス銀行業界との契約で、外債償還の開始日は一九一九年（大正八）一月一日だった。そこで京都市では、外債償還に必要な金額を内債の形で借りておき、外債償還開始日が来たら、外債の元金を全額償還したいと考えた。この方が、フランと円の価値の差により、京都市の負担がかなり軽くなるはずであった。

そこで、一九一六年一〇月頃から、市当局は内務・大蔵両省と外債借り換えに関する交渉を開始する一方、三井銀行に対して内債発行業務の引き受けを依頼した。一九一七年六月になって、内務・大蔵両省から外債借り換えの内諾を得ると、市当局は約一四七万円〔現在の約一六〇億円〕の利益が得られる予定であると説明し、二六日の市会で外債の借り換えを目的とする第三回公債条例を成立させた[1]。

外債の重圧感がなくなったので、一九一七年六月四日の市会で、大野盛郁《おおのもりか》市長は、三大事業の後を考えた市政の計画が必要であると、次のような趣旨の演説を行った。(1)市の三大事業もほぼ一段落し、また一般の市政も順調に進んでいる、(2)しかし、二つともに、これから整理改善が必要なことが多いと信じる、(3)時局のために、社会全般に影響を受け、そのため教育・衛生・財政・勧業・土木行政等について、適応するためにいろいろと改善が必要なことが多いだろうと信じる[2]。大野市長は西郷市長と同じ薩摩出身で、西郷市長の主導した三大事業を高級助役とし

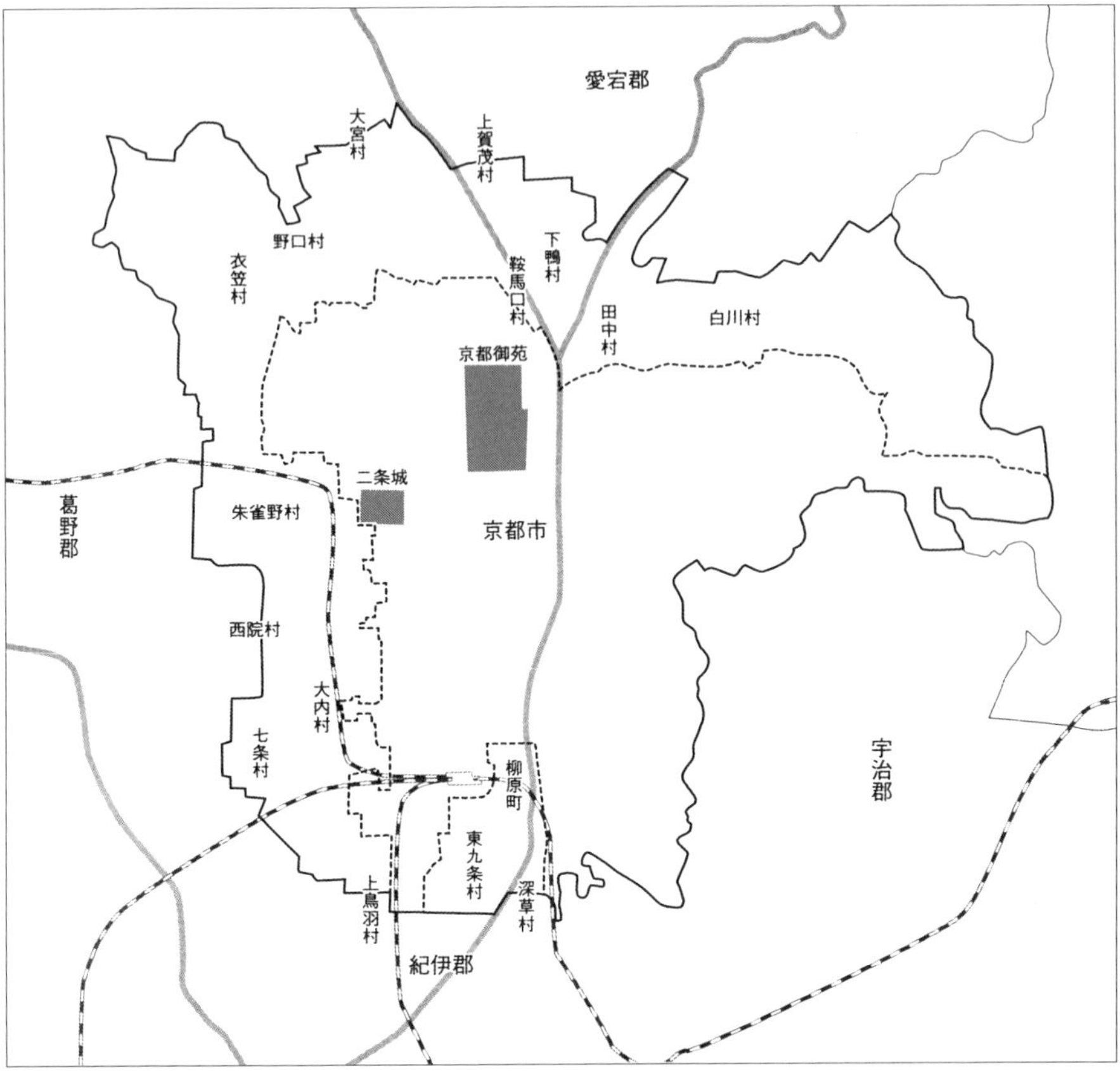

1918年の編入地域（『京都市政史』第１巻より）

て支えた経験を持っていた（第三章）。

他方、木内重四郎《きうちじゅうしろう》京都府知事は、一九一七年夏頃から、大規模な京都市域拡張を目指す動きを主導し始めた。こうして翌一九一八年四月一日、柳原町《やないはらちょう》や白川村・田中村・下鴨村など、周辺一六カ町村が京都市に編入された[3]。この結果、市制施行時と比べ、市の面積は約二倍、人口は約二・四倍（六六万八九〇〇人）に増大した。

この間、一九一八年一月一四日に市会では、大野市長が新編入地域にも電力を供給し、水道事業を実施していかなければならないと述べている[4]。

次いで同月一八日の市会で、田中新七市議（公友倶楽部、非市長派、下京区三級）は木内京都府知事が「都市改造調査」に動きつつあることと対比させて、京都市は隣接町村を編入し、面積においてはほとんど二倍になるのに、市にまだ「都市改造調査機関」がないのは遺憾とするところである、と意見を述べた。田中市議は、木内知事が自分の理想に浮かんだことをすべて京都市に命令を下すならば、これは監督ではなく干渉である、と府が市の都市改造計画を主導することを警戒していた。(5)

このような質問が出たのは、すでに一九一七年四月一一日に大阪市が市役所内に関一《せきはじめ》高級助役を委員長とする都市改造調査会を設置し、都市改造調査を積極的に行おうとしていたからである。同調査会は、大阪市の市街改良の具体案をまとめ、八カ月後の一九一八年一月一八日には、市側から大阪選出の衆議院議員や市会議長らに説明していた。また直接的には京都府が、一九一七年一二月には、府に都市改造調査会を設置しようとしたからであった。(6) 田中市議の質問に答え、大野市長は、都市改造のことについては、調査委員を置くかどうかは考えていないが、調査費を計上し、府の調査と重複を避けながら、都市改造の調査をするつもりであると答えた。(7) 都市改造に関し、大阪市や京都府に比べ大野市長は消極的であった。

これに対し、一九一八年三月一六日の市会では、橋井孝三郎市議（自由倶楽部、非市長派、上京区三級）が、編入を機会に「大京都の経営」、「京都市百年の大計」を立てることは大変結構であると発言した。しかもそれが、ただ土木道路のことや電車の延長のことにとどまらず、京都市の将来発展すべき「精神的の方面、形而上《けいじじょう》の方面」に向かっても十分に調査をすべきであると主張した。

橋井のいう「精神的の方面」とは、(1)工業を進歩させるような指導と工場組織の監督、工業地域の選定、(2)京都は「山紫水明の地」であるので、新たに編入された地区に向かって人口過密などの「衛生上精神上の弊害」を除いた都市を作る、(3)京都市の東部あるいは北部に「田園都市」というようなものを計画する、などであった。(8)

橋井の意見には、三大事業のような道路や電車軌道を敷設するものに加え、都市計画を、住居・商業・工業等の地域に分けた都市計画区域を作るという新しい発想がある。また、京都を「山紫水明の地」と規定したように、ひたすらに近代化を追求した三大事業とは異なり、京都を「風致《ふうち》」（景観）の面からもとらえなおしていこうとしている。

すでに述べたように大野市長は、三大事業に際し、西郷市長を高級助役として支えた人物だったが、橋井の質問のこれらの部分について、答弁の中でまったく言及しなかった(9)。大野市長には、第一次世界大戦後に求められるようになる新しい都市計画についての十分なヴィジョンがなかったのである。

いずれにしても一九一八年に入り、一六カ町村の編入が近づいてきたのをきっかけに、都市改造への関心が高まっていった。周辺一六カ町村を編入した翌日、四月二日に京都市会は、木内京都府知事の裁定書を受け入れ、民営の京都電気鉄道（京電）の買収を承認した。その条件は、京電の社債五〇万円と全財産の権利を京都市が継承し、その代償として五分五厘の利子付き市公債四二五万円を京電側に交付するというものだった(10)。

これら二つの出来事から、第一次世界大戦中の変化に適応するため、木内府知事にリードされる形で、京都市が市域の拡張と都市改造を行っていこうという姿勢を示しているといえる。

すでに述べたように、四月一七日には寺内内閣によって、東京市区改正条例と付属法令が公布され、京都市と大阪市および内務大臣の指定した市の市区改正に準用できるようになった（六月一日施行）。これによって、京都市は都市改造事業を行いやすくなったが、市区改正事業では市区改正委員会が事業の最終的な意思決定を事実上行うことになっており、京都市の事業も同委員会の制約を受けることになる。

(2)　市長・市議の収監と混乱

ところが、京都市当局が市区改正事業の検討を開始する前に、大野盛郁《おおのもりか》市長が、前回の市長選挙に関する汚職の疑いで、五月四日に収監された。四月に高級助役が辞任して欠員であったので、大野市長は、ただちに鷲野米太郎《わしのよねたろう》下級助役に辞表を提出し、鷲野が市長代理を務めた。

大野市長のみならず、市長候補を選考する市会からも同様の理由で議員の三分の一が収監され、後任市長の選出も混乱した。それでも市会の市長選衡委員会は、京都帝大法科大学の仁保亀松《にほかめまつ》教授を市長候補として選んだ。ところが、仁保は固辞した上、市議補欠選挙を終えて定員を充足してから選考すべきだと主張した。さらに、同年八月に京都市にも米騒動が起こり、市役所や市会はその対策に追われた。

ようやく、同年九月と一〇月に市会議員の補欠選挙が行われ、二四名の新市議が選ばれた。多数の市議が収監された後の選挙だったので、市政刷新と理想選挙がスローガンとなり、市村光恵《いちむらみつえ》・仁保亀松ら五名の京都帝大教授も選出された。教授らは、市議を兼任することになった(11)。

2　内務省の都市改造への動きと安藤市長就任

（1）市長不在下の助役と幹部技術職員の尽力

⑴内務省が都市改造を唱導する

一九一八年（大正七）五月以来京都市では市長不在で市政の混乱が続く中でも、市区改正事業による新しい都市改造への関心は継続した。次のように内務省が都市改造への関心を喚起し続けたからでもある。

さきに、東京美術学校（現・東京芸術大学美術学部）で開催された建築学会通常例会において、水野錬太郎内相は、都市計画は今日最も重要な問題であり、内務省においては都市計画調査会を組織し広く各方面より資料を集めつつある、と演説した。水野は、大阪市・京都市（京都府の誤り——伊藤注記）などにおいては、それぞれ固有の都市計画を立てるために、その調査機関を設けているとのことなので、今後は日本の都市は少しずつ改善されるだろうとも述べた。

また、⑴建築学会のように総括的に都市計画を研究するには、大都市・中都市・小都市の区別を設け、各都市に適応した方針を研究する必要がある、⑵米国においても、商業都市・政治都市・工業都市等の区別を設けて研究している、⑶いずれにしても、「遠大の計画」を立て「急激なる都市発展」に備えるべきである、と都市計画への抱負を述べた(12)。水野内相が、大都市のみならず中小都市にまで都市計画を及ぼしていこうとしていることや、「遠大の計画」を立てるべきだと考えていることが注目される。これは翌年四月の都市計画法公布に繋がる。

同じ講演で、水野は二〇年前にベルリンへ行った時、当時の市当局の都市計画があまりに「遠大」なので、空想にすぎないと思ったが、一〇年前に訪れると、それらが着々と実現され、高架鉄道も一〇年間に立派に出来上がっていた、とも述べている。また最後に、都市計画はあらゆる知識を基礎として、「百年の計」を立てるべきである、と結んだ[13]。水野は（東京）帝大法科大学出身で、土木局長や次官を務めた内務官僚であり、都市計画にも強い関心を持っていた。

すなわち、東京の市区改正事業が大阪市や京都市などでも準用できるようになった翌月の一九一八年五月頃には、水野内相など都市計画に関心を有する内務官僚を中心に、政府中枢で、都市改造事業の概念は、東京の市区改正事業からさらに積極的になろうとしていた。それは、首都東京あるいは大阪・京都などの大都市の大改造に加え、地方都市の改造まで視野に入れたもので、個々の都市の実情に合わせて計画が立てられるべきだとされた。またその計画は、その都市相応の理想に基づく「遠大」なものであるべきだった。水野内相らのこのような姿勢は、京都市にも影響を及ぼしていく。

(2) 京都市の都市改造への関心

一九一八年六月二〇日になると、京都市でも都市改良・改造事業の財源について議論が出始めた。永田兵三郎工務課長（京都帝大理工科大学卒、技師として三大事業を担う）は、電鉄買収案認可申請に関連して東京市に出張中、都市計画調査についての「協議会」に出席した。永田によると、各都市代表者から提出された都市計画案は少なくないが、財源については適切な名案はなかったという。この中では、以下の三案が比較的有力だった。

都市改良・改造事業の財源案の一つは、各府県にある不要官有地を当該府県の都市に無償で交付してもらうよう要請することである。東京市では官有地一五万八〇〇〇坪を交付され、貸地料として年四五万円の収入を得つつあった。

二つ目は、都市計画により市域が拡大し、その結果地価が騰貴したものに対して、増加税を課すことである。

三つ目は、都市計画実施に伴い道路拡張のため土地購入の際に、道路接続の土地で同じ所有者に属するものは同時に購入し、都市計画実施後に地価が高騰した場合、売却することである。現在の土地収用法によれば、不用地は購入地価と同価格で旧所有者に払い戻すことに規定されているが、内務省は都市計画実施のためになる場合、現行の法令を改正してもよいと考えているという。これらの方向性を京都市の水入善三郎財務課長（後に助役）も支持し、水入はその財源を都市計画事業の長期公債の償還財源とし、確実な大財源を作るべきであると考えていた。(14)

七月二日、田中新七市議は、内務省で都市計画調査会委員の任命があり、近々〔各都市の都市改造事業計画を審議する——伊藤注記〕市区改正委員の任命があるということを聞いて、一月一八日の市会で質問したのと同様に、市当局に「都市改良調査機関」を設置する計画があるのか等について質問した。

田中は内務省において右のようなことをやるのであるから、それを標準としなければならないのでしょうが、「市の最も利害消長に関する問題」を議論するのだから、「内務省の命令的」なものによってするのは、良い政策ではないと思うと主張した。さらに続けて、市は完全な「都市改良調査機関」を設け、「市の百年の大計」を定め、市是《しぜ》を画策し、それによって市区改正委員会および都市改造委員会が京都市のために「十分御審査」をするよう願いたい、と述べ、市の理事者の考えを尋ねた。(15)

田中市議は、規模は未定であるが京都市の都市改良・改造事業の計画を立てるにあたり、京都市が内務省に対して主体性を持つため、まず京都市の調査機関で立案し、それを国の作った委員会に提示すべきだと改めて論じたのである。

これに対し、市長代理の鷲野米太郎下級助役の答弁は、予算には「都市改良費」として三〇〇〇円取ってあるだけであって、市でただちに大きな委員会でも組織するかどうかは研究中で未定だ、とそっけなかった。さらに鷲野下級助役は、「都市計画調査会と云ふものが中央に設けられ、京都府に市区改正委員会と云ふものが又設けられると云ふやうな関係になつて来た際に」、もう一つ京都市に「都市改良委員会」を設ける必要がないと信じる、と答えた。

もっとも鷲野は、委員会は設けない考えであるが、「都市改良調査会」もしくは市区改正委員会に提出する市長の意見をまとめる際の材料や、また市会を代表して出る委員の材料となるものを作る調査機関は必要だと思う、とも述べた。さらに、先日都市計画調査の打ち合わせに東京へ行き、帰るとすぐに課長会議を開き、大綱の調査を命じるとともに、調査機関の組織についても、それぞれ示達しておいたと説明し、近いうちに成案を得ると思う、と答えた(16)。

鷲野は「都市改良」について市の調査・立案は市の職員に行わせていると答え、それ以外の調査機関を設ける必要はないとの考えだった。鷲野は、三大事業などを担った経験のある市の職員を中心に、京都の「都市改良計画」の立案をさせようとしたのだった。また、鷲野が府に市区改正委員会が設けられると発言したのは、後に内務次官が委員長となる市区改正委員会が内務省で開催されるので、正しくない。それほど政府の方針は曖昧であった。

鷲野市長代理が各課長に、「都市改良」についての調査を命じて以来、各課長は所属の事項について調査に従事、大略の成案を作った。そこで、七月四日、京都市の第一回都市計画調査協議会が開かれた。出席者は、鷲野市長代理以下、清水正治庶務・水入財務・富田直詮《とみたなおのり》勧業・岡井秋治学務・小泊六翁衛生・境田賢吉工務《（ママ）》・佐々野播雄《ささのまきお》運輸・陶山《すやま》富太郎《とみたろう》総務・大瀧電気・永田工務の各課長と太田勝郎主事補らであった。まず各課長より提出された数百件の要項を一まとめとし、これを「都市改良」の七項に分類した。七項とは、交通・衛生・修飾（都市美観）・教育・産業・救済（社会政策）とこれらの完成に関連する財務である。同日は調査研究方法を考究して、散会した(17)。

修飾（都市美観）や救済（社会政策）が項目として挙がっていることが、日露戦争後の都市改造事業にない新しい特色である。この調査項目は多いが、この段階では市会も鷲野助役も、三大事業のような大きな都市改造事業をするまでの決断をしていなかったといえよう。同年九月になると、京都市はイギリスのロンドン・マンチェスターなど四都市、アメリカのニューヨーク・ワシントン・シカゴ・フィラデルフィア・ボストンなど九都市、フランスのマルセイユ・パリなど三都市に都市計画調査書の寄贈を依頼することになった(18)。

安藤謙介
（『京都市会史』より）

(3)安藤謙介が市長となる

一九一八年（大正七）九月二九日、寺内正毅内閣は米騒動で倒れ、原敬が政友会を背景に初の本格的な政党内閣を組織し、水野内相は辞任した。

すると、同年五月に辞任した大野市長の後任として、一〇月下旬、市会の市長候補者銓衡《せんこう》委員会は、前内相の水野錬太郎を全会一致で選んだ。これは、京都市の都市問題を解決するため、政府の都市改造計画の中心となっていた「大臣級の市長」を選ぼうとしたからだった。しかし、水野は辞退した(19)。

結局、京都市会は安藤謙介《あんどうけんすけ》を市長候補に選んだ。安藤は、政友会系の内務官僚で新潟県知事などを歴任し、横浜市長時代に都市整備の経験があった。一一月一一日、市会で市長候補者選出の投票があり、四九票のうち、安藤が二八票を、仁保が一八票を獲得し、安藤を市長第一候補とすることが決まった。安藤は一一月二九日に市長に就任した。彼は一二月六日に京都に赴任する列車の中で、「建設時代の横浜」において、「積極主義」を取って、「大いに土工を整理して」基礎を固めたなど、都市改造への意欲を示した(20)。しかし安藤は、内務官僚として水野ほど大物ではないし、後に判明するように都市計画の新しい知識も十分ではなかった。

この間、大阪市は約八カ月前の一九一八年四月二日に市区改正部を設置し、都市改造への意欲を見せていた。一二月一八日、安藤が市長に就任した京都市も遅ればせながら、都市改造の専門部署を設置する組織改正を行う。部を廃止し、課を基本とする市役所組織の大改正を行い、調査課を設け、その下の四係の一つに市区改正係を置いた。

調査課長事務取扱は、鷲野下級助役の兼任で、市区改正係長は永田兵三郎技師（工務課長）の兼任であった。永田は「酒豪」であったが、「技術的眼光」のみならず「都市生命」の進展を洞察する大局観を持っていると評される人物だった。

課を基本とする大組織改正は、中間の部を廃止することで、新任の安藤市長のリーダーシップを強め、助役らが市長を補佐する形にしようとする改革である。また、助役が課長事務取扱をする調査課を設けたり、市区改正係をその下に置いたりしたことから、市当局が、新たな都市改造事業の実施に意欲を見せているといえる[21]。

その後、翌年一月二四日の市会で、鷲野が高級助役に昇格、下級助役には向井倭雄《むかいしずお》（前長崎県対馬島司）が就くことが承認された。こうして、ようやく京都市の最高幹部が揃った。

さて、京都市においては、都市改造事業として市区改正事業を行う市区改正委員のうち、市の公職者から任命されるべきものを、すでに寺内内閣期の一九一八年一月までに推薦していたらしいが、約一年経っても、委員は任命されなかった。原内閣ができて約四カ月後、一九一九年一月三〇日の市会では、市議の桜田文吾から、「大都市建設に関する市区改正」は市民が一日も早く着手してほしいと希望しているが、どうして委員が任命されないのか、あるいは市区改正の方はそのまま「オヂャンになる」という噂もあると、市当局者への質問が出た。これに対し、高級助役に昇進したばかりの鷲野が、市当局でも困って再三督促しているが、待ちかねている状況だと答えたにとどまった[22]。市会議員や市当局者は市区改正事業が一日も早く始まることを期待していたが、政府の動向をつかみかねていたのである。

(4) 市区改正委員の任命

ようやく同一九一九年（大正八）二月六日に、京都市と、大阪・横浜・神戸・名古屋五市の市区改正委員が任命された。ここでは、一九一九年一二月の第一回市区改正委員会の時点での委員構成の特色を検討する。京都市区改正委員長は、各都市と共通で内務次官小橋一太だった。また委員は、内務省の地方局長・土木局長ら四局長と内務書記官（都市政策通の池田宏）が各都市共通の委員となり、臨時委員と合わせ京都市議一〇人を含んで三〇人であった。京都市関係は、安藤謙介京都市長、市議一〇人、田辺朔郎《たなべさくろう》博士（第一疏水、三大事業に活躍、京都帝大工科大学教授）、戸田正三博士（京都帝大医科大学教授）、内貴甚三郎《ないきじんざぶろう》（初代京都市長）の合計一四人である。その他の官僚は、先に挙げていない馬淵府知事や京都府技師（土木課長）および、鉄道院・農商務省・逓信省などからの委員に、一人の軍人を含め、全員で一四人となった。その中には京都御所・御苑との関係で宮内事務官（本省の課長クラス）一人

表5-1　京都市区改正委員会臨時委員および職員（1919年2月6日任命と，その後の退職・補充）

委員の種類	肩　書	氏　名	備　考
京都市区改正委員長	内務次官	小橋一太	△○
京都市区改正委員	内務省地方局長	添田敬一郎	△○
同	内務省警保局長	川村竹治	△○
同	内務省土木局長	堀田貢	△○
同	内務省衛生局長	杉山田五郎	△1919年7月11日退職
同	同	潮恵之輔	○1919年7月11日就職
同	内務書記官	池田宏	△○
同	鉄道院副総裁・工学博士	石丸重美	△○
同	宮内事務官	高橋其三	△○
同	大阪税関長	松木修	△○
同	陸軍歩兵大佐	林田一郎	△1919年3月7日退職
同	同	島田良一	○1919年3月7日就職
同	農商務省商工局長	岡本英太郎	△1919年2月17日退職
同	農商務省商務局長	岡本英太郎	○1919年2月17日就職
同	逓信省通信局長	中川健三	△1919年6月25日休職
同	同	米田奈良吉	○
同	京都市会議長	柴田弥兵衛	△○
同	京都市会議員	西村金三郎	△○
同	同	伊藤平三	△○
同	同	俵儀三郎	△○
同	同・法学博士	市村光恵	△○京都帝大法科大学（法学部）教授と兼任
同	京都市会議員	太田重太郎	△○
同	同	今井徳之助	△○
同	同・法学博士	田島錦治	△京都帝大法科大学（法学部）教授と兼任。1919年8月6日市会議員辞職により資格自然消滅
同	正四位勲二等・工学博士	近藤虎五郎	△○
同	従五位勲二等・工学博士	佐野利器	△○
同	京都市長	安藤謙介	○
同	京都府知事	馬淵鋭太郎	○
同	従三位勲二等・医学博士	緒方正規	△
京都市区改正委員臨時委員	京都市会議員	竹上藤次郎	○
同	同	浅山富之助	○
同	同	北山乾三	○
同	従三位勲二等・工学博士	田辺朔郎	△○京都帝大工科大学（工学部）教授
同	従七位・医学博士	戸田正三	△○京都帝大医科大学教授
同	従五位勲四等	内貴甚三郎	△○前京都市長
同	京都府技師	近新三郎	○京都府土木課長
同	京都府会議員	田中祐四郎	△
同	同	原田重光	△
同	同	小松美一郎	△
京都市区改正委員会幹事	京都府内務部長	上田万平	1919年9月8日就職
同	同	大海原重義	1919年9月8日退職
京都市区改正委員会技師		大木外次郎ほか数名	

注：○印は1919年12月25日の第1回市区改正委員会開催時の委員。
　　△印は1919年2月6日任命の委員。
出所：『京都日出新聞』1919年2月8日夕刊（2月7日夕方発行），12月26日。「京都市都市計画ノ経過」（「浜岡〔泰〕家文書」6792-1，京都市歴史資料館所蔵）。

もいた。また三人の博士が五市の共通の委員となっていた[23]（表5-1）。内務官僚は委員長の次官や府知事を含め八人であり、京都市議一〇人を中心に市関係の委員一四人に比べ、はるかに少数で、他都市も類似した人数構成である。くわえて内務官僚は各都市の実情に必ずしも精通しておらず、市側が主体的に取り組めば、各都市の意向が市区改正事業にかなり反映できるようになっていた。これは、大正デモクラシーの潮流が強まる中で、政府が各自治体の意向を尊重しようとしているからである。

また、市議や府議が内務省の局長と同じ権限を持った委員になること自体が、大正デモクラシーの反映ともいえた。明治以来の官尊民卑の風潮の中で、従来は本省の局長や府知事は府議や市議よりもはるかに格上の存在であったからである。一九二二年に六大都市への政府（府県知事）の監督を弱める法改正が行われたことと、同様の流れだった。

(2) 旧京電の市電への統一と都市改造計画

すでに述べたように京都市が京都電気鉄道（京電）買収を一九一八年（大正七）四月に決定したことから、内務省の都市改造への動きに影響されながら、京都市の都市改良か改造かが問題となってくる。それは経営の効率上、狭軌の京電線を広軌の市電と統一して運転することが必要とみられたので、道路拡幅をして旧京電の線を広軌にする問題などが含まれていた。

すでに買収前、同年一月一八日の市会までに、買収の上は、ある線は廃止し、ある線は改良を必要とするなど種々の計画があった。この市会で、石川済治高級助役は改良の経費は約三〇〇万円（現在の約三二〇億円）必要なので、当分このままとし、少しずつ改良する考えである、と消極的な答弁をしている。

京電買収決定の約一月前の三月上旬になると、買収に関連し、京電を広軌にして市電と軌道を統一する問題から、道路幅も広げるという都市改造構想が出てきた。また、京電の木屋町線は、現在の道路幅が狭く、そのままでは広軌にすることはできないので、高瀬川を暗渠として、その上に広軌に改良した市電を走らせるという構想が、市当局から出ていた(24)。

この計画を構想したであろう市幹部技術職員は、三大事業を担った職員で、技術合理主義的考えを持った近代化論者である。彼らは、まだ「風致《ふうち》」（景観）の重要さを十分にわかっていなかった。高瀬川を暗渠にしてしまうことは、約一年九カ月後に高瀬川保存派に批判され、京都市政を揺るがす問題となっていく。

さらに、京電の買収をきっかけに、将来における市電の延長も構想されるようになった。三大事業以降、市電は今出川線において東へ烏丸《からすま》今出川―寺町今出川間が延長されただけであるが、道路拡張と市電の延長という都市改造が再び課題となってきたのだった（図4-1）。

さて、京電の買収と市電への統一は、二、三の字句の修正をして六月二五日に認可され、契約通り一九一八年七月一日に実施された(25)。

その後、市の事業部では、永田兵三郎工務課長が主となり電鉄統一事業の予算の作成を急ぎ、一二月下旬までに五種類の統一案を作成し、すでに安藤市長の手元に提出されたという(26)。安藤市長は、京都市においては、私が市長に「就任以前、すなわち大正七年（一九一八）度末より」、後に京都市区改正委員会に提出することになる事業案の調査を行っていたと、一九二〇年二月五日の京都市会で答弁している。また安藤市長は、その事業案の調査には、田辺朔郎博士・大藤高彦《おおふじたかひこ》博士（いずれも京都帝大教授）らも加わり、内務省からもたびたび人が来たという。さらに京都府は土木技師が欠けていたが、一九一九年に近新三郎《こんしんざぶろう》（土木課長、京都帝大理工科大学土木工科卒）が補充されて参加するようになった、とも回想して答えた(27)。

さて、一九一九年二月初頭になると、廃止候補線名や敷設候補線名が新聞に掲載される。それによると、下立売《しもだちうり》線・丸太町線の京電と市電との共用線が廃止されるのは既定の事実で〔のち実施〕、他に西洞院《にしのとういん》線の四条―七条間を廃止〔実施されず〕、二条河東線の木屋町《きやまち》―東山線間を廃止〔のち実施〕、木屋町線廃止〔のち実施〕・堀川線廃止〔実施されず〕、出町線廃止〔のち実施〕が検討されていた。

他方、(1)熊野―田中線〔東山線の北への延長として敷設〕、(2)吉田山迂回《うかい》線（蹴上《けあげ》線の南禅寺前を起点として白川に出て、さらに西進して当時の出町線終点に繋がる）（のち百万遍―銀閣寺道―天王町―熊野神社前として敷設）、(3)烏丸鞍馬口線《からすまくらまぐち》（烏丸線の延長として敷設、のち実施）、(4)千本《せんぼん》鞍馬口線（千本大宮線の千本今出川から北への延長、のち実施）、(5)大宮東寺線《おおみやとうじ》（大宮線を七条大宮から東寺まで南進し、東寺から東進して伏見線に繋げる、のち起点の東寺を近くの吉祥院《きっしょういん》井の口に変更して実施）が新線として敷設が計画された。このうち、財源や乗客の見込みから、目下有望とされているのは、(1)・(2)という(28)。

この後、一九二〇年代から三〇年代の都市計画事業が進展する中で、(1)～(5)の線の敷設は、(2)・(5)が少し変更されたものの、基本的にすべて実現し、それ以外の線も敷設されていった（図4－1）。安藤市長の答弁にもあるように、永田工務課長らの電鉄統一案が、少し後に市区改正事業を発展させた形で展開する都市計画事業の源流となったといえる。

3　市幹部技術職員主導の市区改正事業計画

(1)　対立していく市長と高級助役

すでに述べたように、一九一九年（大正八）二月六日に市区改正委員の任命・発表がなされた。この時、安藤謙介市長と鷲野米太郎高級助役はそれぞれ市区改正事業への抱負を語った。すでに述べたように、安藤市長も鷲野助役も、都市計画事業（および前身の市区改正事業）を推進した半官半民の団体、都市研究会（会長は後藤新平前内相）の評議員であった（第四章第3節）。

安藤市長は次のように言う。(1)京都市には商業も工業もあるが、大阪市・神戸市などと比較してそれほど大きくない、(2)京都市は「一千年の帝都」であったことが、他の大都市に類例のない歴史的特色であり、多くの「名勝旧蹟古社古刹《めいしょうきゅうせきこしゃこさつ》」を持つようになった、(3)したがって、京都市の市区改正事業は、一方において商工業の発達と衛生設備の完備を期すため、交通機関である街路と電気軌道網の完成、上水道・下水道の完成を図り、(4)同時に、市内の「名勝旧蹟古社古刹」の保存を策し、その間の調和を講じることが必要である、(5)たとえば道路拡張または電気軌道の延長のために、「名勝旧蹟」に逢遇した場合、多少の不便不利益を忍んで「名勝旧蹟」に一歩を譲り、道路は横に外れて拡張し、電気軌道は迂回《うかい》して延長すべきである、と。[29]

安藤市長は「名勝旧蹟」の保存を強調し、保存のために道路や電気軌道はよけて通るべきだと論じている。このことは、市の最高幹部が史蹟保存に関係する主張を行った早い例として注目される。

次いで安藤市長は、(6)「下層民居住地域」の風紀や住宅改善など社会政策的施策を行う、(7)市内のみならず、隣接市外区域の「名勝旧蹟」に対し遊覧道路を設置し、自動車を使って短時間で市の「名勝旧蹟古社古刹」を全部参観できる設備を備えて外観を整え、観光客を吸収することを提言した。

また安藤市長は、すでに都市として市街ができている所へ、市区改正事業を行うのは多額の費用が必要なので、旧市街よりも新編入区域に事業を行うべきであると論じた。これは、三大事業が市街地の道路の拡張であるのに対し、新しい構想である。

「名勝旧蹟古社古刹」の保存や、旧市街でなく主に新編入区域に市区改正事業を行っていくという発想は、市区改正事業の後身ともいえる都市計画事業に受け継がれていく。

他方、鷲野高級助役は、市区改正事業は、(1)京都市のみならず隣接地に商業区域・工業区域・住宅区域を制定し、三大事業にない都市の地域分けが実施されるべきである、との提言を行った。[30] 鷲野助役は、三大事業にはなかった都市の地域分けを含めて市区改正事業として論じた。これは、第一次世界大戦後の都市計画の課題となっていくものである。

すでに内務官僚の池田宏は、一九一三年にロンドンの万国道路会議に出張し、用途別地域制や建築規制など市街地を総体としてコントロールする制度を知り、東京市区改正委員会幹事として同事業を総括した。[31] 鷲野は池田らの内務官僚の新しい動きを知り、このような提言をしたのである。

また鷲野助役は、道路、市への接続鉄道、市内電気鉄道、上・下水道、市場、屠《と》場、火葬場・墓地など、衛生・

交通・運輸・防火等すべての面にわたって、市の発展と市民の幸福の増進のために計画を立て、長期にわたって建設していくとも論じた。また、これは市の固有事業ではなく国家の事業で、市はその費用を負担するのみだ、と続けた。鷲野によると、市区改正委員会は、委員が施行すべき計画を成案して内務大臣に申請し、内務大臣はこれを内閣に提出し、内閣はこれを認可する。成立した案は市長において実施する責任を有するという。すなわち鷲野は、市区改正委員会の役割をきわめて重んじていた。鷲野の議論は、京都市関係者が主体性を持って京都市区改正委員会の決定をリードし、決定されたものは、京都市当局が責任を持って実施するというものであろう。これは同年四月に公布された都市計画法に基づく、都市計画地方委員会の役割を先取りして考えていたからと思われる。安藤市長は、鷲野のような着想に疎かった。

しかし、都市改造事業に関し、市長が抱負を語っているのに、それに従うべき高級助役が同時期に別の抱負を語るのは、異例のことである。安藤市長は「名勝旧蹟古社古刹」の保存といった京都市の独自性の観点から論じているが、鷲野助役は、市当局や市民の自発性と公共性を重んじる列強の都市改造事業の新しい傾向を受けた内務省の構想や、内務省と市との一体性を強調して論じている。

その後も一九一九年三月の市会で、安藤市長と鷲野助役の都市改造事業をめぐる意見が異なった。このように、二人のしっくりいかない関係は続く(32)。

約一年後、一九二〇年二月五日の市会で、鷲野助役は京都市の都市計画について次のように述べている。

私は京都市の大体の計画としては、遊覧都市的に作ると云ふことは非常な反対であります。商工都市的に作らなければならぬ、北部なんかは何うでも宜しい、南部に大発展をしなければならぬので、而《しか》も商工都市にしなければならぬと云ふので、此点に就ては市長も同意見でありますけれども、私は市長より一層急進的であります、私の意見通りの案が作られたならば決して北部なんかの線を先にやるのでなくして、寧ろ南進主義であります(33)。

鷲野の「南進主義」は少し極端であるが、現在に至る京都を考えると大枠では正しい。しかし、都市改造事業という長期的な市の重要課題をめぐり、市長と高級助役は意見の違いを公然と見せ始めたのは問題である。鷲野には下級助役としてではあるが、難しい時期に市長代理を七カ月近くも難なく務めた自信と、京都帝大優等卒業の自負があったのだろう。結局、衆議院選への出馬を理由に、鷲野は一九二〇年四月一二日に助役を辞任した（総選挙では当選できず）。

以下で少し時期を戻して見ていくように、京都の都市改造計画案（市区改正案）の作成について、三大事業と異なり、安藤市長や鷲野高級助役が主導できず、永田兵三郎（工務課長）ら市幹部技術職員が中心となる。これは、市長と高級助役の対立も関係していた。

(2) 応急的改良案と市会

(1) 市の応急的改良案

一九一九年（大正八）七月四日、京都市は京都市電気軌道軌《き》隔《かく》拡張に関する諸案（第九三号〜九八号議案）を市会に提出した（市参事会意見書、六月三〇日提出）。これは、買収した狭軌の京都電気鉄道（京電）線を、広軌の市電の規格に改修するか、廃線とするかの対応策を示したものである。案によると、一九一九年度一一七万五六五三円、一九二〇年度一〇二万四三四七円、合計二二〇万円の事業を、一二一万五〇〇〇円の公債を発行した財源も加えて行うものだった。

旧京電線のうち廃線とされるのは、鴨東《おうとう》線（二条木屋町《きやまち》—東山線間）・七条線（西洞院《にしのとういん》—東洞院《ひがしのとういん》間）・下立売《しもだちうり》線（烏丸—堀川間）、および従来の市電との共用線、新高倉線である。

軌隔を拡張するものは、西洞院線（四条—七条間〔単線〕、七条—三哲《さんてつ》間〔九間幅に広げる〕）・塩小路《しおこうじ》線（西洞院—東洞院間）、東洞院線（七条—塩小路間）・新寺町線（五条—七条間〔一二間幅に広げる〕）・木屋町線（二条—五条間）・二条線（寺町—木屋町間）・寺町線（今出川—二条間）・今出川線（寺町以東—終点間〔単線〕）・鴨東線（東山線—蹴上《けあげ》間）・堀川線

（中立売―四条間）・中立売《なかだちうり》線（堀川―北野終点間）・伏見線（東洞院塩小路―伏見終点）であった(34)。

すでに述べたように、同年二月には京電線の買収に備えて、永田工務課長ら市の幹部技術職員によって、新たな道路拡張と市電敷設を中心とした本格的な都市改造案に繫がるような電鉄統一案が作られつつあった（本章第2節（3））。しかし、市区改正委員は任命されたものの、市区改正委員会がまだ開かれる見込みのない状況下で、京電買収後の応急処置として、市電の改良案を提出せざるを得なかった。以下の市会での審議を見ると、永田らはこの応急的改良案を提示しつつ、市議から都市改造への積極的な発言を少しでも引き出して立案中の都市改造案に取り入れようとしていたのであろう。

(2) 寺町線か河原町線拡張が視野に入る

提示された応急的改良案に対し、工事は二カ年の継続工事になっているが、一年以内ないし六カ月に短縮できないか、木屋町線は将来存続する見込みであるのか、もし存続するなら高瀬川でも埋め立てて西側でも取払って拡張する意見を持っているのか（今井徳之助市議）、等の意見が出た。

また都市計画法に基づいた事業に関連させ、近く「都市計画」というものが起こってくるので、それで理想的に考えると、鴨東線（二条木屋町―東山線間）は「あつて好いやら悪いやらは別問題で」ある（原田重光市議）、将来都市計画が行われ、現在出ている案が多少改廃を要する様子があるのかないのか、「都市計画」に伴う新線の計画がいつ頃できるのであろうか（今井徳之助）等の質問もあった。

これらの質問に対し、市長に代わり鷲野米太郎高級助役が答えた。主な回答は、(1)都市計画の着手は相当の日数を要するので、現在の旧会社線の「配給の状態」から考えて、「都市計画が一般的に考へられるまで」は猶予ができず、改良工事に着手せず、いたずらに日を過ごしたら由々しき事態を生じる憂いがある、(2)都市計画事業が着手されたなら、現在計画している路線について、ある部分は多少の改廃を要すると思うが、都市計画も「理想の如く実現せらるべきものであるかどうか」は疑わしい。たとえば、寺町線・河原町《かわらまち》線など、論議がすでになされているが、この二線が理想通り実現されるべきかどうかも「多少疑問であらうと存じますから」、今にわかにどういう点が改廃されるかは申し上げることはできない、(3)新線の延長は都市計画事業とする必要がないが、新線延長には道路計画を立てる必要があり、それは〔国で作る――伊藤注〕都市計画委員会に付議を要する問題である。新線計画は市の方で相当に調査を進めており、調査は一部分完成している。できるだけ早く〔国で作る――伊藤注〕市区改正委員会、もしくは市区改正委員会が廃止になって都市計画委員会が設置されたなら、それに対して新線計画の決議を要求したい、(4)二箇年継続工事としてあるのを、半年なり一年なりの日数で工事を完成するのは、技師の中心の永田工務課長によると、不可能で、どうしても一三、四カ月かかるようである、(5)木屋町線を広軌にする計画についての質問について、将来一〇年、一五年の後に新編入地に対する外郭的方面の都市計画事業が完成して、旧市街方面に理想的計画を行う場合になって、木屋町線がどうなるかということは問題になるが、五年や一〇年は動かないものと思う、(6)高瀬川の問題は、皆さんの方でいろいろな「御攻究」のことと思いますが、市当局の方でも存廃についていろいろ意見があり、高瀬川を暗渠《あんきょ》にして道路に利用するとか、軌道敷に利用するという問題は、将来の問題として論議・討究を重ねて決すべき問題で、私見を申すのは遠慮したい、等である。

次いで鷲野助役の発言を補足する形で、永田兵三郎技師が、七条線の廃止については、七条線の東洞院と西洞院間を廃して、塩小路線を生かすというのが根本の建て前である。これは駅に近い方を残して、遠い方を廃止するのが適当だからだ、理想としては塩小路線をもう一つ南に移して、鉄道院（後の鉄道省、現在のＪＲ西日本）用地の方へもう四十間ばかり南を通したいが、鉄道院がそれを受け付けてくれないので、やむを得ず塩小路線ということにした、等と答えた(35)。

旧京電の軌道軌隔拡張を検討する中で、新たに南北の幹線として寺町線または河原町線の拡張が話題になってきたことは興味深い。寺町線は旧京電の青龍町《せいりゅう》（出町）から寺町二条までであるが、広軌の複線の市電を走らせるには、寺町二条以南も含め道路の拡張が必要である。

（3）市会調査委員会案が基礎となる

一九一九年（大正八）七月四日の市会本会議で、旧京電線の軌道幅の拡張に関連する九三号ないし九八号議案は委員会に付託され、一二名の市議が議長指名で調査委員となり、互選で佐藤丑次郎（京都帝大法学部教授で市議を兼任）が委員長となった[36]。七、八、九日と午前中は実地踏査を行い、午後には委員会を開き、七月一二日の市会で報告した。その主な内容は、以下の四点である。

(1)　市の原案は不完全なものであるから廃案にし、雄大な計画を立てるべきだという意見があるが、電車事業は特別会計であり、公債は事業部経済で金利を払い、償還できる範囲で募集できる。大阪市のように、一年度の電車収入（純益）が四二〇万円に達する好況にあれば、一〇〇〇万円の募債をして線路を拡張できるが、京都市の状態では、この程度〔一二一万五〇〇〇円――伊藤注〕の公債しか出せず、事業の規模がこれ位〔二二〇万円〕になるのは仕方がない。

(2)　都市計画事業が「目前に迫って居」り、その事業で道路を拡張することになれば、相当の財源ができ、また道路両側に対し〔地価が上昇するということで〕「相当の賦課」をすることもでき、低利資金を借り入れることも可能となるので、その時まで事業を延期してはどうかとの意見もある。しかし、今日すでに旧京電の軌道・車両その他「殆ど運転に堪へない」状況である。たとえば、七月四日から五日にかけて多少強い雨が降ったら、七八台の電車のうち四五台しか動かせなかった（五七・九％の稼働率）。このまま放置しておくことができない。

(3)　市当局の原案は、七条線東洞院より西洞院の間の軌道を廃止し、〔七条線の南の〕京都駅前にある塩小路線に一切の車両を集めようとしているが、七条線の東洞院より西洞院までを存置し、現在のように塩小路から、東からあるいは西から烏丸に入っていく車両の一部を、七条の烏丸より現在のように、或は東山線に、或は大宮線に分けるなら、従来乗り換えに慣れている京都市民にとっても大変便利であろう。また、京都駅前から乗る際に、東山線に乗る、大宮線に乗る、烏丸をまっすぐに行く線に乗るという慣わしにも適する。

(4)　原案は西洞院線七条・四条間を単線として存置することを主張しているが、廃止すべきだ、等であった。

市会の調査委員会は市当局以上に消極的な姿勢で、市の原案にない寺町線か河原町線を拡張するなどの雄大な計画は取り上げず、市の原案にあった塩小路線を生かし七条線の一部を廃止するというプランを否定し、西洞院線を存続させないようにする、というものであった。

これに対し、市当局を代表して鷲野助役が、原案を維持したいと反論した。鷲野助役は、七条線の西洞院より東洞院の区間を廃止する原案について、七条線と塩小路線の距離はわずか二町にすぎず、電車はすべて塩小路線の京都駅前停車場前に集中させて運行させたいと改めて主張した。

また、西洞院線の四条から七条に至る部分について、委員会の廃線説に対し、従来の幹線の一つであり、乗客も相当ある。複線とすれば運行上問題はないが六十数万円の費用を必要とするので、単線として存続させたいと主張した。さらに将来、堀川線が四条より以南にも延長される見込みであるので、それまでの過渡線として存続したいとも述べた。

次いで、田崎信蔵《たざきしんぞう》市議は、今春都市計画法が帝国議会を通過し、道路網が拡張整備されることになっているにもかかわらず、狭い道路のまま市電の軌道を改良しても矛盾が生じるばかりであるので、京都市電気軌道軌隔拡張諸案を廃止すべきだと提案した。廃案説に賛成があったので採択がなされたが、廃案反対三三票、廃案賛成一二票で、廃案説は否決された。

その後、市会の調査委員会案と市の原案とで採決の結果、二九票対一二票で市会調査委員会案が可決された(37)。

こうして市会調査委員会案が確定した。すでに見たように、大きな特色は、旧京電の七条線をそのまま存続させることになったことである。京都市電気軌道軌隔拡張諸法案は、道路拡張を伴わない軌道軌隔拡張のみである。その意味で、これは一二月に市当局から提示される、道路拡張計画としての京都市区改正案とは異なっている。現状変更を好まない、当面の対応策であった。

次いで八月二日の市会で、田中新七市議は、市西南部の工場地帯に向かって道路を作り、電車を引くとなると、官営鉄道や、計画中という高速阪京電気鉄道との水平線交差は危険であると、市の計画を質問した。これに対し、安藤市長は市南西部の工業地帯を発展させるため交通網を整備する意義を認めた上で、七条駅（京都駅）を高架にすることを鉄道院と交渉している等と答えた[38]。このように、一九一九年八月初頭には、市南西部の工業地帯を発展させるため交通網を整備するという方針が、市会と市当局で共有されるようになっていた。

また七月一二日の市会で、電気軌道西洞院線の四条と七条間の廃止の決議が成立したが、八月二二日の市会では堀川中立売《ほりかわなかだちうり》より堀川線を北進させ、今出川線に連絡する意見書が満場一致で可決された。これまで市当局の計画にはなかったものだった[39]。永田工務課長らは、作成中の本格的な都市改造計画案にこれらの意見を取り入れ、一二月の京都市区改正案ができあがっていく。次に、京都市区改正案を作成した組織である、市の都市計画調査会を検討する。

（4）市幹部技術職員の都市改造計画作成

一九一九年（大正八）七月には、安藤謙介市長と鷲野米太郎高級助役の対立は、新聞に載るまでになった[40]。同じ頃、京都市では「都市改良部」を新設する話が持ち上がった。「都市改良部」は都市計画課・社会改良課・用地課・調査課の四課からなる予定であった。新聞には、部長は鷲野高級助役（調査課長事務取扱）が兼任となる模様で、都市計画課長には永田兵三郎工務課長、社会改良課長には岡井秋治運輸課長、用地課長には安田靖一技師（新聞は「靖田」と誤る）、調査課長には水入善三郎庶務課長を兼任させるのが適当と信じられている、と人事の名前まで出た[41]。

この特色は、永田・安田という、京都帝大理工科大学土木工学科卒の技師で三大事業をリードし、その後も京都市の幹部技術職員になっている二人が、都市改良部の技術関係の課長（幹部）として期待されていることである。永田は一九一九年八月までに、安田は一一月に、都市研究会の特別会員となっている（第四章第3節）。京都市で都市改良部設置構想が起こったのは、すでに述べたように、大阪市が一九一八年四月二日に市区改正部を設置しているからだった。

都市改良部構想とは別に、一九一九年八月下旬になると、市長を会長とする「都市改良会」を設置し、それを都市改良部に属させ、市助役・課長・技師などや、市公民中より公同幹事・衛生幹事等の名誉職を加えて会員とし、市当局と市民が一致共同して、「都市改良」の実を挙げようとする計画も出てきた(42)。

京都市の「都市改良会」は、都市計画調査会の名称で一〇月二日に設置が公表された。委員は市長・助役および各課長であり、幹事には永田工務課長、重永潜（都市計画課）・岡田和厚（工務部庶務係長）両主事補が任命された。任務は、「都市計画に関する枢要なる事項を調査審議すること」であった（第一条）。市長は会長となり会務を「総理」し（第四条）、会長に故障がある時は助役が職務を代理し、幹事は会長の命を承け「庶務を掌理」することになった(43)（第五条・第七条）。

鷲野高級助役が部長になる「都市改良部」構想に代わって、安藤市長が会長になる都市計画調査会（「都市改良会」の後身）が設置されたのは、二人が対立しているので、安藤市長が鷲野助役に主導権を渡したくなかったからであろう。この二人の対立や、安藤市長が就任して一年にも満たず、京都の都市改造について十分掌握していないことを考慮すると、この事業は永田・大瀧・安田ら市の幹部技術職員がリードするのは自然の流れであった。

都市計画調査会は一〇月七日に第一回委員会を開いた(44)。このような名前になったのは、安藤市長や永田ら幹部技術職員が「都市改良」より「都市計画」という積極的な名称を好んだからであろう。安藤市長は、京都市の都市計画調査をなすには、「一千余年の一国の中心地たりし光栄と名誉を維持」しないといけないので、本市の「市是」はここにあると、訓示を述べた。

調査会は五つの分科会を設け、二六人の各委員の所属が決まった。主査はそれぞれ、第一部（土木・交通）が永田兵三郎（工務課長）、第二部（財務・経済）が水入善三郎（庶務課長）、第三部（産業）が大瀧鼎四郎（電気課長）、第四部（衛生）が浅山忠愛、第五部（教育・歴史）が安東重起と決定した。この他、都市改造計画となると最も重要な

第一部は、永田主査を除いた委員七名のうちに、大瀧鼎四郎・安田靖一が、第四部は主査を除いた六人のうちに永田兵三郎がいた(45)。

すなわち、「都市改良部」構想と同様に、都市計画調査会にも、京都帝大理工科大学を出て、京都市の技師や技師長として三大事業をリードし、その後も幹部技術職員として市に勤めた永田・大瀧・安田が要所にいたのである。

都市計画調査会の第一回委員会が開かれた、同じ一〇月七日、安藤市長と、鷲野高級助役・向井下級助役ら京都市役所内の対立が、新聞に報じられた。その要旨は「文明流の規則正しい教育を受」けていないが、「老練家」で「抱容力も大き」い、「清濁併せ呑む」安藤市長と、「〔京都帝国〕大学を首席で出た」秀才で学生時代にも苦労した経験のある鷲野助役が、市職員間の権力争いも加わってきわめて悪い関係になっている。それのみならず、鷲野助役が「都市改良部」の部長になったら、鷲野助役に権力が帰すとか、向井助役が働き栄えがしない、等の話も出てきた、とするものだった(46)。結局、京都市において「都市改良部」は設置されなかった。市役所の最高幹部たちの対立が第一の原因であるが、「都市改良」という名前も消極的で幹部技術職員に嫌われたからであろう。

この結果、永田・大瀧・安田ら、都市計画調査会の要所に就いた市の幹部技術職員が、都市改造事業の計画作成の主導権を握っていった。彼らには三大事業の経験と専門知識があり、市役所内で技術職員を掌握していたからでもあった。

たとえば、一〇月八日の都市計画調査会第一分科会（土木・交通部）の第一回委員会が挙げられる。そこでは、主査の永田工務課長が、調査会の根本方針について説明を行った。永田は、京都市の都市計画を遊覧都市として樹立するのが良いか、大商工業都市として樹立するのが良いか、あるいは両者の折衷的な都市とすべきかについて、各方面にわたって詳細な説明をし、土木・交通上の弁論をしている(47)。

一〇月末になると、京都市の新線延長計画は、将来の都市計画との密接な関係があるので、市当局においては、京都市の都市計画調査会第一分科会（土木交通部）において、主査の永田課長が、大電気軌道計画を確立しようと調査中であると報じられた(48)。一一月二一日には、都市計画調査会第一分科会が開かれ、市街の交通政策から市電延

大瀧鼎四郎
（『京都市営電気事業沿革誌』より）

長の計画について地図を見ながら熟考して研究を重ねた。出席者は田辺朔郎・大藤高彦《おおふじたかひこ》（京都帝大工学部教授）両京都市顧問、安藤市長、鷲野・向井両助役、永田工務課長・大瀧技師長、中村政地理係長らであった[49]。田辺も一一月に都市研究会の特別会員となっている（第四章第3節）。

（5）永田兵三郎と大瀧鼎四郎

ここで今後の都市計画事業の立案と実施の中心となっていく永田兵三郎と大瀧鼎四郎という京都市の二人の幹部技術職員の履歴と人柄に着目してみたい。

永田は一八七九年（明治一二）一一月に、淡路島の兵庫県三原郡永田村の大地主、永田実太郎の子として生まれた。三歳上の兄が、永田秀次郎（第三高等学校法学部卒、前三重県知事、内務省警保局長、後に東京市長・鉄道大臣など）である。永田兵三郎は、一九〇四年に京都帝大理工科大学土木工学科を卒業し、一九〇七年三月に京都市技師に就任し、三大事業に携わった。一時京都市を離れたが、一九一四年三月に再び京都市に就職、京都市の市区改正事業や、その延長の都市計画事業の調査と立案の中心として働いた。

地元の有力紙は、次のように永田を評価している。

> 君の風丰《ふうぼう》〔貌〕は一脈の禅味と茶味を帯びてゐる。不得要領《ふとくようりょう》の如くにして得要領なるかの如く曖昧模糊《あいまいもこ》のうちに何者かを髣髴《ほうふつ》せしめる一種他の真似《まね》難い妙所がある故に時には細心事を処し時には放胆事に当る。その処実に巧と云はば巧だが、之れ天性とも認め得る。されば純技術家であり乍《なが》ら然《しか》も政治家的手腕も兼ねる点は流石《さすが》に青嵐君〔兄の永田秀次郎〕の令弟である…（中略）…実に都市計画の如き大事業は本市百年の盛衰に密接なる関係を有するものであつて、此の計画たるや単に純然たる技術家的眼光のみならず真に都市生命の進展を誤らず洞察する底の大局を見る統一的眼光を必要とする。此の点に於て君は蓋《けだ》し好個の工務部長であると賛辞を奉ても敢て過

賞ではない。

永田は「酒豪」で、「痛飲」して午後一一時から午前一時頃にまでなったり、明け方になったりすることもある。明け方まで飲んで、始発の電車を終電と間違えたという「珍談」もある。しかも、永田は酔っても乱れず、ただ気持ち良くなるばかりである。[50] 永田（工務課長）は、一九二〇年七月七日に電気部・工務部の新設に伴って、工務部長（技師）となる。

大瀧は永田よりも五年以上早く、一八七四年（明治七）六月に山形県米沢市に生まれた。一九〇一年に京都帝大理工科大学電気工学科を卒業し、理工科大学講師となり、翌年には助教授に昇進した。その後、一九〇六年に京都市技師となり、三大事業の水利事業に関わった。一九〇八年二月、市から欧米各国に派遣され、水力電気事業の調査を行った。

性質は「勤勉」で、些細なことでもおろそかにしない。連日の降雨のために発電に故障があると、街頭に立って点滅する電燈の光を気遣ったという「感ずべき逸話」の持ち主である。しかし「惜しい事に余りに学究的技術家的」で、他と折衝して相手を説得してしまうような「外交的政策的手腕」に欠けている。そのため、「華々しい芝居などを打つ事は出来」ない。そんな人柄なので、「仕事をするか読書するかの外に余り趣味を持たない」[51]。大瀧（電気課長、一九一九年三月から技師長）は、一九二〇年七月の組織改正で電気部長（技師長）となる。

京都市の都市計画事業の中心となる永田と大瀧は、このように性格が異なっていたので、後輩の永田が道路拡張を担当し、全体の枠組み作りと調整を行い、その大枠の下で大瀧が発電施設と市電軌道の建設や技術上の管理を行う、という形で協力し合い、それなりにうまくいったのであろう。

（6）京都市区改正案

一九一九年（大正八）一二月一九日に、すでに述べた、後の都市計画事業の基礎となっていく京都市区改正案が新聞に公表された(52)。これは技師の永田兵三郎工務課長を中心に作成されたものである(53)。

その計画の特色は、一号線道路から一四号線道路までの一四線を一二間（約二一・六メートル）～一五間の幅で拡張することである。これらの計画によって、既存の東山通（東大路通、熊野神社前～東山七条）を北へ百万遍まで（第七号線、幅員一二間）、さらに百万遍から現在の北大路通まで北進、次いで北大路通を西進し、衣笠《きぬがさ》から現在の西大路通を南進し、西七条衣田町から七条通を東進し、大宮七条まで（第一号線、幅員一五間）、東山七条から現在の東大路通（東山通）を南進、泉涌寺《せんにゅうじ》門前町から現在の九条通を西進、吉祥院《きっしょういん》井の口から現在の西大路通を北進し、西七条衣田で一号線に接続する（第一二号線、幅員一二間）など、京都の外周線が完成できる（図4-1）。これによって、東海道本線の南方に幹線道路（現・九条通）ができ、南部開発の軸となるほか、現在の北大路通や西大路通が作られ、北部と西部の開発の軸となり、金閣寺（鹿苑寺）・北野天満宮・大徳寺等の観光に便利となる。官営鉄道山陰本線の西側に幹線道路（現・西大路通）を作り、南西部を工場地帯としていくのは、とりわけ鷲野高級助役の主張であり、安藤市長も望み、市会でも出されていた要望だった。しかし北部開発も図るという点で、北部開発に消極的であった鷲野助役の主張とは大枠で異なっていたといえる。

くわえて、熊野神社前から現在の丸太町通を東進し、鹿ケ谷宮の前町（実際は天王町に変更）から現在の白川通の東側にあたる所を北進し、現在の銀閣寺道前で現在の今出川通を西進、百万遍や河合橋・「葵橋」（現・出町橋）を経て南進し、寺町今出川上《あが》ル東側までを拡張する（第三号線、幅員一二間。現在の今出川通の百万遍―寺町今出川間よりも少し北を通り、寺町今出川東に南下して今出川通に合流する）によって、京都帝大の東にある吉田山の外周線ができる。また下鴨宮河町で三号線より分岐北進し、下鴨松原町を経て、下鴨芝本町で第一号線に接続する路線（五号線、幅員一二間）で、現在の下鴨本通ができる（図4-1）。これらによって、吉田地区にある京都帝大や旧制第三高等学校（三高《さんこう》）、京都市立絵画専門学校（現・京都市立芸大美術学部）などへの交通、銀閣寺（慈照寺）・下鴨神社の観光も便利になる。さらに、京都駅から下鴨周辺の新しい中・高級住宅地への最短のルートができる。

この他、中立売《なかだちうり》西入ル役人町（丸太町通と今出川通の中間ぐらい）から堀川通を北進し、今出川通を越え、現在の北大路通（第一号線の一部）に接続する路線（第二号線、幅員一五間）も計画された。堀川通を北進し今出川通まで繋げて市電を延長する計画は、市会でも意見書が全員一致で可決されていた。この時点において、堀川通は四条から北へ中立売までは一五間幅に拡張されていたのであろう。なお、第二号線は、今出川通の北方にある現在の北大路通まで堀川通を北進させようとする、さらに積極的なものだったが、都市計画事業では実施されず、太平洋戦争下の建物強制疎開で拡張された。

注目すべきは、現在の河原町通にあたるものが、第四号線（幅員一二間）として新規に計画されたことである（図4-1）。これは七条東洞院《ひがしのとういん》東入《ひがしい》ル材木町から北進し（現在の河原町通はさらに東から北進）、四条小橋《こばし》西入《にしい》ル真町《しんちょう》等を経て、今出川寺町東入ル大宮町で第三号線に接続するものである。

この計画は、現在よりも細く、しかも河原町松原付近で途切れている旧河原町通を、拡張して一本の幹線道路としようとしていた（第八章第2節（3）の図参照）。

すでに市当局から市会に提示され、審議された旧京都電気軌道改良案では、高瀬川を暗渠にして、木屋町線を広軌にすることが提案されていた。これは、多額の費用が必要な本格的道路拡張を伴わない旧京電軌道の改良計画だったからである。そのため、寺町線か河原町線の拡張は、話題としては出たが、ほとんど議論されなかった。

今回の第四号線（河原町線）によって旧河原町通を拡張する計画は、木屋町通の西に幹線として新しい河原町通を拡張し、さらに西にすでにある烏丸通《からすまどおり》、および木屋町通の東、鴨川で隔てられた東山通と合わせて三本の南北の幹線を整備しようというものである。木屋町通は東山通に近すぎるので、河原町通を拡張する案の方が、都市の道路やその上に走る市電等の交通網として合理性があった。また、この計画では東本願寺の別邸である渉成園《しょうせいえん》（枳殻邸《きこくてい》）の庭を分断して京都駅からの最短距離に近いルートを取ろうとしていた。これも永田技師らの合理性を求める志向を示していたが、後に、実際の河原町通は渉成園を保存するルートに変更されて拡張された。

この他、烏丸今出川より北へ烏丸通を北進し、第一号線（現在の北大路通）に接続する路線（第六号線、幅員一二間）や第八号線・第九号線・第一〇号線・第一一号線・第一三号線・第一四号線（具体的位置は省略）が計画された

（図4－1）。

これらは、市内や隣接市外区域の「名勝旧蹟古社古刹」への道路や遊覧道路を整備するという安藤市長の要望に応えている。しかし、永田らの案はそれにとどまらず、京都市を商工業・住宅地などの面でも発展させようとする、はるかに総合的に練られた積極的なものであった。

以上、京都市技術職員らの作成した京都市区改正事業計画は、旧京電軌道の改良問題などでみられた市会の要望をはるかに越え、さらに積極的な道路拡張と市電の敷設を目指したものである。右の案は、市長と高級助役が対立する中で、彼らの着想や市会の意向をそれなりに反映させつつも、独自の形で出てきた案で、市長・高級助役の承認を得ているが、主導権は幹部技術職員たちにあった。この案が京都市の都市改造事業としての都市計画事業の大枠となっていく。

第六章　戦後不況と都市計画事業反対運動

前章では、大野盛郁《おおのもりか》市長や多くの市議の収監、次の安藤謙介市長と鷲野米太郎高級助役の対立などがあって市政が混乱したが、永田兵三郎（工務課長）ら市の幹部技術職員を中心に京都市区改正案が立案されたことを示した。これは市長・助役や市会などの要望を入れながらも、専門家として京都市の発展を考えた独自のもので、都市交通の合理性を追求した都市改造計画案であった。

本章では、京都市区改正案に対し、河原町線拡張反対運動が起きたことを、まず示す。次いでなぜ京都市区改正案中の河原町線拡張案が、京都市区改正委員会で修正されたのかを考察する。

1　都市改造事業案への反対運動

（1）京都市区改正案への反響

一九一九年（大正八）一二月一九日、永田兵三郎工務課長は京都市区改正案を新聞記者に公表し、同日から翌二〇日にかけて新聞紙上で京都市区改正案が記事となった。地元有力紙『京都日出新聞』が、「成長する大京都市」、「全然生れ代る大京都市」との表題をつけて報道したように、案自体について新聞は好意を示した。(1)

しかし、他方で警戒や要望も持っていた。それは第一に、都市権限の拡張を求める立場からの国家の過度の介入への警戒である。『京都日出新聞』は、大都市の改造計画は国家的事業であるから、国家が任命した委員によって企画決定し、その後に市民に知らせ、市民に実行させると言えばそれまでである、と論じる。だが、経費の大部分は市民が負担せねばならず、すでに「都市なる自治団体の存在を認め居れる以上は、天下不合理の事、之《これ》より甚だしきものはない」、とみた。

さらに、今回の都市改造計画に反対するものではなく、京都市の市区改正案そのものに対しても、これまでのところ何も意見を持つものではない。しかし、このような大問題はあらかじめ全市民の了解を得るべきで、「一々国家が干渉し、国家が処理す可《べ》き問題にあらざる事を信じて疑」わない、と同新聞は都市改造計画審議への市民参加を求めた。

もっとも同新聞は、今さら都市改造計画を根本より変え、市民の手によって新たに企画経営することは不可能であるのみならず、そのようなことをするには及ばない、とすべて市民中心で行うことが現実的でないことも理解していた。

そこで、せめて「今回の市区改正委員たりし人々は、其案に就き努めて市民の意見を徴し、成《な》る可く市民の意見を尊重し」、市参事会員や市会議員も、市民に代わって意見を述べる工夫をし、委員を「監督鞭撻《べんたつ》」し、京都市一〇〇年の大計を誤らないように、と切望した[2]。

第二に、その四日後に同紙は、今回の京都市区改正案は、それ以上発展の余地のない北や西に重きを置き、最も注目すべき南方を「閑却せし傾きあるは」理解できない、と南部に対しもっと積極的な都市改造をするよう主張した。京都が伏見を玄関とし淀川を中心として南西に向かって発展し、大阪が淀川に沿って北東に伸展すれば、二つの大都会が接続する。そうなれば、大阪もしくは大阪付近に中央政府が設置され、皇居が再び京都に復帰するのは、必ずしも空想ではない、とまで同新聞は論じた[3]。

同新聞は、市民や市民を代表する市会等に、都市改造事業に積極的に関わる意欲を持つよう主張している。しかし市民の間では都市改造事業全体への議論はあまり出ず、関心を集めたのは、寺町二条から五条までの旧京都電気鉄道（旧京電）木屋町《きやまち》線を廃止した上で、河原町《かわらまち》通を拡張し市電を通す第四号線であった。まず、市当局の動きを見よう。

永田工務課長は一九日に京都市区改正事業を新聞記者に説明する際に、河原町通拡張を短い期間に実施するのは困難と自覚していたが、内務省の命令で第一期に実行することになった、と次のように述べた。

第一期には新道路及び循環道路に復〔複〕線の電車軌道を敷設すべき計画にして、電車中最も困難を生ぜし問題は、市内に於ては〔旧京都電気鉄道の〕出町線寺町二条より木屋町を経て五条に達する木屋町線の廃止にて、之れに代ふる河原町線を南は七条より北は下鴨に至る迄一本線となし、本線は原案可決と共に第一期の事業として実行すべき予定なるを以て、同一区域に於て軌隔統一線と合致する者は、本案を採決する方針なり。最も右の計画は到底短日月を以て実行不可能なりと思惟《しい》したるに、本省にては第一期に実行すべしと命令ありたるに依り軌隔統一線と同型の者は本案を先きにしたる次第なり[4]。

さらに永田課長は、立案にあたって、「名所・重要建物・御陵等は力《つと》めて避け」たので、影響は、熊野神社・第一中学校〔旧制、吉田近衛町にあった〕・平安神宮神苑・御辰《おたつ》稲荷・本坊寺・藁天神《わらてんじん》その他神社仏閣にわずかにある程度だ、と続けた[5]。しかし永田の案は、すでに述べたように、河原町線が東本願寺の別邸である渉成園《しょうせいえん》（枳殻邸《きこくてい》）の庭を分断して京都駅からの最短距離に近いルートを取ろうとしていたように、全体として交通体系上の合理性を重視する論理で作成されていた（第五章第3節（5））。

（2）河原町線拡張等への反対

ところで京都市区改正案に河原町線拡張が含まれていることについて、最初の反対意見が出たのは、一九一九年（大正八）一二月二〇日午後五時から市役所迎賓館で開かれた京都市区改正委員準備会においてであった。準備会は、一二月二五日に内務省で開催されることになっている京都市区改正委員会に向けてのものだった。このような準備会を開いていることで、京都市関係委員の都市改造への主体性が見られる。

出席者は大海原《おおみはら》重義《しげよし》幹事（京都府内務部長）をはじめ、柴田弥兵衛（市会議長）・俵儀三郎（市議）・太田重太郎（市議）・伊藤平三（市議）・西村金三郎（市議）・今井徳之助（市議）・浅山富之助（府議）・北山乾三（府議会議長）・内貫《ないき》甚三郎《じんざぶろう》（前京都市長）・戸田正三（医学博士、京都帝大医学部教授）・田辺朔郎《たなべさくろう》（工学博士、京都帝大工学部教授）・島田良一（第十六師団留守参謀長、歩兵大佐）の各委員の他、市より安藤謙介市長（市区改正委員でもある）と鷲野・向井倭雄《むかいしずお》両助役、永田兵三郎（工務課長）・安田靖一（水道課長）・大瀧《おおたき》鼎《てい》四郎《しろう》（電気課長）・大木外次郎技師（後に府技師）・宮川勇一技師（車輌係長）らであった。[6]

柴田市会議長と太田市議は、五条から二条までの河原町線拡張案を修正し、従来のように木屋町線を流用することを主張した。二条以北は、一直線で下鴨まで貫徹させる考えであった。

柴田は語る。七条から北は、下鴨まで一直線に貫徹するものだと思っていたが、公表された案は一直線でなく、出町付近その他で屈曲する点が少なくない。このような案でも差し支えないなら、人家が密集し商工業の中心である三条・四条付近の河原町を貫徹する線路は、むしろ「無意義」である。その上、住宅難の現況を救済する上より見ても、木屋町線を流用し、従来の狭軌線を改造して広軌線にすると同時に、高瀬川を暗渠とし官有地を善用すれば、あえて河原町線拡張を断行する必要はない。[7]高瀬川を暗渠としてしまおうとの意見が出てくるのは、京都の水運は疏水が中心で、高瀬川は急勾配で水量が少なかったため、この頃にはほとんど用いられなくなっていたからでもある。[8]

また、河原町線の問題以外に伊藤委員（市議）は市区改正費の財源問題、浅山委員（府議）は京都駅南方の道路問題について質問した。最後に内貫委員（前京都市長）から、京都市と伏見町（京都市南方、現京都市伏見区）の合併論を前提とすると、今回の原案は伏見地方の利益を見過ごしているのではないか、との質問があり、議論百出した。この結果、二二日午前九時より自動車に分乗し実地を踏査し、午後六時より市迎賓館で第二回の会議を開き、原案に対する態度を定めることになった。[9]この準備会では、鷲野助役や『京都日出新聞』が主張していた南方への都市改造も問題になっており、都市改造への積極性が注目される。

表6－1　京都市区改正費および電気軌道敷設費

道路拡張費	用地買収および物件移転費	1700万1097円
	道路築造費	568万35円
	橋梁費	138万4200円
	付帯工事費	29万4960円
	諸　費	28万1160円
	予備費等	66万8549円
	合　　計	2500万円余
電気軌道敷設費		1500万円余
総　　計		4000万円余

出所：『京都日出新聞』1919年12月21日。

第一回準備会の翌日の一二月二一日の『京都日出新聞』には、京都市区改正の財源についての記事も出た。設計計算によると、道路拡張と電気軌道敷設費を合わせて、四〇〇〇万円余が必要であった（表6－1）。

この財源については、これまで何度も報じられた通り、三分の一を国費より、三分の二は京都市区改正費および市費より支出する規定であるという。京都市は財源を充実させるため、大阪市のように、間口税・土地増加税の他、電車賃等の値上げをし、道路舗装費については、通行税および特別通行税を課税して、その一部に充当するようであった。ところが、新財源が大阪市と異なり貧弱であるので、一般会計から多額の金を繰り入れる必要があるだろう、と見られた(10)。

同じ二一日には、下京第一四学区（永松校《ながまつ》）の学区民は、高瀬川を暗渠とし木屋町線を拡張するという同様の見解の下に、示威運動を開始しようとしているようであった(11)。

『大阪朝日新聞』は二一日に、永田工務課長の次のような言葉を紹介している。河原町線を拡張すれば、「地主からゴテゴテいはるゝであらうが」このくらいの事業を断行するには「多少の犠牲」は払わねばならぬ。木屋町通は、旧京電線を撤廃し、高瀬川を暗渠とし、両側に樹木でも植えて優美な通りにしたい(12)、と。

この時点で永田には、都市計画上の交通網の合理性を重視する観点はあるが、高瀬川を暗渠にすることを提言するなど、歴史的景観（歴史的「風致」）を重んじる視点はない。

この約一週間後一二月二八日、『京都日出新聞』は、第一回準備会で木屋町線拡張を熱心に主張した柴田市会議長について、その住居は不便極まる西木屋町にあるが、木屋町通が拡張されれば、住居がずっと表に出、今まで坪一〇〇円程の土地の売買価格が三〇〇〜四〇〇円に上昇するので、木屋町線に変更を主張したとの「評高し」、と柴田への疑惑を匂わせる記事を掲載した(13)。いずれにしても、ジャーナリズムは婉曲な形ではあるが、河原町線拡張を支持し、個別住民の利害を抑制する姿勢であった。

第一回準備会の二日後、一二月二二日午前九時に、市区改正委員市村光恵・田辺・内貴・太田・浅山・今井・柴田・伊藤（平）・俵・北山・西村の一一人と、鷲野助役、永田・安田両課長、朝日・毎日・新報・朝報・大正日々・京華・日出の新聞記者八人、写真班ら二五名は市迎賓館に集合、五台の自動車に分乗、一〇時に踏査に出発し、午後一時に市役所に帰った。踏査には、河原町線の予定地も含まれていた(14)。

同日午後七時から京都市区改正委員第二回準備会が迎賓館で開かれた。この日の出席者は、河原町線拡張反対論者の柴田・太田委員の他、大海原幹事、俵・伊藤（平）・西村・今井・浅山・北山・内貴・戸田・田辺・島田委員と、安藤市長、鷲野・向井両助役・永田工務課長・技師等であった(15)。委員は、第一回準備会と同じ顔ぶれである。そこでは、多数決で原案についての修正案と希望条件が決まった。

この結果、河原町線（第四号線）については、北は二条から南は五条までを修正し、木屋町線を利用し河原町通の拡張をやめることになった。

銀閣寺線（第三号線）については、熊野神社を起点とし、東は鹿ケ谷住友別邸前の道路を南白川橋西方より左折し、北は白川筋の西方五〇間のところに新道路を設定することに改め、原案から南一〇〇間、北一五〇間を短縮する修正案となった。さらに、将来は南禅寺線に接続させる計画を含んだ修正を加えた。

東九条線（第一二号線）については、西七条、すなわち七条千本西五町の循環道路一二間と一五間との接続地より大石橋を経て妙法院線に合する循環道路幅一二間を一三間に拡張する修正を加えた。

希望条件として、御池通《おいけどおり》および五条通を設計に入れ、一五間道路に拡張する、出町―百万遍より田中に北行する一五間道路（第一号線）と銀閣寺線（第三号線）を連絡させ、一二間の銀閣寺線を一五間にする。山陰線と東海道線を高架とする、将来市外より市内に乗り入れる電気軌道や鉄道は、全部地下鉄または高架式を条件とすること等、四点が提示された。

第二回準備会で河原町線を修正したことについて、『京都日出新聞』は、すでに市会での軌隔統一の審議で、旧京電の狭軌を広軌に改める方針となっていること、住宅難の今日に（河原町線拡張で立ち退く）区民約六〇〇戸が住宅を求める困難、高瀬川を暗渠とすれば一二間道路に拡張できることの三点からだろうと推定している。

同じ頃、下京第六学区（立誠《りっせい》校）・同一四学区（永松校）の両区民は、河原町線拡張に反対し、床次竹二郎内相・小橋一太市区改正委員長（内務次官）宛に一二月二一日付の陳情書を提出した。同時に各新聞社にも陳情文を廻送してきた。

その内容は、河原町線拡張が実施されると、(1)第一四学区においては戸数約四〇〇の約三分の一を失い、将来学区の経済を維持することができない、(2)第六学区においては、戸数約二〇〇を失い、現在八〇〇坪の狭い校地に児童約七〇〇余名を収容しているものが、約三分の一の二五〇坪の校地、および校舎等を失い、学校の維持が困難となる、(3)目下住宅難の折柄、多数の区民が住居を失うような窮状を黙って見過ごすことはできない、等だった。陳情書の署名は、今井治郎右衛門（下京第一四学区学務委員）・木村捨次郎（同第一四聯合公同組合幹事）・樋口伊八（同第六学区学務委員）・宮川幸太郎（同第六聯合公同組合幹事）の四人であった[16]。

河原町線反対の陳情書は、二二日の京都市区改正第二回準備会で、多数決によって、河原町線を木屋町線に変更する合意をしたことに加え、京都市側の市区改正委員の態度に大きく影響したと思われる。

(3) 木屋町通・高瀬川の「京都気分」保存の声

他方、第四号線として木屋町線を拡張する方向が市民に伝わると、一二月二三日、京都市公民有志者名で、それを批判する請願書が、池田宏内務省都市計画課長宛に送られた。そこでは、木屋町と高瀬川とは相まって「京都気

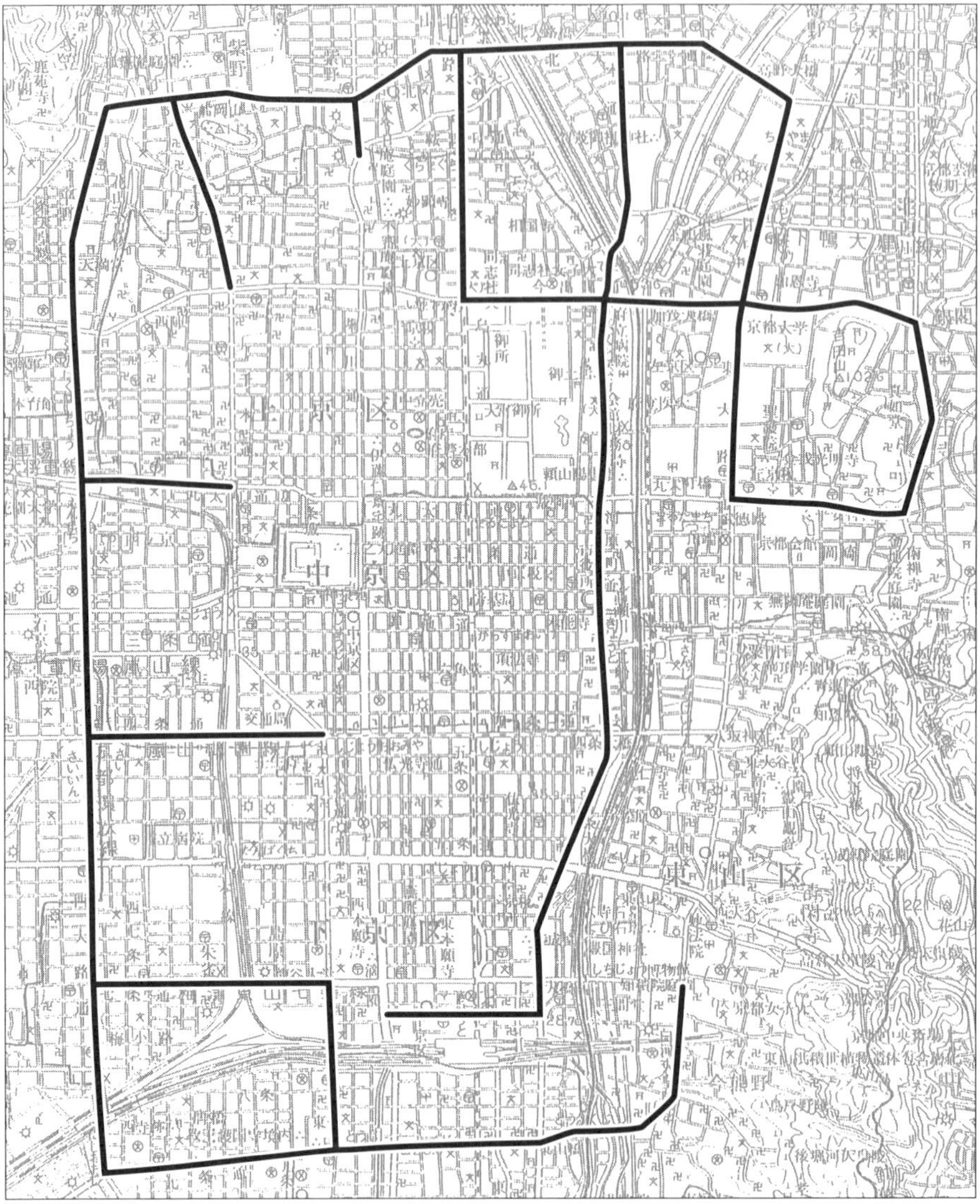

図６－１　都市計画事業で拡築した道路

分の著しく流露する処」であるので、高瀬川を暗渠にして古い歴史ある河川を廃滅させるのは「余りに物質的にして又余りに没趣味」で、京都にいて京都を知らない「俗論」である、と高瀬川と木屋町を「京都気分」と結び付けて論じる論理が出された。さらに、木屋町は「閑寂瀟洒《かんじゃくしょうしゃ》なる風流郷《ふうりゅうきょう》」として永久に保存するべきだと確信するので、「情実」を排し、原案の通り決定することを切望する、と主張され、来るべき都市計画委員の任命は「文学美術の方面」よりも必要とする、との要望も出された(17)。

ところで、高瀬川と木屋町を結び付けて京都らしさの典型として取り上げることは、比較的新しい。その早い例は、『京都名所図会』（一八九五年二月）や京都市役所編『新撰京都名勝誌』（一九一五年一〇月）である。前者は、木屋町は西に高瀬川を控え、遠く「東山の風光」を迎え、「近く清涼たる鴨水欄下に注」ぎ、「韻致《いんち》言外の趣味ある」ため、旅館あるいは席貸・料理店等が軒を連ねる、と描写している。後者は、木屋町には旅館・貸席・割烹店等が軒を並べ、「鴨涯《おうがい》の小洞天《しょうとうてん》〔鴨川の岸辺の神仙の住むような風光明媚な一角〕」であると叙述している(18)。しかし、すでに述べた木屋町線拡張反対の議論のように高瀬川と木屋町を結び付けて「京都気分」が著しく表れる場所とまでは言っていない。

京都市民の中から、木屋町通と高瀬川の「京都気分」を保存すべきとの声が出て、木屋町線拡張を再修正しようとの動きとなってきたことは、注目される。高瀬川保存を「風致」（景観）と「歴史的事業の面影」という歴史的景観の観点から行うべきとの見解は、一九一七年に高瀬川の「一之船入《いちのふないり》」の埋め立て問題が起きた時に、すでに登場していた（第七章第1節（2））。

次章以下で述べていくように、高瀬川と木屋町を結び付けて、京都らしい典型的な歴史的景観を保存すべきとの議論は、この木屋町通拡張問題を機会に本格的に登場する。都市改造に関連して歴史的景観が争点となることは、日本で初めてであり、この時代の世界を見てもあまり例がないように思われる(19)。これは一九二二年六月に都市計画京都地方委員会で河原町線拡張・高瀬川保存が決定したことで、定着していく。

その結果、『京都名所』（一九二八年一〇月）、『京都名勝誌』（一九二八年一一月）等でも、高瀬川と木屋町通が関連づけられて、京都の名勝の一つとして取り上げられるようになっていく。[20]

2　京都市区改正委員会での修正

(1) 京都市関係委員の強い発言力

京都市の都市改造計画を審議するための京都市区改正委員会は、一九一九年（大正八）一二月二五日に内務省で開会された。まず議事規則が決定され、委員および幹事の異動報告と、一九一九年度京都市区改正歳入歳出予算が、内務・大蔵両大臣の認可を受けたことの報告があった。[21]

次いで山田博愛内務技師が、京都市区改正設計案と、合計二五四〇万円（電気軌道敷設費を含まない）の予算案について説明した。これは数日前に新聞に報じられたものとほぼ同じであった（表6-1）。山田は、(1)京都の近来の発展は著しく、一九一二年に人口が四九万五〇〇〇人であったものが、一九一七年には五六万三〇〇〇人に増加し、工場もあちこちに建築されているので、都市計画が必要で、とりわけ道路の拡張が「急務」である、(2)今回の京都市区改正設計は、東京および大阪に次ぐ大計画で、路線は一四本（一五間幅が二本、一二間幅が一二本）、総延長が約四四キロになる、(3)拡張する道路の中で、河原町線（第四号線）が最も費用がかかり、委員会に提示された数表によると、用地買収および物件移転費が約四四三万円で、合計約四九一万円にもなり、道路の坪あたり単価も最も高い、と論じた。[22]

この京都市区改正事業案に対し、西村金三郎（市議）が、河原町線（第四号線）・銀閣寺線（第三号線）・東九条線（第一二号線）の修正意見を述べた。

河原町線（第四号線）については、二条以南は木屋町線を利用し、二条から荒神口《こうじんぐち》までは技術上で妥当な線で道路を拡張し、荒神口以北は原案という修正を提案した。西村は、これが路線の配列上でよろしくないというなら、むしろ寺町線に沿って、あるいは寺町線近くに路線を南に延長することを求めた。また、西村は後に質問に答える中で、寺町線の拡張は費用が高くつくから河原町線を採用したという理事側の意見に対し、木屋町線が最も安くできると主張した[23]。寺町線は、河原町線の一本西に位置する道路である。

また、銀閣寺線（第三号線）について、西村は、黒谷《くろだに》・真如堂《しんにょどう》・永観堂《えいかんどう》・銀閣寺といった東山と黒谷山との間に南北に展開する名所旧蹟の近くを通すことに、あまりにとらわれていると批判した。かえって付近の住宅地の人々の利便が損なわれており、京都帝大の北裏では特に屈曲が甚だしいと論評し、名所旧蹟の近くを通るように設計された南北の線を西に移動し、なるべく直線に近い形として短くすること等を求めた。こうして西村は、同線を「南白川に起って北白川に終」るよう提案した。

東九条線（第一二号線）についても、西大路七条から南下し、現在の九条通を東進して、泉涌寺門前町《せんにゅうじもんぜんまち》から北進し、現在の東山七条で東山線に接続する一二号線の道幅を、一二間から一五間に広げることを提案した。第一号線（百万遍から現在の東山通りを北進し、現在の北大路通を西進、現在の西大路通を南下し、西大路七条から現在の七条線を東進し、大宮七条に至る）や東山線が一五間幅だからである[24]。

これに対し、内務省など理事者側は、三号線は現在の路線を利用して拡張するのが良く、屈曲についてはないように努めたが、京都の状況から、ある程度やむを得ない、また、東山と黒谷山の間を南北に通すにあたり東側に寄り過ぎているというが、もとになった現在の路線は名所・旧蹟への道路として利用されることが多いので便利であり、原案のようにそれを拡張して連絡を良くすれば、現在開発されつつある住宅地からたいてい五町（五四五メートル）くらい歩けば電車線に出られるので、それほど不便でない、修正案は、路線の約半分は黒谷山に沿うことになり、道路利用上でも土地開発上でも適当でない、と論じた。また、東九条線の拡幅については、原案の一二間幅でも結構だが、一五間幅にすることにも強いて異論はない、と修正に同意を示した（池田宏内務書記官、山田博愛内務技師）。

しかし、河原町線については、(1)商業地域を南北に走る幹線としては、このルートが最も適当である、(2)木屋町線になると、あまりにも鴨川の方に寄りすぎて、「東西の『ブロック』の関係も非常に悪く」なる、(3)この線は新たに京都市に編入された下鴨やその北方の愛宕郡《おたぎぐん》の方面〔現在の京都北区上賀茂《かみがも》〕を京都市の住宅地として発展させるためのものでもあり、そこと市街の中心、または京都駅まで達する幹線道路にしなければならない、等と修正に反対した（山田内務技師、池田内務書記官）[25]。

その後、採決に移った。銀閣寺線（第三号線）は西村金三郎市議の修正通り、「南白川に起り、北白川に終」ると、路線の半分が黒谷山に沿うように、西側に移動し、住宅地からの便利を良くする案が、「多数」で可決された。河原町線（第四号線）についても、西村市議の修正案、「荒神口《こうじんぐち》より二条木屋町に達せしめ、木屋町線を利用する」が、賛成「多数」で可決された。また東九条線（第一二号線）も一二間から一五間に広げるという、西村市議の修正要求が「多数」で可決された。その他の線は、原案通り決定した[26]。ところで、京都市区改正委員会「京都市区改正委員会議事速記録」では木屋町線を利用する修正案が「多数」で可決された、と記しているが、その内実は、委員として会議に列席した京都府土木課長近新三郎《こんしんざぶろう》の談話によると、「一票差」であった[27]。

こうして、京都市区改正委員会での採決と修正の結果を取り入れ、さらに旧第三号線（銀閣寺線）を新三号線と新四号線の二つに分け、旧四号線以降を新五号線以降として一つずつ番号をずらし、修正された京都市区改正設計画ができた[28]。

このように、西村市議が他の京都市の委員の意向を代表し、銀閣寺線（第三号線）の路線の西への移動、河原町線（第四号線）は木屋町線を利用する、東九条線（第一二号線）を幅一二間から一五間にするという修正案を提案し、可決された。市議など京都市を代表する委員の発言力はかなり強かったのである。

（2）未来に向けての京都の改造建議

原案修正に成功した西村金三郎市議は、次いで「吾々同僚の大部分が申合せた希望でありますから」と、次の六点を建議した。(1)市の市街道路に東西の線がたいへん少ないので、御池《おいけ》線をできるだけ早く計画してほしい、(2)〔旧〕第三号線と〔旧〕第一号線を連絡する線〔現在の下鴨本通と今出川通にあたる線、市区改正案に含まれる〕もできるだけ早く計画してほしい、⑶五条線の拡張も必要であり是非計画してほしい、⑷山陰線・東海道線・奈良線が京都に入るにおいて高架式でないので、「京都の南に向っての発展を無理に妨げて居る」ような形になっているので、この線を是非高架式にするよう、特に希望したい、⑸将来京都に乗り入れようと計画している京阪軌道株式会社の線〔後の阪急電車線〕を、高架式にするか地下式にするよう命じてほしい、⑹京都と大阪の交通機関の発達の結果、両市の間は近くなってきており、大阪は商業上非常に発展し膨張しているので、近頃は京都の地域に大阪の人々の住宅を造ることが多い。そこで、京都と大阪の間を貫通する道路を作ってほしい、と。

安藤謙介〔京都市長〕は、西村市議の建議は京都市全体の希望といって結構と思う、と西村市議の提案を支持した。また、特に東海道線・山陰線などの高架については、市長の立場からしばしば鉄道院に申し出ている、とも付け加えた。

近藤虎五郎工学博士は西村市議の建議に、⑴七条通を今度の一号線同様に、次の計画では一五間にしてほしい〔七条通は日露戦争後の三大事業で拡張され、一二間幅〕、⑵第一一号線〔聚楽廻東町《じゅらくまわりひがしまち》より西ノ京円町《えんまち》で第一号線に接続する〕が一二間幅で決まったので、「四条通」〔三大事業で拡張し一二間幅、第一一号線は、三大事業で拡張された丸太町通を西へ延長したもので、丸太町通の烏丸―千本間は一〇間である。原文中の四条通は丸太町通の誤記か〕も、それと同様にしたらよい、等を追加するよう発言した[29]。西村市議の建議は、第二次世界大戦後の一九六三年までに実現していくもので、その頃までの京都の都市改造事業の大枠が出ていたといえる。

これらに対し、番外として会議に列席した吉村哲三内務事務官は、⑴委員の希望として出されたものを、ここで確定してしまうと、将来に委員会の行動を拘束するので、差し支えを生じることを恐れる、⑵ここで即座に委員会の議として確定しないで、希望だけ述べておいて、他日その問題が起こった時に、委員会の議をまとめるのが適当と思う、⑶本日は大体の希望だけ聞いておいて、委員長〔小橋一太《こばしいちた》内務次官〕において、適宜便宜を取り計らうことにした方が良い、と参考意見を述べた。

それでも堀田貢委員〔内務省土木局長〕は、東海道線・山陰線という官有鉄道を市内において高架にしてほしいと鉄道院に建議したらどうか、と提案した。また、俵儀三郎（京都市議）も、鉄道の高架と京阪の貫通道路を造ることを建議するよう議決したいと発言する等、建議を求める意見が出た。

しかし、吉村内務事務官は、建議をすれば「本会の権威」として「何処《どこ》までもそれを貫徹する」ということになるので不適当であると反対した。吉村は、この委員会のやり方は、「上から押被《おしかぶ》せると云ふ風でなくして、或は鉄道院なり、内務省の関係なりと歩み合ひまして、適当な案を得て発表する」ということになっていると、委員会の性格にも言及した。さらに、名古屋市でも高架にすることを建議したわけではないが、委員長において適当に取り計らって、先ごろの高架案が出た、とも付け加えた。

馬淵鋭太郎（京都府知事、京都市区改正委員会幹事）・西村金三郎（京都市議）らも建議にこだわらぬと発言し、方向が確定した。

最後に小橋一太委員長（内務次官）が、高架については委員長より鉄道院の方へ照会する、京阪間の国道改良については、是非必要なことではあるが建議とはせず、「御希望のある事として」取り計らう、ということで議論を収めた[30]。

（3）木屋町線利用への修正の成功理由

次に少し話を戻して、京都市議を中心とした修正案がどうして成功したのかを検討したい。その原因を地元紙は以下のように見た。

第一に、当局側の原案支持派委員に欠席が多かったことである。当日の会議には、石丸重美《いしまるしげみ》鉄道院副総裁・内務省の添田敬一郎地方局長・潮恵之輔《うしおけいのすけ》衛生局長や農商務省商務局長岡本英太郎その他の原案支持派の委員が欠席した。これは、委員は「硬軟二派に分れ、原案固持《こじ》者、修正案主張者は各自説を固持して相争はんとする模様なるが、内務省及び京都在住の市区改正委員中にも原案維持者多数なる」と、当局案が可決されると予想されたからである。また、政府委員は原案が通過できると「高を括《くく》」っていた。また、政府委員は京都の事情に疎く説明の論旨を貫徹できなかった。[31]

第二に、これに対し原案を修正しようとする京都市議らは、十分に準備し、団結したからである。彼らは、東京に出発する前、一二月二〇日に準備会を開き、二二日に市内の実地踏査を行い、その夜更に準備会を開いて修正案通過に力を尽した。また委員会の当日は、委員の対立を調整するため協議会が開かれると、その後に地方委員の協議会を開いて結束した。[32]

委員会に番外として出席した京都市の鷲野助役によると、修正案通過のため熱心に活動したのは、西村金三郎（京都市議）・内貴甚三郎（前京都市長）・俵儀三郎（京都市議）・太田重太郎（京都市議）・今井徳之助（京都市議）らであった。[33] 同年春に、京都市電と旧京都電気鉄道のレールの幅を統一する軌隔統一問題が起こった際に、委員の柴田弥兵衛（京都市会議長）が市公会堂で、高瀬川を暗渠にして電車を走らせることを公言したところ、委員の市村光恵法学博士（京都帝大法学部教授）は、「高瀬川は歴史ある京都の名物なり」と、暗渠にすることを反対したが、今回は高瀬川を暗渠とし木屋町線を利用する意見を公然主張したという。[34] このように、旧四号線として木屋町線を利用する案に支持を求める、西村市議らの運動は、かなり効果があったようである。

しかしすでに述べたように、旧四号線（新五号線）に木屋町線を利用する修正は、わずか一票差で可決されただけである。また、修正案が可決された後も、安藤市長は修正案への反対を公言していた。[35]

永田兵三郎工務課長ら京都市の幹部技術職員を中心に内務省と相談の上で作成された京都市区改正案は、道路拡張のみで二五四〇万円にのぼる予算で、一四本（総延長約四四キロ）を拡張する積極的なものであった。しかし、一九一九年一二月二五日に内務省で開かれた京都市区改正委員会では、京都市会からの委員などによって、河原町線拡張を木屋町線拡張（高瀬川の埋め立て）に修正されるなど、いくつかの修正がなされた。委員の中の京都市議の力は、予想以上に強かったのである。しかし、河原町線の修正に関しては、わずかの差であったので、新五号線に木屋町線を利用するという決定は、再修正される可能性もあった。なお、木屋町線拡張を求める動きに対し、市民の中から木屋町通と高瀬川を「京都気分」を表すものとして保存しようとする動きが出てきたのは、歴史的景観（歴史的「風致」）保存との関連で注目される。

第七章以下で検討するように、再修正を求める市民の運動は高まり、市会内でも、木屋町線利用を維持しようとする派と激しい争いが展開する。その中で、再修正を求める派から、歴史的景観（歴史的「風致」）の問題が本格的に持ち出され、公共性の観点も含めて大きな争点となるのだった。

第七章　歴史的景観問題の本格的登場と公共性

この章では、都市計画法が施行された一九二〇年（大正九）になると、京都市の都市計画事業に歴史的景観（歴史的「風致」）の問題が本格的に登場し、市会や市民の間で争点となっていくことを分析する。このため、まず木屋町拡張（高瀬川埋め立て）の修正がなされたことに対し、一九二〇年一月初めから木屋町線の拡張反対、河原町線等の拡張賛成運動が高まり、木屋町線拡張派と激しく対立したことを示す。次いで六月二一日の市会では、木屋町ではなく、さらに西にある道路を拡張する（高瀬川保存）意見書が可決される。こうして歴史的景観の問題が大きな争点となり、木屋町線拡張派は不利になっていく。またこの中で、歴史的景観の問題も含め、公共性を保持して都市計画事業（都市経営）を行うためには何を基準にすればよいかの合意が形成されてくる。なお、安藤謙介市長は、市会内や市民の対立にはっきりした態度を示さなかったことから、市会から辞任勧告や不信任決議が出されるまでになる。

1　都市計画法と景観

（1）都市計画法の施行とその特色

すでに述べたように、原敬内閣下で、一九一九年（大正八）四月五日に都市計画法と市街地建築物法が公布された。前者は一九二〇年一月一日より、後者は六大都市を対象に一二月一日より施行される。

六大都市に適用されるようになった市区改正事業を継承し、都市計画法によって、都市計画事業が一九二〇年以降に始まり、日中戦争・太平洋戦争下の停滞を経て、一九六八年（昭和四三）まで展開する。この法に基づく京都市の都市計画事業の展開を見る前に、まず一八八九年（明治二二）一月一日より施行され、市区改正事業の根拠となった市区改正条例と適宜比較しながら、都市計画法の特色を見てみよう。

第一に、市区改正事業条例と異なり、都市計画法は、事業の対象である都市計画の概念を、「交通、衛生、保安、経済等に関し永久に公共の安寧を維持し又は福利を増進する為の重要施設の計画」と、幅広く取ったことである（都市計画法第一条）[1]。これは、二〇世紀初頭から第一次世界大戦中に都市が膨張し、様々の都市問題が起きてきたことに対し、総合的に対応することが求められたからである。

第二に、市区改正条例が対象地域を東京市内（東京市ができる前は東京府区部内）や、他都市に準用できるようになっても、京都・大阪・横浜・神戸・名古屋五市の区域内に限定していたのに対し、都市計画法は区域内のみならず区域外にわたっても事業を行うことができるようになったことである（同第一条）。これは、第一次世界大戦中に都市が周辺の地域にまで広がっていったからである。

第三に、対象地域を市域のみならず周辺地域にまで広げることができるようになったので、都市計画委員会を組織し、事業は同委員会での議論を経て、主務大臣〔内務大臣〕が決定し、内閣の認可を受けることになったことである。また、都市計画区域は、関係市町村および都市計画委員会の意見を聞いて、主務大臣が決定し、内閣の認可を受けることとされた（同第二条・第三条）。

京都市を事例として以下で検討していくように、事業の意思決定で最も重要なのは、京都市（関係市）のある京都府の知事が委員長を兼任する都市計画京都地方委員会である。そこには、京都市議・京都市域選出の府議など京都市関係者も、委員としてかなりの人数が参加していた。また、事業計画立案の中心となったのは、京都市の幹部技術職員たちである。計画をめぐって住民運動が起こるような意見対立が生じると、その裁定に京都市会も大きな影響力を発揮した（本章・第八章・第九章）。

第四に、都市計画事業の費用負担は、国（「行政官庁」が執行する場合）、「公共団体」（「公共団体」を統轄する「行政庁」が執行する場合)、行政庁でない執行者(「行政庁」でない者が執行する場合)の三つに分けて行うことができるようになったことである(同第六条)。京都の都市計画事業の場合では、以下の章で述べていくように、主な事業は、「公共団体」である京都市を統轄する「行政庁」である京都市が事業を執行するという形になったので、京都市が主要な費用を負担した。ただし、後に触れる土地区画整理事業の場合は、地主で区画整理組合を作り、組合で工事を執行する場合と京都市が代理で工事を執行する場合があったが、いずれも地主が主な費用を負担する。

第五に、都市計画事業によって、「著しく利益を受くる者をして其の受くる利益の限度に於て」、右に述べた「費用の全部又は一部」を負担させることができる(同第六条)と、受益者負担の規定も作られたことである。一九二〇年代から三〇年代にかけて、日本には第一次世界大戦後の恐慌から、世界恐慌の影響を受けた昭和恐慌など厳しい経済状況が続いた。このため、大阪市の例にならった京都市の場合にみられるように、受益者にかなりの負担を求めた(2)。

第六に、都市計画区域内において、土地の状況によって必要と認めるときは、「風致又は風紀の維持の為」に、特に地区を指定することができる(同第十条)と、「風致」(景観)に対する配慮が明記されたことである。第六章で触れ、以下で考察していくように、事業計画において、京都では一九二〇年に歴史的景観の問題が重要な争点として浮上し、定着していった。これは日本的レベルでも世界的レベルでも画期的なことといえよう。

第七に、都市計画区域内における土地について、宅地としての利用を増進するため、土地区画整理を行うことができる(同第十二条)と、土地区画整理によって住宅地を整備できることが明記されたことである。土地区画整理は、この法で別段の定めがある場合を除いて、すでにある耕地整理法を準用することになった。

第八に、「道路・広場・河川・港湾・公園」その他で、都市計画事業に必要な土地は、「収用又は使用する」ことができる(同第十六条)と、事業実施のため、その推進母体の権限を明記したことである。

これに比べ、東京市区改正事業においては、「民有地及其他に属する民有の建物植物」等は、東京府知事がその所有者と協議の上、「相当の代価又は移転料を償却すへし」とされていた。もし協議が調わないときは、「双方より評価人各一人を出し評価せしめ、東京府知事之に意見を付し内務大臣の決を請ひ、之を定むへし」と規定されていたにすぎない[3]。

都市計画法の方が市区改正条例よりも、公共用地として土地を収用できるとの姿勢を全面に出している。これは、都市計画地方委員会を各都市関係者を中心に内務省府県関係者も加わって作るなど、都市計画事業の方がより広く意見を集めて計画を決めるという形を取っているので、そこで決まったものは公共性を持ったものとして必ず実施する、という姿勢になったのであろう。

もっとも、冒頭の序章で述べたように、一九〇〇年三月に改正土地収用法が公布され、「公共の利益」となる事業に必要な土地を収用または使用できることになった。このため、日露戦争後に本格的に展開するようになった東京の市区改正事業や、各大都市の都市改造事業では、土地の買収価格を抑えて事業を推進することができたようである（第三章）。都市計画法は、それらを同法の中に規定したのであった。

さて、一九二〇年一月一日に都市計画法が施行されると、市区改正条例の準用法に基づいた委員の資格が消滅したが、京都市会議員中から選出された京都市区改正委員七名は、都市計画法官制付則によって新たに任命された委員とみなされ、辞令がなくても都市計画京都地方委員会委員となった[4]。この七名とは、柴田弥兵衛・市村光恵・俵儀三郎・太田重太郎・西村金三郎・今井徳之助・伊藤平三である。このように、京都市区改正委員会と都市計画京都地方委員会の委員は、かなり連続性があった。

その他、市区改正委員の任期中に辞任した田島錦治の欠員補充および増員分一名は、従来のように市長の推薦ではなく、補欠選挙によると規定されているので、欠員補充と増員合計二名の選挙は、一月中旬の市会で実行されると、地元有力紙で予想されていた。このため、市政団体の研究会・三六会・維新倶楽部の三団体の間での競争は免れず、各派は暗中飛躍の大活動に余念がないようであるともみられた。都市計画京都地方委員会委員が選挙された後、内務大臣の認可を得次第、第一回都市計画京都地方委員会が開かれるという。そこでは、市区改正修正案の設計に基づく事業および年度割予算を審議する予定とされた[5]。都市計画京都地方委員会委員のポストが、きわめて重要視されるようになったのである。

実際に欠員・増員合計二名が選出されたのは、当初の見込みよりやや遅れ、同年二月九日の市会であった。都市計画地方委員会はさらに九カ月遅れ、一九二〇年一一月に京都で開かれる（本章第2節（2））。

（2）河原町線拡張・高瀬川保存運動の景観提起

話を、第一回京都市区改正委員会が原案を修正して河原町線から木屋町線に変更した（第六章第2節（1））一九一九年（大正八）一二月二五日に戻そう。安藤謙介市長は、旧四号線（新五号線）に木屋町線を利用する修正案が可決されてから三日間ほどは修正案に反対を公言していたが、その後、気を取り直したようである。

同年の年末には、翌年の一月中旬頃の市会で都市計画京都地方委員の欠員補充と増員の選挙を行い、二月の第一回都市計画京都地方委員会で事業年度割予算を議決したいと思う、と談話した。安藤市長は、(1)都市計画法〔に基づいた事業〕は単に府市その他の地方委員や市会議員の了解だけでできるものではないから、(2)七〇万市民は「愛郷の精神」から委員・理事者とあいまって事業を完成し、いわゆる「内外の充実したグレートキヤウト〔大京都〕」の実現に努力する自覚を持つように希望したい、と語った(6)。安藤市長は新五号線の修正に不満であるが、それをめぐって市内で政争を起こし都市計画事業の着工が遅れるよりも、なるべく早く着工・完成させることを望んだのである。

なお、この時期において市区改正事業（計画案）と、その後身の都市計画事業（計画案）について、二つの用語が混在して使われているが、本章の叙述をわかりやすくするため、都市計画法が実施された一九二〇年一月一日以降は、すべて都市計画事業（計画案）の用語を用いる。

さて、安藤市長の妥協的姿勢に対し、旧市区改正委員でもあった近新三郎《こんしんざぶろう》（京都府土木課長）は、一九二〇年一月八日付の地元有力紙の朝刊に、高瀬川保存を訴えた。その理由は、(1)現在の高瀬川は急勾配で水量が浅く水運に不向きであるが、最新技術で勾配を緩和し、幅員を広め、流水量を増加して七条以南の工場地帯で疏水と連絡させ、京都―伏見間を浚渫《しゅんせつ》し、水運の便を拓《ひら》く、(2)他方、京都市街の西部にある堀川を開削、または紙屋川を伏見に通じるようにし、高瀬川と合わせて、京都―大阪間の水運を発達させれば、陸上交通よりも安価である、(3)〔新しい〕第五号線のため、木屋町線を利用し五条以北を暗渠《あんきょ》（地下水路）にするようなことをせず、河原町線を拡張すれば、将来河原町線は商業の中心地になることは疑いなく、物資の搬入出は、改修した高瀬川を利用できる、(4)七条付近より南が将来工業地帯として発達すれば、鉄道院等も貨物線を引いて工業原料や製品を取り扱うだろうから、付近を貫流する高瀬川と疏水を連絡させ、貨物を船で自由に授受できる、(5)水運をうまく利用すれば、諸物資を運搬するのに荷車を使用する必要がなく、運賃も安くなるので、高瀬川を暗渠として地下に埋め去るのはよほど考慮すべき問題である、等であった(7)。京都帝大理工科大学土木工学科卒の技師である近は、歴史的景観の問題にはまったくふれず、運輸・交通や商業の合理性の観点から河原町線拡張と高瀬川保存を訴えた。

他方、高瀬川沿岸周辺居住者内田誠次《うちだせいじ》（旅館業、山城屋主人、三条通河原町東入ル）ら四〇余名は高瀬川保存期成同盟会を作り、一月初めから協議を続け、一九日に馬淵知事を、二〇日に安藤市長を訪ね、高瀬川保存の請願書を提出した。

高瀬川保存を求める請願書の内容は、次のようである。(1)「風致を保存し勝地を修補」するのは都市繁栄の必須の条件で、欧米の大都市すら「古蹟保存」のために不便をしのんで街路を拡張しているという、(2)高瀬川は角倉了以《すみのくらりょうい》が開削して以来、三〇〇年間京都の名勝の一つであり、「地下に湮滅《いんめつ》」するのは旅館・料亭などを失業させるなど著しい弊害を生じる、(3)木屋町線を採用すれば、木屋町二条以北は非常な傾斜屈曲をさせて河原町通に連絡させるしかないので、不適切である、(4)高瀬川は疏水運河が破壊された際に予備運河として運輸に使用できる、(5)維新後に東京府上野不忍池を埋め立てて桑田化しようとの議論があったが、工事に着手する直前に、岩倉具視右大臣に中止を求める陳情があり、この「非挙」を中止し、不忍池の旧蹟は今日に伝えられて美談となっている。高瀬川を埋めて暗渠とするのも、不忍池を埋め立てるのと同様の「軽躁《けいそう》の挙」である。内田誠次（同前）、高田繁太郎（木屋町松原上ル）ら一七八名は、これに住所・氏名・職業を書き署名・捺印をしていた(8)。内田らは、むしろ歴史的景観を重視する観点から高瀬川保存を主張した。

一九二〇年一月二〇日までに、第五号線を河原町線に再び変更するか、もしくは他に適当な線を選ぶべきだとし、高瀬川の保存を求める論点はほぼ出た。技師を除いた市民の論点には、拡張した道路がなるべく直線に近いものであるべきだ、という都市交通網の合理性を支持するものもあるが、むしろ歴史的背景もある景観（「風致」）を保存するという新しい観点を強調していた。木屋町線拡張問題は、都市計画事業の根幹となる部分において、歴史的景観（歴史的「風致」）の問題が登場した最も早い例といえよう。

（3）観光主義と商工業主義の市会での議論

この間、一九二〇年（大正九）一月一二日の市会では、市議の仁保亀松《にほかめまつ》（京都帝大法学部教授と兼任）が年計画ならびに市是《しぜ》確立に関する希望を論じた。仁保は、京都の都市計画事業を桓武天皇が遷都して平安京を造営したことに対比させ、第一に、都市計画事業に着手する前に、（桓武天皇を祭った）平安神宮において、「厳粛なる報告祭《ママ》」を行うこと、同時に市会の賛同を経て、市長が市民に対して丁寧親切な「諭告」を発することを希望した。

この理由は、都市計画事業を実施するため膨大な費用を市民が負担しなければならないので、その覚悟を持たなければいけないからである。また、道路拡張のためには住宅移転など「私益」、すなわち私の生活上に多大の打撃を受ける人が出るであろうから、「公益の為には私益を犠牲」にしなければならぬという覚悟が必要だからである。「公益の為に私益を犠牲」にする市民に対して、それ以外の市民が「十分に同情を以て」援助することも、「一般市民」に覚悟させる必要があったからだ。

仁保は第二に、いわゆる市是を確立し、公認し公表することを希望した。仁保は市是として、京都市が工業・商業を主位とし、「遊覧地主義」を従位に置くかどうかをはっきりさせるべきだとする。仁保は工業・商業を主位とするが、「遊覧地主義、或は歴史」を尊重することを軽視してはいけないと論じる。その上で、「自然美を利用する為に、歴史を尊重する為に」、京都市の将来の発展を阻害することは断じてできない、とも主張する。さらに、約二〇年前、「京都生粋の」内貴甚三郎前市長は商工業を主位とする立場であり、現在の安藤市長は、従来は「遊覧地主義」あるいは「名所古跡保存主義」を非常に強調されたにもかかわらず、今年に入って「心機一転」され、商工業中心の立場を示しているようだ、ともみる。それにもかかわらず、発表された都市計画事業の第一期計画は、「遊覧地主義に拘泥《こうでい》」している傾向があると批判する。そこで、「市長、理事者、市会」が相まって市是を確定し、公認し公表することが必要だ、と結論づける。

仁保は都市計画事業は「私益」を抑制し「公益」を実現する必要があると、事業の公共性を保障することの重要さを説き、その中に歴史や自然の美しさという景観を含めた。その上で、工業・商業を中心として京都の発展を図り、歴史的景観（広い意味で京都の「自然美」も含まれる）にも配慮せよと主張した。

安藤市長は仁保の提言に、「今日は京都市は商工業を以て是だけの都会を維持しなければ、単に遊覧土地だけでは申すまでもなく京都の繁栄を策することは出来ない」、「商工業を以て基礎と致し、所謂《いわゆる》歴史的の名所古跡を以て遊覧客を誘致する一の補充機関同様なものであります」と、同感を示した。もっとも、平安神宮での「報告《（ママ）》祭」や市是については触れなかった[9]。

仁保は、二〇日あまり後の二月五日に市会で作られた都市計画に関する調査委員会の委員長になり、木屋町線の可否や河原町線との比較検討に重要な役割を果たす（本章第2節）。そのことから、仁保と安藤市長の商工業を中心にするという意見は、市会の支持を得ていたといえる。市会の大勢でもあるといえる二人の発言から、商工業を発展させるための合理性と、市民の誇りに加えて観光を発展させる歴史的景観を保存することが、公共性の重要条件としてとらえられているのがわかる。すなわち高瀬川と歴史的景観を保存し、都市交通網の合理性を保障するために木屋町線に反対するという立場になる。

この間、市会が終わると、一九二〇年一月一九日に、京都市当局は市役所内に設置された都市計画調査会を開催した。出席者は、顧問の大藤高彦《おおふじたかひこ》（京都帝大工学部教授）・田辺朔郎（同前）、安藤市長、鷲野米太郎・向井倭雄両助役、永田兵三郎工務・大瀧鼎四郎電気・安田靖一水道の各課長、大木外次郎技師、重永潜嘱託等であった。まず永田工務課長は、一九一八年度に設置された市区改正調査会の調査事項のうち、一九一九年一二月二五日の内務省における京都市区改正委員会で議決された内容に関わるものの経過報告を述べた。次いで安藤市長は、第一期計画においていまだ完成しない箇所および、なお調査を必要とする件を説明し、編入すべき町村等に尚一段の遠大な計画を樹立することを望む、と希望を述べた。その後、種々の意見交換が行われ、会合は二時間で散会した。(10)

（4）高瀬川保存運動の盛り上がり

その後、前年の一二月二五日に京都市区改正委員会で修正・可決された案が、一月二七日に内閣の認可を得、正式な国の決定となっていた。(11)これと重なり合いながら、一九二〇年（大正九）一月二六日から一〇日間、「京都市区改正設計案」（京都市都市計画事業設計案）および土地収用路線地図の市民への縦覧《じゅうらん》（公開）が、市議事堂で行われた。これは、京都市区改正委員会で承認されたものに基づき、市工務課が路線地図を作成したものである。市は路線地図を、内務省の承認を得、次いで京都府の承認も得た後、市民に公開した。(12)

このように、路線図として国や京都府の承認を得たものが市民に公開され、第五号線として木屋町線の利用（高瀬川の暗渠化）の方向が進展すると、それに対抗して高瀬川保存運動はさらに盛り上がっていく。内田誠次（前出）は、「風致保存、史蹟擁護」等を「京都市の生命的見地」とみなし、高瀬川沿岸の関係市民のみにとどめず、広く市民有志の賛同を得ようとした。そのため、少なくとも三〇〇〇～四〇〇〇人の市民有志の署名を集め、河原町線を復活させようと奔走した。(13)

まず内田らは、二月二日午後二時から三条青年会館で、京都市民大会を開いた。開会の一時間前には会場の階上・階下とも立錐の余地がないほどの状態になり、千数百名が集っていた。二時になると、「民国党員」山脇栄次郎が開会を宣し、次いで座長選挙に移った。座長には高田繁太郎（木屋町通松原上ル）が当選した。高田は宣言書を朗読し、満場の拍手で承認された。「京都市民大会」名の宣言書の内容は、次のようである。

(1)京都は「千古」の旧都で、名勝史蹟が多数あるのは、天下の羨望する所であり、内外観光の対象もそこにある、

(2)しかし、今回発表された京都都市計画事業計画は調査が不十分で、審議も杜撰《ずさん》で、漫然と一部の要望を容れて、「七十万市民の利害」を犠牲にしている所がある、(3)また近年公布された政府の名勝史蹟保存の大方針にも反している、(4)したがって市民の要望に反した今回の計画は京都市将来の繁栄を阻害するので、成案を根本より改定して真に市民の「輿望《よぼう》」に沿った「大京都市建設」に向かって、協同一致の努力を尽すことを誓う。

次いで、以下のような決議案が拍手で可決された。(1)「千載《せんざい》の歴史」を有している京都の名勝史蹟を重んじない都市計画案に反対する、(2)京都市の旧市区改正委員を信任せず、(3)できる限り直通道路を貫く方針であるので、原案復活、もしくは他に線を選ぶべきことを期す。

続いて、実行委員二〇名を選挙して実行に着手すること、この決議は首相・内相にただちに郵送することを宣し、京都市万歳を三唱して市民大会を終えた(14)。

高瀬川保存期成同盟会は高瀬川を保存するという歴史的景観（歴史的「風致」）の保存に加え、今回は、一九一九年に制定された史蹟名勝天然記念物保存法に反するという法的根拠も挙げた。さらに、都市計画事業の修正を批判するため、京都市全体に運動を広げる中で、歴史的景観保存とともに、できる限り直通道路を造るという都市計画の合理性という要素を中軸として登場させた。これらを公共性の中心とするのは、歴史的景観にどの程度力点を置くのかの程度は異なるものの、一月一二日の市会での、仁保市議と安藤市長のやり取りとも合致したものであったといえる。

市民大会に引き続き、都市計画事業計画に不合理の点が多いことをえぐり出すための「痛快なる大演説会」に移った。弁士は山脇栄次郎・井林清兵衛（市議、上京区三級、西陣の織物業者、立憲政友会支部幹事）・田中新七（市議、下京区三級、米穀商）や新聞記者ら一〇余名で、清風荘《せいふうそう》（元老西園寺公望の別荘）前を通る一号線の（別荘を避けて大きく屈曲する）不合理の計画、洛西における不合理な計画を批判し、高瀬川の暗渠説や木屋町線にはなんら価値がないこと、等を論じた。演説会は午後六時に散会した。

なお、大会決議に基づき、実行委員二〇名が選ばれた。彼らの多くは『紳士録』に掲載されるクラスであることが確認でき、高瀬川周辺の地域の有力者であった（△印は高瀬川保存期成同盟会幹部、○印は高瀬川保存期成同盟会関係者[15]）。

内田誠次（前出△）・竹内為次郎（新町花屋町下ル、酒造業）・茨木源三郎（「木屋町三条上ル」と「仁和寺街道通七本松東入ル」の二つの住所、川魚商△）・井上武夫（河原町通二条下ル、京都ホテル○）・岩田喜八（河原町通三条下ル、運送業○）・石田利兵衛（西木屋町〔高瀬川筋〕四条下ル○）・西村庄五郎（麩屋町姉小路上ル、旅館）・林誠一（河原町二条下ル○）・布浦弥三郎（三条通河原町東入ル、旅館△）・戸田新兵衛（新椹木町竹田町上ル△）・中井辰次郎（木屋町三条上ル、硝子商△）・村上忠次郎（三条通河原町東入ル、造酢業△）・武藤太兵衛（河原町通三条下ル東入ル、運漕業○）・内堀彦七・後藤治三郎（西木屋町〔高瀬川筋〕四条下ル、川魚問屋△）・藤田総治（三条通河原町東入ル、仏具商△）・佐野与一郎・佐藤辰之助（寺町通三条上ル、運送業○）・中沢国三郎（三条通河原町東入ル、旅館△）・高田繁太郎（前出、△[16]）

このように市民大会の実行委員も、高瀬川周辺に住む高瀬川保存期成同盟会の幹部または関係者が七五％を占めていた。

もっとも、高瀬川周辺に住む人々がすべて高瀬川保存に賛成だったわけではない。二月九日、「木屋町住民旅館其他有志総代」は、木屋町線拡張を「最も希望」するとの意見書を京都市都市調査委員宛に起草し、提出した。その主張は、高瀬川は存置の必要がなく、それをかれこれ言うのは何かの為にする「小数の人」のすることであり、木屋町線は「最も必要」というものである。高瀬川が必要でない理由は、次のように、衛生上悪いことのみだった。

夏期の不衛生は此上なく二条・三条・四条の入江（舟から荷物を下ろすために作った舟入のこと）の夕刻の臭気非常に甚しく、沿岸の人民は毎朝「ごもく」（ゴミ）を捨て然して蚊の養成所にて、下流で洗面致し居、不衛生甚し

く候。毎夏コレラ・チブス菌の流し場と相成候。(17)

高瀬川は不衛生なので木屋町通を拡張して埋め立てるか暗渠にすべきだとの主張には、都市交通の合理性や歴史的景観のような理念がない。別の手段で高瀬川の水質を良くし、川底のゴミや泥を取り除けば、埋め立てたり暗渠にしたりする理由がなくなる。以下でみていくように、木屋町線拡張派が市会内に支持基盤を維持できず、同線拡張反対派（高瀬川保存派）が台頭していくのは、木屋町線拡張派が正当な理念を確立できなかったことも大きな要因であった。

2　市会での高瀬川保存・木屋町線反対派の台頭

（1）一九二〇年二月五日の市会

一九二〇年（大正九）二月五日の京都市会において、田中新七・井林清兵衛両市議により、都市計画の合理性の観点から、京都市都市計画事業計画（内務省での第一回京都市区改正委員会で修正されたもの）への批判的質問が出された。彼らは木屋町線反対派で、二月二日の京都市民大会に続く「大演説会」で弁士を務めていた。

田中は、⑴河原町線を木屋町線に修正したのは、「最も拙劣の極」と見て、「沿道民の迷惑」とか、「経費の節約」とかの理由は、理由にならず、京都市の「百年の大計」を誤っていると述べる、⑵沿道民に迷惑をかけるというなら、京都市区改正原案に希望条件として提出した五条線および御池線も（道路拡張において立ち退きがあり）沿道民に迷惑をかけることは同じである、⑶木屋町線は、六〇万円の経費節減になるというが、三分の一は国庫補助があると想定すると、京都市の負担減はわずか四〇万円にすぎず、この程度の節約で「カーブ線を利用し延長線を敷きますが故に市は年々歳々莫大なる損失を蒙」る上に、「市民又永遠に多大の不便を感ずる」等と論じた。

これに対し、旧市区改正委員で河原町線から木屋町線への修正を推進した西村金三郎市議は、⑴京都の市街は碁盤目状を特色としているので、新市街もそのように路線を造るべきであり、旧市街においてはできるだけ碁盤目状を乱さないようにしなければならない、(2)河原町線や「出町線」〔寺町通以東が修正されて現在の今出川通となる〕の田中の方の線などは、共に碁盤目状を乱している、また碁盤目状に沿わなければならぬ覚悟を少しも現していない、(3)河原町線を真直《まっすぐ》に「下《さが》」る〔南下する〕ならば、柳原《やなぎはら》という「細民」地区が整理できる、また出町線を今少し北へ「上《あが》つて」真直ぐに東に伸ばすなら、田中という「細民」地区が整理でき、さらに北において第一号線〔現在の北大路通〕をもう少し真直にするならば野口村において「細民」地区が整理できる。同胞を「細民」扱いすることは感情を害するが、こういう機会において「細民」地区の整理をするならば、彼らの感情を害することはなく、都合良くいく、(4)本案は都市計画事業中の第一期計画の軌道であり、第二期計画以降を含めた軌道系統の一部分として考えるべきで、第二期計画以降でできる軌道との連絡を考え、屈曲や坂道を避けるように設計すべきである、等と発言した。[18] 西村の意見は、河原町線を木屋町線に修正したことに対する田中の批判に対し、正面から答えるものではない。京都市街は碁盤目状であるべき等の一般論から、市区改正委員会に提出された原案を批判し、市会の論点を拡散させるもので、焦点が定まっていなかった。

他の市議もそのことを感じたのか、西村の発言の終わりになると、「簡単々々」「もう宜い」「止め〳〵」「ヒャー」「東京の話を此処《ここ》でする必要はない」等の野次が続いた。[19]

論点を拡散させる内容の西村市議の発言に対し、田中市議と共に、京都市民「大演説会」で弁士となった井林市議は、(1)鴨川の東岸の京阪電車や、市電の烏丸線という南北の交通機関がある現状で、さらに鴨川の西岸に木屋町線を拡張して市電を走らせることは、市の交通体系上合理的でない。河原町線を拡張する方が、京阪電車と烏丸線の東西の中間ラインに近いので良い、(2)木屋町線は河原町線より六〇万円安上がりであると言うが、七〇万人の京都市民が一人一円にもならない費用を惜しむことはないと思う、(3)京都市や府の土木課、内務省の土木局などの専門家が長い間かけて検討した案を、金融業・石炭商・呉服商などをしている市議が数時間検討しただけで変更した案は、信用できない、(4)市民大会が「相当決議」をし、今日以降に上・下京両区を通じて「十何箇所」に市民大会ができてくるであろうから、西村市議は市民の「輿論《よろん》」ということを「賢慮」してほしい、等の意見を述べた。

これに対しても、西村市議は、(1)寺町線は理論において最も徹底しているにもかかわらず、当局者は非常に多額の金がかかるということで河原町線を採用したというが、河原町線と木屋町線は南の方で接触しており、ほとんど区別がない。また五条通以南は、河原町線と寺町線が交差する形になり、それを一本で受けなければならず、河原町線を採用するなら大規模な拡張工事が必要で、よほど考えてもらわねばならぬ、(2)木屋町線は旧京都電気軌道を拡幅して市電と統一する問題の際、市会で決議したものであり、それを尊重すべきである、等と反論した[20]。

しかし、今回の西村市議の反論も、趣旨のよくわからないものであった。西村は寺町線と拡張された河原町線を五条通以南で合流させて一本で受けることがなぜ不都合なのか、理由を明示していない。また、旧京電と市電の軌隔統一問題の際、寺町線や河原町線を拡張するという論が出たが十分に展開せず、道路を拡張せず、従来の木屋町線を利用して軌道を拡張する方針が、市会で決まったのは事実である。しかし、これはあくまで制約された予算内での改良事業の枠内での話であり（第五章第3節（3））、その後に実施されることになった京都市の市区改正事業から都市計画事業という、本格的な都市改造事業を前提としていない。西村市議は、木屋町線を支持するため、かなり強引な理屈で正当化しようとしている。

その後、田崎信蔵市議から、都市改造に関し、「理事者の案並に請願陳情書に関して調査する委員を設け」る動議が出された。仁保亀松市議（京都帝大法学部教授との兼任）の賛成を得、市会で採決の結果、投票によらず、賛成多数で調査委員会設置が決まった。次いで調査委員の人数は一一名で、市会議長柴田弥兵衛が指名することが決められた。

柴田議長は、次の一一名を指名した。

仁保亀松・元川喜之助・橋本永太郎・田畑庄三郎・川本元三郎・岸田栄三郎・大久保作次郎・八木伊三郎・目片俊三・田崎信蔵・百木伊之助[21]

この特色は、河原町線を木屋町線に変更するなど、京都市区改正原案の修正に尽力したといわれる市議、西村金三郎・太田重太郎・今井徳之助・俵儀三郎ら四人を含め、柴田市会議長・市村光恵（京都帝大法学部教授との兼任）・伊藤平三ら七人の都市計画京都地方委員会委員（旧京都市区改正委員）は一人も含まれていないことである。また、修正を強く批判し、河原町線を支持した田中新吾・井林清兵衛両市議も含まれていない。木屋町線派の柴田議長の指名にもかかわらず、調査委員は中立の立場で再検討しようということで選定されたのである。委員は中立の立場の者が選ばれたにもかかわらず、以下に見ていくように、委員会は木屋町線拡張に否定的な結論を出す。これは、木屋町線に都市計画上の公共性がないとの考えに、委員たちが動かされていったからである。

(2) 同志会の木屋町線反対運動の台頭

(1) 高瀬川保存の請願書

一九二〇年（大正九）二月五日の市会で、木屋町線拡張の可否を検討する一一人の調査委員が指名された翌日、内田誠次（高瀬川保存期成同盟会幹部）外九名は、馬淵京都府知事および安藤京都市長に宛てた「高瀬川保存ノ請願書」を作成した。

その内容は第一に、歴史的景観を残せ、と主張することである。請願書は、高瀬川は慶長年間に角倉了以が私財を投じて開削したもので、京都の水運を担った歴史的価値がある、とする。また東山三十六峰の緑を眺め、昔は両側の楊柳等もあり、「山紫水明日本の遊園たる」京都の景勝地として、旧に復することが望まれ、木屋町にある別荘、旅館、料亭からの眺めとしても必要であり、木屋町一帯は維新の志士の歴史としても重要だという。そのため、高瀬川を保存しないことは、先に内務省に設置された「史蹟名勝保存会」の主旨に反する、とも論じた。

第二に、高瀬川の水運は今でも京都の水運にとって重要であり、高瀬川を保存し、河原町線が拡張されれば、河原町通は商業繁栄の中枢になり、高瀬川の重要性はさらに増す、と主張することである。請願書は、かつて高瀬川を上下する舟は一日あたり一五〇隻ないし二〇〇隻あったが、疏水の水運が始まり、陸運の「捷《しょう》巠《けい》〔径〕」（早道）

が現れてから、高瀬川の水運は衰退した、と認める。しかし、高瀬川の繁栄を奪った疏水は、一年間の出入船は延べ約一万五〇〇〇隻（一隻あたりの貨物量は約一二〇〇貫〈四・五トン〉）、主な荷物は石炭・薪炭・鉄材・石材・材木等で、これ以上は船数を増加できないと見る。

また、京都市内四条以南に散在する薪炭商は、疏水から薪炭を運んでいるが、疏水から荷揚げして問屋に運ぶ費用を安くするため、高瀬川の舟運の復旧を熱望している、と主張する。さらに、以前に御所（「京都皇居」）造営に際し、巨大な用材は全部高瀬川によって搬入され、日露戦争当時にも、大阪府下浜寺のロシア人俘虜収容所の建築に必要な多くの電柱・角材・竹材等の長い物は疏水では運搬できなかったので、ことごとく高瀬川の水運によった、とその価値を論じる。

この上で、一月八日の地元有力紙に掲載された近新三郎（京都府土木課長）の提言を以下のように繰り返し、高瀬川の水運上の可能性を論じる。高瀬川を最新技術で勾配を緩和し幅を広げて流水量を増加させ、七条以南の工業地帯において疏水と連絡させ、京都・伏見までを浚渫して舟便を拓《ひら》く。他方で堀川を開削するか紙屋川を伏見に通じ、高瀬川と連絡をとれば、京都と伏見、伏見を介して京阪間の交通運輸の役に立つ。河原町通が拡張されれば、「商業繁栄の中枢地」となるであろうから、改修した高瀬川は、その水運に使うことができて利益が大きいと。(22)

(2) 市会での都市計画地方委員の補充選挙

同じ頃、旧京都市区改正委員会で木屋町線が決定したことに、京都市会や市内で疑問や批判が広まるにつれ、旧市区改正委員の後身となる都市計画京都地方委員会委員（都市計画委員）の人選についての関心が市会内でも高まってきた。一九二〇年（大正九）一月一日から都市計画委員官制が実施されたからである。京都府会議員から選出する三名については、二月四日の臨時府会において選挙されていた。(23)

京都市会からは、市区改正委員から継続する六名に加え、増員一名、補充一名の二名が選出されることになっていた。二月六日頃になると、市会の会派である市政研究会・維新倶楽部・三六会・中立の各団体は、秘密に策略をめぐらして自会派から選出しようと、活動し始めた。

市政研究会では、小笠原孟敬《おがさわらもうけい》（市会副議長）・八木伊三郎・佐藤丑次郎《さとううしじろう》博士（京都帝大法学部教授）の三氏に期待が集まっているが、結局、小笠原・八木の二人のうち一名を決定して他派と交渉しようとしているようである。三六会は会派内が二派に分かれていた。一派は、仁保亀松博士（京都帝大法学部教授）・大井清一博士（京都帝大工学部教授）を推そうとし、他の派は別の適当な候補者を擁立しようとしていた。三六会の大勢は、大島佐兵衛が支持を集めそうで、浅山富之助・元川喜之助・目片俊三が、その間に介在して暗中飛躍を試みているという。維新倶楽部は市政研究会・三六会の間を利用して、漁夫の利を占めようと策動中で、おそらく田中新七・伊藤豊之助のうち一名を推薦しようとしているようである。中立団体では大井博士と仁保博士を推立しようとする者があるが、大勢は大井が有利であろう、と報道された(24)。

このように、市選出の都市計画京都地方委員会委員二名をめぐって、市会の四つの団体から小笠原孟敬・八木伊三（市政研究会）、大井清一博士・仁保亀松博士（中立、三六会の一部の支持）、大島佐兵衛（三六会の大勢の支持）、田中新七・伊藤豊之助（維新倶楽部）など、七人以上の名前が出ていた。

このような様子を、地元の有力新聞は、「都市計画本来の目的が斯《か》くの如き政争の具に供すべき性質に非《あら》ざる」と批判し、「人物手腕の卓絶せる人を互選の上」、予選会を開始し、熟慮の上、「将来の大問題を解決する前提論として」、人格の優れた人を推薦するのを希望する、と論じた(25)。

市会で都市計画京都地方委員を二名選出する前日、二月八日夜になると、各団体の調整はつかず、仁保・大井両博士や佐藤博士らを擁立しようとする動きが中軸となったが、それに反発して、大島・田中らを擁立する動きも根強かった(26)。

他方、高瀬川保存期成同盟会では、二月二日の市民大会の決議に基づき、実行委員高田繁太郎他五名の名で、柴田弥兵衛・市村光恵・太田重太郎・西村金三郎・今井徳之助・俵儀三郎・伊藤平三ら旧京都市区改正委員であった（表5－1、一四四頁）七名の都市計画地方委員に辞職勧告書を手渡した。勧告書では、その理由を、昨年一二月二五日の京都市区改正委員会で、千年の都である京都の名勝史蹟の保存を重んずべきところ、それを度外視し、御陵を削り、または権門富豪の邸宅を回避し、七〇万市民の「公益」を犠牲にする修正を加えたこと、等を挙げていた(27)。高瀬川の保存を求める実行委員たちは、先の二月五日の市会で選出した都市計画調査委員を歴訪して意見を聞き取る他、二月一三日に東京へ向かって貴族院・衆議院に請願書を提出する予定であった(28)。

都市計画地方委員二名の選出に関しては、二月九日の市会の前に、三六会と維新倶楽部では連携ができたが、市政研究会とは話がまとまらなかった。

二月九日、市会での都市計画地方委員補充選挙において、第一回目の投票で大井清一博士が四三票を集めて当選した。二回目の投票では、佐藤丑次郎博士が二三票を得て選ばれた。全投票数はいずれも四三票で、二回目の次点は仁保亀松博士の一九票であった。大井・佐藤・仁保らは、一九一八年秋の市会議員補欠選挙で当選した五名の京都帝大教授であった。この前に市会議員の三分の一が汚職事件の疑いで収監されており、教授らは市議を兼任し、「理想派」と呼ばれた(29)。この傾向から、市会では前年一二月に京都市区改正委員会で修正された木屋町線拡張などを含んだ案を見直そうとする雰囲気が強まりつつあるといえる。

(3)同志会の第二回市民大会の盛況

二月中旬になると、地元有力紙の『京都日出新聞』は、修正された京都市区改正案に対し、「種々なる見解の下に反対の声を高めつゝある示威運動が、連日連夜此寒風肌を打つ時節をも厭《いと》はず活動を惜しまない運動振りに吾人は無論其意気を壮とする点は躊躇しない」と、反対運動の高まりを好意的に報じた(30)。

また「都市計画に関する反対運動が各処に蜂起せる結果として、市民の頭に都市計画の何者なるや、大都市を建設するには市民の如何なる義務を負担すべきや、子々孫々に対する都市計画の将来如何と云ふ様な観念を喚起した事は大都市発現上誠に喜ぶべき現象である」とも論じた(31)。すなわち、ジャーナリズムは木屋町線反対を支持し、市民の義務も含め、都市計画の公共性についての意識の高まりを評価し、期待したのである。

この中で最も活発に運動していたのが、高瀬川保存を唱え、木屋町線拡張に反対する同志会であった。同志会は、高瀬川保存期成同盟会の幹部または関係者が活動の中核メンバーであった。

都市計画事業計画反対同志会は、三条通河原町東入《い》ルの山城屋（高瀬川保存期成同盟会幹部の内田誠次の旅館）に事務所を置き、二月一〇日頃から連夜市内各所において反対運動の演説会を行った。(32)これは第一回京都市区改正委員会で修正された木屋町線拡張等への反対運動である。

一六日午後三時二〇分、同志会は七条の京都駅前に集まった。高瀬川・堀川その他の沿線の居住者で、都市計画事業計画反対の委員三〇余名は、市議の井林清兵衛をリーダーとし、九台の自動車に分乗した。車には、同計画反対の文字が書かれた大旗が多数立てられ、各委員は手に手に小旗を持った。車は駅前より東洞院《ひがしのとういん》通を北上、五条通を東へ、木屋町通を北へ、三条通を西へ、西洞院通を南へ、四条通を西へ、堀川通を北へと進み、中立売《なかだちうり》署前に進んだ。

井林は、和田《わだ》巍《たかし》中立売《なかだちうり》署長と互いの了解によって運動すると約束していたが、届出がなかった。和田署長は井林を署に呼び入れ、無届の示威運動をしたことを責めた。井林は和田署長の意向に従い、各委員にこのことを述べ、解散を命じたので、いずれも事務所に引き揚げた。(33)

この二日後、一八日午後二時から、同志会は都市計画事業計画に反対し、第二回市民大会を岡崎公園の京都市公会堂で開いた。当初は安藤市長および、都市計画事業計画の原案を修正した際の旧市区改正委員七名に出席を求めていたが、彼らが出席しなかったので、予定より一時間遅れての開会となった。

開会までに市民約一五〇〇名余が入場し、「満場立錐の余地」がないほどであった。川端警察署からは藤田弥助署長が制服・私服十数人の警官を率いて来場し警戒した。山脇栄次郎が開会の辞を述べ、座長に高田繁次郎（二月二日の市民大会でも座長）を推薦した。高田は座長席に座り、第一回市民大会以来の経過を報告、第二回市民大会開催の必要に迫られた旨を述べた。

さらに高田は、京都都市計画事業計画は「不合理不徹底」で、市の「百年の大計」ではないので、二月二日の市民大会の「宣言並に決議に則り、益々其《その》非違を是正し飽迄《あくまで》目的の貫徹を期す」等の決議文を朗読し、満場の承認を得た。

次いで演説会に移り、田崎信蔵（市議、市会の一一名の調査委員の一人）・松崎招月・井林清兵衛（市議）・山脇止水・菅善三郎・庄司忠二郎・伊藤豊之助（市議）・田中芙蓉・田中新七（市議）らが、都市計画事業計画の不備、内務省の旧市区改正委員会の様子、各委員が修正案を提出した理由の不備について論破した。最後に山脇止水が閉会の辞に代え、安藤市長・旧市区改正委員らが出席しない理由を述べ、午後八時過ぎに散会した。その後、同志会の高田繁太郎・内田誠次ら一〇名は同夜の列車で東京に行き、貴・衆両議員に対する請願運動を行う予定であるという[34]。

これらの運動に対し、内務省では、正式に決定した計画に対し、京都市民の修正要求を認めるなら、他の五大都市もまた同様の名目の下に変更運動を開始するのでは、と恐れる形勢であったという。

都市計画京都地方委員会長である馬淵京都府知事は、二月一〇日頃の段階では、木屋町線よりも河原町線が適当であり、理想論から言うと寺町線の方が適当であるとし、都市計画地方委員会での再修正は絶対不可能というわけではない、と公言していた[35]。しかし、右に述べた内務省の形勢が伝わってくると、二月下旬には、都市計画事業計画は多数決で決まり、内閣の承認も得ているので、「民衆の輿論《よろん》を持つて原案を以て原案若くは修正案を修正する事は路線の部分的は別として路線の全部に渉つては」やはり委員会の意見を尊重する他はない、との考えを新聞記者に語った[36]。馬淵知事ら内務官僚たちは、京都市民の代表である七名の旧市区改正委員も含め、きちんとした会議や手続きを経ていったん決定したことは、簡単には変更できないという態度をとった。

(4) 多大の負担をする市民の意見を尊重せよ

その後、東京へ陳情に行った同志会の高田ら実行委員は、二月二六日、彼らの他二四六七名の連署をして衆議院に請願した。その要点は、昨年一二月二五日に内務省で開催された京都市区改正委員会の決議は「京都市民の輿論」に反し、かつ京都市会はこの決議に対し調査委員会を設けて審議中なので、次のように修正および原案に復活されることを希望する、というものだった。

まず彼らは寺町線拡張を理想とするが、木屋町線拡張をやめて原案の河原町線拡張に復活を望む、とする。また、浄土寺線は原案の復活を望む。田中線は屈曲している路線を直通線とすることを望む、等である。

最も争点となっている河原町線拡張に関しては、彼らは次のような主張をした。(1)〔市会議員の〕都市計画京都地方委員会の委員は、〔市区改正委員から自動的に就任した者も含め〕市会において公選するのを原則とするべきだ、(2)都市計画は「自治団体」に絶大な負担をかけるので、「市民の権利」を重視し、審議を慎重にして、計画案ができたら適当な公示期間を定めて、市民の「安寧福利」に副うべき十分の理解を与え、違算がないようにすべきなのに、その規定を欠くのは「最も遺憾」である、(3)市民への十分な公示期間がなかったので、京都市区改正委員会では、純理想の寺町線を捨て、比較的良線である河原町線を修正し、「市民の輿望」に沿わない「不合理不徹底」で、「最悪なる木屋町線」をわずか一票の差で採用した、(4)この案は、史蹟に富む高瀬川を暗渠として慶長年間の偉人角倉了以の業績を無にすることになるが、木屋町のような「風致地帯」はさらに「美観」を加え、「内外観光の眼を楽しませ」、偉人の遺蹟を現代の教育史料とすべきである、等[37]。

これらは、一月二〇日に高瀬川保存期成同盟会〔のちに同志会〕の高田繁太郎らが安藤京都市長に行った高瀬川保存の請願書や木屋町線に代えて河原町線を拡張する主張と基本的に同じであるが、都市計画に京都市〔「自治団体」〕が多大の負担をするので「市民の権利」として「市民」の意見を尊重せよ、との新しい論理を出した。

その後、彼らは内務当局者の弁明も聴取し、二月二九日までには京都に戻ったようである。同志会は三月一日午後七時から、出町橋東詰《でまちばしひがしづめ》の長徳寺で、東京での陳情の様子を報告した。まず、東京帰りの井林市議が経過報告の演説をし、続いて伊藤豊之助・西尾林太郎《にしおりんたろう》・田中新七の各市議と菅善三郎が、都市計画事業問題について熱弁をふるった。聴衆は約二〇〇名で、一〇時半に散会した[38]。

（3）木屋町線拡張推進派の限界

市会の都市計画事業計画（内務省での第一回京都市区改正委員会で修正されたもの）に関する調査委員会（委員長は市議を兼任している京都帝大法学部教授の仁保亀松）は、一九二〇年（大正九）二月一六日から活動を始めた。まず、都市計画事業計画の路線全部にわたって詳細に実地踏査を行い、市役所内迎賓館で今後の調査方法について協議した。その後、一一回の会合（うち二回は実地踏査）を行い、三月一〇日に木屋町線に否定的な査定案を公表した[39]。

木屋町線拡張反対派が市会で台頭してきたことに対し、三月一三日付で木屋町線拡張推進派は、「京都市有志者三千弐百名」の名で安藤市長宛に「上申書」を提出した。この「上申書」には、「安藤」と「永田」の印が押してあるので[40]、安藤市長と永田工務部長が読んだことが確認できる。

「上申書」の主張は、第一に、木屋町線を拡張するよりも、河原町線を拡張すれば立ち退きが一〇〇〇戸（住民五〇〇〇人）以上多く、経費も三〇〇万円以上多くなる、寺町線を拡張すれば立ち退きが一二〇〇戸（住民八〇〇〇人）以上多くなり、経費は五〇〇万円以上多くなる、いずれにしても負担が重いことである。第二に、現在の木屋町線は不体面極まる線であり、高瀬川は疏水が開けた今日では運河としての用はほとんどないばかりか、汚水が緩やかに流れ、夏期に伝染病流行の際は毎年縄張りしてその川水に近寄ることが禁じられるほどである、と高瀬川の価値を認めないことである。第三に、木屋町線は他の路線に比べ、駅から円山公園・都ホテルおよび岡崎町周辺へ往復するのに一番便利な路線であると、鴨川東岸の地域への便利さを強調することである。第四に、「京都市計画の方針」として「南北直通」が主義という説に限るなら、木屋町線を利用し、その五条通以南を西木屋町通を使うのでなく、真直ぐに南下して三ノ宮町から七条通鴨川西入《い》ル稲荷町で七条線に合流させれば、出町から七条通まで南北一直線となり、かつ将来、三号線（銀閣寺線）と連結することもできることである[41]、と木屋町線の合理性を強調することである。

「上申書」の主張の第一については、特に経費に関しては、木屋町線派の住民が主張する、センセーショナルな数字は出てこない。

立ち退き戸数は、当局の調査によると、木屋町線と河原町線を比較すると、木屋町線三〇一戸、河原町線一〇三〇戸なので、河原町線が一〇〇〇戸以上ではなく、八二九戸多くなる。[42] 京都都市計画委員の浜岡光哲《はまおかこうてつ》がこの調査結果を所蔵しているので、この調査結果はすべての都市計画委員に配布されたと思われる。

また経費の差も、木屋町線が五〇〇万円以上安くなるのでない。約二年後であるが、一九二二年六月九日の都市計画京都地方委員会での永田兵三郎（京都市工務部長）の答弁によると、木屋町線は二〇〇万円ほど安い費用でできると言われていたが、高瀬川を暗渠にする代わりに木屋町通に下水道を作る費用を考慮すると、六〇万円安いだけであった（第九章第3節（3））。

「上申書」の第三・第四についても、寺町線または河原町線を拡張するのが南北の合理的交通網を作る、という主張の反論になっていない。すでに述べたように、木屋町線反対派は、京都市の南北の交通幹線として、東から、鴨川の東の東山線（東大路線）、鴨川東岸に沿った京阪電車線に加えて、鴨川の西で木屋町線より西にある河原町線または寺町線を、なるべく屈曲させずに京都駅に近づく形で新たに拡張すべきと構想していた。さらにその西にある烏丸線と併せて、東西のなるべく等しい間隔の交通網にするべきだとの主張である。

さらに木屋町線反対派は、交通網の合理性以外に歴史的景観という新しい観点を打ち出して、市会議員の支持を増していった。それに対し、木屋町線推進派は、立ち退きをしたくない等の関係住民の個別利害以上の理由を提示することができなかった。しかもその数字は少しオーバーなものである。立ち退きする住民の中には、借家人など下層の人々がかなりが含まれており、彼らの困苦は大きいが、木屋町線推進派が、それ以外は論理的に破綻した論点しか示すことができないのは、説得力に欠けていた。

むしろ木屋町線派は、木屋町線か河原町線かの二者択一の闘いをするよりも、立ち退き住民、とりわけ借家人にも移転保障を与えるという条件を掲げる運動をすべきであったろう。そうならなかったのは、木屋町線派の市会議員や有力者たちが中産階級以上であり、借家人の利害をそれほど身近に感じることがなく、彼らを利用して自分たちの個別利益を拡大しようという意識の方が強かったからであろう。そのことは、河原町線拡張が決まった後、一九二二年九月一九日の市会で、立ち退きする借家人を擁護する立場から彼らに補償（立ち退き料）を払うべきと質問したのが、いずれも旧河原町線拡張派の市議田中新七・西尾林太郎・鈴木紋吉《すずきもんきち》らであったこと（後述）から、推定できる。

以下に見るように、市会内で木屋町線反対の声が台頭し、最終的に市会が河原町線拡張を決議していくのは、合理的な議論で出た論点を理性的に判断し、公共性があると考えた結果であるといえよう。

（4）寺町線案（高瀬川保存）が僅差で否決

一九二〇年（大正九）三月一七日の市会で、市会調査委員会が三月一〇日に公表した査定案を調査結果として報告した。この内容では、第五号線（旧四号線）は木屋町線を改めて寺町線とする、ということが最も大きな変更であった。(43)

五号線は、寺町通今出川上《あが》ル東側表町三八番地より寺町通を南下し、寺町通五条上ル西橋詰町を経て三ノ宮町通六軒下《さが》ル岩瀧町二一七番地付近に至り、三ノ宮通に沿って南下し、七条通加茂川筋西入ル稲荷町四六一番地付近において七条線に連絡させる、等と提案された。(44)

仁保委員長は、(1)線路の配置上、烏丸線と鴨川との中間点に最も近いこと、(2)路線の曲直という点では、どうも「相当に湾曲せざるを得ない」が、(3)京都の商業の発展のためには、木屋町線より、「現在の寺町の繁栄」を背景に寺町を商業の一の中心地帯として発達させるのは穏当である、等の説明をした。(45) 調査委員会の査定案は都市計画の合理性の論点のみをその理由としているが、委員たちが、問題となっている歴史的景観（歴史的「風致」）の観点をまったく気にしていないわけではないであろう。以下での寺町線への疑問や批判にあるように、寺町線も御陵・寺院・神社などの歴史的景観に関わるところがあったからである。

これに対し、桜田文吾・井林清兵衛市議などから、疑問や反対意見が出た。(1)寺町線を東側に拡張すると、廬山《ろざん》寺《じ》・清浄院という名刹《めいさつ》があり、それらが削られないか、(2)廬山寺には御陵があり、拡張した道路から塵芥が飛び、御陵の尊厳を害しないか、というものである。そこで井林市議は、西側を拡張して梨木《なしのき》神社を適当な場所に移転したらどうかと提案し、それに対し西尾林太郎市議は、梨木神社は「彼の処の宮中」（京都御所の東側）に安置されていることが意味を持つ、と移転に反対した。

この他、河原町線もしくは寺町線拡張か、木屋町線拡張かの論争に必ずしも直接関係しない論点も含め、(1)今出川線が西園寺公望公爵の別邸清風荘の南で同邸を避けて南側に折れ曲がるのは良くない（井林清兵衛）、(2)寺町線は、これを機会に関係する寺院・墓地を東山山麓に移すことができれば完全な道路ができる（田中新七）、(3)寺町線は繁盛している地域を京都のあちこちに作るという趣旨に反するし、今繁盛している市街を都市計画事業のために破壊するので反対だ（小笠原孟敬〔市会副議長〕）等、様々な反対意見も出た。

結局、投票の結果、調査委員説反対二二票、同賛成二〇票で、調査委員説はわずかの差で否決されてしまった。[46]木屋町線に強く反対している井林市議までが調査委員説に反対したように、木屋町線の代替案を寺町線に絞ったことが、否決の大きな原因であった。寺町線案は否決されたが、市会外での同志会を中心とした市民の木屋町線反対運動を受けて、木屋町線が不適当だという声が、市会内でも強くなってきたのも事実であった。

（5）木屋町線否定（高瀬川保存）意見書が可決

(1)市会の安藤市長への不信任

市会で木屋町線の代わりに寺町線を拡張しよう（高瀬川保存）という案が、わずか二票差で否決されて後、京都市では、一九二〇年（大正九）五月一〇日に予定されている総選挙に関心が集中していった。市内では、政権を担当している原内閣・政友会を批判的に見る「非政友熱」が高まった。

総選挙の結果は、市部第一区は森田茂（憲政会）・竹上藤次郎《たけがみとうじろう》（政友会）が、同第二区は奥村安太郎（中立）・渡辺《わたなべ》昭《あきら》（国民党）が当選した。与党政友会は全国的には圧勝したが、京都市部一区・二区では、定員四名中一議席を占めるだけになった。しかも第二区では、京都市会の長老でもある政友会候補の柴田弥兵衛（市会議長）が次点となって落選した。同選挙区の奥村安太郎（中立）は、「最も立ち遅れ」ていたにもかかわらず、「普選を標榜し」「言論戦を主とし正々堂々の陣を張り」トップ当選した(47)。

このような国政をめぐる動きは、直接的には京都市の都市計画事業計画をめぐる対立に影響しなかった。しかし、京都市長に就任して以来一年半になる、安藤市長（政友会系）に対する市会の反感となっていった。安藤市長はこの間、都市計画事業など都市改造事業の推進に大きな成果を上げていない、と市議たちは見ていたからである。すでに京都市は一九二〇年度現在、市債総額は二四一四万八七〇円に達していたが、都市計画事業第一期計画でも二四〇〇万円以上の資金が必要であり、市債は合計で約五〇〇〇万円にも上るとみられていた（一九一九年一月末までの追加予算を合わせた一九一九年度京都市予算、五九八万四四二七円の八・三倍以上の市債）(48)。

京都市会の市政団体である市政研究会・維新倶楽部・三六会は連携して安藤市長に不信任案を提出するかどうかを検討していると、五月末には噂されるようになった。六月三日には市役所内迎賓館で、市政団体三派合同幹事会が開かれた。市長不信任を主張する者もいた。しかし、先の総選挙に二人の助役が立候補したため、助役が欠員になっている現状を考えると、市長も不在になるのは市政にとって望ましくなく、市長にまず十分な警告を与えるべきとの意見に落ち着いた。こうして市会議員中で市長警告委員を選ぶことになった(49)。

その後三派それぞれの審議を経て、六月九日に迎賓館で市政団体各派合同協議会が開かれ（市議三五名出席）、各派三名の警告委員が選定された。一〇日、警告委員は市電料金の値上げ問題（市会で値上げを決めたが政府の認可がなく、都市計画事業の財源が得られない）・水道条例改正（水道拡張起債の政府の認可がない）・行政整理等、六カ条の質問を行った。さらに一六日、警告委員は市長室に安藤市長を訪問、「大京都市建設」が求められている時期に市行政の実効が上がらないことを憂慮し、市長は「不信任状態」にあることを伝え、三カ月以内に改めてほしいと申し入れた。安藤市長は努力する他はないと思うと述べ、この問題は一段落した(50)。

(2)六月二一日の市会での木屋町線否定の合意

その間、一九二〇年（大正九）六月上旬になると、都市計画事業計画に関する市会の調査委員たちの間で、三月の市会で木屋町線を拡張する代わりに寺町線を拡張するという変更案がわずかの差で否決されたので、もう一度市会で審議を求めようという動きが盛んになってきた。(51)

こうして六月二一日の京都市会では、奥村安太郎市議（五月の総選挙で中立として当選した衆議院議員でもある）ら三〇名の市議の連名によって、「京都市都市計画設計変更に関する意見書」が出された。三〇名の中には調査委員に選ばれた市議一一人中の一〇人、木屋町線拡張反対を唱えた二月の同志会の大会に参加していた市議三人が含まれていた。(52)市議の定数は五〇名なので、三〇名の市議の連名で意見書が出されたことで、この意見書が市会を通過するのは確実であった。

意見書の内容は、(1)第四号線の田中線（少し変更されて、現在の今出川通の白川今出川と寺町今出川間となる）において、後二条天皇御陵を回避し、できる限り路線を直線にする、(2)第四号線の南北線（少し変更されて、現在の白川通の天王町から白川今出川間となる）はなお少し東寄りにし、さらに北へ白川方面に延長し、左折して田中線に接続させる、(3)第五号線として木屋町線を拡張することを改め、木屋町以西において適当の線路を選んで拡張すること、等である。

木屋町線を改める理由として、意見書は、木屋町線は東方に偏し、京阪線に接近するのみならず、木屋町線の拡張はかえって現在の木屋町特有の営業を阻害するし、また将来においては木屋町通は一般商工業発達の要地になっていくとは認め難い、と述べていた。また続けて、木屋町通は屈曲が甚だしいので、「風致を扶植《ふしょく》して」（景色を良くして）遊歩散策の場所とし、木屋町線に変えて木屋町以西において商業地域として将来の繁栄を期待すべき路線を採用するのが適当である、と論じた。(53)

この意見書について、提出者の奥村安太郎市議・目片俊三市議から、提出理由の説明があった。奥村は、調査委員会の委員長仁保市議（京都帝大法学部教授）は木屋町線よりも河原町線拡張、河原町線よりも寺町線拡張が良いと言っている、また第四号線（田中線）の修正については委員の中に異議がある人が少なかった、と説明した。これに加え、第五号線を寺町線拡張に改める案と一括投票となったために、内容が十分に吟味されず、まとめて否決されたとも述べた[54]。今回の意見書は、木屋町線の代わりに寺町線とすると明示せず、河原町線・寺町線いずれの支持者も賛同できるよう、木屋町線以西に路線を選ぶ、と提言していることが特色である。

前年末、内務省での京都市区改正委員会で第五号線（旧四号線）に木屋町線を利用する修正を推進した旧京都市区改正委員の市議たちは、市会の議場からすでに退席していた[55]。

意見書は、出席市議四五名から退席者を除いた「満場一致」で採択された[56]。京都市会が、京都市区改正委員会で修正されて決まった木屋町線拡張を、初めて否定したことが注目される。また、その有力な理由の一つとして、歴史は強調していないものの景観の問題を挙げているのが特色である。

ところで、六月六日と七日の両日にわたり、地元の有力紙である『京都日出新聞』に「復都論」（上・下）（社説）が掲載された。そこでは、「政治中心を経済中心の大都会より引離すべき」と論じられ、生存競争の焦点である東京市は、元来「森厳なる皇都」として適当な背景を持っていない、と断言された。その上で、ローマ法王のバチカン庁が今日もカトリック派の「聖地」として仰がれるように、京都は、「皇室中心主義」よりして、「皇都」として「政治中心の首府」であるべき、と主張された。しかし、都を再び京都市に移すべきだという主張は、すでに述べた六月二一日の市会でも話題にならなかったように、具体的には展開しなかった。しかし、京都に復都するという論は、昔ながらの京都の歴史的景観を保護するという雰囲気を作る一助となったはずである。この意味で、木屋町線を改める動きを促進した。

一九二〇年七月一日、京都・大阪・神戸市の都市計画地方委員が任命された。京都市の委員長は馬淵鋭太郎京都府知事である[57]。都市計画京都地方委員会の京都市会・京都市関係の委員は、左の通りである（●印は旧京都市区改正委員のうち、河原町線を木屋町線に変更するのを熱心に推進した委員、○印は旧京都市区改正委員）。なお、京都市会関係の旧京都市区改正委員の市村以下七人は、一九二〇年一月一日に都市計画委員官制により、すでに都市計画京都地方委員に任命されたものとみなされている。

〔京都市会関係〕

大井清一（京都帝大工学部教授兼任）・佐藤丑次郎（京都帝大法学部教授兼任）・市村光恵（京都帝大法学部教授兼任）○・今井徳之助●・太田重太郎●・西村金三郎●・柴田弥兵衛（市会議長）●・俵儀三郎●・伊藤平三○

〔京都市関係〕

永田兵三郎（京都市技監）・田辺朔郎（京都帝大工学部教授）○・田島錦治（京都帝大経済学部教授）・内貴甚三郎（前京都市長）●・小川瑳五郎（京都府立医学専門学校校長）・浜岡光哲（京都商業会議所会頭）・戸田正三（京都帝大医学部教授）○・松風嘉定《しょうふうかじょう》（松風陶器製造）

この特色の一つは、京都市会・京都市関係の委員中で、木屋町線拡張を推進する人物の比率が減少したことである。京都市会・市関係の委員が六名増えたからである。もう一つは京都市・京都府関係者が、学者も含め、委員三三人（最終的には三四人）中一七人と、半数を占めていることである。

『京都日出新聞』は、このメンバーについて、「会長の知事を初め市長は言ふ迄もなく、所謂《いわゆる》関係官庁のお役人もあれば府市会議員サンもある、又注文《ママ》の学識経験ある者の中には、各博士連を初め内貴・浜岡の市元老や奥（繁三郎、郡部選出の衆議院議員で同）議長も網羅されて先づ申分のない顔触だ」と、好意的に報じた。(58) 地元の有力紙は、引き続き河原町線拡張賛成（木屋町線拡張反対）であった。

(6) 第六号線（下鴨本通）修正要求の敗北

この間、第六号線（旧五号線、現在の下鴨本通）の路線変更問題が起きた。これは、歴史的景観を全面に出して京都の都市計画事業の路線を修正しようとしても、訴える力が弱いと、交通網の合理性という論理に負けて認められなかった例である。

第六号線は、五号線（河原町線）を北上させ、下鴨宮河町（現・出町橋）から下鴨松原町を経て、下鴨芝本町で第一号線（現在の北大路通）に接続する路線で、現在の下鴨本通にあたる。この路線は、京都駅方面から木屋町通もしくは河原町通を拡張して北上した道路を受けて、ほぼ直線で下鴨地区の中心部を北上する。第六号線は、下鴨地区を住宅地として開発する場合、市電を走らせ、京都駅に最短で結ぶ路線となるのみならず、下鴨神社のすぐ西を走るので、同神社への観光にも便利な路線である。

ところが、第六号線での立ち退きに不満を持ち、一九二〇年（大正九）二月一五日には、下鴨の住民約九〇名が第六号線調査請願書を床次内相・馬淵知事・安藤市長らに提出した。その理由書には、(1)原案は歴史的に由緒あり「加茂第一に美しき町」である社家町を新道路のため移転を余儀なくされるのは不都合である、(2)また河崎神社は道路用地となり、ほとんどなくなる、(3)下鴨小学校敷地も、これまで狭かったものが、さらに一〇〇坪余りも減少する、等が挙げられた。また、高瀬川のみならず、「歴史的の《〔ママ〕》加茂の美町」を全部破壊するとの批判もなされた。[59]

次いで二月二六日に、下鴨の住民代表者五五人は連署して安藤市長に路線変更を請願した。その理由として、第六号線は、(1)河崎神社・社家町を通り、「歴史を有する」同神社がほとんどなくなってしまう、(2)下鴨小学校は五〇〇名以上の生徒を有し、年々生徒が増加し校地が狭くなりつつあるが、一〇〇〇坪の校地のうち一〇〇坪余りが道路敷地となって削減され、また校門に接して市電が走るようになり「危害」がある、(3)下鴨の一〇分の一の民家を「破壊」する、ことを挙げた。その上で、代わりに現在の葵橋東詰から、現在の府立植物園の方に向け、より賀茂川（鴨川）に近いコースを取り、下鴨上川原町から同西半木町あたりで第一号線（北大路通）に接続する路線を提示した。[60]この路線は当時の林野地を通るので、計画路線に比べ移転の問題は少ない。

しかし、この代案の路線に修正すれば、京都駅あたりから下鴨の中心部を最短距離で結ぶ道路、という基準を満たさなくなるばかりか、下鴨神社の本殿まで五〇〇メートルもある場所にしか、市電の駅を作ることができなくなる。結局、旧葵橋（現・新葵橋）から第六号線を北上する形に修正した以外は、基本的に当初の計画が維持された。

河崎神社はなくなり、下鴨の人口増加に対応するため一九三〇年に、第一号線（北大路通）の北に第二下鴨小学校（現・葵小学校）を、下鴨小学校から分ける形で後に新設した。さらに一九三七年に下鴨小学校は第六号線から離れる形で、賀茂川寄りに移転した。ここでは交通網の合理性を優先した都市計画が維持されたのである。

3　都市計画の合理性・歴史的景観保存か、立ち退き住民の生活か

（1）京都市の将来構想

京都市の市区改正事業の根拠となった、改正された市区改正条例とは異なり、都市計画法は、東京市内（東京市ができる前は東京府区部内）や京都・大阪・横浜・神戸・名古屋五市等の各市域を越えて事業が行えるようになっていた。このため、一九二〇年（大正九）七月一日、京都市都市計画委員が任命されると、「大京都市」を建設しようとする京都市の将来構想が、地元有力紙上にさらに大々的に登場するようになる。

七月三日には、都市計画京都地方委員会幹事に任命された近新三郎《こんしんざぶろう》京都府土木課長のインタビューが掲載された。近は任命されたばかりであることや、技術家は会長の指揮を受け庶務を整理するのが仕事であると謙遜しながらも、構想を述べた。

近によると、「大京都市」を実現するには、遠大な計画を立てなければいけない。まず、電車・汽車・道路・運河等すべてを含んで交通機関を「整理」する必要がある。

市の区域をどの程度まで延長するのかも問題で、その中を工業地域・商業地域・混合地域等に区分しなければならない。自分〔近〕としては、「大正五十年」（一九六一年）になれば京都市の人口は二五〇万人以上になると想像している。したがって南は淀あたり、西は嵯峨あたり、北は上賀茂あたりまで膨張できる予定のもとに計画する必要があると思う。

現在の上水道は七〇万人くらいを最大限度としている。京都市が膨張すると、とても市民に水を供給できなくな

馬淵鋭太郎
（『京都市会史』より）

るので、上水道の拡張が急務になる。水をこれまで同様に琵琶湖から引くのか、保津川その他の新しい水源を求めるのかも、研究すべき大問題だ。それに加え、都市の発展に伴って下水道の改善も大切である。他にも、都市計画に必要な広場や完全な中央公設市場を建設することなど、問題はたくさんあるだろう。

近は最後に、「大京都市を創造する方針」で進みたいが、何をするにも財源が必要で、都市計画京都地方委員会はこの問題で大いに悩まされることと思う、と述べた[61]。

近が「大京都市」構想を語った翌日の新聞には、都市計画京都地方委員会委員長の馬淵鋭太郎京都府知事の抱負が載った。

馬淵知事は、京都市を「一大遊覧都市たらしむると共に又一大工業都市として、日本、否世界に冠たるもの」にしたいと希望している、と語り始めた。馬淵は、一般に遊覧〔観光〕都市構想と工業都市構想がそのままでは相容れない側面を持っていることを自覚していた。その上で、将来の京都が「単に柳緑花紅の平安式」として永久に満足できるものではないことは、市民一般が自覚している、とみる。馬淵は京都が遊覧都市と工業都市という相容れないものを調和できる素質を帯びた不思議な都市であると確信している、とも述べた。

馬淵知事は、工業地域に宇治川・淀川の水利を十分利用できる伏見を包含する土地を含めたように、南は伏見までの合併を視野に入れていた。これは、その少し南の淀あたりを南限とした、近府土木課長の構想とかなり似ている。また馬淵は、伏見に師団司令部のある第十六師団の移転問題すら口に出した[62]。

その後、九月上旬に第一回都市計画京都地方委員会が開かれるというのを目標に、同会幹事の近府土木課長・八島明府技師長（建築を担当、新任）・大木外次郎府技師（土木を担当）ら技術者が集まって、京都の都市計画事業の設計が始まった。八月九日には、近ら府の技術者に、都市計画京都地方委員会幹事の永田兵三郎京都市工務部長も加わって、馬淵知事と都市計画区域決定や、その他について協議した。興味深いのは、近・永田・八島・大木らがいずれも京都帝大理工科大学土木工学科を卒業しており、近以下の順で先輩・後輩の関係にあることであった。

席上、八島技師長は、「都市百年の大計」を樹立するには、設計計画はなるべく広大で将来発展の余地を充分に残しておく必要があるが、いたずらに膨大な計画を作ることは慎まねばならない、と述べた。さらに、第一に決定すべきは道路であるとし、今のところ「大京都市」は一市一九町村を抱擁し、現在の市人口約七〇万以外に、四〇万の人口を収容できる計画を考えている、と付け加えた(63)。

他方、建築家の武田五一《たけだごいち》（京都帝大工学部教授に赴任直後）は、同じ新聞紙上で、大阪と神戸は「生産、労働の都」なので、京都を「浪費、遊覧の都市」とし、大阪・神戸の人が常に京都に「親しんで遊覧と、慰安とを求める」ようにすべきだと論じた。武田は、三都市に大津市を遊覧都市として加え、一体化した「大規模の理想的都市」を建設するべきだとも提言した。

続けて武田は、京都の名所旧跡を遊覧するため、市街を南北に縦貫する幹線として、現在の烏丸通の他に鴨川東岸を貫通するもの〔現在の川端通にあたる〕を設け、東西幹線として、四条通の他に、その北に一路線〔当時は今出川通は寺町今出川以東は拡張されていない。現在の今出川通か、御池通にあたる〕を設け、東西二線、南北二線の幹線大道路を設けるべきだ、と述べた(64)。すでに、東西の幹線として丸太町通と七条通が、南北の幹線として千本・大宮通（ただし一直線ではない）と東山通（七条から熊野神社前まで拡張済み、烏丸通より北方に短い）があるにもかかわらず、武田の発言がそれらに触れない形で紹介されている理由はわからない。

また武田は、京都市街の周囲を循環し、自動車や電車および人が通れる大遊覧道路も必要であると論じた。東は東山の麓を南北に走らせ、沿道に円山公園・岡崎公園が接するようにし、西は北から御室《おむろ》・嵯峨《さが》を通じて七条通の南へ抜けるようにすれば、付近の名所への交通を便利にできる。この循環道路の南端は、大阪・神戸市に通じる国道に連絡させることが肝心である、とも説いた(65)。

武田の着想は、京都を遊覧都市としてのみ計画する点で独特のものであり、京都市の都市計画の基調とはならなかった。

ところで、九月上旬に開かれるとされた第一回都市計画京都地方委員会が実際に開かれたのは、同年一一月一二日である。とはいえ、第一回都市計画京都地方委員会に向け、京都府を中心に京都市の技師も加わって、京都市区改正委員会で決まった京都市の都市計画事業計画をもとに、京都市の周辺部を含む形で、都市計画事業の再検討が始まったのであった。今回、京都市よりも府が主導するようになったのは、市域を越えた周辺部の計画が中心であったからである。

　この間、どこまで京都市を大きくしていくのが良いか、また京都市が大きくなるペースや事業のペースはどの程度が望ましいかについても、すでに紹介した馬淵知事や近府土木課長以外からも、「大京都市」を目指す意見が出た。

　これらの発言に対し、一九二〇年七月四日、地元の有力紙『京都日出新聞』は、次のように疑問を示した。

> 斯《かか》る莫大《ばくだい》な都市人口集中は果して国家の全局から見て喜ばしい現象であろうか、又都市人口膨張が不可避だといふ肯定と同時に地方都市経理の衝に当る人々や市民が無際限に市勢の発展を企図する傾向あるのは、果たして首《しゅ》肯《こう》す可《べ》き事であらうか、吾人は大いに疑ひなきを得ぬ。……（中略）……都市計画条[法]例の精神も、要するに市民の保健や交通や其他大都会として諸般の必須な設備を整頓せしむるにあらう。則ち大なる京都を作れと云ふ主旨ではなく、清い美しいそして愉快なる市民生活あらしめよと云ふ立法の精神なるを記憶せねばならぬ[66]

　また八月一一日、京都市の財政担当者は、都市計画事業が市の財政状況を考慮して実施されるべきだとし、「何十年後に必要にして今日左程に迫らざるものを無理算段して新設するが如きは之が建設費に多少の利益ありとするも財政家の執らざる所なり」と論じた[67]。

(2) 堀川保存運動の盛り上がり

同じ頃、堀川保存運動も盛り上がってくる。当時の京都市街の西部、堀川通に沿って南北に流れる堀川は、平安京に物資を舟で運ぶ水路として開削された東堀川の後身である。

一九一八年(大正七)に京都市が京都電気鉄道を買収すると、翌一九一九年七月四日、市当局は市会で旧京電(単線・狭軌)と市電(複線・広軌)の軌道統一計画を提示した(第五章第2節(2))。その中で、堀川線(中立売《なかだちうり》—四条間)は、軌道を市電と同一規格に改修して存続させることになった。

四カ月後の一二月一九日に、すでに述べた京都市市区改正案が公表されると、堀川通を中立売から北進し、今出川通を越え、現在の北大路通(当時計画中の第一号線の一部)に接続する路線である第二号線の計画も含まれていた。堀川通の中立売から市電を北進させるため、道路の幅員を一五間にすることになっており、すでに旧京電の狭軌の堀川線軌道がある中立売以南も含め一五間《けん》(約二七メートル)幅員での道路拡張が必要であった。それに伴い、堀川を暗渠とするか埋め立ててしまう計画が出てきた。堀川はかなり荒れ果てており、下流でも川幅が狭いところがあるため、よく洪水を起こしていたからでもあった(68)。

一九二〇年に入ると、木屋町線拡張(高瀬川を暗渠とする)問題をめぐって、すでに述べたように、木屋町線拡張反対の論拠として、交通網の合理性とともに、歴史的景観の観点が大きく取り上げられるようになった。また同年七月までに、京都市の将来構想として、馬淵京都府知事から「遊覧(観光)都市」であるとともに工業都市であるべきとの構想が打ち出されたように、歴史や文化に力点を置いた「遊覧」(観光)都市としての要素が、重視されるようになっていた。

このような空気を受け、堀川線の拡張問題に対し、堀川沿岸の八五カ町の代表者ら九三名は、林駒次郎《はやしこまじろう》(西堀川下立売の菓子商)を総代として堀川保存期成同盟会を作った。まず、同年七月一二日に堀川保存の陳情書を都市計画京都地方委員会(馬淵知事が委員長)に提出し、さらに八月一〇日、九月一一日も林を代表として同様の陳情書を、同会や安藤市長に提出した。

陳情書では第一に、京都市の都市計画事業の一部として、現在の堀川通を市の南北縦貫大道路として確定したように聞いているが、現在の堀川は古代以来の歴史上・文学上、きわめて重要なので絶対に保存すべきである、と主張した。

第二に、堀川を暗渠《あんきょ》にして道路とすると、当然の結果として二条離宮（二条城）の松林を「障害」し（除去するのがやむを得なくなり）、景観を甚だしく損なう恐れがある、と指摘した。

第三に、堀川の保存を行う上は、「大都市の大幹線道路としての美観」を添えるため、改修してその流水をいつも清浄に保つ必要があり、現在の堀川に放流されている「汚水・下水等」は川底あるいは川沿いに設けた暗渠に流すようにすべきだ、と主張した。そうすれば排水量がこれまでより増えるので、降雨等の場合にも沿岸に浸水するのも防げる、と論じた。

第四に、堀川を保存し改修する場合は、西堀川丸太町以北の日用品商業地帯を保存する目的で、東堀川通（堀川に沿った東側を南北に走る通り）を拡張し、これを幹線道路にあててほしい、と論じた(69)。

このように、木屋町線拡張のみならず、堀川通（東堀川通も含める）の拡張をめぐっても、一九二〇年七月以降、歴史的景観保存の問題が提起されるようになった。京都の都市計画事業をめぐって、歴史的景観の問題が重要な争点となった一九二〇年は、京都の都市改造事業の大きな転換点であるのみならず、日本の都市改造事業史にとっても大転換点だといえよう。

しかし、堀川保存期成同盟会が、会員の関係する西堀川の日用品商業地区の保存を主張したように、自分たちは移転したくないという個別利害を主張したことも注目される。

その後も、都市計画事業で堀川通の拡張は実行されなかった。しかし、太平洋戦争下の空襲対策としての建物強制疎開が行われ、堀川の西に大きな空き地ができ、戦後にこの空き地を利用して堀川通が拡張された。建物強制疎開は、堀川の西側で行われたので、西堀川の住民たちが中心となった堀川保存期成同盟会が望んだ東堀川通を拡張するという要望は達成されなかったが、堀川は戦後も残った。なお現在は、一条戻橋《いちじょうもどりばし》の少し北あたりから押小路《おしこうじ》

（御池通の一つ北の通り）までは堀川が残っているが、それ以外は暗渠となっている。

（3）河原町線反対運動の再燃

(1)木屋町線派の巻き返し

すでに述べたように、京都市内では、南北の縦貫道の一つとして、河原町線か木屋町線か、いずれを拡張するかをめぐって厳しい対立が生じていた。一九二〇年（大正九）六月二一日の市会で、木屋町線を拡張せず、河原町線か寺町線のいずれかを拡張することを意味する意見書が可決され、木屋町線拡張派は後退させられた。また七月一日に任命された都市計画京都地方委員会の委員の中でも、木屋町線を推進する人物が減少した。

このような状況に対し、都市計画京都地方委員会が招集されるとの噂を聞き、同年九月上旬になると、木屋町線推進派は巻き返しに出た。まず、「河原町線反対派の山本某」が、木屋町線反対派の中心である市会議員伊藤豊之助《いとうとよのすけ》・井林清兵衛・田中新七・田崎信蔵の四人に会見を申し込んだ。四人は八日午後六時に伊藤宅で山本某と会見したところ、山本は熱心に河原町線反対の理由を述べ、四人は木屋町線反対の理由を述べて、互いに譲らなかった。山本の旧知の「侠客竹内藤吉《きょうかく》」がいったん山本を連れ帰ったが、夜一〇時頃山本は再び伊藤を訪問し、交渉を始めた。伊藤は「独断的の回答を避けたる為」かろうじて事件が起きなかった。そこで四市議は、「自分等は如何なる迫害攻撃があつても飽迄《あくまで》所信を貫徹する決心である」等と、互いに言っているという。(70) このように、木屋町線か河原町線かという道路拡張の問題で、木屋町線拡張派は追い詰められつつあり、「侠客」に近い人物まで登場させるようになった。

その後、河原町線の拡張によって立ち退きなどの影響を受ける河原町通付近に居住する借家人は、一九一九年一二月に内務省の第一回京都市区改正委員会で決議した修正案の都市計画事業計画（木屋町線拡張）を維持しようと、熱心な運動を始めた。彼らは木屋町線期成同盟会を作り、一時家業を放棄し、市内各方面に署名を集めるため、手弁当で奔走した。この結果、杉本重太郎・安田種次郎・川辺増太郎ら実行委員九人の他、一万一五五三名（合計一万一五六二名）の署名を得た。安田と川辺は、一九二〇年九月二五日付の陳情書を持ち、都市計画中央委員会長の床次竹二郎内務大臣に陳情するため、九月二三日の夜行列車で東京へ向かった。

陳情書では、次のように主張している。(1)第一回京都市区改正委員会で木屋町線拡張が議決確定したにもかかわらず、「一部住民の反対運動に依りて」変更する時は委員会の権威がなくなり、他の路線についても「利害関係人」の運動が盛んに起こり、「市区改正の事業」〔都市計画事業〕は断行不能となる、(2)木屋町線の拡張は、人口が密集した河原町通沿線の人家を取り除かない結果として、住宅不足をさらに深刻化させる事態を避け、旧道および官有河岸地を利用することで経費の節減ができる、(3)京津《けいしん》電車〔京都―大津間の電車、現在の京阪電車京津線〕との連絡上も、〔京津線の起点の駅が鴨川の東岸の川端三条であるので、河原町線よりも鴨川西岸に近い所を通る木屋町線は〕便利が大きい、(4)京都市会は一九二〇年二月五日に京都市区改正設計の当否を調査する委員会を設け、「権限ある京都市区改正委員会」の決定に「容喙《ようかい》する余地なき故を以て」議員中にも反対の声があるにもかかわらず、六月二一日の市会において、河原町線または寺町線を明示しない委員会報告を可決した(71)、と。木屋町線派には、権威ある京都市区改正委員会で決まったことは守るべき、との主張の他、新しい論点はない。

移転の場合の補償の詳細は不明であるが、後に河原町線拡張が決まると、一九二三年に「地価」の七〇％程度で用地買収が行われた(72)。広い土地を所有していれば、道路拡張でその一部が安く買い上げられても、道路が広がったおかげで人通りも多くなり、残りの土地で商業等を営むのが有利になる。さらに土地の売買価格も上昇するので資産価値が上がり、土地所有者はむしろ利益を得る。

ところが、借家人や狭い土地しか所有していないので全面的に転居しなければならない人たちは、そのような利益を得られないばかりか、補償があまり期待できないまま転居を強制されるので、生活を脅かされる。したがって彼らは、京都全体の都市計画事業についての合理性や歴史的景観といった、公益に配慮した行動をする余裕を失いがちになる。

木屋町線拡張派の運動が急速に盛り上がったのは、河原町通付近に居住の借家人が熱心に運動を始めたからだという事実が、このような推定を裏付けてくれる。また木屋町線派が個別利害を主張し、それを正当化するために理由にならない理由をこじつけ的に述べがちになるのも、そうした事情からである。

この対立を調整するためには、河原町通付近に居住の借家人が多い木屋町線派に、移転費用等の点である程度配慮することが必要であろう。しかし、両派がむき出しの対立姿勢を取っている間は、調整は難しい。以下で述べていくように、木屋町線反対派は、都市計画の合理性や歴史的景観という理念の正当性を主張し、木屋町線派を抑え込んでいこうとした。

(2)市会をリードする木屋町線反対派と両派の市民運動

すでに述べたように木屋町線拡張反対派が大勢を占めた市会側は、一九二〇年（大正九）一〇月四日に都市計画に関する期成委員会を市役所内迎賓館で開き、次の三点を決議した。それは第一に、文書その他の方法で（河原町線か寺町線を拡張するという）意見書の主旨をわかりやすく説明し、普及させる、第二に、都市計画の関係者を歴訪し、諒解を求め主旨の貫徹を図る、第三に、緊急を要する事項について、適宜に臨機の処置をとることである。右の三点を実施するため委員会中に特別委員を設け、以下の一一人を選出した。[73]

委員長伊藤豊之助（△）・副委員長田崎信蔵（△）・同目片俊三（○）・委員井林清兵衛（△）・仁保亀松（○）・八木伊三郎（○）・橋本永太郎（○）・元川喜之助（○）・田畑庄三郎（○）・田中新七（△）・北村長三郎（□）

△印は木屋町線拡張に反対する同志会の大会に参加した者で、木屋町線拡張に当初から強く反対していた者、○印は木屋町線拡張の可否を検討する調査委員（調査委員会は木屋町線の拡張を否定）、□印は河原町線か寺町線を拡張すべきだという建議案の提案者の一人である。ほとんどは、木屋町線拡張に反対の市議と推定され、同志会の関係者が中核だった。ただし橋本永太郎は約一年後に木屋町線拡張賛成であることが確認され、この時点での態度は確

定できない（第九章第1節（2）の(1)）。

特別委員会の市議たちは、都市計画京都地方委員をはじめ、各関係者を歴訪した。さらに東京に行き、中央政府を動かして、河原町線か寺町線という市会決議を貫徹しようとの活動を行った。

これに対し、木屋町線期成同盟会側は、先に床次内務大臣に出したのと同様の陳情書を、一〇月五日に都市計画委員の安藤市長に提出した。[74] その後一一月一二日に第一回都市計画京都地方委員会が開かれるのに向け、木屋町線期成同盟会（委員長安田種次郎）側は、さらに市民七六二二名の署名を添えて一〇日に床次内務大臣に第二回陳情書を提出、地方委員にも陳情書を発送するという。内容は、市会対市長の衝突事件に触れ、この問題には直接関係しないが、市民は大会を開き市長を弾劾し議員の辞職を勧告する決議をした、と市会の主流派の信用を落とそうとする論を含むものであった。木屋町線期成同盟会では、さらに第三回陳情書を床次内相に提出するため、委員を東京に派遣するという。[75]

河原町線または寺町線拡張か木屋町線拡張かという、京都市の都市計画事業をめぐる対立において、市会で劣勢となり焦った木屋町線拡張派は、反対派の市民運動にならい、新たに市民運動を組織して対抗しようとしたのである。

他方一一月一一日、すでに市民運動を行っている木屋町線拡張反対派も、高瀬川保存期成同盟会の中心人物の内田誠次ほか二五〇七名が、次のような陳情書を、都市計画京都地方委員会会長の馬淵鋭太郎府知事に提出した。その論点は、(1)木屋町線は曲折が多くなり、時間と電力を無益に使わせ、しかも鴨川東岸沿いの京阪電車線との距離が近すぎる等、経済合理性がない、(2)木屋町通は国内外の高貴な客に「慰安」を与える「楽園地」である、また高瀬川は歴史上の価値があるので埋没するのは、一九一九年に公布された史蹟名勝天然記念物保存法にも反する（景観や歴史を尊重すべき）、(3)高瀬川は汚染されているので、高瀬川の二条以南五条までを暗渠にして道路として利用し、市電を通せば衛生上も良いと木屋町線派はいうが、五条以南の高瀬川の汚染問題は解決されないので、むしろ鴨川と西洞院通（烏丸通と堀川通の中間の南北の通り）の中間の地下に下水処理機関を作って、汚水の処理をすべきである、(4)高瀬川の沿岸には川魚の生洲《いけす》があり数十戸の業者が利用している、また高瀬川は防火や水運にも利用できる、等である。(76)

この論点は、約一〇カ月前に同じ内田誠次らが馬淵知事や安藤市長に提出した高瀬川保存の請願書や、二月二日の市民大会の決議の論点とほぼ同様である。新しいのは、京都市街の地下に下水処理機関を設けるべきだとの主張を、市民運動として打ち出した点である。

この他に一一月、都市計画設計変更に関する実行委員会委員長伊藤豊之助（市議、印刷業、市会の都市計画に関する期成委員会の特別委員会委員長、木屋町線拡張への強い反対者）他一〇名の名で、馬淵知事に陳情書が出された。そこでは、本年六月二一日に京都市会において都市計画変更を希望する意見書を「満場一致」で決議したので、本市会の意向を御諒承下さり、御配慮下さい、と述べていた。(77)おそらく、この陳情書は、第一回都市計画京都地方委員会の前に出されたものであろう。なお、すでに述べたように、市会での都市計画変更は、確かに「満場一致」で決議したのであるが、それは木屋町線拡張派の市議が議場から退場した後であった。

(3)商工会議所の中立姿勢

この他、一九二〇年（大正九）一一月八日に京都商業会議所は、常設の商業・工業・理財・交通委員会の連合委員会を開き、永田工務部長を招いて意見を聞こうとした。テーマは、高瀬川埋め立てが水運に及ぼす経済的影響と、工業ならびに商業区域をどこに設定すべきかであった。永田は計画立案者として招かれたのである。永田は木屋町線問題に触れず、都市計画案は四〇年後（大正五〇年）における京都を予想して作成したもので、中心点を四条烏丸として、二〇〇万人の人口を包容する一〇マイルの円を描き、その円内に計画地域を定めたと述べた。また、工業地域は東南部一帯・商業地域は中京一帯とする予定であるが、都市計画京都地方委員会の「協賛」を得なければ決定しないとして、意見を求めた。これに対して、京都商業会議所各委員会の委員の多くは、工業地域については水運の関係上不適当と唱え、なかなかまとまらなかったので、各部で委員会を開いて検討した上で意見を述べることになった[78]。

永田工務部長のみならず、京都商業会議所の委員たちが、高瀬川の歴史的景観について特に関心を示していないことが注目される。さらに、都市計画事業の専門家の永田部長が四〇年後の京都の人口を二〇〇万人にも想定し、大きな夢を描いて計画を立てようとしたのに対し、日々実業に携わっている商業会議所の委員たちの多くは慎重であったことも興味深い。京都の都市計画事業は、地元の実業家層の意向を受けてのものであるものの、大きな推進力は後藤新平（前内相）や内務官僚および京都市の幹部技術職員など、都市改造に強い関心を持つ者たちであったことが確認される。

(4)京都地方委員会常務委員でも木屋町線支持者衰退

一九二〇年（大正九）一一月一二日、第一回都市計画京都地方委員会が京都府庁で午前一一時五分から開かれた。この都市計画地方委員会の会議では、地域設定や区域調査の具体案は提示されず、委員の机上には「報告書」・「大京都市計画参考資料書」並びに諸願書並びに意見書二〇件の目録が配布されただけであった[79]。当日は、都市計画京都地方委員会議事規則を満場一致で可決し、議長の馬淵鋭太郎府知事から次のように常務委員一〇名の指名があり、了承された。委員会の最後に、馬淵会長（府知事）は議長として、「都市計画の内容に就きましては色々御意見もございませうが、今日は其内容に立入ることなくして、十分御研究を煩はすことにして散会致したいと思つて居ります」と述べて、わずか一時間三五分で散会した[80]。

〔常務委員〕

柴田弥兵衛（京都市会議長●）・西村金三郎（京都市議●）・太田重太郎（京都市議●）・大井清一（京都帝大工学部教授）・中川新太郎（京都府議、上京区選出）・浜岡光哲（前京都商業会議所会頭）・田辺朔郎（京都帝大工学部教授）・内貴甚三郎（前京都市長●）・白男川《しらおがわ》譲介《じょうすけ》（京都府内務部長）・水入善三郎（京都市助役）

第一回都市計画京都地方委員会で決まった常務委員一〇名中で、●印の四名が木屋町線拡張を支持している人物であった。このように、京都市会ほどではないが、都市計画京都地方委員会でも、木屋町線拡張支持者が衰退しつつあった。

（4）両派の対立と忘れられた「大京都」構想

(1)木屋町線派の安藤市長支持

安藤市長は、市長就任直後の一九一九年（大正八）二月に、京都の都市改造事業は商工業の発達と衛生設備の完備を期すことと、「名勝旧蹟古社古刹」の保存の調和が必要で、多少の不便不利益を忍んでも「名勝旧蹟」に一歩譲るべきと述べていた（第五章第3節（1））。しかし、木屋町線拡張か、河原町線か寺町線の拡張かと、歴史的景観が大きな争点となってきたにもかかわらず、問題にはっきりとした姿勢を示さなかった。ところが、第一回都市計画京都地方委員会が開催される約一カ月前、一九二〇年一〇月一三日になると、次のような記事が地元の有力紙に載った。当時の市会や都市計画等の関係者には、劣勢になっている木屋町線拡張派と、安藤市長の繋がりが深いことがうかがえる内容である（木屋町線拡張派〔●〕か、河原町線か寺町線拡張派〔前節の市会特別委員に付したのと同様に、△・○・□で区分〕かの分類は、伊藤之雄による）。

> 安藤市長は腰巾着《こしぎんちゃく》の某課長の建策で市会議員に対して一種の黒星表を造つてゐるそうだ。之れは極密中の極密だそうだが、ちよつと参考までに極内で報告すると、先づ議員を三種に分つ、曰《いわ》く山犬、曰く狂犬、曰く優良議員。優良議員に登録されてゐるのは、百木伊之助君を筆頭に小笠原孟敬（市会副議長）・今井徳之助〔●〕・伊藤平三〔●〕・柴田弥兵衛（市会議長）〔●〕・西村金三郎〔●〕の諸氏。狂犬党と目されたのは太田重太郎〔●〕・大久保作次郎〔○〕・大国弘吉・前田彦明〔□〕・浅山富之助・川本元三郎〔○〕・目片俊三〔○〕の諸君。山犬党と睨《にら》まれたのは、田中新七〔△〕・伊藤豊之助〔△〕・西尾林太郎〔△〕・井林清兵衛〔△〕・田崎信蔵〔△〕・橋本永太

郎〔○〕らの諸君。其他優良議員でない者の殆《ほとん》ど全部狂犬で、質は狂犬よりも山犬の方が悪いのだと笑はせる。而《しこう》して優良議員は即ち絶対市長擁護党である事は云はずもがなだ。(81)

安藤市長が「優良議員」と評価しているとされる議員には、木屋町線拡張派が多く、同市長が嫌う「山犬党」「狂犬党」、とりわけ「山犬党」には強固な河原町線か寺町線拡張派（△印）が多い。すでに述べたように、一九二〇年五月以降、市会の大勢は都市改造事業等で安藤市長の能力に疑問を持ち、同市長に不信任となっていった（第七章第2節（5））。その後、市会の主流が木屋町線拡張反対派となったため、一〇月中旬までに、木屋町線拡張支持派が市長支持派とほぼ重なるようになった。このように、都市計画事業の道路拡張をめぐる市会内の対立が、市長との関係にも及んできたのである。

(2)安藤市長への不信任決議と辞任

その頃京都市の公金を預かっていた第七十四銀行の経営破綻で、公金二六万円が戻ってこない可能性が浮上し、一九二〇年（大正九）一〇月一四日午前までに、京都市会は市長「絶対擁護派」と市長「絶対不信任派」に大きく分かれ、「市会各派崩解〔壊〕か」と言われる状況になった。(82)

注目すべきは、新聞で「絶対不信任派」に分類されていた市会議員二〇名中に、次のように、一八人もの河原町線か寺町線拡張支持者（木屋町線拡張反対者）がいることである。

〔維新倶楽部〕
大久保作次郎（○）・種田徳三郎（□）・田中新七（△）・岸田栄三郎（○）・前田彦明（□）・野村与兵衛（□）・久保長次郎（□）・伊藤豊之助（△）・橋本永太郎（○）

〔三六会〕

北村長三郎（□）・山下槌之助（□）・西尾林太郎（△）・目片俊三（○）・元川喜之助（○）・川本元三郎（○）・竹内新三（□）

〔中立〕

高山与三吉（□）・井林清兵衛（△）

さらに、市長の「穏和（条件付き）不信任派」の市議一六名の中でも、木屋町線拡張支持者は俵儀三郎（研究会●）・太田重太郎（三六会●）の二人で、河原町線か寺町線拡張派が田崎信蔵（研究会△）・八木伊三郎（研究会○）・原田重光（三六会□）・伊達虎一（三六会□）の四人である。それ以外は、この問題に深く関わっていない市議たちであった。「穏和」な市長不信任派にも、木屋町線拡張反対者が多い。

これに対し、市長の「絶対擁護派」になると、九名の中で、伊藤平三（研究会●）・柴田弥兵衛（市会議長、研究会●）・今井徳之助（研究会●）・西村金三郎（維新倶楽部●）と、木屋町線拡張支持者が四人もいることが特色である。「絶対擁護派」には、河原町線か寺町線の拡張を支持する市議は、百木伊之助（研究会○）が一人いるだけである（前記の△・○・□や●印は、一〇月一三日の『京都日出新聞』の記事に伊藤之雄が付したものと同様）。

京都の都市計画事業に関し、木屋町線拡張か、河原町線か寺町線拡張（木屋町線拡張反対）かの深刻な対立が生じていたにもかかわらず、安藤市長は積極的に対応しようとしない。おそらく木屋町線拡張反対派の市議たちは、このような安藤市長を頼りなく感じ、他の路線でも対立が生じる恐れがあるので、このままでは都市計画事業の正常な実施は困難とみて、第七十四銀行預金問題が起こった機会をとらえて、市長への批判を強めたのであろう。

この二日後、一〇月一六日の市会で、安藤市長不信任案の説明に立った西尾林太郎（木屋町線拡張反対派）は、第七十四銀行問題への引責を直接の提案理由としつつも、都市計画・交通機関・社会政策・行政整理・税制整理など、都市経営の面で実績が上がっていないことを、併せて批判の対象とした(83)。これも、安藤市長不信任の理由として、都市計画事業等を順調に実施していくリーダーシップが不足していると見られたと推定する傍証となる。

一〇月一五日、地元の有力紙は、第七十四銀行問題の責任は、市長や収入役のみならず（高級助役は欠員）、市参事会員や市会議員にもあるとの、次のような社説を掲載した。

〔第七十四銀行問題の〕責任が市長にあるか、収入役にあるか、将《は》た又真の不可抗力にして何人と雖も、奈何《いかん》ともする能はざる災難として、あきらめる外なきか、…（中略）…同問題に就き、市長や収入役が、何れにしても、其責任を免れざる事は、又云ふ迄もあらざるも、而《しか》も斯《かく》の如き弊害の漸次醸成せられつゝ、あるに係《かか》はらず、何等監督の責を尽さゞるのみならず、却《かえっ》て相率ひで其弊害を益々甚だしからしめし、市参事会員や、市会議員も又、市民に対して当然其責《そのせめ》を分たざる可らず。[84]

しかし、この前日に開かれた市参事会においては、出席した九名の参事会員中、市長の問責に反対で席を離れた伊藤平三（●）を除いて、第七十四銀行問題に関し、次の八名は「市長怠慢の責あるものと認む」との決議を行った。[85]

西村金三郎（●）・太田重太郎（●）・田中新七（△）・久保田庄左衛門（○）大国弘吉・伊達虎一（□）・原田重光（□）・大久保作次郎（○）

参事会の少し前まで、市長の「絶対擁護派」とされた西村や、「穏和（条件付）不信任派」とされた太田重太郎が、市長の問責に加わっている。これは、木屋町線拡張派の彼らも、安藤市長に市政を担当させていては木屋町通拡張も含めた都市計画事業が推進できない、と考え始めたからであろう。

こうして、地元有力紙の一〇月一六日朝刊には、市会議員中で、安藤市長不信任賛成派が三四名、不信任反対派が一四名、と報道されるまでになった。[86]

一〇月一五日夜から一六日早朝にかけて、一六日の市会の冒頭に協議会を開き、「市会全会一致」の決議で、安藤市長に自発的に辞任するよう促すことで、市会内の妥協を形成する動きが進んだ。市会で安藤市長不信任案を議決するような「苛酷」な行動をとらないためである。

これに対し安藤市長は、市は多数の銀行に市の公金を預金しており、第七十四銀行のみに預けていたわけではなく、たまたま同銀行で問題が起きたのは「不可抗力の結果」であると語り、責任を認めなかった。また、協議会で辞任の勧告を受けても自分は信じる道を取るので、その場合は大多数で不信任案が市会を通過することになるが、そうなったとて「市長は法の制裁」を受けない、と市会と対決するような発言をした。(87)

一六日の市会では、協議会が開かれ、予定通り安藤市長に辞任が勧告された。しかし安藤市長は、辞任するが時間がほしいと答えるのみであった。そこで市会に、安藤市長不信任決議が出され、可決された。(88)

安藤市長には辞任する気がなかった。翌一七日付で、馬淵京都府知事は、安藤市長に対する不信任決議は市会の権限を超えたものとして、市制第九十条第三項によって取り消す旨を達示した。これに対し、二三日の朝刊上で市議の西村金三郎は、その「取消が実効なく民意を認めず慣例を無視したる嫌ある」、と公然と批判した。(89)

一九二〇年秋になると、市会は市民の声を代弁しており、府知事といえども市会の意思を尊重すべきとの意識が強まってきたのが注目される。これは、一般に大正デモクラシーの潮流を反映していたのみならず、市民自ら多くの負担を負って都市計画事業を進めなければならないことも関係していた。しかし、都市計画京都地方委員会の会長である府知事と京都市会が、安藤市長の進退をめぐってこのように正面対決する状況となると、予定されている第一回都市計画京都地方委員会を開くどころではなくなった。

一〇月末になっても、安藤市長は辞任する気がなく、市会には譲歩する意思がないので、「最後は〈内務大臣による〉市会の解散と市長の戒飾《かいしょく》にまで至るの外なく」、と憂慮される状況になった。ところが、安藤市長は「急性肺炎」となり、二九日午後四時、府立病院に入院することになった。市長辞任の話も出てきたため、市会側は、二九日の市会で改めて決議されることになっていた市長不信任の意見書を、提出しないことになった。(90)

結局、一九二〇年一一月一二日の第一回都市計画京都地方委員会を前に、同月九日午後に安藤市長は水入善三郎助役を府立病院に招き、病気のため辞任する意向を示した。安藤は一四日に辞表を提出し、一二月三日付で内務大臣の認可が出た[91]。一九一八年一一月二九日に就任以来、約二年間の在職であった。

(3)誰が負担して、どのような「大京都」にすべきか

安藤市長が辞任すると、後任市長候補の選考が問題になるが、市会の不一致で難航した。市長の第一候補として京都府知事の馬淵鋭太郎が決まったのは、翌一九二一年（大正一〇）の七月二日のことであり、馬淵は二二日に就任した[92]。実に七カ月以上も、京都市は市長が不在であった。

話を七カ月前の安藤市長辞任の頃に戻すと、一九二〇年一一月中旬、安藤市長が辞表を提出して辞任が確実になると、地元の有力紙である『京都日出新聞』は、「京都の都市計画」と題した記事を、上・下二回にわたって掲載した[93]。

その論点は、第一に、京都をどのような都市にするかの根本方針が定まっていない、ということであった。東京は日本の「帝都」で政治の中心、大阪は商業都市で、また工業の中心、神戸は港の都市で、大阪と互いに働きかけあって将来ますます繁栄・発達する。ところが京都市は、どのような大方針のもとに「大京都市」を実現するのかはっきりしていない。この問題は「一木屋町線や一堀川〔線脱カ〕の如き区々たる問題でない」と論じた。

同社説は、京都が「すべて遊覧地たり、住宅地たり、娯楽地たるの覚悟」があるべきで、「京都の商工業者其他すべての市民が此享楽的都市」の「番頭」「丁稚《でっち》」「主人」である心がけで「迎接」する覚悟があるべき、とも主張した。

第二に、京都市民はこの大事業に対する巨額の費用をどのようにして負担するか、市民は果して負担に耐えられるかどうか、ということである。実力を顧みずにむやみに大計画を実行して、現在の市民が苦しむのみならず、累を子孫にまで残すことがないか、慎重に考慮すべきである、と論じた。

また、今回の都市計画事業では、政府の補助はその一部分にすぎないだろうから、経費の大部分は市民において負担することになるであろう、と予想した。都市計画は「市民の事業」であり、なるべく他に迷惑をかけず、できる限り市民の実力によって完備させたい、とも主張した。

さて、京都市の都市計画事業は、この前年末の市区改正委員会で幹線道路を決定したが、幹線道路から延びて新旧の各幹線道路間を連絡する枝線は決まっていなかった。一九二〇年一一月下旬に、京都市では工務部都市計画課において一九二一年度にこの枝線を設定する調査に着手することになった、と報じられた。永田兵三郎工務部長が中心となって調査を行うことになり、都市計画調査費の項目の下、五万円の予算の計上を要求した。すでに本年度内より、まず概観的な調査を岡崎方面〔鴨川の東側〕で実施するという。この方面は、いまだに多少の空き地があり、人家も密集していないので、今のうちに枝線道路計画を設定しておけば、将来市民が住宅を建築するにあたっても参考になり、相当便宜を得ることができる。しかし、枝線の路線決定については、各土地所有者間に種々の問題が起こり、個人的利害関係が錯雑しているので、よほどの考慮が必要で、理事者としては「頗る困難なる立場」にある、と地元有力紙はみていた(94)。

すでに述べたように、京都市の都市計画事業に際し、京都が将来どのような都市であるべきか、どこまで市域を拡大するべきか、大事業の費用の負担に市民が耐えられるのか、等の根本方針を論じる余裕がないまま、市議や市民は、木屋町線拡張か、河原町線か寺町線拡張かの対立を続けていた。結果として、木屋町線拡張をやめるという方向が出た。しかし、その中で、市議は安藤市長の辞任要求を始め、市長と対立し、市長辞任後も次の市長をなかなか決めることができなかった。このため、都市計画事業の大枠についての根本方針や、幹線道路から延びる枝線等、事業をさらに具体化する議論をほとんどすることができなかった。

結局、それらの検討は、京都市工務部都市計画課や京都府土木課の職員や官吏が行っていたのである。これは約一年前に、京都の市区改正事業の基本となる道路計画を、後に工務部長となる永田兵三郎課長ら京都市工務課が中心となって行ったことと同様である。都市計画事業でも、京都市工務部は、争点となった幹線の線引きの修正や枝線の問題について、京都市内を中心に検討し、府土木課が市域外にも広がる事業の範囲等の大枠を決める中心となった。

そのおかげで、京都市長や市会議員、および市民を巻き込んだ激しい政争があったにもかかわらず、都市計画事業計画は大きく滞ることなく進展した。この過程は、市や府の職員・官吏らが技術者としての専門知識を持ち寄り、合理性を基本にした都市計画を策定した後、市民の意見を背景とした市議たちが意見を出して、ある程度修正していく、というものであった。その中で技術職員・官吏らの提起した交通網の合理性に加えて、市民や市議の提起した歴史的景観も、事業の公共性の重要な要素となっていった。

なお、木屋町線拡張をやめて河原町線拡張を行うという決定は、第九章で述べるように、一九二二年六月九日、第三回都市計画京都地方委員会でなされる。これは、約二年半前に京都市区改正委員会で修正されて決定した計画の原案に復帰したのである。長い時間をかけて、市民運動の要求や市会での議論を踏まえて再び修正し原案に戻ったことで、京都の都市計画事業計画に公共性の精神が加わり、事業計画の正当性がより高まっていくといえる。

ここで明らかになったのは、第一に、京都市区改正事業案に対し、三大事業の時と同様に、一部の市議ら地域住民の局地的利害を求める主張が起こったが、これに対抗する形で、合理性に加えて歴史的景観を尊重して都市改造事業を行うべきだという新しい主張が市民から出現し、市議も加えて本格的に展開したことである。

第二に、市区改正委員会で修正された案をもとに、京都の都市計画事業の案を作っていく中心となったのは、永田兵三郎（京都市工務課長、まもなく工務部長）ら京都市の幹部技術職員や近新三郎（京都府土木課長）ら京都府の幹部技術官吏たちであったことである。

第三に、京都市区改正委員会での決定に対しても、市民運動や市会が修正を求めて活動し、市会内でも木屋町線反対派が台頭していったように、内務次官が委員長となり内務省の高官も参加した委員会の権威は、絶対ではなかったことである。また、木屋町線反対派を中心に、市議たちは安藤市長の市政運営では「大京都市建設」がおぼつかないと、一九二〇年六月頃から、安藤市長への不信感を強めていった。このような京都市民の動きは、一九一九年から二〇年にかけて都市部で普通選挙運動が高まっていくような大正デモクラシーの時代を反映していた。

第四に、京都の都市計画事業では、一九二〇年を通し、局地利害を主張する市民運動が相当盛り上がったのに対し、京都の将来も考慮した上で、都市の歴史的景観と、交通網の合理性を主張する市民運動も盛り上がり、後者が理念の面で圧倒し、最終的に市会を動かしていくことである。こうして、京都市の都市計画事業における公共性という概念が決まっていく。なお、前者（木屋町線拡張支持派）の運動には局地的利害のみならず、借家人など立ち退きを求められる下層民の利害も関係していた。しかし、後にさらに具体的に述べていくように、下層民の利害は運動のリーダーにとってむしろ利用する対象であった。

通常時、もしくは災害からの復興を目指す非常時の都市改造事業のいずれにおいても、生活の保障と関連し、立ち退きや土地の売買、特定の土地への愛着の感情をめぐり、個人的利害が対立する。(95) この個人的利害は、様々な条件が許す限り、できるだけ尊重されるべきものではある。しかし、当事者たちが個人的利害を強く主張し、当局や住民相互でそれを調整できない限り、未来にまで責任を持つ形での都市改造事業や災害の復興事業は実施できず、その都市や地域が時代の変化に適応できなくなり、機能が弱まり衰退していく。公共性はこうした点を含めて、政府との調整の上で、各都市で決めるべきものであるとの考えが、京都市で一九二〇年に形成されてきたのは注目すべきことである。

第八章　市長不在下の市幹部技術職員の事業計画推進

前章で述べたように、安藤謙介市長は都市計画事業をめぐる対立を調整できないまま、事業を推進する能力に欠けると市会に見られ、市会との関係を悪化させて一九二〇年（大正九）一二月三日付で辞職した。しかし、後任市長がなかなか決まらないまま、半年以上の時が過ぎた。

本章はそれに引き続き、市長不在にもかかわらず、都市計画事業の準備は進み、一九二一年七月八日に第二回都市計画京都地方委員会が開かれるまでを、まず分析する。この委員会では、市会で木屋町線反対の空気が強まっているにもかかわらず、河原町線への修正案が否決されてしまった。そこに至る経過を分析しつつ、市長不在にもかかわらず事業計画が進んだことや、京都地方委員会で河原町線案が否決された理由等を明らかにしたい。次いで、同年五月の市議選が市長の選出や都市計画事業にどのように影響したのかを検討したい。また京都地方委員会で河原町線案が否認され、市幹部技術職員はどう対応しようとしたのかも明らかにしたい。

1　永田工務部長らの計画推進

（1）事業計画が固まらないもう一つの理由

(1)市幹部技術職員の尽力

京都市の都市計画事業には、市が買収した旧京都電気鉄道（単線、狭軌）と、市電（複線、広軌）の軌道を、市電に合わせて統一する問題が絡んでいた。この軌道統一の着手期限は、一九二〇年一二月として政府から許可を受けていたが、都市計画事業において木屋町線か河原町線かの対立が続いているので、着工不可能となり、一九二一年一一月まで延期することとなった。しかし、軌道統一に必要な経費はすでに起債を終わり、市当局の手に保管されていた。事業への着手が遅れれば遅れるほど、市債の利子負担が市民の損害となる。(1)

京都市が都市計画事業を実施するには、道路を拡張する路線計画については、都市計画京都地方委員会で可決されなくてはいけない。すでに一九一九年一二月二五日の京都市区改正委員会（都市計画京都地方委員会の前身）で幹線道路の路線計画は決まっていたが、道路建設のための年度割予算は決まっていなかった。京都市当局はその草案を作成して、前年の一九二〇年九月に内務省に建議した。しかし、一九二〇年一一月一二日に開催された京都地方委員会では、路線の年度割予算案は諮問されなかった。(2)また、安藤謙介京都市長は一二月三日付で辞任し、その後任市長はなかなか決まらなかった。

それにもかかわらず、永田兵三郎工務部長ら市幹部技術職員は、第二次的路線（幹線から伸びる支線）の計画を立て始めた。このために当局は、一九二一年度歳出臨時部調査費中都市計画調査費として、四万五〇〇〇円の計上を求めた。

これに関連し、市内汚水ならびに雨水の処分のため、下水道網改良計画推進の調査を行い、大体完了し、下水道網を道路計画の中に線で引いた土木費中道路台帳調製費として、七万円を計上した。さらに、枝線計画に関連して、水道網を完成させるため、鉄管配置計画も検討しており、その調査費用は別に水道拡張費用に計上されていると報じられた。(3)

このように京都市の幹部技術職員は、彼らの構想した河原町線拡張計画が木屋町線に変更されても、都市計画事業の推進に積極的であった。市の技術職員は資金面を考慮しながら合理性を重視し、彼らが最も良いと思える計画を立案したが、それが上級の意思決定機関で修正されると、旧計画にこだわらず、新計画に基づいて積極的に動いたのである。

他方、木屋町線の拡張を求める安田種次郎（木屋町線期成同盟会委員長）らは、一九二一年一月一八日、署名六二〇七名分を添え、第三回の「京都市区改正委員会決議尊重に関する陳情書」を水入善三郎市長代理助役に提出した。そこでは、前回と通計すると、署名数は二万五〇〇〇有余に及ぶと主張していた(4)。

(2)内務省の都市計画区域照会と固まらぬ方針

ところで一九一八年六月、内務省の池田宏大臣官房都市計画課長から、京都市を中心に、市と相互従属関係を有する近郊諸町村のうち、将来市の都市計画の範囲に属する予定地域について、府を経て意見を上申せよ、との照会があった。そこで京都市は、京都市および近郊二一カ町村を適当と認め、同年七月に内申した。さらにその後の調査の結果、一九二〇年九月一五日、京都市は市中心部より八マイル圏内にある京都市および隣接四六カ町村にわたる大区域案を作成して、市長から内務大臣に上申した(5)。

翌一九二一年一月三〇日夜、永田工務部長と京都府の近新三郎土木課長は東京に出張した。これは内務省都市計画課から、「都市計画地区」(以下後の用語に習ってすべて都市計画区域と表現する)制定問題について協議したい、と求めてきたからである。永田工務部長は二月五日朝に、京都に戻った。

永田の話によると、都市計画区域の範囲については、大体において京都市から上申した案が、内務省都市計画課に認められた(ただし山県治郎《やまがたじろう》都市計画課長は風邪で協議に出席できず)。この後、内務省土木局、地方局等の審議を経て、内務省の意見を決定、都市計画区域設定に関係する京都市隣接の町村に諮問し、都市計画京都地方委員会に諮問されることになる。どれだけ急いでも、区域設定案が京都地方委員会に諮問されるのは、四月中旬のことだろう。このように、永田は見通した(6)。

後述するように、京都市都市計画区域が京都地方委員会に実際に諮問されるのは、翌一九二二年六月九日である(第十章第4節)。永田工務部長は都市計画事業の実施に積極的なあまり、どれだけ急いでも、との限定をつけながらも、一年以上早い見通しを述べたのである。

市の幹部技術職員の焦りをよそに、京都市の都市計画区域も含め、都市計画事業計画が固まらないのは、京都市内で五号線が、河原町・木屋町両線のいずれが良いかを争っていることに加え、内務省にも問題があった。道路拡張に対して、三分の一の国庫補助を出すことは、内務省議で決定してはいたが、どの基準で国庫補助を出すのか、内務省の土木局、地方局、大臣官房都市計画課の三者三様の解釈があり、一致していなかったからである。財源が厳しいので、国庫補助の多い順に、計画の道路全体の三分の一なのか、道路上に電気軌道の敷設がある場合に軌道部分を除いた道路の三分の一か、現在において軌道敷設は八間幅の道路でなければ認可されないので八間幅を除いた道路の三分の一か、省内で意見が一致していないのである。さらに都市計画課長も再度更迭され、同課の基礎も固まっていなかった(7)。

一九二一年二月下旬、永田工務部長は新任の山県治郎都市計画課長（内務監察官兼内務省参事官）に会い、都市計画事業の年度割を都市計画京都地方委員会に提出するよう督促するため、再度、東京に出張した。二八日朝に京都に戻ると、永田は京都市から提出している草案は、都市計画課で大体において認められていると、新聞記者に話した。ただ、市町村制改正案を提出する関係上、市町村課はきわめて多忙で、そこで止まっている、と永田は見た(8)。

その後、岡田和厚京都市工務部庶務係長が、三月五日に国庫補助額について通知を受けた。岡田は永田と一緒に東京に出張し、残って内務省の意見を待っていたのである。通知の内容は、京都市の都市計画事業の道路費総額三五〇〇万円に対して、三分の一の一一六〇余万円が国庫補助として補給されるという吉報であった(9)。

右の報を得て、市当局の立てた都市計画事業の道路拡張財源は、表8－1のように固まっていった。

表8－1　市当局の立てた都市計画事業の道路拡張財源

国庫補助	1160万円
沿道受益者負担	300万円
市公債	2040万円
合　計	3500万円

出所：『京都日出新聞』1921年3月8日。

事業の大きな財源となる市公債は、毎年必要額を公募し、事業が一〇年で完成する予定であるので、その翌年より、公債募集の年から三〇年で償還する計画であった。また額面一〇〇円に対して、市の手取り九〇円（九〇％）で、年利は六・五％を予定していた。元利合算すると、公債負担は五〇〇〇万円近くになる。これらを償還する財源は、新たに敷設した市電の収益三五〇〇万円と、市税一二五〇万円、合計四七五〇万円とした。[10]

このように、京都市長不在にもかかわらず、永田工務部長ら市の幹部技術職員の尽力によって、都市計画事業の計画は進んでいった。

（2）「大京都区域」の検討

前項で述べたように、永田兵三郎京都市工務部長らは内務省に対し都市計画区域の草案を上申していた。一九二一年（大正一〇）四月一九日付公報によって、内務省は「大京都市」都市計画区域の原案作成のための立ち入り測量区域を公示した。それは当時の京都市の六・二五倍、総面積一四七平方マイルであった。市の中心の四条烏丸を中心に、半径一〇マイル（約一六キロ）に及ぶ地域である。[11]

対象となる市町村は、京都市に加えて次の五町四四村にわたっていた。前年九月に京都市が上申した、市の中心部より八マイル圏内の京都市と四六カ町村よりも広い範囲である。調査ということだったからだろう。

〔乙訓《おとくに》郡〕向日《むこう》町、久世《くぜ》村、久我《こが》村、羽束師《はづかし》村、大山崎村、新神足《しんこうたり》村、淀村（一九三六年二月二一日に久世郡淀町に編入）、大枝村、乙訓村、大原野村、海印寺《かいいんじ》村

〔葛野《かどの》郡〕花園村、大明村、嵯峨村、梅ケ畑《うめがはた》村、梅津村、京極村、西院《さいいん》村、桂村、川岡村、松尾村

〔愛宕《おたぎ》郡〕修学院村、静市野村、松ヶ崎村、上賀茂村、大宮村、鷹ケ峰《たかがみね》村、岩倉村

〔紀伊郡〕伏見町、吉祥院《きっしょういん》村、上鳥羽村、下鳥羽村、深草村、竹田村、堀内村、横大路村、納所《のうそ》村、向島村

〔宇治郡〕醍醐村、山科村、宇治村

〔久世《くぜ》郡〕淀町、宇治町、御牧《みまき》村、槇島村、大久保村、佐山村

〔綴喜《つづき》郡〕美豆《みず》村、八幡《やわた》町域内

四月二六日早朝、内務省の山県治郎都市計画課長は京都を訪れ、近新三郎府土木課長や永田市工務部長を同伴し、翌日にかけて都市計画区域に予定された地域を訪れ、二人から説明を受けた。山県は、伏見から桃山の踏査を手始めに、木屋町線・河原町線・堀川線・金閣寺線から、京都帝大・京都高等工芸学校裏の後二条天皇陵や、清風荘（西園寺公望別邸）など、問題の個所や路線を熱心に視察した。(12)

山県課長は新聞記者に、「大京都」都市計画原案は大体でき上がったので、近く発表して都市計画京都地方委員会に回付したい、と意欲を示した。山県の京都視察が遅れたのは、新宿・浅草の大火で二万坪の空き地ができ、その後始末を審議するため、都市計画中央委員会が開かれたからでもあった。さらに山県課長は続ける。旧来の市区改正委員会は、市会と意見が異なった場合、委員会で決定した事項が、市会の反対で根本から覆ることもあった。しかし、都市計画委員会の権限は、市区改正委員会の権限よりずっと大きく、「絶対的のもの」となっているので、そうした「弊害」は伴わない、と。(13)

このように山県は、市会に対する都市計画委員会の権限の大きさを強調し、都市計画実施への決意を表明したが、次のように、市会の意向を尊重するとも発言した。

兎《と》に角踏《かく(ママ)》線計画は市会の意向を充分尊重して制定する積りで、又其れに伴ふ年度割財政問題等も同じく市会の希望を納れたい積りである。(14)

また、都市計画各地方委員会と中央委員会の関係についても、地方委員会は衆議院、中央委員会は貴族院のようなもので、都市計画一切の事業はこの二機関によって決し、別に枢密院のようなものはない、各地方委員会は原案の修正可決権もあるから、案外権限はあるはずである、と山県課長は発言を続けた。(15)

山県課長は、河原町線または寺町線か、木屋町線かの問題について、京都市会の意思のみでは再修正されないが、京都市会の意思に沿うように都市計画京都地方委員会が再修正すれば、内務省や政府としては異論がなく、その決議を承認する、と言外に述べたのである。市長不在の中で、都市計画事業が市の幹部技術職員を中心に進められ、内務省も京都市当局や市会の意向を尊重する姿勢だったといえる。

その後も「大京都市」都市計画区域については、「技術方面」(市技術職員・府官吏)の手で測量が進んでいった。六月中旬段階で、西北方面は桂村新田より朱雀《すざく》・嵯峨・小野郷村を頂点とし、西南方面は大山崎・西院《さいいん》村を頂点とし、三角測量を完了し、目下は上嵯峨を中心として、経緯測量、地形測量等に着手しているところだという(16)。

2　第二回都市計画京都地方委員会

(1) 木屋町通拡張を含む年度割案

一九二一年(大正一〇)六月七日、床次竹二郎内務大臣名で、都市計画京都地方委員会に、「京都市都市計画道路新設拡張事業年度割」の議案が付議された。そこでは、五号線は木屋町線か河原町線(もしくは寺町線)かと、京都市内で問題になっているにもかかわらず、第一回京都市区改正委員会で修正可決されたように、木屋町線(高瀬川を暗渠にする)を前提に、年度割が作成されていた。

一九二一年度から一九三〇年度まで一〇年間で、一号線から一五号線までを三四八四万二一一四円で拡張を行おうというものである。問題の五号線は、六五一万二八八円の費用で、一九二一年度(初年度)と一九二二年度の二年間で完成させることになっていた(17)。

この事業年度割が京都地方委員会で承認されるだけであれば、木屋町線案が再確認されてしまうことになる。それに対し、地元の有力紙は、都市計画法第三条に従うと、事業年度割は地方委員会において議決し、内務大臣が決定した上で、内閣の認可を受けることとなるはずである、と論じた。

木屋町線か河原町線かの問題と、京都地方委員会に出された年度割の関係について、永田兵三郎(京都市工務部長)は、次のように語った。(1)今回の指令は、木屋町線をもって作成された年度割を単に審議に付すだけで、他に何もないので、市会が提出した木屋町線を変更するということは全然発議されていない、⑵本来からいえば、市会はこの都市計画から権限外に置かれているので、都市計画事業に対して何等の発議権はない、⑶ただ右事業に対する予算の審議権が付与されているのであるから、木屋町線は本市にとって不利益な線路であるとして、これを内務大臣に建議することは不当ではない、⑷都市計画事業の計画変更の発議権は全部内務大臣にあるので、内務大臣が市会の意見は正当とみて審議する必要ありと考えたなら、地方委員会に対しこれを諮問するというような形式をとるだろう、⑸しかし、今日までこれがないとすれば、内務大臣はその必要を認めなかったのかもしれない、⑹地方委員会において委員中の何人かが発言して、地方委員から内務大臣に建議するという方法を取る他、木屋町線の変更を議題とすることは不可能だろう、⑺委員会の建議であれば正式なものであるので、内務大臣はこれによって同問題の審議を委員会に命ずるに違いない。[18]

永田の話は、木屋町線を河原町線に変更する等、都市計画事業の計画を変更したければ、建議案を地方委員会で可決するのが最も有効な方法である、との内容であった。

(2) 一九二一年七月八日の地方委員会

一九二一年七月八日に京都府庁で開催される都市計画京都地方委員会を前に、七月六日午後八時から一〇時まで、京都市役所迎賓館で、都市計画京都地方委員会打合会が開かれた。そこには、府と市から選出された地方委員会委員と、臨時委員の安田靖一（市水道課長）・大瀧鼎四郎（市電気課長）、市顧問の大藤高彦《おおふじたかひこ》（京都帝大工学部教授）・田辺朔郎（同前）が出席、まず永田兵三郎（都市計画京都地方委員会幹事、市工務部長）から従来の経過の説明があった。路線変更問題では「木屋町線の修正決議尊重となり」、大正一〇年度（一九二一）割額の三五〇万円は「財源不足の処あり」、都市計画事業の財源として通行税を市の徴収に委任してもらうこと、「土地増加税」の施行細則の勅命公布を促進したいこと、国庫補助金三分の一の給付の時期を確定したいこと等について、打ち合わせをした。[19]

国や府の官僚委員も含めた正式な委員会の二日前に、府と市選出の委員の打ち合わせ会が開かれていることから、数的にも多い市会議員委員らの積極性がわかる。これは、市会での木屋町線拡張反対（高瀬川保存）決議を尊重することが打合せされたことにも表れている。また、財源不足の心配から、「土地増加税」など受益者負担が話題となり、国庫補助金（三分の一）の給付にも関心が高いことが注目される。

七月八日の都市計画地方委員会の開催に向けて、木屋町線期成同盟会（委員長・松本重太郎）では、各委員宛に市区改正委員会決議（河原町線から木屋町線に変更）を尊重するようにとの第四回陳情書を提出した[20]。これは、京都市会を中心に木屋町線拡張に反対し、河原町線か寺町線に変更する空気が強まっているからである。

七月八日、都市計画京都地方委員会が、京都府庁において予定通り開催された。すでに述べたように、六月七日付で付議されている京都市都市計画道路新設拡張事業年度割を審議するためである。

まず、永田兵三郎幹事（京都市工務部長）は、一九二一年度から一九三〇年度の一〇年間にわたる、三四八四万余円の「年度割」について説明した。それに対し、委員の橋本永太郎《はしもとえいたろう》（京都市会議員で再選、京都師範学校卒、教員の後に家業の旅館業を継ぐ、政友会、木屋町線支持派、府議と兼任）が、財源は京都市会が審議することになるが、その見通しを参考までに知りたい、と質問した。永田は、都市計画京都地方委員会の幹事としてではなく京都市の当局者として、と断りながら、大体の考えとしては、国庫補助金、市電の事業収益、都市計画法による特別税の三つのものによって支弁する、と答えた[21]。

「年度割」の原案参考資料として、京都市が京都地方委員会に提出したものによると、財源計画の大要は、国庫補助金九六五万余円、市債（市電の事業収益が償還財源の大部分）一三六八万余円、受益負担金（特別税）一一五〇万余円であった。公債は一〇年間の事業年度終了の翌年（一一年目）より二〇年以内に償還する計画である。また、国庫補助金は、道路の工事費総額の三分の一と計算し、必要ある場合は道路会議の諮問を経て補助を高めることができる、としていた。全財源のうち、大体、市債が三分の二、国庫補助金と受益者負担金が合わせて三分の一の割合である[22]。

国庫補助の金額について、京都地方委員会での審議中に質問に答え、山県治郎委員（前掲）は、国の道路補助予算は継続費となっていないので、確定のものではない、と原則を説明した。しかし大体は、内務省と大蔵省の協定で、三〇カ年にわたって三分の一を補助するということが合意されている、とも述べた[23]。

永田幹事は、内務省が三〇カ年にわたって補助する件に関し、京都市の道路補助の基本金額が二〇〇〇万円であるので、その約三分の一にあたる六三五万円を三〇回に分けて京都市に補助することが、大蔵省と内務省の間で大体協定されている、とさらに説明を加えた。その基準からみると、今回の京都地方委員会に京都市から参考資料として出されている国庫補助額は〔一〇年間で、九六五万余円あるとのもので〕大分異なっている、とも説明した[24]。おそらく、現在の国庫補助予定額では京都の都市計画事業の予算が立てられない、と永田ら京都市の当局者が考えて、国庫補助をもっと増やしてもらうために、このような計画をとりあえず作成したのであろう。

永田は、国庫補助の早い交付を求める建議案への別の質問に答え、道路費用中の三分の一を国庫補助することは省令で決まっているが、その額がいつ交付されるのかは決まっていない、と述べた。内務省と大蔵省の協議の結果として永田が知らされているのは、二〇〇〇万円の約三分の一の六〇〇万円余を、三〇カ年にわたって京都市に補助することに大体協議ができている、ということである。しかし、それではこの年次計画事業を遂行するのに非常に少額すぎる、公債の利子にも足りない、三分の一をなるべく早くもらいたい、できるなら事業をやったその年にもらいたい、やむを得なければ事業の翌年から三カ年間に分割してもらいたい、と永田は説明した[25]。このように、国庫補助金の問題には、いつ交付されるのか、また実際の額はいくらかなど、不確定な要素があった。

(3) 河原町通拡張建議案の否決

前年六月の京都市会の決議を尊重し木屋町線を変更することは、すでに述べた七月六日の府・市会選出の委員たちの多数意見となっていた。しかし、木屋町線のままでいいか、河原町線か寺町線に変更するかの対象である五号線（旧四号線）については、七月八日の京都地方委員会で大きな議論となった。

まず、五号線（木屋町線）と一五号線（仁王門通新高倉一丁東入北門前町—岡崎円勝寺町）を初年度に着手する理由について質問があった（岡本一郎京都帝大書記官等）[26]。永田幹事は、狭軌線を広軌線に直すという問題が以前（京都電気鉄道（京電）を京都市が買収した時）から協議されていたので、狭軌線を広軌線に直すということに関連する仕事をまず行うという基準で、五号線と一五号線を選んだと答えた[27]。

すでに述べたように、永田らは、都市計画の合理性を重んじる立場から、都市計画事業（旧京都市区改正事業）の五号線として、河原町線を計画した。しかし、京都市区改正委員会でその計画が修正され、木屋町線拡張がいったん決定すると、それを前提に、京都電気鉄道（京電）買収以来の懸案である軌隔統一（狭軌を広軌に統一する）という基準を重んじて、初年度着工の路線を決めた。自分が京都市区改正委員会に提出した原案に対し、強くこだわる様子は見られない。

だがすでに、八つの建議案の一つとして、「五号路線変更に関する建議」が前田嘉右衛門（紙商、憲政会、新選）・前田彦明（石炭商、無所属、再選、一九二〇年より木屋町線反対派）・田畑庄三郎（織物商、無所属、再選、一九二〇年より木屋町線反対派）の三市会議員により提出されていた[28]。

また、永田幹事が一〇年間の道路拡張事業の年度割を説明すると、橋本永太郎市議（前掲）は、初年度について原案にある一割実施を五分に減額し、四年度については原案九分を一割三分に増額、五年度については原案九分を一割に増額する等の修正意見を表明した。橋本の理由は、初年度に一割実施すれば三五六万円あまり費用がかかるが、国庫補助がすぐに一九二一年度に来るかどうかわからない状況で、財源難の京都市が多額の財政負担に耐えられないのではないか、ということだった。橋本は、自分の年度割修正意見に反対の者は、何号線が京都市にとって最も緊急に必要な線で、高額の工事費を支出できると考えているか、意見を聞きたい、とも主張した[29]。

松風嘉定《しょうふうかじょう》（実業家、京都商業会議所議員）や浜岡光哲（京都商業会議所会頭）は、年度割が決まった後、路線が変更された場合には、事業の根底が変わるので、先に事業を確定しておくべきではないか、と意見を出した[30]。

結局、採決の結果、賛成多数で橋本市議の提出した年度割変更が可決された[31]。京都地方委員会では木屋町線を五号線とすると公式に決まっていたため、その工事を初年度でかなり進めてしまえば、変更が困難になる。京都市の財政難と国庫補助がいつ与えられるのか不明なこともあるが、路線変更の問題にも含みを持たせることができるため、年度割の変更の提案が、委員会の多数の支持を得たのであろう。この結果、木屋町線から河原町線、あるいは寺町線に変更されても対応しやすくなった。

次いで建議案の審議に移った。すでに述べたように、五号線を木屋町線から河原町線に変更する建議案は、前田彦明市議ら三名の市議によって提出された。この理由として、以下の点が挙げられた。(1)木屋町通を拡張するのは商工業の発展を図るといえない、(2)「三百年来の歴史」ある高瀬川を暗渠とするのは「遊覧」の目的に沿うものとはいえない、(3)木屋町線は路線の系統上、東に偏し、（鴨川の東岸を走る）京阪線に接近するのみならず、路線の拡張は木屋町特有の営業を阻害し、しかも木屋町は一般商工業発達の要地と認め難い、(4)木屋町線は屈曲がはなはだしい、(5)そこで木屋町に「風致樹」を植えて遊歩散策の場所とし、木屋町以西を商業地域として、河原町線拡張を採用し将来の繁栄を期待するのが適当である。[32] これらの論点は、すでに前年の木屋町線拡張反対運動や、京都市会での木屋町線反対の意見や市会意見書で示されているもので（第六章・第七章）、特に目新しいものはない。

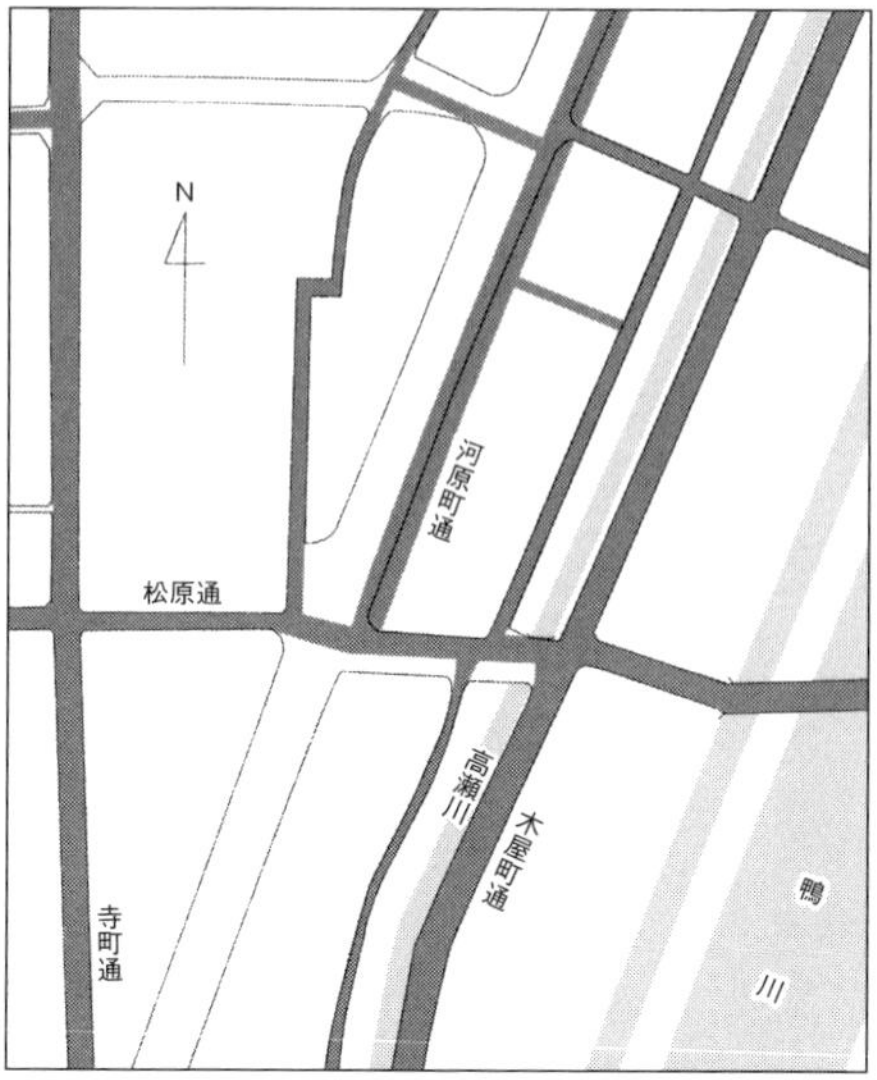

河原町通松原付近の道路拡築前と後
（『建設行政のあゆみ』より）

前田彦明委員（市議、前出）は建議案提出者の一人として、寺町線拡張が理想であるが、費用の点から河原町線拡張が理想に近いので採用すべきである、と改めて主張した。さらに前田は、木屋町線拡張を主張する者は、木屋町線が良いというのでない、と述べた。河原町四条下ルのあたりには、非常に道路が狭く、人家が建て込み、「忠臣蔵長屋」などといって四七軒も密集した住宅もあり、そこの住民が住宅を取り払われては困るという理由で反対しているだけだ、という。前田は、このような長屋があることは感心できず、衛生上の見地からも、河原町通を拡張すべきである、と発言した[33]。

ところが橋本永太郎委員（市議）は、拡張する線を木屋町線から河原町線に変更することに、市会で全会一致の賛成があったかのように前田彦明委員は話したが、実はそうではなく、木屋町線より西の線を拡張する決議が通過しただけである、と述べ、橋本自身、河原町線拡張に反対であることを声明した。

前田嘉右衛門委員（市議）も、建議案賛成者の一人として署名したが、河原町線拡張を遂行する意見ではなく、木屋町線以西に適当な線を選んでほしいという意味である、と発言した。また、戸田正三委員（京都帝大医学部教授、医学博士）は、一昨年暮れには木屋町線拡張に不賛成であったが、河原町線拡張を採用するなら、立ち退きを命じられても行くべき家がない人々が多く出るので、木屋町線拡張に賛成する、と意見を述べた。内貴甚三郎委員（前京都市長）も、木屋町線拡張を主張した。このように、河原町線拡張に反対する意見が続出した[34]。

その後、前田彦明らが提出した建議案を調査する委員を設けることについての賛否が、起立によって採決され、一四名の賛成しか得られず否決された（出席委員は四〇名）。次いで、無記名投票で、前田らの建議案の賛否が諮られ、投票総数四〇で、賛成一四、反対二六で建議案は否決された[35]。

七月六日に府・市会選出の都市計画委員の打合せ会が開かれたにもかかわらず、木屋町以西の線を拡張することに賛成の者を、河原町線拡張に統一する根回しが十分になされていなかった。こうした状態で、河原町線拡張の建議が出されたため建議は否決されてしまったのである。

その他の路線変更に関する建議（第十号線及中立売線に関する建議（賛成六、反対三二）、第四号路線一部変更に関する建議（賛成八、反対二九、白票一））も否決された[36]。路線変更に関する建議の可決はなかなか困難であった。

可決されたのは、東海道本線と山陰線の高架を求める「鉄道線路改築に関する建議」、国庫補助を三〇年間にわたって下付するのでなく、同じ額をもっと早く交付することを求める「街路改良費国庫補助に関する建議」（修正可決）、「通行税に相当する金額交付に関する建議」、政府が都市計画事業の財源を速やかに指定することを求める「都市計画法第八条に依る勅令発布に関する建議」であった[37]。

3　市会への政党進出と馬淵市長誕生

(1) 一九二一年五月の市議選と都市計画財源への不安

前節で述べた第二回都市計画京都地方委員会が開かれる二週間ほど前、一九二一年（大正一〇）五月二一日、二三日、二四日と、納税額合計を三分の一ずつで有権者を割り振った区分で、京都市会議員選挙の三級・二級・一級の三つの等級選挙が行われた。等級選挙は一八八九年（明治二二）に第一回京都市議選が実施されて以来の制度で、一級が最も所得額の多い層の代表を選出した。また、男子の普通選挙ではなく、制限選挙であった。

この選挙は、京都市会議員選挙において、中央政党が本格的に関与した、初めての選挙となった。一九二一年五月一八日付の地元有力紙によると、一七日までに当局が候補者として認めている者九〇名（定員五四名）のうち、政党関係者はだいたい五一名いた（立候補者中の五六・七％）。このうち、政友会は二五名、憲政会は二三名、国民党は三名とみられた。同紙が「地方の自治行政に政党的色彩を濃厚ならしむる事は甚だ宜しくない」と報じている[38]にもかかわらず、政党の影響は京都市政にも及んできたのである。

この選挙では、候補者の中に都市計画事業や都市の改造を政見とする者が少なからずいたことも、特色である。三級候補者では、井林清兵衛（上京区、木屋町線反対の同志会の大会に参加、当選）は、都市計画路線は「市の百年の大計」であるとして、木屋町線を寺町線に再修正することを主張した。北島良雄（上京区、落選）も、学区経済の統一・社会政策としての貧困者の救済と共に、衛生政策として上・下水道の建設促進を掲げた。

安田種次郎（下京区、木屋町線期成同盟会委員長、当選）は、特に木屋町線推進に言及せず、市の都市計画は淀川を利用すべきと論じた。鈴木幸之助（上京区、落選）は新市街地の整備を訴えた[39]。

二級候補者では、吉倉佳三郎（上京区、落選）が受益者負担を課しても「道路の改善は急務である」と述べ、大久保作次郎（下京区、木屋町線拡張を否定した市会の調査委員会委員、当選）は、市の財政が行き詰っているとして、財政が豊かになるまで都市計画事業を延期したいと訴えた。野村与兵衛（下京区、河原町線か寺町線を拡張すべきとの建議案の提出者、当選）も、財政難に関して、財政の許す範囲で都市計画は「牛歩的に」進めるべきであると主張した。京極文蔵（下京区、憲政会、当選）も、都市計画事業が「余りに理想的である」から貧弱な財政では容易に実現できないので、財政の許す範囲の計画の下で実行すればよいとした。

伊藤豊之助（下京区、木屋町線拡張に反対する同志会の大会に参加、当選）は、都市計画事業が行き悩んでいるのは「路線が理想的でなく余りに姑息的弥縫《こそくてきびほう》案であるから」と論じたが、争点となっている路線や、都市計画事業を積極的に行うか否かについては、明言しなかった(40)。

一級候補者では、北村長三郎（上京区、河原町線か寺町線を拡張すべきという建議案提出者の一人、落選）が最も都市計画事業に積極的であった。北村は木屋町線を理想的路線である寺町線に修正し一日も早く実現するよう微力を尽くしたいと明言した。さらに路線の修正のみで計画案は完全になるのではなく、「上下水路の完成と接続編入町村の整備」を計画すべき、と主張した。また動物園を郊外に移転して拡張すべきことも提言し、その経費は敷地を売却して支弁でき、それ以上の余裕を生じるであろうから、市が「住宅を経営する」こともできるとみた。

前田彦明（下京区、憲政会、河原町線か寺町線を拡張すべきだという建議案提案者の一人、当選）は、財源を見つけつつ、その範囲でなるべく都市計画事業を行っていくべきとの立場である。前田は、財政の許す範囲で都市計画事業を行うべきと限定をつけつつも、「都市の美観上」より墓地の整理を行い、その跡に小公園または小運動場を造ることや、その次に道路の改善を行うことを訴えた。道路は「交通機関の王」であり、交通機関の完備は市の経済発展を促す源であると見ていたからである。吉村禎三（上京区、当選）も前田と同様の立場である。まず吉村は、都市計画も「直訳的模倣を排し、精神的の充実は世界的である理想の下に実現せしむべく努むる」と、費用のかかる現実の都市計画事業を少し見直すようなニュアンスの言葉を発する。その上で、行き詰まっている財政を打開するため、「新税源」を求めることはすこぶる困難なので、電燈会社を市営にするなどの収益事業を行うのが最も得策と主張した。

高山与三吉（下京区、河原町線か寺町線を拡張すべきとの建議案の提案者の一人、当選）は、都市計画事業について昨年に「五千万円の大計画」もできているが、市の財力を考慮して「漸進方針」を取るほかない、と主張した[41]。

このように、一九二〇年三月からの戦後不況の影響で、京都市の財政も苦しくなり、一九二一年五月の市議選では、都市計画事業のことを主張しても、木屋町線か河原町線・寺町線か等をはっきり述べて、積極的な事業推進を主張する候補者は少なかった。これは、争点となる問題で、一方を主張することにより、得票を減少させないようにし、また不況下で市民の間に都市計画事業の財源負担への警戒感が強まっているので、同事業への積極的な姿勢を表明しなかったのであろう。

現職の市議で最も都市計画事業に積極的な主張をした北村長三郎（上京区一級）が落選してしまったのは、都市計画事業と市議選の関係を象徴しているといえる。

（2）市議選の結果

選挙の結果、五四名の当選者のうち、政党関係者は三二名で、内訳は政友会が一四名、憲政会が一六名、国民党が二名であった。当選者中の政党関係者は、五九・三％である。当選した市議の中で新人が二六名と、全市議中の半数近くにのぼった[42]。中立に比べて、政党関係者が当選する可能性が少し高かったといえる。すでに、本格的な政党内閣である原敬内閣が、政友会を与党として成立してから二年半以上経っており、市議選においても、政党アレルギーが少なくなってきたのである。それのみならず、多数の新人の当選に見られるように、市会の旧来の秩序が流動化し始めた。

後に述べるように、この年、一九二一年（大正一〇）九月一七日に市会に提出された「高瀬川保存に関する意見書案」に賛成の市議（木屋町線拡張反対、河原町線拡張賛成）は、一級当選者九名、二級当選者一〇名、三級当選者一一名で、同意見書に反対の市議はいずれも五名である。納税額の少ない区分で当選した市議の方が河原町線拡張支持者が若干多いが、むしろ納税額区分での差はあまりないといえる。

地元の有力紙は、年齢別にみると、最年長は時岡利七《ときおかりしち》（織物業、西陣工業会長、政友会、新選）の六七歳で、最年少は遊津喜太郎《ゆうずきたろう》（無職、無所属、再選）の三一歳であると報じた。五〇代が二一人、四〇代が二四人、三〇代が六人おり、「分別盛りの人々」が中心であるとみた。また、「中等普通教育程度」以上の教育を受けた者は八、九名にすぎず、中には「小学高等科卒業、寺子屋教育、丁稚《でっち》あがりなど」も少なくないのは、「大都市の議制機関として余りに情ない」とも論じた[43]。市議になる人は、地域の有力者の家に生まれ中等以上の教育を受けた者で、比較的年配の人である、という旧来の秩序が崩れ出したことを、この報道は示している。

今回の市会議員選挙でも、当選した市議は旧来からの魅力あるポストである議長・副議長・参事会員のみならず、都市計画京都地方委員会委員中の市会選出委員のポストを狙った。

市参事会員を狙っている市議として、鎌田直次郎（資産家、五四歳、政友会、新選）、大久保作次郎（蓄音機商、五〇歳、政友会、再選、木屋町線反対）、久保長次郎（織物業、五一歳、政友会、再選、木屋町線反対）らを含め、一四人の名前が報じられた。

他方、都市計画地方委員になろうと「野心と希望」を持っていると報じられた市議は、以下の九人である。柴田弥兵衛（前市会議長、石灰商、六三歳、政友会、再選、木屋町線賛成）、時岡利七（前出）、田中新七（無職、五〇歳、憲政会、再選、木屋町線反対）、寺村助右衛門（糸物商、四六歳、無所属、再選、木屋町線反対か賛成かはっきりしない）、小篠長兵衛（楽器製造、五八歳、無所属、再選、木屋町線反対か賛成かはっきりしない）、田崎信蔵（無職、三七歳、国民党、再選、木屋町線反対）、井林清兵衛（撚糸商、四六歳、国民党、再選、木屋町線反対）、野淵亀吉（織物業、四八歳、憲政会、新選）、安田種次郎（無職、四二歳、無所属、前木屋町線期成同盟会委員長で木屋町線賛成、新選）。また、参事会員の希望者の中には、都市計画委員と両方になりたがっている人も少なくないという[44]。都市計画事業が争点となり、市会選出の都市計画委員も、正副議長や市参事会員と同様に、就きたいポストになったのである。これは三大事業において市議が臨時三事業委員に就きたがったこと（第三章第3節）と同じである。

市会では、実業系市議を集めて新しく結成された公正会が、主導権を握っていく。公正会は六月四日に発足し、二六名の市議が参加した（のち、一三日に円山公園の料亭「さあみ」で正式に発会式を行った）。政友会の市議一〇名中、三名が公正会に参加した。残りの市議七名も、憲政会系に対抗するため純政友会（民友会を結成）として集まり、公正会と連携して三三名の多数派を形成した。多数派となり、公正会は市会議長（川上清）と副議長（田崎信蔵）を独占した。

参事会員選挙では一〇名中で五名を公正会が獲得した。都市計画委員の選挙では議長指名で、公正会が俵儀三郎（伸銅製造業、四七歳、無所属、再選、木屋町線賛成）・野村与兵衛（材木商、四四歳、政友会、再選、木屋町線反対）・小西嘉一郎（料理業、五二歳、憲政会、新選）・前田彦明（石炭商、三七歳、無所属、再選、木屋町線反対）・田畑庄三郎（織物業、五九歳、憲政会、再選、木屋町線反対）・前田嘉右衛門（紙商、五六歳、憲政会、新選）・安田種次郎（前掲）の七人を得、公正会と連携している民友会（政友会系）が橋本永太郎（宿屋業、五〇歳、再選、木屋町線反対）・大久保作次郎（蓄音機商、五〇歳、政友会、再選、木屋町線反対）の二人を得て、公正会・民友会で専有した。(45)

都市計画委員に選ばれた九人の市議のうち、木屋町線反対派であることがわかる者が五名、木屋町線賛成派とわかる者が一人と、市会の主流派幹部は木屋町線反対派が占めた。後述するように、新当選ながら、公正会と民友会を母体に、市会議長に選出された川上清が、一九二一年九月一七日の市会で高瀬川保存に関する意見書（必然的に木屋町線反対）を、採決反対の声を押し切って採決した。この背景には、市会主流派に木屋町線反対派が多いことがあった。

（3）七カ月の混迷後の新市長誕生

⑴馬淵鋭太郎新市長の慎重な姿勢

前章でも触れたように、安藤謙介市長（政友会系）が一九二〇年（大正九）一二月三日に辞任した後、市長候補者の選定ができず、京都市は半年以上市長不在が続いた。市会は市長選挙委員を選出し、同委員会での選考が始まったが、候補はなかなか決まらなかった。市長候補として、安河内麻吉《やすこうちあさきち》（福岡県知事）・向井倭雄（衆議院議員、前京都市助役）・木内重四郎（前京都府知事）などの名前が挙がっては消えた。市会議員の任期が一九二一年五月に切れるため、市長の選出は改選後の市会に委ねるのが良い、とする空気にも影響されたようである。

同年五月の市議選後、市会で多数を占めた公正会が、政友会系の会派である民友会と手を組み、七月二日の市会において、馬淵鋭太郎（京都府知事）を京都市長の第一候補に選出した。馬淵は、投票総数四五票のうち、四三票を獲得し、次点は木内重四郎の二票であった。馬淵知事はすでに市長就任を内諾していた。大都市の市長のポストは、給与や退職慰労金の点で、京都府知事という要職に就いている者からみても、魅力あるものになっていた(46)。

馬淵は岐阜県出身で、東京帝国大学法科大学を卒業後、内務省に入った。山形県・広島県などの知事を歴任した後、一九一八年五月から京都府知事に就任し、すでに述べたように、都市計画京都地方委員会が発足すると、府知事として議長を務めていた。馬淵には特定の政党色はなかった。

馬淵は、一九二一年七月二二日に市長に就任し、二六日に市参事会や各方面に市長就任の挨拶をした後、市長室で施政方針を述べた。その内容は、(1)遊覧都市としてやっていけば、京都市は現在の状態を維持していくことができるかもしれないが、将来ますます発展することは難しい、(2)将来の発展のためには、伏見町（現・京都市伏見区）を合併して、京都市の大玄関として工業の発展を図り、「大工業的都市」としての発展を期さなければなるまい、等と、伏見町を合併して伏見方面から市西南部にかけての工業地帯を形成しようとするものである。馬淵市長は伏見町にある師団の移転についても言及し、また「工業的都市」を支えるエネルギーとしては、大阪市・神戸市のような港を持たない京都市は、石炭輸送には不利であり、電力に期待するしかなく、それには電力協定か、さらに電燈統一を視野に入れていく必要がある、とも述べたという(47)。

約一年前、馬淵市長は知事として同様の構想を公言していた（第七章第3節（1））。ここでは、木屋町線か河原町線かなど、市民や市議が京都市街地の問題にのみ気を取られがちなのに対し、将来の京都発展策と京都市域について論じたことに意義がある。

しかし馬淵市長は、翌二七日の市会では慎重な姿勢をとり、明確な施政方針を示さなかった。そのため、森田《もりた》茂《しげる》市議（憲政会・新選）から、新市長から確定的な御意見、政権なるものを承ってみたいと思っているのに、市長が「逃腰で御答になつて居ることは甚だ御卑怯であると考へる」等とまで批判された(48)。

(2)一九二一年度の工事計画が定まらず

この間、京都市都市計画事業で決まっている、烏丸通の今出川《いまでがわ》通以北を拡張する路線（七号線）の促成を求める動きが強まり、七月一〇日までに、沿線住民は「陳情書」を、俵儀三郎委員（市議、公正会）の紹介で都市計画京都地方委員会に提出した。提出代表者は、生谷亀之助・河合長次郎・岩崎平次郎の三名である。

そこでは、(1)この道路を貫通拡張する必要は、京都市と、隣り合う愛宕《おたぎ》郡を接続する主要道路として、明治初年より相互の住民が熱望してきたが、進んで具体化して建議する人がいなかった、(2)市の理事者も交通政策が不徹底で、市中の東北南各方面における道路は着々と整理完備されていくにもかかわらず、当地域のみ漏れて、交通の不便と発展の遅れを忍ばざるを得なかった、(3)当地域は、地味は「高燥水質良く」、北面は上賀茂《かみがも》の平野に展開し、府立植物園が近くにあり、大谷大学・府立師範学校等を地域内に含み、「保健教養の上」において、京都市随一の理想的住宅地である、(4)過般来計画の道路のうち、この線を促成すれば、市の主要住宅地として最高の適地となる、(5)さきに鞍馬口《くらまぐち》以北が市に編入されると、住宅を建築する人が増加し東西往来する人が多くなったが、在住者の多くが市の中央に職を持っていて、遠く離れた今出川市電停車場まで出ないといけないので、とても不便である、(6)府立植物園の完成が近いのに、一般市民の関心があまり高まらないのは、交通機関が不便で、遠くまで歩かなければいけないためである、(7)当線の拡張は、河原町線・堀川線のように家が密集していないので、寺院・学校等の敷地の小部分を削減するにすぎず、土地収用においても事業の費用においても、他の収用地域に比べ困難が少ない、との理由を挙げ、第一期事業として路線拡張をしてほしいと陳情した(49)。

他方、七月八日の都市計画京都地方委員会では、木屋町線拡張を河原町線拡張に修正する建議が否決されたので、永田工務部長は、一九二一年度の年度割が一〇年間分の一割から五分に半減されたにもかかわらず、まず木屋町線の拡張から着手すべきである、と改めて主張した。その理由は、木屋町線は軌隔《きかく》統一（レールの幅の統一）のための財源があり、事業としても多くの利益が見込めるからであった(50)。永田は都市計画の合理性を重んじる幹部技術職員で、歴史的景観が大きな問題となっても、多くの利益を見込める線から着手する考えを表明したのであった。

以上のように、第五号線をめぐって、木屋町線からの再修正の問題が原因で、一九二一年度の都市計画事業工事計画についての合意はなかなか形成されなかった。

本章で明らかにしたのは、第一に、一九二一年七月八日の第二回都市計画京都地方委員会に、第五号線として、木屋町線（通）を拡張する計画を河原町線（通）拡張に修正する建議案が出されたが、賛成一四、反対二六で否決されたことである。

これは、京都市会議員や京都市関係の委員にすら、河原町線拡張に賛成しない者が少なくなかったように、木屋町以西の線路という案を具体化するに際し、河原町線か寺町線のどちらを選ぶのか、委員の間に十分な根回しができていなかったからである。また、内務官僚など、京都市会や市関係以外の委員は、いったん京都市区改正委員会（都市計画京都地方委員会の前身）で決めた結論を変えようとしているのに、京都市会・市関係者の間にすら十分な合意ができていない状況を見て、木屋町線続行の意思を示したのだろう。

第二に、第二回都市計画京都地方委員会委員の間には、このまま木屋町線拡張という案で最終決定してしまおうという強固な意思を持った委員が多かったわけでもないことである。

第三に、京都市長不在で市政が混乱していたにもかかわらず、京都の都市計画事業が滞らなかったのは、京都市の幹部技術職員である永田兵三郎（市工務部長）らが、内務省や府と協議して事業の準備を進めていったからである。永田らは合理的な道路網を整備する観点から、五号線（旧四号線）として河原町線（通）を拡張する案を作った。しかし、それが第一回京都市区改正委員会で木屋町線（通）拡張に修正されると、こだわらずに木屋町線拡張を含めた道路拡張の年度割案を作成した。永田らは、専門知識を生かして京都の都市計画事業を立案し、都市計画事業の最も重要な意思決定機関で決定されたことは、忠実に実行しようという姿勢である。良い意味での「官僚」(市の職員)的な人物だったといえる。もっとも永田は、市民や市会の中で歴史的景観の保存が大きな問題となっていたにもかかわらず、事業として利益の見込める木屋町線から拡張を着手すべきと主張するなど、与えられた枠内での事業としての経済性にこだわりすぎた。

第四に、一九二一年五月の市議選では、木屋町線拡張が河原町線・寺町線拡張かをはっきり主張し、積極的な事業推進を主張する候補者は少なかったことである。これは、戦後不況の影響で都市計画事業の財源に不安が出てきた上に、一つの路線を主張して票を失うことを避けたからであろう。新しい特色は、政党関係者が市議の多数を占めたことである。彼らは議長・副議長・参事会員のみならず、都市計画京都地方委員会の市会選出委員のポストを狙った。また市会も都市計画委員に選ばれた市議も、木屋町線反対派が主流を占めた。しかし、この市会で選考された馬淵鋭太郎市長(前京都府知事)は、市内や市会内の事業をめぐる激しい対立をよく理解しており、当初は明確にどちらをも支持しない慎重な姿勢であった。

第五に、この時期に京都の都市計画事業の対象となる「大京都市」都市計画区域(いわゆる「大京都区域」)の検討が本格的に始まり、京都市当局はかなり広い範囲を対象とした積極的な草案を作る傾向があったことである。これらは翌年までに内務省の指導を得て、範囲を縮小されて確定していく。

第九章　市民・市議と市幹部技術職員による公共性の決定

本章では、一九二一年（大正一〇）八月以降に高瀬川保存をめぐる対立が再燃し、一一月中旬までに市会で河原町線拡張（高瀬川保存）派が多数になったことを示す。また、それは交通網としての合理性と歴史的景観保存という公共性を訴える一方、戦後不況の中で、財源の問題から理想としての寺町線を諦め、河原町線拡張に絞り込むことができたからであった。また、馬淵鋭太郎京都市長は自らリーダーシップを発揮するというより、京都市内の対立は市内で落ち着くのを待つという姿勢を取った。こうして一二月には河原町線拡張を支持するようになっていく。さらに、この京都市の意思は、一九二二年六月の第三回都市計画京都地方委員会で尊重され、河原町線拡張への変更がなされ、内相・内務省も支持して決定したことを明らかにする。

1　高瀬川保存をめぐる市会内の対立の再燃

（1）高瀬川保存を前提としない質問

一九二一年八月五日の市会で、河原町線拡張支持の竹内嘉作（製針業、憲政会、新選）は、高瀬川の五条以南について、水運に使えるよう復旧することを求める質問をした。その内容は次のようである。

(1)都市計画五号線が木屋町線になった結果、二条より五条まで高瀬川は「廃川」（埋め立て）になる、(2)自分個人としては、木屋町線よりも河原町線の方が「公平」であると思っているが、先に京都「市会から選出した所の都市計画委員の決議」によって木屋町線になった以上はやむを得ない、(3)昨年の六月以降、鴨川と高瀬川の交差点において、運輸に使用できなくなっているが、これまでのように有志が年々数百円の金を出すくらいでは修繕ができず、各運送問屋は、鴨川西岸の高瀬川の代わりに東岸の疏水の方を使うようになった、(4)結果、自分が関係する〔鴨川西岸の〕新市街の東七条町《ひがししちじょう》・九条町《くじょう》以南の肥料問屋は、今や移転しなければならない状況になった、(5)本年、暑中において市中の「人糞」の収集が停滞するのは、高瀬川の運輸の便を欠いていることが原因の一つになっていると思う、(6)また今日、高瀬川は「廃川同様」となり、「汚水、塵埃《じんあい》」の捨て場となって、衛生上有害の川となっている、(7)五条以南七条正面方面において、「古来数百人の問屋があり」、これらの人々は高瀬川の復活を求めており、将来京都南部が工業地となれば運輸面でさらに必要となる、(8)そこで、鴨川と高瀬川の交差部分を修繕するのみならず、さらに閘門《こうもん》を設置する等の改良を加え、一艘の舟を上すのに一〇人以上かかるような急な流れを緩和した上で、五条以南の高瀬川を復活してほしい[1]、と。

竹内市議の質問に対し、永田兵三郎（市工務部長、技師）は、交差点の修繕には、ごく間に合わせ的工事をしても一〇〇〇円から二〇〇〇円の金が、〔本格的修繕となれば〕主に木で行っても三万円近く、石あるいはコンクリートで固める工事をすると六万円近くの金がかかると説明した。その上に、閘門の設置などを行って高瀬川の存続を図るのが適当なのかどうか、時間をかけて協議しているが結論は出ていない、と答弁した[2]。

この市会での議論は、河原町線拡張が適当だと思う竹内市議ですら、都市計画京都地方委員会で木屋町線拡張が再確認された以上やむを得ない、と木屋町線拡張を前提とし、五条以南の高瀬川の復活を求めているのが特色である。また、竹内市議は運輸の便のみを述べており、高瀬川の歴史的景観（歴史的「風致」）についてはまったく言及していなかった。永田工務部長も、第二回京都地方委員会での議論と同様に、木屋町線拡張を前提にしていた。その上で、高瀬川の存続の可否を検討している、と答弁した。

（2）高瀬川保存に関する意見書

(1)意見書の提出と論争

約一カ月半後、一九二一年（大正一〇）九月一七日、京都市会に「高瀬川保存に関する意見書案」が突然提出された。この意見書は、一九一九年（大正八）法律第四十四号史蹟名勝天然記念物保存法に拠って、高瀬川が「史蹟名勝地」に指定されることを望む、というものである。意見書は、京都市会議長川上清の名で、内務大臣床次竹《とこなみたけ》二《じ》郎《ろう》と京都府知事若林《わかばやし》賚蔵《らいぞう》に宛てる形式になっていた(3)。

京都市会では、高瀬川保存の意味も含め、木屋町より西の道路を拡張するという意見書が、前年一九二〇年六月二一日に可決されていたが、高瀬川保存に焦点を当てた意見書は、初めてであった。

意見書の提出者は、次の六人である。竹内嘉作（前出、新選）、目片俊三（製綿業、憲政会、再選、前年六月二一日の意見書の三〇名の連名市議の一人で、二人の提出理由説明者の一人）、田崎信蔵（市会副議長、無職、国民党、再選、木屋町線反対運動団体の同志会に参加した四名の市議の一人）、大島佐兵衛（撚糸業、無所属、再選）、吉村禎三（無職、無所属、新選）、八木伊三郎（友禅業、政友会、再選、木屋町線拡張を否定した市会内調査委員会委員の一人）。再選組四人のうち三人は、前年から木屋町線拡張に反対していた市議である（第七章）。

前項で述べたように、意見書提出者の一人の竹内市議は、約四〇日前の市会で、河原町線拡張が適当と思うが、都市計画委員会で木屋町線拡張が再確認された以上やむを得ない、と発言していた。河原町線派の市議に説得されて、竹内は高瀬川保存の「意見書」に賛同したのであろう。

提出者の他に、高瀬川保存の「意見書」に賛成したのは、伊藤豊之助（印刷業、憲政会、再選）・井林清兵衛（撚糸商、国民党、再選）、田中新七（無職、憲政会、再選）ら木屋町線反対運動団体の同志会に参加した三市議を含めて、二四名の市議であった。市議定数は五四名で当日の出席者は四七名なので、提出者と賛成者の合計三〇名の市議の支持を得た「意見書」が市会で可決されるのは、意見書を支持する市議に多少の欠席者が出ることを考慮しても、ほぼ確実であった。

「意見書」は、高瀬川保存の理由を、(1)高瀬川は角倉了以《すみのくらりょうい》が開削して以来、京阪間を連絡して京都に入る水運に役立ってきており、琵琶湖疏水が〔鴨川東岸に〕作られ、水運の便が良くなったといっても、捨てることができない、(2)文部省は角倉了以が「公益」を図った功績を小学校修身教科書に取り入れ、「児童精神涵養」の資料としている、(3)高瀬川は京都名所の一つとして「山城誌」以下諸書に掲載されている名勝旧蹟である、(4)高瀬川の五条〜二条間を「破壊」するなら、名勝旧蹟を滅し、「閑雅なる木屋町情趣」も一緒に滅却してしまい、「世道人心に悪影響」を及ぼす、等と述べている。(4)

高瀬川は歴史的な名勝旧蹟で、木屋町に「閑雅」な「情趣」を与えているので、これを破壊することは道徳人心に悪影響を及ぼす、と精神面にまで影響があると主張し、歴史的景観の観点や道徳心まで含め、高瀬川保存の公共性を訴えたことが特色である。

その後、「意見書」提出者の一人である竹内嘉作が、提出理由を述べた。主な内容は、(1)一九一九年（大正八）四月九日に史蹟名勝天然記念物保存法が発布されているので、京都の名所旧蹟、とりわけ高瀬川の保存に適している、(2)鴨川との交差点が破壊されたので、現在は高瀬川の水運は伏見までの連絡が取れず、有効な利用ができない状態になっているし、塵芥《じんかい》や犬の死骸が捨ててあり、水質はますます悪化しており、誰が見ても高瀬川はつまらない川であるという感じが起こるのは無理がない、(3)しかし、角倉了以が開削して以来の歴史があり、木屋町は市内一の名所とみなされていて「木屋町と聞いた者は実に其風流なことが頭に感ずる」ほどである、(4)水運に関しても、疏水運河は一日五艘の舟すら下から上へ通すことができないくらい「貧弱な運河」であるが、高瀬川はこれまで二〇〇〜二七〇艘《そう》の舟を通した実績があり、運送の面でも可能性がある、(5)高瀬川に「仁王門」〔仁王門通が鴨川と交差する辺り〕から放水すれば、あまり経費をかけず鴨川の水を高瀬川に落とせる、(6)木屋町通から電車を撤廃できれば、その間に桜・柳等の樹木を植えてベンチを置き、公園のようにしたい、というものだった。(5)

これに対し、高瀬川保存に反対する立場から、野村与兵衛〔材木商、政友会、再選〕が発言した。その主旨は、(1)高瀬川保存の主張は、木屋町線を変更したいがために行われているようにみえる、(2)一度都市計画委員会で決議されたものは、再び変えることはできない。都市計画の路線として木屋町線を選び、さらに高瀬川を暗渠にすることは、内閣が認可したことであり、『官報』によって公示もされているので、どうすることもできない、(3)市会で、河原町線にするとか、寺町線にするとかいうような種々の建議案を出せば、市会の意思が退けられて木屋町線拡張が実施されるようになった時に、市会の権威が失墜するだけだ、(4)高瀬川は現在、なんら運送に役立っておらず、ほとんど草や水草が繁茂しており、ばい菌の「養生所」となっているだけだ、等である。(6) 野村は前年までは木屋町線拡張に反対であったが、一九二一年七月八日の第二回都市計画京都地方委員会では、木屋町線拡張はすでに決定しているとの立場から、(7) それを変更する調査をすることに反対した。野村は同年五月の市議選に際し、市の財政難の中では都市計画事業は「牛歩的」に進めるべき、と事業推進に消極的な姿勢を示していた（第八章第3節）。戦後不況が続く中、木屋町線は立ち退き者が少なく、費用が少なくてすむとみられているので、この面からも木屋町線支持に変わったのであろう。

九月一七日の市会での野村の発言に対し、高瀬川保存に賛成の立場から井林清兵衛（前出、前年から木屋町線反対派）は、都市計画事業の資金は市が出すのであり、変更できないわけはない、と反論した。(8)

次いで、高瀬川の保存に反対の立場から、橋本永太郎（旅館業、政友会、再選）が、高瀬川を保存するために費用を負担しても、それに見合う利益が得られるのか、説明してほしいと述べた。(9)

(2)意見書の可決

採決を求める声が市会議場内から上がり、川上清議長（弁護士、無所属、新選）は、ただちに採決することを声明し、反対の声を押し切って採決した。結果は、高瀬川保存の「意見書」を廃案にすることに賛成の市議が一八名、廃案に反対の市議が二五名で、「高瀬川保存に関する意見書」は可決された。

また、目片俊三市議から「高瀬川保存に関する意見書に関し実行委員設置の件」の建議が出され、これも賛成二五、反対一六で可決された。川上議長は、実行委員として竹内嘉作・吉村禎三・八木伊三郎・伊藤豊之助・鎌田直治郎の五名を指名した(10)。いずれも、今回の市会で高瀬川保存と実行委員の設置に賛成した市議であった。このうち、八木が委員長に選ばれた。

こうして、京都市会は高瀬川保存（必然的に木屋町線反対）という姿勢で、改めて動き始めた。

(3)東京での高瀬川保存運動

市会で「高瀬川保存に関する意見書」が可決されて二週間後、一九二一年（大正一〇）一〇月一日に、市役所迎賓館で高瀬川保存に関する調査委員会が開かれた。その結果、八木伊三郎委員長・伊藤豊之助・竹内嘉作の三市議が三日午後八時五〇分京都駅発の列車で東京へ行き、「市会の意思の徹底」を図ることになった。彼らは、この経費の予算を市会に提出するよう馬淵市長に求めたが、市長は、理事者の間で協議してどうするか決めると答えたのみであった(11)。馬淵市長は市会での決議にもかかわらず、調査委員の東京出張経費を支援するかどうかについて、慎重であった。

八木・伊藤・竹内の三名が東京に行って運動すると報道されたが、まず東京へ行ったのは、伊藤・竹内両市議他数名であった。八木は遅れて一二日夜に東京に出発した。伊藤らは内務省に堀切善次郎地理課長を訪問し、京都市の都市計画路線決定に際し、原案の河原町線を「何等の理由なく当局が〔木屋町線に修正し〕高瀬川埋立地に変更」したのは、「京都市唯一の史蹟」を滅ぼすものであるので、原案通りにしてほしい、というものであったという(12)。

すでに検討したように、原案の河原町線を木屋町線に変更する中心となったのは、京都市議でもある京都市区改正委員（都市計画京都地方委員会委員の前身）である（第六章）。これを当局のせいにするような主張をしているとすれば、伊藤市議らはかなり感情的な陳情をしているといえる。

しかし伊藤らの「活動振は中々目覚《めざ》ましく」、各方面にわたり徹底的に運動が行われ、すでに内務当局においても「運動の事実」は認め、内務大臣らの「食堂会議」の話題になったほどだという(13)。さらに伊藤市議らの東京での動きに刺激を受け、高瀬川保存期成同盟会では、委員を選んで名勝旧蹟保存調査会に対して「猛烈なる」運動を試

みることにした。(14)

(3)　再度の高瀬川暗渠論

(1)木屋町線派の説得力のない歴史的景観論

他方、一九二一年（大正一〇）九月一七日の市会で「高瀬川保存に関する意見書」が可決されたことに反発し、木屋町線拡張運動も活発になった。九月二四日付で、木屋町線期成同盟会（杉本重太郎委員長）は、高瀬川を史蹟名勝地に指定しようとする市会の上申意見に反対である、と次のような意見書を馬淵市長に提出した。

そこでは、前文として、高瀬川を史蹟名勝地に指定しようという意見は、事実を「誤認曲解」し、「時代の進歩社会の変遷を省みず」、名を史蹟保存に借り、すでに確定している都市計画の実行を遷延させるものだ、と述べる。それのみならず三度も市民に不安を起こし、市政上「大紛紜《ふんうん》」（いろいろなことが次々起こる）を醸す前兆である、とも市政混乱の恐れを述べた。

その上で、以下の四点を主張した。(1)高瀬川は角倉了以が豊臣秀吉の命で〔方広寺の〕大仏殿造営のために伏見―五条間を開削したのが始まりで、数年後に五条―二条間を補充したのであり、市会が主張する五条―二条間は主要部ではない、(2)市会は高瀬川が京都―伏見間の唯一の運輸機関というが、それは運輸機関が未発達の過去の時代のことで、現在は社会の進歩により、疏水・汽車・市電に変換し、高瀬川は運輸上で無用となり、ただ流水が沿岸の田畑の灌漑に用いられているだけだ、(3)市会の意見に、「高瀬川主要部五条二条間」が破壊されることは「名勝史蹟を煙滅《えんめつ》」するとあるのは、「曲解誤認」の最もはなはだしい事例で、二条―五条間はわずか半里ほどの補充部分で全長二里半のうちの主要部分ではない。そこを暗渠としても、流水には変化がなく、五条以南二里余の流域は角倉氏が「心血」を注いだ史蹟として残るので、「史蹟煙滅」というのは大きな誤りである、(4)高瀬川は「過去の一の運川」にすぎない。あるいは「山城誌」以下諸冊誌に記載されているが、市会が主張するように、「高瀬川先頭一少部分二条五条間」のみを名所とし諸冊誌に記載されたことはない。したがって法律第四十四号の適用を受けるべき要素を欠いている。

最後に木屋町線期成同盟会は、高瀬川を暗渠にできないなら、五号線の拡張のため、高瀬川東岸または西岸において、市街一二間を切り取らざるを得ず、市民の犠牲は重大である、と木屋町線を変更しない前提で主張した。さらに京都市は千年の歴史を有するので、「一木一石」がことごとく名所史蹟の指定を受ける事態に立ち至ってしまう、とも論じる。そこで、名所旧蹟が「時代の進運に伴う意義ある変遷」をした例として、神戸の湊川にある楠木正成戦死の「大史蹟名勝」を挙げる。湊川は先年すでに埋め立てられ、いまや「神戸市大繁栄地」として「神戸市の福利」を増進しており、少しも「歴史蹂躙《じゅうりん》史蹟煙滅」との批判を受けていない、と論じた。いわんや、廃川に近い「高瀬川先頭補充部小部分の暗渠」に対し、京都市会上申意見はまったく理由がない、と主張した。[15]

木屋町線期成同盟会の主張は、木屋町線拡張を望むあまり、史蹟や景観などは他から批判を受けない限り都市の発展のためにはあまり考慮する必要がない、という少し極端な主張すら含まれるものだった。

なお、木屋町線期成同盟会の意見書には、今日の研究水準から見ると、高瀬川に関して次の二つの点で誤解があった。一つ目は、高瀬川は角倉了以が豊臣秀吉の命で大仏殿造営のために伏見―五条間を開削した、というのは誤りであることである。大仏造営は豊臣秀頼の命で行われた。角倉了以は徳川幕府の許可を得て、鴨川の水運を利用できるようにして、造営の輸送に貢献したのである。二つ目は、正確には、幕府の許可を得た角倉了以は、二条樵《こり》木《き》町（現在の二条木屋町）を起点として東九条村の西南（現在の南区東九条柳下町）で鴨川に合流する河道を開削した、ということである。[16] したがって、木屋町線期成同盟会の意見書にある、高瀬川は伏見―五条間が始まりで、五条―二条間は主要部ではないとの主張には、根拠がない。

ところで、現在の二条より五条に至る間の木屋町筋の姿は、高瀬川が開削されて約二〇〇年経った文化・文政年間（一八〇四～二九年）以降に、料理屋・旅館などが立ち並ぶ京都を代表する歓楽街の一つとなっていったことにより、原型が形成されている。[17]

その後、一〇月七日にも杉本重太郎（木屋町線期成同盟会委員長）は、高瀬川史蹟名勝保存指定の上申に対する反対意見書を馬淵市長宛に再度陳情した。九月二四日付の意見書に述べられた以外の新しい論点は、以下の四点である。⑴東海道線の京都―大津間は、明治天皇・大正天皇・裕仁皇太子その他皇族や有力者がしばしば利用し、日清戦争・日露戦争でも「幾百万」の勇猛な軍隊を運んだが、〔一九二一年に〕新路線に変更されたように、高瀬川の二条―五条間の保存に固執するべきでない、⑵高瀬川保存派は、あるいは二条―五条間は「旅客貨物の昇降用」に重要であると、あるいは「風致を重んじ逍遥《しょうよう》散策地の大公園」として改善と保存を主張するが、その目的は相反するものであり、矛盾している、⑶高瀬川は一間（約一・八メートル）に七分の勾配で、浅い急流であるので、一舟の牽引に五人が長い時間にわたり必要で、疏水が一舟を一人で牽引できるのと大きく異なっている。「電鉄汽車」の運輸がある現在においては、高瀬川の運輸復活の必要はない、⑷「風致論」に至っては何等の価値がなく、現在の木屋町は流水が「汚穢」し、「西側の人家は裏面又は納屋」であって「不整理」がはなはだしく、京都市の体面を汚している。都市計画事業によって木屋町を一二間に拡張し、「楊柳並木」によって人道と車道を分け、初めて「優美なる市街」を構成できる。(18)

この陳情書では、二条―五条間で高瀬川を保存しない方が、木屋町の「風致」を良くすることができる、という主張が新しい特色である。高瀬川の運輸は復活させる価値がないという前回同様の主張は、説得力がある。高瀬川保存派が、保存のための理由として無理をして運輸面までを取り上げた弱点を突いたといえる。しかし、高瀬川の汚染された現状や、時勢に対応するという理由から他の場所で史蹟を軽視した事例を根拠に、高瀬川の史蹟も保存する必要がないというのは、説得力に欠ける議論である。高瀬川保存派は、史蹟として保存する過程で川の汚染を浄化しながら公園化を目指す、と主張しており、こちらの方が説得力がある。

木屋町線拡張かそれ以西の河原町線拡張等かの対立に、木屋町線拡張反対の意味を含む高瀬川保存建議案が可決され、新しい争点も加わり、京都市内での対立が再び大きくなったのである。

(2)歴史的景観か下層民の生活か

この対立に際し、高瀬川保存への動きを積極的に報道する地元有力紙の『京都日出新聞』とは異なり、全国紙である『大阪朝日新聞』の「京都付録」は、高瀬川保存に否定的で、木屋町線拡張を支持するトーンの報道をしていたのが注目される。

まず、『大阪朝日新聞』（京都付録）は、九月一七日の市会で「高瀬川保存に関する意見書」が可決されたことについて、「突如、高瀬川保存の議起る」「将来紛紜《ふんうん》を醸す前兆か」と、この意見書が長期的な展望を持たない、混乱を招くものとのニュアンスで記事を始める。さらに、意見書の支持者について、木屋町線に対して「特に執着を有する者」、「諸事情よりして因縁関係浅からざる者及びこれを機会に何事かを目論見居る者挙つてこれに賛成したる」とか、「要は木屋町線賛成の変形と見らるべく」等と、正確とはいえない報道をし[19]、高瀬川保存の意見書提出者が別の意図で動いているとのイメージを提示した。

さらに、「高瀬川保存は結局泣寝入りか」「〔高瀬川〕保存目的の貫徹は絶望状態[20]」など、保存運動成功の可能性が低いと論じた。くわえて、「市街美としての高瀬川は全く『感じ』の問題で、美感よりも利害感の発達したものには暗渠にして土地の値をだした方がよく、保存論者のいふ所は、悉く愚論か痴説といふ事になる[21]」という。同紙は、歴史的景観を正面から取り上げず、「美感」（景観）よりも「利害感」の方が大切と、高瀬川を暗渠にした方が土地の価格が上昇すると見る。

その後も、一一月から一二月にかけ、木屋町線を支持する運動のみを報じ、河原町線派の市民運動を取り上げなかった[22]。

歴史的景観とできるだけ合理的な交通体系を構築する立場から、地元有力紙の『京都日出新聞』は、木屋町線反対で一貫していたが、『大阪朝日新聞』（京都付録）は、むしろ木屋町線に好意的であったのはなぜであろうか。河原町線を拡張するためには多くの下層民（借家人）の立ち退きが必要であり、おそらく『大阪朝日新聞』（京都付録）は、「無産階級」を支持する原則的な立場から[23]、木屋町線支持に傾いたのであろう。

このように、歴史的景観の保存、交通体系の合理性か、下層民（借家人）の生活権の尊重かという問題は、簡単には解決できなかった。

（4）高瀬川保存に関する委員会

一九二一年（大正一〇）一〇月二五日、高瀬川保存に関する委員会が市役所迎賓館で開催され、まず東京で運動してきた八木委員長・伊藤（豊）・竹内両委員（いずれも市議）から経過の報告があった。八木委員長は、史蹟天然記念物保存調査会の委員一〇〇余名を歴訪したところ、各委員とも高瀬川保存に異存がなかった、と述べた。くわえて、内務省・宮内省その他関係官省等を訪れて、熱心に運動した。八木は委員中の衆議院議員に依頼して、高瀬川保存についての建議を調査会で発案してもらう同意を得たことも報告した(24)。

一方、伊藤・竹内両市議は、同調査会長でもある床次内相に面会して高瀬川保存への賛成を求めたが、床次内相は都市計画中央委員長の立場から、「頗る難色」を示した。伊藤・竹内らの主張に理由がないわけではないが、木屋町線はいったん都市計画京都地方委員会で決定した路線であるとして、床次はなかなか賛否の意見を示さず、うやむやのうちに会見が終わったという(25)。

史蹟天然物保存調査会は諮問機関であるので決定権がなく、同会長である床次内相が指定決定できることになっていた。このため、東京で運動した京都市の実行委員たちは、さらに有力な理由を積み上げて高瀬川保存が動かせない事実だということを証明するしかない、と判断した。そこで京都に帰ってからは、そのための材料集めに尽力した。この件についても協議の結果、取りまとめの参考資料として、八木委員長が史蹟天然物保存調査会における発案者に発送することになった。同調査会は、一一月上旬に開会される予定なので、もう一度東京に行く必要があると力説する委員もいたが、八木委員長は決定を保留し、慎重に考慮することにして高瀬川保存に関する委員会を終了した(26)。

2　河原町線復活・高瀬川保存派の市会制覇

(1) 河原町線復活建議案可決

その後、竹内嘉作市議らは市会議員たちに働きかけ、河原町線の復活に賛成の同志を集めようと努めた。この結果、一九二一年（大正一〇）一一月一三日までに二〇余名の賛成者を得たので、一八日に開会される市会に河原町線復活の建議案を提出する予定だ、と報じられた(27)。

市会議員の動きに対抗し、木屋町線期成同盟会は、杉本重太郎委員長ほか一三名の委員連名で、「木屋町線変更建議案反対陳情書」を川上清市会議長宛に提出した。新しい論点はないが、木屋町線賛成市民の署名者は、三回にわたって二万五三九一名あり、正本は京都府知事に提出し、控本は京都市役所・市長に提出してある、と最後に強調していた(28)。

木屋町線期成同盟会の陳情書にもかかわらず、地元有力紙の予想通り、一一月一八日の市会に都市計画第五号線として河原町線復活の意見書案が提出された(29)。木屋町線に修正されて以来、はっきりと河原町線を唯一の候補にして、再修正を求める建議が市会に出されるのは初めてである。

この内容は一九一九年一二月の京都市区改正委員会で修正決議された路線中の第五号線、すなわち木屋町線を廃棄し、原案であった河原町線に戻し、できる限り直線にすることを望む、というものだった。

理由として、(1)木屋町線は河原町線と同じほど費用がかかる、(2)高瀬舟通行の断絶や淡水魚類飼養場である生洲《いけす》の壊滅に対する損害が少なくないので、大いに考慮すべきだ、(3)木屋町線は修理や利便を無視し、路線を屈曲させて「都市の美観」を傷つけるのみならず、その西方の、商業が繁栄し人口が密集している地区より遠ざかるので大いに不便だ、(4)幾多の旧蹟や由緒ある寺院を破壊し、特に慶長年間以後、「皇居」と重要な関係にある史蹟で、しかも運輸交通の保全を図るべき高瀬川を、跡形もなく無くしてしまうことが挙げられていた(30)。これらの論点は、これまでにも出されているものである。ここでは、史蹟として高瀬川を残すということが最後になっており、特に強調されているようには見えない。

しかし意見書の提案者である鈴木紋吉市議（古物商、無所属、新選）は、河原町線か木屋町線かの決定は、将来の京都市の発展ということを重視してなされるべきであること、そのためにも史蹟として、木屋町にはどうしても高瀬川を残しておき、そこに柳でも植えて京都市の主要な土地として公園とし、「雅風」を残し、諸外国人を引き寄せることが最も必要だ、と述べた。さらに、河原町通は現在の通りでは発展の余地がないので、道路線を造って、その両側の町の構造を良くして、将来の発展を図るべきだ、とも主張した(31)。このように、河原町線を拡張し、高瀬川を保存し、木屋町通を公園化する方が、京都の発展に繫がる、という考え方が、意見書の中心であったといえよう。

これに対し、野村与兵衛市議（前出）は、高瀬川保存建議に反対した際に述べたのと同様に、木屋町線は都市計画京都地方委員会で確定したものである、と木屋町線の変更に反対した。野村の発言に対し、井林清兵衛市議は、高瀬川保存建議の際と同様に、市が資金を出して事業を進めるのであるから変更できないことはない、と反論した(32)。このように、河原町線か木屋町線かの論点は、出尽くしていた。

川上清市会議長は、採決を宣言した。結局、河原町線拡張復活の意見書を廃案にすべきとの意見は、賛成者少数で否決され、河原町線復活の意見書が、市会で可決された(33)。

次の一九二一年一二月一九日の市会では、前回も木屋町線変更に反対した野村与兵衛市議（前出）が、都市計画京都地方委員会で第五号線が〔木屋町線として〕決定し、第一次年度の予算も決定しているのに、市会に予算の提出がないのはどうしてか、と馬淵鋭太郎市長に質問を始めた。さらに続けて野村は、市長は高瀬川の問題や河原町線変更等の問題が起こったので、逡巡しているのであるが、この都市計画に対する問題は、都市計画地方委員会で決定し国家が発表しているのであり、市会の建議で左右されると考えているのか、等と馬淵市長を追及した(34)。

これに対し馬淵市長は、都市計画において確定したのは年度割予算であり、市会に予算を提出する時には、路線を決定しなければならない、路線を確定する上には、市会の希望は最も「等閑に付」すことができない、と応じた。[35] 都市計画京都地方委員会は、木屋町線拡張を前提として年度割予算を決めたが、初年度は半減され、木屋町線拡張に直ちにとりかからなくても対応できるようになっていた。これに対し、馬淵市長は、路線は確定していないとの解釈をし、路線を確定するには市会の希望を無視するのは最もいけない、と河原町線拡張・高瀬川保存派を支持する含みを持つ発言をしたのである。

市長は続けて、高瀬川保存と河原町線拡張の市会の意思があり、路線の選定は自由であるが、考慮すべきことがたくさんあるので、予算をいくら提出しても、市会の希望にそわないと通過しない、と述べた。市会の意思は十分尊重されなければならないし、都市計画を遂行する上については、行政庁として別に命令を得てから十分考慮しなければ予算を提案することは難しい、と表明した。市長の答弁に、野村市議は反論しなかった。[36]

その後、同日の市会で、八木伊三郎（市会の高瀬川保存に関する委員会委員長）・伊藤豊之助（同委員）・竹内嘉作（同委員）の三市議が、一〇月に東京に行って高瀬川保存運動を行った際の旅費および雑費（合計一〇二八円）を費用弁償するための追加予算が市会にかけられた。予算は異議なく可決された。[37]

以上のように、京都市会は、木屋町線拡張をやめて河原町線拡張を求める姿勢を、さらに明確にした。また馬淵市長も、市会の意見を重視する姿勢を初めてはっきりと示すようになった。

（2）木屋町線派の対抗運動

市会で高瀬川保存および河原町線復活の意見書が可決され、馬淵市長もそれを認めていく姿勢を示したのに対し、木屋町線拡張支持派は一九二一年（大正一〇）一二月二二日午後六時より市民大会を開いた（座長は橋本永太郎市議）。参加者は「三千名」に達し、「既定計画遂行河原町線反対を満場一致」で決議した。[38]

河原町線派も、一二月二八日付で、京都高瀬川保存に関する市会実行委員会委員長八木伊三郎・委員竹内嘉作・同吉村禎三・同鎌田直治郎・同伊藤豊之助の連名で、内務当局や都市計画京都地方委員会委員らに、河原町線拡張に変更し、高瀬川を保存することを求める「陳情書」を提出した。冒頭から三分の二の内容は、それまでの都市計画京都地方委員会や市会への建議・意見書を説明したもので、それほど目新しくはない。

しかし、終わりの方で、都市計画に関する経費の負担は「自治団体」である京都市の責務であることを述べた。さらに、当局ならびに都市計画京都地方委員各位は、計画路線中の一小部分である第五号線の一部を変更する希望に対して、「雅量」を示して京都市会の意思を容れても、決して「体面を汚損」しないので、むしろ「立憲治下の今日自治団体の願意希望を採択」し、京都市を安んじてこの事業の進展を図るようにしてもらいたい[39]、と費用負担と関連づけ、市会を中心とした市民自治の重要性を公然と論じた。

これに対し木屋町線派は、一二月三〇日付で、木屋町線期成同盟会の杉本重太郎ら一三人の委員が連名し、さきに市会議員八木伊三郎氏外四名より提出された陳情書に対する反対意見「陳情書」を都市計画京都地方委員会委員宛に提出した。この「陳情書」では、木屋町線期成同盟会を「市民二万五千三百九十一名の賛成を有する」との文句で修飾し、都市計画地方委員会委員に、多数の市民の支持を得ている、と印象づけようとしていた。

「陳情書」に名を連ねた一三人の委員の中に、一九二〇年一〇月一三日付の木屋町線期成同盟会の「陳情書」にも名前があり住所のわかる人物が、八人いる。彼らの住所は、河原町通二条下《さが》ル、河原町通三条上《あが》ル、同下ル（二人）、寺町通松原下ル（二人）、四条通河原町西入《い》ル、松原通寺町東入ルで、いずれも河原町線が拡張されると立ち退きを求められる可能性の高い人々である[40]。

この「陳情書」は、河原町線派の八木市議ら京都高瀬川保存に関する市会実行委員会による一九二一年一二月二八日付の「陳情書」に対して、その「主旨曲解多く市民付托の重責を負ひたる市会議員として市民を念《おも》はざる」ことがはなはだしいのに驚く、と同実行委員会を設置した京都市会を間接的にではあるが強く批判している。また、「権威ある京都都市計画地方委員会の決議を愚弄した」ような観がある、とも論じた[41]。

その主な具体的批判点は、(1)一九二一年七月八日の都市計画京都地方委員会で、「河原町線復活」の説明は十分に徹底されなかったので、委員会が受け入れなかったというが、説明は十分徹底され、慎重に審議された、(2)市会が「正当なる理由なく不真面目なる決議」を三回も行い変更を行おうとするのは、「市民の不安」を引き起こし、将来にまで経済上、社会政策上にたいへん悪い影響を及ぼす、⑶五条以南を保存する予定の高瀬川を「煙滅《えんめつ》」すると主張するのは「曲解」であり、五条以北を暗渠にするのを否定するのは「時代錯誤」だ、⑷京都市会を代表する市議が委員として参加している都市計画京都地方委員会の決議を「蹂躙《じゅうりん》」し、自己の権限を省みず、委員会の「対面を汚損」しないと主張するのはあまりにも「虫の良き」言いぐさである、⑸都市計画法により「最高決定権」を有する内務大臣が採決し、『官報』に告示され、工事はすでに一〇月より着手されることになっているのに、京都市会は予算の「協賛権を悪用」し工事を遷延させたので、責任を負うべきであり、また急を要する市電の軌隔統一（レールの幅の統一）をどのようにするのか、内務大臣裁定後において、市会の五号線変更の建議は理由がなく効力もない、というものであった(42)。

木屋町線派の「陳情書」は、都市計画京都地方委員会で決議し、内務大臣も採決したものは変更できない、との主張以上のものがなく、これまでの論点の繰り返しであった。また、同派は市民二万五三九一名に賛成という住民の意思を強調しながら、同時に、内務大臣の採決権を強調するなど、市民自治を強調するのか否か、論理として一貫していなかった。

その後、年が明けて、一九二二年一月九日、木屋町線派は杉本重太郎・福住清兵衛・蜂須賀正治郎ら一三名の期成同盟会委員らが、木屋町線を是認する寺町線側の有志一〇〇余名とともに、木屋町線を支持する橋本永太郎（旅館業、政友会、再選）・安田種次郎（無職、無所属、新選）両市議が同道し、京都府庁に押し掛けた。前年一二月二〇日付の右の「陳情書」を若林賚蔵《わかばやしらいぞう》知事（都市計画京都地方委員会委員長）に提出するとともに、高橋守雄府内務部長・宮脇梅吉府警察部長（いずれも都市計画京都地方委員会委員）に面会し、内務省に具陳するよう熱心に陳情の懇談をした。次いで市役所を訪れ、同様の「陳情書」を渡し、都市計画京都地方委員を兼任している職員に陳情した(43)。

その翌日、一〇日には、蜂須賀らは、都市計画京都地方委員でもある京都帝大教授の武田五一（工学部）・戸田正三（医学部）や事務職員最高位の書記官の岡本一郎らを訪れ、同様に「陳情書」を渡して訴えた。その際に、「木屋町線期成同盟会委員長杉村重太郎」名で、高瀬川保存のために生活の迫害を受ける「市民一万有余」の窮状を考えて下さい、との書状も手渡した(44)。

このような木屋町線派の運動にもかかわらず、一月下旬、地元有力紙は、いったん木屋町線に「内定」したのではあるが、その後形勢が一変し、木屋町線を拡張すべきでないとの主張が市会で多数を得て可決されたので、その議決に対し考慮を払わないといけないと内務省は見ている、と報じた。この路線については、内務省は都市計画京都地方委員会に諮問案として提出する考えを持っているようだ、とも報道した(45)。

3　合理性・歴史的景観保存派の勝利

(1)　内相の諮問に対する木屋町線派の反発

すでに述べたように、木屋町線が第五号線として予定されていることに、市会が反対の決議をしたことが、川上清京都市会議長の名で、市会の意見書として床次内相宛に送達された。京都市会の意見書を受けて、床次内相はそれを都市計画上適当な意見と認めるかどうか、市会の意見書を添付して、都市計画京都地方委員会に一九二二年（大正一一）四月一五日付で諮問した(46)。

これに対し木屋町線拡張派は、木屋町線期成同盟会・河原町線反対同志会の名で、同年五月一日付で都市計画京都地方委員宛の河原町線反対の陳情書を作成した。その論旨は、これまで述べてきたものと大差ないが、次のように、河原町線拡張を決議した京都市会や河原町線派への批判の論調が強くなり、かなり強引な憶測ともいえる主張となった。

たとえば、(1)市会意見を「表面市民代表機関として公権を有し有力なるも」、その内容・理由に至っては甚だしき「不合理」と決めつける、(2)「市民の輿論《よろん》」は、五号線（木屋町線）を可とし、昨年七月八日の都市計画京都地方委員会で決定以来、関係市民は各自準備に取り掛かっているが、ただ市会だけが木屋町線拡張に反対しているのには、「何かの事情」が裏にあるのか、と市会の不正を匂わせる、(3)木屋町線も河原町線も荒神口《こうじんぐち》から五条間で半町以内に並行しているので、交通系統上の目的・効果は同一であり、木屋町線の方が京津電車《けいしん》〔現在の京阪三条〔京都市〕―浜大津〔大津市〕間〕、京阪電車線との連絡が便利だと主張する一方で、木屋町線が京阪電車線と近すぎ、烏丸《からすま》線と離れすぎており、また屈曲したものになるという、交通体系上の問題にまったく触れない、(4)交通上の効果が同一なら、「不潔なる高瀬川」を守るため、「市民一万余名」を犠牲にすべきでない、と高瀬川の歴史的景観の問題も捨象する、(5)現在、市会は反省し五号線予算を通過させるべき状況に変転したのではないかと思われる、と何の根拠もないことを述べる、(6)さらに、五号線が木屋町線から河原町線に変更されるなら、堀川線および鹿ヶ谷線も一部市会議員との関係によって変更意見が続発する形勢になるのではないか、市民の不安はますます甚大である、と主張した。「策士」のために都市計画京都地方委員会の決定の有効性が疑われるようになり、都市計画事業全体に混乱が生じる、と不安を煽ったのである。(47)

木屋町線拡張派の動きを見て、河原町線拡張派は、五月四日付で京都市会実行委員名で、京都市会は一九二〇年以来、木屋町線拡張案を廃棄し河原町線に変更する希望を当局ならびに委員に懇請して今日に至ったが、交通機関の分布や将来の経済効果に鑑み、「大局より打算し」「情実を排して」市会の意見を決定したのでご考慮ください、という陳情書を出した。(48)こうして、河原町線派の動きも盛んになり、五月下旬にかけて、河原町線拡張派・木屋町線拡張派ともに、都市計画京都地方委員会委員を個別に訪問して陳情を行った。この段階では、地元有力紙は、若林京都府知事や内務官僚、馬淵京都市長ら市幹部は都市計画京都地方委員会の決定を尊重すると見て、都市計画京都地方委員会では木屋町線拡張案支持の委員が多いと報じた。(49)

六月九日の都市計画京都地方委員会を前に、六月五日、木屋町線派は木屋町線遂行同盟会名で、「確定五号線路木屋町断行陳情書」を都市計画京都地方委員会の各委員に送った。この「陳情書」では、去年七月八日の都市計画京都地方委員会の決定をみだりに変更すべきでない、との意見が強調された。また、河原町線拡張は犠牲が多く、「思想上の悪化を醸成し」市の「社会政策」上の方針と矛盾すると、「社会政策」という、一九一八年の米騒動後に関心が高まっていた分野を指す用語が初めて登場したことが注目される(50)。「社会政策」とは、第二次世界大戦後の社会福祉政策の源流となる政策である。

木屋町線拡張派の陳情書は、地元有力紙上で、内務官僚や内務官僚出身の京都市長が、都市計画京都地方委員会の決定を尊重したいと考えていると報じられたこと等、地方委員会の決定重視の姿勢が委員の中にあると見て、それに頼ろうとしたのである。さらに加えて、委員の中の内務官僚や京都市長・助役らの「社会政策」への関心にも訴えようとした。これも主張に公共性を増そうという試みの一つといえよう。

木屋町線拡張派は、第三回都市計画京都地方委員会の前日、六月八日の午前九時に円山《まるやま》公園で、木屋町線期成同盟会の中核分子を、一〇〇〇名を目標に集めて大会を開く、という計画も立てた。予定では、大会後に午前一〇時から蓆旗《むしろばた》を押し立てて市役所や府庁に押し寄せ、馬淵市長や若林知事に面会を求めて、主意の了解を求めることになっているという。このような計画を立てたのは、木屋町線拡張が実現するかどうかは、彼らの関係地域の興廃に関係し、戦いは「最後の五分間」にあると考えたからだったという。

ところが木屋町線拡張派の長老たちは、そんな行動は「野蛮」であると反対した。彼らは音楽隊を先頭に、西尾林太郎〔市議〕が総大将、安田種次郎〔市議、都市計画京都地方委員〕ら幹部が参謀となってそれに続き、粛然と隊伍を組んで、円山公園を出て市役所・府庁に行進し、市長や知事に面会を求めるべきという(51)。

その後、木屋町線拡張派では八日に予定した円山公園での大会とその後の行進への参加者を集めるべく、各町に徽章を配布したところ、参加希望者が思いのほか多かった。徽章増発の要求が本部に殺到し、およそ二〇〇〇名にものぼったという。本部では、これでは統括が困難で、「無節制な群衆」が思わぬ混乱を起こし、かえって「天下の同情」を失うようなことがあってはならない、と考えた。そこで幹部が七日一晩徹夜して、中止とするよう奔走した。その代わりに、八日午前、木屋町線期成同盟会の幹部四人に、安田種次郎市議が付き添って市役所に出かけ、馬淵市長・今村惟善助役・永田工務部長らに陳情した。馬淵市長は、市長の権限はわずかに一票であり大勢を動かすことは困難である、との意見をほのめかし、主旨だけは承っておく、と述べるにとどめた。代表者たちは仕方なく、正午に引き上げた[52]。

六月八日の地元有力紙朝刊には、府の近新三郎土木課長（都市計画京都地方委員会幹事）の談話が掲載された。近は、理想案としては河原町線拡張かもしれないが、都市計画法の運用の将来を考慮すると、市会で多数を得れば、その余勢で、いったん委員会で議決したことでも動かせる例を作るのはどうかと思う、と木屋町線拡張派に有利な意見を述べた[53]。近の意見は、すでに報じられた内務官僚の意向を再確認するように見えた。

（2）河原町線派の動向

他方、河原町線拡張派は一九二二年（大正一一）六月七日に、木屋町線拡張を止めて、木屋町一帯を「風光明美《ママ》を生命とする京都市の神髄」として残すべき、との「陳情書」を都市計画京都地方委員会委員の馬淵京都市長宛に提出した。これには、木屋町通で旅館・料理屋・席貸・運送業等を営んでいる住民六七名が署名していた[54]。

ところで、前年七月に馬淵鋭太郎が京都市長に就任して以来一年経っていた。しかし、すでに検討してきたように、木屋町線拡張か河原町線拡張に修正するかをめぐる対立に、一九二一年一二月一九日の市会で河原町線派を支持する含みを持つ発言を初めて行った外、この時期まで、市長の関与は積極的でなかった。

すでに述べたように、馬淵は市長に就任する前、京都府知事であったので、また都市計画京都地方委員会では議長を兼ねており、木屋町線拡張への原案からの修正や、同線拡張の維持か否かをめぐる論議の経緯は、よく理解していたはずである。それにもかかわらず、木屋町線か河原町線かの市会の論議に積極的に関与しようとしなかったのは、前任者の安藤謙介市長が、市会全体の不信を買って辞任に追い込まれ、その後七カ月以上も市長が決まらないという状況があったからだろう。馬淵は、市会に次いで都市計画京都地方委員会の意思がいずれに固まるのか見極めた上で、敗北した派の反感を買わないような形で、決定した方向で都市計画事業を進めようと、慎重に行動していたと思われる。

京都商業会議所の都市計画地帯研究委員会は、木屋町線は東側のほとんど全部は旅館兼料理の貸席業者であるので、路線の改修によって商工業の発達が促されるのは西側だけで、三条と四条の間には先斗町《ぽんとちょう》遊郭があり、西側一帯の面目は一新されない、また高瀬川を埋め立てることは「遊覧都市」としての「生命を傷つける」と、河原町線に再修正することに賛成であった。しかし、浜岡光哲会長が、河原町線か木屋町線かで対立している中で商業会議所として賛否を発表するのは好ましくないと、河原町線支持の意見表明に反対したので、約一年半前と同様に沈黙を守ることになった。(55)

（3）第三回都市計画京都地方委員会の出席者

第三回都市計画京都地方委員会は、一九二二年（大正一一）六月九日午前九時一〇分から開かれた。この日は早朝より、木屋町線拡張派も河原町線拡張派も、有志が隊を作って府庁に行き、おのおの「一種の示威運動」に余念がなかった。特に木屋町線期成同盟会では、杉本重太郎委員長以下数十名の人々が宣言書を携えて府庁玄関前に陣取り、都市計画委員の登庁を待ち受けて手渡した。(56) 宣言書の内容は、都市計画京都地方委員会で決定したことは、市会の意志で変更すべきでない、というこれまでも主張されてきたものである。しかし次のように、万一河原町線拡張に変更されるなら、それは日本の憲政上、議会政治上の問題ではないか、とさらに大げさな主張をした。

勅令に依る決定は市会の意志に依て左右せらる、者なりや。是れ憲政上の一大問題なり。又当局威信の一大問題なり。万一変更の場合に立至らば独り一地方の問題に止らず、是れ実に帝国議会議政壇上の問題ならずや、謹で御明鑑を仰ぎ候(57)

この日の都市計画京都地方委員会の出席委員は、議長を務める会長の若林賚蔵（京都府知事）、議決に加われない幹事の近新三郎・井尻良雄を除いて三八人であった（表9－1）。欠席者は、東京出張中の飯田盛敏（京都府産業部長）ら四名にすぎなかった。(58)

出席者中で、河原町線拡張に変更することに一般に反対と地元有力紙に報じられた「内務官僚」は、若林知事を除くと三人にすぎない。河原町線に好意的な発言をしたこともある前京都府知事の馬淵京都市長を入れても四人で、人数的には多いとはいえない。それに対し市会議員は九人で、そのうち河原町線拡張に賛成が確かな者は五人である。

なお、久保長次郎府議は京都市議も兼任し、市会では一九二一年九月一七日に「高瀬川保存に関する意見書案」に反対（木屋町線に賛成）であったことが確認される。(59) しかし約二カ月後の、同年一一月一八日の市会で、都市計画第五号線を木屋町線から河原町線に変更する意見書は、高瀬川保存の意見書が二五対一八で可決された以上の差で可決されたらしい。すでに述べたように、市会会議録には、反対派（木屋町線派）の抵抗はあまり表現されず、廃案説（木屋町線拡張維持説）は賛成者「少数」で否決され、河原町線変更意見書が可決されたとある。このことから、府議兼任も含めた市議一〇名中、河原町線賛成者は少なくとも五名、あるいはそれ以上いる可能性がある。市議以上に河原町線への変更に人数的に大きな影響を及ぼしそうなのは、京都帝大教授などの学者の集団で、六名もいる。彼らの動向は、新聞では特に報じられていなかった。

この日の都市計画京都地方委員会では、床次竹二郎内務大臣の一九二二年四月一五日付の諮問に応じ、第五号線変更の可否が、第四号議案として提出された。

まず山県治郎内務省都市計画局長（前都市計画課長）は、問題の経過を説明し、次のような提案をした。(1)市会の建議は従来の建議に比べ、「余程適確な意見」を出してきたので、内務大臣としても、この提議に考慮を払わないわけにはいかない、(2)市会は「市民の意思を代表するもの」であるので、市会の建議に「相当重きを置き、之を考慮し、之を尊重する」ということは「当然であらうと思ひます」、(3)しかし、都市計画事業は自治事務ではなく、取扱いの表においては「国の事業」になっている、市の自治に重大な関係があることは申すまでもないが、六大都市、ことに京都市のような都市は、「地方の都会」であると同時に、「国家の都会」である、(4)都市計画事業は住民に非常の利害があることはもちろんだが、国家の事業である等の見地から、「決定権」は市会にはなく、都市計画

表9-1　第3回都市計画京都地方委員会の出席委員

委員名	肩　書	委員名	肩　書
長　延連	京都府内務部長	高橋　其三	宮内事務官
奥　繁三郎	衆議院議長，京都府選出衆議院議員	田島　錦治	京都帝大法学部教授　△
福井正太郎	京都帝大事務官	池田　有蔵	京都府議　●
浜岡　光哲	京都の有力実業家	野村与兵衛	京都市議　㊀
鈴木　紋吉	京都市議　○	宮脇　梅吉	京都府警察部長
永田兵三郎	京都市工務部長	小西嘉一郎	京都市議　㊀
今村　惟善	京都市助役	橋本永太郎	京都市議，京都府議　㊀
前田嘉右衛門	京都市議　○	小松美一郎	京都府議　●
安田種次郎	京都市議　㊀	岡田　意一	鉄道省参事
田辺　朔郎	京都帝大工学部教授　△	大岩　弘平	逓信省技師
津田　明巌	京都府議　●	楠　正篤	大阪税務監督局長
田畑庄三郎	京都市議　○	武田　五一	京都帝大工学部教授　△
大瀧鼎四郎	京都市電気部長・技師長	小川瑳五郎	京都府立医学専門学校校長　△
元川喜之助	京都市議　○	大藤　高彦	京都帝大工学部教授　△
内貴甚三郎	前京都市長	前田　彦明	京都市議　○
戸田　正三	京都帝大医学部教授　△	田中祐四郎	京都府議　●
松風　嘉定	実業家	山県　治郎	内務省都市計画局長
中川新太郎	京都府議　●	久保長次郎	京都府議，京都市議　●
山本　信要	鉄道技師	馬淵鋭太郎	京都市長，前京都府知事

注：1）人名は「第三回都市計画京都地方委員会議事速記録」（京都市歴史資料館所蔵）より拾った。
2）○は京都市会選出，●は京都府会選出委員。ただし，㊀は河原町線拡張反対派の市議。高瀬川保存建議に反対したり，『京都日出新聞』（1922年5月28日）でそう報じられたりした市議。
3）△は学者委員。

委員会がその決定をする、(5)市会の建議があったところで、ただちにそれによって発案するわけにはいかず、委員会の意見もどのようであろうか、委員会の意見によっては内務大臣も、もう一度考え直すという意味において、今日の諮問案が出ている。(60)

山県局長の説明は、市会の建議に相当重きを置くべきとする一方、都市計画事業は国家の事業であるので「決定権」は市会にはなく、都市計画委員会がその「決定」をし、委員会の意見によって内務大臣ももう一度考え直す、というものである。委員会での決定の変更に否定的な言葉がまったくないという意味で、どちらかといえば、河原町線の拡張に少し傾いたものといえよう。すでに述べたように、これは五月下旬段階で地元有力紙が、内務官僚はすでに行われた都市計画京都地方委員会の決定を尊重するので、木屋町線拡張支持の委員が多い、と報じたのと異なっていた。

(4) 河原町線拡張・高瀬川保存が都市計画委員会で決定

一九二二年（大正一一）六月九日の都市計画京都地方委員会では、河原町線拡張派・木屋町線拡張派（河原町線でないという意味で寺町線賛成者も含む）から種々の意見が出たが、これまで京都市会や市民運動の中で出た意見の範囲のもので、目新しいものはなかった。また、河原町線・寺町線・木屋町線の長所と短所などの事情を知らない新しい委員から、説明を求める意見が出て、山県局長が答えた。

意見を述べた委員のうち、河原町線拡張案支持者は五人、木屋町線案支持者は二人（やや中立的な内貴を加えると三人）である（表9－2）。河原町線支持者が多いように見えるが、意見を述べた者は出席委員の少数であり、それだけからは河原町線・木屋町線いずれに決まるのかは断定できない。当初は意見を決めかね、両者の意見をよく聞いて決断しようと考えている委員も多いのであろう。(61)

委員会での議論の中で、河原町線・木屋町線・寺町線の優劣を尋ねられた幹事の永田兵三郎（京都市工務部長）は、次のような理由から河原町線が最も適当と答えた。(1)鴨川と烏丸線の中間に近い、(2)下鴨に延長できるなど南北を

表9-2　第3回都市計画京都地方委員会で意見を述べた委員名

河原町線拡張支持	元川嘉之助○　松風嘉定　田島錦治△　鈴木紋吉○ 田中祐四郎●
木屋町線（あるいは寺町線）拡張支持	野村与兵衛㊀　内貴甚三郎（やや中立的＊） 橋本永太郎㊀

注：1）○●㊀△の意味は，表9-1と同じ。
　　2）＊委員を置いて慎重に調査するという意見にも賛成。
出所：「第三回都市計画京都地方委員会議事速記録」。

貫通する幹線道路ができる、(3)たいした建物がない、(4)寺町や木屋町の繁栄が期待できる、(5)木屋町線は河原町線より二〇〇万円ほど安い費用でできると言われていたが、高瀬川を暗渠とする代わりに、木屋町通に下水道を作る費用を含めると、六〇万円ほど安いだけになる、等。[62] 永田は幹部技術職員として、いったんは市区改正委員会で修正された通り、木屋町線拡張を実施しようとしたが、京都地方委員会で優劣を問われると、専門家として河原町線を支持した。

この委員会の午前中と午後再会直後までについて、地元の有力紙は、田島錦治（京都帝大法学部教授）・武田五一（京都帝大工学部教授）らの学者委員が河原町線支持の演説をし、「学者側委員が河原町線派に傾きたる事とて形勢は一般に同派に有利なるものと観測されつゝあり」と、報道した。[63] 武田五一の発言は議事速記録にはなく、彼が発言したというのは新聞記事の誤りであるが（表9-2）、学者委員が率先して河原町線を支持して、河原町線が有利になったというのは事実だろう。

だが投票は無記名投票であり、河原町線拡張派も最後まで確信が持てなかった。[64] 投票の結果は、出席者三七人（開会時より一名減）で、投票数三七票中、河原町線賛成が二四票、木屋町線賛成が一三票で、一一票もの大差で河原町線派が勝利した。こうして、河原町線に変更することを、床次内務大臣に答申することになった。[65]

翌日の地元紙は、河原町線派が勝利したのは学者委員が「理想論として」河原町線を支持したからだ、と前日の午後再開の直後までと同様の評価をした。[66] しかし、京都市会選出の河原町線派の委員五名、府会選出委員六名、学者委員六名が全員河原町線に賛成しても、河原町線派は一七名にしかならない。投票日の翌日の談話で、永田兵三郎京都市工務部長は、すでに一九一九年一二月に京都市区改正委員会に出した原案を作った時から、「河原町線が即ち理想線なのだ」と「気焰」をあげたことから河原町線支持者だとわかる。この永田を含めても、一八名である。河原町線派は二四票を得ているので、官僚委員の中にも河原町線を支持した者がいる可能性がある。

都市計画京都地方委員会の三日後に、地元紙では河原町線と木屋町線の争いを、「河原町線派の巧妙な運動振が期日切迫と共に猛烈を極めたのと、木屋町線派が声ばかり大きく上滑りの示威《じい》をやつて居たのは妙な対照であつた」と報じた。(68)

地元紙の記事は、河原町線派の巧妙な運動と木屋町線派の声ばかり大きい上滑りの示威とを対照させているが、すでに述べたように、河原町線派は都市計画の合理性や歴史的景観保存などの理念を提示して京都市の歴史と未来という立場から公共性を訴えた。そのため、各々の都市計画委員を説得できたので、裏面の運動が効果を及ぼしたのである。逆に、立ち退きする住民の困窮以外に京都市の将来を長期的に展望する理念に欠ける木屋町線派は、声高に示威運動をするしかなく、公共性を十分に提示できなかったのだった。

（5）河原町線拡張工事延期の陳情

さて、河原町線への変更が可決され、河原町の拡張のため、河原町四条以南から河原町松原まで、たいていの所は西側に九間（約一六メートル）以上一〇間程度を切り取られることになった。切り取られる地区を含んだ、河原町高辻上《あが》ル冨永町は一八〇戸のうち一二〇戸が、同松原上ル清水町は一八五戸のうち五三戸が、また稲荷町は一〇〇戸前後が移転せざるを得ない。一戸五人前後の家族と見積もると、千数百人の人間がたちまち行き場に困るという。このように、「都市計画が産んだ住民離散の悲劇」と題した記事が、一九二二年（大正一一）六月一八日に報道された。(69)

また七月初めには、河原町線反対派の人々は、諦《あきら》め切れないが今さら木屋町線に変更することは難しいとみている、とも報じられた。むしろ京都の都市計画事業を烏丸線の北への延長だけに留め、その他の事業は一切打ち切りとするのが良いと考えているらしい、とも見られた。地元有力紙は、河原町線反対派のこの主張は「最後の窮策にて感情論の変化したものであることは又云ふまでもない」と、批判的に見た(70)。

七月六日夜、河原町通二条以北の住民は河原町線拡張工事の実施の延期を求め、寺町竹屋町「革堂《こうどう》」（天台宗の寺）において有志大会を催した。参加者は一五〇余名に達した。彼らは河原町二条北入《い》ル清水町を筆頭に、大文字町、指物《さしもの》町（以上三十一組）、伊勢屋町、桝屋《ますや》町、出水《でみず》町、上生洲《かみいけす》町、宮脇町、桜町（以上二十二組）、九軒町、中《なか》御霊《ごりょう》町、大宮町（以上十一、十二組）の有志たちであった。いずれも熱弁をふるい、市当局を批判した。九日夕刻から同所で代表者会を行い、実行委員の選挙を行うという。また近いうちに一定の事務所を設け、大々的に運動を開始し、河原町三条以南の有志とも連絡を取り、堅く連携して当局を動かす計画だという(71)。

七月九日、河原町通二条以北の「各町代表者会」が、六日同様に寺町竹屋町の「革堂」において行われた。協議の結果、顧問に日比野一郎・大国弘吉（前市議）・西尾林太郎（市議）・石田秀次郎・友田金三郎（市議）・中村弥三郎（市議）ら、有力者多数を推薦した。さらに二三名の評議員を選出、森田益三郎（銅駝校区）・山下勇吉（春日校区）・宮崎安次郎（京極校区）の三名が会計担当となった。七月一一日にも同所において評議員会を開き、連判状や捺印その他の件を協議するという(72)。これらの運動は、近代京都の地区の伝統的単位である小学校の学区(73)を基礎としていた。

しかし、河原町線拡張着工の延期を求める二条以北の住民と以南の住民の連携はならなかった。七月二七日付で、二条以北の住民たちは二条以南の住民たちとは連携せずに、河原町線拡張に関する「陳情書」を当局に提出した。同時に最も「穏便なる手段」で願意の実現を図ることになった。また、同関係住民五六二名は、河原町線延期二条以北期成同盟会を結成し、委員長に森田益三郎、副委員長に亀苔真定《きたいまささだ》を選んだ(74)。

「陳情書」の内容は、京都市永遠の発展のため、河原町線拡張の指定地域の住民として、自己の「利害」を顧みず、実施の犠牲となることを覚悟している、という穏健なものであった。その上で、かつて木屋町線拡張が決定したので、河原町線沿線住民は安心して従来の店舗を改造築し、あるいは住宅を移して店舗を新設したり、家屋を新築したりし、またその工事途中のものも多くある、と現状を述べた。さらに、「突然」の河原町線への変更に「狼《ろう》狽《ばい》」している、と窮状を訴える。くわえて、京都市の住宅難の現状を考慮すると、多数の住宅を得ることはほとんど不可能である、と移転の困難さとそれに伴い家業を失う恐れを述べる。そこで、「適当の時期迄河原町線拡張実施の儀、特別の御詮義を以て延期」してほしいと陳情した。

この間、河原町線拡張への変更は、床次内相の同意を得、七月一二日に閣議で承認されて正式に決定した。しかし、河原町線拡張延期を求める運動は、翌一九二三年四月になっても続いた。

本章で明らかになったのは、第一に、京都市会が一九二一年（大正一〇）九月一七日に高瀬川保存に関する意見書を可決し、一一月一八日に河原町線拡張復活建議を可決したことが、翌年六月の第三回都市計画京都地方委員会で変更の議案が可決される端緒となったことである。

河原町線拡張派の論理は、その方が都市計画に交通網として合理性があり、史蹟や歴史的景観保存の立場からも、高瀬川を保存するべきだというものである。両方ともに未来の京都の発展にとっても大事である、と公共性を主張した。彼らは、市会内に高瀬川保存に関する委員会を、市会外に高瀬川保存期成同盟会を作り、委員を選び、中央の名勝史蹟保存調査会の委員や床次内相など内務当局、都市計画京都地方委員会委員等に働きかけた。

第二に、木屋町線拡張派も、木屋町線期成同盟会を作り、多数の署名を集め、京都市会、市当局、床次内相、都市計画京都地方委員会委員等に陳情活動を行ったが、河原町線を拡張すると、より多くの住民が立ち退かざるを得なくなって困ること以外に、公共性への有効な論理を出せなかったことである。京都市会で木屋町線派が敗北し、後に、それが第三回都市計画京都地方委員会での決定にも影響を及ぼしていくのは、このためである。

第三に、京都市民の代表である京都市会が、河原町線拡張に変更する建議を可決したことの意味を、床次内相ら内務当局は重く受け止め、京都市会の意見は適当かどうか、第三回都市計画京都地方委員会に諮問したことである。

その後、第三回都市計画京都地方委員会で河原町線拡張への変更が一四対一三の大差で可決されたのは、京都市・府関係の委員・学者委員の他、官僚委員の中にも変更を支持した者がいると推定されることである。これは、都市計画の合理性や史蹟・歴史的景観保存という今日にも通じる公共性の論理が、委員たちの支持を得たからであろう。

これらの点からも、都市計画事業は内務省の主導性が強く、各地方自治体や市民の主体性は弱かったとの評価は、訂正されるべきである。また、各都市の事業計画の決定の中心となる都市計画地方委員会に関しても、内務官僚がリードし、各地方自治体や市民の主体性は弱かったとの評価は、訂正されなくてはならない(75)。

第四に、この間において馬淵鋭太郎京都市長が都市計画事業についてのリーダーシップを積極的に行使しなかったことである。また、永田兵三郎工務部長ら京都市の幹部技術職員も節度ある態度をとって、上部の意思決定機関で決まった大枠に基づいて、黙々と計画を立て、上部機関から求められる情報を伝えた。市長と市幹部技術職員は困難な状況下で、公共性と合理性を重んじる立場に立って、長期的視野に立った判断をした。最終的に、永田工務部長は事業の合理性と歴史的景観を公共性と見て、河原町線拡張を支持し、馬淵市長も同様だったと見られる。これが市会や市民の対立にもかかわらず、事業が進展できた、もう一つの理由である。

第十章　戦後不況下の都市計画事業の推進

前章に引き続き、本章では、一九二二（大正一一）年六月に河原町線拡張が実質的に確定した後の過程を中心に考察したい。この時期には、都市計画事業の実施に向けての計画が具体化し、一部着手された。しかし、戦後不況の影響で政府の財源が厳しくなり、同じ六月に成立した加藤友三郎内閣は、財政の大幅な緊縮方針を打ち出した。このため、京都の都市計画事業に当面は国庫補助がどれほど出るのかわからない中で、都市計画京都地方委員会が河原町線拡張を決定した直後の状況で発端を示したように、都市計画事業延期論が出てくる。そこで、まず事業の延期運動と延期論を述べ、それらが事業の推進論に屈服させられ、事業が推進された過程を考察する。

次いで、一九二二年九月八日の第四回都市計画京都地方委員会や、九月一九日と一〇月一三日の二回の市会で、事業の財源や移転補償等の具体的な審議を通して事業推進の意思が確認されたことを論じる。さらに、借家人にもこれまで以上に配慮するというように、都市計画事業の思想も反映された事業の推進方式が合意されたことを検討する。

それに加え、同年六月九日の第三回都市計画京都地方委員会で都市計画区域の原案が可決され、九月八日の第四回都市計画京都地方委員会で防火地区指定の原案が可決されたことについて論じる。これも都市研究会で論じられ、内務省の方針となっていった事項であった。

1　烏丸線（道路・市電）北進の決定

（1）予算額に合わせた新路線案

この第1節では少し時間をもどして、河原町線拡張が事実上確定するまで、京都の都市計画事業がどのように実施されたのかを、まず前史として論じる。すでに述べたように、一九二一年（大正一〇）七月八日の第二回都市計画京都地方委員会で、都市計画の初年度から一〇年度にわたる施行年度割表が修正可決された。これにより、初年度にあたる大正一〇年度（一九二一年度）は、全体の一割の事業を実施する原案を修正し、その半分の五分を実施することになった（第八章第2節（1））。この年度割によると、その頃、京都市内で木屋町線拡張か河原町線拡張かで対立していた五号線は、総額六五一万二八八円のうち、初年度に二一％（一三七万四六八一円）実施することになった。他に初年度は、一五号線（仁王門通新高倉一丁東入ル北門前町―岡崎円勝寺町）（総額一三万三一七〇円）を一〇〇％実施することになっていた。この合計額は、総経費予備費一四万二一四九円と合わせて、一七五万円であった(1)。

ところが、初年度の実施額の大半を占める五号線は、木屋町線となるか河原町線となるかの決着がつかないまま、一九二一年度が過ぎ、年度末を迎えつつあった。京都市からの代表も参加した、都市計画京都地方委員会で決まったことを、京都市がまったく実施しないのは、大きな問題であった。

内務省では京都市の都市計画事業の責任者を呼び出したらしい。永田兵三郎工務部長は、要務で東京に出張していたが、一九二二年三月九日早朝にいったん京都に戻った。馬淵鋭太郎市長・今村惟善助役その他と密かに協議し、重要書類を携えて、同九日夜、再び東京に向かった。一一日には都市計画区域決定の緊急市会が開会されるので、一一日に帰洛の予定であるという。永田の出張の目的は明らかでないが、周囲の事情から推察すると、特に木屋町線問題の解決に関するものであって、主務省としても、京都市自ら発案した関係上、馬淵市長が「荏苒《じんぜん》」（歳月が過ぎ去っていくのに）市会に決定路線の予算を提出せず、実行に入ろうともしないのを、いつまでも放任しているわけにはいかなくなったからであろう。地元有力紙はこう推定した[2]。

そこで、一九二二年度末の一九二三年三月二七日、馬淵市長は、都市計画事業実施のため、一七五万一二四七円の追加更正予算を、京都市会に提出した。翌二八日の市会で、現存の烏丸線を烏丸今出川から現在の烏丸車庫前（北大路通烏丸）まで北進させる道路（第七号線）を拡張し、それから東に曲がり、〔現在の北大路橋西詰《にしづめ》で〕賀茂街道（賀茂川の西岸を南北に走る街道）に連絡する道路（第一号線の一部）をさらに拡張し、市電を走らせる案について、馬淵市長は説明した。馬淵は、府立植物園やその中の運動場の利用のために便利になることや、この工事の費用がちょうど一七五万円位になることを、提出理由に挙げた[3]。

第七号線は、都市計画事業の年度割表によると、第八年度と九年度（一九二八・一九二九年度）にかけて行われることになっており、予算は一四四万八八五九円であった。ところが、一九二一年七月八日の都市計画京都地方委員会で修正されて決まった初年度（一九二一年度）の工事費は、一七五万円である[4]。そこで、一号線の一部を工事に加えて、初年度予定の一七五万円になるようにしたのである。

（2）一年延期された形での可決

後述するように、一九二〇年三月の恐慌後、不況が続き、日本政府のみならず、京都市も財源難であるので、一九二一年度の工事は行われず、事実上、一年延期された形で、一九二二年度から工事が行われるのは、市の財政状況にとっても望ましかった。

これに対し、同じ三月二八日の市会で田中新七市議（河原町線派）は、本年度の計画は財源を電気軌道の積立金から一時流用しているが、長期計画を持たなくて良いのか、と財源について質問を始めた。都市計画の特別税はかけられるのか、また国庫補助は三分の一あると聞いているが、最初の年度は少なく、三〇年間かけて支払われると聞いている。そうならば初めは利息にも足りない額であると、財源的な見通し等について質問を続けた[5]。

田中市議が京都の都市計画事業の財源について心配するのは、一九二〇年恐慌の後、この時期までに、政府も各地方自治体も財源不足になりつつあったからである。田中市議の質問の約一カ月前、地元有力紙はそのことについて論じている。同紙によると、昨今大蔵省のあたりにても、「地方の財源が枯渇し」、特に京都のように「財力の弾力なき都市が、何にも今直に幾千万円の巨費を投じ、不急の工事を起すの必要はない」と主張している者があるという。もっとも、内務省側ではすでに都市計画地方委員会の委員まで選任し、その計画案も決定した今日、今さら中止するのは政府の威厳にも関するから、是非とも断行せねばならぬと主張しているそうである。前京都市長の大《おお》野盛郁《のもりか》は、大阪や東京のごとく財力も余裕があり、少々やり損じても取り返しのつく大都市はどうでもよいが、我が京都などでは都市計画などもよほど慎重に考慮してやらねばならぬ、と述べていた(6)。

他方、同じ市会で野村与兵衛市議（木屋町線派）は、都市計画京都地方委員会で決まったことは、市として実行しなければならない、と主張した。さらに、京都市が旧京都電気鉄道（京電）を買収した際に、広軌の市電と狭軌の京電との軌隔統一《きかくとういつ》（レールの幅の統一）が重要課題となったが、市電の烏丸線北進はこの課題とは関係がないので、それよりも木屋町線を拡張し、京電から買収した狭軌のレール幅を広軌とし、軌隔統一を行うべき、との意見を述べた。くわえて、都市計画京都地方委員会では、一九二一年七月八日に五号線として木屋町拡張が再確認されているので、それをやらねばならぬ、とも主張した。野村は追加の質問で、木屋町線は小型の電車車体を使っており、本数も少なく、狭い木屋町通で高瀬川に臨んで乗り降りにも場所の余裕がない、と現状の不便さも訴えた(7)。

西尾林太郎市議（河原町線派）は、烏丸線を北進させるより、熊野神社前で終わっている東山線（東大路線）を北進させて、東の方から〔現在の北大路通に当たる道路を西に曲がって〕植物園の近くまで電車を敷く方が沿線の〔京都帝国大学・第三高等学校・中学校等〕学校を考慮しても収入の期待がある、と烏丸通北進に反対した(8)。

鈴木紋吉市議（河原町線派）は、木屋町線の軌隔を統一して広軌とし、車体の大きなスピードの出る電車を走らせるべき、との野村市議（木屋町線派）の説を「最も要領を得た説」だと信じている、と支持した。さらに鈴木は、木屋町線か河原町線かという問題は「一部〔分〕の事である」のでどちらかにまとまるに違いない、それにもかかわらずこれを捨てておいて、期限が来たからと、「不利益な」別の線を敷設するのは良くない、と論じた。鈴木は

「木屋町線なり、河原町線なり、何れの線にも賛成」する、とすら述べたのである。(9)二年以上にもわたって、木屋町線か河原町線かをめぐって市内で対立が続く状況に、本来河原町線派で、前年一二月の河原町線拡張復活の意見書の提案者でもあった鈴木市議（第九章第2節（1））ですら、どちらでもよいから早く市としての方針を決めて着工してほしい、と主張するまでになった。

井林清兵衛（河原町線派）は、野村市議が当初は木屋町線反対であったのに対し、木屋町線支持に変わったことを暗に批判した。続いて、野村市議の言うように都市計画京都地方委員会で木屋町線に決定しているというが、地方委員会に権利があるなら、何のために一七五万円も金をかけて我々がやかましく言わなければならないか、市民が金を出すので決して地方委員会が金を出すのでない、(10)と井林市議は地方委員会の決定を市会が変更する権利があると主張した。

このやり取りは、四カ月前の市会での高瀬川保存に関する意見書、河原町線復活の意見書をめぐり、意見書に反対の野村市議と賛成の井林市議との間で戦わされた論争の再来であった（第九章第1節（2））。

田中市議の都市計画財源についての質問に対し、馬淵市長は十カ年の財源計画を立てないと事業は遂行できないが、都市計画特別税は勅令の発布がまだなので実施できない、経済界の状況から起債もできない、と答えた。さらに、一九二二年度以降については、どうしても財政計画を立てないといけない、と述べた。次いで、市の技術系の責任者である永田兵三郎工務部長は、国庫補助については未だ確定していないが、道路の補助は三分の一ということは大体決まっている、と答えた。また三〇カ年かけて補助金が支払われるという点に関し、大阪市や横浜市は三年から五年の間に三分の一補助が支払われているので、京都市の場合も、事業に着手し進行したなら、三〇カ年というのではないだろう。もっと早く補助を与えられると思う、と永田は答えた。(11)

また都市計画地方委員会で決まったことはどうしても実行すべき、という野村市議の質問に対し、馬淵市長は地方委員会の決議は年度割の歩合を決定するものであって、どの路線から着手すべきかまで決定するのではない、等と説明した。(12)

西尾市議の利益を見込める東山線の北進の方から着手すべき、との意見に対し、永田工務部長は、五号線の初年度の年度割の一七五万円に大体費用が同じでまとまりのある路線として、烏丸線の北進を選んだと、馬淵市長と同様の答をした。

木屋町線でも河原町線でも何日かかけてどちらかに決すればよい、との鈴木市議の意見については、馬淵市長が京都市会の河原町線への変更を求める意見書を、内務大臣が都市計画京都地方委員会に諮問するかどうかにも関わっており、短期間にどちらかの線に決定するのは「至難」である、と答えた(13)。

これらの質疑があった後、五号線拡張の代わりに烏丸線を北進させる一七五万円余の追加更正予算を市会は賛成多数で可決した(14)。

烏丸線北進の追加更正予算の審議を通し、京都市の都市計画事業の予算の次年度以降については未確定の要素も多いことが確認されたが、市会の多数意見として実施することで意思を統一したといえる。

2　都市計画事業延期運動

（1）市会内の延期意見書提出の動き

前章で述べたように、一九二二年（大正一一）六月九日、第三回都市計画京都地方委員会で、木屋町線拡張を河原町線拡張に変更することが事実上決定された（正式決定は七月一二日の閣議）。

この京都地方委員会の河原町線拡張の決定に対し、同年七月六日以降、河原町通二条以北の住民や三条以南の住民は、河原町線拡張工事の実施延期を求めて運動を始めた（第九章第3節（5））。

こうした動きを受け、八月下旬になると、京都市会の会派である公正会内の河原町線沿線の市議が、同じ市会会派の辛酉倶楽部《しんゆうクラブ》と連携して多数派を形成し、河原町線と烏丸延長線拡張の延期案を提出しようとしている、と報じられるようになった(15)。

その後、旧木屋町線拡張派の市議の安田種次郎・橋本永太郎・野村与兵衛・西尾林太郎らが多数の賛成を得て、二九日に開かれる市会に都市計画事業無期延期の意見書を提出するとの噂が流れた。

それについて、安田市議は次のように、新聞記者に語っている。⑴都市計画事業は一〇年間に遂行することになっているが、必ずしも一〇年間で完成しなければならないということでもないであろう、⑵「財源涸渇《こかつ》」の折柄、強いて進行しなければならない必要が、事業問題としてどこにあるのか、⑶事業を無期延期とするか一時中止とするか、まだ何とも決定していない、⑷都市計画事業無期延期の意見書に二一名の賛成者があるといわれているが、まだ調印してもらってはいない、⑸白友・辛酉両派の同志一二・三名だけは調印を得ているが、自分の所属の公正会員に対しては話だけはしてある者は多いが、会に対して諮らねばならぬことになっているから、多分二七、二八日頃に開かれる「部屋会議」へ持ち出すことにしている、と。[16]元来、木屋町線派は河原町線派に比べ、立ち退きなども少なく、費用が安いというのが主張理由であり、京都の都市計画事業に消極的であったといえる。一九二〇年代に入り、戦後不況で京都市のみならず日本政府の財政状況も厳しくなっていくと、自己の主張が実現しなかったこともあって、旧木屋町線派が都市計画事業の推進にも疑問を抱いていくのは自然なことである。

さて、当時の京都市会議員の数は、五二名である。都市計画無期延期の意見書に仮に二二名の賛成があったとしても、意見書は市会では可決されない。しかし、うち一人は議長の川上清なので、万一さらに四名が賛成すれば、意見書は通過してしまう。

この無期延期意見書の意義を明らかにするため、あらためてこれまでの経過を振り返ってみよう。一九一九年一二月の京都市区改正委員会（都市計画京都地方委員会の前身）で、主に京都市議でもある委員たちの意向で、原案の河原町線拡張が木屋町線拡張に修正された。それが、その後市会で河原町線復活建議が可決されたのを背景に、一九二二年六月の第三回都市計画京都地方委員会で、再び河原町線拡張に変更することが決定された。これに対し京都市会が、財源がないことを理由に事業を無期延期するか一時中止するような建議を可決するなら、都市計画京都地方委員会や政府は、京都市会の無責任な方針変更に振りまわされていることになる。都市計画地方委員会の威信や、それを最終的に認可した内相・政府の威信もなくなる。さらに、それが悪い先例となり、全国の都市での都市計画事業の遂行が混乱する恐れがあった。

『大阪朝日新聞』（京都付録）は、立ち退きを迫られる下層民（借家人）が多く発生する河原町線よりも、木屋町線拡張支持に傾いていたが、旧木屋町線派を中心としたこの動きには、同調しなかった。同紙は、烏丸線延長を除き都市計画事業を無期延期する建議は市会を通過するかもしれない形勢にあると見た上で、この動きは「豹変《ひょうへん》常なき市会の醜態を天下に公表するものに過ぎず」と批判的に報道した(17)。

都市計画京都地方委員会の会長で議長を務めているのは、若林賚蔵《わかばやしらいぞう》京都府知事であり、行政上で京都府は京都市を管轄していた。万一、都市計画事業無期延期や一時中止の意見書が、かなりの市議の支持を得て市会に提出される可能性があるなら、その前に若林知事は何かする必要があった。

都市計画事業延期の意見書を出そうという市会内の動きを知り、八月下旬になると、河原町通二条以北の住民は大いに気勢を上げ、関係学区居住の市会議員を歴訪し、しきりに同意を求めつつあった(18)。

（2）市議の中に延期論が広まった理由

この前年、一九二一年（大正一〇）一一月、第一次世界大戦後の一九二〇年恐慌から不況が続く中で、政友会による政党内閣の中心で、実力者の原敬首相が暗殺された。原内閣を受け継いだ政友会の高橋是清内閣は、内紛のため半年ほどで倒れ、海軍大将の加藤友三郎を首相とする官僚系内閣ができた。加藤内閣は、同じ政友会を準与党としながらも、大蔵省出身の蔵相市来乙彦《いちきおとひこ》の健全財政・緊縮財政路線に従い、一九二二年六月二〇日の閣議で、必要やむを得ないものや緊急で放置し難いものの他は、新規事業は認めない方針を打ち出した(19)。日露戦争後、京都市をはじめ、東京市・大阪市・横浜市・名古屋市の都市改造事業は、政府の保障のもと、フランス・イギリス等の膨大な外債を財源として、国庫補助金も得て行われた(20)。今回の都市計画事業は、政府の緊縮財政方針によって、外債を財源とすることや国庫補助金を得ることが困難となったことが大きな特色で、事業を長期間にわたって少しずつ実施していかざるを得なくなった。

都市計画事業延期問題で注目すべきは、延期建議提出の動きの中心となったのは旧木屋町線派の市議であったが、この建議に旧河原町線派の市議の一部も同調していることである。市会で多数を占めた旧河原町線派が、事業推進か延期かをめぐって旧木屋町線派と明確に区別できなくなる傾向にあるなら、場合によれば延期説が多数の支持を得る可能性もあった。

このような状況になったのは、地元の有力紙によると、加藤友三郎内閣が大阪府に地方債の起債を絶対に許さぬと通達したと伝えられたことが、第一の原因であった(21)。加藤内閣が成立する約一年前、京都市当局が作成し、一九二一年七月八日の第二回都市計画京都地方委員会に参考資料として提出された事業の財源計画によると、市債二二六八万七〇〇〇円、国庫補助金九六五万四〇〇〇円、受益者負担金二五〇万一〇〇〇円と、市債が財源の主要部分を占めていた(22)。

起債が許されないとすれば、都市計画事業は都市計画法第六・八条に基づき、市の保有金の範囲内で遂行されねばならない。そうなると、市電収入の剰余金年一五〇〜一六〇万円以外には、受益者負担と国庫補助があるのみである(23)。その国庫補助金も、政府の財政方針によるなら、どの程度の額がいつ下りるのかも不確定であった。

都市計画事業の延期を求める意見が出る第二の理由は、仮に政府が起債を許したところで、現在の金融界の状況では国内で起債ができるかどうか、困難な状況であると見られたことである(24)。しかし、政府の保障の下で外債を募集するのは、政府の財政状況からも、さらに困難と思われた。

しかも、京都市は旧京都電気鉄道（狭軌）を買収した際に、広軌の市電との軌隔統一（レールの幅を同一にする）の課題を抱えており、都市計画事業にさらに費用がかかる。現在の市の経済状況を考慮すると、五号線は河原町線か木屋町線かいずれにするかの紛争があったので、とりあえず烏丸線を北へ延長する事業を行ったように一時的な弥縫《びほう》策を講じなければならない破目になる。都市計画事業を絶対に中止できず、政府が起債をさせない方針であるなら、一〇年の年度割を一五年、あるいは二〇年に延長することを認めざるを得ないであろう(25)。このように、地元の有力新聞は論じた。

（3）事業推進か延期か

この間、一九二二年（大正一一）八月、永田兵三郎京都市工務部長は、新聞記者に以下のように発言している。(1)都市計画事業は国が遂行し、その財源は市で心配するものであるが、法令上は中止できにくい性質のものである、(2)しかし、それは法理論で、財源を心配しなければならない市に金がないとすれば、中止することもやむを得ないとも思われる、(3)市会に実施の反対があり、「世上の噂の如きもの」（都市計画事業無期延期や一時中止の意見書）が市会を通過すればもちろん尊重しなければならない、(4)やるかやらないか法令の示すところに従えば、市会の多数意見が反対ならば中止する他はない[26]。永田部長は、京都市の都市計画に関する技術職員中で最も重要な人物で、これまで京都の都市計画事業を推進してきた。その永田が、市の財源難から、市会の意向で京都の都市計画事業の延期や中止もありうるとの立場を公言した。これまでの永田の言動から判断すると、ここでの永田の意図は事業の中止もやむを得ないということではない。永田は起債を認めない国の方針を言外に批判し、財政難が厳しくなった中で、国に対し是非とも国庫補助を行ってほしいという要望を表しているのである。

同じ頃、政府による起債の承認と、事業の費用に三分の一の国庫補助があれば、事業の延期をしなくてもよい、との見解が以下のように出されている。これは、永田の立場を代弁しているものといえる。

八月二四日の地元有力紙は、河原町線拡張の経費は、道路費三七〇万円、軌道敷設費一五〇万円程であり、起債額は合計六三〇万円（仁王門および今出川、寺町連絡線を含む）ほどに過ぎない、とみた。さらに事業には三分の一の国庫補助もあり、内務大臣から電車賃値上げに関し九分の四を出ないように制限されているが、起債の利子を年八・五％と見込み、一年に市電収益金のうちから一五〇、一六〇万円ずつ償還することは、必ずしも至難のことではない、と予想を立てる。旧公債の償還額を差し引き、三年半位で全部償還できる。したがって、都市計画事業を延期または中止するのは、いささか早計のきらいがある。このような説が延期反対論者の間に盛んに主張されつつあり、これには延期論者も手こずっているという[27]。

このように、都市計画事業推進を求める声は根強いので、安田市議らの都市計画事業延期の意見書に対して、市内で非難が少しずつ高まってきた。そればかりでなく、市議の中でも、都市計画事業は一日も早く行わなければならぬ問題なので、無期延期など無責任極まる意見書の提出には賛成できない、という市議も多かった。そこで結局、五年か七年か、短ければ三年位の延期意見書の提出になるだろうと見られている、と新聞は報道した。もっとも、右延期意見書の対象を、京都の都市計画事業全体とするのか、第五号線（河原町線拡張として決定）のみとするのか等、決定していない模様である、と報じた[28]。事業の延期を主張する人々も、無期あるいは長期の延期を主張できず、対象を限定する者すら出てきた。延期論は崩れていったのである。

八月二六日、京都市参事会は烏丸延長（北進）線の予算一七四万円を四万円削減したのみで可決するなど、諸案件を可決した。また、それを受けて九月一九日、市会は一九二二年度に実行する烏丸線延長予算一五〇万円を可決した[29]。市の理事者と市会は、すでに同年三月に市会でも予算が可決された烏丸線延長のみならず、都市計画事業を推進する意思を、改めて示したといえる。この間、安田市議らの都市計画事業延期の建議案提出の動きについて、当初すでに二一名の市議の調印があると称せられていたが、八月二八日に予定された京都市会開会を前に、まったくの嘘であることがわかった。実際は、西尾林太郎市議（旧木屋町線派）・森田茂市議（旧河原町線派）・鈴木紋吉市議（旧河原町線派）ら白友会の一〇人足らずの市議の調印しかなかった。安田種次郎市議は自分の所属する最大会派の公正会の「部屋会議」に諮って、多数の市議の賛同を得た上で、市会に延期建議案を提出しようとしていた。しかし、市会前日になっても多数の支持を集められず、状況が厳しいので、公正会の「部屋会議」では、野村与兵衛市議（旧木屋町線派）が代弁して、原案を出さずに延期問題を諮るにとどめた。原案がないので、公正会の「部屋会議」では、種々の意見が出たのみであった。結局、重大な問題であるので理事者の意向を確かめる必要もあり、次回に研究を遂げた上でなんらかの措置を取るということで終わった[30]。

3　都市計画京都地方委員会と市長・知事の意思

（1）馬淵市長の意思

すでに述べたように、安田種次郎（旧木屋町線派）ら一〇名ほどの市会議員が都市計画事業延期の建議を提出しようとしたことについて（本章第2節（1））、馬淵鋭太郎市長は批判的であった。その発言の主旨を、一九二二年（大正一一）九月三日に京都の有力紙は、以下のように報じた。(1)この際多少であっても都市計画事業を延期しようとする空気が市会の一部に漂っていることは、将来の都市計画遂行上、好ましいことではなく、禍根をもたらすものである、(2)近く〔市長は〕市会議員たちと協議会を開き膝を交え心を開いて、京都市百年の大計を協議するはずである、(3)そこに持ち出される案は、永田兵三郎都市計画部長の手元で調査中であり、二、三日中には具体案としてすべての見通しがつくはずである。[31] 馬淵市長は、河原町線と木屋町線の対立などには積極的に介入しなかったが、京都の都市計画事業を延期しようとする空気が市会議員中にあることすら好ましくない、と事業実施への強い意思を示した。

馬淵は、内務官僚として京都府知事を務めた後に、京都市長に就任した人物である。すでに述べたように、府知事在任中の一九二〇年八月段階では都市研究会の特別会員になっている（第四章第3節（1））。馬淵の姿勢は、都市研究会や内務省の姿勢と同じといえる。

京都の有力紙は、馬淵市長が提案する内容について、京都市に買収された旧京都電気鉄道（狭軌）と京都市電（広軌）のレールの幅を、市電の広軌に統一する軌隔《きかく》統一事業は急を要するものなので、市長ら「理事者」（市参事会）としては、あくまでも河原町線の遂行を主張する模様である、と推定した。したがって、最初に決定した年度割を延長することはしばらく見合わせ、都市計画京都地方委員会で決定されることになった年度割の期間内において調節することになるだろう、と同紙は見た。さらに、事業遂行した結果、最後に行き詰まった場合に、初めて年

度割の延期が計画されるだろう、とも続けた。(32)

(2) 第四回都市計画京都地方委員会

(1)寺院および墓地移転の建議書の意味

一九二二年(大正一一)九月八日に開催された第四回都市計画京都地方委員会は、事業遂行の意思を再確認した。そこでの議論から、この問題を見てみよう。

京都の都市計画事業の推進か、延期または中止かをめぐる議論に関連して重要なのは、野村与兵衛(京都市議、旧木屋町線拡張派)・小西嘉一郎(京都市議、旧木屋町線拡張派)・田畑庄三郎(京都市議、旧河原町線拡張派)・中川新太郎(京都府議)・久保長次郎(京都府議〔京都市議でもある〕、旧河原町線拡張派)・橋本永太郎(京都市議、旧木屋町線拡張派)・前田彦明(京都市議、旧河原町線拡張派)の七人連名で、寺院および墓地の移転の建議書が提出されたことである。この建議書は、都市計画京都地方委員会会長若林賚蔵《わかばやしらいぞう》(京都府知事)の名で、都市計画区域内の寺院および墓地で、皇室または国家に由緒のないものを他に移転させる法令を規定することを望むことを、水野錬太郎内相に建議することを求めるものであった。(33)

この建議書が提出された意義は、第一に、主に京都市選出の都市計画京都地方委員会委員七人(二人は府議代表としての委員、うち一人は市議兼任)が木屋町線拡張から河原町線拡張に再修正された事業を間接的に推進する意思を示したことである。京都市議として委員に選出されている者は九人で、そのうち五人が提出者として名を連ねている。市会出身の委員の過半数は熱心な事業推進論者といえる。

第二に、建議書の提案者となった京都市議六人のうち、旧河原町線派は三人、旧木屋町線派は三人と、両派の区別はないことである。京都の都市計画事業の推進に関しては、河原町線に確定した後、旧木屋町線派も河原町線で事業を推進することに気持ちを切り替えていったといえる。

第三に、この建議書の意図は、寺院および墓地を移転させることによって、都市計画事業中の河原町線拡張等によって、立ち退かされる住民の住宅を少しでも確保しようとするものであったことである。また、先祖の崇拝といった宗教的なものや伝統に対し、都市計画の合理性の論理が貫かれていた。

このことは、建議案提出者の筆頭であった野村与兵衛が、「道路拡張」のために少しずつ住宅が少なくなるので、墓地や寺院を他に移転、統一させて、跡地に住宅を造ることは、住宅難の現在、都市計画を執行する上で最も必要なことである、と提出理由を説明したことから裏付けられる。(34)旧河原町線派市議も、河原町線拡張は多くの住民が立ち退きを迫られる、と旧木屋町線派が反対していたことを考慮するようになり、旧木屋町線派と和解していったといえる。

(2) 河原町線派・木屋町線派の流動化と事業推進

この建議書に対し、鈴木紋吉（京都市議、旧河原町線派）は、寺院・墓地に関しては一定の法規があるのに新たな法規の制定を政府に求めるのは「矛盾して居」る、と批判の口火を切った。鈴木は、京都は日本の「基いである」ので、京都においては「皇室の尊厳、祖先を尊ぶ」ということは、「祖先崇拝と云ふことに就て国民の思想に非常な影響を及ぼしはしないか」と批判した。(35)日本にとって京都（や京都御所）は特別な精神的存在であり、世界に対しても日本の精神を示す特別な存在である、との考えは、一八八三年（明治一六）一月の岩倉具視右大臣の「京都保存に関する建議」以来のものである。(36)

また、田島錦治（京都帝大法学部教授、最終段階で河原町線支持）は、「繁華な所に余計な庭園等」を有している人々にも移転してもらったらよろしいのに、寺院ばかり移転するというのは理由がわからない、移転しなくともよい条件としての、皇室や国家に由緒があるというのは、誰がどういう方法で判断するのか、等の疑問を出した。その上で、建議書に反対ではないが、重大な問題であるので慎重に考慮するため、次の委員会に新たに建議書を出してもらいたい、と延期を主張した。前田嘉右衛門（京都市議、旧河原町線派）は、田島に賛成した。(37)

ここでも、建議書に、反対もしくは慎重な委員は、寺院・墓地移転に消極的という意味で、さらなる都市改造に消極的な者といえ、いずれも河原町線を支持した委員であった。旧河原町線支持派は交通網の合理性を主張したが、木屋町通と高瀬川という歴史的景観を保存するという、伝統重視の姿勢も持っていた。しかしながら、この段階で展開しているのは、旧河原町線派と旧木屋町線派という対立構図ではない。すでに見たように、京都の都市計画事業延期を主張する中心人物、つまり同事業に消極的な安田種次郎市議は旧木屋町線派である。すなわち、一九二二年九月には河原町線派と木屋町線派という一九二〇年初頭からの対立構図は崩れ出したといえる。

鈴木の意見に対し、野村（前出）は祖先崇拝ということは深く考えており、由緒のないところの墓地・寺院を移転させる法律を作ってほしいというものだ、と繰り返した。また前田彦明（前出）も、京都は繁華な所に墓地・寺院が多く、これらを整理して「第二の健全なる京都市民を造る」ことは緊急である、京都に寺町通ができたのも町のはずれであったためで、この際寺院を市の郊外に持って行くということは必要である、と京都の歴史もふまえて、建議書を支持した。

意見書の提出者の一人の橋本永太郎（前出）や松風嘉定（実業家）も建議書を支持した。また、橋本の質問に対し、山県治郎委員（内務省都市計画局長）は、都市計画に必要な路線を拡張し、軌道を敷設したり、公園を造ったりするのは、現行都市計画法の法規でも十分対応できる、と答えた。しかし、都市の真ん中に墓地があるのは土地の利用上おもしろくないので、郊外に移すということであるなら、新たに法律を作ったほうがよい。内務省においても墓地の移転については考えているので、建議の主旨は悪いことではない、とも山県は続けた。(38)

結局、若林賚蔵会長（府知事）が田島委員の建議書の可否を次の議会まで延期する説の採決をしたところ、出席委員三六名中で一三名の賛成を得たのみであった。そこで建議書の採決を行い、賛成多数で可決された。(39)京都市会内で都市計画事業の実施について延期や中止論まで出てきた中で、このように建議書の可決という形ではあるが、都市計画京都地方委員会は既定の都市計画事業を実施する意思を示した。

その後、鈴木紋吉（前出）は、京都市の財源難の状況から、都市計画事業を一時、中止（延期）してもよいかどうか、内務省の方針を尋ねた。

これに対し、山県委員（都市計画局長）は、次のように答える。都市計画事業は「一般法律と同じく適法の議決を経て決つて居るもの」なので遂行すべきものと思うが、正当の手続きを経れば延長ができると思う。財政が困難ならば、やはり困難な程度において出来るだけやる外ないだろうと思う。他の都市は、京都よりよほど進行しており、名古屋では京都市よりはるかに進行し、神戸においてもほとんど終わりである、と。山県局長は、会議の最後にこう述べて、京都が都市計画事業を遂行することへの期待を示した(40)。

(3) 旧木屋町線派の取調

一九二二年（大正一一）八月二六日の『大阪朝日新聞』（京都付録）は、河原町線と木屋町線拡張争いの中で、双方に寄付の強要と運動費の不正支出があった可能性を報じた。また、京都府警察部佐野一男高等課長の談として、同年七月七日に村田栄次郎（時計商、四条小橋東詰《しじょうこばしひがしづめ》）を五条署に呼び出し、寄付金募金のことに関して取り調べたのは事実である、と報道した(41)。次いで、都市計画京都地方委員会が開催された四日後、九月一二日午前、以前に木屋町線反対運動に携わっていた村田栄次郎が京都府刑事課荻野浪蔵警部補の喚問を受け、種々聴取されたらしい、と今度は地元有力紙に報じられた。府刑事課では、数カ月前から「怪聞の真相」について秘密に調査していたが、最近に至り、運動関係者がしばしば会合したと伝えられる下木屋町の席貸「国友」の女将その他を刑事課に招致して帳簿類の調査を行うなど、焦点を絞り始めたという。

結局、九月一二日から一三日までに喚問された者は、村田に加え、石田利兵衛（西木屋町綾小路）・久鬼三郎（木屋町蛸薬師下間）・武藤太兵衛（河原町三条下ル）・北川某（蛸薬師御幸町）・中沢国三郎（三条小橋西入ル、吉岡家家事［ママ］）・小野某（紙商、四条小橋東入ル）の合計七人であった(42)。彼らはいずれも旧木屋町線派で、木屋町通沿いか、河原町通沿いに住んでいた（「三条小橋西入ル」や「四条小橋東詰」・「四条小橋東入ル」は、木屋町通沿い）。また数日後には、市議も喚問されるかもしれないとも報道された(43)。

九月一七日には、五号線問題（河原町線か木屋町線か）に関しては、河原町線反対派（木屋町線派）の首領株である京都市御旅町《おたびちょう》の櫛商杉本重太郎、同町履物商山田佐太一の両名が府警察部刑事課から呼び出しを受けて出頭、数時間の取り調べを受けた模様である、と地元紙に報道された。同紙は、杉本は現在の木屋町線期成同盟会の委員長（前委員長は市会議員安田種次郎）であり、山田は橋本永太郎市議等が河原町住民有力者で組織した河原町線反対同志会の実行委員代表者である、と続けた。さらに、橋本市議と山田は十幾名の実行委員を選任し、相提携して都市計画京都地方委員会を動かそうと、「猛烈運動を行った事は世間周知の事実」である、と断定した。その上で、河原町線反対派の取り調べは案外早く結了を見るらしく、検事局の具体的活動を促すのも、さほど遠くはあるまいと伝えられている、と報じた(44)。地元の有力紙である『京都日出新聞』は、府警察部の旧木屋町線派幹部への取調べが犯罪に関係しているかのようなニュアンスで報道したのである。

この九月一七日夕方の新聞記事を最後に、旧木屋町線派幹部への取り調べの記事や、市会内の旧木屋町線派を中心に京都の都市計画事業を延期しようとする動きがある（最終的には縮小、場合によれば中止もあり得る）等との記事が出なくなった。

また、すでに紹介した、旧木屋町線派の幹部や市議らの京都の都市計画事業延期の動きとは異なる形で起こった河原町線延期二条以北期成同盟会の動きも、九月一八日の延期陳情書発送（市長・市会議員ら宛）を最後に、新聞にも登場しなくなる(45)。

おそらく刑事課が取り調べを中止するのと（あるいは暗黙の）交換の形で、京都の都市計画事業延期の動きを取り止めたのであろう。刑事課を管轄する警察部長（現在の府警本部長）は、京都府庁で知事・内務部長に次ぎ、序列が三番目である。このことを考慮すると、刑事課の取り調べの動きは、若林府知事の指令か了解を得て行われているようである。つまり、都市計画京都地方委員会委員の間で事業の推進に消極的な声も出てきた中で、府は、事業延期を唱える市民の中核である旧木屋町線派への圧力をかけ、委員を事業推進に導こうとしたのだろう。

若林は一九二一年七月一九日に府知事に就任した後、同年一二月までに都市研究会の特別会員になっている(46)。若林は内務官僚として、また都市研究会の会員として、都市計画事業を推進する積極的な意思を有していたと思われる。

また、原案の河原町線から木屋町線、そして再び河原町線へと変更された第五号線や京都の都市計画事業が事実上の中止（延期）等に変更されるのは、若林知事が会長である都市計画京都地方委員会の権威を損なう。それのみならず、京都府の京都市への監督責任にも関わる。

若林知事ら府当局は、九月八日の都市計画京都地方委員会の審議結果を踏まえ、都市計画事業を遂行すべく、知事としての権力を使い事業推進を求める市議や京都市当局を支援する行動を取ったのであろう。京都の都市計画事業延期を主張する中心人物の安田市議（旧木屋町線派）と同じグループであった旧木屋町線派への取り調べによって、京都市会内の都市計画事業延期の動きは消えていった。

（4）借家人立ち退き補償と公共性

(1)借家人に立ち退き料を払うのか

話を半年ほど戻すと、一九二二年（大正一一）三月の市会で、五号線が河原町線拡張か木屋町線拡張かの決定ができないため、一九二一年度の五号線予定線と同額の費用で、烏丸線を烏丸今出川から北進させることが決まった（本章第1節）。

これを実施するため、京都市当局は用地の測量を行い、建物の実地調査を行い、六月五日に終了させた。次いで、用地と建物の評価額の算定と予算の振り分けに入ろうとした際、当局は解決しなければならない大問題があることに気づいた。それは、所有者以外の借家居住者に対しても、老舗料《しにせりょう》および退去または転宅までの所得弁償を払うべきか、払うとすればいくらか、という問題である。これまで市が支払った先例はないが、「時代が時代だけに何とかせねばなるまい」との議論が強まってきた。近いうちに関係課において具体的立案をした上で、最高幹部会の決定を待つという[47]。第Ⅰ部で述べた三大事業の際にはまったく配慮されなかったことである。この問題が、その後京都市当局の幹部の間でどのように共有されたのか、決定されたか否かについては、わからない。おそらく、次に述べる九月の市会での答弁を見ると、ほとんど共有されていないのであろう。

この問題は、同一九二二年九月一九日と一〇月一三日に開かれた京都市会で審議された。また、この二回の市会は、京都の都市計画事業を推進するという合意を市会レベルで再確認し、事業の推進方法への合意を形成する役割を果たした。以下、市会での議論を見てみよう。

議論の口火を切ったのは、九月一九日の市会における田中新七（旧河原町線派、憲政会、無職）の質問である。田中の質問は、市会で烏丸線（京都駅前から北上し烏丸今出川まで）を北へ現在の北大路通まで拡張する議案が提出されたことに関連したものである。なお、この当時は、北大路通は作られていなかった。

永田兵三郎（京都市都市計画部長）・大瀧鼎四郎（京都市電気部長）が議案説明の後、田中市議は次のような質問をした。⑴現在の加藤友三郎内閣は国費節約ということを「一枚看板」として全国に普及させており、都市計画事業の財源は〔国庫補助があまり期待できず〕厳しいが市長はどのような決意があるのか、⑵イギリスの事業政策は、〔経済状況が〕順境の際には国家の事業はなるべく繰り延べをして、〔経済状況が悪化して〕企業が衰微するならば国家が仕事をして余っている労働者を国家の事業に吸集して調節を図る。このように承知している。「外国電報」によると、現にイギリスの都市は皆不況であるが、各都市が都市計画に全力を注いで、余っている労働者を吸集しているという、⑶イギリスの例によってやりなさいというのではないが、市長は〔京都の〕都市計画事業の性質を考えて、やらなければならないものをやらないと後日に大きな影響がある、⑷衛生上の見地からしても、上・下水道および大小公園の設置、「貧民窟《ひんみんくつ》」の改善が必要で、くわえて寺院・墓地の整理あるいは防火対策も求められる、⑸さらに「加茂川」、高瀬川、紙屋川の改修工事、運河政策、高架鉄道とか互いに作用しあって、都市計画事業は京都市の発展にとって「偉大な力」となるので、大都市の市長として政府の援助を請う必要がある、⑹都市計画事業の財源として、京都市の税収を増加させるため、土地の「増価税、間地税」が勅令が発布されないのでできないなら、想定外の増収となっている家屋税を減税せずに、主務省の諒解を得て、一年に二四万円を都市計画の費用に組み込むこともできる。市長の考えはどうか、⑺受益者の負担については、都市計画京都地方委員会においても協賛されているので、市長は何か方法を計画しているか、(8)借地法・借家法や調停法ができて借家人が負担金を獲得する権限ができ、一〇月一日から施行することになっている。しかし、土地収用法の一部を改正して借家人にも損害賠償を要求する権限を与える法案は衆議院を通過したが、貴族院で握りつぶされた。そこで借家人の立ち退き料をどのようにするのか。[48] 田中市議の質問は、新聞の「外国電報」にまで目を通し、イギリスの状況を理解しての広い視野からのもので、京都の都市計画事業を進めるにあたり、立ち退きする借家人にも配慮して積極的に行えというものであった。

(2)市幹部は借家人を考慮しておらず

これに対し、馬淵鋭太郎市長は、都市計画事業を積極的に実施する姿勢を、一九二二年九月一九日の市会で次のように示した。(1)都市計画事業の遂行にあたって財政の都合を考えなければいけないが、一〇年間で実施するという都市計画京都地方委員会の決議を経て、内務大臣の認可を得たので、京都市は一〇カ年後に完成させる義務を負っている。何とかして義務を果したい、(2)国庫補助については、都市計画のために特に補助額を増すよう政府に求めることは到底できず、道路法によっての補助も、最初は年ごとに三分の一をもらえる考えでいたが、実際は長い年度に区切って三分の一の補助を受けることになる、(3)徴収増加となっている家屋税を都市計画事業の財源とすることや、受益者負担の割合については、政府においても決定しておらず、都市計画京都地方委員会でも決議していないので、確かなことは答えられない、(4)借家人の立ち退きについては、現に烏丸線の買収において相当考慮して行っている、等と答えた。[49] 馬淵市長が国庫補助について十分に確信を持っていないのは、一九二二年秋の段階では中央レベルでも方針が固まっていなかったからである。[50]

もう一つの争点の借家人の立ち退きについても、馬淵市長は具体的に答えず、市長の説明を補足した永田都市計画部長も、家屋・土地や工場を所有する者の移転補償の説明しかしなかった。そこで、西尾林太郎市議（旧河原町線派）・鈴木紋吉市議（旧河原町線派、無所属、古物商）は、借家人擁護の立場から質問した。西尾は、永田が路地に住んで居るような人間はどうでも宜しいというような考えであるのは理解できない、と批判的な質問をした。鈴木は、大会社で資本があって、職工を十分使うだけの余裕のある会社に対しては、日当や費用をやって遊ばせて食わせるような方法を取っているのに対し、借家人は土地収用法に規定がないからどうすることもできぬ、野たれ死にしようとどうしようとかまわないというような態度であるのは、今日の市の仕事として問題がある、と批判した(51)。

これらに対しても、永田都市計画部長は、今までのように借家人に「一厘」もやらずに追い出すようなことははなはだ良くないと考えたので、特に今回はできるだけのことをしたつもりである、と答えるのみであった。そこで鈴木市議は、会社の方は法律によって相当の手当をするが、一般市民には不利益があってもかまわずやるということであったなら、会社の職工に対して〔三カ月間給料の半額を補償するなら〕新例を開くことになるので、一般に噂を生じて良くない現象を生ずるのではないか、と質問した。それについても永田は、土地収用法によって当然受けるべき損害の補償をやるのが当たり前で、従来もやっている、と答えるのみであった(52)。たとえば、永田工務部長は次のように「大京都市」建設の理想を述べていた。

大自然を抱擁する大都市のあらゆる設備、是が即ち吾人の理想の別荘である、「巴里《パリ》の貧民は倫敦《ロンドン》の富豪よりも幸である、何となれば足一度戸外に出づれば、総てが天国の如く美しいからである」とは、巴里市民の矜《ほこ》りである。此意味に於て、大阪の富豪よりも、京都に於ける茅屋の環境が遥かに勝つて居る(53)。

後述するように、永田は翌年四月中旬から約一年間欧米の都市の視察に出るが（第十二章第1節）、この時点では渡欧体験がないので、パリを美化しその「貧民」の生活についてわけのわからない論を立てるのである。また、永田の論は、自然に囲まれた京都の美しい環境を強調することに性急で、下層民の生活についてあまりにも漫然としかとらえていない論でもあった。

馬淵市長や京都市の技術職員で最高の地位にいる永田ですら、市の道路拡張事業遂行の過程で、職工や借家人にどのような休業や立ち退きの補償をしたのかを十分に把握していないことが、市会の質問で明らかになった。二人の市最高幹部は、借家人に対する補償について十分な意思統一をした上で補償を執行していなかったのだろう。第四章第2節で検討したように、都市研究会における都市計画事業の思想には、社会政策的発想が見られるように下層民への配慮もあった。ところが戦後不況下の財源難の中で京都においてそれらは十分に考慮されず、明治期の三大事業と同様に京都市の都市計画事業も中産階級以上しか視野に入れない形になりかねなかった。

これに対し、市会で借家人に配慮せよというような質問が出るのは、大正デモクラシーの潮流を反映していた。前年（一九二一）四月八日に借地法・借家法が公布され、四月一一日に市制・町村制改正も公布され、借地・借家人の権利が配慮されるとともに、直接国税を納付する者に公民権が拡張されたからである。このため、借家人でも市会議員の有権者になる者が少なからず出て、借地法・借家法公布と合わせて、彼らの意向が考慮される状況になった。くわえて、労働者の賃金や就労の権利、小作農民の不作の場合の免租や耕作権など、彼らの生存権がこの時期までに問題となり、労働者・農民運動が各地で起きていたことも関連している。

借家人の生存権を守ることは、彼らが他地域に移るなどの流動性が多いことを捨象すれば、長期的に京都市の繁栄に繋がり、公共性に合致する面もある。しかし、京都市の三大事業においては、事業の公共性（「公利」・「公益」）という観点から、土地・家屋の所有者にその価値未満のできるだけ低い補償しかしない方針でやってきたようである。また、三大事業においては借家人に補償していない（家主個人から引っ越し料として若干の金銭が支払われた可能性はある）。

ここで、借家人の生存権のために多くの補償をすると、その額の問題のみならず、土地・家屋の所有者がさらに多くの補償を求め、コストの面で事業の遂行ができなくなる可能性がある。したがって借家人への補償は、土地・家屋の所有者が納得する範囲に抑えなければならない。すなわち、事業の公共性と借家人の生存権とは、原理的に対立する可能性がある。

結局、田崎信蔵（旧河原町線派）の提案があり、続いて西尾林太郎（同前）も提案し、西尾の提言に沿って、道路拡張に伴う用地買収について、立ち退きや休業補償の執行等の問題について、市会議長指名で九名の委員からなる市会の調査委員会を作ることに決まった。委員が選出され、大島佐兵衛（燃糸業、無所属）が委員長になった。委員には、すでに借家人擁護の立場から質問した田中新七（前出）と鈴木紋吉（前出）は入っていたが、田崎と西尾は選出されなかった。(54)

（5）市会での立ち退き補償の確認

委員会は一九二二年（大正一一）一〇月一三日の市会までに五回開催され、その間に大島委員長と三人の委員による小委員会も三回開かれた。(55) 同委員会は、移転補償の実態について、市の実務を担当している者から十分に聞いたようである。その結果、多数意見として、移転補償については、市当局が執行した措置は「最も当を得たものと思う」との結論を出し、大島委員長が報告した。

この内容は、自宅を所有している者には、近隣の借家賃から所有する自宅の家賃を定め、家賃の三カ月分を補償した。それに加え、家財道具の運搬費も、「大八車」（荷物運送用の大きな二輪車）何両に積めるかを算定し、一両の運搬賃を三円と見積もって補償した。

借家人には、家賃一カ月分の補償に加え、畳一畳について三円（現在の一万円強）の割合で移転料を与えた。また家財道具については、大八車何両に積めるかを基準に、自宅所有者と同様に補償した。なお法の規定で、市は借家人に直接補償することができないので、借家人への補償金を市が家主に渡し、家主から借家人に補償金を渡すようにした。(56)

この他、移転対象となった会社への営業休止による利益損失の補償は、職工一五〇人のうち半数は休業しなければならないことを市当局が認め、七五人が三カ月間休業する延べ人員を六七五〇人とした。職工一人一日につき、一円二〇銭と定め、合計八一〇〇円と算出した。職工一人一日一円二〇銭という中には、会社が寄宿舎に住んでいる職工を工場の構外に寄宿させる費用も含まれている。計算上は一人一日に一円三八銭六厘になるものを、市と会社が妥協し、金額を一円二〇銭に引き下げた。

基準は適当とする多数意見に対し、鈴木紋吉市議（前出）や、調査委員の一人でもある田中新七市議（前出）は、違った意見を持っていた。

鈴木は、自宅に住む者には、近隣の家賃から設定した家賃の三カ月分を払うのに対し、借家人には一カ月分しか払わない、というのは借家人に不公平であると主張した。また、工場の移転による職工の補償額も、会社側に有利な額を算定しているのではないか、と批判した(57)。

田中は、まず市区改正から都市計画事業に関し、道路のため土地買収について、当時の市区改正委員が土地を買い占めて利益を得ている、と批判した。また、市議中の実力者の一人が道路拡張で移転対象となった会社の社長であり、きわめて有利な条件で移転補償金を受けている、と批判した。いずれも実名を挙げてのものである。また後者に関連して、烏丸線の北進延長は不急な工事であるとも批判した。

この他第二に、多数意見として調査委員会は土地の買収価格は「全く公平である」と認めた。宅地においては一筆一三五円が最高で、最低が四五円、田畑においては最高が三五円、最低が二三円であった。この土地価格は同じ町内であっても、交通とか営業上で好成績がどうかなども「多少」考慮して決められた。慣例に従い、少数意見はあるが、市会は調査委員会の報告を採決することなく承認した(58)。

以上のように、一九二二年九月と一〇月の二つの市会の審議を通して、土地の買収価格や移転補償について、市当局で実施したものを整理した方針を、市会が承認した。これらは都市計画事業の思想の社会政策的なものと、この頃の労働・農民運動で唱えられた生存するための権利意識を反映していた。すでに述べたように、馬淵市長や永田工務部長ら市の最高幹部は下層民への配慮について十分に自覚していたわけではないが、買収実務を担当する市職員は、実務を推進する中で対応を迫られ、借家人（下層民）にそれなりに配慮する形で買収を実施していったのであろう。こうして、借家人にも移転補償を支払う方針が、市会の場で公式に確認された。なお、都市計画事業の財源となる国庫補助金や受益者負担金の額については政府の方針が確定しておらず、見通しが定かでないことも合意された。いずれにしても、事業を推進することが改めて承認されたのである。

烏丸今出川から烏丸線を北進させる用地買収はすでに八月一日から始まっており、このような合意を前提に、小山上総町（後の北大路通）に達する道路拡張事業（七号線）は推進され、翌一九二三年一二月一日に竣功した。次いで五号線（河原町線）も河原町今出川から同丸太町間が一九二三年一〇月二日に土地買収が始まった（一九二四年一一月六日に竣功）。(59)

4　都市計画区域の設定

（1）京都都市計画区域の諮問

すでに述べたように、都市計画法が一九二〇年（大正九）一月一日より実施された結果、市域を越えた地域を都市計画区域に設定し、市域と関連させて都市計画事業を実施していけるようになった。市域を越えた都市計画区域の設定も、都市研究会の思想（方針）にあったものである。

都市計画法が実施されると、一九二〇年九月一五日、京都市は、市の中心部より半径八マイル以内にある市および四六カ町村にわたる大区域を、内務省に上申した。そこで、内務省は立ち入り調査をした後、京都府を介して京都市と意見交換し、一九二二年三月四日、京都府知事を経て京都市も含めた関係各市町村に対し、京都都市計画区域について、京都市の上申よりも小さい半径六マイルの内務省原案について意見を諮問した。京都市へは三月七日に通知があり、一五日までに答申すべきとされていた。(60)

内務省の京都都市計画区域設定理由書には、人口増加の傾向に対し適当な面積を区域として設定し、「都市生活者の公共的安寧を維持し福利を増進すると共に、都市特有の美点」をますます発揮させる策を樹立する、とまず区域設定の目的が述べられていた。その区域は、京都市繁栄の中心である四条烏丸《からすま》を中心とする半径六マイルの円圏内に含まれる範囲、一市（京都市）三〇カ町村の全部と六カ町村の一部が設定された。理由は、交通機関の整備に伴って京都市ときわめて密接な関係を有するものになる、と予想されたからである。

区域の面積は七二一六万坪で、当時の京都市の面積の一七九三万八〇〇〇坪の約四倍となった。このうち利用できる平地面積は四三九九万六〇〇〇坪で、残り二八一六万四〇〇〇坪は山地であった。

都市計画区域のうち、人口密度一人当たり二三坪（一九二〇年国勢調査）の京都市を除いた外郊区域は、人口密度が低かった。特に京都市の西部より南部にわたる近郊の一部および宇治川沿岸は低湿地が多く、常に出水の際に被害をうけていたので発展せず、このため一人当たり二六〇坪ときわめて人口密度が低い地域であった。しかし、今後運河を開いて水運の便を図ると共に、排水の施設によって低湿地の改良を行えば、絶好の工業地域になるので、京都市内の人口が飽和に達した後に、しだいに人口密度が高くなるはずである。限度を一人当たり五〇坪くらいと予定すると、包容人口は六〇万七六四〇人と推計された。

山地は、名勝旧蹟が存在するところが多く、商工業の発展と共に「公園都市」である特徴を発揮させることが「緊要」であるため編入した、[61]と説明されていた。京都市の郊外の西部・南部を運河と排水によって工業地域として開発すること、および京都は商工業都市と「公園都市」（観光都市）の両方を目指していく、との方針が、都市計画区域の設定に関連して、内務省から示されたことは注目すべきである。

第一次世界大戦後に都市が膨張する中で、六大都市の一つとして、かつての「三都」であった京都市がどのような方向を目指すべきかについては、京都市当局や市会・市民の間で十分に合意されたものがなかった。

明治以来の京都の将来構想は、「遊覧都市」（観光都市）としてでは成長に限界があるので、その要素を残しながらも基本的には商工業都市として発展させていく、ということであった。それは大枠では受け継がれた。

一九二〇年一一月八日、京都商業会議所の常設調査委員会で、永田兵三郎（市工務部長）は、京都の「市是《しぜ》」（市の方針）を提案した。京都は「千年の貴重なる歴史」や「絶佳なる山容水態」からなる「独特の美観」を永く「擁護」すると同時に、「西南部の平野」は工業地域にあてて「大小の煙突林立の壮観」を見る、という方針を「市是」とするのは異論がないだろうと信ず、と永田は論じた。次いで、翌一九二一年三月、松風嘉定《しょうふうかじょう》（有力実業家、京都商業会議所議員、都市計画京都地方委員会委員）は、『京都の実業』紙上で、海運の便を欠いた京都を将来商工業地として発展させるためには、運河を開削して大阪湾と水運で結ぶ必要がある、とパナマ運河の例を挙げて述べた[62]。

一九二一年四月と七月には、馬淵鋭太郎市長が、市の郊外南部にある伏見町（現・京都市伏見区）を合併し、伏見方面から市の郊外南部・西部にかけて工場地帯とすべきである、と主張した。さらに一九二二年二月に、田辺朔郎（京都帝大工学部教授、京都市顧問、都市計画京都地方委員会委員、第一琵琶湖疏水や三大事業実施に関係）も、京都は旧都の保存と郊外南部と西部方面を工業地帯とする必要があり、そのためには淀川を利用して新運河を開き、幹線道路を拡張すべきである、と論じた。同年一月、京都の都市計画事業立案の中心となった永田兵三郎（前出）も、京都と伏見間の運河、さらに淀川を浚渫し大阪への水上交通を確保することを主張していた[63]。また、その後一九二二年一二月一一日に京都府に提出された京都商業会議所の答申では、淀川を改修して京都・大阪間の水運の整備をすることを提言した[64]。

このように、京都の商工都市としての発展に関連し、京都市郊外南部と西部を工業地帯とし、大阪と京都の水運を整備すべきとの意見が、新たに加わってきた。

しかし他方で、一九一九年一二月に京都市区改正計画を発表するに際し、安藤市長は、京都は千年以上都があった土地であり、「山紫水媚《さんしすいび》の都」なので、他の都市と異なった「美観的形態」を備えた町であるべきで、「遊覧地」として期待されている、と商工業都市の側面を重視しない発言をしている[65]。

都市計画区域に関連した内務省の京都の将来構想は、有力な前者の構想の延長上で形成されたものといえる。内務省から提示された都市計画区域の市町村は、以下のようである。

京都市
紀伊郡吉祥院《きっしょういん》村　上鳥羽村　下鳥羽村　深草村　竹田村　伏見町　堀内村　向島村の一部　横大路《よこおおじ》村　納所《のうそ》村
愛宕《おたぎ》郡修学院村　松ヶ崎村　上賀（加）茂村　大宮村　鷹ヶ峰村

葛野《かどの》郡花園村　太秦《うずまさ》村　嵯峨村の一部　梅津村　京極村　西院《さいいん》村　桂村　川岡村　松尾村　梅ヶ畑《うめがはた》村の一部
乙訓《おとくに》郡向日《むこう》町　久世《くぜ》村　久我村　羽束師《はづかし》村　大山崎村　新神足《しんこうたり》村　淀村
久世《くぜ》郡淀町　御牧《みまき》村の一部
綴喜《つづき》郡美豆《みず》村の一部　八幡《やわた》町の一部(66)

前項で述べたように、都市計画区域について意見を求める一九二二年（大正一一）三月七日付の通牒が、内務省から届いた。これに対し、馬淵鋭太郎京都市長は、三月一一日の市会に内務省の諮問を提出して、市会の意見を問うた。

（2）市会での都市計画区域の審議

審議に先立ち、市長の依頼を受けて説明に立った永田兵三郎工務部長は、京都の都市計画区域の範囲から除外されている場所について、〔宇治郡〕山科方面一帯の部分の山地および平地、北は岩倉の方面、西南の方では乙訓《おとくに》村以西、東南の方では黄檗《おうばく》および宇治方面の景勝の地を挙げた（以下、三一二頁と四一七頁の地図参照）。永田はこれらの地域について、多少の議論の余地があるかと思うが、計画区域は強いて膨大なことを望む理由もないし、時代の変遷にしたがって将来に必要があれば変更追加もできる、と述べた。くわえて、市の理事者としては今回照会された区域が最も適当であると思っている、と永田は市が内務省の方針を支持していることを明らかにした(67)。

内務省案について市会では様々な意見が出たが、多数決で可決した(68)。市議たちはどのような意見を持っていただろうか。今後の都市計画との関連で興味深いので、主要なやり取りを以下に紹介したい。

市会での意見の第一の傾向は、都市計画区域の設定にあたって、まず区域内の「地帯」（住居地域・商業地域・工業地域など）を決定した上で区域の範囲を決定すべきである（西村金三郎〔木屋町線派〕、西尾林太郎〔河原町線派〕）とか、区域設定の根拠がはっきりしない（橋本永太郎〔木屋町線派、都市計画京都地方委員〕）などと、内務省の区域設定のやり方を批判的に見るものであった。それと関連し、内務省の各市町村への諮問の期間が短すぎるので答申の延期を申請すべきである、との批判や、京都市は誠意を持って関係市町村の諒解を得るべきである、との意見が出た（上田荘吉）。

これに対し馬淵市長は、内務省はまず区域を決定して、その後に区域内における地域を設定もしくはその他の重要な施設を計画することに向かって進んでいる、と説明した。内務省でも都市計画地方委員会でも知事でも市でも、大体においてそういう方向に進んでいる、とも述べた。

区域設定の根拠について馬淵市長は、京都市の人口の増加率を計算し、三〇年後の人口を予測し、その人口を収容するための区域を設定した、と説明した。都市そのものの区域はなるべく狭くする方が、道路や交通機関を設置する費用が少なくてすむ等、経済的である。京都市の計画も都市そのものを形成する地域はもっと狭いものになるだろうが、組織された都市に対して必要な設備を行うためにはこれだけの区域を入れておかなければならないとの観点から、都市計画区域は設定されたのである、と馬淵市長は続けた。

また、諮問の期間が短いとの批判に対しては、市長もそれを認めた。将来においては、もう少し調査の期間を置くように内務大臣に要請しようと思っている。各町村の了解を得るのは京都府の役割と内務省は期待しているであろうし、知事がやるだろう。その上で必要があるなら、市が了解を求める。馬淵市長はこのように意見を述べた。

市会での意見の第二の傾向は、都市計画区域に山科（現・京都市山科区）が入っていないが、山科を含めるべきと主張する（田中新七〔河原町線派〕、西尾林太郎〔前出〕、竹内嘉作〔河原町線派〕）ことや、さらに広い地域を含めるべきである（吉村禎三〔河原町線派〕、川上清市会議長〔河原町線派〕）との積極論が出たことである。

さて、山科を含める理由として、周囲の山を京都の名所として入れたということなら、将来、東山は大公園として京都を飾るべきものだろうと思うので、東山と繋がっている山科も区域に入れるべき（田中新七）、と山科の山が公園として東山と一体化しているとの観点からの意見が出された。また、区域に入っている「上賀茂の山の中、白川」は手を付けた者もいないし、都市が発展するのは「千年も後のこと」であるが、このまま放っておいても山科はもとより大津まで京都市が連続するのに時間はかからない（西尾林太郎）、と山科方面への都市発展の可能性が主張された。また陶磁器製造業が、五条通・松原通から今熊野《いまくまの》にだんだんと移るなど南下しているように、あと五年もすれば、山科の方に移らなければ材料を求めることができなくなる（竹内嘉作）、と実業上の理由から山科を含めるべきという意見が出された。

さらに吉村禎三市議は、山科や醍醐（現・京都市伏見区）・宇治郡（現・宇治市）など、京都市街の南東や南部等にもっと区域を広げることを検討してはどうか、と主張した。

これらに対し永田工務部長は、京都が発展し山科がその勢力圏内に入ることは予想できるが、行政区画単位で区域を決めたので、山科を都市計画区域に含めると不都合なことも出てくるため、今回は見送った、と答えた。

以上の意見とは正反対に、京都都市計画区域は広すぎるので、四条烏丸を中心に六マイルの円形というのを四マイルの円形と修正した方が良い（井林清兵衛〔河原町線派〕）との見解や、いつできるかどうかわからない「絵に描いた牡丹餅《ぼたもち》」のような都市計画なので、慎重に検討した方が良い（鈴木紋吉〔河原町線派、都市計画京都地方委員〕）との消極的な意見も出た。

これらに対しても、都市計画区域は、今日においては「画餅」であってただちに実行するのではないが、都市をだんだん拡張し構成していくと、だんだん確実なものになっていくのである（馬淵市長）等の返答がなされた(69)。

以上、市議の意見は、都市計画区域を大きくせよというものが小さくせよというものに比べて多かったが、十分にまとまりのあるものではなかった。また、河原町線派の方が費用がかかるのを覚悟しているという点で、木屋町線派よりも都市計画事業に積極的であり、都市計画区域の設定でも広い区域を求める傾向があるといえる。しかし、それは必ずしも明確ではない。

この結果、馬淵市長や永田工務部長の説明もあり、内務省案がそのまま市会で認められた。市会の審議から見ても、内務省案を作る過程で、永田工務部長ら京都市の幹部技術職員や馬淵市長と内務省とは緊密に相談していたように推定される。それを市会がそのまま承認したことから、都市計画区域の設定にあたっては、京都市当局と内務省が主導権を握り、市会や市民は新たに意見を加えることはできなかったといえる。

都市計画区域のような、市域を越え、三〇年後を見通した技術面も関係した大きな計画では、専門知識に乏しい市会や市民の関与できる余地がそもそも少ない。また、市会や市民の声を過度に重視すると、都市計画区域の決定が大幅に遅れ、事業の進展に影響を及ぼす恐れもある。この都市計画区域は、後になっても大きな問題が生じなかったことからも、永田ら京都市の幹部技術職員や馬淵市長は、内務当局や府当局とともに、市民の声を間接的に反映させるべく、長期的視野に立って妥当な計画を立案したといえよう。

(3) 第三回都市計画京都地方委員会の決定

京都市をはじめ周辺各町村の同意を得た京都都市計画区域案は、一九二二年（大正一一）六月九日の第三回都市計画京都地方委員会にかけられた。この委員会は、すでに述べた河原町線への変更が可決されたのと同じ会議である。

まず都市計画京都地方委員会委員でもある内務官僚の山県治郎（内務省都市計画局長）が、以下の趣旨の京都都市計画区域の説明をした。(1)この案は、京都府知事、京都市長らの意見を「参酌」して、内務省において研究の結果、こういう程度がよろしかろうという案を定めた、(2)この案を関係市町村に諮問し、大体において異議がないという答申を得たので、本日、都市計画京都地方委員会の意見を聞くことになった、(3)都市計画区域は都市発展の将来を予想して決定するもので、京都市の場合は中心を四条烏丸の辺りと仮定し、大体六マイルの半径を描いた所になった、(4)しかしある方面は進んでおり、ある方面は半径より引っ込んでいる所もあり、地形によってきっちり半径に当たるということではない、(5)交通の関係も重要で、一時間もかからないうちに到達できる所というのを、都市を形成する範囲とみなした、(6)また、これまでの統計から推定し、三〇年後の京都市の人口が一二八万人になると仮定し、この範囲において相当な人口密度があって、あまり窮屈な密度にならないというような点も「参酌」した、(7)この区域は、ベルリン市が大ベルリン市制を作る前に、都市計画を行うに際して一部事務組合を作って実行したことに似せて、京都市の行政の範囲を超えて道路・水道・電車などの交通機関等の計画を立てる場合に「効果」が

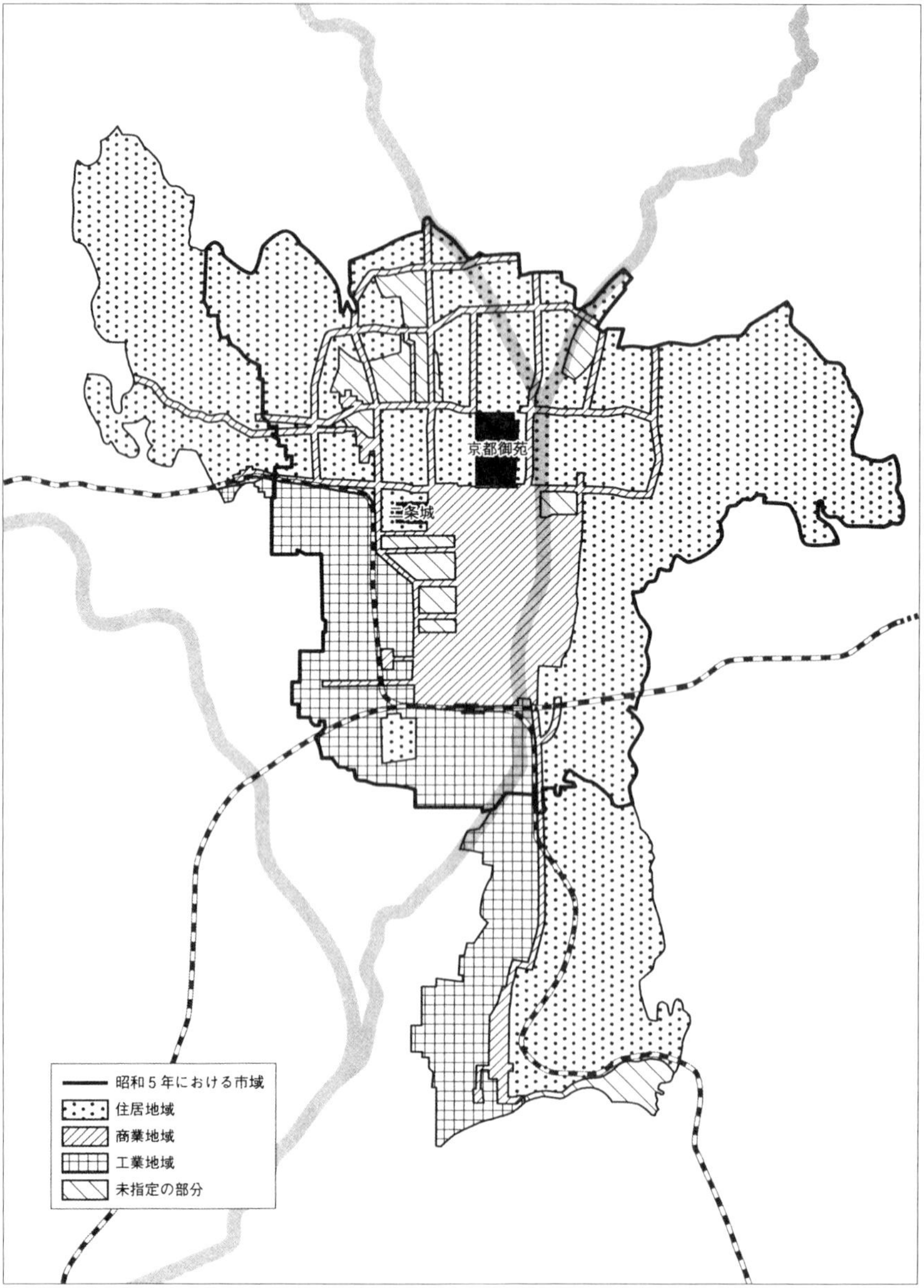

1924年に指定された京都都市計画区域（『京都市政史』第１巻より）

ある、(8)京都都市計画区域があまりに広すぎて、財政上の負担が重い等といった意見もあるが、「京都市の地理」によってそうなっており、広いために便宜を得る点が非常に多い。

山県の説明の後、質問がなかったので、若林賚蔵《わかばやしらいぞう》議長（京都府知事）は、第一読会、第二読会、第三読会を省略して確定議としたいと発言し、異議なく合意された。(70)

このように京都都市計画区域は、第三回都市計画京都地方委員会で簡単に承認された。山県都市計画局長の説明に京都府知事・市長らの意見を「参酌」してとあるのは、京都市や府の幹部技術職員や官吏の意見を基に作られた案を土台に、という意味であろう。内務省が京都府や京都市当局と連携して作り、京都市をはじめ各町村に諮問を終えた案に対し、新たに批判や意見を述べる余地は少なかったのである。また、京都都市計画区域自体が三〇年後を予想してのもので、この時点で根拠のある具体的批判をできるものではなかったともいえよう。

次に都市計画区域内の防火地区の決定について、検討してみよう。

5　防火地区の設定

(1)　他都市より貧弱な京都の耐火建築

京都は近世まで都のあった伝統的な都市で、すでに述べたように、琵琶湖疏水事業や三大事業によって近代化を図りながらも、伝統的な木造建築は他都市よりも多く残った。またそれが周囲の自然と調和し、京都の景観や情緒を生み、市民の誇りとして語られた。一九二〇年（大正九）には、木屋町保存のため、都市計画事業で歴史的景観（歴史的「風致」）が論じられるようになった。しかし、そのことは防火という観点から見ると、問題を残した。

一九二二年三月一八日の都市計画京都地方委員会第一回常務委員会に出された「防火地区設定理由書」は、京都における耐火建築物の現状について以下のように述べている。

日本の都市の建築物の大部分は木造で、ほとんど耐火的価値がない。しかし、大都市の中で京都を除いて、東京・大阪をはじめ他の諸都市では都市の中心部、もしくは主要街路に面しては、一見して耐火建築と見るべきものが相当数建築されている。かつ、現に建築されつつある。

しかし、京都市においては経済上の中心地として主要部とすべき四条通および烏丸通においてすら、耐火建築はわずかで、主として銀行の一部に見られるにすぎない。また近時に建築される予定の耐火建築も、比較的多くない。四条通と烏丸通のまったく非耐火的な木造家屋は、間口においてそれぞれ八八・一%と八二・九%もある。耐火的と見なせる鉄筋コンクリート造りは、それぞれ一・二%と一・四三%しかない。また準耐火的といえる煉瓦・石造を合せても、四・七%と二・八三%にしかならない。

このような状態であるので、高さ制限が一〇〇尺（約三〇メートル）であるにもかかわらず、平均軒高は四条通で一八・七尺、烏丸通で一七・一尺にすぎず、空間利用は「不経済的」である。

「防火地区設定理由書」は、伝統的建物と火災との関係にも触れている。一般に木造の民家においては、その一部には「古来茶室の影響を受けたる所謂《いわゆる》京風の風雅にして耐火に無関心なる構造のもの」が相当ある。しかし、町屋の大部分に至っては、「安価なるもの」においても構造が比較的頑丈で、「真壁の壁厚充分」で、外部は大体屋根に至るまで漆喰塗で仕上げてある。これは関東地方における「安価建築」に見られる薄い片面壁に薄板の下見張としてあるものに比べて、火災の延焼を遅らせる効果があるものが多い。

だがこれは時間の比較の問題で、耐火的価値ということになると、両者ともになんら異なる所がないので、京都において大火がないのはただちに比較的燃えにくい丈夫な木造建築が多いことが理由ではない。これは幸運というべきであろう(71)。

この「防火地区設定理由書」は防火という観点からのみ論じ、京都は他都市に比べ耐火的でない、と否定的にとらえた。京都の木造建築の真壁や漆喰塗仕上げは延焼を遅らせるとして、ある程度評価しつつも、「京風の風雅」は防火の妨げになるものと見た。防火という近代の合理性を重視しつつも、「京風の風雅」と防火を調和させようという視点はなかった。

本書で初めて登場した都市計画京都地方委員会常務委員会についても、ここで説明しておかなければならないであろう。常務委員会は、すでに述べた都市計画委員会官制（一九一九年一一月二七日勅令第四八三号）第十五条に規定されている。会長は委員一〇人以内を以て常務委員会を組織させることができ、委員会はその権限に関する事項で、軽易なるものを常務委員会に委任することができた。また会長は委員会の会議事項について常務委員会にあらかじめ審議させることもできた。今回の常務委員会での審議は、本委員会である都市計画京都地方委員会で審議する前に、常務委員会で審議しておき、本委員会で迅速に意思決定しようとするものであった。

(2) 京都の防火地区の案

すでに述べたように、政府は、東京・大阪・京都・名古屋・神戸・横浜の六大都市に都市計画法を施行して都市の発展を促進し、都市の膨張に対応してきた。しかしその当時、都市で火災が頻発し、大きな問題となっていた。防火地区の設置についても、第四章で述べたように都市計画事業の思想（方針）として、一九一九年（大正八）末には固まっていた。

内務省は一九二一年、火災の恐ろしさを広報するため、警視庁ならびに各府県の警察部長を通じ、各都市で講演会を開催したり、宣伝ビラを配布したりさせた。しかしそれだけではとうてい火災を防止することができないので、先に建築協会から防火地区を設定する建議が政府に出されたことに鑑み、前年以来種々の調査をしてきた[72]。防火地区は、「市街地建築物法施行規則」（一九二〇年一一月九日、内務省令第三七号）の第四章防火地区（第百十八条～百三十五条）に基づくものである。

一九二二年二月二〇日付『京都日出新聞』夕刊（一九日夕方発行）には、都市の火災の脅威と損害は大きいので、「都市計画地方委員会」（正確には、都市計画京都地方委員会常務委員会）では「大京都市」の建築に関係して防火地区を設定すべく、かねてより調査中であった、という記事が出た。さらに、一七日午後に成案を得たので、「都市計画中央委員会」に提案するため即日発送したという。常務委員会の成案は、内務省で検討されて、まず都市計画京都地方委員会の諮問案となるので、都市計画中央委員会に提案されるというのは新聞記事の誤りであろう。

いずれにしても、同案では防火地区を第一期と第二期に分け、第一期防火地区は、四条通の東山四条（祇園）から西へ大宮まで、烏丸通の烏丸丸太町から南へ塩小路（京都駅付近）までとしていた。

第二期は「現大京都市実現沿線」の軌道を中心とした随所にL型の防火建築を奨励しようとした。

それと同時に、歓楽街である新京極に対しても相当考慮している。すなわち、現在の市街地建築法はその前提となるもので、当局は、右成案が法律とならないとしても、第一期防火地区内では耐火構造でない建築は市街地建築法の精神に準拠して許可せぬ方針である、という。[73]

(3) 都市計画地方委員会常務委員会での審議

(1)京都市への防火地区原案

すでに触れたように、一九二二年（大正一一）三月一八日午後一時から、京都府庁で、都市計画京都地方委員会第一回常務委員会が開催された。防火地区設定を審議するためである。九人の委員のうち、中川新太郎（京都府議、上京区選出）一人のみが欠席し、次の八名が出席した。

工学博士田辺朔郎（京都帝大工学部教授）・内《ない》貴《き》甚三郎《じんさぶろう》（前京都市長）・浜岡光哲（前京都市会議長、京都の有力実業家）・橋本永太郎（京都市議）・前田彦明（京都市議）・田畑庄三郎（京都市議）・長延連（京都府内務部長）・今村惟吾（京都市助役）

彼らはいわゆる「府・市、大学、実業界、府市名誉職」をそれぞれ代表する委員である。[74]京都市の土木関係の顧問を長く務めた田辺朔郎京都帝大教授や上京区選出の中川府議を含め、直接京都市を代表している委員が、内務官僚の長内務部長を除き九名中八名もいることが特色である。

第一回常務委員会に出された原案「防火地区設定理由書」は、京都府都市計画課で作成された。もっとも、当日、幹事として近新三郎《こんしんざぶろう》京都府土木課長・井尻良雄府建築監督課長らや、八島明・和田甲一・大木外次郎の三技師らとともに、永田兵三郎京都市工務部長も出席するので、京都市幹部技術職員との相談もなされたのであろう。

防火地区設定の理由としては、都市生活の理想からは住民は耐火建築に居住すべきである。しかし経済上の問題ですぐに実行することは困難であるので、まず都市の中で「経済的中心地」で万一の場合損害の最も大きい一部の区域を耐火建築とするため、防火地区を指定し、直接その地区の火災を防備することである、とする。またそれとともに、その地を隣接地相互に対する防火壁にする必要があるとも論じる。

それに加え、「奇矯《ききょう》」に似るきらいがあるが、と断りながら、外国と戦争をすることになると、今後には航空機が「曳火弾《えいかだん》」を満載して、特に強風の時を選び、日本の諸都市を破壊しようとするかもしれず、このような場合の対策にもなる、とも論じた[75]。

第一次世界大戦では、ドイツの飛行船によるロンドン爆撃も試みられたが、被害は大きなものではなかった。しかし、二〇年後の第二次世界大戦では大型爆撃機による都市の絨緞《じゅうたん》爆撃が行われるようになる。とりわけ日本の都市に対し、アメリカ軍は大型爆撃機B29より焼夷弾《しょういだん》を用いて爆撃して焼き払い、多数の一般人を焼死させた。近京都府土木課長や永田京都市工務部長らの技師たちは、それを前もって予想する視野の広さを持っていた。

「理由書」は、中心幹線として四条通と烏丸通の二線を線状防火地区に指定し、鴨川の自然の防火帯と併せて防火線とする、としていた。それに加え、京都の民衆娯楽の中心点である新京極一帯地をも、保安上防火地区に指定することである。四条通と烏丸通は、当時においても比較的耐火建築の実現を望める可能性があった。原案では三地区を次のように指定することになっていた。

四条通（東端は東山通（東大路通）、西端は大宮通、道路敷地境界線より奥行き一〇間で画した部分を甲種防火地区とする）、烏丸通（北端は丸太町通、南端は塩小路、ただし東本願寺の敷地を除く、甲種防火地区の区画は四条通と同じ）、新京極通

三条間（道路敷地境界線より奥行き最大二二間五分・最小六間で画した部分を乙種防火地区に指定）(76)

(2) 内務省の防火地区設定方針と柔軟な対応

委員の一人で内務官僚でもある長延連京都府内務部長は、「主務省」（内務省）は常務委員会の意見を参考として、都市計画京都地方委員会への諮問案を作り、改めて同委員会に諮問することになるだろうから、常務委員会の意見は諮問案の基調となるべきものである、等と常務委員会の役割が重要であることを述べた。長は、このようにする理由を、「都市計画なる大事業を遂行するには普《あまね》く多くの意見を参考とする必要がある」と説明した(77)。

すでに述べたように、京都の都市計画区域設定という、将来の状況を見込で決定するしかない性質を多く含む事柄は、まず府・市当局と調整の上で内務省が原案を決めた。その上で、各市町村に短い期間で試問し、都市計画京都地方委員会にかけて可決された後、内相の承認を得て正式に決定した。いわば、府・市当局と内務省が主導権を握り、事実上決定したのである。これに対し、防火地区のように個別具体的なものの決定は、市当局の意見を入れて府当局が原案を作成し、それを市と府の各界の有力者を集めた都市計画京都地方委員会常務委員会に諮った。その後、内務省で調整し、都市計画京都地方委員会で事実上可決された後、内相の承認を得て正式に決定するという手続きをとった。これは常務委員会の段階で、市と府各界の意見を十分に聞き修正していこうという姿勢である。都市計画事業の計画にあたり、このように内務省は、なるべく多くの意見を聞くという原則の下で、事案ごとに意思決定過程を柔軟に変更したのである。これは第四章で述べた、公共性のある都市計画事業にしていこうという新進の内務官僚たちの思想を反映していた。

さて、この三月一八日の第一回常務委員会では、まず委員長の互選が行われ、長京都府内務部長が選ばれた。その後、審議に入り、原案通り可決された。審議の中で浜岡委員は、四条通は現在の交通状況に鑑みても歩道が狭いので、防火建築に改造する場合、〔歩道を広げるため〕建築線を現在の境界線より一尺五寸以上後退するよう指定することを提案した。また耐火建築に改造するに際し、国庫より低利資金が融通されるよう希望した。常務委員会は、建築線後退に関しては府・市都市計画課が協調して研究すること、低利資金融通については適当な検討をなす必要があることで一致し、会議を終えた。会議終了後、近府土木課長も、四条通の建築線を一尺五寸以上後退させることに賛成の意見を記者に述べた[78]。なお、常務委員会では、歴史的景観保存という観点からの、防火建築と伝統的「京風」木造建築とを調和させるべき等の意見は出なかった。

その後、四月上旬になると、内務当局が中央の都市計画委員会に防火地区設置について付議し、大都市に防火地区を設置するはずである、と報道された。防火地区内においては、従来の木造建築はそのままでよいが、新たに建築するものは耐火構造でなければ建築を許可しない、とも報じられた[79]。

さらに、五月号の『都市公論』には、山県治郎（内務省都市計画局長）によって防火地区設定についての評論が掲載された。山県は、「日本の家の改造」に一番の急務は「焼けるといふ欠点を除くことである」と、安政の大地震の際の火災など江戸時代より明治大正にかけての江戸・東京での火災の被害をまず紹介した。次いで、イギリスでは二五六年前のロンドン大火以来、ロンドン市内には木造家屋の建築が禁止されたように、ヨーロッパ都市には木造家屋はないと論じる。またヨーロッパより木材が豊富で、木造家屋のあるアメリカ合衆国でも、第一に地域を限って耐火構造の建物を強制し、第二にある種類の建物には木造を許さない等の規制を加えていることを示した。その上で、内務省が東京で行おうとしているのは第一の方法であり、必要に応じ、甲種防火地区（耐火構造を強制）と乙種防火地区（準耐火構造を強制）に分ける。東京市全部を今日にわかに耐火構造の永久建築物にすることは、経済の点より不可能であるが、少しずつでも耐火構造の建物ができれば、「二百年三百年後には今日の倫敦《ロンドン》のやうなことが出来るのである」と論じた[80]。

防火地区設定について、山県局長ら内務省が、イギリスなど欧州でなくアメリカを参考にしているのが注目される。山県局長の意図は、都市計画各地方委員会で各市の防火地区決定の審議が本格的に始まるのを前に、欧米の状況と東京市に対する内務省の方針を全国に知らせようとするものであった。

(4) 第四回都市計画京都地方委員会で防火地区の決定

一九二二年(大正一一)九月八日、第四回都市計画京都地方委員会が開かれ、京都都市計画防火地区決定の件が審議に付された。[81]内務当局から出された案は、同年三月一八日の常務委員会に出され可決された原案と、そこでの審議で出された意見を、基本的に反映していたが、内務省で縮小された部分もあった。

それは第一に、四条通と烏丸通に設定された甲種防火地区において、常務委員会で可決された案では、道路敷地境界線より奥行き一〇間(約一八メートル)で画した部分となっていたが、奥行き六間に縮小されたことである。

第二に、四条通の東端は常務委員会可決案では東山通であったが、鴨川の東ではあるが少し西に後退した大和大路通までに縮小されたことである。[82]

なお、常務委員会で出された、人が歩きやすいように道路の建築線を後退させる提案については、一尺五寸(約四五センチメートル)以上というのを二尺後退させ、さらに歩道を広げる案が提示され、[83]内務省が常務委員会の意思を反映させたといえる。

さらに、新京極通に関しても、真ん中が三間幅で端の方に行くにしたがって狭くなり、二間六分、あるいは二間足らずの所もあったのを、三間幅に指定する提議がなされた。その理由は、劇場・飲食店が多いので、災害などに備え人々の安全を確保するためであった。[84]これも、四条通の建築線を後退させる常務委員会の提案を間接的に反映していた。

審議に先立ち、山県治郎(都市計画局長)が提案理由を説明した。それは同年五月に山県が『都市公論』で論じたことの大枠にしたがって具体化したものであり、防火地区設定についても内務省の意図がわかる。

山県は、(1)一六六六年のロンドンの大火でロンドン市中では木造建築を一切禁じるようになったことなどから、ヨーロッパの都市では木造の家屋は許されなくなっていったので、ヨーロッパの都市には防火地区の制度はない、(2)米国の都市は、歴史も新しく木材も豊富であるので、市内での木造建築を禁じてはいないが、日本のように無制限に許してはいない、(3)米国では、市内の中枢や火災を防護するために必要な路線は、法令で耐火構造を強制する防火地区の制度を採っている、(4)他方で、活動写真館・劇場・大きな「ホテル」など「特殊建築物」に関しては、在る場所を問わず耐火構造にするよう強制している、(5)日本は、都市の地勢・風向、火災の歴史、都市の市民の経済状況などを考慮して、米国の路線を取り、その案の審議を仰ぐ、と説明した。なお、甲・乙種の防火地区についても、甲種は煉瓦・鉄筋コンクリート等の材料で作る耐火構造の建物を建てなければならない所である。乙種は木造でよいが外壁に一寸以上の厚さのコンクリートを塗る等の、火災に対して多少の抵抗力のある準耐火構造の建物を建てなければならぬ所である。山県はこのように補足した(85)。

内務省が第四回都市計画京都地方委員会に出してきた防火地区案が、三月一八日の常務委員会で可決された案よりも少し縮小されているのは、財源難の中で国庫より多額の低利資金が融通されるのは難しく、また京都市民の間に負担の増加を嫌う空気があるのを、内務省が改めて察知したからであろう。

第四回都市計画京都地方委員会でも、野村与兵衛（京都市議、旧木屋町線派）から、四条通や新京極には防火地区設定が必要だが、烏丸通については防火地区設定が必要であるのか、との質問があった。野村の理由は、烏丸通はまだ発達しておらず、板塀や蔵がある所が見受けられ、そこに高層の家屋ができるのは町の繁栄にはよいが、防火地区に設定されると、耐火構造の建物にする費用負担が重いので、新しい建物を建てる意欲が抑制される、というものだった(86)。

すでに述べたように、この地方委員会が開かれた一九二二年九月上旬の少し前、八月までは一時的に、都市計画事業延期論が京都市議の間に広まっていった（本章第2節）。

さて、烏丸通は防火地区に設定しなくてもよいのではという野村の質問に対し、近新三郎幹事（京都府土木課長）は、四条通・烏丸通を防火地区にすることが必要である理由を次のように訴えた。(1)耐火構造の建物が一番多い所は、四条通・烏丸通・三条通である、(2)京都市の今までの大火の歴史は、烏丸線と鴨川との中間から出火し、多くは西南へ広がっているようである、(3)耐火構造の建物が多いという実情から防火地区の実現性に富んでいることから考えてみても、京都の大火の実例から考えてみても、四条通という東西の通りを防火地区にするとともに、烏丸通のような南北の通りも防火地区に指定するのは、京都の火災防禦の上で最も必要なことである[87]。

さらに近幹事は、現在烏丸通に十五銀行、加島銀行等、ぞくぞくと耐火構造として鉄筋コンクリートの建物ができているので、防火地区に指定するのは今がちょうど良い時期であると説明した。これに対し野村は、会社とか銀行とか大きな建物のことではなく、個人の小さな建物を造る際の負担を考えると、防火地区指定は早すぎると述べたが、強く主張するわけではない、と質問を止めた[88]。

第四回都市計画京都地方委員会でも、防火地区設定に関し、負担軽減の観点から烏丸通に関して消極的な意見が出たが、防火と「京風」建物とを調和させることについての意見は出なかった。あくまで防火という近代的観点と費用負担が問題となったのである。

結局、防火地区指定に関する第七号議案は、都市計画京都地方委員会で、原案通り決定された。これは、京都市議会選出の都市計画京都地方委員会委員も防火地区の設定を理解しており、また京都市民の負担軽減を求める声に内務省が配慮した原案を作成したからでもあった。

本章では第一に、戦後不況の中で財源難となり、京都市では一九二二年夏には市議の一部にまで都市計画事業延期論も出てきたが、市当局や市議の主流は事業推進の意思を示し、それが一九二二年九月の第四回都市計画京都地方委員会の意思にもなっていったことを示した。また、その直後には、京都の都市計画事業延期の動きをしていた旧木屋町線派が警察によって取り調べられ、この動きはまったくなくなった。ここには都市計画事業を積極的に推進しようという府当局の意思が推定できる。さらに、京都の事業推進に関し、市当局・市会主流・府当局等が内務省と一岩となって行動できたのは、内務省の行政ルートのみならず、都市研究会を通して事業への思想が普及していたことも重要と思われる。

第二に、京都の都市計画事業推進の合意が形成された後、一九二二年九月と一〇月の市会で、借家人など下層民にも事業に伴う移転の補償金を渡すことなど、事業推進の方法への合意がなされたことである。都市計画事業の思想には社会政策的観点もあったが、京都市長や幹部技術職員らは、それらについて具体的に考慮していなかった。しかし、移転の実務を担当する、その下の職員らにまで都市研究会の思想は影響を及ぼしていたようである。彼らは立ち退きの施行過程で借家人の意向を直接知り、借家人への配慮を実行していた。この背景には、都市計画事業の思想と共に、一九二一年に借地法・借家法が公布されたり、市制・町村制が改正されて公民権（市会の選挙権）が拡張されたりしたことがあった。またこれらは、生存権を求める大正デモクラシーの風潮が広がったことでもあった。

借家人の生存権を守ることは、長期的に京都市の繁栄に繋がり、公共性に合致する面もある。しかし、立ち退き補償をどの程度行うのかは、事業のコストを下げる公共性と借家人の生存権とが原理的に対立する可能性がある。京都市は十分とはいえないが、これまで借家人に支払われなかった立ち退き料を払うことで、借家人への配慮を示した。

第三に、一九二二年九月の第四回都市計画京都地方委員会で防火地区が決まったが、防火地区の決定に際しては、市当局が内務省と協力して作成した原案に対し、都市計画区域決定の時以上に、地元の意向で実施を緩和する方向の修正がなされたことである。これは、地元市民の個人個人が費用を負担する事業となり、また戦後不況の財源難で政府よりの多額の低利資金の融通が困難と見られたからであった。

本章でも、都市計画事業は内務官僚がリードして行われ地方自治体や市民の主体性が弱かった、との従来の評価は、事業の実態を十分に分析した上でのものではなく、修正を要することが改めて確認された。

第十一章　関東大震災と都市計画事業

本章では、一九二三年（大正一二）以降、同年九月に関東大震災が起き、一二月に虎ノ門事件が起きて都市計画事業の財源構想等が大きく変わっていく一九二四年春にかけての過程を、京都の事業の展開と関連づけて考察する。当初事業の財源は公債や国庫補助金を前提として考えられていた。公債は、市区改正事業などそれまでの都市改造事業では主に外債であり、国が発行許可をするとともに、外債の場合国による保証をしていた。その意味で外債は、かなり国に依存した財源といえる。それに対し、一九二四年以降、事業の財源は受益者負担金や税金、市営事業からの繰入金という、都市が自前で事業を推進するという意味合いの強いものに変わっていくことがわかるであろう。これこそ、都市計画事業の思想として、早い時期から「公共精神」とともに「自治の精神」が強調され、各都市と都市計画各地方委員会に権限が委譲されていたからできたことであった。また、財源の関係ですぐに実施されることはなかったが、防火線としてすでに決まっていた街路以外に、三大事業で拡張された街路や新たな街路の道幅をさらに広げて、防火線としようとの構想も出てくるのであった。

1　戦後不況と事業の財源構想の分裂

(1)　大震災前の三つの財源構想

前章で述べたように、一九二二年（大正一一）六月に成立した加藤友三郎内閣は、大戦後の不況に対応するため財政の大幅な緊縮方針と非募債主義を打ち出した。このため、都市計画事業に当面は国庫補助がどれほど出るかわからない中で、公債募集の見通しも暗く、京都市では都市計画事業延期論すら出てきた。延期論は、同年九月下旬までに鎮静化していったが、財源の問題は残った。

翌一九二三年になると、都市研究会内部においても都市計画事業の財源について、三つの傾向の意見が出てきた。一つは、都市研究会幹事阿南常一のように、公債や国庫補助金はあまり期待できないので、都市計画事業で利益を得た受益者への増税等、社会政策的課税によるべきとするものであった。

阿南は、加藤（友）内閣は非募債主義を唱え、国庫や府県の補助金も前年（一九二二年）には大したものでなくなっており、都市計画事業の財源は涸渇《こかつ》気味である、と見る。そこで、「起債に依るか、新しく都市に課税権を付与して間地税、不動産増価税、奢侈税その他之に準ずる社会政策的の徴税に出づる以外に」良い方法がないと思う、(1)と主張する。

阿南は公債も財源として加えているが、その前に政府の政策によってかなり困難なことを述べているので、受益者への増税などの社会政策的課税を現実な財源ととらえているといえよう。

阿南のいう「間地税」とは、東京市の検討資料によると、営業または農業用に使っていない一団の土地に課税するものである。一年以上建物がない土地、または建物がある土地でも商業工業地域の場合はその面積により建物の敷地面積の二倍、その他の場合はその三倍を控除した部分にかける税である。また「不動産増加税」とは、東京市が検討している「土地増価税」を見ると、土地の所有権の移転があった時、または会社所有土地で一〇年間移転がない時、その土地の自然増価額に対し賦課するものである。土地の増価額が原価額の一〇％以下である時は一〇％、それを超えるものは一二・五％とし、土地の増価額が高くなるのに対応して順次比率を高めていく。(2)

二つ目の道は、池田宏（都市研究会理事、前東京市助役）が主張するように、公債と受益者負担金を併用しようとするものである。

池田は次のように言う。

加藤（友）内閣が非募債主義を唱えているにもかかわらず、「永久の仕事は募債に依らねばならず、又募債に依りて経（ママ）画するがよい。此意義に最よく適合するものはいふ迄もなく都市計画事業である」。また、「受益者負担制の基礎観念は、土地の所有者が公共工事によって受ける特別の利益を支払わなければならないところにある。「合理的の都市計画としては之を執行するに必要なる財源は今迄私人の嚢《ふくろ》に収入された個人の不労の特別利益を正常に収入すべき所に収入せしむるに在り」

このように、池田は公債と共に「受益者負担の是認」をし、「受益者」負担の事例として、アメリカのカンザス市、ニュージャージー州等を挙げた(3)。

三つ目の道は、都市研究会会長の後藤新平（前内相）が論じるように、都市経営を上手に行い、市営事業の利益の繰入金や公債で基本的にまかない、受益者負担等は強いて求めないか副次的なものとする、というものである。一九二三年九月一日に関東大震災が起こる少し前に、後藤は次のように述べている。

〔都市計画事業の〕財源に就ては種々ありませう。今日私人の営業に属して居るものを市営に移すと云ふことも一の方法であります。是等のことに就て市民と同業者の諒解があつて、而《しか》して市の当局者との諒解があれば如何やうなことでも出来るのであります。又市と云ふものは公債を募ることが出来る。借金をすることを勧めるのでないが、公債とは如何なるものであるかと云ふと市民の十年、二十年、三十年の後に至る迄の貯金を逆に積み立て、行かふと云ふのであつて、昔の人の借金とは借金が違ふのである。

こう述べた後、後藤は東京市民は約五〇〇〇万円の木炭と薪木を使って生活しているが、ガス会社のガスを使えば三五〇〇万円で生活できる、と述べる。このためには五〇〇〇万円のガス会社を三つ造る必要があるが、八％の利子で公債を募れば、ガス会社には一二％の利益が出るので、四％の利益が市に入る。一例でわかるように、「財源の如きも科学の力を以て能率を挙げるやうにすれば立派に往くのであ」る。後藤は、「公営事業」は都市の市民と当局者との協力によってなるもので、お互いに力を尽すことが必要である、とも強調した(4)。

以上のように、関東大震災の前、一九二三年八月までに、都市計画事業の財源として公債や国庫助成金はあまり期待できないので、受益者負担を求めざるを得ないとの強い潮流が出てきたことが注目される。本章の第2節以下で述べていくように、後藤新平はこの潮流に与しておらず、都市研究会や内務省は事業の財源をめぐって分裂気味であったといえる。

関東大震災直後より第二次山本権兵衛内閣が国政を担当し、後藤新平が内相に就任し、震災復興や内務行政の中心となった。このため、各都市の都市計画事業にも公債の認可があり、積極的に事業を推進できるとの期待が、京都市当局や市会議員らに広がった。ところが、後に述べるように、摂政宮（裕仁皇太子）が狙撃された虎ノ門事件が起きる。この責任を取って、わずか四カ月で山本内閣が倒れ、後藤が内相を辞任すると、各都市の都市計画事業に公債を募集する可能性がなくなった。結局、各都市の都市計画事業は、事業実施額を繰り延べしながら、公債や国庫助成金にほとんど頼らない形で実施されていく。そうした兆候は、大震災前の一九二三年の都市研究会での事業の財源の議論の中で、すでに出ていたのであった。

（2）大震災前の都市研究会幹部

一九二三年（大正一二）四月二八日、都市研究会の総会が東京会館大ホールで開かれた。参加者は後藤新平会長をはじめ三〇余名であった。同研究会は一九一七年一〇月に創立されて以来、一九二二年末段階で会員数二四七八名になっていた。内訳は、賛助会員四八名、特別会員四一五名、普通会員二〇一五名であった。機関誌『都市公論』その他の刊行物を出したり、都市計画講習会や講演会を行ったりして、都市計画事業等を促進する「全国都市運動」の中心となっていた(5)。

この総会で新幹部が決まった。会長は後藤新平で変わらず、副会長には内田嘉吉《うちだかきち》（前逓信次官、変わらず）と堀田貢（内務次官）がなり、顧問に水野錬太郎（内務大臣）・阪谷芳郎（前蔵相）・床次竹二郎（前内相）が就いた。理事は、内務省都市計画課長として、都市計画法など都市計画事業関連法令の立案の中心となり、従来から中心となって活動している池田宏（前東京市助役、前内務省社会局長）ら一四名、幹事は阿南常一（変わらず）が就いた。(6)

評議員は、前記の幹部と兼任も含め、一七七名にまで増えた。一九一九年二月段階で評議員は五四名であったのに比べると、大幅に増加されたといえる。(7)

京都関係でも、長岡隆一郎（内務省都市計画局長、都市計画京都地方委員会委員）・池松時和（京都府知事、都市計画京都地方委員会会長）・浜岡光哲《はまおかこうてつ》（有力実業家、都市計画京都地方委員会委員、前京都市議・府議・衆議院議員、前京都商業会議所会頭）・大藤高彦《おおふじたかひこ》（京都帝大工学部教授、京都市顧問、都市計画京都地方委員会委員）・高橋守雄（京都府内務部長、都市計画京都地方委員会委員）・永田兵三郎（京都市工務部長、都市計画京都地方委員会委員）・馬淵鋭太郎（京都市長、都市計画京都地方委員会委員）・近新三郎《こんしんざぶろう》（京都府土木課長、都市計画京都地方委員会幹事）・松風嘉定《しょうふうかじょう》（有力実業家、都市計画京都地方委員会委員）等が評議員となっていた。(8)評議員の数を大幅に増加させ、各地の都市計画事業との関わりを強め、財政難の中でも都市計画事業を推進しようとしたのである。

2　関東大震災の衝撃

(1)　首都の京都移転論

一九二三年（大正一二）九月一日、相模湾の海底を震源として関東大震災が起こり、大火災も発生し、一府五県の被災地で死者・行方不明者一〇万六五〇九名、負傷者五万二〇七三名に及んだ。とりわけ東京市や横浜市一帯の被害は甚大であった。

この結果、大阪府三島郡福井村の二反長音蔵《にたんちょうおとぞう》（帝国一日一善会会長、後にアヘンの製造販売に携り、「日本の阿片王」と称される）は、首都を京都に移転するよう求める建白書を、各大臣・貴衆両院議長・政党党首・各宮家事務官その他の「有識階級」に送った。建白書は、関東の地は富士火山帯の中心として日本最多の地震圏内に属し、ほとんど六〇年を周期として大地震を蒙るので危険だ、と指摘する。それに対し、京都は三方を山に囲まれ、南に展開し、「風穏やかに気清く、地は第四期層の熟土《ママ》にして黄塵を掲げず、水は清澄の美を極め」ているので、桓武天皇以来明治維新の初めに至るまで、千百有余年間「帝室根本の地」であった、と京都を評価した。さらに、各地の交通線を集め、大阪・神戸を介して世界の各所に通じる、と交通上も便利なことを強調していた(9)。

二反長の建白に刺激を受け、『京都日出新聞』紙上に、「京都市民は結束して遷都を奏請し奉れ」「帝都を火山上に置くは大不可」等の意見が掲載された(10)。

また、一〇月一二日になると、一八日に予定されている市会の冒頭で、八木伊三郎（市参事会員、公正会前幹事、旧河原町線派）ほか四名の市議が、首都を京都に「奉遷」することを求める意見書を提出することになったので、かなり人気を呼んでいる、と報道された(11)。

平安遷都以来、京都は天延四年（九七六）、元暦二年（一一八五）、文安六年（一四四九）、文禄五年（一五九六）、寛文二年（一六六二）、文政一三年（一八三〇）に発生した地震によって、市街地は大きな被害を受けた(12)。近世にあたる文禄五年から三三〇年ほどの間に三回の大地震があり、平均一一〇年に一回で、東京に比べ京都がそれほど大地震の被害を免れているわけではないので、二反長の建白書や京都市関係者の京都への遷都を求める意見はかなり主観的といえる。

なお、現代の地震研究水準では、新潟から神戸に至る地帯は、ひずみ集中帯をなすとされており、活動性の高い断層も密集して分布している。京都盆地はこうした地殻運動が活発な地帯に位置するので、将来における大地震の発生にはとりわけ留意する必要がある、と指摘されている(13)。当時の常識でも、京都は大地震が起きにくいという評価が疑問であるのみならず、そもそも、関東大震災で東京・横浜やその周辺まで困難を極めている時に、京都への遷都の話を持ち出すことは道義的にも問題があった。

一〇月一五日、市会での遷都意見書の提案者であった八木市議（市参事会員）他四名は、遷都意見書を撤回した(14)。

一〇月一八日の市会でも、井林清兵衛（旧河原町線派）が、京都市の発展のために山陰線の梅小路―二条間を西に移す意見書の理由を説明する際に、八木市議らが「帝都奉遷」に関する意見書を出してすぐに引っ込め、市民をはなはだしく惑わしたことは山陰線問題と非常にかけ離れている、と堅実に問題を提起しない常識のなさを批判した(15)。このように、関東大震災から一カ月半ほど経つと、首都を京都に移転させる話を持ち出すのは非常識、という認識が広まっていった。しかし、関東大震災直後に京都遷都論が登場したように、震災の衝撃は、直接の被害のなかった京都や関西においてもきわめて大きかった。

（2）震災に対応する積極的事業構想

(1)技術官僚・職員の防火地区・防火線の再検討

関東大震災の甚大な被害を知ると、遠く離れた京都市や京都府の都市計画事業に携わる人々にも、既定の京都地方都市計画事業に「根本的変更」が必要なのではないか、という疑問が生まれた。震災から約四〇日経った一九二三年（大正一二）一〇月九日、都市計画京都地方委員会の幹事や職員らは、府都市計画課で職員協議会を開いた。参集したのは、府から近新三郎土木課長・松島源蔵都市計画課長・井尻良雄建築課長、市から吉岡計之助都市計画部長代理・重永潜都市計画部調査課長・中村政庶務係長、都市計画京都地方委員会職員の原技師・和田甲一技師らであった。吉岡は一九二一年一〇月の第一回都市計画講習会に、重永は翌一九二二年三月の第二回の同会に参加しており(16)、京都市職員中でも都市計画事業に意識の高い者である。

一〇月九日の職員協議会では、震災への対応を考慮し、課題が設定された。またそれに関し、大体の方針が出された。

それは、従来都市計画京都地方委員会で決定した防火地区・防火線を今回の大震災に鑑みて改廃する必要があるかどうか、という課題である。

都市計画区域について、東京と横浜は震災の結果、合併しようとしている。この点に鑑み、多少趣を異にするが、宇治郡山科村方面は防火線と水路の関係上、都市計画区域に編入するかどうか研究の余地がある、ということになった。この調査は原技師に一任された。

防火地域および計画路線についても、京都は古来大火が多く、とりわけ天明年間のごときは鴨川の東岸の「団栗《どんぐり》より発火」し、川の西岸に飛び火し、「全市一物も残さず全滅した実例」[17]がある、と天明の大火の例が提示された。その例に鑑みると、京都の大火の歴史から、鴨川はなんら防火の役には立たない。先に都市計画京都地方委員会で決定した防火地区、すなわち烏丸通今出川以南および四条通八坂石段下《やさかいしだんした》以西の各路線のみでは、不十分である。

そこで、これらを単に防火線とし、さらに「烏丸四条《からすましじょう》の十字街」（南北の烏丸通と東西の四条通が交差する市街）を、東京の丸の内にならい固まった防火地帯として設定することにする。

この他、将来に防火のために計画すべき路線として、御池通《おいけどおり》を岡崎公園を起点に西に山陰線まで拡張し、二四間幅の道路とし、疏水の水を取り入れて地下埋没水路を設けることも提案された。さらに堀川通を北は紫野《むらさきの》まで、南は十条に至る縦貫線とし、御池通と同様に二四間幅として堀川の水流を沿わせることとする。また万寿寺《まんじゅじ》通（五条通の二本北の通）を約二〇間幅として、鴨川以西から山陰線まで貫通させる。

このようにして防火路線を造ることとし、そのための調査は京都府と京都市において開始するはずである、とする。[18]

関東大震災の衝撃で、都市計画京都地方委員会の幹事・職員らは、すでに決まっていた防火地区や防火路線に加えて、烏丸四条を防火地区とする他、将来の防火路線として、新たに御池通・堀川通・万寿寺通を検討課題に加えた。

(2) 大広場・大公園などの検討

しかしながら、これらの通りは防火路線として計画されたり、さらなる検討がなされたりしたものの、耐火建築への建て替えがあまり進まなかった。このため右に名前の挙がった通りのうち、御池通・堀川通は約二〇年後の太平洋戦争下で、空襲の被害を少なくするため、建物強制疎開の対象となった。なお、この約二〇日後の第四回都市計画協議会で、万寿寺通の代わりに、二本南の五条通を防火路線とすることが決定される。このように、関東大震災によって防火地区完成の期間を早めようとする意見が出たものの、これらは積極的に実施されなかった(19)。

しかし、関東大震災後の防火路線の計画は、太平洋戦争下の防火帯形成計画の土台となった。幸い京都は太平洋戦争で本格的な空襲を受けずに済んだ。三本の通りはいずれも、建物強制疎開がなされて空地になったところで戦争が終わり、戦後の一九五〇年代前半までに道路として整備され、現在の京都市の幹線道路となる。

話を先に述べた一九二三年一〇月九日の都市計画京都地方委員会職員協議会に戻そう。協議会では、防火地区を完成させる上での法律問題にも議論が及んだ。当時の法律によると、建物の新築・増築・改築・移転・大修理または大変更をする時には、地方長官の認可を受けることになっていただけである（「市街地建築物法施行規則」〈一九二〇年一一月九日、内務省令第三十七号〉百四十二条）。したがって、それ以外では指導できず、ほとんどすべての建物が建て直されたり、大修理を経たりして耐火建築となるために、約八〇～九〇年の年月を経なければ、効力が現れないと見られた。そこで法律を改正して、少なくとも五年以内に耐火建築に速成させるとともに、費用については国庫補助金を得るための調査が必要と合意された。これについては、松島京都府都市計画課長が担当することになった。この時期は山本内閣下で後藤新平が内相で、都市計画事業について公債発行に積極的な姿勢だったので、関東大震災の被害の衝撃もあり、防火地区に関しても積極的になったのである。

このように一時に改造させるには、営業停止期間の補償も含め、どれ程の補償金が要るのか、という問題も生じる。これについては、和田技師が調査するはずであるという。また結局、国費および市費で半額を負担し、当業者に半額を負担させることになる見通しらしい、とも報道された(20)。

一〇月九日の職員協議会では、商工・住等の地区割りについても検討され、御池通・万寿寺通・堀川通の新設路線の両側の繁栄を期す意味で商業地域に編入することとなった。

さらに、大震災に対応するための課題として、防火地区・防火線にくわえて避難所として大きな広場や公園など新たな事柄も提起された。

すでに都市計画委員会で市内各所に広場を設置することが決まっていたが、その他に、万寿寺通の西端（京都病院の横）に約三万坪の大公園を設け、運動場にも充てることが提言された。また、河原町通を延長して鴨川に沿う竹田街道勧進橋付近に大広場を設け、上鳥羽村、すなわち東寺南面に約三万坪の大広場を設置することも提示された（ただし、その後にいずれの大広場も実現していない）。

橋梁設備についても、疏水・堀川など大災害の際に歩いて渡るのが困難な河川に対しては全部不燃焼物で架橋する他、延長一〇間以上の橋梁に対しては全部不燃焼橋とする、とされた。

その他、道路の構造や街路樹、電灯線および電話線全部を地下線とする件、水溜を各所に設置し防火用水とする件、市街地建築物法実施に関する諸問題等が、話題になった。

これらの調査は二カ月以内に完了し、委員会に付議される手はずになっているが、実現については法律の改廃が必要となるので、五年から一〇年で完成させようと希望している、という(21)。

以上のように、関東大震災のような大災害に対応する計画の立案となると、府・市や都市計画京都地方委員会の官僚や職員である幹部技術者が主導した。

その後、一〇月二〇日、京都市都市計画協議会が開かれた。大震災の甚大な被害を繰り返さないための開催で、当日協議された議題は三つあった。

第一に、規定都市計画または都市計画事業について、今回の震災に鑑み改正を要する件。

①都市計画区域　②都市計画路線　③防火地区　④地域

第二に、今回の震災に鑑み、将来都市計画上考慮すべき件。

①道路　②橋梁　③公園および広場　④地域　⑤防火地区　⑥上下水道

⑦運河　⑧塔上工作物および地下埋没物　⑨市街地建築物法実施に伴う点

第三に、都市計画事業の財源に関する件。

当日は、「地域」については従来通りとすることが決まっただけで、引き続き協議することになった(22)。

(3)後藤新平内相の積極姿勢への期待

一九二三年（大正一二）一〇月二〇日の都市計画協議会では、東京から戻った重永潜（京都市都市計画部調査課長）が、後藤新平内相や内務省の長岡隆一郎都市計画局長の話を伝えた。山本権兵衛内閣の後藤内相は、震災に鑑みて、関西地方も惨禍を未然に防ぐため、都市計画を促進する必要があるので、京都市も予定の計画を進めてもらいたい、と述べたという。

さらに、長岡都市計画局長も、後藤内相の発言を具体的に説明し、国庫補助の増額、財源とする起債の緩和、特別税関連の法令の公布と施行、都市計画振興の準備等について、詳細な方針を述べた。その上で、「京都市としても勇気を大いにし」、来年度も引き続き事業遂行に努力するようにと長岡局長は話した、と重永市調査課長は協議会で報告した(23)。

関東大震災の直後に山本内閣が成立したが、後藤新平内相は、被害を受けた首都東京市の復興に「大風呂敷《おおぶろしき》」と言われるほど力を入れ、積極的な予算構想を立てた(24)。それは東京市にとどまらず、全国の都市計画事業への内務省の方針となっていたのである。

関東地方に大地震が起こった結果、京都市都市計画部は「多少悲観的」になっていたが、後藤内相や後藤の意向を反映した長岡都市計画局長の姿勢を知り、昨今「元気旧に倍し」た。京都帝大の大井清一（工学部教授）・大藤高彦（工学部教授、都市計画京都地方委員会委員）・武田五一（工学部教授、都市計画京都地方委員会委員）の三博士も、進んで京都市当局に協力する決心をした。そこで一九二四年度に関し、馬淵鋭太郎京都市長も積極的にかねての計画を遂行する方針を取るだろうと観測された(25)。

続いて一〇月二三日には、第二回の京都市都市計画協議会が開かれた。出席者は、学者側が大井・大藤・武田の三人の京都帝大工学部教授、京都市側は安田靖一（水道部長）・吉岡計之助（都市計画部長代理）・重永潜（都市計画部調査課長）・中村政（同庶務課長）の都市計画に関連する部署の部課長四人が出席した。この日は路線に関して意見の交換を行った。

そこでは、都市計画路線をさらに拡張して、東西の線では現在の御池通と五条通の二路線を拡張対象に加え、四条通はそのままとし、他はいずれも幅を一八間とするのが適当であると認められた[26]。四条通（一二間）は、日露戦争後の三大事業で拡張され、同じく丸太町通（烏丸通以東は一二間、烏丸から千本は一〇間）・七条通（一〇間）も拡張され、今出川通はその後の事業も含め拡張されていた（寺町以西は八間）（第三章の表3-3、第四章の図4-1）。

四条通は一二間のままとし、三大事業でできた他の通を一八間に拡張し、さらに御池通と五条通を一八間で拡張する、という方向に議論がまとまったのである。この意味は、交通の問題のみではなく、地震で発生した火災が南北に広がることを、道路幅を一・五〜二倍にすることで防ぐことであった。これは、前年九月の第四回都市計画京都地方委員会に出された防火地区設定の提案理由書に、京都市の今までの大火の歴史では烏丸通と鴨川との中間から出火し、多くは西南に向かうようである、と論じられていたことを考慮していると思われる。

なお、四条通を一二間のままとすることにしているのは、すでに四条通はコンクリート等の耐火建築が多く、それを増加して防火地区とすることが決まっていることが理由であろう。それに加え、繁華街となり耐火建築等で街並みが形成されつつある四条通を拡張して道のどちらかの側を移転させるのは、費用がかかり商業にも影響し、困難と考えられたからだろう。また、この段階で万寿寺通ではなく五条通を拡張することにまとまっていった理由は、わからない（ただし、五条通を拡張することに決まったのは、一〇月三〇日の第四回都市計画協議会）。

(4)堀川通の大拡張構想

他方、南北線に関しては、堀川通を都市計画線として四条以北のみを計画に入れているのを、四条以南も計画に入れるべきであるとの意見が有力であった。しかも幅員を二四間にもする構想であった。これは堀川通を防火線として利用するのみならず、将来は京都市が南方に向かって発展する可能性が強く、かつ貨物集散駅である梅小路駅

（当時の京都駅の西隣）等の連絡関係を考慮したからである。しかし堀川通の拡張に当たっては、堀川を開渠とすべきか暗渠とすべきかが道路幅の問題と密接に関係しているので、次の週の会合まで留保することになった[27]。堀川通の拡張は、すでに防火地区に指定されている烏丸通（幅員は今出川―丸太町通間は一二間、丸太町―七条通間は一五間で、基本的に一五間）に加えて、堀川通を北と南へ伸ばし、防火線にも役立てようとするものである。

なお、すでに都市計画事業およびその前身の京都市区改正事業において、堀川通の拡張については、中立売西入ル役人町（中立売通）からさらに堀川通を北進し、現在の北大路通に接続する路線（幅員一五間）までが決まっていた。また三大事業で完成した東山通（東大路通、幅員一二間）を熊野神社前から北進させ現在の北大路通に接続させ、他方、東山七条から南進させ現在の九条通に接続させる計画も決められていた。すでに述べたように、第五号線として木屋町通ではなく河原町通を拡張することも前年六月に決まっている（幅員一二間）。この他、現在の西大路通も拡張されること等も決まっていた（幅員一二間）（第五章・第六章・第九章）。

一〇月三〇日には、第四回都市計画協議会が開かれ、一九二二年六月に拡張が決まった河原町通を防火線とすべきとの意見があったが、自然防火線として鴨川があるということで、防火線としなかった。結局、新たに防火線とするものは、御池通・五条通の両東西線と、堀川通の南北線であり、それらで京都市の核心地域を囲むことになった。四条烏丸を新京極同様に防火地区とする論については、その必要がない、と問題にならなかった[28]。

ところで、ここで新たに決まった御池通・五条通・堀川通を拡張して防火線とする計画は、後述するようにまもなく山本内閣が倒れ、緊縮財政下で全国的に都市の事業も抑制されることになり、実行されない。すでに述べたように、これらが実行されたのは、太平洋戦争下の建物強制疎開という形によってであった。

さて、このうちの堀川通の拡張に関しては、一〇月二六日の第三回協議会で議論となっている。地元有力紙『京都日出新聞』によると、都市計画上、堀川通を南北中心線（幅員は二四間）とすることに一致していたが、堀川自体をどうするのかについては、三説に分かれて議論が戦わされた。一つは、開渠による防火兼備の清らかな水が流れる川とすべきというもので、二つ目は暗渠として下水幹線に併用する説である。また三つ目として、歴史的理由から現状で保存すべきという説があった。三つ目の意見は、堀川の両岸に向かって各一二間の道路を敷設するというものであった。この三つ目の「折衷説」は、歴史的景観を重視しているが、防火と交通網という観点からは、「大京都」に適当かという問題があると見られた。(29)

(5)京都市当局の積極的姿勢

堀川通の拡張に関し、右のように地元有力紙は、歴史的景観と防災・交通網の二つの観点を中立的に報じた。これに対し、『大阪朝日新聞』（京都付録）は、両方の立場を報じつつも、堀川を暗渠にすれば一八間幅でもよく、立ち退きも少ないので、「財政の関係から暗渠とするより外に策がなからうと観測されて」いると報じた。(30)

木屋町通・高瀬川に関しては、河原町通が交通体系上合理的であることも加わり、歴史的景観が重視されたが、このように堀川通に関しては、必ずしも歴史的景観が重視されなかった。この数年後に比べると、一九二三年秋においては、京都市においても歴史的景観の重視はまだ十分な潮流にはなっていないのである。

第三回協議会と同じ一〇月二六日、地元の有力新聞紙上で、馬淵市長は、今回の大震災によって、都市計画事業の遂行が必要であるということが「一般市民」に徹底したことはとても結構だと思う、と述べる。このために外債を起こしてまでも計画実行に努力したい、との決意を示した。もっとも馬淵市長は、政府が起債を許し援助する場合においてであることは言うまでもない、と留保をした。(31)馬淵市長が留保をつけたのは、すでに述べたように、加藤友三郎内閣が前年六月以降に原則として起債を許さない方針を出し、それが実施されているからであった。しかし加藤首相が病死し、一九二三年九月に山本権兵衛内閣が成立し、後藤新平が内相となったので、大震災もあって方針が変わり、京都の三大事業等のように、起債を各都市に許し、国庫補助金も下付する可能性ができたと、馬淵市長は期待したのである。

市長の発言の数日前、二月から工事に着手していた烏丸線を今出川通から北進させ、さらに賀茂川畔の植物園前まで伸ばす、合計約一マイル半の延長工事が完成し、一〇月二一日から一般乗客を取り扱った。延長工事完成直後なので今出川ですべて乗り換えであるが、上総町《かずさ》（現・京都市北区）の車庫が完成すれば、京都駅前から乗り換えなしで植物園前まで行けるようになる。工事費は合計で、一五七万一九七一円もかかったが、沿線は賑った[32]。

後藤内相が国庫補助や起債を緩和するとの方針を持っていると伝え聞いた上、京都の都市計画事業中の最初の事業も無事完成したので、馬淵市長は事業実施に関して強気になったのである。

関東大震災のような大震災に対応できるように、京都の都市計画事業を見直す議論にとって、最大の問題は財源である。現実には大震災後において、このままでは一九二四年度に都市計画事業が既定の計画通りに実行できるかどうかすら、確信が持てなかった。ところが一九二三年一〇月末の新聞は、都市計画事業に対する政府の方針も最近積極的となり、事業財源として起債緩和、特別税の設定、国庫補助金支給等を東京に出張した市職員に言明した、と報じた。したがって、京都市の都市計画事業は馬淵市長の遂行論と合わせ、震災にはなんら影響されず、一九二四年度より既定の河原町線をはじめ着々と実施されるものと観測される、とも新聞は希望的観測を書いた。

起債への少し楽観的な見通しが出てくる等、京都の都市計画事業への財源が確保できそうだという期待の下で、一九二三年一二月中旬には、京都市都市計画部（部長の永田兵三郎は欧米視察中）は、今回の震災を考慮して都市計画案を変更し、さらに「外廓循環路線」を新設するという積極的な計画を検討していた。原案は一九二三年中に作成されることになっているという。

震災対応については、南北線である堀川通と東西線である御池通・五条通を一八間幅にする計画であったという（前項で述べたように、一〇月二六日の第三回京都市都市計画協議会では堀川通を二四間に、一〇月二三日の協議会では御池通と五条通を一八間に拡張する意見に一致していた）。一二月中旬に馬淵市長は、翌年春に京都市「都市計画（敷地割）調査（委員）会」を組織し、さらに調査研究した上で事業を実施することになるが、「財政の行き詰り」と合わせて「前途遼遠」である、との少し弱気の発言もした[33]。

なお都市計画事業の実施にくわえて、市電の軌道の幅について、旧京電の狭軌のものを広軌に統一することも焦眉の課題であった。また、旧京電の堀川線・木屋町線・西洞院《にしのとういん》線等は、軌道が磨滅し石畳が破壊されていることにより、あり得ないほど危険な状態である、と市民から批判が多く出ていた。そこで、京都市電気部は一九二四年度において軌道取り替え費として二三万円を計上し、軌隔統一までの当座をしのぐ工事とすることに決定している、と新聞は伝えた[34]。一二月一日には、当時の河原町線の出発地点であった寺町今出川から少し東へ進み河原町今出川に至り、次いで南下して河原町丸太町に至るまでの区間が、第一期拡張工事として着手された[35]。

このように、山本内閣の後藤新平内相の下で、京都の都市計画事業に関し、京都市や府当局は、財源問題で時には弱気を見せながらも、当面一九二四年度は既定計画を実施し、それ以降に財源を考えながら、なるべく積極的な計画を行おうと考えていたのである。

(3) 虎ノ門事件の影響

ところが、一九二三年一二月二七日、摂政宮（裕仁皇太子、後の昭和天皇）が帝国議会の開院式に行く途中で狙撃されるという、虎ノ門事件が起きた。弾丸は逸《そ》れ、摂政宮は無事であったが、責任を取り山本権兵衛内閣は総辞職し、治安の責任者でもあった後藤内相も辞任した。虎ノ門事件の前日、一二月二六日に馬淵京都市長は、市会に提出するため一九二四年度予算を市参事会の審査にかけた。それは予算総額一〇六六万五〇〇〇円、一九二三年度より二五八万余円の増加となり、「営業税附加税は制限外に達す」「財源将に破綻に瀕す」と報じられるほどだった[36]。

後継に、旧山県系官僚の清浦奎吾内閣ができると、第二次護憲運動が起こっただけでなく、都市計画事業の積極的方針が一変した。一九二四年三月九日、京都の地元有力紙も、起債は認可の見込がないので、既定事業である河原町線拡張は財源難から困難である、と報じるまでになった[37]。

関東大震災後に京都市の都市計画事業の財源に、もう一つ大きな影響を及ぼしたものが、国庫補助金の支給方針の変更である。すでに述べたように、一九二一年三月段階では、内務省は道路費合計三五〇〇万円に対して、一一六〇余万円を国庫補助金として支給することを示唆していた（第八章）。

ところが起債が認められないのみならず、国庫補助金も一九二三年度こそ約二七万円の支給があったが、震災の翌年の二四年度では、三六万円の予算を組んだが、一一万円の支給にとどまった。その翌年の一九二五年度は、二〇万円の支給を見込んでの予算であったが二万六〇〇〇円まで落ち込み、この傾向はしばらく続いた。結局、一九四四年度まで国庫補助金の支給はあったが、二二年間で合計約二五〇万円にとどまった(38)。それは当初に内務省から示唆された額の約五分の一にすぎなかった。この間のインフレーションを考慮すると、国庫補助金の実質的な額はもっと少なかったといえる。

以下で述べるように、政府の方針転換によるこのような財源難の中で、京都の都市計画事業は、利益の出ている電気軌道（市電）事業経済からの繰入金に加え、沿線住民からの受益者負担金、都市計画特別税で市民の負担を増やすこと等により、展開していく。

3　受益者負担の決定

(1) 内務省令第二十八号の適用

ここでは、話を都市計画事業に関し受益者負担についての法令ができた時にさかのぼらせて、検討してみよう。都市計画法や同施行令に引き続き、一九二〇年（大正九）九月六日、内務省令第二十八号が出され、道路の拡張にあたって受益者負担を求めることができるようになった。

一九二〇年九月といえば、同年三月に戦後恐慌が到来し、原敬内閣はそれに対応する経済政策を取らざるを得なかった。その中で国庫補助も削減せざるを得ず、受益者負担が登場したと思われる。関東大震災の前に受益者負担の法令が中央レベルでできていたことは注目される。なお、後に京都の都市計画事業で示されることになる受益者負担三分の一は、三大事業の際の国庫補助の割合と同じであった。それによって、市長は都市計画事業として市長が執行する道路の「新設又は拡築」に必要な費用に充てるため、受益者に費用を負担させることができるようになった。

ところが、この段階では京都の都市計画事業において受益者負担金は特に話題にならなかった。本章の第1節で述べたように、一九二三年に入ると都市研究会で受益者負担が話題になったが、八月までの議論においては、受益者負担を積極的に求めていくか、公債や国庫補助金に主要財源として強い期待を寄せるのか、財源構想が分裂していたからである。

先述のように、山本権兵衛内閣が倒れて、国庫補助や起債が厳しいという見通しが明らかになると、一九二四年二月二日の都市計画京都地方委員会常務委員会で、内務省から諮問された付議案の一つとして、受益者負担の件が出された。これは「新設拡築」路線沿線住民に直接影響することなので、異論が数多く出た。なかでも、旧木屋町線派の市議で、府会でも「闘士」であった橋本永太郎京都府議（旅館業、下京区選出）は、激しい議論をしたが、結局は原案を認めることになった。負担歩合は路線に応じて、一坪に対し一円から四円とすることになっている。[39]

京都の都市計画事業案として出された「受益者」となる区画とは、道路の両側においてその境界より道路の幅員の一〇倍の地域である（内務省令第二十八号第一条・第二条）。

「区画内の受益者」の負担金額は、「道路新設」「道路拡築（拡張）」それぞれの場合、その工事費の三分の一と四分の一であった（第三条）。

負担の配分は、各路線を土地の状況により適当に区分し、負担額を一定の割合により配分する、と規定された（第四条一・二）。各路線に接する地帯内においては、負担額の三分の一を土地の路線に接する部分の長さに比例し、その三分の二を土地の面積に比例して「受益者」の負担を配分する。またその他の地帯においては、その地帯に配分された負担額を土地の面積に比例して各「受益者」に配分する、と定めていた[40]（第四条三）。

ところで、内務省令第二十八号にある「受益者」負担について、京都の都市計画事業に適用するためには、都市計画法施行令第十条の規定により、都市計画京都地方委員会の審議に付し、承認されなければならなかった。

すでに述べたように、まず受益者負担の件が審議された常務委員会は都市計画委員会官制（一九一九年一一月二七日、勅令第四八三号）に規定されている。都市計画地方委員会は会長（知事）が委員一〇人以内を以て常務委員会を組織させることができた。任務は地方委員会の権限のうち軽易なものを委任されたり、委員会の会議事項をあらかじめ審査したりすることであった。受益者負担の件を審議した二月二日の常務委員会は、ことが重要であるので、会長が委員会の会議事項をあらかじめ常務委員会に審査させたのである。

(2) 第五回都市計画京都地方委員会での決定

(1)受益者負担の説明

受益者負担に関して、内務省令第二十八号が出されてから三年半、一九二四年（大正一三）二月二日の常務委員会での審査を経て、同月八日の第五回都市計画京都地方委員会に、「京都都市計画事業道路新設拡張受益者負担に関する件」という議題がかけられた。今回は、臨時委員も含め、多数の委員が交代したが、同月二日の常務委員会で受益者負担について激しい論議を行った橋本永太郎委員（京都市議兼府議）は、都市計画京都地方委員会委員を続けていた。府知事は一九二二年一〇月一六日付で若林賚蔵《わかばやしらいぞう》から池松時和に代わったので、池松が会長になった。その他一五名の委員が、初めて一九二四年二月八日の都市計画京都地方委員会に臨んだ。会長も含め四三名中で、三七・二％もの委員が異動したのである(41)。

まず、池松会長（京都府知事）の指示で、都市計画事務官松島源蔵が、二月二日の常務委員会で原案を認められたと前置きして、次のように説明した。

第一に、内務省令二十八号によると「受益者」負担の区画を、道路の両側において、その境界線より道路の幅員の一〇倍の地域とする。たとえば、一〇間の新しい道路を着けた場合、一〇間の一〇倍の一〇〇間ずつを新道路によって利益を受けた地域とみなす。

第二に、第六条には原則的に一〇倍という規定の例外規定がある。河川、溝渠《こうきょ》、並行道路、その他土地の実況によって必要があった時に、内務大臣は原則的規定にかかわらず、負担区画を別に定めることができるようになっている。京都での実際の運用においては、土地の実況により、市内では地価の高い所では約五倍もしくはそれ以下のようになると思われる。第二条における一〇倍というのは、主として郊外のなんら施設もない広い場所に道路を付けた場合のことを予想したのである。市内などに道路を「新設もしくは拡張」する場合には、実況によって左右されることになろうと考えている。

松島事務官は第三に、第三条の規定で、第六条の土地の負担が幾分かかったなら、工事費の三分の一（新線）、四分の一（「拡張」の場合）を両側の住人に負担させることになったことを説明した。

第四に、第四条第一号の場合は、長い路線をいくつかの区間に切り、同第二号の場合は、いくつかに切ったものを、道路に並行して利益を受ける程度により一個または数個の地帯に区切る、と説明した。一例を言えば、道路に面した側を「八」とすれば、その次には「五」、その次は「三」、その次は「二」というふうに、道路から遠ざかるにしたがって負担を軽くする。同第三号の規定は、道路に面した方を仮に「八」として「八」の金額を負担するなら、それを三つに割って、三分の一を道路に面した長さに比例し、残りの三分の二をその土地の面積に比例して取る。したがって、道路に面していない地帯は、すべて土地の面積に比例して負担させる。結局、道路に直面している土地は非常に負担が重くなるという規定になっている、と説明した。

第五に、第五条は、たとえば路線がT字型に曲がっていて、一方の道路にかかり、他の部分の道路にもかかるというように負担が重複してしまう場合、どちらか一方を負担すれば他の部分を免除する規定である。

第六に、第六条は工事の受益者負担金を取る場合には、始めは工事費の予算額で取り、工事を竣工した後に精算し、その結果、負担した割合があまりに高かったならば払い戻し、低かったならば追徴する、という規定である。

第七に、道路工事の費用を補うため、土地・物件・労力または金銭を寄付した者においては、寄付額の範囲内において、受益者負担を減免することができる。また市長が適当と認める工法で工事を施行して寄付した者も同じである。

第八に、本令施行に関し必要なる事項は市長が定めること、等である。(42)

松島事務官の説明の特色は、第二条で道路の両側の境界線より道路の幅員の一〇倍の地域を受益者負担を求めるとの原則に対し、「土地の実況により」（第六条）云々との規定を使い、市内は五倍もしくはそれ以下で、一〇倍は主として郊外に適用されるもの、と原則を崩したことである。これは道路から相当離れているにもかかわらず、受益者負担を求められる市民の不満が予想外に強かったことに配慮したのであろう。

都市計画事業の道路幅は一二間から一五間幅が多い。それを一〇倍すると、道路境界から一二〇間（約二一六メートル）から一五〇間（約二七〇メートル）と、相当の地域が受益者負担を求められる。原案を作成した市当局は、一人一人の受益者負担を少なくしようと地域を広げたのであるが、道路から離れた地域では、道路に近く恩恵を受ける人々が「負担」をすべきであると反発した。そこで原則を崩してしまう説明になったのであろう。

(2)矛盾はあるが負担受入れ

松島事務官の説明があったにもかかわらず、小笠原孟敬委員（京都府議で上京区選出、前京都市議、上京区に小笠原病院を経営、京都府医学校〔京都府立医大の前身〕卒）は、一〇倍という地域までも受益者負担を加えられるのは、新たに市域に編入された土地であるとか、郊外に近い土地ならば納得いくが、将来市内に道路が増築される場合にも一〇倍を標準とするのか、と当局の意見を尋ねた。これに対し、松島事務官は、市内においては一〇倍ということの適用はなかろうと思う、と答えた(43)。

当時、小笠原の自宅は上京区御幸《ごこ》町《まち》通《どおり》押小路《おしこうじ》下《さが》ル亀屋町であり、拡張が決まっている河原町通から西へ二一〇メートル、拡張が論じられている御池通から北へ一三〇メートルほどである。御池通の場合は五倍でも受益者負担地域に入るが、河原町通なら一〇倍にならなければ入らない。小笠原にとって御池通の受益者負担はまだしも、近い将来に拡張されることが決定している河原町通のそれは、遠すぎて、納得のいくものではなかったのであろう。その間に当時の主要街路としての寺町通もあり、また河原町通に市電が通れば便利になるが、すでに市電の走っている烏丸通まで西へ六〇〇メートルもなく、南北の移動はそちらの市電を使うこともできた。

結局、第五回都市計画京都地方委員会で受益者負担の問題について、小笠原委員から質問が出ただけで、常務委員会で激しい質問をした橋本永太郎府議も質問しなかった[44]。京都の都市計画事業の財源難に対応すべく、受益者負担の原案は、都市計画京都地方委員会で決まった。

一九二四年二月八日の都市計画京都地方委員会で受益者負担の原案が定まったことは、すでに完成していた新京極通の舗装費用の半額を受益者負担として徴収することにも影響を及ぼしたようである。

新京極通は、河原町通と寺町通の間を南北に走る京都市有数の繁華街で、市内で地価が最も高かった。一九二三年一一月中旬に、ブロックとアスファルトの舗装工事が完成していた。これが京都の道路で最初の舗装であった[45]。

総工費四万二〇〇〇円の半額が、受益者負担であった。一九二四年六月末に、負担の割合は間口《まぐち》一間に対し一二円二八銭、奥行きは二〇間に達するまで一坪六〇銭を徴収することが決まった。なお、前年、一九二三年一〇月に完成した烏丸線の北進（今出川通から北大路通まで）の工事の受益者負担については、工事が終わって半年以上経っているにもかかわらず、検討されているが決定していなかった[46]。

4　都市計画区域内の地区指定

(1)　特別委員会で地元の意見を反映

京都市都市計画区域内の地域指定の件は、まず一九二二年（大正一一）六月九日の第三回都市計画京都地方委員会において、有力実業家の松風《しょうふう》嘉定《かじょう》委員から、地域に関する「特別委員」（常務委員会）を設けることを提案する動議が出されたことに始まる。

松風は、京都市は東京・大阪など六大都市中で唯一「船運の便がない」都市で、不利益な立場にある、と見た。名所旧跡を保存しても、市民が「現在の消極的の商工業の発展」にのみ頼っていては、とうてい京都市の面目を保っていくことができない。京都市を盛んにするにはどうしたら良いか。一面において都市計画を立てるも、半面において船運その他商工業に関しては、京都市はよほど慎重に考究しなければならない。そのため、各方面の方々から委員を選定して、京都市における商工業地域を考究しておく必要がある。松風はこのように理由を述べて、「委員」（「特別委員」）を設ける動議を出した。

近新三郎《こんしんざぶろう》幹事（京都府土木課長）も、「今の地域に就きましては準備は出来て居りますけれども、地域を定めるならば各方面の方が十分審議をされた方が宜くはないかと考へるのであります」と、当局としての準備をしているが、より多くの委員の議論を経た後に都市計画地域指定を行った方がよい、と発言した(47)。

その後、委員会の満場一致で会長若林賚蔵（京都府知事）指名で九人の「特別委員」（常務委員）を選ぶことになった。選ばれたのは、長延連（京都府内務部長）・安田種次郎（京都市議、木屋町線派〔河原町線反対派〕）・元川喜之助（京都市議、河原町線派）・永田兵三郎（京都市工務部長）・田辺朔郎（京都帝大工学部教授）・浜岡光哲（有力実業家）・松風嘉定《しょうふうかじょう》（有力実業家）・田中祐四郎（京都府議）・小松美一郎（京都府議）である(48)。内務官僚・京都市幹部技術職員・学者の三人に、市議・府議・京都の有力実業家それぞれ二人ずつを加え、各界に配慮したもので、人数から見ても内務官僚の主導性は弱い。また市議には、河原町線派と反対派のいずれも入っていた。

この直後、長延連は岡山県知事に任命されたので、都市計画京都地方委員会委員の資格が消滅した。同月二九日に後任の京都府内務部長白根松介（内務官僚）が都市計画京都地方委員会委員を命じられた。白根は、七月一一日に常務委員に、九月八日の第四回都市計画京都地方委員会で、地区調査に関する「特別委員」（常務委員）にも若林会長（京都府知事）指名で選ばれた(49)。

その後の審議は、地域に関する「特別委員会」委員長となった白根松介（前掲）によると、次のように進められた。

「特別委員会」は、一九二三年二月二〇日、二月二七日、四月四日、四月一四日、五月一日の五回、会議を開いた。このために各方面で研究を積んでいる土地を視察したり、外国の例を集めたり、必要な場合には京都の実地踏査を行って審議した。

また、地域案を決定するに当たっては、京都府庁・市役所の両方面と十分な意見交換をした。くわえて京都染物同業組合・京都商業会議所・堀川工業一心会等より陳情の意見書が出たので、その意見の内容も十分に考慮し本案を作成した。

白根特別委員長の報告を補足し、都市計画事務官松島源蔵（番外）が経過を述べた。地域案の選定に当たっては、白根委員長の話と同じく、多種多様の「参考」（参考事項のことか）を集め実施の踏査等も行った、等と述べた。その上で、京都の地勢そのものをまず念頭において理想的な一つの案を立て、現在の実況に鑑み、それに十分対応した別案を作った。その後に二つのものをなるべく近い所で調和させて、地区指定案ができた、と説明した[50]。

すなわち、地区指定の「特別委員会」は、京都府・京都市当局と意思疎通を図り、地域の商工業団体の要望を考慮し、「特別委員会報告」となったのである。

（2）地区指定の内容

「特別委員会報告」は、一九二四年二月二日に都市計画京都地方委員会「特別委員会」（常務委員会）で付議され原案が承認された。商業地域はだいたい、中京《なかぎょう》一帯・東山線以西・丸太町以南および五番町・上七軒《かみしちけん》・島原等の遊郭を中心とした一円の地、ならびにその他路線上の両側などである。

住宅地域はだいたい、東山一帯、御所を含む丸太町以北、山手一帯すなわち衣笠山付近およびその他山陰線以北郊外一円、東寺を囲む一帯の地、および二条離宮を中心とした一円の地帯である。

工業地域は、西南部東海道線以南一帯伏見街道以西、山陰線以内一円ならびに南部大宮以西一帯である。

また未指定地域（混合地域）を、堀川を中心とした一帯、西陣および鐘紡《かねぼう》（鐘紡の跡地は現在の高野団地。現在の東大路通と高野川、北大路通と今出川通に囲まれた地区の北半分ほど）付近、二条河東疏水ダム付近、伏見町（現・京都市伏見区）南端一円とした。

なお、住宅地域や商業地域に介在する各種の工場は、今後一〇年間は修築改善を許すが、一〇カ年後はそれらを許さないことになっていた[51]。

表11－1　京都市と欧米都市の都市計画区域全部に対する各地域の百分比

地域別（％）	住宅地域	商業地域	工業地域	未指定地域
京　都	43.7	8.6	38.8	8.9
フランクフルトアムマイン	63.0	32.0	5.0	－
セントルイス	57.0	13.0	30.0	－
ニューヨーク	51.0	19.0	30.0	－
レッチウォークス田園都市	78.0	8.0	14.0	－
デカター	86.0	4.0	10.0	

注：京都の百分比は都市計画区域全域に対してのもの（市街地建築物法施行区域だけの比率は異なる）。
出所：前掲，「第五回都市計画京都地方委員会議事速記録」53，54頁。

京都の地域指定の百分比の特色は、住宅地域の比率が最も高いものの、工業地域の比率もかなり高いことである（表11－1）。比較の対象とした外国の都市が工業都市というわけではないことを考慮しても、京都が工業面でも発展していこうとする姿勢を示したものといえる。

二月八日の第五回都市計画京都地方委員会に出された地区指定の理由書によると、京都市の東部・北部・西部の三方は山に囲まれ、山麓に連なる一帯の土地はだいたい「高燥風物快適」であり、土地は主として住居に用いられ、陵墓・社寺・名勝旧蹟も多く介している。そこでこの地域を住居地域と定めた。また、商業地域や工業地域に囲まれているが、住居地域として居住者の「安寧を保護」して「快適利便」を進め、御所・離宮・名刹《めいさつ》等の環境として適当であると思われる所もくわえた。たとえば二条離宮（現・二条城）および東寺の周囲等である。

京都市の中央部の地は、土地は平坦で街路がきちんと整って交通の便が良く、土地が発達しているので商業地域と定めた。この他、住居地内に現存する商業小団地、計画が決定した主要街路の両側一帯の建築物敷地などを商業地域とすることで、「日常の便利享楽」に備え、土地利用上の実情に適するようにした。

工業地域は、東海道線・山陰線の鉄道線路に沿った市の西南部一帯、市街疏水運河ならびに京阪電鉄線を南下して伏見町の西部に連結する一帯の地とした。この地は比較的運輸が便利であり、土地の現状も現に工場として開発されたところが多い。さらに現在は都市計画区域に含まれていないが、西南に伸びた桂川（保津川）沿岸の地も、一部に湿地があるものの、将来運河を開削し、排水設備等を完成させて、工業地域として利用することができる、とみた。

なお、未指定地域を設定したのは、すでに工場が各地に存在する京都市の実情を考慮したためである。たとえば、市内の西陣機業地、堀川沿岸染業地のごときは、歴史的に工業地であり、今はその大部分はいわゆる家内工業である。時勢上、これらは少しずつ工場制工業に移行する傾向があるので、未指定地域に指定しておいて、その発達を助成する。

また、疏水の夷川《えびすがわ》発電所付近（現・左京区聖護院蓮華蔵町）ならびに市の東北高野川に臨む地（鐘紡）および疏水伏見発電所付近は、現在すでに諸工場が集まっている。しかし、将来ここに大工場が多くできて、煤煙臭気を出すと、付近の住宅地の住民は耐えられなくなるので、未指定地域として保留し、現状に適応させた。

この他、堀内村南方の一帯は、土地が低湿で住居地として適当でない。しかし、ここに大工場がたくさんできると、付近の桃山御陵および住居地に及ぼす影響が少なくないので、未指定地域に保留し、地勢に適応させるのを妥当と信じる。(52)

このように、京都の都市計画区域内の地域指定は、未指定地域を設けて、現状を尊重しながら設定された。これは、市民の反発を避けるためでもあった。内務大臣（内務省）案の中に未指定地区が設けられたのは、地区指定の特別委員会が、府・市当局と緊密な連携を取りながら、委員会報告を審議したからである。

以上、府の技術官僚・市の幹部技術職員案が常務委員会で調整されて最終的な常務委員会案となり、それが内務大臣案となった結果、一九二四年二月八日の第五回都市計画京都地方委員会では、内務大臣案に対して反対の意見がまったく出なかった。田畑庄三郎委員（京都市議）が、住宅地域・商業地域・未指定地域の動力使用の上限について質問しただけで、内務大臣案は原案通り可決され、事実上決定した。(53)

京都の都市計画区域内の地域指定は、すでに述べたように、一九二二年六月の第三回都市計画京都地方委員会で、特別委員を設ける動議が出され、一年八カ月かけて「特別委員会」（常務委員会）で検討と調整がなされ、京都地方委員会で事実上決定した。都市計画事業に当初より「自治の精神」が強調されたのみならず、財源難の中で各都市の独自の財源で事業を行う要素が強まったこともあり、内務当局は、京都の意向を慎重に取り入れながら、都市計画区域を指定したのである。

この地域指定の特色は、その後九〇年を経た現在でも残っている京都市の各種地域区分の大枠を打ち出したことである。それは中京など旧市街を商業地域、その北部・東部・北西部・東南部を住宅地域とし、商業地域の西部・南部を工業地域とする枠組みである。

本章では第一に、虎ノ門事件で後藤新平内相が辞任すると、公債が認められないのみならず、国庫助成金すらあまり期待できなくなることが判明し、事業の財源への考え方が京都では大きく変わっていったことを明らかにした。一九二四年二月には、一九二〇年九月の内務省令に基づき、第五回都市計画京都地方委員会で受益者負担の原案が決まった。このように、一九二四年春には事業に受益者負担を求め、基本的に地元の自力で事業を行っていこうとの方針が、中央政府のみならず京都でも固まっていったのである。

第二に、都市計画事業を基本的に、あるいはなるべく地元の財源で行うという発想は、戦後不況の財源難の中で、関東大震災前に、すでに一つの財源構想として出ていたことも明らかにした。

受益者負担を強く求めるにしろ、市民の一致した支持を得て公債を使って都市経営を成功させるにしろ、都市計画事業を推進し成功させるには各都市の指導者たちの意思と団結心が必要となる。一九二三年四月の都市研究会総会で、都市研究会が幹部を拡充し新陣容を示したのは、その意思の表れといえる。京都の都市計画事業関係でも少なくとも八名が評議員となっている。

第三に、京都の商業地域・住宅地域・工業地域などの都市計画地区の指定は、一九二二年六月の第三回都市計画京都地方委員会で「特別委員会」（常務委員会）が設けられて慎重に進められたことである。一年八カ月もの審議と、府・市当局、地域の商工団体等や内務省との調整を重ねるなどして、ようやく決定された。関東大震災前に「特別委員会」の会議はほぼ終わっていたとはいえ、すでに述べた一九二三年の震災前の財源難の状況下で、事業への京都の自主性を少しでも引き出すため、地元の声を吸い上げようと十分に配慮したからであった。この結果、府技術官僚・市幹部技術職員の案が、様々の分野の代表を集めた「特別委員会」（常務委員会）で調整され、最終的な同委員会案となり、それが内務省案になっていった。

こうして、一九二四年二月二日に最後の委員会を開いて、同月八日の第五回都市計画京都地方委員会に出す案を確認し、八日の地方委員会で実質的に決定したのであった。なお、特別委員九人のうち、市議・府議と京都の有力実業家が六人を占めていたのに対し内務官僚は一人にすぎず、人数比から見ても、この決定過程における内務省の主導は強くなかったことがわかる。

第十二章　幹部職員の欧米視察報告

関東大震災が起きる数カ月前に、京都市は欧米の都市の実情と都市計画事業を視察させるため、幹部技術職員の永田兵三郎（都市計画部長）、もう一人の技師、および幹部行政職員の今村惟善（京都市高級助役）の三人を欧米に派遣した。永田らは一年、今村は八カ月かけて視察し、震災後に帰国した。本章ではまず永田と今村の報告を紹介し、彼らの視察は京都市の都市計画事業にどのような影響を及ぼしたのかを検討する。

1　永田工務部長の欧米視察談

(1) 道路重視を再確認する

(1) 舗　装

永田兵三郎京都市技師（都市計画部長）は、一九二三年（大正一二）四月中旬から翌年三月まで一年近く欧米の都市を視察した。永田は帰国後、新聞記者に対し、旅行期間が短かったのと言葉が不十分であったため、自分の予期した目的の半ばも遂げることができなかったことを遺憾に思っている、と話した。(1) それにもかかわらず、道路・下水・住宅・交通・水路（運河）等について、かなり詳細に新聞記者に語った。(2)

その特色は第一に、後藤新平を会長とし、都市計画事業に関係する内務官僚も多く参加した都市研究会で提示され、内務省の同事業の方針となっていった大枠や、これまで京都で実施されてきた同事業の大枠に再考を促すような問題提起はなかったことである。永田は欧米視察を行ったことがなかったが、一九一九年から都市研究会に特別会員として入会しており、その刺激もあり、すでに視察の前に、都市計画事業について最新の知識を吸収し、自分でも考えていたからであろう(3)。

永田の成果は、それまでに決まった大枠に従い、京都市の都市計画事業の責任者の一人として、各論に就いて実施にあたっての認識を深めた、ということである。

永田は、「〔欧米の〕大都市の道路が如何《いか》に作られ如何に維持されつゝ、あるかを知るのが目的の主眼であつた」と冒頭で述べる。また、道路の配置・構想によって、その都市の活動能力に非常な影響がある、とも論じた(4)。

都市計画法・市街地建築物法の基本的性格を決めるにあたって、都市計画の中心は土地利用計画であるべきとする池田宏（内務官僚、初代都市計画課長）らの考えと、街路計画であるべきとする片岡安（建築家）らの考えが対立した。結局のところ、池田らの主張が通り、少なくとも建て前としては土地利用計画を中心とするものになった(5)。すなわち都市計画事業は道路拡張など平面空間のみならず、土地利用計画という形で立体空間をも計画し規制していこうとしたのである。ところが永田の発言にあるように、京都市の都市計画事業の中心人物には、京都の状況から、都市計画事業が高層建築や地下鉄、および歴史的景観等を含めた立体空間まで十分考慮したものというより、平面空間つまり道路拡張計画中心のものとして当初は検討されたのである。

道路に関し、永田は欧米の道路の舗装状況を調査し、「外国都市の道路は悉《ことごと》く何等かの舗装が出来て居《お》り、決して我京都市の如き土の道路ではないのである」と舗装の必要性を訴えた(6)。

京都においては、永田の欧米視察中の一九二三年一一月中旬に、三条通と四条通の間の新京極通（河原町通と寺町通の間を南北に走る繁華街。寺町通に近い）に、ブロックとアスファルトの舗装工事を初めて完成させた。工事費の半額は、受益者負担として、沿線の住民が間口の広さと所有地の坪数に応じて払った(7)。新京極通の舗装の予算は一九二三年度予算であるので、永田は欧米視察に出発する前に、初めての舗装工事が新京極通に着工されることを知っていた。そこで、今後も京都市では舗装が問題になると見て、欧米の舗装の実態を見てきたのである。

永田は欧米の舗装の状況を、鉄輪の馬車が交通の中心である欧州と、ほとんど自動車が中心のアメリカとで区別してとらえた。たとえば、イギリスでは重くて速力の遅い馬車のため、馬蹄《ばてい》の足掛かりが必要なので、いまでも石の舗装が多く存在している。また欧州では、木を用いた舗装もある。これに対しアメリカでは、軽快で速力の速い自動車が主であるので、足がかりとなる継ぎ目のある舗装が要らない。アメリカでは塵埃《じんあい》を少なくし、乗り心地を良くするために、アスファルト（南米産のオイル・アスファルト）で舗装している。

日本の場合は、材料生産および交通の点から、コンクリート道に注意を払わねばならない、と永田は言う。その一方で、アスファルトは表面が滑らかで塵埃が少しも生じず、音もたたないので、自動車交通の都市にはまことに結構な舗装で、この道路は今後ますます増加するであろう、とも予想した(8)。永田は、舗装道路のほとんどない京都市においても、今後は道路を舗装していくべきだと考えつつも、それをコンクリートで行うかアスファルトかについては、断言しなかった。

(2) 歩道・幅員・街路樹

道路に関し永田が注目したもう一つの点は、歩道である。欧米大都市の歩道には、京都の四条通の御旅町《おたびちょう》あたりにできているようなコンクリートもしくはよほど「上等な専売品」などが使われている。次に多いのは花崗岩《かこうがん》とか砂岩とかの平石を張ったものである。大きなのになると、一坪もあるようなのが連続して並べられている。またドイツの各都市では、その地方に産する石灰岩を人が二寸角くらいに割り、基礎に砂を敷き詰めて、石の色を様々に取り合わせて路面に紋や模様などを表している。耐久力はかなりあるようである。ぜいたくな土地では、大理石で紋や模様を作っているところがあり、また「商店に」自分の屋号、紋などを立派に作っているのもある。歩道の舗装の費用は全部沿道市民の自己負担である。

このように永田は、欧米都市の歩道が沿道市民の自己負担によって舗装され、大理石で紋や模様を作っているものすらあるように、全体に立派であることを紹介した。永田が出発したのは大震災前で、受益者負担の問題が本格的に展開していない時であったが、都市計画法の中にある受益者負担に注目して視察したように、永田は時勢の流れを読む感覚が優れていた。

道路に関し、永田は幅員にも注目した。永田は、広いものに限りがない一方、狭いものにも限りがない、とする。また一般に、都市は中心部から外部に発展していくので、中心部の繁華を極める地区では道路は狭く、比較的閑散とした外部では広く立派な道路があるとみた。

道路の幅員をどのように使っているかについては、普通中央に広い車道を設け、その両側に並木があり、その次に家屋までの間が歩道になっている。ちょうど烏丸通のようなものが一番多い。また、車道と歩道の区別はどんな細い道にもできている、とする(9)。

すでに京都市でも、街路樹への関心が高まっており、一九二〇年に市内道路の並木を調査した。その段階で、めぼしい並木は賀茂街道（葵橋―御園橋）、川端通（河合橋―丸太町）など、鴨（賀茂）川・高野川沿いの市街北部を中心にしたものであった。まだ市内の主要街路に並木は植えられていなかったのである。そこでまず烏丸通、次いで丸太町通（烏丸―熊野神社前）、さらに河原町通の拡張に際し、街路樹としてポプラが植えられた。これは関東大震災でポプラに耐火性があるとわかったためや、虫害が少ないからであった(10)。

以上のように、道路に関し永田が視察してきた舗装、車道・歩道の区別、街路樹等は、京都市でもすでに行っていたり、これから本格的に行おうとしていたことであった。永田はまったく新しい着想を見聞してきたものではなかった。しかし、舗装の材料等は今後に京都市街の舗装を進めていく上で参考になるものであった。

(3)「公園道路」

道路全般に関して永田が得た新しい着想としては、永田のいう「公園道路」くらいであった。それは、「公園のやうな道路、細長い公園で都市の中にある各処の公園を連結してゐるので、公園道には重い荷物車を通さない。樹木を沢山《たくさん》植」えたものである。こうして、道そのものを「清爽《せいそう》」にするばかりでなく、その両側は閑静な住宅のみが建っており、その建物は道路境界から少なくとも八間から一〇間後退して建てられている。道路と建物の間は個人の土地であるが、公開的でなんらの壁を設けず、隣家との間にもかなりの空き地があるが、そこには大きな樹木や様々の草花が植えられ、個々人の庭が連続している。[11] 永田が表現した「公園道路」は、欧米とりわけアメリカの中産階級から上流階級の住む中・高級住宅地の道路を指すのであろう。そうした住宅地では、広い庭に何本もの大きな樹木や草花が植えられ、その前庭・後庭に面する道路にも公園のように木々が植えられ、街の公園にも繋がっている。

永田は、「公園道路」は遊覧都市としての京都にとって大いに参考とすべきことがらである、と主張した。その上で、京都なら、東山の麓の円山《まるやま》公園から知恩院の境内を抜け、南禅寺・永観堂《えいかんどう》から黒谷《くろだに》・吉田山を経て下鴨神社、植物園・上賀茂神社、さらに「下桂（ママ）・大徳寺・船岡山・花園・御室を経て嵐山に至る」というような一つの系統的な三〇間とか五〇間幅の樹木うっそうとした細長い公園式の道路を造って、各名勝の地を連結しているような道路である、と説明した。[12]

すでに述べたように、都市研究会においては都市計画事業を、都市の改良・改造のため、都市の平面的空間のみならず、立体的な空間も計画し統制していこうとしていた。またその上で、そこに生活する人々の貧困の問題など、社会政策にまで関与し、都市民の活性化を図り、都市の発展を目指そうとしていた。永田は都市研究会に早くから入会し、特別会員になっていた。しかし、道路中心で京都の都市計画事業を考えていた永田は、後述するように、都市の立体的空間にも少し視点を示すが、主に道路・上水道・下水道などの線や平面としての都市計画に関心を寄せた。これは、都市計画事業の発想というよりも、東京の市区改正事業や京都の三大事業に見られた明治期の都市改良・改造事業の発想に近かったといえる。

逆に京都の現実から都市計画事業を考えると、京都は市街に比べ道路面積が著しく少ないので、まず道路を拡張する必要に迫られていた。また、市域の面積に比べ人口が相対的に少ないので、平面的な空間を発達させる余地が十分あった。さらに三方を山に囲まれ、京都御苑や寺社の境内の木々も多く、自然に恵まれており、植物園すらすでに設置されていた。このため、永田は京都が立体的に商業や居住区域が上に発達する必要や、大きな公園などを急いで計画して造ることを本格的に考えなくても良かった。歴史的景観への強いこだわりもなかった。永田は京都の長期的な都市計画構想を財源も含め総合的に考えるというより、京都市の幹部技術職員の中心として、一〇年から仮に事業が延期されても一五年計画で現実に展開していく都市計画事業に直接役立つものを、主に技術的観点から調査してきた。いかにも堅実な技術者らしい着想と行動といえる(13)。

このため、永田の渡欧米中の一九二三年に、すでに述べたように都市計画事業の財源構想が大きく変わっても、永田の道路や次に述べる下水道等視察の結果には影響がなかった。むしろ、欧米の歩道の舗装費用は全部沿線市民の自己負担であることを見てきたこと等、受益者負担を求める空気が強まった帰国後の状況に合致していたともいえる。永田は、その成果を京都市民に講演したのであった。

なお、永田は京都にも観光地を結ぶ「公園道路」があったらよい、と景観に関わることも言外に述べているが、都市計画事業は財源難に直面し、既定の道路の拡張工事すら繰り延べられる中で、その後「公園道路」の拡張が京都で具体化することはなかった。

（2）新しい課題としての下水道

永田が欧米視察に出た一九二三年（大正一二）四月には、一九一八年に京都市の新市域に編入された町村にも上水道敷設を拡大していく計画が進展していた(14)。すでに、日露戦争後の京都市の都市改造事業である三大事業において、京都市に上水道の敷設が始まった。

また京都市では、日露戦争後から本格的な下水道を造ることが検討されていたが、三大事業の計画が固まる過程で、上水道・下水道のうち上水道を先に建設する方針が決まった。こうして下水道の工事は延期されたが、一九一四年（大正三）以来、下水道設計の基礎となる各種の調査を行い、一九一七年より実施設計に着手、一九二三年に大体の草案を得た。さらに京都市は、同年新たに下水道調査会を組織し、「学識経験者、府〔市脱ヵ〕官吏、市参事会員、市会議員、衛生委員、都市計画委員、医師会長、薬剤師会長」ら調査委員四五名を嘱託し、五年にわたって基本的調査を行った(15)。こうして、一九二三年頃には下水道を地下に埋没させ本格的な下水道を造ることが次の課題となりつつあった。

永田が欧米視察に出発したのは、下水道の実施設計の大体の草案が出て、さらに下水道調査会を組織して基本的調査を行う頃であった。永田は市の技術職員の中心として下水道の視察も熱心に行った。

永田は汚れた水を地下に埋設する水管を通して下《しも》の方に流すことに関しては、理論および施工法には最早研究の余地がないとみていた。そこで、残った問題として、下の方へ流して集めた下水をどのように処分するか、という点を視察の中心とした。

そこでわかった処分方法は第一に、河・海・湖・沼へそのまま放流する方法で、たくさんの実例がある。アメリカのサンフランシスコ、ワシントン、イギリスのエジンバラなどはこの方法を採っており、そのまま流すのであるから、一番費用がかからない。しかしこれは、都市の近くに水量の多い大きな河・海・湖・沼などがなければできない。エジンバラでは海岸のごく近くに下水の汚水を放出しているが、潮流の関係から沖へ沖へと流れて、けっして沿岸を汚濁しない。

日本でも東京の下水の大部分がそうであり、神戸市の下水計画などもこの方法を採ることになっている。京都でも宇治川へ流すとか、巨椋池《おぐらいけ》に流すとかいう話を時々聞く。

下水処分方法の第二は、下水は肥料分を含んでいることから、田畑に配給する方法である。「一挙両得」の方法で、ロンドンの一部、パリ、ベルリン等が採っている。町の下水を一カ所に集め、郊外数マイルまでパイプを埋めてポンプの力で押し流し、相当の設備によって「下水畑」の灌漑に用いる。「下水畑」の地質はだいたい砂地で、自然に下水を砂で濾過《ろか》する働きをし、「濃き分」は上に留まって作物の肥料となり、水分は浸透しその周囲に掘ってある深い溝の中へ「清澄な水」となって浸出されている。これも天然に、そんな都合の良い土地がなければできない。また、下水が畑で氾濫して、野菜に蟯虫《ぎょうちゅう》・十二指腸虫《じゅうにしちょうちゅう》・回虫などが付着して人に広がる恐れもある。

この方法の変型として、フランスのリヨン市の処理方法がある。ここでは、普通の下水はパイプで集めて市中を流れている大きな川の下流へそのまま放流し、便所の汚物だけは別に取り扱う。便所の汚物はまず各建物の地下にある汚物溜に流し込む。各建物は五階ないし七階が普通で、そこに四～五家族が居住している。この汚物溜を馬車に鉄製のタンクを載せたものを使って月に一～二度ずつ真夜中から早朝までに汲み取っていく。汲み取った汚物を市の中央部の溜に集め、地下埋設管で町外に運び、工場で硫酸アンモニアなどの肥料を作る。あるいはさらにパイプで市外各所に分配して適当な溜に集め、付近の農民が汲み取って農地に散布して肥料とする(16)。

永田の欧米視察談での下水の処分法から見られる特色は、この時期には、欧米も日本も工業排水も含んだ下水が自然環境を破壊するという発想が十分にはないことである。一九三〇年代以降ほどまだ工業化が進んでおらず、自然による再生の力を信じていたのである。もっとも京都に関して、永田は大きな海、湖、沼や「下水畑」に適当な地が必ずしもあるとは見ていない。そこで、次のように他の処理が必要と考える。

下水処理方法の第三は、薬品と沈澱設備を使って、天然水路に流すことである。アメリカのクリーブランドでは、下水にクロール殺菌法を行った後に、五大湖の一つのエリー湖の二マイル沖合に吐き出している。同市は、飲料水としてエリー湖五マイル沖から水道用の水を取ってもいる。

下水処理法の第四は、下水濾過法《げすいろかほう》で、多く用いられており、東京市三河島でもできている。東京市は二年前から運転を始めており、当時世界中で最新式、最上の方法が採用されたのである(17)。

のち一九二九年（昭和四）から、京都市では、都市計画事業として地下に埋める下水道網計画を全市にわたって設計し始めた。一九三〇年八月に浜口雄幸内閣の認可を得、一九三五年度までに施行面積約七四九ヘクタールの下水道事業を行った。この中には実験的に作られた吉祥院《きっしょういん》下水処理場の築造も含まれていた。同処理場では、「促進汚泥法」を採用した。この方法では、まず除塵・除砂装置で紙片・布きれ等の固形物を分離、沈澱池で浮遊有機物質を沈澱除去し、次に曝気槽《ばくきそう》で活性汚泥法を用いて残った異物質を沈澱させ、上澄水と分ける。上澄水には塩素滅菌を行った後、天神川《てんじんがわ》に放流するようにした。この処理場の処理能力は、一九〇・九六ヘクタール、五万七〇〇〇人相当である。その後、一九三四年度以降一〇カ年間の継続事業として旧市域のほとんど全部にわたる下水道支線の敷設が始まった。この中で、吉祥院下水処理場での実験を経て、一九三五年六月には、同じ方法で下水を処理するため、さらに大きな鳥羽下水処理場（一〇七七ヘクタール、三二万五〇〇〇人相当）が着工され、一九三九年三月に完成した(18)。

本格的な下水の処理方法を視察してきたことで、永田は日本に欧米の最先端の知識をもたらしたといえ、一九二九年から市内への下水道網と処理施設を具体的に計画していく際に、役立ったと思われる。ただし、永田は一九二七年一一月八日に京都市電気局長を辞任し、都市計画京都地方委員会臨時委員の資格も消滅したので、下水処理施設の最終的な計画に直接の影響を及ぼすことはできなかった。

（3）欧米の住宅地との比較

永田は住宅地にも関心を持った。永田はまず人口の都市集中の傾向を述べ、六〇〇万、七〇〇万、近く一〇〇〇万人の人口を持つ都市が世界に出現することは間違いない、と予測する。また、日本の諸都市も無秩序ではあるが人口増加率は外国の諸都市に劣らぬ勢いである、とも論じる。このように都市に集まってくる人間が、ある限定された面積に中に入ろうとするから、「平面生活」ができず、「立体的」になる積み重ねの生活となる。そこで、外国の町は五階建くらいが平均で、七、八階の「家」も珍しくない。このため多くの家族が一つの建物にそれぞれ三～五室を占有して住んでおり、「親密なる隣近所の交際もなく」、「光線通風」は不十分で、少しも自然を楽しむことができない。

このような都市の生活が堪えられなくなって、各所に「郊外住宅」「田園都市」というものを生じた。個々別々の家、天然に親しみのある屋敷、新鮮な空気と十分な光線を得る住居、隣室に気兼ねのいらない自分一家族の住居を得たくなったのである。我が国の「別荘住宅が彼等の理想であります」。この点においては、「日本の方が一歩先に進んで居た」と言いうる(19)。

以上のように永田は、まだ人口の割に敷地に余裕のある京都における中産階級以上の生活を基準に、欧米都市のアパートメントをきわめて否定的にとらえる。このため、日本においても市街地の路地裏の狭い家に過密なほどに人が住むまでになっており、中産階級にまで住宅難が生じつつある状況を特に重視せず、それを改善するヒントを見過ごした。日本を含め世界の大勢として、長期的には中層の集合住宅を建てていく流れとなることを十分に認識できなかった。このため住宅や住宅地の視察に関しては、都市計画事業に関連して京都市の現状をどのように変えるのか、という観点との十分な緊張感がないものになった。これはすでに述べたように、この頃の京都では市街の北方や東西に田畑等が広がっており、市域に住宅地を作る余地が十分にあったからでもある。「別荘住宅」を、「人為的に新たに理想郷」を作った等と論じたが、これ以外に、都市計画事業との関わりにおいては、特に目新しい指摘はなかった。

興味深いのは、永田が住宅地の街路等にある並木や植物を損傷しない公共心を欧米人が持っていることを論じている点である。欧米に比べ、京都においては疏水に沿って植えられた桜の木が、小さいうちに根から切られたり、大きくなって花をつけると枝ごと切られたりしてしまう。それは近所の花屋が市場へ売りに行くのだという。吉田地域の第三高等学校（現・京大総合人間学部）・京都帝大の所の道路の並木として植えた桂の木が、段々消えていくのも、最高学府の「公達《きんだち》方」までもがステッキやナイフでいたずらするからである。永田はこのように、京都の住民の公共心のなさを批判した。

(4) 京都と大阪の連絡

永田は京都の繁栄策として一番確実で有効なものは、京阪の連絡を確実にすることである、と論じた。大阪は日本「唯一の商業都市」で人口が二〇〇万人から二五〇万人になることは間もないことと思われる。

京都・大阪間の距離はだいたい三〇マイル（約四八キロメートル）であり、今計画されている新京阪電鉄（のちの阪急電車）の路線を一日も早く建設し、この区間を三〇分間で運転してもらいたい。そうなれば、大阪の富豪のみならず多くの人々が京都に住んで、「天然の風光」、「彩《いろど》る、歴史の香を以てせる洛中洛外」などを味わい、大阪に通勤できるようになる。大阪の多くの人々が京都に住宅を移すことは明らかである。これは大阪市のためであると同時に非常に京都市のためになると思う。[20]永田はこのように論じた。

京都・大阪間の連絡に関し、もう一つ永田が主張したことは、京阪国道を完成させることである。淀・八幡《やわた》を経て大阪に至る現在の国道は、しばしば自動車を自由に走らせることができないような狭い所、特に屈曲のはなはだしい所があり、とても「現代式」のものではない。また向日《むこう》町・山崎を経て大阪の北に出る道はさらに劣悪なものである。

すでに東京・横浜間、大阪・神戸間は一〇間幅の道ができたり、できつつある。その他、東海道も半ば以上改修が行われつつあった。外国では郊外連絡の道は、自動車は必ず時速三〇から四〇マイル（約四八～六四キロ）で走れるようにできている。

しかし、現在の京阪国道を改修しようとしても、両側に「相当の人家」があり、その屈曲と勾配がきわめてはなはだしいので、難しい。だから、京阪連絡国道は改修するのではなく、新設する方が良く、現在の各町村へは適当の場所から連絡道を造るべきである。これは、自分（永田）が「洋行かぶれをして大言壮語をするのでは決してない」。[21]永田の論は、永田の留保にもかかわらず、欧米、特にアメリカの自動車用の道路を見て、大きな刺激を受けたものであった。

他に、永田は本格的に京阪連絡水運を整備することも提言した。永田は、この問題が京都市民の中で注目されていることも承知の上であった。[22]都市間の交通や運河による水運については、都市研究会ですでに論じられていたことで、永田自身が欧米の状況を見聞し、京都や関西に即して論じたこと以外、新しい観点はなかった。

京都と大阪を結ぶ新しい水運についても、すでに京都で話題になっていた。一九二一年（大正一〇）三月には、松風嘉定《しょうふうかじょう》（有力実業家、京都商業会議所議員、都市計画京都地方委員会委員）が、京都商業会議所報『京都の実業』に、大阪との間に水運の便を開くことは、パナマ運河開削の例から見てきわめて容易なことである、京都市の運命はそこにかかっている、と論じていた。さらに、翌年一一月八日に京都府産業部長久保田金四郎は、異常な物価騰貴対策の一つとして、水上運輸の改善を京都商業会議所（会頭浜岡光哲）に諮問した。これに対し、京都商業会議所は、翌月一一日に答申を出し、従来の淀川改修が治水のみに偏って、運輸上のことを考慮してこなかったことを批判し、京都・大阪間の水運の整備によって運賃が低下すれば産業に有利、との見解を示した(23)。このように、京都市の中では、京阪間の水運のため、運河開削の論の話も出ていたが、淀川を改修して水運を整備する方向が主流となっていた。

永田は運河（「疏水」）にも関心があり、外遊中に各地の運河を見て回った。一番大きな運河は、アメリカのウェランドカナルで、ナイアガラの滝の落差にもかかわらず、船を上・下流に通そうというものである。水面調節用の堰《せき》である閘門《こうもん》を七つ造り、水面差三三六尺を約五〇尺（約一五メートル）ずつ上下させていこうとしている。四万トンの大型船を通す計画を立て、目下のところ、六〇％くらい工事が進んでいる(24)。

当時完成しており盛んに利用されている運河は、イギリスのマンチェスターのグランドカナルである。延長三五・五マイル、深さ二八尺で、海に面したリバプールから内陸のマンチェスターまで、高低差七〇尺を、一万トンの船が上下している。マンチェスター市内の港には、五〇〇〇トンから六〇〇〇トン級の大型船が無数に停泊し、盛んに荷役を行っており、大きな海港と少しも変わらない。この水路を造ったため、マンチェスターは非常な活気を呈し、リバプールの中継を必要とせず、世界の各地と直接貿易をしている。一九二二年の統計を見ると、一年間に四〇〇〇万トン以上の貨物を扱っている。

永田はマンチェスターの様子を、〔京都駅の南にある〕東寺あたりの所へ太平洋航路の船が来て直接貿易を行い大阪のお世話にならぬ、というようなことに例える。

その上で、ある大家の説によるとして、桂川（保津川）・宇治川・木津川の三川を合流させたものを、新たに河内平野に一水路を造って大阪と堺との間に通したものと連結させ、さらに京都の西山一帯から来る水、および茨木や吹田方面の山から来る水を集めて一水路を造り尼崎方面で海に流入させる計画を示した。このようにすると、堺方面に向けた川（水路）と尼崎方面に向けた川（水路）と京都・大阪の間に二本の川ができ、まったく洪水の心配のない地帯ができる。そこに思うままの水路を造れば、どんな仕事でもできる。外国の繁栄している所であればこんな計画を必ず思いついて、実行もできると思うが、我が京都にしてみると「ほんの空想」である[25]。

永田は、京都から大阪方面に二つの川（水路）を造り洪水の心配をなくし、この間に水路（運河）を開削するような大工事の実施を理想としたが、財政の厳しい状況もわきまえていたのだった。

そこで、今の淀川の水筋を保つようにして水運の便を作るというのも一策である、と妥協策として淀川利用策を考慮する。しかし問題は、淀川が水量が一定しない川であることだった。永田は、淀川を利用して京都・大阪間の水路とすることに「消極的な意見」を持っており、マンチェスター・カナルのようなものは望めないにしても、別に水路を造って小型の船（小舟）を水運に使うことを提案した。また運河というと琵琶湖疏水を思い浮かべがちな京都市民に、運輸交通のためだけに用い発電に使う必要がない水路は、水があればよいので、水を流す必要がないことを強調した[26]。

以上、永田の提言は、淀川とは別に小舟を通す運河を造り、閘門を設けて京都・大阪間の水運に利用しようという、新しい発想であった。

この方向は、一九二五年（大正一四）三月二六日の第六回都市計画京都地方委員会で鈴木紋吉委員（京都市議）から緊急動議として提案され、永田自身も賛成し、採用された。この結果、調査をするための特別委員会が設けられ、永田も委員の一人となった。しかし、東京・横浜を中心とする「帝都復興」事業が優先され、京都などの都市計画事業は関東大震災後、財源難となり、京阪運河計画は一九二八年（昭和三）にかけて停滞していった。結局一九二〇年代は、淀川の水運を改善する応急的工事が一九二四年から一九二九年の間になされた程度であった[27]。

2　今村助役の欧米視察報告

（1）今村助役の報告は重んじられない

永田兵三郎京都市技師（都市計画部長）ら幹部技術職員の他に、京都市から今村惟善（高級）助役も、一九二三年

（大正一二）五月から欧米各都市を一二月まで巡遊した。この目的は、市営事業・社会事業、自治状況・市政の根本方針、「吏員」（職員）の待遇と能率増進のための方法、特別市制に関する交通・衛生・建築・消防・警察の状況、工業発展のための市の関与状況、大量生産の状況、「一般遊覧都市」の内外人勧誘策ほか、各般の視察であった。費用は市費八〇〇〇円（現在の二八〇〇万円くらい）に多少の私費も注ぎ込んだという。(28)

今村助役は一二月一五日に八カ月ぶりに市役所に出動し、馬淵市長に視察の要項を報告した。市長は、市の財政難の状況から、今村助役の「土産を何とかせねばならぬ」が、「お土産が持腐れにならねばよいが」と語ったという。(29)

一二月二四日、今村助役は欧米都市施設状況視察報告演説会を、市会議事堂で開催した。出席者は市会議員および市職員・市政記者など約一〇〇名であった。川上市会議長の紹介の後、今村は二時間半にわたって視察報告を行った。(30)このような場を用意されたことから、今村の報告会は市会の公式的な演説会といえる。

今村は、サンフランシスコにおける市行政の見聞、ロサンゼルス市の「異常なる発展」、ニューヨーク市の「超規模なる施設」の各部分にわたって、「要点と感想」を詳細に報告した。さらに英・仏・独などの欧州各都市の視察談に及ぼうとしたが、夕暮れになったので、近く第二回の報告演説会を開催することとして、四時三〇分に閉会した。(31)

今村の演説の内容は詳しくわからないものの、その話は、財政難の下で京都の都市計画事業やそれを実施していくための行政・財政整理や新たな税、受益者負担を求める改革などという現実の課題にとって直接参考にならないものであったようである。単に第一次世界大戦後の好景気で繁栄している、アメリカの大都市を視察した驚きとその素晴らしさを述べたにすぎないらしく、不況下で財源難の京都の状況とあまりにもへだたりがあった。このため多少の私費も使うという意気込みはあっても、京都の現状に合わない緊張感を欠くものになってしまった。夕暮れになったということで話の途中で会が閉じられ、続きは次回に譲ることになったような計画性のない話からも、それがうかがえる。

（2）幹部技術職員と今村助役

その後三カ月間のうちに、今村は四、五回の各種講演会で「洋行土産」を一席ずつ話したという。しかし今村の欧米での体験を踏まえた「建築と立案」は「常に弊履《へいり》〔やぶれたくつ〕の如く捨てられて顧みられ」なかった。結局、もう一人の多久安信《たくやすのぶ》助役に「内外の人気が集まって」、今村助役は「売れ残りの塩鮭ほどにも認められず」、訪れる者もない市役所の助役室で、「外遊の忘備録三冊」とにらめっこする「恨み綿々の日が数日間続いた」ようなこともあった。特に所管中で事業部は「技術者のエライ人揃《ぞろ》ひで王国を形成し一言半句」今村助役の介入を許さない。しかも、外遊中に市で起きた部下の不始末の尻ぬぐいまでさせられ、今村助役はひどい「神経衰弱から自宅で卒倒して引籠つて」いるという[32]。

すでに述べたように、京都市においては市長不在の中でも、永田兵三郎ら市の幹部技術職員が中心となり、河原町線か木屋町線の対立を乗り越えて、都市計画事業の計画立案を主導した（第八章・第九章）。この過程で、市の幹部技術職員の集団はさらに自信をつけ、今村助役などには都市計画事業に介入させないような威信と権力を形成したのであろう。このような状況下で、永田部長が技術面で着実な視察をしてきたのに対抗して、技術職員の集団に自己の存在意義を示すには、財源難の中で受益者負担等、どのような方法で財源を得て事業を進めていくべきかを視察の中心とし、その成果を報告すべきであったろう。今村助役がそれをできなかったのは、都市研究会の特別会員以上として名前が確認できないことから、元来都市計画事業への関わりが少なく、都市研究会で論じられている都市計画事業の現状を十分に理解しておらず、事業の将来への展望がなかったからだろう[33]。

今村助役が自宅に引きこもるまでになった後、馬淵鋭太郎市長が一九二四年（大正一三）九月一五日に唐突に辞表を提出した。馬淵市長の辞意の直接の原因は、持病の喘息に「神経衰弱」という病気であったが、市政への批判も関連していた[34]。馬淵が辞表を出すと、今村（高級）助役・多久助役ともに辞表を提出した。市長も助役も不在になると、京都市は監督官庁である京都府の事務管掌を受けることになる。これは京都市の体面上、忍び難いことなので、両助役中の一名が後任市長が決定するまで市長事務取扱となってほしい、との意見が市の中枢に強かった。

しかし今村は留任を望まず[35]、馬淵市長に一日遅れて一九二四年九月二〇日に辞任した。結局、今村助役は欧米視察を京都市の都市計画事業や市政に活かすことなく辞任したのである。

多久助役は留任し、一九二五年二月二一日に安田耕之助市長が就任し、千葉弥助助役が三月二三日に任命された後、三月二五日に辞任した。

本章では、関東大震災が起きる数カ月前に、京都市は欧米の都市の実情と都市計画事業を視察させるため、幹部技術職員の永田兵三郎（都市計画部長）他一人と幹部行政職員の今村惟善（京都市高級助役）の計三人を欧米に派遣したことの意義を考察した。永田は技術職員として道路や下水道敷設などについて着実な視察を行って、後の事業にも貢献したと思われるが、もう一人の技術職員の視察の効果は定かでなく、今村のはほとんど役に立たなかったと思われる。

今村の視察の成果がはっきりしないのは、関東大震災や虎ノ門事件のため後藤内相が辞任し、日本の都市計画事業の財政上の環境が大きく変わったことが影響している。永田は早くから都市計画事業に関心を持ち、その流れと京都における課題をよく理解した上で、技術面を中心に学んできた。永田とは対照的に、今村は意気込みはあっても、京都の財政難の現状とはかけ離れた、単に好況下のアメリカの大都市の進歩を讃美するだけの視察に終わってしまったようである。この違いが重要である。永田の視察も、京都と大阪湾を結び付ける運河構想などについては、帰国後に日本や京都の財政状況が激変していたため、ほとんど役立たなかったが、道路舗装や市電・下水道の敷設など技術的問題については、大きな貢献をしたと思われる。

第十三章　財源難と事業の公共性をめぐる争い

本章では、後藤新平が内相を辞任した一九二四年（大正一三）以降、政府が都市計画事業の財源として外債や国庫補助金を抑制していく中で、京都市は事業の財源をどのように見出し、事業を遂行していくのかを、国や府との関係の中で考察する。京都市では、電気軌道（市電）などの事業経済からの繰入金や都市計画特別税の増税で、都市計画事業を進めるが、それでも不足し、沿線住民に受益者負担を求めようとした。しかし、とりわけ京都市では、受益者負担の法令的準備が十分に整う前に、遅れている既設計画を少しでも進めるため、烏丸線北進事業を行ってしまった。このため、一九二四年一〇月から受益者負担反対運動が始まった。これに市や内務省・府がどのように対応したのかも含め、財源難の中での京都の都市計画事業の枠組みが一九二五年以降に固まっていくことを論じる。これらは、財源難であったにもかかわらず、京都の都市計画事業が公共的なものであることが市民の間で是認されていく過程でもあった。

1　困難な財源

（1）起債への期待と失望

前章までで述べたように、京都市の産業の生産費用を削減するため、本格的な京阪連絡の水運を整備することが一九二一年（大正一〇）三月には提起された。これは淀川の改修といった比較的費用のかからないものから、運河の開削という膨大な費用のかかるものまで、幅を持って考えられた。

その後一九二三年九月一日に関東大震災が起きたが、後藤新平内相が京都の都市計画事業に起債を認可する方針であることを知り、京都市当局も安心した。ところが一二月末、山本権兵衛内閣が虎ノ門事件で倒れ、後藤内相も辞任した。しかし京都市内には、都市計画事業に関連し、市の起債の認可や国の助成を得て積極的に京都の改造を行おうとする空気が残った。

一九二四年の念頭にあたり、三浦一（京都瓦斯《ガス》常務）は、次のように「淀川大運河を作れ」と提起した。三浦は、これまで「京都は甚《はなは》だ難病人であつて此際根本的の大手術を加へなければ、只《ただ》もう死を待つのみにあるのである」と断定する。三浦は、人物において決して京都は名古屋にも大阪にも一歩も譲るとは思っておらず、問題は、内陸にあって海と繋がっていない「地の不利である」と考えていた。そのため、西陣は綿花や石炭などを運送しにくいので、木綿物には手を付けられない。京都の「根本的大手術」には、「淀川大運河」以外に良策はない。ロンドン・ハンブルクや「近くは熱田築港に活きた名古屋」、「宇品《うじな》築港に蘇つた広島」を見てみればよい、と三浦は論じた。(1)

三浦は起債については言及していない。しかし、膨大な費用のかかる「淀川大運河」を多額の起債なしに実現するのは不可能であり、起債による積極的な都市改造事業を主張したものといえる。

また京都市下級助役の多久安信も同じことを述べている。京阪間の「高速度電車」の利用はもちろんであるが、運河によって完全に連絡されることが必要である。その時に、京都市の工業的位置は初めて獲得される、と論じた。(2)すでに前年九月に関東大震災が起こり、政府は京浜地方の復興に全力を尽くさざるを得なくなっている。京都の実業家や市の幹部たちは、関東大震災の大きな被害や復興の困難さを情報としては理解した。しかし、後藤内相が全国の都市計画事業にも積極的な姿勢を示したので、京都のような地域の事業に対して、政府が起債や助成金をほとんど抑制するまでの政策を取るとは思わなかった。

その後清浦奎吾内閣ができ、後藤が内相を辞任して二カ月ほど経った一九二四年三月上旬になると、起債の認可の見込みがないので、「京阪大運河」開削などの積極的な構想はおろか、既定の河原町線拡張の工事すら困難だ、と京都でもようやく論じられ始めた。

河原町線拡張は、一九二四年度上半期において、丸太町線以北の工事を事業費七三万七六三八円で完成させるよう計画され、三月一一日の市会に議案が提出されることになっていた。ところが、さらに丸太町から南へ南七条に至る延長工事を進めていくことについては、市当局には財源上の見通しがまったくなかった。この工事には七〇〇万～八〇〇万円の巨額な費用が必要であるが、国庫補助金・電気軌道負担割・都市計画特別税その他を財源として考えてもとても及ばず、起債に頼るしかなかった。ところが清浦内閣は、起債を極力認可しない方針を取っているので、起債の認可は非常に困難だと思われたからである。馬淵市長は、市会の決議を求めても是非起債についての政府の諒解を得る決心である、と地元の有力紙で伝えられた(3)。

次項で述べるように、起債が困難な中で、京都市当局は、河原町線の丸太町・七条間の拡張の財源を、電気軌道事業経済よりの繰入金・事業公債経済よりの繰入金を中心に、受益者負担金・都市計画特別税などの市民の負担を増加させることで実施しようとする。

その後、清浦内閣は総選挙に敗北して辞職し、第一次加藤高明内閣が護憲三派内閣として成立した。京都市当局は、この内閣に都市計画事業の起債を認めてもらおうと、期待を新たにした。一九二四年七月から八月初頭にかけ、馬淵鋭太郎市長は、小西弁次郎庶務課長・永田兵三郎都市計画課長・安田靖一水道課長らを率いて東京に滞在、起債認可の運動を政府に対して行った。市当局は、二年間で一五〇〇万円の起債を希望していた。しかし、小西らを東京に残して八月二日に京都に戻った馬淵市長は、都市計画関係の起債はきわめて難しいが、水道拡張の起債だけは市民の衛生問題であるので発行に諒解を得た、と語った。三日夜には、東京に残って政府と起債の交渉を行っていた小西庶務課長が戻ったが、都市計画事業の起債は絶望的であると観測されるようになった。地元有力紙は、河原町線丸太町七条間の拡張は中止のやむなきに至るかも知れぬ、とまで見るようになった。小西課長は四日は府庁方面との打ち合わせに尽力しており、再び東京へ行く予定であるという(4)。京都市当局は、起債の認可を得ることに必死であった。

六日朝には、安田水道課長が東京から戻り、水道拡張事業一九二四年度より一九二七年度まで四カ年継続二五〇万円のうち、一八五万円を公債にしてもよいと内務省・大蔵省の了解を得たことを語った。河原町線の起債についても、永田都市計画課長・小西庶務課長は東京で活動し、今村惟善助役が東京に着くとともに三人で各方面に働きかけるという。(5)

京都市当局がこのように熱心に働きかけたにもかかわらず、八月一六日には京都へ戻った小西庶務課長は、都市計画事業の起債はいよいよ絶望的であることを伝えるまでになった。(6) 結局、起債は認められなかったのである。

(2) 事業経済よりの繰入金で河原町線拡張

すでに述べたように、一九二一年（大正一〇）七月八日開催の第二回都市計画京都地方委員会に、京都市より原案参考資料として提示された、都市計画事業費三四八四万二一一四円の財源の大要は、国庫補助金九六五万四〇〇〇円（総費用の二七・七％）、受益者負担金二五〇万一〇〇〇円（同七・二％）、市債二二六八万七〇〇〇円（同六四・九％）である（第八章第2節）。財源の約六五％にも予定されていた起債が認可されないとなると、事業の存廃にも関わる問題となるのは当然であった。

結局、起債の見通しはなかったが、一九二四年五月六日（五日の誤りヵ）、河原町線の丸太町以南を一二間幅に拡張する事業について、市当局は三カ年継続で六九七万円（一九二四年度三一六万六九四八円、二五年度二五九万三〇五二円、二六年度一二一万円）の予算を市参事会に提案した。

これは市参事会で承認され、五月二七日の市会に提出されることになった。(7) 京都市当局は、都市計画事業の財源について、市民の負担が急激に増えないように当初は市債で六五％を賄う計画を立てた。ところが市債が認可されず、国庫補助金も多く下付される可能性はなかった。そこで、主要財源を市民に負担が直接かからない電気軌道（市電）事業経済よりの繰入金（四四・六％）と、事業公債経済よりの繰入金（二三・七％）に変更し、直接の市民への負担も受益者負担金（一五・八％）・都市計画特別税（八・三％）と、かなり増大させた。すでに述べた一九二一

表13－1　第五号線（河原町線）丸太町七条間の拡張財源の見通し

	国庫補助金	受益者負担金	都市計画特別税	電気軌道事業経済より繰入金	事業公債経済よりの繰入金	合　計
1924年度	100,000	273,258	352,580	1,511,110	930,000	3,166,948
1925年度	230,000	747,688	225,364	700,000	720,000	2,623,052
1926年度	230,000	80,000	0	900,000	0	1,210,000
合　計	560,000	1,100,946	577,944	3,111,110	1,650,000	7,000,000
総額に対する各項目の％	8.0%	15.8%	8.3%	44.6%	23.7%	

出所：「京都市継続費都市計画収支計算表」（1924年５月22日提出）（「京都市会会議録」1924年５月27日収録）。

年七月の京都市の都市計画事業全体の参考原案の財源で、市民への直接の負担であるのは受益者負担金の七・二％にすぎないので、受益者負担金と都市計画特別税を合わせると、直接の負担は約三・三倍以上の比率に高まった。国庫補助金は七・六％なので、一九二一年七月の参考原案の二七・四％に減少した（表13－1）。

同じ頃、すでに述べた永田兵三郎の欧米の都市視察の報告と、それを生かして積極的な都市改造事業を求める連載記事が掲載された。

すなわち京都市当局は、第五号線（河原町線）の拡張財源について、事業経済よりの繰入金を中心に直接の市民負担も相応に増大させることによって確保する、という意思を示した。三大事業計画時の見通しどおり、都市改造事業で敷設された市電などの事業が黒字であったことが、ここで幸いした。自家用車がほとんど普及していない当時において、市電は市内の唯一の近代的交通手段といってもよく、多数の市民が市内の移動に利用したからである。

(3)「大京都建設」都市計画大綱

河原町線拡張の工事に起債が困難という政府の方針が伝わる中でも、新たな道路を計画するため、前年末に馬淵市長が予告した通り、京都市都市計画敷地割調査委員会が組織された。同委員会は、京都府と市の都市計画関係者、京都帝大教授ら二十数名の特別委員で構成され、特別委員長は大藤高彦《おおふじたかひこ》（京都帝大工学部教授）であった。

委員会は京都の都市計画事業の既定の幹線道路に加えるべく、主として新市街地に幹線道路および補助道路を設ける計画を立てようとした。二十数回の調査会ならびに実地踏査を行い、七月一八日に大体の意見をまとめ、二九日に調査委員総会を市会議事堂で開催、満場一致で原案を可決した(8)。

新たに決まった幹線道路は、一つは、鹿ヶ谷浄土寺町を起点として一乗寺（一乗寺村、現・京都市左京区一乗寺）付近を通り、既定の一号線（現在の北大路通）に合して、北へ松ヶ崎村に出て（ここまでは現在の白川通を北進し北山通へ）、さらに西進して植物園の北辺を経て大宮村に出て、十二坊で再び一号線に合するものである（現在の北山通を西進し、千本通を南下）。もう一つは、七条本町から南下し伏見稲荷に至るものである（現在の本町通、拡張は実現せず）。また前者に対し、下鴨六号線（現在の下鴨本通）および堀川線（現在の堀川通）を北進させて接続する。これらは一二間幅の道路とする。

他に、銀閣寺を起点として、京都帝大農学部の北を田中町に西進し、下鴨神社の南を通って六号線（前掲）に合するもの（現在の御蔭《みかげ》通）、金閣寺より東進し鞍馬口街道を経て、賀茂川を横断し下鴨神社の北で同じく六号線（前掲）に連絡するもの（現在の鞍馬口通）、七条大和大路を起点として北進し、五条通・四条通を経て三条縄手に至るもの（現在の大和大路通（縄手通）、拡張されず）の三本も計画された。いずれも八間幅の道路である。

これらに加えて、京都市の北東部、西北部の住宅地方面を主として、二十余線の六間道路計画を決定した(9)。新しい道路計画は、一九一八年に京都市に編入された市北部の白川村・田中村・下鴨村・鞍馬口村・上賀茂村（一部）・大宮村（一部）・衣笠村、市南部の七条村・深草村（一部）など新市域への道路網を充実させるものであった。

また、市北部の修学院村・松ヶ崎村などへの道路網の充実にもなる。これらの村々は、一九二二年六月の第三回都市計画京都地方委員会で、都市計画区域に含まれることが事実上決まっていた（正式には八月）。

右の幹線道路計画に優るとも劣らない重要な計画は、幅員三間ないし四間の補助道路を、地主に区画整理組合を組織させて「耕地整理」とも称すべき事業を行って作っていくことであった。地主は土地を提供し、旧所有地に近い範囲で所有坪数の割合に応じて土地を与えられる。「この敷地割の決定によつて市の都市計画は始めて完全なる都市計画網を構成する事となる」とされた[10]。この事業は一九〇九年（明治四二）に施行された、農地を対象とした耕地整理法に基づいて行われた。

都市に適用される際の基本的な考えは、地主は区画整理された整然とした町並みの土地を得て利益が出るので、その受益の見返りに、地主が基本的な工事費や道路用地を提供する受益者負担であった。この方法で、京都市は安い費用で、新しい住宅用地に幹線道路からの補助道路を造ることができる。この「都市計画大綱」には、起債が困難となった中でも、少しでも道路網を整備していこうという積極性が見られる。

2　受益者住民と市当局の対抗

（1）烏丸線受益者負担反対運動

⑴市当局・市会の受益者負担金への意思

一九二四年（大正一三）七月に「都市計画大綱」が設定される一方、同年九月一二日、京都市当局から市会に一九二四年度から一九二六年度に至る「京都市都市計画事業費継続年期及支出方法中収入計算表」の変更議案（京都市第一三六号議案）が提出された。これによると、三年間で、国庫補助金は三五万円、受益者負担金は一三一万四六八八円、都市計画特別税は一二四万九六一円、電気軌道（市電）事業経済より繰り入れは三一一万一一一円である。受益者負担金の年度別内訳分は、一九二四年度二七万三二五八円、一九二五年度七四万七六八八円、一九二六年度二九万三七四二円である[11]。四カ月前の見通し（表13-1）と比べ、市民の直接負担に関わる都市計画特別税と受益者負担金を増加し、あまり当てにできない国庫補助金を減らし、最も主要な電気軌道事業経済からの繰り入れは同額のままとするものだった。

九月二〇日の市会での審議では、同変更議案に関し、小西弁次郎庶務課長は、国庫補助については確かなところからは何も聞いていないが、聞いた範囲では的確なものは何もない、と答弁した。国庫補助は、あるいは半減とかあるいは打ち切りとか言われている。政府の方針により緊縮されることは事実であるようだが、その緊縮が年限を延長して一カ年度の支出額を減らすものであるか、あるいは打ち切りであるかということは、知ることができない。(12)このように、小西課長は国庫補助があまり当てにできないことを答えた。こうして九月下旬以降、市会で受益者負担金の増加を支持する方向が定着していった。

(2)受益者負担金反対運動の開始

しかし、京都市当局や市会は、すでに着工が決定している烏丸線北進等をめぐり、一〇月になると受益者負担の反対運動に直面していく。とりわけ、烏丸線北進で激しい受益者負担反対運動が起きたのは、予定していた起債ができず、国庫補助金も期待したほど得られる見込みがなかったので、いきなりかなり重い受益者負担金を徴収しようとしたからである。(13)市民の直接負担に関わるもののうち、都市計画特別税の増加割合の方が受益者負担金より大きいが、前者は京都市民全体に賦課されるので、沿線住民のみに課せられる受益者負担金への反発の方が強かった。

同年一〇月三日、『大阪朝日新聞』（京都付録）は、烏丸線の北進工事が竣工し、前年一二月に市電の運転がなされている部分に、市当局が受益者負担を求めようとし、沿線住民との間に「紛議」が生じていると初めて報じた。受益者負担反対運動の中心は並川栄慶《なみかわえいけい》（京都府議）であり、彼らは若林駒之輔・杉原喜与人《すぎはらきよんど》両弁護士に依頼する一方、佐々木惣一（京都帝大法学部教授）に鑑定を乞うているとも報道された。同紙は永田都市計画課長らの受益者負担は正当で、行政訴訟を起こすなら応訴するとの談話を翌日に掲載しつつも、五日には「法曹界を賑はす受益者負担の紛紜」「若し市が敗訴になつたら?」等と、並川ら運動側と京都市当局の両方に中立的な立場で報道した。(14)これは、以下で述べるように、地元有力紙『京都日出新聞』が市当局寄りであるのと異なっている。すでに見てきたように、『大阪朝日新聞』（京都付録）は、住民運動支持の姿勢がやや強いからである。

一〇月六日には『京都日出新聞』が、烏丸線の道路拡張工事費の受益者負担金二五万二〇〇〇円は支払う必要がない、と沿道の受益者側住民は一致結束し、府議の並川栄慶が中心となり市当局を相手に行政訴訟を提起しようとしていることを報じるようになった。[15]

内務省令第七号によると、「道路の新設又は拡張に要する費用に充つる為め同令に依り受益者をして費用を負担せしむべし」と規定してある。この内務省令第七号は、一九二四年三月一二日に公布され、即日施行された。[16] また京都市都市計画事業道路新設拡張受益者負担に関する条例によると、「負担金は工事予算額を以て其の負担区の工事着手の日の現在により受益者より之を納付せしむ」等とある（第七条）。「本令施行の際既に着手せる工事に付ては本令施行の日を以て工事着手の日と看做す」（第九条）ともある。[17]

この省令と条例によって並川らは、工事費の負担は予算額によるべきものであるのに、決算額によるのは明らかに違法である、と主張する。さらに、既に昨年一〇月中に竣工した烏丸線北進工事に対し、遡及して受益者負担金を徴収しようとしているが、第九条は着手もしくは起工中のものを拘束することができるかもしれぬが、すでに竣工した工事に対し拘束することはできない、と論じる。したがって受益者負担を課すことはできない、と結論づけた。[18]

並川府議らは言う。烏丸線の工事費一七七万四六〇〇円は積立金・軌道延長資金・前年度繰越金・繰替金等によって、すでに予算面は決算されている。河原町線の工事費一九〇万円に対しては「立派に」国庫補助金負担金を組み入れている他、烏丸線の用地と工事費が予想よりも安価であったため、五〇万円を残している。それにもかかわらず、今に至ってさらに二五万円を徴収するということは不必要の金をとるのである。この金は河原町線に充当されようとしているらしいが、もしそのような事実があるとすれば、「遥かに遠い河原町線に対して負担するの滑稽を演ずることに」なる。しかも受益者負担は特別負担であり、一般負担ではなく、きわめて狭義に解釈するのを原則とするので、広義にすることは許されない。[19] このような論理で並川らは、烏丸線沿線の住民の受益者負担に反対した。

一〇月五日、相国寺で烏丸線受益者負担金徴収反対沿道住民大会が開催され、一九〇余名が来会した。主唱者の並川栄慶府議をはじめ杉原喜与人弁護士ら住民多数が出席、並川らが反対理由の説明をし、烏丸線受益者負担金反対同盟会を組織、二〇名の実行委員を設けた（委員長は並川府議）。また、行政訴訟を提起し、訴訟代理人に杉原・若林両弁護士を選定すること、訴訟費用として着手金ならびに研究資金および成功謝金を合わせて受益者負担告知額の一〇分の一を支出すること、訴訟手続き完了の日を一〇月一〇日に定めること、を協定した。その後、並川府議・杉原・若林両弁護士から訴願および訴訟提起の法的理由について説明があり、目的貫徹まで結束することを申し合わせて散会した。[20]

（2）受益者負担と都市計画事業の公共性

並川ら、受益者負担の賦課に反対する烏丸線沿線住民の行政訴訟の動きに対し一〇月七日、地元の有力紙『京都日出新聞』は、次のように並川の目的は別にもある、と冷ややかにとらえた。

並川栄慶君の奮闘振りは如何にも眼覚しいものがあるが、之は来年の市会議員改選の準備だらうと云ふ悪口屋もある。…〔中略〕…何故ならば一部の受益者負担を反対して若し勝利を得るとすれば、市は一般市民より徴収する事となる、さすれば沿道の僅かの人達は喜ぶかも知れないが、一般の多くの市民は之が為めに迷惑し君に反対するから結局損であると〔下略〕。[21]

地元紙がこのような姿勢になるのは、京都市の都市計画事業を京都市の発展に繋がる公共性のあるものととらえ、三大事業と同様、市のために必要なものと判断しているからである。

この時に京都で争点となっていた受益者負担は、京都の都市計画事業の財源問題にとどまらなかった。都市計画事業で受益者負担を賦課するのは京都が最初であったが、「今回の紛争の結果は、大阪・神戸など他の都市のために新しい例を作ることになるので、この紛争は他の都市でも頗る注目して」いるという、と『大阪朝日新聞』（京都付録）は報じている。[22] このように京都の受益者負担の問題は全国の都市計画事業の財源の問題にも関係していた。

（3）京都市の反論と受益者の対抗

⑴市当局の受益者負担金の論理

一九二四年（大正一三）一〇月七日、京都市当局は「声明書」を発表し、烏丸線受益者負担金反対同盟会の主張に反論した。市当局が受益者負担の根拠としたのは、都市計画法（一九一九年四月、法律三十六号）である。その第六条には、「都市計画事業の執行に要する費用は行政官庁之《これ》を施行する場合に在りては国、公共団体を統轄する行政庁之を執行する場合に在りては其の公共団体、行政庁に非さるもの之を執行する場合に在りては其の者の負担とす、主務大臣必要と認むるときは勅令（施行令九条十条）の定むる所に依り都市計画事業に因り著しく利益を受くる者をして其の受くる利益の限度に於て前項の費用の全部又は一部を負担せしむることを得」とある。[23]

市当局の声明書には、都市計画法施行令（一九一九年一一月、勅令第四百八十二号）も挙げ、その第十条で、「都市計画法第六条第二項の規定に依り負担せしむる費用の金額及び其の負担方法に就ては関係市町村長の意見を聞き都市計画委員会の議を経て内務大臣之を定む」としてあることを示す。[24]

受益者負担を烏丸線沿線住民に課すことについて、市当局は次のように一般的な「正義」や「公平の原則」「社会的条理」を挙げて、まず正当化しようとした。

凡そ法を解釈適用するに当つては、其の結果が正義の要求する所と一致し、公平の原則に反する事なく、又社会的条理に合する様努めねはならぬ事は現代社会の要求である。市当局は烏丸線の沿線受益者に負担金を課するに就ても亦こゝに充分留意した事は云ふまでもない。[25]

すでに述べたように、受益者負担について規定した内務省令第七号（京都市都市計画事業道路新設拡張受益者負担に関する条例）（一九二四年三月一二日公布、施行）が施行される以前の工事について賦課できない、との並川府議らの批判がある。これに対しては、受益者負担金を事業に充てるについては、⑴直接充てるのと、⑵事業費は一時他より流用しておき（たとえば市債を起こす、もしくは他の経済より繰替える）、その償還財源に負担金を充てる間接充当の二つの方法があるとする。さらに、一九二四年の内務省令第七号が第七条で次のように規定しているのは、明らかに間接充当を認めたものといえるとする。

> 負担金は工事予算額を以て其の負担区の工事着手の日の現在に依り受益者より之を納付せしむ、但し工事着手後二年を越えざる期間に於て之を分納せしむるを得

烏丸線の道路新設拡張工事に必要とした費用の財源の中には、電気軌道延長積立金より九七万余円の繰替がある。したがって、烏丸線沿線住民の受益者負担金より、この償還に充てることは、間接充当にあたり、法の明文に反するものではない、とも市当局は主張した[26]。

さらに市当局は、以下のように論じる。都市計画法（一九一九年四月）で受益者負担について明記してあるにもかかわらず、「執行手段」を定めた内務省令第七号が一九二四年三月一二日に発布されたので、それまで烏丸線の沿道受益者に対して負担金を賦課する手段がなかった。また、烏丸線の工事は内務省令第七号の発布前にすでに竣工している。しかし、同省令第九条には、「本令執行の際既に着手せる工事に就ては本令執行の日を以て工事着手の日と見做す」とあるので、省令の発布された時以前に都市計画事業として工事を執行したもの[27]によって「受益」した者にも負担金を賦課できると解釈するのが最も良いのである、と。このように市当局は、烏丸線沿線住民に負担金を課すことを正当化した。

(2)受益者負担金反対の論理

その後同年一〇月一一日、京都市役所は烏丸線北進の費用について、受益者負担の納付令を公表した[28]。これに対し二九日、烏丸線沿線住民の同志社大学総長海老名《えびな》弾正《だんじょう》ら三〇〇余名は若林駒之輔・杉原喜与人《すぎはらきよんど》両弁護士を代理

人として、池松時和京都府知事宛に市役所を経て、二七日付で長文の訴願書を提出した。その申し立ては、京都市長が一九二四年一〇月一〇日付で訴願人に対し受益者負担金を徴取するとした処分を取り消すこと、裁決まで処分執行を停止することを求めるものであった。

不服の理由は運動のリーダーである並川府議らのこれまでの発言を整理したものである。それは、第一に、内務省令第七号施行前に竣工した工事の費用を訴願人に負担させるのは違法、というものである。

第二に、その負担区域の道路の新設または拡張に要する費用に充てないで、他の費用に充てるため負担金を徴収するのは違法だ、というものである。

第三に、内務省令第七号には、受益者負担金は工事費予算額によるとあるにもかかわらず、工事費決算額によって受益者負担金を納付させるのは違法だ、というものである。

第四に、都市計画法第六条に「著しく利益を受くる者」にその限度内に費用を負担させるとあるので、著しく利益を受けない訴願人から負担金を徴収するのは違法だ、というものである[29]。

このように、都市計画法や内務省令第七号に疑義が生じ、訴願にまでなるのは、都市計画法の「著しく利益を受くる者」との表現が曖昧であることや、内務省令第七号を都市計画事業の工事が始まる前、都市計画法が公布されて間がない時期に公布・施行しておかなかったからである。これは政府が関東大震災などの突発的な大災害による財源難があるかも知れないと想定しておかなかったため、これほど突然に都市計画事業の財源難がやってくるとは予想しなかったからであろう。すでに述べたように、関東大震災の約二年前に京都市によって作成され、一九二一年七月八日の都市計画京都地方委員会に提出された参考資料には、京都の都市計画事業について受益者負担金額の記述があるが、市債や国庫補助金に比べるとはるかに少ない[30]。行政側の手落ちともいえるが、烏丸線沿線住民から受益者負担金を徴収しないことになれば、京都市民の間に不公平感が生じ、他線沿線でも受益者負担金が取れなくなる。そうなると、財源難がさらに厳しくなり、京都の都市計画事業の遂行に大きな困難が生じる。これは公共性に反すると考えられたのである。京都市当局のみならず、府当局にとっても避けたい所であった。また、事業は市会の支持を得ているので、市・府当局ともに、受益者負担金は京都市民の多くの支持を得ていると確信していたと思われる。

もっとも、都市計画法等の法令解釈の問題もあり、行政訴訟となった場合に、京都市当局は絶対の勝算を持っているわけではなかった。このことは、一〇月二八日の市会で西尾林太郎市議（旧河原町線派）の質問に答えた市長代理助役多久安信の発言からわかる。多久は、行政訴訟になっても現行法の解釈上受益者負担金は当然徴収できると思っているが、万一行政裁判所において市に「不利益なる判決」を下されたら、徴収した負担金は訴訟を起こした者、起こしていない者のいずれにも返還するつもりである。しかし、いずれにも返還する場合は、市会の決議を経る必要がある、と述べた(31)。

3　内務省・府知事・市会が市当局を支持する

（1）内務省が受益者負担を支持

一九二四年（大正一三）一一月七日、京都市は訴願の理由とされた四点について、「委曲をつくして反駁」し、府庁に送付した(32)。

受益者負担の納入命令の督促期限は、一一月二五日とされていた。この期限を過ぎると、強制執行がなされる可能性もあった。同二二日朝、烏丸線受益者負担金納入反対の関係住民三〇〇名は、府庁に押し掛けた。二〇名の代表が選ばれ、彼らは森岡二朗内務部長を訪れ、受益者負担金納入の命令執行を停止してほしいこと、もし納入に応じない場合、ただちに強制執行の処置に出ないよう配慮を願いたいこと、を陳情した。森岡内務部長が、陳情は承ったが即答はできないので考慮してみたい、と答え、一同は引きあげた(33)。

二二日の陳情の際、反対住民代理人若林駒之輔・杉原喜与人両弁護士から池松知事宛に一一月二〇日付の上申書を提出した。その内容は、すでに紹介した一〇月二七日に両弁護士を代理人として提出した訴願書と基本的に同じであった。

ただ、訴願書の第四の点に関し、著しく利益を受けない訴願人から負担金を徴収するのは違法であると主張するだけでなく、具体的に利益が出ていない場所にも受益者負担金が課せられている事例をいくつか示した。

たとえば、室町通は古来の主要な道路で、地価が高く有力な商家が沿線に集まっていたが、烏丸線北進の開通後は烏丸通が主要な道路となり、室町通は裏町となった。このため、地価は下落し損害を受けている。また、烏丸通の今出川通に面した部分は、従来から電車通りであり、烏丸線北進の開通によって利益を受けることはない。

この他、室町通上立売上ル《かみだちうりあが》東入ル《ひがしい》柳図子町《やなぎずしちょう》は従来完全な通りであったが、室町小学校がその東部を烏丸通に切り取られ、やむなく柳図子町の北側を買収したため、片側町となり、地価が下落した、等も示された。

上申書では第五として、一〇月の訴願書にはない点も以下のように挙げられた。すなわち、市長は一九二四年の内務省令第七号第四条末項によって、負担区地帯および率を告知した後、第七条末項によって工事着手の日を告示することが必要である。これは沿道の受益者にあらかじめどのような負担をなすべき義務があるかを知らせるべきだからだ。この二つの告示があって初めて負担金を徴収できることになるのである。それなのに、この訴願の第一号線ならびに七号線の一部の告示については、第七条の告示がまったくなく、第四条の告示は遅れて、一九二四年五月二八日に告示されたにすぎないので、訴願人より負担金を徴収することができない。また、第九条によると、本令施行の日、一九二四年三月一二日を工事着手の日とみなすがゆえ、その後五月二八日に第四条の告示を行ったことは違法であり、それに基づいて訴願人より負担金を徴収することは違法である、と。(34)

烏丸線北進に関する受益者負担が課せられることに反対する住民の訴願に関し、一一月二一日午後に内務省では態度を決めるため参事官会議を開催した。まず堀切善次郎都市計画局長から説明があり、議論に入った。「第九条の『既に着手せる工事云々』については多少の議論もあったが、結局立法の精神に鑑《かんが》み」都市計画局の主張通り、受益者負担金を適法ということに決まった。これは二二日に「上局」の決裁を経た上で、都市計画局長より京都府知事に対し、右に関する「依命通牒」が発せられた。(35)内務省が受益者負担金賦課を合法と解釈したのは、京都の都市計画事業のみならず、各都市の事業にも影響を及ぼすからである。この結果、行政訴訟は残っているものの、受益者負担金が課せられる方向はほぼ確定した。

内務省が京都府知事に烏丸線の受益者負担を支持する「通牒」を発した一一月二二日に、受益者負担反対運動の側も、池松知事に上申書を提出した。訴願人代理人の若松・杉原両弁護士による上申書は、これまでの論点をよく整理したものであった[36]。

(2) 市会が受益者負担と市当局の対応を支持する

こうして内務省の支持も得て、受益者負担金の督促期限の一九二四年（大正一三）一一月二五日が過ぎた。訴願人の側は、その後四、五名が納付金を支払ったのみで、依然不払いの強硬な態度を取っていた。市当局では、不払いの処分を太田勝郎上京区長に委任したので、上京区役所では二六日以後その区域現住の負担者に対し各市職員を派遣し、高圧的ではない説得をし少しずつ解決していくことになった。それで了解を得ることができなければ、最後の処分に出る方針であるという[37]。

一二月二日の市会では、市当局が受益者負担金を積極的に徴収するのを支持する発言があった。たとえば、田中新七市議（旧河原町線派）は、受益者負担金は都市計画法によって内務大臣が決定した法規に基づいて賦課金を徴収するものであり、「一部分の納税すべき所の人達が寄つて以て市に向つて――市民七十万に向つて挑戦的態度を執つて来たのであります」と、反対運動側を市民全体の利益に反する者たちとみなした。田中は、それは都市計画の受益者負担の法令そのものに「幾分か法理上疑義を来した其弱点に乗じて以て彼等がやつたのであります」とし、反面においては一部分の府議の職にある者が、「煽動したか勧誘したか知らないが、乱暴極まる所の教唆的態度を執つて居るのであります[38]」と述べた。

このように、田中のような高瀬川保存・木屋町線反対（最終的に河原町線支持）派の方が、受益者負担反対運動を強く批判した。これは、市の公共性重視という観点から、受益者負担を甘受すべきとの確信を持っていたからである。すなわち、河原町線拡張を最終的に支持した市会は、受益者負担反対運動に批判的であったといえる。

こうした内務省や市会の空気も受けて、上京区役所の職員が、市が敗訴の場合は受益者負担金を返納すると説明して納付を勧誘したところ、一二月一八日頃までに第一期徴収額一一万余円に対し最初からの納付者も含め、約二万三〇〇〇円を徴収できた。しかし、それ以外の者は払うことに頑として応じない住民なので、多久安信市長代理（助役）は、一九日に太田区長に対し未納者の財産差し押さえ処分を執行するように命じた。同区役所では二〇日朝以来、職員がほとんど総出で、これを六班に分け、それぞれ処分に着手した。このような多数の住民に対し、一挙に差し押さえ処分をしたことは京都市ではほとんど前例がなかった。至る所で家人と職員の間に小競り合いが演じられているという(39)。

烏丸線受益者負担金の納入に関し、期限から一カ月も経たず、しかも行政訴願が行われているにもかかわらず、京都市は差し押さえ処分を行おうとする等、きわめて強硬であった。これは法令的に多少の疑義があっても京都の都市計画事業の財源を確保するため、どうしても納金させるという強い姿勢であった。受益者負担については、都市計画法で帝国議会の承認も得た上、内務省の支持も得、市会の支持も得たので京都市民の大半の支持を得ていると確信したからである。しかし府当局は処分の執行中止の通牒を市に出した。府当局は、次に述べるように、知事交代の直後に、騒擾などの大混乱が起きることを恐れたのであろう。

差し押さえ処分を強行しようとする京都市に対し、二〇日に府内務部長から受益者負担金の滞納者の処分について、年末に際し多数の滞納者に処分を執行するのは「穏かでないと思うから執行を中止」するようにとの通牒が、市に届いた。それは午後七時二〇分頃であった(40)。二二日の市会で、このように小西弁次郎庶務課長は説明した。

これに対し、田中新七市議（前掲）は、今回府より市に向かつて発送した処分執行中止を求める通牒は自治権を蹂躪するものである、等と反発した。また、烏丸線沿道で受益者負担金を求められている者のうち、いわゆる「中産以下は既に完納して居るが、中流以上であつて其金は金庫に収まつて、或る依嘱に依つて納付〔破レ〕い」、と運動側有力者について批判した。鈴木紋吉市議（旧河原町線派）も、納税義務者はその命令に従って納税しようと思ってその金を出しているにもかかわらず、ある有力者の言動によって中止し、徴収不能に終了したと承っている、と言外に並川府議らを批判した。その上で、もし将来において、納税義務者に「相当の或る威力の有る人間」が教唆をし脅威を与えたなら、納税をしなくても宜しい、ということになってくる。これは市の徴税上で不利益を来すことと思うと同時に、市民の損害はこの上もないことであると思う。これは「非常に悪例となつて将来自治行政」を行う上で非常な迷惑を感ずると信じる。鈴木はこのように、悪い先例を作るべきではないと主張した。[41]

ここでも、旧河原町線派は受益者負担を甘受すべきという主張であったことが確認できる。

（3）河原町線沿線住民からも行政訴願が出る

この間、池松京都府知事は退任し、一九二四年（大正一三）一二月一五日付で新たに池田宏《いけだひろし》が知事に就任したため、受益者負担の訴願の採決は遅れた。そこで府は、池田知事の名で京都市に対し、市は常に市民と円滑な協議を保ち、事務の遂行を計らなければならないゆえに円満を欠くような執行手段を採ることはよほど注意しなければならない、と警告を発した。しかし、内務省において都市計画の発案者でもある池田知事によると、法律上ではなんら問題はないという結論に達しているという。訴願は理由はないとして却下される模様である、と地元紙は見た。[42]

その後、翌一九二五年一月一三日付で、京都都市計画第五号線の一部である今出川通の寺町と河原町間の受益者負担に反対する沿線住民福地梅次外六六名が池田府知事宛に処分取り消しの行政訴願を新たに提出した。訴願の代理人となる弁護士は、烏丸線北進の場合と同じく杉原喜与人《すぎはらきよんど》と若林駒之輔であった。今出川線は、受益者負担を規定した内務省令第七号が一九二四年三月一二日に公布、施行される前、一九二三年一二月一日に着手され、翌年三月四日に軌道工事も着手され、内務省令第七号施行後半年経った九月二九日に竣工した。同第七号第九条には「本令施行の日」を以て工事着手の日とみなすとあるので、烏丸線北進のように、すでに竣工した工事を拘束できないので受益者負担を課すことができないという論理は立てることができない。そこで、訴願人は道路拡張工事によって少しも受益しないのみならず、かえって種々の理由により地価賃貸料等は下落し、売上高、通行人が減少して営業不振の状況が現れつつある、と主張した。その上で、都市計画法施行令第四号は、「著しく利益を受くる者」か否かは事実問題であり、内務大臣が指定すべきものではないと明示していると解釈する。(43)

これに対し、同一九日付で京都市長代理の多久安信助役は池田知事に宛て、受益算定の方法は学者のいう推定利益を求める方法により、それを内務大臣が決めるので、訴願人の主張は理由がない、との「弁明書」を提出した。(44)つまり、個々の事例ごとに受益を算定する必要はない、との見解である。

このように烏丸線沿線の住民による受益者負担金の滞納処分取り消しの行政訴願の結果、京都市の都市計画事業について、他の沿線住民からも同様の行政訴願が出てきて、市・府など行政が対応せざるを得なくなった。このような訴願が認められるなら、都市計画事業の財源に深刻な影響が出て、事業の遂行事態が危うくなりかねないので、京都市や府は認めるわけにはいかなかった。

（4）池田宏知事が受益者負担を承認

それから約一カ月経った一九二五年（大正一四）二月二七日、池田知事は訴願の理由は成り立たない、という京都市当局を正当とする「裁決書」を出した。「裁決書」の主旨は、訴願人の主張に対応させ、大きな争点の第一として、一九二四年の内務省令第七号に遡及して受益者負担を求められるか、というものを論じた。それは、⑴烏丸線の工事終了後に受益者負担を課した一九二四年の内務省令第七号に関して、前年一〇月七日の京都市の「声明書」と同様に、一九一九年の都市計画法第六条を根拠に遡及して受益者負担を課すことができるとする、⑵また、京都市当局の「声明書」にも関係法令として挙げられていた都市計画法施行令第九条第四号（一九二〇年九月内務省令第二八号）を根拠に、一九二四年の内務省令第七号は、都市計画法執行令に規定するところの「内務大臣の定むる区画」を具体的に規定したものに過ぎない、とする、⑶一九二四年内務省令第七号の第九条（すでに着手した工事については、本令執行の日を以て工事着手の日とみなす）を設けた理由は、同一の都市計画事業に属する「工業」（工事の誤りか）で、その一部が同省令施行以前に着手したことで負担を免れるのは、「正義公平の原則」に背反する、と立法の精神から法令施行の以前に着手した工事についても、負担を求めるものである。これは市当局の「声明」が、法の解釈と適応にあたって、その結果が「正義の要求する所と一致し、公平の原則に反する事なく、又社会的条理」に合うよう努めなければならない、と主張していることと同一である。また、前年一〇月二二日の内務省から京都府知事への「依命通牒」の通りであった。

「裁決」の主旨の第二の大きな争点は、工事を終えた特定の道路の沿線住民から、将来において異なる道路に使う財源として、受益者負担を求めることができるか、というものである。一九二四年内務省令第七号第一条は、京都市都市計画事業として市長の執行する道路の新設または拡幅に要する必要に充てるため、受益者負担を求めているのである。なんら制限を設けていないので、京都の都市計画事業として京都市長の執行する道路の新設・拡幅の費用に充てるのは、なんらの支障はない、と知事の「裁決書」は主張した。この点は市当局の「声明」には明示されていなかった。

「裁決書」の主旨の第三の大きな争点は、一九二四年の内務省令第七号の工事費予算ではなく、工事費精算額をもって受益者負担金を徴収するのは、同省令第七号七条の精神の解釈から明瞭なところであるので、多くを論じる必要はないとするものである。すなわち、工事予算額により納税告知書を発し、改めて工事費精算額により還付または追徴の手続きをなすことができるからであるが、それはたいへん「迂遠」な処置である。そこでこのようにただちに精算額で受益者負担の納税告知書を発したもので、きわめて適当な処置である。このように精算額で受益者負担を課した理由を説明した。このような説明も市当局の「声明」にはなかった。

「裁決書」の主旨の第四の大きな争点は、著しく利益を受ける者か否か、およびその負担は受益の限度か否かである。これについても、「裁決書」は都市計画法に受益者負担の規定があり、施行令第九条第四号（一九二〇年内務省令第二八号）および一九二四年内務省令第七号で受益者の一定の範囲を定め、その範囲内に属する者を著しく利益を受ける者と認定した。また、利益を受ける者をもって受益者負担の義務があると規定し、受益者負担に一定の限界を定めて、これをもって受益の限度を超えるものだと認定した。したがって、この勅令・省令に基づいて市長が発した受益者負担の処分は、なんら違法処置ではない、とする。受益者として利益を得ているかどうかの判断をせず、法令的に受益者を規定し、その法令に依って執行しているかどうかの形式的判断をする、という論法を用いている。このような説明の仕方は、基本的に一九二五年一月一九日付の市当局の「弁明書」の論法と同じであった。(45)

池田知事の「裁決書」の特色は、基本的に京都市当局の「声明書」および「弁明書」や内務省の「依命通牒」の趣旨にのっとり、それに論じていないことも加えて論じ、訴願人の要求を斥けていることである。一九一九年の都市計画法や一九二〇年の都市計画法施行令に受益者負担の規定があるので、京都の都市計画事業の受益者負担を規定した一九二四年の内務省令第七号を、「正義公平の原則」から、その施行の時点より前に遡及させることができる、との解釈はかなり強引なものといえる。これは現実の京都の都市計画事業の実態の中で計画の遂行を重視したもので、必ずしも法令の条文に厳密に即した解釈とはいえない。他方、受益者負担を規定した一九二四年の内務省令第七号にかなり問題があったにもかかわらず、これは都市計画法・同施行令に基づき規定されたもので、それらに基づいて市長が発した受益者負担の処分は違法処置ではない、とする。今度は法令と実態との乖離を捨象して、法解釈のみで押し通そうとする。関東大震災後の財源難の中で、京都の都市計画事業は市議ら市民の支持を受けていると確信し、事業をなんとか遂行したいという市当局や府も含んだ内務省の熱意ともいえるが、行政当局はかなり強引であったといえる。

この池田知事の「裁決書」に対し、訴願人の一人である並川栄慶（京都府議）は、「裁決書」を見ると「馬鹿馬鹿しい」の一言に尽きる、と批判した。知事は国家より付与された独立の機関であるので、内相や首相の意見を仰ぐべきものではなく、他から干渉すべきものでもないが、今回の「採決書」は字句に至るまでことごとく内務省の指揮命令を受けてできたものである、と並川は断定した。その上で、並川らは行政訴訟を起こすことに決定しており、そうすれば必ず勝つだろう、と断言した。さらに、内務省においても法文の不備に気づき、昨年一〇月に名古屋市におけるものに対しては、問題の省令の部分を書き変え、補則を一条加えたことを指摘した。(46)

並川らによって行政訴訟が起こされるにしても、池田知事の「裁決書」が出たことによって、京都市当局の受益者負担金賦課は認められたことなり、京都の都市計画事業の受益者負担金部分の財源は保証された。

以上、本章では関東大震災後の財源難の中で起債が国に認められず、国庫補助金がどの程度得られるのかも見通しが暗く、都市計画事業の一つである京都市の烏丸線北進の有力財源として、受益者負担金が、全国の都市で最初に、かつ事後的に導入されたことを示した。こうした手続きの不備などがあり、負担を求められる烏丸線沿線住民に強い反対運動が起きた。受益者負担の可否の問題は、京都の都市計画事業の財源の問題のみならず、全国の都市のそれにも影響してくる。そこで京都府・市当局は、内務省や京都市会からの支持を得て、都市計画事業を遂行するため受益者負担金は徴収されるのが公共的であるという方向が形成されていった。受益者負担金賦課を支持する京都市会のリーダーたちは、河原町線拡張（高瀬川保存）に公共性を見出して支持した人たちとほぼ重なると推定できる。

なお、京都の都市計画事業の財源は受益者負担金の他、最も多くが電気軌道（市電）事業経済からの繰入金で、くわえて都市計画特別税の増税などによってまかなわれるようになった。

第十四章　事業計画方針の最終決定と「大京都」

本章においてはまず、京都市の都市計画事業は一九一九年（大正八）一二月に原型が作られ、一九二二年六月に確定したが、戦後不況と関東大震災の影響を受けて、財源難に陥り、繰り延べを行いながら少しずつ実施されていくことを述べる。また、道路拡張等について、当初は三分の一の国庫補助金を期待したが、それが大幅に削減されたので、財源は三大事業で敷設された市電などから得られる利益の繰入れ金、都市計画特別税、拡張される道路の沿線住民に課せられる受益者負担金などの、多くは市民（市）による自主財源で行われたことを示す。

次いで関東大震災後、京都の都市計画事業が進むに従い、拡張された主要幹線道路から派生した中小の道路計画がなされ、それらは区画整理事業として対象地主が道路用地と基本的工事費を提供する受益者負担でなされたことを論じる。その工事費は一時的に市が肩代わりし、区画整理後は地価が上昇するので、後にその上昇分の一部を工事費用の支払いに充てるという仕組みであった。

このような新たな展開を見ながら、第六回（一九二五年三月）と第七回（一九二六年八月）の都市計画京都地方委員会で、最終的に京都の都市計画事業の土木事業やその負担の大枠が固まっていったことを論じる。

この問題とは別に、一九二七年（昭和二）の東山の景観をめぐる論争を経て、一九二九年には京都の約一〇〇〇万坪（京都市域の約二五％）が景観を守るための風致地区に指定されたことも、都市計画事業の展開にとって重要であった。

他方、土木や景観も含めた京都の都市計画事業の一つの帰結として、一九三一年（昭和六）四月に京都市が一市（伏見市）二六カ町村の編入を実現した。こうして京都市は、市域を一挙に四・七八倍に増加し、人口を一〇〇万人目前の九五万人強とした。翌年九月には推計人口が一〇〇万人を突破し、「大京都」を成立させた。その後も京都市は、土木的側面のみならず、景観への考え方も深めながら、少しずつ都市計画事業を実施していく。以上、「大京都」への道を一九三〇年代も視野に入れて展望する。

1　都市計画事業の繰り延べ

すでに述べたように、一九二一年（大正一〇）七月八日の第二回都市計画京都地方委員会の議事録に付録として加えられた資料によると、合計三四八四万二二一四円の事業費使用の年度割が、以下のように修正された。初年度（一九二一年度）約〇割五分（修正前は約一割〇分）、二年度約一割三分（同、約一割三分）、三年度約一割三分（同、約一割三分）、四年度約一割三分（同、約〇割九分）、五年度約一割〇分（同、約〇割九分）、六年度約一割一分（同、約一割一分）、七年度約一割〇分（同、約一割〇分）、八年度約〇割八分（同、約〇割八分）、九年度〇割八分（同、約〇割八分）、一〇年度（一九三〇年度）〇割九分（同、約〇割九分）。[1] この修正は初年度（一九二一年度）の事業計画を少なくし、それを四年度（一九二四年度）・五年度（一九二五年度）の事業計画を多くして補っていこうとするものであった。これは一九二〇年三月に戦後恐慌が起こり、財源難となっていたからである。

都市計画京都地方委員会会長の馬淵鋭太郎京都府知事は、同委員会が開催された一九二一年七月八日の日付で床次竹二郎内相に宛て、次のように事業についての財源の見通しのなさを訴えて、適当な財源を政府が指定することを求めている。

大事業の遂行を斯《かく》の如《ごと》き僅少の税源に依拠せしめ得さるは自明の理なり、果して然らは本事業年度割の決定は恰《あたか》も空漠たる根拠に基き、其の可能性を未確定状態に於て決するに似たり。[2]

財源の問題のみではない。一九二一年度から予定されていた第五号線（のちの河原町線）の拡張工事は、実施されなかった。これは、一九二一年度末になっても河原町線か木屋町線か等、京都市内での争いが続き、着工できなかったからである。その後、ようやく一九二二年六月九日の都市計画京都地方委員会で、従来決定していた旧来の木屋町線拡張案を変更して、当初の計画であった河原町線を拡張することが決定された（第九章）。

先に論じたように、都市計画京都地方委員会で決定したにもかかわらず、一九二一年度の都市計画事業をまったく実現しないのは、望ましいことではない。同年度末の一九二二年三月二七日、馬淵京都市長は烏丸今出川から烏丸線を現在の北大路通まで北進させる道路（第七号線）、さらにそれを東に曲がり賀茂街道まで連絡する道路（第一号線の一部）の工事実施を代わりに市会に提案し、市会の賛成を得た。この結果、京都市の都市計画事業は一九二一年度は工事を着工せず、一年遅らせて次年度から着工することになった（第十章第1節）。

当初の計画によると、一九二一年度は三五六万三〇四六円（主に第五号線、および第一五号線の事業費を合わせた計画）であった。それを、一九二一年七月八日の都市計画京都地方委員会で一七五万円に削減し、さらに一年延期すると決定した。このため、当初の市の計画の初年度約三五六・三〇四六万円、二年度四四八・七〇〇四万円の合計八〇五・〇〇五〇円の約二二%の費用となり、(3) 財源難の京都市の状況に合致するものとなった。

その後、京都の都市計画事業の初年度が一年遅れて、一九二二年度からとなったため、一九二一年七月八日の都市計画京都地方委員会で変更された年度計画表が、都市計画事業を五年度（一九二六年度）・六年度（一九二七年度）において積極的に行うように変更されたようである。この変更は都市計画京都地方委員会にかけられていないので、同委員会の常務委員会で審議されるようになったらしい。(4)

その後、関東大震災の直接の被害を受けていない京都市でも、一九二三年度以降の年度割表が財源難の結果実施ができなくなり、変更された。これは、京都市当局が期待した国庫補助金がほとんど得られず、起債も基本的に認められなかったからである（表14-1）。結局、京都の都市計画事業は、電気軌道事業経済（市電の利益）から繰入金、都市計画特別税・受益者負担金などの財源で補って実施されていったのであった。

この変更は、初年度が一年遅れて一九二二年度からとなったため、一九二二年に一〇年計画を九年計画に短くして（一九二二年度から事業を実施したことにすると、一九三〇年度までの一〇年計画の事業となる）、一九二六年度（五年度）からさらに事業を積極的にしようとするものだった。もっとも一九二二年に修正されたと思われる年度割においても、一九二六年度以降に事業を積極的に行う財源の当てがあるわけではなかった。とりあえず、このように設定しておき、まず一九二三年度から全力で事業を行いながら様子をみる、というものであったと推定される。

ところが、事業が急増する予定の一九二三年度には、関東大震災が起こり、一九二三年度の事業を約一三％に増やすどころか、約三％しか実施できなかった。そこで、一九二四年四月九日の常務委員会で事後承認的に約三％に変更し、一九二四年度、二五年度も財源に自信がないので繰り延べを行い、それぞれ約九％、約七％しか実施しな

表14－1　京都の都市計画事業の施行年度割表（％）

	1921.7.8	1922年	1924.4.9
初（1922）	約５		
２（1923）	約13	約13	約３
３（1924）	約13	約13	約９
４（1925）	約13	約13	約７
５（1926）	約10	約13	約15
６（1927）	約11	約13	約15
７（1928）	約10	約11	約15
８（1929）	約８	約８	約15
９（1930）	約８	約９	約14
10（1931）	約９		

出所：前掲，第３回・第４回・第６回「都市計画京都地方委員会議事速記録」（それぞれ，1922年６月９日，同年９月８日，1925年３月26日）。前掲，京都市「都市計画京都地方委員会経過概要」（1921年７月）。

表14－2　京都の都市計画事業の1925年と1927年の年度割変更（％）

	1925年	1927.3.31
５（1926）	約14	約12
６（1927）	約14	約11
７（1928）	約15	約12
８（1929）	約15	約18
９（1930）	約14	約19

出所：前掲，「第七回都市計画京都地方委員会議事速記録」（1925年３月26日）。前掲，「第八回都市計画京都地方委員会議事速記録」（1927年９月６日）７頁。

い計画に変更した。一九二六年度から約一五％も実施することになっていたが、これも財源に確信があるわけではなかった。

そのことは、一九二五年にさらに年度割が変更され、それも実施できず、事後承認的に一九二七年三月三一日の常務委員会で変更された（表14－2）。

このように、京都の都市計画事業における戦後恐慌と関東大震災の影響は大きく、事業計画の年度割が事業を繰り延べる形で変更され、それがさらに繰り延べられる計画に変更される、という状況になった。一九二一年七月八日に決まった当初の計画であるなら、八年度（一九二九年度）から最後の三年間は、それぞれ約八％・約八％・約九％の事業を実施していく形になり、市の負担が減るので、新たな事業計画をかなり加えることも可能となるはずであった。しかし、新規の大きな事業を加えることは、財政上困難となった。

2　区画整理事業での地主の受益者負担（土地提供）

（1）都市計画事業としての区画整理事業

すでに触れたように、一九二四年（大正一三）に入り、清浦奎吾内閣以降、都市計画事業に公債が認められなくなる空気が強まった。それにもかかわらず、同年五月中旬以来、京都市都市計画敷地割調査委員会は、「大京都建設」のための新たな都市計画大綱の検討を行った。七月末に決まった内容は、一つは、幹線道路として二本の一二間幅道路の他、三本の八間幅道路、二〇余本の六間幅道路を既定計画に加えることであった。それと同様に重要なもう一つは、地主に区画整理組合を組織させて、幹線道路からの三間ないし四間の補助道路を受益者負担で造る区画整理事業であった（第十二章第1節（3））。区画整理事業は、大震災に遭った東京や横浜の震災復興事業という形で行われ始めたが、都市計画事業として行われるのは初めてであった。(5)

東京および横浜の土地区画整理に関しては、震災から三カ月ほどの、一九二三年（大正一二）一二月二四日に都市計画特別法が公布され、耕地整理法の私的所有権の保護規定が弱められた。たとえば耕地整理法には、耕地整理組合の地区に編入できない土地として、「建物ある宅地」が規定されていた。このため、編入するには、「土地所有者、関係人及建物に付登記したる権利を有する者」の同意を得る必要があった（第四十三条）。

ところが、特別都市計画法では、「土地区画整理に付ては耕地整理法第四十三条の規定に拘らす建物ある宅地を土地区画整理施行地区に編入する」ことができた。[6]すなわち東京・横浜の震災復興事業を迅速に行うため、建物のある宅地の所有者や建物の権利を有する者などの権利を抑制したのである。

京都の区画整理事業の組合施行の場合、後述するように、関係地主の半数と総面積地価の三分の二以上の同意が必要であった。また建物のある場所は権利者の同意がないと施行ができないので、区画整理の対象から外されることも多かった。東京・横浜と異なり、土地所有者や建物の権利者の意思を尊重しながら事業を実施するという点では、京都が初めての事例といえる。

いずれにしても以下で示すように、区画整理事業の大きな方向性は東京や横浜の例にならったので、内務省の枠組みに乗ったといえる。しかし、道路や受益者負担の具体的計画は、京都市都市計画敷地割調査委員会で検討されて原案が作成されている。この事業も、内務省に主導権があるというより、京都市が帝大教授ら地元の学術専門家の意見を聞きながら、京都府および内務省と調整し、地主と市会の合意を得て進めたといえる。

（2）第六回都市計画京都地方委員会（一九二五年三月）

一九二五年（大正一四）三月二六日、第六回都市計画京都地方委員会が開かれた。この京都地方委員会は、前年七月一八日に京都市都市計画敷地割調査委員会総会で決まった区画整理事業の原案を検討することを重要な役割としていた。出席者は会長の池田宏（京都府知事）・番外の幹事永田兵三郎（京都市技師〔土木課長兼技師長〕）・事務官田中蔵六（都市計画事務官）の他、京都市議ら委員二七名であった。

この委員会の特色は、これまで内務省の都市計画課長・帝都復興計画局長など、全国や東京都の都市計画（復興）事業の中枢を担ってきた池田会長（府知事）が、冒頭で京都の都市計画事業の意義について論じたことである。池田は、都市計画の当否は京都市のために非常に大きな関係を及ぼし、ひいては「国家の利福」にも影響するところが甚だしいと思う、と述べる。さらに、特に京都市は他の都市と違い、「一つの大きな特色を有《も》つて居る都市」で、この特色を永遠に伝えることについては、「非常に注意を要することと」思う、とりわけ「文化的設備」については、なお未だ多くのなすべきことがある、と京都の事業の特色を論じた。そうした仕事がだんだん具体的に進んでいくに従い、この特色に触れることがだいぶん多いことであろう、とも語った(7)。

池田は都市計画事業の全国的な専門家として、京都市で起きた高瀬川・木屋町の歴史的景観をめぐる論争の帰着などをふまえ、改めて京都の都市計画事業は文化的価値を尊重して進めていく必要があると論じたのである。また、それを日本の「利福」とも関連づけたのである。当然のことながら、この池田の主張について、当日異論を唱えた者は誰もいなかった。

この委員会の第二の特色は、当該年度である一九二五年度の事業年度割予定約一割三分を約〇割七分に縮小したことである。その代わりに、一九二六年度以降の年度割予定を、一九二六～二九年度を約一割五分（旧来は、二六・二七年度約一割三分、一九二八年度約一割一分、二九年度約〇割八分）とし、三〇年度を約一割四分（旧来は約〇割九分）と、積極的に実施するようにした(8)。

財源難のため一九二五年度の予算を縮小して事業を繰り延べし、その翌年以降に積極的に実施するという計画は、財源の好転の見通しがない中にあっては、単なる数字合わせにすぎなかった。すなわち、当面事業を繰り延べしていくしかなく、一九三〇年度の事業完成はとうてい無理であることが、さらに明確に合意されていったのである。

第三に、委員の一人元川喜之助（京都市議）が事業に公債を募集できないのかと質問したのに対し、池田会長（府知事）が、政府が非募債主義の方針なので無理である、と募債を否定したことである。池田は、まず金がかからなくても非常に価値のある事業がたくさんあるので、市の方で名案を持っていることと思う、と述べて市の側からの積極的提案を期待した(9)。

第四に、池田の回答に対し元川委員は、受益者負担金を払う代わりに、土地を寄付する方法もあるので、そうした方法を検討して路線を造ってもらいたいので、十分努力してほしい、と発言したことである。元川の発言に対して反対論はなかった(10)。

すなわち、約八カ月前に、京都市都市計画敷地割調査委員会によって作られた都市計画大綱に応じ、沿線住民が道路用地を提供する形の受益者負担で区画整理事業を進めていく方法が、都市計画京都地方委員会で、京都市会からの委員より提示されたのである。こうして、受益者負担の思想はさらに定着していったのである。

右のように、一九二五年三月二六日の第六回都市計画京都地方委員会で、地主が土地を提供する区画整理事業が話題になり、その後も支持を拡大していった事情を見てみよう。

（3）区画整理事業計画の胎動

この二カ月後の一九二五年（大正一四）五月末、地元有力紙は、京都市の人口は年々増加し、市の中央部は地価や家賃が暴騰したので、人々は周囲部に移り住み、年々四〇〇〇内外の家屋が周囲部に新築されているという。しかし、市の周囲部は農耕地で建築敷地に適しないものであるが、地主・家主の多くは「眼前の利益のみを考え」、なるべく出費を少なくしようとし、あるいは畔《はん》（あぜ）を利用し、あるいは自己の土地に私設の道路を開設して宅地とする。

従来耕地として利用されていて、宅地としては不適当な不整形極まる田畑を、そのまま敷地として各自が好むところに建築している状態である。したがって、道路は狭く、一定の系統がなく、行き詰まりの路地がとても多い。これは土地の利用上不経済で、建築上多くの不便を伴うばかりでなく、「都市の美観」を害することが甚だしい。また、水道・ガスの敷設、下水の配置、電話線の引き込みをするのに、甚だしい不経済を来す。

それのみならず、いわゆる場末町として住居が密集し、貧民窟と化し、「社会衛生上最も危険な場所」となって「不良分子」の巣窟となり、救済しがたい「その都市の救治し難い病弊」を構成する。これらは忍び得ても、いったん天災が起きると、人々の生命や財産を非常な危険にさらすと思われる。このように、区画整理は緊急の課題である、と論じた(11)。

第六回都市計画地方委員会の後、京都市はさらに調査を進めた。同年四月八日には地元有力紙は、住宅地域については調査を終え、既に実施の手続き中のものも三カ所あると報じた。これらは、道路計画を樹立し、それに適合して家屋を建築させようとするものである。同紙はこのように、区画整理の意義を述べた。

区画整理には、単独施行、共同施行（数人の地主が全員同意して行う）、組合施行がある。組合施行は、地域内の関係地主の半数と総面積地価の三分の二以上の同意がある場合、法律によって断行できる、とも報じた。区画整理の法令は土地の私有に伴う権利よりも、公共的に土地を使うことを重んじていた。

市が手続き中の三カ所は、大徳寺北、同寺の門前（いずれも約一〇町歩、組合施行）、烏丸通疏水北（約一町歩、共同施行）である。その他、下鴨疏水南（約八〇町歩、組合施行）、京都帝大農学部裏（現・京都市左京区田中樋ノ口町など、約三〇町歩、組合施行）なども計画中であった。同紙は、区画整理について、「古い頭の地主は訳もなくよく反対するものであるが」、市は利害得失を十分説明して宣伝し、自発的な形で区画整理を行いたいという、と報じた(12)。このように、同紙は区画整理を公共性のあるものと市の方針を支持していた。

次いで、同年四月末までに、京都市都市計画課は、都市計画法に基づいて土地区画整理を行おうとする者に対して助成をする規定の要項を作成していた。その内容は、(1)申請によって工事の設計・測量および認可申請、その他の手続きを補助するばかりでなく、工事の種類が複雑困難で現場付監督の必要があると認めた場合には技術員を派遣し、必要な費用は市で負担する、(2)補助を受ける者は、「吏員」（職員）による所定の設計に対する工事施行の適否、方法および工程、材料の適否、事務処理の状況、その他市長において必要と認める事項の監督指導を拒むことができない、(3)不都合のあった場合には補助を取消しあるいは停止し、費用の一部または全部を弁償させる、等であった(13)。

京都市当局で立案した区画整理の要項原案は、区画整理組合に対し、市は設計・測量や認可申請の手続きを補助するのみならず、工事の監督も市で負担して行うので、組合は工事の設計や施行について市の指導を拒めなかった。また不都合があった場合は補助を取り消したり、弁償させたりするというものであった。ここでは、区画整理に関する道路用地について市の買収云々については触れられていないので、それは地主の受益者負担が想定されていたといえよう。この後、京都市の実際の区画整理はこの要項によってできた規定に基づいて実施されていく。

（4）田原助役と永田課長の区画整理計画主導

区画整理事業の調査が始まったのは一九二四年（大正一三）からであるが[14]、具体的な計画の作成が本格化したのは、一九二五年五月頃からであろう。その理由は、後述するように、区画整地事業を所管する田原和男高級助役が一九二五年五月一三日に就任したからである（その後、市会の不信任決議があって一二月二六日に辞任）。また区画整理事業についての特集記事が同年五月二七日から連続して地元有力紙に登場することも、傍証となるだろう[15]。

田原は、同年二月二一日に市長に就任した安田耕之助（前大蔵官僚、京都市出身）が選考し、五月七日に市会の承認を得た助役である。田原は、島根県松江市出身で東京帝大法科大学を出て大蔵官僚となり、数えで三九歳の大蔵省事務官（銀行局勤務）であった。しかも、都市計画事業を管轄する若槻礼次郎内相の女婿でもあった[16]。おそらく安田新市長は、都市計画事業を少しでも有利に進めようと、田原を選んだのであろう。

田原は年俸一万円（現在の三五〇〇万円くらい）を受けることになり、その額は古参で技術職員中の実力者で最も年俸の高い永田兵三郎技師長（当時土木課長兼都市計画課長、のち電気局長、京都帝大理工科大学卒）の五〇〇〇円の二倍もあった[17]。この高給が妬《ねた》みを買ったことが有力な原因となり、田原が花柳界に浮名を流したことも加わって、一一月二一日に市会で不信任決議を可決され、辞任に追い込まれるという結果になったのだろう[18]。以下に述べるように、田原助役は区画整理事業の計画を中心となって立案し、そのこと自体は市会にも評価されていたからである。

話を地元の有力紙の回想により、区画整理事業の計画作成に戻そう。まず、第一号線と三号線（ルートは次の（5）参照）については両側へ一五〇間ずつ三〇〇間を、四号線（岡崎天王町から北進して浄土寺西田町（現在の銀閣寺

区画整理の様子（金閣寺付近）
（『市政概要』1935年より／京都市歴史資料館提供）

道」までで、現在の白川通の部分）の一部に関しては同じく両側へ一二〇間ずつ二四〇間を施行区域と限定した（これらは旧市街の外の新しい住宅地として期待されている地域である）。区画整理事業の大綱が定まると、市長は、外部に計画が漏れて様々な干渉運動が起こることを恐れ、極力秘密のうちに具体案の研究調査を行うことになった。

永田兵三郎（前掲）および関係幹部は毎日午後四時の退庁時間まで素知らぬ顔で普通事務を行い、退庁時間後にこっそりと一室に集まり、田原助役とともに具体案の研究調査に没頭した。それは連日夜までかかり、時には徹夜に及ぶこともあった。こうして、八月末に成案を得た。

京都市当局では、区画整理事業案をただちに市会に諮問した上、内務大臣に内申、さらに都市計画地方委員会で審議してもらおうとの希望が強かった。しかし、田原助役への不信任の空気が濃厚になっていったので、しばらく形勢を観望していたが、いたずらに時間のみを使うわけにはいかない。そこで一一月二〇日に市会の意見を聞き、その「協賛」（内諾）を得た。その翌日に、田原助役の不信任決議が市会で可決された。「よく飲んでよく遊ぶ無能な怠け者と批難」されながら、田原はこの大計画のために、ずいぶん人知れぬ心労をしたという。

田原助役の「一種の置土産」とも称すべき区画整理案は、一九二六年二月一三日に市会に正式に提案され、満場一致で可決された。市会への正式提案が遅れたのは、田原助役の不信任決議に伴い、安田市長の辞任問題まで生じたからであった[19]。

その後の展開を示しておくと、この案は京都府に提出され、都市計画に専門的知識を持っている池田宏知事により修正を求める副申意見書を付けられ、内務省に廻された。池田知事の副申書は取り入れられず、京都市の原案は内務省の審議により多少修正され内務大臣案となった。後に述べるように、これが八月一二日の第七回地方委員会に付議される。[20]

以上、京都の都市計画事業の区画整理事業案は、永田技師長を中心に幹部技術職員と田原高級助役が作成し、市会の賛成を得たものが、多少修正され内相案として地方委員会の原案となった。すなわち、区画整理事業の原案作成においても、府や内務省よりも京都市（田原助役と永田ら幹部技術職員）の主導性が強いことが確認される。

京都市の主導は、半年後の第七回都市計画京都地方委員会で、事情を知っている田中蔵六（番外、都市計画事務官、内務官僚）が、京都府の顔を立てながらも、次のように発言していることからも確認できる。

〔区画整理事業の困難さについては〕京都市の財政計画なり、或は京都市の議決機関なりの意向を観て見ますると云ふと、万難を排して適当に区画を遂行すると云ふ決心の確固たるものがあるやうに見受けたのであります。内務省に於てもそれ等の意向を参酌してやり得るものと信じて此案を出したものであります。[21]

この区画整理事業において、京都市は測量設計ならびに手続き等につき援助するのみで、[22]工事費や道路用地は受益者である地主の負担であった。その論拠は区画整理によって土地の資産価値が上がるということであった。たとえば、現在一坪三〇円の土地（区画整理費坪当たり約七円）が、区画整理が完成し、市電等が開通すれば、土地は坪当たり五〇円ないし一〇〇円に高騰するであろうから、地主の負担は過大ではない、と地元有力紙は見た。[23]

ところで、この間、安藤市長の後任の馬淵鋭太郎市長（前府知事）は病気を理由に一九二四年九月一五日に辞表を提出して、一九日に辞任する。その後、市長選考は五カ月以上も混迷し、一九二五年二月二一日に新市長として安田耕之助（大蔵官僚）が就任した。[24]しかし京都の都市計画事業は、滞ったり方針が変わったりすることなく、五月に就任した田原助役の助力も得て展開した。これはすでに述べたように、京都市の幹部技術職員が、学者と相談し府と調整して立案し、内務省の承認を得て、地域の自立心を背景に実施していたからである。

(5) 土地区画整理と都市計画事業財源

一九二五年（大正一四）八月末に、田原助役らの尽力もあり京都市の区画整理事業の成案が一応得られ、市会への提案を待っている頃、同年一〇月中旬、京都の都市計画事業の「郊外線」は「財源半分足らず」と報じられた。この時に話題となった「郊外線」とは、熊野神社前（東山丸太町）から北進し百万遍に至る八号線（一二間幅、現在の東大路〔東山〕通の一部）、百万遍から高野まで北進し（現在の東大路通）、高野から西進し（現在の北大路通）、金閣寺前で南進して西大路七条に至り（現在の西大路通）、東進して新千本に至る（現在の七条通）一号線（一五間幅）、西大路七条で一号線より分岐し南進し（現在の西大路通）、西大路九条で東進し（現在の九条通）鴨川に至る三号線（一二間幅）である。

右の拡張工事には四カ年継続事業として約一〇〇〇万円が必要で、その財源を得るため都市計画特別税を国の制限一杯まで徴収して約三二〇万円（年額約八〇万円）、受益者負担金約二〇〇万円を集めても、工費の半額しか得られない計算であった。残りの半額は電気軌道経済（市電の経済）などから借り入れるほか財源はなく、そうなると市電の軌道や電車の修繕が行き届かなくなり、「ガタ電車や雨もり電車」の運転を覚悟しなければならなくなる。このように、『大阪朝日新聞』（京都付録）は、京都の都市計画事業の財源について、困難な見通しを報道した。(25)

ところがその約半年後、一九二六年二月中旬には、土地区画整理事業を利用して、道路用地を買収しないで「郊外線」（「循環線」）を拡張し、経費を節減する方法が考え出されていた。

この対象となったのは「田中門前町」（百万遍）から北進し（現在の東大路通）、現在の北大路通を西進し、現在の西大路を南進し、西七条から七条通に入り新千本に至る（現在の七条通の一部）道路拡張計画である。すなわち、道路を中心としてその両側各一五〇間（約二七三メートル）または一二〇間の区域にわたり、都市計画として土地区画整理を行い、各地主の土地に対し「減地減歩」を均分して道路用地を無償で確保することである。(26)

この区画整理事業で、予定された「郊外線」すべての道路用地を確保できるわけではない。しかし、百万遍から現在の東大路を北上、現在の北大路を西進、現在の西大路を七条まで南下するという形で、現在の九条通や西大路通の七条—九条間など一部を除いて、かなりの範囲の土地を買収しないで道路を拡張できる。区画整理事業を伴わない道路拡張の際の受益者負担と合わせて、市当局は、区画整理事業での道路用地の提供による一種の受益者負担を課し、厳しい財政状況下でも都市計画事業は少しずつ進展させることができるのである。

さて、「郊外線」の一九二六年度事業として最初に着手されることになったのは、区画整理事業と関係しない八号線、すなわち熊野神社前（東山丸太町）から北進して田中門前町（百万遍）に至る路線であった（現在の東大路〔東山〕通、幅員一二間）[27]。この路線ができると、京都帝大や旧制第三高等学校（現・京都大学総合人間学部）への交通がさらに便利になり、学生たちの利用も見込まれる。以上のように、財政難の中で、区画整理事業を利用して、都市計画事業は少しずつ施行されていった。

（6）第七回都市計画京都地方委員会（一九二六年八月）

一九二六年（大正一五）八月一二日に第七回都市計画京都地方委員会が開催された。参加者は、会長（池田宏京都府知事）の他、委員二二名と番外の事務官・幹事・技師四名であった。これまで幹事として参加してきた永田兵三郎（京都市技師〔土木課長兼技師長〕）は一九二五年一〇月一〇日付で京都市電気局長に転任したので資格が消滅したが、一九二六年八月七日に臨時委員となって参加できる資格を得た。代わりの幹事には、同年八月七日付で富田恵四郎（京都市技師）が就任した[28]。

この京都地方委員会では、例年のように京都都市計画の道路拡張事業の年度割予算の変更や道路拡張計画の一部変更も審議された。しかし何よりも、一九二六年二月一三日に京都市会で可決された京都都市計画土地区画整理案が提示されたことが特色である。それは、京都市・愛宕《おたぎ》郡（修学院村〔現・京都市左京区修学院〕・松ヶ崎村〔現・京都市左京区松ヶ崎〕・鷹ヶ峰村〔現・京都市北区鷹峯〕）・葛野《かどの》郡（西院村〔現・京都市中京区西院〕）・紀伊郡（吉祥院村〔現・京都市南区吉祥院〕）の一市五村の面積約三一三万坪にわたっていた[29]。

区画整理案は、一九二四年以来、「市の街割調査委員会（京都市都市計画敷地割調査委員会が正式名称）」が三年越しに調査立案し、同じく内務大臣へ申請していた[30]。ここでも地元有力紙は、区画整理案は京都市側主導で作成したととらえている。

都市計画京都地方委員会に出された土地区画整理理由書では、「土地の区画乱雑」のため、至るところに「組織なき市街地」が形成されているので、「統制ある新市街地」の基準と定めて「秩序ある発展」を図ろうとする、と目的を示した。このために、都市計画道路中の外郭循環幹線である第一号線、第三号線および第四号線（図4－1）の一部の周囲において、大体の受益者負担区画である道路幅員の一〇倍の地域を土地区画整理の区域とすることを目的とした。都市計画道路事業と互いに働きかけ合って、土地の区画整理をし、関係地域内の土地の宅地としての利用を増進し、規制市街地の周辺に「健全なる新市街の開発」を成し遂げようと決意している、と論じた[31]。ここで注目すべきは、道路幅員の一〇倍の地域を土地区画整理の区域とするとの基準が示されたことである。この一〇倍という数字は、道路拡張に際して受益者負担の範囲が、境界より道路幅員の一〇倍の地域と規定されたことに類似していた（第十一章第3節（1））。

また、田中蔵六（番外、都市計画事務官）の説明にあるように、地方長官が設計を認可してから一年以内に着手する者がなかった場合に、内務大臣が公共団体に命じて代理執行させることになっていた。この場合、三年以内に完了させねばならなかった。一年以内で着工し、個人・組合、その他において施行する場合でも三年以内に完了するという「精神に合致」するようにすべきと考えられた[32]。田中の発言のように、区画整理事業の実施はかなりの強制力を伴っていた。これは、京都市側で住民の代表である市会の意見を聞いて作成した案なので、内務省が承認した以上、実行はきちんとすべきとの考えであった。

しかし、問題も残っていた。それは、建物のある宅地は区画整理地内に強制編入できないことであった。地主が区画整理事業に参加しない場合でも、区画整理の結果、便利になり土地の価格が高くなると、その地主も利益を得る。これについて、「負担の公平」を図る上で「受益者」負担を考えなければいけない、等の意見が出された[33]（飯《いい》沼《ぬま》一省《かずみ》（内務官僚、欧米への出張を経て大臣官房都市計画課勤務、前静岡県産業課長）・永田兵三郎（前出））。このように、内務官僚も京都市の幹部技術職員も、土地を提供しない場合は「受益者」負担をすべきと負担の公平性の確保に積極的であった。京都市においては、すでに述べたように、河原町線拡張（歴史的景観を重んじ高瀬川保存）か木屋町線拡張（立ち退き者を少なくする）かの論争を経て、個々人の利害よりも市民全体の将来にわたる事業の公共性を重視するという思想が形成された。さらに烏丸線の北進拡張問題をめぐって、公共性・市民負担の公平性の観点から受益者負担の方向が、京都の市会・ジャーナリズム・市民の間で確定していたから、区画整理事業にもその思想が適用されたのである。

こうした区画整理問題について、市議でない松風嘉定委員（実業家）は、特別調査委員を設けてよく検討することを提案した。しかし、この動議を支持する者はなく、委員からいくつか質問が出て、田中蔵六（番外）や飯沼一省委員（前出）ら内務官僚が答えたのみで、区画整理の議案は「異議」なく確定した。(34)すでに述べたように、都市計画事業における公共性や公平性・受益者負担の概念や方向性が確立しており、市会の承認を得ていた。しかも区画整理事業は道路用地を買収する必要がなく、市財政の負担が比較的少ないので、京都市会から出ている委員たちが議案に賛成するのは、当然だったのである。

この他、前田嘉右衛門委員（京都市議）を提出者として、他に八人の市議の委員を賛成者とし、都市計画事業の「街路改良事業」（道路拡張事業）に対し、従来通り政府の補助を求める建議が出され、「異議」なく承認された。(35)

以上、一九二六年八月一二日の第七回都市計画京都地方委員会で区画整理の方向が確定した。続いて九月二〇日に内閣の許可も得た。こうして京都の都市計画事業の土木関係の面での大枠が固まったといえよう。

京都地方委員会で区画整理案が決まると、京都市は区画整理費総額五五五万円を、適当な施行年度割を決定した上で市会に提出する運びとなる。しかし、年度割の決定には相当の日時を要するので、いくら急いでも九月末にならないと市会を開くには至らない模様であると、新聞で報じられた。この五五五万円の区画整理費は、万一組合組織によって区画整理が実施されない場合、一年待って市が代執行するためのものであった。(36)測量や計画の費用を除き、道路用地も含め区画整理事業の負担は、受益者である地主にかかることになっていた。しかし不況続きのため、地主も工事費を前もって支払うことが難しいので、市が代執行して費用を後で回収せざるを得ないと見ていたのである。

区画整理対象地の地主と、京都市土木局の懇談会は、一九二六年一〇月末までにすべて終了した。市当局者によると、大体の成績はすこぶる良好で、各区から区画整理事業に対して十分の了解を得たのみならず、約一〇〇分の一の面積に児童公園を設置することについても共感を得たという[37]。

京都市の区画整理は、対象面積が三一三万坪に達し、それを一〇区に分けた。また、各区の地主中から区ごとに五名の敷地割調査会臨時委員を選出し、調査会に参加させて道路割を決定することになった[38]。京都市は、市の幹部技術職員に大枠を主導させる一方で、地主たちの意見も取り入れる姿勢を示していた。

以上、一九二六年までに都市計画事業の大枠の方針ができたが、西部・南部の工業地域の街道網計画はまだ固まっていなかった。一九二七年（昭和二）一月初めに、二〇〇〇万円かけて三四線を拡張する構想が報じられた[39]。これらの多くは、第二次世界大戦後の道路計画の基本となったように、かなり先の将来への夢や理想に近かった。

3　都市計画事業を担った幹部技術職員たち

京都の都市計画事業には、京都市議や府知事・府の土木部などが都市計画京都地方委員会委員として積極的に関わった。これは三大事業にはない特色であった。この他に、法律・経済の専門知識を帝大などで身につけた内務官僚や、京都市長らの市当局も委員として加わった。もちろん、幹線道路の拡張や市電の敷設、区画整理事業など、土木に関わりの深い中核事業の立案の中心となったのは、三大事業と同様に、京都市の幹部技術職員であった。彼らのうち複数の最高幹部は、都市計画京都地方委員会委員も兼任し、京都地方委員会で案が承認され、その予算が市会で認められると、着実に実行していった。

なかでも、永田兵三郎（市工務部長から電気局長）・大瀧鼎四郎（市電気局長）・安田靖一（市土木局長）は、京都帝大理工科大学の卒業生で、三大事業からの幹部でもあった。

永田・大瀧・安田らの後も、帝国大学工科大学（理工科大学）などを卒業して国や各自治体の都市改造に携わる技術職員が続いた。一九二八年（昭和三）二月に高田景《たかたけい》（京都帝大理工科大学卒、神奈川県土木課長を経て復興局勅任技師〔土木局第一部長〕）が市土木局長となり、一九二七年一一月には溝口親種（前兵庫県技師）が市土木課長兼都市計画課長に就任した。

一九二八年五月には、田口俊一（東京帝大工科大学卒、鉄道院と東京市の技師を経て、仙台市都市計画課長兼土木課長）が市工務課長となる。七月には木村喬（東京帝大工科大学卒、神奈川県土木課長を経て復興局横浜出張所長）が市都市計画課長となった。翌一九二九年五月には、中条都一郎（名古屋高等工業〔現・名古屋工大〕卒、岡山県技師）が、市土木局技師に任じられている(40)。

京都の三大事業や都市計画事業の事例からもわかるように、日露戦争後や第一次世界大戦後の日本に都市改造事業が展開できたのは、帝国大学を筆頭とする高度な技術教育の成果であったことが確認できる。次節では、一九二六年に京都の都市計画事業の土木面での枠組みの大枠が固まった後、一九三一年四月一日に伏見市など隣接二七カ市町村を編入して「大京都」になるまでの道筋を簡単に示す（一九三二年九月に推計人口が一〇〇万人を突破）。

4　「大京都」への道

(1)　都市計画事業の本格的展開

(1)大礼による幹線道路と市電の整備

一九二六年（大正一五）一二月二五日、病気療養中の大正天皇は四七歳の生涯を閉じ、摂政・皇太子であった裕仁親王が践祚《せんそ》して、昭和と改元された。即位の大礼は一九二八年（昭和三）一一月一〇日に京都御所で行われる。この大礼を目標に、京都市は都市計画事業を積極的に行おうとした。内務省はそれまで起債を認めない主義であっ

土岐嘉平
（『京都市会史』より）

たが、同年六月に一九二七・二八年度の二年分として、都市計画事業費五一五万円（現在の二〇〇億円ほど）の起債を特別に認可した。

しかし、安田耕之助市長は体調を崩して同年八月に辞任し、後継市長の市村《いちむら》光恵《みつえ》（前京都帝大法学部教授）も、在任三カ月ほどで市会により退任に追い込まれた。

その後任として、市会は土岐嘉平《ときかへい》（前大阪府知事、北海道庁長官）を選出し、土岐は一二月一三日に就任した。起債による財源を得て、有力内務官僚であった土岐市長のもとで、市電の敷設も含め道路拡張事業は順調に進んだ。安田市長時代のものも合わせて、河原町通（五条—八条間）、東大路通（百万遍—熊野神社間、東山七条—東福寺間）が完工した。こうして、河原町線も東山線（東大路線）も今出川通以南は完成し、すでにあった烏丸線、堀川線（狭軌の市電はあるが、道路拡張は未着工）、千本大宮線と合わせて、五つの南北の幹線が市街を縦貫するようになった。

また、今出川通（百万遍—銀閣寺前間）・丸太町通（千本—円町《えんまち》間）・七条通（大宮—千本間）など、東西の幹線がさらに延長され、東西の幹線の一つの丸太町通の西の端から南下する線として西大路通（円町—四条間）も延長された。こうして東西の幹線は、すでにあった四条通と、延長された大部分が完成した丸太町通を加えて、三本が市街を貫いた。その他、大礼関係者が宿泊する都ホテル（現・ウェスティン都ホテル京都）から東大路通までの拡張が、京阪電車（京阪三条—浜大津間を三条通を使って運行）や都ホテルからの寄付金も得て行われた。

さらに大礼に合わせて、京都駅から御所への御幸道となる烏丸通（京都駅—丸太町通間）および丸太町通（烏丸丸太町から京都御苑に入る堺町御門前を含んだ、烏丸丸太町—寺町通間）、繁華街となってきた河原町通（丸太町通—七条通）の舗装が実施された。これ以前において、京都市では幹線道路の舗装すら行われていなかったが、例外的に繁華街である新京極の三条と四条の間のみ、費用の半額が受益者負担で一九二三年一一月に完成し、次いで四条通（烏丸通—東大路間）のみは、一九二六年末に舗装が完了していた。(41)

(2)浜口内閣の非募債主義と区画整理事業

京都市と近郊への人口の流入は続き、大礼が終わった後も、京都市は都市計画事業の推進への強い意欲を持っていた。しかし、張作霖爆殺事件の処理を誤り、一九二九年（昭和四）七月に田中義一内閣（政友会が与党）が倒れ、浜口雄幸内閣（民政党が与党）ができると、同内閣は金解禁を目指して非募債主義を強く打ち出した。このため一九二九年、京都市当局は一九三〇年度の都市計画事業の相当部分を繰り延べせざるを得なくなった。これまでにも述べてきたように、京都市の都市計画事業の遅れは、一九二〇年代初頭の木屋町線拡張か河原町線（あるいは寺町線）拡張かという争いを除けば、主に財源がなかったから生じたものである。それは政府が公債の発行を原則的に許可せず、助成金も三大事業時の工事費の三分の一に比べ、はるかに少ない額しか下付しなかったからである。[42]

この間においても、市の財源があまり必要でない区画整理事業は進展した。京都市においても、宅地開発を目的とした民間の耕地整理事業（区画整理事業）は、明治末から大正初期にかけて、六地区において行われてきたが、東京市（一二六地区）、名古屋市（二八地区）、横浜市（二六地区）、神戸市（二〇地区）など他の大都市と比べて、非常に少ない。したがって、京都市では近代都市化による無秩序な市街地化に対する区画整理事業は、一九一九年（大正八）の都市計画法によって制度化された土地区画整理事業に始まるといえる。[43]

京都市は洛北や東山沿いの鹿ケ谷・浄土寺、洛南の九条・吉祥院などを中心に、都市計画土地区画整理の区域（三二三万坪）として開発し、規則正しい形で補助道路を整備しようとした。この計画は一九二六年（大正一五）八月一二日の第七回都市計画京都地方委員会の議決を得て、九月二〇日に内閣の認可を得た。京都市は測量費用を負担し、地主たちとの協議を仲介し、地主は地区ごとに区画整理組合を作り、工事費用を負担し、道路敷地を無償で提供することになった。区画整理後は、地価が上がるので、それで地主の負担を十分にまかなえるという仕組みであった（本章第2節）。

これらの事業は、一九三〇年（昭和五）一一月段階では賀茂組合第一区・第二区・紫野門前組合（北大路通の北）・紫竹芝本《しちくしばもと》組合（この区画整理でできた北山通の南と北）の部分が完成し、新設の補助道路は市道に認定された。

東西に延びる幹線としての北大路通はまだ全通しておらず、市電は烏丸線が烏丸北大路まで延び、千本大宮線が北へ千本北大路や北大路通の大徳寺前まで開通しているだけだった。しかし市の外郭線が完成しない状況でも、市電の停留所から歩ける範囲の住宅地が、洛北に展開し始めた。(44)

(2) 上水道の拡張と松ヶ崎浄水場

都市計画事業としては実施されなかったが、三大事業と比較する関係上、都市計画事業期の上水道の拡張も概観したい。一九一八年（大正七）四月の下鴨村・白川村など周辺町村の編入後、京都市はこれらの地域にも上水道がいきわたるように、一九二一年以来、上水道鉄管の延長工事を行った。この結果、一九二三年五月段階で全市道路延長の六六％に鉄管敷設が完了し、旧市街の周辺地域にも給水することが大体可能となった。

上水道の拡張事業は、都市計画事業としての幹線道路の拡張と市電の敷設、区画整理事業も利用した市街の外部を走る幹線道路の建設、区画整理事業による町並みと補助道路の整備に対応して行われる。そこで、広い意味での都市計画事業の一環といえる。

ところで、三大事業の際にできた蹴上《けあげ》浄水場（京都市下京区、後に左京区、さらに東山区として分離）は、人口約五〇万人分を対象としたものであった。一方、一九二三年段階で京都市の人口は六〇万人に達しており、約六〇％が上水道を使用していた。人口は増加し続けているので、供給が需要に追い付かなくなるのは、時間の問題であった。三大事業において、疏水の水量は、上水道の拡張工事さえ行えば約七〇万人分の給水に対応できるように設計されていた。

そこで京都市は、一九二四年一二月一九日、上水道第一期工事として、松ヶ崎村（現・京都市左京区松ヶ崎）に松ヶ崎浄水場を建設する工事に着手した。一九二七年（昭和二）六月七日に工事は竣工し、通水式が行われた。総工費は工事用地を含め、約二四一万円（現在の九六億円ほど）であった。この結果、給水量は二五万人分増え、既設の分と合わせて、七九万人ほどに給水ができるようになった。

この後の経過も見ていこう。すでに触れたように一九三一年四月に京都市は宇治市など近接一市二六カ町村を編入すると、上水道を新しい編入地域に伸ばしていく方針を、翌一九三二年三月の市会で決定した。その後、上水道の第二期拡張計画を具体化させていった。

この内容は、⑴総予算三六八万円（現在の一四〇億円ほど）の五カ年計画で、⑵従来の排水経路を改善し、蹴上・松ヶ崎両浄水場の配水池を相互に利用できるようにする、⑶さらに、松ヶ崎浄水場を拡張し、山科浄水場（現・京都市山科区、旧山科村、一九三一年に京都市に編入後に東山区）を新設し、⑷山科・伏見・嵯峨方面にまで水道鉄管を延長していくなどである。山科浄水場は一九三六年五月には大半の工事を終え、六月から山科・醍醐《だいご》方面に送水を開始し、八月に竣工した。なお、松ヶ崎浄水場の拡張工事は、室戸台風などの天災に加え、日中戦争の影響で一九三九年一〇月までかかった。

上水道の他、下水道も一九三〇年から工事が始まる。世界恐慌の波及で、一九三〇年から日本の都市には失業者があふれたので、政府は失業者対策として下水道事業の起債を積極的に認可し、国庫補助を与えたからである。

一九三三年一〇月に京都市で初めて下水道が敷設され、翌年三月に吉祥院下水処理場が完成すると、水洗便所が一部の地域で使えるようになった（対象は住民五万人）。しかし、水洗便所を設置したのは、料亭・会社・銀行などの一部にとどまり、大多数の住民はこれまで通りの汲み取り式便所のままだった。

下水道敷設は、一般市民の強い要求からというより、技術職員など市の幹部の衛生面での都市整備の理想と失業対策の目的から実施されたのであった(45)。

(3)　風致地区と美観地区

一九一九年（大正八）四月四日に公布された都市計画法には、市街地建築物法による地域および地区の外、土地の状況により必要と認める時は、「風致又は風紀の維持の為特に地区を指定」することができる、とある（第十条）。

また、同日に公布された市街地建築物法には、主務大臣は「美観地区を指定し、其の地区内に於ける建築物の構造設備又は敷地に関し美観上必要なる規定」を設けることができるとある（第十五条）。

このように都市計画法で、市街地以外の都市に近接する地域について、「風致地区」の概念を初めて法的に提示した。また市街地建築物法は、市街地の建物や敷地に関し、「美観上」で必要な規定を設けることができる、と「美観地区」の概念も法的に初めて導入した。これは、今日に繋がる景観保全への動きが始まった画期といえる。しかし、「風致」や「美観」がどのような意味を持つのかは具体的には定義されておらず、以下で述べるように、各自治体が相互に影響を受けながら決めていった。

すでに述べたように、河原町線（あるいは寺町線）拡張か、木屋町線拡張（高瀬川埋め立て）かの対立の中で、都市の歴史的景観問題が提起され、市会・市民の意思を受けて市当局は、歴史的景観の保全（高瀬川保存）には公共性があると認めた上で、河原町線拡張に決着した（第七章・第八章・第九章）。

その後、京都の都市計画区域は、一九二二年八月二日に加藤友三郎内閣の認可を受けて最終的に決まった。「風致地区」の構想は、都市計画区域設定時にすでにあった。まず市街地周辺の広大な山地を含む七二一六万坪（二万三八五四・五ヘクタール）が都市計画区域となった。「風致地区」指定に向けての調査は一九二三年頃に始まり、一九二六年中に指定案（草案）が内務大臣に上申された。この調査は、府市土木部局が主体となり、特に永田兵三郎（市土木課長）・野間守人（大典記念京都植物園技師で都市計画京都地方委員会嘱託）が重要な役割を果たした。(46)

その後、内務省は京都に「風致地区」を設定する原案を、一九二九年（昭和四）一一月一一日の都市計画京都地方委員会に提出した。「風致地区」としては、すでに一九二六年に東京市の明治神宮外苑付近が「国民崇敬」の場として指定されており、一九三〇年には大正天皇の多摩陵隣接地区が指定された。(47) 東京の二つの風致地区は、狭い地域における「国民教化」をするための地区であるが、京都で展開していたのは、広い地域を対象とし、現在の景観保存策の源流ともなるべきものであった。京都は東京の風致地区指定とは異なる独自の立場で地区の設定をしようとしていた。

京都の上申を受けて内務省の出した案は、東山一帯、洛北の上賀茂、賀茂川河川敷周辺、金閣寺一帯、洛西の御室、嵐山、長岡・山崎方面の合計約一〇〇〇万坪に及んでいた。しかし、上賀茂神社が風致地区に含まれているのに下鴨神社は入っておらず、岡崎公園が入っているのに平安神宮や高瀬川も除外されていた。下鴨神社や平安神宮が除外された理由を、関口勲（都市計画委員会事務官）は、他の風致地区予定地帯から飛離れており、神社であるので指定しなくとも現状が壊されるような施設が造られることはないと考えた、と説明した(48)。

しかし、十分納得されず、都市計画京都地方委員会では竹内嘉作委員（京都市議、民政党）の提案により、二一名の特別調査委員に付託して審議することになった。京都市民の意向を重んじるということで、委員には京都市や京都帝大に関係が深い人物が一四名も含まれた。この特別委員会の報告が、京都地方委員会で承認され、翌一九三〇年二月一日の官報で報告された。その内容は、内務省原案に、平安神宮・下鴨神社境内・妙法院・豊国神社などとその一帯のほか、嵐山渡月橋の下流の竹藪などを加える、というものだった。

その後も、京都市議から南禅寺・大徳寺・妙心寺一帯などを風致地区に加えるよう要望があり、一九三一年の周辺市町村の編入後、府土木部によっても、旧嵯峨町の愛宕山・清滝・高尾方面も同地区に加える計画が示された。同年六月一八日の都市計画京都地方委員会は、これらを承認、七月七日、新たに約八五〇万坪が風致地区に加えられた。こうして京都市域の二五％が風致地区に指定された(49)。これは、歴史的景観保全も含めた景観（風致）という観点から京都市街や周辺の公共性を確保する動きといえる。

東京においても、一九三〇年一二月一日、洗足《せんぞく》・石神井《しゃくじい》・善福寺《ぜんぷくじ》・江戸川の四つの地区を風致地区として第一次指定した。これは先の明治神宮外苑付近など二つの風致地区指定と異なり、合計で一四二万坪もある広い地区指定であった。審議の中ですでに行われた京都の風致地区指定が話題になる一方、資金があれば将来公園にしたいとの東京府の意向も紹介された(50)。

この東京の第二次風致地区指定の面積は、京都の第一次指定の約七分の一強にすぎなかった。東京の第二次指定は、景観保存政策的な京都の指定の影響を受けるとともに、公園化の意向があったので京都の約七分の一にとどまったのである（洗足・善福寺・石神井などは一九三九年に普通公園となる）。

その後、東京では一九三三年一月二四日、多摩川風致地区など四つの風致地区、約五三五万坪の広大な地域が指定された[51]。これは、将来公園化することを考慮した地域というより、京都同様の景観保存からの指定であった。

このように、京都の風致地区指定は独自のものであり、東京にも影響を与えた。

（4）望ましい風致（景観）とは何か

その後、望ましい風致とは何かについて、一九三三年（昭和八）四月一八日、京都府は京都府風致委員会を発足させた。一九三七年六月現在の委員は、都市計画京都地方委員会委員と同様に、行政関係者（市助役・府総務部長・警察部長・学務部長）や土木の専門家（田辺朔郎京都帝大名誉教授・府土木部長岩崎雄治）の他、美術家（菊池契月・西山翠峰・太田喜二郎）、農学の専門家（関口鍈太郎京都帝大教授・森田勝一京都営林署長）、史学の専門家（藤田元春第三高等学校教授・猪熊《いのくま》浅麻呂《あさまろ》（有職故実学者、前京都帝大講師））、建築の専門家（武田五一京都帝大講師嘱託（前京都帝大教授））が加わっていることが大きな特色である。一九二〇年代にも社会学を学んだ職員が都市計画事業に関わっていたが（一三〇頁）、この時期にさらに幅広い人文系の専門家が関与するようになる。

さて、風致委員会は、まず一九三三年六月一〇日に「加茂川特別地区」について答申した。その内容は、「大文字の送り火、祇園囃の音調、水明に写れる夜調捨て難きものがある」として、二条から五条間を最も枢要区とし、「建築物外観高を制限し現在の環境保持」に努めるものである、とされた。

さらに一九三四年四月一七日、一八日の実地調査の結果、「加茂川以東」については、「銀閣寺方面より大文字山、東山方面を過ぎ、清水山に至る最も風致の優秀なる山地部」を、旧京都市街地より明らかに展望される部分について、「風致維持上最も慎重なる取締」を必要とするとの観点から、建築物の新増築を許可しない等の規制を加えた。次いで、一九三六年四月一四日に実地踏査の結果、北山及西山特別地区にも同様の規制をした[52]。

風致地区の規制の内容については、新たに農学・建築のみならず、美術・歴史学の専門家も加えて、一九三三年から一九三六年までに具体化していった。これは、風致地区という形で確保した公共性の中味を、さらに具体的に確定していく動きである。

ところで、神戸においても、市街地の背後に連なる六甲山地の開発をめぐって、一九二七年には風致保存（景観保存）が問題となり始めた。こうして一九三七年三月一八日に、約一七〇〇万坪が風致地区に指定された。これは景観保存と崖崩れや水害を防ぐことを目的とした指定である。[53] この開発論争は、山地の「公共的価値」が尊重されることとなって、決着をみた。急斜面の多い六甲山地という特性から、神戸の風致地区においては、防災という要素も加わっているが、開発から守るため、二〇〇〇万坪に近い広大な地域を風致地区に指定するという発想は、京都のそれの延長にあるといえよう。

他方、一九三二年になると京都市の都市計画課では美観地区設定に向けての調査を開始し、同年六月には都市計画京都地方委員会でも美観地区設定の建議案が出された。そこで調査委員会が設置されたが、美観地区の設定までには至らなかった。京都市内では何が京都にふさわしい建物かを決めることが難しかったからであろう。[54]

すなわち、都市計画事業の道路拡張や市電敷設という土木上の問題は、予算等も含め一九二六年に大枠が定まるが、「風致地区」や「美観地区」の設定という公共性のある景観の問題は一九二〇年代末から三〇年代半ばにかけて確定していったのである。その際も、道路拡張や市電敷設と同様に、京都市を中心に市や府の幹部技術職員が学者など専門家の意見を聞き、計画の立案を推進し、市議に代表される市民の意向によって計画が修正されるという形で展開していった。幹部技術職員や学者の中に、新たに農学・建築、さらに美術・歴史学の専門家も加わったことが特色で、より幅広い公共性の確保に繋がった。これは、第二次世界大戦後の景観政策にも繋がっていく。

（5）一〇〇万都市「大京都」の形成

一九二一年（大正一〇）に紀伊郡伏見町（現・京都市伏見区）の一部有志者が市制期成同盟会を組織し、伏見市の実現に向けて動き出した。これに対し、地元有力紙の『京都日出新聞』や京都市会などで、同年から翌年にかけて伏見町をはじめとする紀伊郡各町村の編入がしきりと論じられるようになった。

すでに述べた、一九二二年八月に決められた京都都市計画区域と一九三〇年〔昭和五〕一月の追加地域〔宇治郡山科町〔現・京都市山科区〕、醍醐村〔現・京都市伏見区〕〕には、一九三一年四月に京都市に編入されることになる一市〔伏見市〔以前の伏見町〕〕二六カ町村のすべてが含まれていた。なお、都市計画区域でありながら、一九三一年の周辺市町村編入の際に京都市に編入されなかったのは、乙訓郡の向日町〔現・向日市〕・大山崎村〔現・大山崎町〕など六カ町村と三カ町村の一部だけである。京都市の第二次市域拡張によって、市の行政区画が京都都市計画区域とほとんど重なる形で拡張していったのである。

話を伏見町に戻すと、一九二五年三月に同町は単独で市制を施行したいと府に上申した。これについて府から意見を照会された京都市は、南西部を一大工業地とする必要があるので、伏見町をはじめ紀伊郡の全町村を合併し、都市経営を行うことが必要との回答をした。同年九月以降、紀伊郡の町村のうち伏見町を除いた大半の町村が京都市への編入を目指す動きを見せた。

その後、憲政会系の浜田恒之助府知事の下で、一九二七年〔昭和二〕一月には、京都市の周辺町村編入の機運が高まり、府は内務大臣に一七カ町村編入案を上申した。ところが同年四月に政友会の田中義一内閣が成立し、七月に政友会系の大海原重義知事が赴任すると、同知事は編入に慎重な姿勢をとった。

一九二九年一月一二日に、京都市は隣接町村編入調査会を設けたが、同月二四日には伏見町が市制施行を求める意見を望月圭介内相に上申した。望月内相は伏見市制を認可し、五月一日に伏見市が誕生した。

この間、一九二八年には上京区・下京区の人口は、それぞれ約三五万人、約三九万人に増加しており、増大する行政需要を満たすためには増区が必要となった。そこで、一九二九年四月に増区が実施され、京都市は上京・中京・下京・左京・東山の五区制へ移行した。

さて、伏見市が成立したので京都市側はいったん伏見市の編入を断念して、一九二九年一一月に一七カ町村の編入案を知事に上申した。この間、民政党〔旧憲政会〕の浜口雄幸内閣ができ、七月に府知事は佐上信一に代わった。佐上知事は市域拡張に伏見市を含めるべきとの考えを持っており、一九三〇年八月四日に土岐嘉平《ときかへい》市長〔前北海道

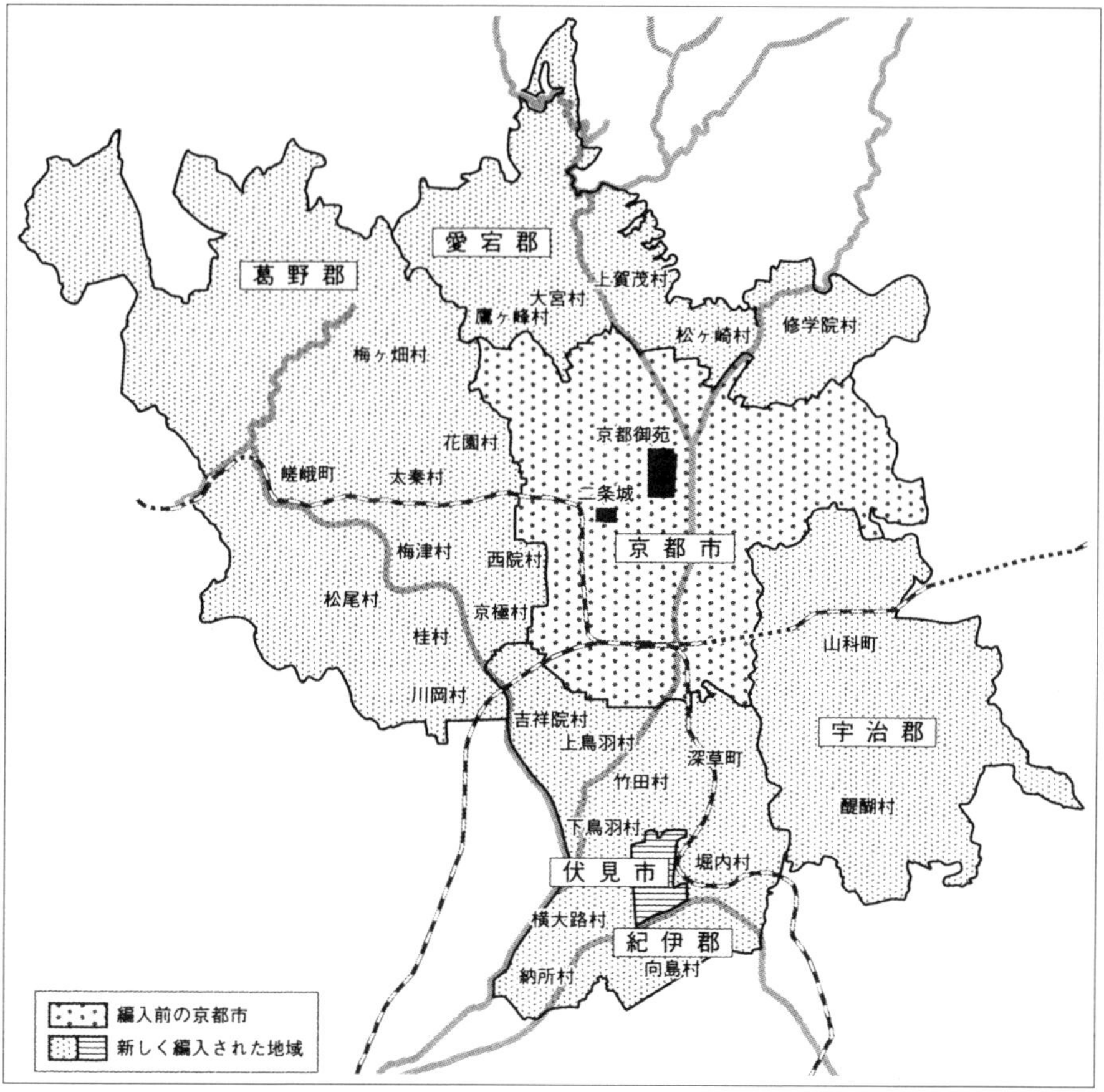

1931年の編入地域（『京都市政史』第１巻より）

現在の京都市庁舎（三代目庁舎，1931年竣工）

庁長官）ら京都市関係者に、伏見市も加えた一市一七カ町村案を示した。府市の協議で、市は葛野郡梅ヶ畑村と宇治郡醍醐村の追加を希望したので、一市一九カ村の編入案で合意した。

次いで、八月二六日に佐上知事は編入対象の一市一九カ町村長に、編入案に対する賛否を九月一〇日までに答申するように求めた。一八カ町村は賛成の答申を出したが、伏見市と深草町は答申を出さなかった。

それにもかかわらず、佐上知事は京都市と協議した上、九月三〇日に安達謙蔵内相に編入を上申した。その後、葛野郡松尾・桂・川岡（いずれも現・西京区）、紀伊郡の下鳥羽・横大路・納所・向島（いずれも現・伏見区）の七カ村も編入対象地として追加された。これらの村々は編入を求めてかねてから陳情を続けていたが、発展の見込みが乏しいことなどから外されていた。一二月一六日の市会協議会は、編入対象を一市二六カ町村とすることを決め、翌日土岐市長は佐上知事に内申した。翌一九三一年、府は改めてこの案を安達内相に上申した。

一九三一年になっても、伏見市・深草町は編入に同意しなかった。しかし、知事は職権を発動しても編入に踏み切る方針であると、地元有力紙が報じる中で、最後まで抵抗していた伏見市でも、二月末には市会が条件付きで編入に賛成を決議するようになった。

右のような過程を経て、一九三一年四月一日に一市二六カ町村の編入が実現した。京都市の面積は、それまでの六〇・四二平方キロから、四・七八倍に拡大して、二八八・六四九平方キロとなった。面積の点では大阪市を抜いて、この時点で日本一となった。もっとも翌年一〇月には東京市が隣接五郡を合併して日本一となる。

人口の点では、編入前年の一九三〇年の国勢調査によると、編入以前の市域には七六万五一四二人が、以後の市域には九五万二四〇四人が住んでいた。編入の翌年、一九三二年九月には、市の推計人口が一〇〇万人を突破した。

編入後には、伏見の名を残してほしいという旧伏見市の条件を活かす形で、伏見区と右京区が新設された。伏見市・深草町と竹田・堀内・下鳥羽・横大路・納所・向島・醍醐の各村は伏見区に、また嵯峨町と花園・太秦・西院・梅ヶ畑・梅津・京極・松尾・桂・川岡の各村は右京区に含めることになった。他に、上賀茂・大宮・鷹ヶ峰村を上京区に、修学院・松ヶ崎村を左京区に、山科町（現・山科区）を東山区に、吉祥院・上鳥羽村（ともに現・南区）を下京区に編入した(55)。

以上のように、公共性の高い空間を作ろうとして、一九二二年八月に京都都市計画区域が決まり、一九二六年に道路拡張や市電の敷設など土木関係について都市計画事業の大枠が定まった。その後、一九三一年四月に隣接市町村を編入することで、京都の都市計画事業をどこまで及ぼすのかの範囲が確定していった。なお、すでに述べたように、「風致地区」の範囲や内容については、一九三〇年代半ばにかけて決まっていく。

結章　近代京都の都市改造から考える

最後に、本書の主な結論とその後への展望を述べておこう。

近代京都の都市改造事業

これまで、東京市の市区改正事業も含め、日露戦争後に本格的に展開するようになる都市改造事業の十分な検討はなされてこなかった。第一次世界大戦後に展開する都市計画事業についても同様である。本書は京都を事例にこの両事業を考察し、他の都市の二つの改造事業の実態についても、個別問題についての既存の研究を生かしながら類推しようとするものである。その上で、現代都市の成り立ちを知り、今後の都市のあり方を考える素材となることを目指す。本書から導き出される主な結論は以下の四点である。

第一に、日露戦争後の三大事業・第一次世界大戦後の都市計画事業のどちらにおいても、京都市独自に海外の主要都市の視察を行い、日本の主要都市と京都の実情を調べ、将来の京都市はどうあるべきかという夢を、事業計画として形作っていったことである。その際に、京都帝大等で土木や電気などを学び、当時の最先端の技術を身につけた市の幹部技術職員の果たした役割が大きかった。

第二に、都市計画事業においては、一九一七年（大正六）一〇月に創設され一九一九年二月頃から本格的に活動を始めた、半官半民ともいえる都市研究会（後藤新平が会長）が、事業の思想や外国・日本国内の事例を紹介するのに大きく貢献したことが特色である。後藤は同会の創設時は寺内正毅内閣の内相であった。

幹部技術職員を中心とした京都市の職員も、この会の活動に積極的に参加した。都市研究会は都市の発展の自由放任、「レッセ・フェール」を否定し、米・英・独・仏などの諸都市を参考に日本の都市計画事業を考えていこうとしていた。またそこでは「公共精神」と「自治の精神」が強調された。こうした精神の多くは、その後、戦時体制下の中央統制の強化や、戦後の高度成長期の政府の助成金のばらまき政策などによって都市当局や市民の間から失われていったものである。しかし財源難の中、こうした精神は未来を考える創造力とともに、現在において最も求められるものであろう。

さらに、都市計画事業においては、都市研究会の活動に深く関わっていた内務官僚たちによって、都市計画法・市街地建築物法（いずれも一九一九年四月五日公布、前者は一九二〇年一月一日施行、後者は一九一九年一二月一日施行）などの都市計画事業の法令が作られている。これらは法令の面で、都市計画事業の基本的な枠組みを作っていった。

第三に、これまで、戦前の日本は内務省の権力が強く、各都市の改造事業の具体的な実施過程においても、内務省およびトップを内務官僚が占める府・県が強く主導したと言われてきた。しかし、本書では、京都の実情を知っている市当局の主導性が強く、幹部技術職員や法学・経済学を身につけた市長・助役・幹部職員に支えられた市当局が内務省・府や市会・市民と調整しながら事業を推進したことを明らかにした。従来の京都も含めた各都市研究での誤った理解は、都市が空襲等の被害を受けて史料が焼失してしまったこと等もあり、都市の内部の原史料を十分に使うことができないために、十分な研究がなされないまま、予断をもって論じたことにより生じたといえよう。

市当局中では、日露戦争後の三大事業の場合は、カリスマ性のある西郷菊次郎市長（西郷隆盛の庶子）と市の幹部技術職員が中心となった。第一次世界大戦後の都市計画事業では、市会の混乱の中で長期にわたる市長不在の時期があったにもかかわらず、市の幹部技術職員が事業を滞らせないよう、技術情報を集め、市の原案を作るのに大きな役割を果たした。また、それを提示して内務省・府県と調整をしながら準備を進め、混乱が収束した際の意思決定のための土台を作った。彼らは専門家として計画の合理性を考慮した情報を市会の求めに応じて提示し、市民の声を反映している市会の判断に最終的に委ねた。

さらに、本書は都市計画京都地方委員会の役割を原史料に基づいて明らかにすることを通し、それが内務省の主導ではなく、京都市関係の委員が主導していたことを明らかにした。京都市議を代表した委員は人数的にもかなりの数となり、同委員会で京都市会の決議を推進しようとした。京都市・府関係の委員や学者委員の他、官僚委員の中にすら、それを尊重する者がいたからである。また、内相や内務省も、市会（市民）の声を背景とした都市計画地方委員会の決議を尊重した。

なお、都市計画事業における都市計画区域や、「風致地区」（景観保全地区）の設定や「風致」の内容の決定は、京都市域を越えて行う必要がある。都市計画事業の延長としての、隣接市町村の京都市への編入も同様である。これらにおいては、京都市当局と府当局が連携して、内務省と協議をしながら意思を決定していった。この中でも都市計画京都地方委員会や市会での審議を通し、市の意思は十分に反映された。

第四に、三大事業と都市計画事業の違いは、前者において市民は市当局から説明され理解を求められる対象に過ぎなかったのに対し、都市計画事業では市民も自らの利害や将来の京都のあるべき姿を主張する存在として登場することである。前者においては、市民運動が生じても、自らの土地の買収価格を引き上げようとする者等個別利益を求めるもので、公共性を背景としたものではなかった。後者において、市民は主に市議と結び付いて意向の実現を求めたが、市議から自立しての要求運動も生じてきた。この中で、一九二〇年代初頭には工事費を安くして地域住民の負担を軽減するため、高瀬川を埋め立て木屋町通を拡張する案が浮上し、それに反対する動きから、日本国内で最も早く歴史的景観（歴史的「風致」）が大きな争点となった。これは神社・仏閣や史跡が多い京都ならではの特色といえる。同時に、公共性とは何かという問題も、市民に提起された。結局、多くの混乱を経て、市内の特定の地域の住民の利害よりも、市全体の公共性と合理性を考慮し、木屋町通の歴史的景観を維持することと、効率的な交通網を作るという観点から、河原町通を拡張して市電を通すことが決定された。

また、一九二三年九月の関東大震災が日本経済に大打撃を与えたため、政府は被災地である東京市・横浜市の震災復興事業以外の都市計画事業の起債を原則的に認めず、助成金の額も大幅に削減した。このため京都も含め、各都市の都市計画事業は大幅に繰り延べされざるを得なかった。その中でも財源を確保するため、京都市の都市計画事業では、道路拡張工事や区画整理において、工事費用の一部または相当部分を、直接利益を受ける住民が支払うという受益者負担の原則が、一九二六年までに確立していった。

関東大震災の復興事業を展開させた東京や横浜では道路拡張に受益者負担の考えを導入した。両市に加えて、京都市の都市計画事業の展開によっても、歴史的景観の保全や合理性のある交通網の建設、受益者となる市民の相応の負担、という事業における公共性の思想が、一九二〇年代半ば、一九二六年にかけて大枠が形成された。これが他の都市にも波及していったのである。

以上、第一次世界大戦後の都市計画事業において、市民の声は、市議も関わった陳情と市民運動を通し、市会から都市計画地方委員会へという形で、かなり反映されたのである。こうした過程を通し、市民の自立心（「自治の精神」）が高まり、何が公共性にかなうかという共通の理解ができ（「公共精神」）、困難を乗り越えて事業が達成されていったのである。

なお、京都市の都市計画事業における「風致地区」の設定や「風致」の内容などは、一九三〇年代に固まっていく。一九三一年（昭和六）四月の隣接市町村の編入に伴った道路や上水道の工事の拡張も一九三〇年代に少しずつ進展し、下水道事業もわずかながら展開する。

しかし、一九三七年七月以降、日中戦争が全面化したことによって、事業はさらに大幅に繰り延べされ、停滞しながら少しずつ実施されていかざるを得なくなった。一九四一年（昭和一六）一二月八日に太平洋戦争が始まると、既定計画でも可能なものは中止・繰り延べせざるを得なくなり、京都の都市改造事業は停滞していった。すなわち、京都の独自性を発揮する余地は、まったくなくなった(1)。

敗戦直後の都市整備

京都市は空襲による本格的な被害を受けたことがなく、他の大都市のように市街地が焦土と化すことはなかった。しかし第二次世界大戦後、市内各所には、空襲の際の延焼対策として戦時中に行われた建物強制疎開事業により、建造物を撤去した空き地が、がれきとともに残された。これらは安い費用で土地・建物が強制的に買収されたものであった。

政府は疎開跡地のうち、各都市の都市計画において必要な土地は、元の所有者に返還せずに各都市で管理するよう、指令を出した。京都市は、幅員五〇メートルの五条通・御池通・堀川通、幅員三六メートルの八条通等を整備する計画を立て、一九四七年（昭和二二）三月三一日に政府の許可を受けた。市はこの計画を生産再建都市整備事業として実施した。この事業は一九四七年秋から始まり、五条通（一九四七年一〇月着手）、堀川通（一九四八年六月着手）、御池通（一九四九年五月着手）の順に幹線道路へと整備されていき、一九五三年三月に一応完成した。

また、京都市は京都御所防火水道を宮内府（現・宮内庁）から譲り受け、一九四七年一二月から市民のための上水道に改造する工事を始めた。工事を一九四九年五月二五日に竣工し、九条山浄水場と改称した。これにより京都市は、蹴上・松ヶ崎・山科・伏見（一九四五年一〇月二三日から給水開始）・桃山と九条山の六つの浄水場を持つことになり、給水量を増加させることができた(2)。

建物強制疎開事業による空き地（堀川通）
（『建設行政のあゆみ』より／京都市建設局提供）

このように都市整備事業を再開する一方、京都市は一九四八年二月に葛野郡中川村（現・北区）など二カ村、一九四九年二月に愛宕郡雲ケ畑村（現・北区）や岩倉村（現・左京区）など、八カ村の希望を入れて編入した。

さて、敗戦後の日本は食糧難や物資不足などに悩まされたが、一九五〇年には大幅に改善された。さらに、一九五二年四月にサンフランシスコ平和条約が発効し、日本は占領状態を脱することになる。それから約一年後までに、戦前の都市計画事業に加えて、疎開空地の道路整備も一応終わり、現在の市街地の道路の大枠ができる。一九三一年四月に編入された地域にまで水道の給水が及んでいくことと合わせ、戦前の都市計画事業や、それに関連する課題は一応達成されたといえる。

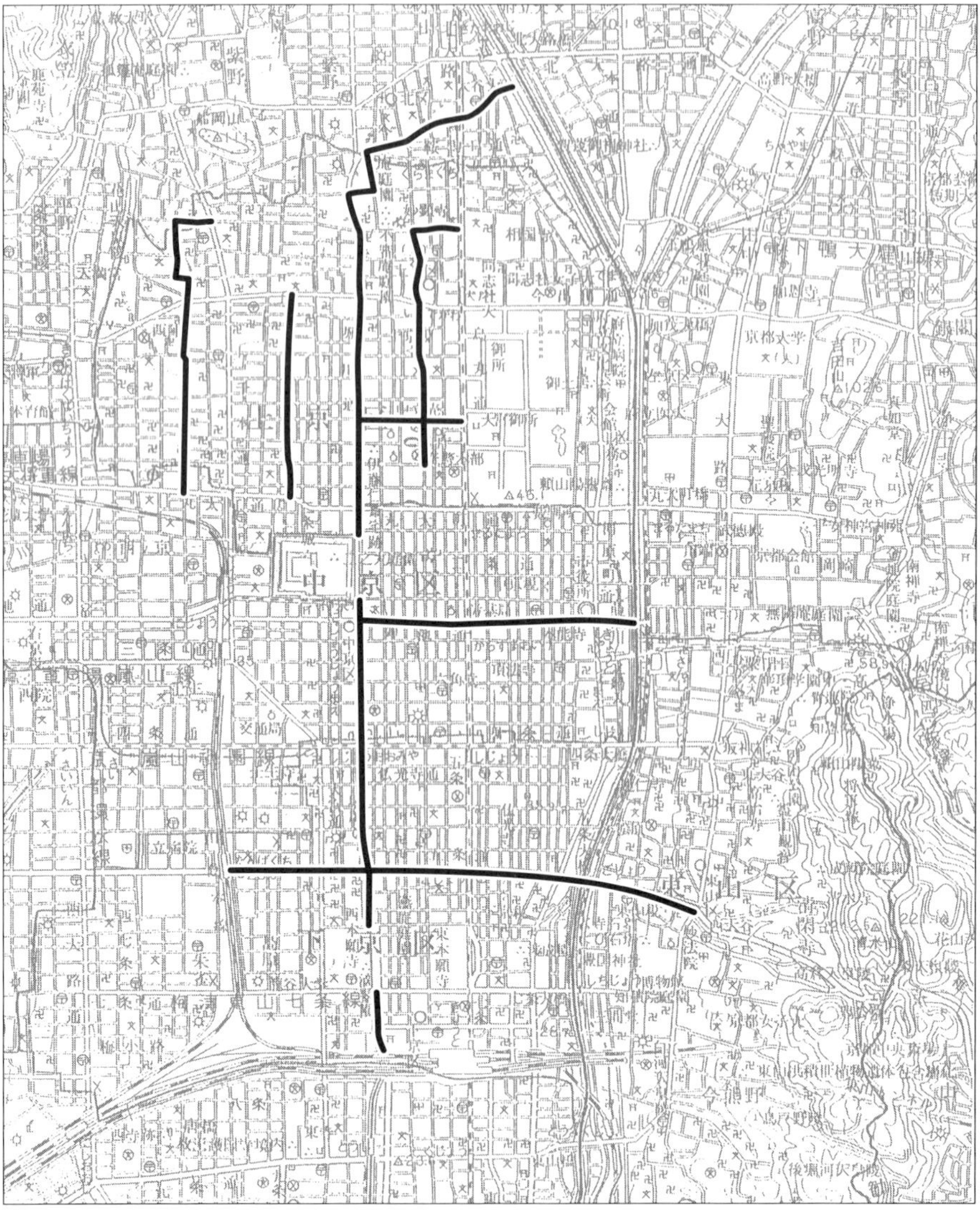

図結－1　強制疎開により拡幅された道路

現代京都への道と都市の未来

他方一九四九年（昭和二四）になると、京都市では国際文化観光都市として都市整備をしていく方針が出された。一九五四年九月、高山義三《たかやまぎぞう》市長はその方針の下で、国際的な公会堂を建設する構想を発表し、一九六〇年四月に京都会館（現・ロームシアター京都、建物は改築）として開館式を行った。また、戦前の四大ドライブウェイ計画とも重なる形で、一九五〇年代後半に比叡山ドライブウェイ・東山ドライブウェイ・西山ドライブウェイ（嵐山―清滝―高雄）を、新たに衣笠―宇多野線（金閣寺―龍安寺―御室）を建設した。

池田勇人内閣下で経済の高度成長が始まると、京都市は一九六三年三月に「京都市総合計画試案」を発表した。同計画は、市民の豊かな生活環境を整備するとともに、経済発展のために産業基盤を改善・育成して国際文化観光都市として発展することを目的としていた。一九二〇年代の京都の都市計画事業の中で出てきた南部開発論の延長で、市域南部を中心に工業化を進めようというもので、それらは現在に至るまで展開している。

この他、市内の交通網に関しては、モータリゼーションによる交通渋滞に対応するため、一九七〇年代に市電を次々に廃止した（一九七八年九月三〇日にすべて廃止）。その上で、市内の交通網として、旧来の市バスに加え、地下鉄烏丸線（一九八一年五月に北大路―京都駅間開通、一九九七年六月に国際会館―竹田間のすべてが開通）・地下鉄東西線（一九九七年一〇月に二条―醍醐間が開通。その後、六地蔵―太秦天神川間に延伸）を整備した。さらに、一九三〇年代から課題になっていた京阪本線の地下化も実施された。その跡地に鴨川東岸に沿った道路（川端通）の建設が始まり、一九九〇年に冷泉通―塩小路通間が開通し、京都市街の弱点であった南北の幹線道路交通網が充実した。

他方経済成長が続く中、一九六四年（昭和三九）九月に仁和寺が名勝「双ヶ丘《ならびがおか》」の二の丘・三の丘を一個人に売却することを決定し、二つの丘が観光開発される恐れが出てきた。「双ヶ丘」は風致地区の指定も受けており、「京都を愛する会」などが保存運動を始めた。結局、一九七九年一月に一四年あまりに及ぶ「双ヶ丘」売却問題は、国と府と市がそれぞれ八〇％・一〇％・一〇％の資金を出し、二の丘・三の丘を買収し、仁和寺から無償貸与された一の丘と合わせて京都市が整備し、保存することになった。この八年後の一九八九年一二月に、京都市は「双ヶ丘」を名勝公園とした。

第二次世界大戦後の観光や開発ブームの中で、京都の歴史的景観を守ろうとする動きは、すでに一九五〇年代末に起きていたが、「双ヶ丘」売却問題は、当時の都市計画法や文化財保護法では守りきれない歴史的景観を守る象徴となった(3)。

こうした歴史的景観を守る動きは、開発と保存のバランスをとるのが公共性にかなう、との思想を背景にしている。これは、一九二〇年代から三〇年代の都市計画事業の中で出て来た木屋町通と高瀬川の保存や、風致地区設定の延長にある思想といえよう。

ところが、一九八〇年代後半になると、バブル景気の下で、京都の中心市街に大型マンションを建設する問題や、郊外にゴルフ場などを造るリゾート開発などが盛んになり、町並みや自然景観が損なわれるようになる。京都市は歴史的景観や自然景観を守るために、高度地区・風致地区・歴史的風土特別保存地区・美観地区（一九七二年四月に全国でも初めての市街地景観条例を施行し、美観地区として御所・二条城周辺など七地区を指定）などの指定を行ってきた。しかし、公共性意識のない業者が利益を求めて規制の範囲内で最大限に開発すれば景観や住環境が守れないことがわかった。また違法行為に及ぶ業者も出現した。

京都市は、法を厳格に適用することの外、大文字山麓（比叡平西側付近）などの違法開発の取締りに乗り出した。また、ポンポン山のゴルフ場建設予定地の場合は、市が業者から多額の費用で土地を買収し、森林公園として整備した。さらに、一九九五年（平成七）三月に、自然風景保全条例の制定・風致地区条例の一部改正・市街地景観条例の全面改正を行った。これは従来の条例よりも細部にわたって規制を行い、違反者は厳罰に処すなど、景観整備を法的に保障するものである。

その後、景観問題は二〇〇四年六月に景観法が公布されたことにより、京都市は二〇〇七年九月から新景観政策を実施した。これは、建物の高さについての地域の特性に合ったきめ細かな規制、建築物等のデザイン基準などからなる。とりわけ、全国でも初めての眺望景観に関する条例の制定は注目され、鴨川右岸からの大文字山・渡月橋の下流からの嵐山一帯の眺めなど、三八カ所にも及ぶ地域の眺望景観の保全が図られることになった(4)。この試みも、戦前における風致地区設定と規制の伝統を、現代に合わせてさらにきめ細かく展開したものといえよう。

日本全体の少子高齢化が進む中、他の多くの都市と同様に、現在の京都市は人口増加が停滞し始め、都心部の居住人口の減少も深刻になっている。将来はかなりの人口減少に転じるとの推計もある。

こうした中で、京都市やその他の都市はどのように対応すべきだろうか。本書では、近代京都の二つの都市改造事業を考察し、その後から現在に至るまでの京都を概観してきた。これらから言えることの一つは、各都市の実情を最も知っている市当局が、各都市固有の歴史や文化も含め蓄積された専門知識を生かし、専門家の意見を聞いて、視野を海外都市の状況にまで広げ、市民の意見に耳を傾け、政府（都道府県）と協議し、未来を予測して長期的な対応策を立てることであろう。当然のことながら、各都市には個性があり状況が異なっているので、外国や日本の他都市の方法の受け売りでは、うまくいかない。

もう一つは、状況に応じ、その都市にとっての公共性とは何かを十分に議論・考察した上で、ある程度個人の自由や欲求を抑制していかざるを得ないことであろう。公共性とは、その時代に生きる人々の短期的な意見の総和というより、その時代に生き、未来にも責任を持つ人々の意見の総和でなくてはならないであろう。こうして市民の間に合意された公共性の考えの下に、市当局はその都市の状況への対応策と将来構想を提示し、市民の自発的協力を得ながら実行していくべきであろう。当然のことながら、観念的な机上の計画ではなく、住民が本当にどのように反応するかを十分に考える必要があるだろう。

本書の歴史的分析と考察が、都市や京都の未来を考える際の参考となり、多少なりとも真に都市の未来を考える人々の自信の源となれば幸いである。

注

序章　日本の近代都市の歴史と都市の未来

（1）しかし、一九九〇年頃までの日本の近代都市政治史研究は、都市の政治の民主化を推進するという問題意識に強く拘束され、都市における政府・市当局・市会議員ら有力者たちが、どのように絡みながら「都市支配」を進めてきたかという視点で行われてきた。その中で、民主化運動や民主化の潮流によって「都市支配」の構造は一九一〇年代から二〇年代にかけて変わるが、都市の改造事業は政府の統制が強い形でなされてきて、市民の声を反映する地方自治は弱かった、と断定する。たとえば、小路田泰直『日本近代都市史研究序説』（柏書房、一九九一年）、原田敬一『日本近代都市史研究』（思文閣出版、一九九七年）。また、都市支配という観点を明示しているわけではないが、石田頼房『日本近代都市計画の百年』（自治体研究社、一九八七年）は、都市計画事業などへの国家による中央集権的な統制の強さを強調する点で、「都市支配」の観点からの著作といえる。それにもかかわらず、後にも触れるが、近代の都市改造事業は政府の強い統制の下でなされてきたとの結論は、十分に実証されていない。さらに、その視角を現代にまで引き伸ばすと、誰が「都市支配」者であるかがますます曖昧になる。

（2）持田信樹「都市行財政システムの受容と変容」（今井勝人・馬場哲編著『都市化の比較史——日本とドイツ』（日本経済新聞社、二〇〇四年）。

（3）近代日本における「公共」という用語の早い使用例は、一八七六年（明治九）七月、教部省が、あらたに出願された個人や個別の集団による〔神社〕遥拝所の創建願について、「衆庶参拝差許候而は公共神社と区分難相立」と、「衆庶」に参詣をさせないことで造営の許可を与えたというものがある（松山恵『江戸・東京の都市史——近代移行期の都市・建築・社会』〔東京大学出版会、二〇一四年〕一三四頁）。この例は「公共」を一般に開かれたという意味で用いている。

注目すべきは、一八八九年七月三一日公布の土地収用法に「公共の利益」のための工事にして必要がある時は、損失を補償して土地を収用または使用することができる（第一条）とあることである。この対象は、「国防その他兵事」に必要な土地、政府・府県・郡・市町村および公共組合が直接公用に使う土地、官立公立の学校・病院や学芸・慈善に必要な土地、鉄道・電信・航路標識および測候所の建設用地、河川・道路・橋梁・埠頭・水道および下水の築造用地等である（一八八九年法律第十九号）。一九〇〇年三月七日に改正された土地収用法が公布され、「公共の利益と為るへき事業」のために必要な土地を収用または使用する必要がある時（第一条）と、対象が拡大した（一九〇〇年法律第二十九号）。これで各都市の改造事業に土地収用法が適用しやすくなった。

一般での「公共」の用語の使用も一九〇〇年前後に普及していく。たとえば、一八九八年六月に大隈重信は地租増徴反対の主張の中で、地方政権の費用は農民に重税を負担させると滞り、〔衛生・教育など〕「地方公共の事業」がなかなか興らない、と論じた（『報知新聞』一八九八年六月一一日「大隈伯の談話」）。また一八九九年五月、大隈は成瀬仁蔵による日本女子大学創立の動きに関し、教育事業は政権の違いにかかわらず共同して起こすべき「公事業」と述べる（同前、一八九九年五月二四日）。この少し後にも大隈は神戸市民に向かって、「公共事業」について次のように言及した。イギリスは「無人」の土地に殖民すると道路・病院・学校という「公共の事業」を起こす。日本でも「公共事業」を行おうという意欲はあるが、「我田引水的の競争」を起こし、成るべき功が遅れるのは慨歎に堪えない、と（同前、一八九九年六月六日）。一九〇〇年に近づくと、「公共」という用語は、一定の地域の人々すべてのためになるものという意味で使われるようになり、また「公共事業」という用語に、学校に加えて道路という現代に繋がる土木工事的概念が含まれるようになっていく。『報知新聞』は、東京市の商工業者に、市政は商工業者の利害にも強く関係するにもかかわらず、商工業者は市政に冷淡であるので、「公的思想」を発達させて市議選・衆議院選に出馬や関与をして「市政改革」を進めよという。この社説の題に「商工家の公共思想」とある（一九〇二年五月一〇日）。

これらは「公共」という用語が都市の発展に関連して使われた早い例と思われる。日本の都市が膨張し、様々な都市問題が出てくると共に、都市間競争が激しくなったからであろう。都市の商工業者など有力者たちに、もっと都市全体のことを考えて行動しないと、彼らの個別の利害にも関わってくると訴える必要が出てきたことと関係していると思われる。「公共」と同様に、「公益」という用語も同様の時期に使われるようになったようである。

都市研究において、一九九〇年代末には「公益」に注目したものが出てくる。高村直助は、大阪市・横浜市などで二〇世紀に入る頃から市営電気軌道や港の海面埋め立てなどを、その利益から市費を補う「公益事業」として実施するようになった、とする。しかし「公益」とは何かの検討は十分になされていない（高村直助「日露戦争における公益事業と横浜市財政」（横浜近代史研究会・横浜開港資料館編『横浜の近代――都市の形成と展開』日本経済評論社、一九九七年））。その後、大石嘉一郎・金澤史男編『近代日本都市史研究――地方都市からの再構成』（日本経済評論社、二〇〇三年）は、金澤史男「終章　総括」において、「『国家的公共』と『地域的公共』がどのように対抗、連携し、総体として公共性が都市において、どのように形成、変容していったか、近代と通じて総括しうる程度まで追跡できなかった」と、「公共性」を今後の課題とした（七〇九頁）。

京都市の都市計画事業では、一九二〇年に木屋町と高瀬川の景観を保存し、都市交通の合理性を確保するため、高瀬川を埋め立てて木屋町通を拡張することに反対し、河原町通を拡張すべきであるという運動が、市議や市民の間で高まった。その中で、「公共」や「公益」とは何か、との概念が形成されていったことを、私も論じてきている（伊藤之雄「第一次世界大戦後の都市計画事業と景観問題の登場――京都市を事例に　一九二〇年の転換」『法学論叢』一七一巻一～三号、二〇一二年四～六月）。

さらに近年、「公益」「公共性」を論じようとする以下の研究が続出している。松本洋幸「戦間期の水道問題」（坂本一登・五百旗頭薫編著『日本政治史の新地平』吉田書店、二〇一三年）、櫻井良樹「関東大震災以前における東京市内交通機関をめぐる公益性の議論」、吉良芳恵「横須賀市における屎尿処理問題――市営化とその展開」、山口由等「日用品小売市場の展開――公益市場と私設市場」（いずれも、鈴木勇一郎・高嶋修一・松本洋幸編著『近代都市の装置と統治――一九一〇～三〇年代』日本経済評論社、二〇一三年）。

都市史研究とは異なる立場からも、明治維新後の地方制度改革によって創出された府県が、日清戦争後の一八九八年・九九年頃には、地方名望家により共通の利害を有する「公共空間」として認識されるようになって、主に議会を通して様々な事業が企画されるようになっていった、との研究が出た（飯塚一幸『明治期の地方制度と名望家』吉川弘文館、二〇一七年）。

ところで、一九九〇年代以降から現代の日本でよく使われる「公共政策」の用語は第二次世界大戦後においてアメリカで使われるようになったPublic Policyにその起源がある。これは、政府の立場に影響されずに客観的・合理的・中立的な政策を立案し実施すべきとの考え方である（中西寛氏の御教示）。現代日本の「公共性」の概念は、近代日本に展開した「公共」・「公益」・「公利」の概念と、アメリカに端を発するPublic Policyの概念の両者の流れを受けて形成されたといえよう。

これらに対し、「公共という概念それ自体がイデオロギー的な契機を胚胎して」おり、「問題」の発見から解決に至る「全過程において包摂と排除の契機を抱えている」と、「公共」という概念に十分な信頼を置かない見解もある。その視角の下、

「公共」に対抗する概念として「非公共」を提示し、「公共と非公共との関係に着目しながら近代的公共の意義と限界を逆照射」することを目標としている（高嶋修一「試論・都市の公共と非公共——二〇世紀の日本および東アジア都市を手掛かりに」〔高嶋修一・名武なつ紀編著『都市の公共と非公共——二〇世紀の日本と東アジア』日本経済評論社、二〇一三年〕、二、七頁）。しかし、すべての対象者を満足させる政策が存在しないのと同様に、すべての対象者に有用で彼らを満足させる「公共」が存在しないのは当然である。問われるのは、「公共」の中味であり、同時代的に、また将来にわたってまでどれだけ多くの人々を満足させるかの線引きである。「非公共」を設定するのは「公共」の中味の議論を拡散させるので、あまり建設的とは思えない。

なお、近代日本の都市改造事業と関連した「公共」・「公益」の用語の示す内容とはかなり異なるが、ユルゲン・ハーバマスが「公共圏」や「公共性」・「市民的公共性」を論じた本が一九六二年に出版され、それが日本で『公共性の構造転換——市民社会の一カテゴリーについての研究』（未來社、一九七三年）として翻訳出版されたことも、近年の日本の都市史研究において「公益」や「公共」の用語が使用されることに影響しているであろう。翻訳出版との時間差があるのは、それまで近代日本の都市史研究で支配的であったマルクス主義的見方（たとえば、政府や市当局の「都市支配」とそれに対抗する市民・住民運動）が、いわゆるベルリンの壁の崩壊後に衰えていったことが関係しているであろう。

（4）まず、私が使用する「都市改造」という用語について述べておきたい。日清戦争後になると、東京市などで都市の膨張に対してどのように対応すべきかが論点となってきた。その際に、東京市では市区改正事業が行われていたので、「改正」という用語が使われた。たとえば一八九六年一月に大隈重信は、東京市の膨張に対して、「大英断を立て大改正を行」うのがやむを得なくなることがあるだろう、と論じている（『報知新聞』一八九六年一月二八日「東京市の膨張」〔三〕大隈伯の談）。しかし、同時期に大隈は、東京市が全日本に先駆けて東京湾の大築港事業を行い、同時にもっと積極的に市区改正事業を推進すべきと主張した談話の中で、「市区の改造」「市区の改造事業」という用語を、「市区改正」と共に使っている（『報知新聞』一八九六年二月七日「東京湾築港」〔三〕大隈伯の談）。

日露戦争後になると、京都市のみならず大阪市・京都市・名古屋市・横浜市・神戸市などの膨張が顕著になり、それへの対応がさらに重要な課題となる。その中で、同じ新聞においても「都市の改造」といった形で「都市」に結び付けて「改造」という用語が使われるようになる（同前、一九〇九年七月二一日）。本書では、東京市区改正事業も含め、都市改造事業という用語を使うこととする。

（5）藤森照信『明治の東京計画』（岩波書店、一九八二年）、御厨貴『首都計画の政治――形成期明治国家の実像』（山川出版社、一九八四年）、前掲、石田頼房『日本近代都市計画の百年』第三章、石塚裕道『日本近代都市論――東京：一八六八～一九二三』（東京大学出版会、一九九一年）第一章・第二章。近年、東京市区改正事業中の日本橋通の拡張事業の展開や、同市区改正条例の道路用地としての土地・建物買収への運用の実態を分析した研究が発表された（前掲、松山恵『江戸・東京の都市史』第八章・第九章）。他に、中邨章『東京市政と都市計画――明治大正期・東京の政治と行政』（敬文堂、一九九三年）第一部第一章・第二章が市区改正事業期の東京市会の動向を扱っている。また、二つの都市改造事業期も含め、東京市内の各種選挙や市当局と市会議員との関係を分析した、櫻井良樹『帝都東京の近代政治史――市政運営と地域政治』（日本経済評論社、二〇〇三年）もある。

（6）大阪市の水道事業については、一九〇五年までを対象とした、加来良行「近代水道の成立と都市社会――大阪市営水道を中心に」（広川禎秀編『近代大阪の行政・社会・経済』青木書店、一九九八年）、大阪市営の路面電車については、宇田正「近代大阪の都市化と市営電気軌道事業の一寄与――市区改正との関連において」（大阪歴史学会編『近代大阪の歴史的展開』吉川弘文館、一九七六年）、大阪市と大阪瓦斯《ガス》会社との報償契約については、原田敬一「都市経営と市営事業について――一九〇二年大阪瓦斯会社問題」（『鷹陵史学』二二号、一九九六年九月）がある。また、稲吉晃『海港の政治史――明治から戦後へ』（名古屋大学出版会、二〇一四年）は、大阪築港などを扱っている。

（7）京都市の「三大事業」および、それに関連した研究として、本書の第一章・第二章の元となる伊藤之雄「都市経営と京都市の改造事業の形成――一八九五～一九〇七年」の他、白木正俊「明治後期の琵琶湖疏水と電気事業」、佐野方郁「京都市の都市改造事業と外債」、鈴木栄樹「京都市の都市改造と道路拡築事業」、田中真人「京都電気鉄道の『栄光』」（以上、伊藤之雄編著『近代京都の改造――都市経営の起源　一八五〇～一九一八』ミネルヴァ書房、二〇〇六年）、本書の第三章の元となる伊藤之雄「日露戦後の都市改造事業の展開――京都市の都市経営・一九〇七～一九一一」（『法学論叢』一六〇巻五・六号、二〇〇七年三月）がある。これらの研究成果を踏まえた通史として、京都市市政史編さん委員会編『京都市政史』第一巻（京都市、二〇〇九年）第Ⅱ部第一章第1節（1）・（2）、第三節（4）（伊藤之雄・小林丈広執筆）。

（8）持田信樹「都市行財政システムの受容と変容」（前掲、今井勝人・馬場哲編著『都市化の比較史』）。

（9）持田信樹『都市財政の研究』（東京大学出版会、一九九三年）第三章。

（10）『大阪朝日新聞』一九〇七年八月二〇日「大大阪、小大阪」〔社説〕。

(11)『大阪朝日新聞』一九一〇年六月一一日「都市問題の研究」(社説)。
(12)『東京朝日新聞』一九〇九年三月六日。
(13)同前、一九一一年三月一六日。
(14)同前、一九一四年六月一〇日、一四日、一七日、二〇日、二一日「大東京」(一)〜(五)。
(15)一九一八年には「十哩四方の大都市　地図の上から見た三十年後の大東京」(『東京朝日新聞』一九一八年二月四日)など、『東京朝日新聞』紙上に「大東京」の用語が少なくとも一三回も登場する。鈴木勇一郎『近代日本の大都市形成』(岩田書院、二〇〇四年)は、一九一八年刊行の東京市内外交通調査会の『下調書』に「大東京」の区域が、市内中心部から片道一時間、距離一〇マイルの範囲に設定されていることを根拠に、「大東京市」の範囲は交通的な見地から決定されたとする(二五〇〜二五一頁)。だが、本書で主に「大京都」を事例に述べていくように、交通も含んだ総合的見地から決定されていくのである。
(16)前掲、京都市市政史編さん委員会編『京都市政史』第一巻、四七九、四八〇頁(伊藤之雄執筆)。たとえば、兵庫県城崎郡豊岡町でも、一九一八年一一月に由利三左衛門《ゆりさんざえもん》が町長に就任すると(薬種商、町長在任は一九一八年一一月〜一九二四年九月)、助役に伊地智三郎右衛門《いじちさぶろううえもん》(地主)を迎え、第一次世界大戦中の好景気を背景に「大豊岡の建設」を目指す、積極的な都市形成計画が構想された。それは、円山川《まるやまがわ》の治水・丹但鉄道(後の宮津線)建設(国と県の費用)、耕地整理法を活用して耕地整理組合を作り、市街地と道路の整備を行うこと、上水道の設置と公共の建築物の改修・修繕をすること、特産品の杞柳製品《きりゅうせいひん》(旅行用の荷物を詰める柳行李など)の製造販売の奨励、商工業の発達のために普通教育を完備し実業教育を奨励することなどである。また周辺の数カ村との合併も考えられていた。この大豊岡構想は、次の伊地智三郎右衛門町政(一九二四年一二月〜一九三〇年三月)まで展開する(豊岡市史編集委員会編『豊岡市史』下巻〔豊岡市、一九八七年〕第二編第二章、第四章第二節・第四節・第五節〔伊藤之雄執筆〕)。
(17)東京市については、前掲、石田頼房『日本近代都市計画の百年』第五章、越沢明『東京の都市計画』第一章(岩波新書、一九九一年)、前掲、中邨章『東京市政と都市計画』第二部・第三部、渡辺俊一『「都市計画」の誕生──国際比較からみた近代日本都市計画』(柏書房、一九九三年)、前掲、鈴木勇一郎『近代日本の大都市形成』第八章・第十一章、越沢明『復興計画──幕末・明治の大火から阪神・淡路大震災まで』第二章(中公新書、二〇〇五年)など。横浜市については、堀勇良「市区改正条例準用時代の都市計画──横浜市区改正局と横浜市区改正委員会」(横浜近代史研究会・横浜開港資料館編『横浜の近代――都市の形成と展開』日本経済評論社、一九九七年）、大西比呂志『横浜市政史の研究――近代都市における政党と官僚』（有隣堂、二〇〇四年）第五章など。大阪市については、芝村篤樹『日本近代都市の成立――一九二〇・三〇年代の大阪』（松籟社、一九九八年）第四章・第六章。金沢市については、前掲、大石嘉一郎・金澤史男編著『近代日本都市史研究』第二章三節や、橋本哲哉編『近代日本の地方都市――金沢／城下町から近代都市へ』（日本経済評論社、二〇〇六年）などで言及されている。この他、前掲、松本洋幸「戦間期の水道問題」（前掲、坂本一登・五百旗頭薫編著『日本政治史の新地平』）は、都市計画事業という枠組みではないが、第一次世界大戦後の水道の公益性をめぐる議論と、横浜市・川崎市や神奈川県の水道拡張や敷設事業を論じている。

(18) 赤木須留喜『東京都政の研究――普選下の東京市政の構造』（未來社、一九七七年）第一章第一節、前掲、石田頼房『日本近代都市計画の百年』一一四、一一五頁。近代の大阪市を事例に、一八九〇年代から都市の有力者が選挙などを左右して市政運営を握る「予選体制」が始まり、一九一〇年から一九二〇年代に「都市専門官僚」が市政運営を掌握する「都市専門官僚制」に取って代わられたとの見解もある（前掲、原田敬一『日本近代都市史研究』、前掲、小路田泰直『日本近代都市史研究序説』）。しかし、これらの論は、戦前の内務省の主導と地方自治の弱さを過度に強調するオーソドックスな研究の一つの形といえる。さらに、とりわけ「都市専門官僚」なる概念はいつまで続いたかや、第二次世界大戦後への展望も含め、明確に定義されておらず、実証も不十分で実態も定かでない。本書で詳細に論証する京都の事例では確認されないし、これまで大阪市も含めて都市改造事業の分析を通しても具体的な形で存在が確認されていないし、今後も確認されないであろう。金澤史男も、「都市専門官僚制」の定義が不明確等と批判している（前掲、大石嘉一郎・金澤史男編著『近代日本都市史研究』五一頁）。なお中邨章氏は、都市計画法は官僚的性格を持っていたとしつつも、それまでになかった審議と執行の両機関の確立を果たした点で画期的な法制であったと、行政の合理化の観点からとらえている（前掲、中邨章『東京市政と都市計画』二一七頁）。

(19) 前掲、京都市市政史編さん委員会『京都市政史』第一巻、四七一～五二三、五八七～五九二頁（伊藤之雄執筆）。ところが、伊従勉「都市改造の自治喪失の起源」（丸山宏・伊従勉・高木博志編『近代京都研究』思文閣出版、二〇〇八年）は、都市計画京都地方委員会に、京都市会の意思が反映されていないとして、「市会代表者不在の地方委員会」と論じたように、旧来のオーソドックスな地方自治研究の立場の結論に帰着している。その後、私は『京都市政史』刊行過程で得られた知見を論文として構成し、本書の元となる伊藤之雄「第一次世界大戦後の都市計画事業の形成――京都市を事例に　一九一八～

一九一九」（『法学論叢』一六六巻六号、二〇一〇年三月）、前掲、同「第一次世界大戦後の都市計画事業と景観問題の登場」、同「京都市都市計画事業の一九二一年前半――河原町通拡築か木屋町通か」上・下（『京都市政史編さん通信』第四三号・四四号、二〇一二年九月、一二月）、同「大正デモクラシーと都市計画事業の確定――京都市を事例に　一九二一年後半〜一九二二年前半」（『法学論叢』一七二巻四・五・六号、二〇一三年三月）、同「都市計画事業の思想と展開――都市研究会・内務省と京都市　一九一九年〜一九二三年」（『法学論叢』一七六巻二・三巻、二〇一四年一二月）、「戦後不況と都市計画事業のゆらぎ――京都市の事例　一九二二年の事業延期論と運動」（『京都市政史編さん通信』第四八号、二〇一五年一月）、同「関東大震災と都市計画事業――都市研究会・内務省と京都市　一九二三年〜一九二四年春」（『法学論叢』一七六巻五・六号、二〇一五年三月）を発表した。

(20) 中嶋節子「京都の風致地区指定過程に重層する意図とその主体」（高木博志編『近代日本の歴史都市――古都と城下町』思文閣出版、二〇一三年）。なお中川氏は、都市計画事業についての筆者の論文より早く、京都市の都市計画事業の一環としての区画整理事業の分析において、その主導権は永田兵三郎ら市の幹部技術職員にあったことを論じている（中川理「都市計画事業として実施された土地区画整理」〔前掲、丸山宏・伊従勉・高木博志編『近代京都研究』〕）。中川論文に先立ち、筆者も京都市の都市計画事業の前に実施された三大事業において、西郷菊次郎市長・川村鉚二郎助役・大野盛郁助役など都市の実情や法律・経済を学んだ者と、幹部技術職員が主導したことや、市会や市民との関係・財源の問題等を考察した（前掲、伊藤之雄「都市経営と京都市の改造事業の形成」二〇〇六年四月、同「日露戦後の都市改造事業の展開」二〇〇七年三月）。

(21) 小野芳朗編著『水系都市京都――水インフラと都市拡張』（思文閣出版、二〇一五年）。奇妙なことに小野氏は、筆者の前掲「第一次世界大戦後の都市計画事業の形成」（二〇一〇年）のみを取り上げ、筆者が都市計画地方委員会には市民や市会議員の意見が反映されたと述べるが、「それだけではなく財源・技術主体を含めて議論すべきである」と論じる（小野芳朗「帝国の風景序説――城下町岡山における田村剛の風景利用」〔前掲、高木博志編『近代日本の歴史都市』二〇一三年七月、五〇八頁〕）。小野氏が取り上げた筆者の論文の「おわりに」においても、京都市区改正事業（都市計画事業の前身）の策定の中心人物は、永田兵三郎（工務課長・技師）ら京都市の技術職員であることを明記し、予算の問題にも言及している。また、小野論文の前に掲載された、前掲「第一次大戦後の都市計画事業と景観問題」（二〇一二年四・五・六月）、前掲「都市計画事業の一九二一年前半」（上）・（下）（二〇一二年九月・一二月）、前掲「大正デモクラシーと都市計画事業の確定」（二〇一三年三月）などでも、それらを軸に、私は京都市の都市計画事業を考察している。さらに奇妙なことに、小野氏が京都の都市計画事業の主体を内務省ではなく市町村と初めて述べた、前掲の編著『水系都市京都』（二〇一五年）の該当部分（一七八頁）には、すでに数年前から、都市計画事業の本格的な分析の上で、同様の主張を発表している私の研究への言及がまったくない。

(22) 景観について中川氏は、古くからある風景を大切なものとして考える歴史的価値、人工物をなるべく排除しようとする価値観にも繋がる自然的価値などを重ならせて価値観が形成されるとみる。近代の京都における東山については、風景を人工的にコントロールできるものととらえ、そのコントロールの成否に価値を見出そうとする価値観も加わるとの分析がある。また、この東山の景観に対する価値観の大枠は、一九二〇年代から三〇年代に形成されていくと指摘されている（中川理「東山をめぐる二つの価値観」、中嶋節子「管理された東山」〔加藤哲弘・中川理・並木誠士編『東山／京都風景論』昭和堂、二〇〇六年〕）。これら景観と京都における景観の価値の大枠形成の理解に同意できる。さらに私は、景観も含め、京都市民にとっての都市改造事業における公共性の概念の大枠は、一九二〇年代初頭から一九三〇年代に形成されていくと考える。

第一章　日清戦争後の都市改造事業の胎動

(1) 白木正俊「明治後期の琵琶湖疏水と電気事業」（伊藤之雄編著『近代京都の改造——都市経営の起源　一八五〇〜一九一八年』ミネルヴァ書房、二〇〇六年）。琵琶湖疏水建設の政治については、高久嶺之介「琵琶湖疏水をめぐる政治動向再論」上・下（『社会科学』六四号、六六号、二〇〇一年〔のち、同『近代日本と地域振興——京都府の近代』思文閣出版、二〇一一年、に収録〕）。琵琶湖疏水の水路や京都御所の防火用水については、小野芳朗編著『水系都市京都——水インフラと都市拡張』（思文閣出版、二〇一五年、二四〜二九頁）参照。

(2) 京都市役所編『京都市統計書』第一回、一八頁。

(3) 大槻龍治助役の一九〇二年三月一〇日市会での発言（「京都市会議事録」〔「京都市永年保存文書」京都市市会事務局図書室所蔵〕）。一九〇〇年には京都の地下水の水質が近代的な試験法によって測定され、『京都市上下水道工事市区域拡張道路改良取調書』としてまとめられた。当時の京都府技師の谷井鋼三郎の調査によると、鴨川の西側、京都御所近辺は鴨川の伏流水のために水質の良い水が浅井戸で簡単に採取できたが、市の南東部や北東部の水質は悪かった（前掲、小野芳朗編著『水系都市京都』一一八〜一二二頁）。

(4) 京都市の初期の参事会の動向については、秋元せき「明治地方自治制形成期における大都市参事会制の位置」（『日本史研究』四七二号、二〇〇一年一二月）で論じている。

（5）『京都市三大事業誌――水道編』第一集、一三一～一七頁、同三集、四～一三頁。

（6）前掲、『京都市統計書』第一回～第三回。

（7）「京都市会議事録」。

（8）前掲、小野芳朗編著『水系都市京都』一三五～一三七頁。内貴が市長に就任して京都市役所が開庁する際に、京都府技手の村田五郎が市技手として採用された。村田は山口県土木掛として鹿背隧道や鯖山隧道でのトンネル工事の実績があり、一八九四年に京都府技手に就任していた。村田は特に土木の専門教育を受けたわけではなく、技師の下の技手であったが、内貴市長の下で土木事業の調査・立案を行ったようである（中川理『京都と近代――せめぎ合う都市空間の歴史』（鹿島出版会、二〇一五年）一〇三、一〇八頁）

（9）『京都市三大事業誌――第二琵琶湖疏水編』第一集、一八～二一頁。琵琶湖疏水と電力供給問題については、前掲、白木正俊「明治後期の琵琶湖疏水と電気事業」。

（10）京都市市政史編さん委員会編『京都市政史第四巻　資料　市政の形成』（京都市、二〇〇三年）資料二六七。

（11）伊藤之雄「解説――近代京都の再生」（前掲、『京都市政史』第四巻）。

（12）京都市参事会編『伯林市行政ノ既往及現在』（東枝吉兵衛、一九〇一年）四五～五二、六六～七一頁。

（13）京都市役所編『京都市三大事業誌――第二琵琶湖疏水編』第一集（京都市役所、一九一二年）三七～四〇頁。

（14）田中真人「京都電気鉄道の『栄光』」（前掲、伊藤之雄編著『近代京都の改造』）。

（15）「京都市会会議録」。

（16）同前。

（17）同前。

（18）同前。

（19）『京都日出新聞』一九〇〇年九月二九日、一二月二七日、一九〇三年八月八日、九月七日。『京都日出新聞』は、一八九七年七月まで『日出新聞』が正式名称であるが、本書ではすべて『京都日出新聞』と記す。なお、『京都日出新聞』は一九四二年四月に『京都新聞』となる。

（20）『京都日出新聞』一九〇〇年一一月一三日、二九日、一九〇一年一月二三日、三月五日、一九〇三年八月八日。

(21) 同前、一九〇一年六月二一日。
(22) 同前、一九〇二年一月一九日。
(23) 同前、一九〇二年二月二日、七月一二日。
(24) 同前、一九二六年七月一〇日夕刊。
(25) 同前、一九〇二年六月二三日、七月三日。
(26) 同前、一九〇三年九月七日。前掲、中川理『京都と近代』は、内貴が都市改造事業を積極的に行おうとしなかった重要な理由を、一九〇二年に京電の西洞院線を延長して営業するため市が西洞院川の暗渠化計画を立てたが、設計が不十分で頓挫したこととしている（一〇四、一〇五頁）。しかし、ここに示したように一九〇三年九月段階でも内貴市長は財源難を理由にしている。すでに述べたように、内貴には次の西郷市長のように事業を企画し実現していく十分なリーダーシップがなかったことが最大の理由である。
(27) 『京都日出新聞』一九〇三年九月一四日「京都策に就て」（社説）。
(28) 小林丈広「都市名望家の形成とその条件――市制特例期京都の政治構造」（『ヒストリア』一四五号、一九九四年一二月）。
(29) 『京都日出新聞』一八九六年一月二四日、二八日、一八九八年三月一〇日など。
(30) 同前、一八九八年二月一五日。
(31) 同前、一九〇一年二月一九日、三月九日、二九日など。
(32) 同前、一九〇〇年一一月一三日、一九日、一二月二四日、一九〇一年三月二九日。
(33) 同前、一九〇一年三月三〇日。
(34) 同前、一九〇三年二月二〇日。
(35) 同前、一九〇三年一一月二一日。
(36) 原田敬一「都市経営と市営事業について」（新修大阪市史編纂委員会編『新修大阪市史』第六巻〔大阪市、一九九四年〕、四〇一～四〇八頁）。
(37) 『京都日出新聞』一九〇三年一一月二二日。

第二章　カリスマ市長と三大事業計画

(1) 大森鍾一宛桂太郎書状、一九〇四年二月二三日（「大森鍾一文書」東京大学近代法政資料センター所蔵）。
(2) 『京都日出新聞』一九〇七年一月二〇日。
(3) 同前、一九〇四年八月七日。
(4) 同前、一九〇四年七月五日（市会における会派の人数については、同前、一九〇四年四月一五日）。
(5) 同前、一九〇四年四月一五日、七月一二日、一八日。
(6) 同前、一九〇四年九月二日。
(7) 同前、一九〇四年七月二八日、八月四日。
(8) 同前、一九〇四年九月五日。
(9) 同前、一九〇四年八月一四日。
(10) 同前、一九〇四年八月九日。
(11) 同前、一九〇四年一〇月四日、一一日。
(12) 同前、一九〇四年一〇月九日。
(13) 同前、一九〇四年一〇月一二日。
(14) 同前、一九〇四年七月三〇日。
(15) 同前、一九〇四年一〇月一二日。
(16) 同前、一九〇四年一〇月一五日。
(17) 同前、一九〇四年一〇月二六日、一一月二一日。
(18) 同前、一九〇五年一月一三日。
(19) 「京都市会議事録」（「京都市永年保存文書」京都市会事務局図書室所蔵）。
(20) 『京都日出新聞』一九〇五年一月一五日。
(21) 同前、一九〇五年二月八日、一五日、二四日。
(22) 同前、一九〇五年四月一日、七日。
(23) 京都市市政史編さん委員会編『京都市政史第四巻　資料　市政の形成』（京都市、二〇〇三年）資料二八四～二九〇。松下孝昭「京都市の学区制度廃止問題」（『京都市政史編さん通信』四号、二〇〇〇年一二月）。
(24) 新修大阪市史編纂委員会『新修大阪市史』第六巻（大阪市、一九九四年）四〇三、四〇五頁。
(25) 高村直助「日露戦後における公益事業と横浜市財政」（横浜近代史研究会・横浜開港資料館編『横浜の近代――都市の形成と展開』日本経済評論社、一九九七年）。
(26) 『京都日出新聞』一九〇五年一一月九日「市の経営を望む」。
(27) 同前、一九〇五年七月一四日。
(28) 同前、一九〇四年一一月一二日。
(29) 同前、一九〇四年一二月二七日。
(30) 同前、一九〇五年一一月二三日。
(31) 同前、一八九九年八月四日。
(32) 同前、一九〇四年八月一三日、一九〇六年一一月二八日。
(33) 同前、一九〇五年六月二一日。
(34) 同前、一九〇六年一月二〇日。
(35) 「京都市会会議録」。
(36) 同前。
(37) 『京都日出新聞』一九〇六年一月五日、八日、一三日、二月八日、一七日、二一日。
(38) 「京都市会議事録」。
(39) 同前。
(40) 『京都日出新聞』一九〇六年二月二一日。井上秀二技師は、一八七六年（明治九）に仙台で生まれ、一九〇〇年に京都帝国大学理工科大学土木工学科を第一期生として卒業し、そのまま助教授に採用された。恩師は、これからも都市改造事業がらみで度々登場することになる大藤高彦《おおふじたかひこ》教授である。井上は一九〇三年に京都市技師に任命された。その際の年俸は一二〇〇円とされている。専門の工学教育は受けていないが、一八九八年に技手として採用され、一九〇二年に技師に昇格した村田五郎の年俸は六〇〇円である。また翌年の京都府技師の最高年俸を得ている石田二男雄が一〇〇〇円である。これらを考慮すると井上がいかに破格の待遇で採用されたかがわかる（中川理『京都と近代――せめぎ合う都市空間の歴史』（鹿島出版会、二〇一五年)一一三〜一一五頁)。内貴市長は本格的な都市改造事業を推進できるようなリーダーシップはないが、都市改造事業への準備はしていたのである。

(41) 「京都市会議事録」。
(42) 『京都日出新聞』一八九二年一〇月二五日、二七日、二八日など。
(43) 同前、一九〇〇年二月三日、八日、三月九日。
(44) 同前、一九〇〇年四月九日、五月二九日。
(45) 同前、一九〇六年四月五日。
(46) 京都市役所編『京都市三大事業誌――水道編』第二集(京都市役所、一九一二年)一頁、「京都市会議事録」、「京都市会決議録」。
(47) 『京都日出新聞』一九〇六年一〇月九日。
(48) 「京都市会議事録」、「京都市会決議録」。
(49) 『京都日出新聞』一九〇六年六月一二日、一三日、七月六日、九日、八月一二日。
(50) 前掲、京都市市政史編さん委員会編『京都市政史第四巻　資料　市政の形成』資料二六一。
(51) 「京都市会議事録」。
(52) 『京都日出新聞』一九〇六年一〇月二三日。
(53) 西郷市長の市会での発言(「京都市会議事録」)。
(54) 『京都日出新聞』一九〇六年一二月四日。
(55) 「京都市会議事録」。
(56) 同前。
(57) 『京都日出新聞』一九〇六年一二月一四〜一六日。
(58) 「京都市会議事録」。
(59) 「京都市会議事録」、『京都日出新聞』一九〇六年一二月二三日。
(60) 「京都市会議事録」。
(61) 同前。

(62) 前掲、新修大阪市史編纂委員会『新修大阪市史』第六巻、四〇一～四〇八頁。
(63) 「京都市会議事録」。
(64) 『京都日出新聞』一九〇七年二月三日。
(65) 同前、一九〇七年三月七日。
(66) 同前、一九〇六年一二月二二日、二三日。
(67) 同前、一九〇六年一二月二九日「電鉄市営問題」。
(68) 同前、一九〇七年二月一日、並河栄慶「電鉄市営論」（寄書）、二月五日「大勢定矣」（電鉄市営）。
(69) 同前、一九〇七年二月八日。
(70) 同前、一九〇七年二月三日。
(71) 東京市においては、すでに日清戦争後に市街電車を市営にすべきか、民営にすべきかの論争が生じていた。一九〇〇年四月一七日に桂太郎内閣は民営を決定した。その時の理由は、市街鉄道は「公共的独占企業」の性質があるので市営とするのが望ましい、しかし「市区改正（東京市の都市改造事業）、東京湾築港、下水築造」のような市の事業の方が緊急性が強いので、市の財政状況から、市街電車は民営とするのが望ましいとするものであった。政府の方針のもと、東京の市街電車は一九〇三年に東京電車鉄道と市街鉄道という二つの民営線として運行が始まった。その後、日露戦争後に電車料金値上げ問題から再び市営論が高まった。こうして一九一一年八月一日より、東京市が東京鉄道（右の二民営鉄道と新たにできた東京電気鉄道の三社が一九〇六年に合併）を買収して市営とした。その際の論理は、市営とすることで、営利会社よりも料金を安くするなど民衆へのサービスを向上させるというものであった（櫻井良樹「関東大震災以前における東京市内交通機関をめぐる公益性の議論」〔鈴木勇一郎・高嶋修一・松本洋幸編著『近代都市の装置と統治――一九一〇～三〇年代』日本経済評論社、二〇一三年〕）。
(72) 前掲、京都市市政史編さん委員会編『京都市政史　第四巻　資料　市政の形成』資料二三四、四三三、四三四。
(73) 堀田康人は、この後京都の伝統的政界秩序を積極的に変えようと政治活動を行っていく注目すべき重要人物である。ここで堀田の経歴を簡単に示しておこう。彼は、尾張藩士で書院番頭を務める家に生まれた。尾張藩の英仏語学校等で学んだ後、一八七六年に京都に来て山本覚馬から法律を学び、代言人（のちの弁護士）となった。一八八八年に府議に、一八九〇年に市議となり、一八九四年に衆議院議員に当選した。この間、京都市の弁護士会長になったり、自由党に入党したりした

（『京都日出新聞』一八九四年九月四日）。以上のように、堀田は茶話会に属する京都の近世や維新以来の伝統的な有力者ではなく、弁護士という新しい職業を通して勢力を得たことから、新興勢力的な行動様式をとる典型的な人物といえる。

(74)『京都日出新聞』一九〇七年一月九日。
(75) 同前、一九〇七年一月二四日、二九日、三〇日、二月四日。
(76) 同前、一九〇七年一月二八日、二月九日。
(77) 同前、一九〇七年一月六日。
(78) 同前、一九〇七年一月一六日、一月二〇日。
(79) 同前、一九〇七年二月二二日。
(80) 同前、一九〇七年二月二七日、二八日、三月一日、三日。
(81)「京都市会議事録」。
(82) 同前。
(83)『京都日出新聞』一九〇七年二月一六日。
(84) 同前、一九〇七年二月二四日、二七日、三月三日、五日。
(85) 横井敏郎「明治後期都市政治団体の研究──京都市における『市政団体』の形成と変容」（馬原鉄男・岩井忠熊編『天皇制国家の統合と支配』文理閣、一九九二年）。
(86)『京都日出新聞』一九〇七年二月二〇日、二二日、二七日、三月五日、二九日。
(87) 同前、一九〇七年四月三〜一九日。

第三章　三大事業の展開と完成

(1)『京都日出新聞』一九〇七年四月五日、九日、六月二四日、九月二四日。
(2) 伊藤之雄『原敬──外交と政治の理想』下巻（講談社選書メチエ、二〇一四年）三二一、三三三頁。
(3) 佐野方郁「京都市の都市改造事業と外債」（伊藤之雄編著『近代京都の改造──都市経営の起源　一八五〇〜一九一八年』ミネルヴァ書房、二〇〇六年）。『京都日出新聞』一九〇七年四月五日、九日、六月二四日、九月二四日。
(4) 京都市編『京都市政史』下巻（京都市企画部庶務課、一九四〇年）三三〇頁。

（5）京都市役所編『京都市三大事業誌——水道編』第四集（京都市役所、一九一二年）一～五頁。
（6）京都市役所編『京都市三大事業誌——第二琵琶湖疏水編』第二集（京都市役所、一九一二年）一頁。
（7）『京都日出新聞』一九〇七年四月五日。
（8）前掲、京都市役所編『京都市三大事業誌——第二琵琶湖疏水編』第二集、三～四頁。『京都日出新聞』一九〇七年七月五日。
（9）『京都日出新聞』一九〇七年六月二六日。
（10）同前、一九〇七年六月二四日。
（11）同前、一九〇七年八月九日。
（12）「京都市会議事録」（「京都市永年保存文書」京都市会事務局図書室所蔵）一九〇七年一一月一四日（「京都市会議事録」には一九〇七年一一月四日と誤植）。
（13）『京都日出新聞』一九〇七年一一月一二日。
（14）同前、一九〇七年一一月一〇日。
（15）「京都市会議事録」。
（16）京都市役所編『京都市三大事業誌——第二琵琶湖疏水編』第四集（京都市役所、一九一三年）二〇～二八頁。
（17）京都市役所編『京都市三大事業誌——水道編』第二集（京都市役所、一九一二年）一三～一二頁。前掲、京都市役所編『京都市三大事業誌——水道編』第四集、四、五頁。
（18）前掲、「京都市会議事録」一九〇九年二月二日。
（19）『京都日出新聞』一九〇八年四月一〇日。東京市においては、一九〇六年一〇月に市区改正課を廃して臨時市区改正局を設置し、局長に角田真平（憲政本党（旧改進党系）代議士、弁護士）を任命して市区改正事業を推進した（松山恵『江戸・東京の都市史——近代移行期の都市・建築・社会』（東京大学出版会、二〇一四年）三三〇、三三一頁）。西郷市長が京都市の臨時事業部に専任の部長を置きたいとの意向を持つのは当然といえる。
（20）「京都市会議事録」一九〇八年九月一五日。
（21）『京都日出新聞』一九〇八年八月一四日「市臨時事業部」。
（22）同前、一九〇八年七月三日。

(23)『京都日出新聞』一九〇八年七月三日、一一日、「京都市会議事録」一九〇八年七月二八日。
(24)『京都日出新聞』一九〇八年七月三日。
(25)同前、一九〇八年八月九日。
(26)同前、一九〇九年一一月一日「市道路部職員決定」。
(27)この他、京都市では伝染病患者を治療する日吉病院を、京都帝国大学医科大学から兼任の院長(嘱託)を招くなどし、日露戦争後に充実させた。伝染病患者は従来は隔離されるだけで積極的治療を施されなかったが、こうして、その治療方針が大きく変わった。市は日吉病院をさらに発展させ、一九一五年に京都病院(総ベッド数三三〇床)を新設した(松中博「防疫行政の展開と京都市の伝染病院」、前掲、伊藤之雄編著『近代京都の改造』所収)。これも「都市経営」の展開の一例である。
(28)『京都日出新聞』一九〇八年八月一八日。
(29)同前。この他、井上技術長と工学士の原全路技師という同じく京都帝大理工科大学土木工学科卒で、先輩・後輩の関係にある技術職員内のわだかまりの可能性も新聞は報じる。原は「少壮気鋭」の工学士で、水道事業での実地の経験も十分であり、昨年井上技師が渡欧米中に水道課長代理となっていた。今回の職制制定に際しても、井上は技術長のみとし一般の監督を行い、原を水道課長とすべきであるとの意見が多かったらしい。しかし、井上の欧米視察の目的が水道事業であったので、井上が水道課長を兼任したために、両氏の間に面白くない感情が生じて衝突する可能性があるという(同前)。
(30)『京都日出新聞』一九〇八年九月一六日、一九日、一一月二九日。
(31)同前、一九〇八年一一月二九日、一二月六日、一五日。
(32)同前、一九〇八年一一月一九日、二九日、一二月一二日。
(33)同前、一九〇八年一二月三一日。
(34)同前、一九〇七年五月二八日、三一日、六月二日。
(35)同前、一九〇九年五月六日「京都市政界近事」。
(36)そこで市会では調査委員会を開き、寄付に「建築その他の費用」にあてる目的との条件をつけることで妥協を図ろうとした。これに対し西郷市長は、八月二八日の市会で、現在の師団司令部の設計は、建築費七万円の予算で木造となっているが、一五万円の寄付によってレンガ造とし、師団長官舎・経理部倉庫等の付属建物も建設すれば、市が寄付した記念になると、市議を説得した。

(37) 「京都市会議事録」一九〇八年一月二七日。『京都日出新聞』一九〇八年一月一六日、二〇日、二三日、二六日。
(38) 『京都日出新聞』一九〇八年三月八日「市会雑観」。
(39) 同前、一九〇八年三月二五日「落しふみ」。
(40) 「京都市会決議録」（京都市会事務局図書室所蔵）京都市第八十七号（一九〇八年九月二日議決）。
(41) 『京都日出新聞』一九〇八年一一月二五日。
(42) 同前、一九〇八年一一月二九日「京都市政雑俎」。
(43) 同前、一九〇八年一二月二三日。市議の会派については、同前、一九〇七年九月二九日、一九〇八年一月二三日。
(44) 前掲、佐野方郁「京都市の都市改造事業と外債」。
(45) 「京都市会議事録」一九〇九年六月一九日。
(46) 前掲、佐野方郁「京都市の都市改造事業と外債」。
(47) 『京都日出新聞』一九〇九年七月六日「西郷市長の市債談」。
(48) 「京都市会会議録」一九〇九年六月一九日。この他、第三の希望として、市の予算は、外債で入った一七五五万円中でただちに使用しない金額を、外債と同じ利子五％で国内の銀行に預けることになっているが、そのようなことは難しいと思われる。しかし、それをできる方法を十分に検討して予算に不足を生じないようにしてほしい、と要望された。
(49) 『京都日出新聞』一九〇九年三月四日「三市民の負担額」。
(50) 同前、一九〇九年一月一二日「本年の市政」（七）。
(51) 同前。
(52) 同前、一九〇九年七月六日「西郷市長の市債談」。
(53) 「京都市会議事録」一九〇九年七月二七日、八月一七日、「京都市会決議録」一九〇九年、『京都日出新聞』一九〇九年七月一四日、八月二六日。
(54) 『京都日出新聞』一九〇九年一月一二日「本年の市政」（七）、八月二五日、九月二日。この他、三大事業とは直接関係しないが、(1)各種の証明を与える、(2)議事堂の使用願を許否する、ただし無料使用を除く、(3)伝染病にかかった貧困者を救済する、(4)街灯・街厠の位置を決める、(5)道路または市占有地の使用願を許否する、ただし用水路を除き一年以内、(6)学区会に議案および報告を出す、ただし市公債に関する事項を除く、(7)学区会の議決を執行すること、等も市長専決事項と決議された。

(55) 前掲、京都市役所編『京都市三大事業誌——第二琵琶湖疏水編』第四集、二〇～二八頁。

(56)『京都日出新聞』一九〇九年一一月一一日。

(57)「京都市会決議録」京都市第一二三号（一九〇九年一一月二五日）。

(58)『京都日出新聞』一九〇九年一一月一一日。

(59) 同前、一九〇九年一一月一二日～一六日。

(60) 同前、一九〇九年一二月二三日「四十二年中の京都市政史」（中）、一二月二四日同（下）。

(61) 同前、一九〇九年八月二六日、九月一七日。

(62) 同前、一九〇九年八月一日「道路拡築に関する建議」。この建議には、四条通の宮本町、御旅町《おたびちょう》、真町《しんちょう》、橋本町（現在の高島屋京都店の辺りから四条大橋の西側の辺りにかけて）の四カ町民数百人が連署していた。その内容は、(1)町民は四条通の拡張を機に「高層煉瓦及石造洋館」を一様に建築しようとして、日夜設計に熱中している、(2)しかし、市の道路拡張計画では四条通の北側のみを拡張地域としている、(3)それでは四条通の南側は旧来のままで残され改造の機会を失う、(4)そこで、四条通のこの四カ町を南北両側において同程度拡張しても、全線が甚だしく屈曲することはないので、そのように設計変更してほしい、というものであった。なお、鈴木栄樹氏は、一九一〇年に下京区四条通寺町西入ル奈良物町の居住者四四名と（同年二月付）、下京区祇園町南、北側三〇名からの（同年三月一二日付）、四条通の拡張に反対する請願を紹介している（「京都市の都市改造と道路拡築事業——烏丸通・四条通を例として」〔前掲、伊藤之雄編著『近代京都の改造』〕）。四条通の拡張問題から見る限り、道路拡張には賛否両論あったものの、家屋を持った市民はおおむね拡張によって町並みや都市交通が改造される良い機会であるととらえていたようである。なお、当時は借家人がその家屋を借り続ける権利である借家権は認められておらず、その獲得は第一次世界大戦後の無産運動の一つの目標となる。このような状況であるので、借家人の中には移転への表に出ない不満があった可能性がある。土地所有者や借家人が、立ち退きをめぐって利益を得ようとした運動として、一九一〇年二月に結成された「四条変更期成同盟会」の運動が紹介されている、この運動は、四条通の拡張に反対して他の通を拡張せよと主張しながら、土地の買収価格や建物の補償価格を引き上げようとしたものであったという（中川理『京都と近代——せめぎ合う都市空間の歴史』〔鹿島出版会、二〇一五年〕一三〇～一三五頁）。

(63)『京都日出新聞』一九〇九年八月二六日、九月一七日。
(64)同前、一九〇九年九月一八日「時事小言」。
(65)「京都市会議事録」一九〇九年九月二五日、市議の会派については、『京都日出新聞』一九〇九年七月一〇日「議員失格後の京都市会」。
(66)「調査部委員会報告書」一九〇九年一〇月八日（「京都市会議事録」所収）、『京都日出新聞』一九〇九年一〇月六日「道路拡築部長問題」。
(67)『京都日出新聞』一九〇九年一〇月六日「道路拡築部長問題」。
(68)「京都市会議事録」一九〇九年一〇月一二日。
(69)『京都日出新聞』一九〇九年一一月一〇日、一一日、一六日、一八日。
(70)同前、一九〇九年一一月一三日。
(71)同前。
(72)東京市の市区改正事業においても片側拡張を原則としつつも、両側が拡張された場所もあった（前掲、松山恵『江戸・東京の都市史』三〇〇、三〇一頁）。
(73)『京都日出新聞』一九〇九年一一月一一日、一六日。公共組合や衛生組合など京都市の自治組織については、京都市市政史編さん委員会編『京都市政史　第四巻　資料編市政の形成』（京都市、二〇〇三年）五七三～五八五頁。前掲、中川理『京都と近代』は、三大事業の土地買収や補償交渉において、当時は「公同組合長」が行政と住民の間の第三者機関として位置づけられており、仲介者としての役割を果たしたと推定している（一四〇～一四六頁）。
(74)『大阪朝日新聞』（京都付録）一九一〇年六月九日。
(75)「京都市会議事録」一九一〇年二月一八日。三大事業の影響を受ける借家人などの下層民が、立ち退き補償などについて、どのような要求を持っていたのか、また要求を掲げて活動したのか否かについては、史料上の制約で今のところわからない。しかし、これから約一〇年後の都市計画事業時と比べると、要求活動は弱いようである。同時期に実施された、東京の市区改正事業の土地買い上げや建物その他移転料の研究においても、借家人などに立ち退き補償がなされた形跡が見られない（松田恵「東京市区改正計画の具体化に関する一考察」〔中川理編『近代日本の空間編成史』思文閣出版、二〇一七年〕四九～五九頁）。なお、近代京都の下層民の実態については、小林丈広編著『都市下層の社会史』（解放出版社、二〇〇三年）がある。

(76) 「京都市会議事録」一九一〇年二月一八日。

(77) 『京都日出新聞』一九一〇年二月二〇日「市政界の近時」。

(78) 同前。

(79) 「京都市会議事録」一九一〇年二月一八日。

(80) 同前、一九一〇年二月一八日。『京都日出新聞』一九一〇年二月二〇日「市政界の近事」。

(81) 「京都市会議事録」一九一〇年二月二六日。

(82) 同前、一九一〇年二月二六日、三月八日、一〇日、一九日。

(83) 『京都日出新聞』一九一〇年四月三日。

(84) 『大阪朝日新聞』(京都付録) 一九一〇年六月九日。

(85) 『京都日出新聞』一九〇九年一月七日、九日。

(86) 同前、一九〇九年一月一二日「市会議長問題」、一三日「市会議長問題」。

(87) 「京都市会議事録」一九〇九年一月一六日。『京都日出新聞』一九〇九年一月一五日、一六日、一七日。

(88) 「京都市会議事録」一九〇九年三月三〇日。『京都日出新聞』一九〇九年三月三〇日、四月一日、三日。

(89) 「京都市会会議録」一九〇九年三月三一日。『京都日出新聞』一九〇九年五月六日。

(90) 『京都日出新聞』一九〇九年四月九日、五月二一日。

(91) 同前、一九〇九年四月九日。他に新しく至誠会内にできた同志倶楽部の石田音吉が野心を持っていた。同志倶楽部は同年五月下旬で三名の市議からなっていた(同前、四月九日、五月二一日)。

(92) 『京都日出新聞』一九〇九年五月六日。

(93) 同前、一九〇九年五月一二日、二一日、二三日。

(94) 同前、一九〇九年五月二五日、三〇日、三一日、六月一日、二日。

(95) 同前、一九〇九年五月三一日「自治制の将来」。

(96) 同前、一九〇九年七月一〇日。

(97) 同前、一九〇九年八月四日〜一四日「市会議員再選挙の結果」。

(98)「京都市会議事録」一九一〇年一月一八日。
(99)『京都日出新聞』一九〇九年一二月一二日「自治の堕落」。
(100)『大阪朝日新聞』（京都付録）一九一〇年六月二七日。
(101)『京都日出新聞』一九一〇年四月一一日（広告）。
(102)同前、一九一〇年四月二〇日「市会議長問題」。市会議長代理者の杉本善郎（同友会）は留任議員であるので、このまま代理者を務められるが、杉本が議長に選ばれると、代理者の選挙が行われる。
(103)『京都日出新聞』一九一〇年四月二五日「京都市会の暗流」。
(104)同前。
(105)「京都市会会議録」一九一〇年四月二七日、『京都日出新聞』一九一〇年四月二八日「京都市会」。
(106)『大阪朝日新聞』（京都付録）一九一〇年七月七日「議長専恣問題」。
(107)「京都市会会議録」一九一〇年七月二九日。維新後の行幸道については、伊藤之雄『京都の近代と天皇――御所をめぐる伝統と革新の都市空間　一八六八～一九五二』（千倉書房、二〇一〇年）四九～五九頁。
(108)『京都日出新聞』一九一〇年八月二六日「市政界の近時」。
(109)「京都市会議事録」一九一〇年七月五日、二九日。『京都日出新聞』一九一〇年七月一四日「道路拡築部の前途」。
(110)「京都市会議事録」一九一〇年七月二九日。『大阪朝日新聞』（京都付録）一九一〇年七月二二日「道路費調査会」、二六日「市会の委員会」。市会がなぜ道路拡築部を常に攻撃するのかは史料からはわからない。おそらく、道路拡張用地やそこに建っている建物の買収・補償をめぐって、所有者から依頼された市議が道路拡築部に少しでも高額になるよう仲介したにもかかわらず、その要求が拒絶された不満からであろう。事業の採算を取るためにはできる限り安く買収・補償をする必要がある。
中川理『京都と近代――せめぎ合う都市空間の歴史』（鹿島出版会、二〇一五年）によると、京都市は土地収用法を使いながら買収を進めた。「公共」事業のために土地が必要な場合、行政当局（京都市）が調査の上で買収価格を提示し、その後はいっさいの価格交渉には応じない。所有者が価格に不服であれば土地収用審査会（会長は地方長官であるので京都府知事）に訴え、その審議に従うことになっていた。最初に買収が始まった烏丸通を例に挙げると、対象者二八五名のうち一九一〇年一二月末までの半年間で二五七名（九〇％）が応諾した。翌年五月末の時点で九名が応諾を拒んでいたが、土地収用審査会が開かれて、一名を除き京都市の主張が認められた（一二八頁）。後述するように、三大事業では借家人に対し老舗料《しにせりょう》は払われなかった。また第一次世界大戦後の京都の都市計画事業では、公共性に訴えて土地を「地価」の七〇％という値で安く買収している（第七章第3節(3)、第十章第3節(4)）。東京市の市区改正事業でも、建物は建築資材としての費用しか賠償されず、借地の権利の賠償もなされなかった（前掲、松山恵『江戸・東京の都市史』三一五〜三一七頁）。

これらから、三大事業で収用された土地や建物の賠償価格は低く、借地の権利の賠償もされず、土地や建物の収用対象となった選挙区民の依頼を満足させられない市議の不満が高まったと考えることができる。

(111)『京都日出新聞』一九一〇年七月三一日「京都市政界の近事」、同一九一〇年八月二六日「市政界の近事」。『大阪朝日新聞』（京都付録）一九一〇年七月三〇日「京都市会」。

(112)『京都日出新聞』一九一〇年九月四日「市長改選問題」。

(113)同前、一九一〇年九月六日、八日「市長改選協議会」。『大阪朝日新聞』（京都付録）一九一〇年九月六日、八日。

(114)『京都日出新聞』一九一〇年九月一〇日、一四日。『大阪朝日新聞』（京都付録）一九一〇年九月一四日、一八日。

(115)『京都日出新聞』一九一〇年九月二二日「市長改選問題――某有力者の談話」。『大阪朝日新聞』（京都付録）一九一〇年九月二三日「謎の市長改選」（三）。

(116)『京都日出新聞』一九一〇年一〇月二日「市長改選問題――愈々西郷現市長再選」、三日、四日。『大阪朝日新聞』（京都付録）一九一〇年一〇月二日「市長問題経過」。前掲、「京都市会議事録」一九一〇年一〇月三日。

(117)『京都日出新聞』一九一〇年一〇月六日「西郷市長辞意堅し」。寺崎新策京都府技師が三大事業の進行に圧迫を加えたので、西郷市長と大森鍾一京都府知事との感情的対立が生じ、西郷が市長の再任を求めなかったという見方もある（『報知新聞』一九一〇年一〇月七日）。三大事業で京都市と京都府の対立が生じたのは事実であろうが、市会の強い支持があれば西郷は三大事業の完成も見ずに辞意を示すような弱気な行動はとらなかったはずである。

(118)『京都日出新聞』一九一〇年一〇月六日、八日、一九日。「京都市会議録」一九一〇年一〇月一八日。

(119)『大阪朝日新聞』（京都付録）一九一〇年一〇月二一日「市政団の将来」。

(120)「京都市会議事録」一九一一年一月一六日。

(121)同前、一九一一年六月一日。

(122)『京都日出新聞』一九一一年五月六日、二五日。

(123) 同前、一九一一年五月二五日「西郷市長辞任」。
(124) 同前、一九一一年六月二日。
(125) 『京都日出新聞』一九一一年六月五日。この他に記者は、西郷市長が信任していた前京都市視学松山鶴吉に知事の部下が圧迫を加え、辞任させたこと、道路拡張事業等で府がいったん設計を許可しながら、さらに種々の命令を下すなど、府の市への圧迫があったことを、西郷市長の辞任の原因だと、大森知事を批判した（同前）。なお、憲政本党系（大隈重信系）の『報知新聞』（一九一一年六月五日、七月一七日）は、京都市会の主導権を握る至誠会が三大事業に関与し、井上技術長を辞めさせ、西郷市長を辞任に追い込んだと、至誠会を批判する記事を掲載している。しかしこれまで述べてきた事実に照らし、それは正確ではない。
(126) 『京都日出新聞』一九一一年六月八日「時事問題演説会」。
(127) 同前、一九一一年六月一三日。
(128) 前掲、中川理『京都と近代』一五七～一七六頁。
(129) 『京都日出新聞』一九二八年一一月二八日朝刊。
(130) 京都市企画部『京都市政史』下巻（京都市、一九四〇年）六三三～六三九頁。

第四章　都市計画事業の思想と公共性

(1) 田中真人「日本最初の路面電車」（田中真人・宇田正・西藤二郎編『京都滋賀鉄道の歴史』京都新聞社、一九九八年）。京都市市政史編さん委員会編『京都市政史　第一巻　市政の形成』（京都市、二〇〇九年）二一一、二一二頁（伊藤之雄執筆）。
(2) 越沢明『東京の都市計画』（岩波新書、一九九一年）二一頁。
(3) 石田頼房『日本の近代都市計画の百年』（自治体研究社、一九八七年）一一四、一一六頁。
(4) 渡辺俊一『「都市計画」の誕生――国際比較からみた日本近代都市計画』（柏書房、一九九三年）一四七頁。
(5) 「㈠会務報告と新幹部」（「都市研究会総会の記」『都市公論』六巻六号、一九二三年六月）。内務官僚で一九一八年五月七日に都市計画課長に就任、都市計画法などの立案の中心となった池田宏の略年譜に、一九一七年一〇月に都市研究会理事を兼務した、と記載されている（池田宏遺稿集刊行会『池田宏都市論集』同会、一九四〇年）八二五頁。これまでの日本近代都市史研究では、都市研究会についてほとんど言及がない。前掲、越沢明『東京の都市計画』が最も注目しているが、通史という制約の中で、一三〜一五、二三〜二五頁で取り上げているにすぎない。

(6)『都市公論』二巻二号、一九一九年二月。

(7)同前、二巻七号、一九一九年七月。

(8)「(四)新幹部の陣容」(「都市研究会総会の記」『都市公論』六巻六号、一九二三年六月)。

(9)「都市計画と法制の必要」(『都市公論』二巻二号、一九一九年二月)、「六大都市の市長会議」(同前、二巻七号、一九一九年七月)。

(10)水野錬太郎「都市改良問題」(『都市公論』二巻二号、一九一九年二月)、吉村哲三「都市計画法の精神」(同前、二巻八号、一九一九年八月)、「都市計画助成の国策を樹てよ」(同前、二巻一二号、一九一九年一二月)、後藤新平「都市の改善と市民の覚悟」(同前、三巻一号、一九二〇年一月)。

(11)前掲、水野錬太郎「都市改良問題」。池田宏「都市の建築問題」、同「都市計画法と建築法」(『都市公論』二巻二号、一九一九年二月)。佐野利器「英国に於ける住宅問題」(同前、二巻七号、一九一九年七月)。関一「都市計画と財政観」(同前、二巻八号、一九一九年八月)、木村淳「亜米利加の都市の活動を見て」(同前、二巻一二号、一九一九年一二月)、池田宏「速に地域制を活現せよ」(同前、三巻二号、一九二〇年二月)。

(12)リスレー「都市の整理及拡築計画の趨勢」(其二)(『都市公論』二巻七号、一九一九年七月)。ロバート・エチ・モルトン述「市俄古《シカゴ》市の都市改良計画」(一)・(二)(同前、二巻一〇号・一一号、一九一九年一〇月・一一月)。ムーデー「都市計画の手引」(一)〜(五)、フォルウェル「都市工学家の為めに」(一)〜(五)(同前、三巻一号〜五号、一九二〇年一月〜五月)。

(13)前掲、水野錬太郎「都市改良問題」、前掲、池田宏「都市と建築問題」。後藤新平「親しく大阪を見て」(『都市公論』三巻二号、一九二〇年二月)。

(14)都市研究会「本会の決議文」一九一九年二月〔評議員会で議決し関係大臣に提出〕(『都市公論』二巻二号、一九一九年二月)。

(15)伊藤之雄「原敬の政党政治」(伊藤之雄編著『原敬と政党政治の確立』千倉書房、二〇一四年)一一九頁。伊藤之雄『原敬——外交と政治の理想』上・下巻(講談社、二〇一四年)。

(16)水野錬太郎「都市改良問題」・同「都市改良問題」(『都市公論』二巻二号・七号、一九一九年二月・七月)。長崎敏音「都市計画と市民の諒解」（同前、二巻一二号、一九一九年一二月）。
(17) 前掲、水野錬太郎「都市改良問題」。吉村哲三「都市計画法の精神」（『都市公論』二巻八号、一九一九年八月）。
(18) リスレー「都市の整理及拡築計画の趨勢」〔承前〕（『都市公論』二巻八号、一九一九年八月）、ロバート・エチ・モルトン述「市俄古の都市改良計画」（二）（同前、二巻一〇号、一九一九年一〇月）。
(19) 池田宏「都市計画法施行令に就て」（『都市公論』二巻一二号、一九一九年一二月）。
(20) 前掲、水野錬太郎「都市改良問題」。吉村恵吉「東京高速鉄道計画に就て」（『都市公論』二巻二号、一九一九年二月）。
(21) 木村淳「亜米利加の都市の活動を見て」（『都市公論』二巻一二号、一九一九年一二月）。他に同誌には、「紐育市の地下鉄道」（同前、三巻一一号、一九二〇年一一月）の記事もある。
(22) 池田宏「大大阪建設の基本計画」（『都市公論』三巻一号、一九二〇年一月）。
(23) その一年数カ月後の一九二一年三月になると、大阪府都市計画課長内山新之助（都市研究会特別会員）が、「高速交通機関の問題」を他の問題と順序を追って調査し計画して実行する運びになる、とようやく論じるようになった（内山新之助「大阪市と都市計画」『都市公論』四巻三号、一九二一年三月）。
(24) 前掲、水野錬太郎「都市改良問題」。前掲、池田宏「都市と建築問題」。
(25) 前掲、水野錬太郎「都市改良問題」、池田宏「都市と建築問題」、同「都市計画法と建築法」。笠原敏郎「都市改善と建築法」（『都市公論』二巻七号、一九一九年七月）。
(26) 前掲、水野錬太郎「都市改良問題」。都市研究会「住宅問題解決策の実行」（同前、二巻八号、一九一九年八月）。同「都市住宅政策と本会の決議」（同前、二巻九号、一九一九年九月）。
(27) 渡辺鉄蔵「我国大都市の改善の必要」（『都市公論』二巻二号、一九一九年二月）。
(28) 前掲、水野錬太郎「都市改良問題」、渡辺鉄蔵「我国大都市の改善の必要」、池田宏「都市計画法と建築法」、内田嘉吉「都市改良の急務」、関一「都市計画と財政観」（『都市公論』二巻八号、一九一九年八月）、後藤新平「都市の改善と市民の覚悟」、池田宏「大大阪建設の基本計画」（同前、三巻一号、一九二〇年一月）。池田宏「都市計画事業と財源」（同前、三巻三号、一九二〇年三月）。
(29) 同前。
(30) 「衛生改良に対する国庫補助政策の確立」〔雑報〕（『都市公論』三巻一号、一九二〇年一月）。

(31)前掲、水野錬太郎「都市改良問題」。
(32)前掲、池田宏「都市計画法と建築法」。
(33)前掲、水野錬太郎「都市改良問題」、池田宏「都市計画法と建築法」(『都市公論』二巻一二号、一九一九年一二月)。
(34)「都市に於ける水辺散歩道路保存の必要」(雑報)(『都市公論』二巻一二号、一九一九年一二月)。
(35)「会報」(『都市公論』二巻八号、一九一九年八月)。
(36)「会報」(『都市公論』三巻一号、一九二〇年一月)。筆者(伊藤)が特別会員の名簿から京都市関係者を選び出した。
(37)「会報」(『都市公論』三巻八号、一九二〇年八月)。「会報」(同前、四巻一〇号、一九二一年一〇月)。「都市計画講習員名簿」(同前、四巻一一号、一九二一年一一月)。「〔講習生〕名簿」(同前、五巻四号、一九二二年四月)。重永潜については、秋元せき「重永潜と粟野秀穂」(コラム)(小林丈広編著『京都における歴史学の誕生――日本史研究の創造者たち』(ミネルヴァ書房、二〇一四年)所収)参照のこと。重永の卒業論文は「都市計画の研究」。
(38)小橋一太「六大都市に望む」(『都市公論』二巻一一号、一九一九年一一月)。
(39)〔山田博愛〕「京都の街路計画」(雑報)(『都市公論』三巻二号、一九二〇年二月)。執筆者が山田博愛であることは、「山田」の名から筆者(伊藤)が推定した。

第五章　「大京都」を目指す都市計画事業計画

(1)佐野方郁「京都市の都市改造事業と外債」(伊藤之雄編著『近代京都の改造――都市経営の起源　一八五〇〜一九一八年』ミネルヴァ書房、二〇〇六年)。
(2)「京都市会会議録」一九一七年(上)②(「京都市永年保存文書」京都市会事務局図書室所蔵)。
(3)松下孝昭「京都市の都市構造の変動と地域社会」(前掲、伊藤之雄編著『近代京都の改造』所収)。
(4)「京都市会会議録」一九一八年(上)①。
(5)同前。市長派・非市長派の区別は、『京都日出新聞』一九一七年五月二五日。
(6)京都市市政史編さん委員会編『京都市政史　第一巻　市政の形成』(京都市、二〇〇九年)四七四頁(伊藤之雄執筆)。
(7)「京都市会会議録」一九一八年(上)①。
(8)同前②。

(9) 同前②。
(10) 田中真人「京都電気鉄道の『栄光』」（前掲、伊藤之雄編著『近代京都の改造』）。
(11) 前掲、京都市市政史編さん委員会編『京都市市政史　第一巻　市政の形成』、三四五、三四六頁（松下孝昭執筆）。『京都日出新聞』一九一九年一月二五日。
(12)『京都日出新聞』一九一八年五月二日、水野内相談「都市計画研究」。
(13) 同前。
(14) 同前、一九一八年六月二〇日、二三日。
(15)「京都市会会議録」一九一八年七月二日。
(16) 同前。
(17)『京都日出新聞』一九一八年七月五日。
(18) 同前、一九一八年九月二八日。
(19) 同前、一九一八年一〇月二〇日、二九日。
(20) 同前、一九一八年一二月七日夕刊（一二月六日夕方発行）。
(21) 前掲、京都市市政史編さん委員会編『京都市市政史　第一巻　市政の形成』、三七三、三七四、四七六頁（奈良岡聡智、伊藤之雄執筆）。
(22)「京都市会会議録」一九一九年一月三〇日、『京都日出新聞』一九一八年九月七日。
(23)『京都日出新聞』一九一九年二月八日。
(24) 同前、一九一八年三月六日。
(25) 同前、一九一八年六月二七日。
(26) 同前、一九一八年一二月二六日。
(27)「京都市会会議録」一九二〇年二月五日。
(28)『京都日出新聞』一九一九年二月二日、三日。
(29) 同前、一九一九年二月八日。
(30) 同前。

(31) 渡辺俊一『「都市計画」の誕生――国際比較からみた日本近代都市計画』(柏書房、一九九三年)一七〇～一七二頁。
(32)『京都日出新聞』一九一九年二月八日。「京都市会会議録」一九一九年三月一七日、一八日、一九日。
(33)「京都市会会議録」一九二〇年二月五日。
(34) 同前、一九一九年七月四日。「京都市電気軌道軌隔拡張費内訳参考書」、安藤謙介市長の発言。
(35) 同前、一九一九年七月四日。新聞でも寺町線か河原町線を拡張するかが話題になり、五条以南は新寺町道路を拡張するとされた(『京都日出新聞』一九一九年七月一一日)。
(36)「京都市会会議録」一九一九年七月四日。
(37) 同前、一九一九年七月一一日。
(38) 同前、一九一九年八月一日。
(39) 同前、一九一九年八月二二日。
(40)『京都日出新聞』一九一九年七月一一日。
(41) 同前、一九一九年七月二二日、八月二六日。
(42) 同前、一九一九年八月二六日。
(43)『大阪朝日新聞』(京都付録)一九一九年一〇月三日。原文の「重見・岡田両書記」は、「重永・岡田両主事補」の誤りと推定。
(44)『京都日出新聞』一九一九年一〇月三日、八日。
(45) 同前、一九一九年一〇月八日。三大事業を担った市の幹部については、表3-1参照。
(46)「京都市役所内の紛争に就て」(社説)(『京都日出新聞』一九一九年一〇月七日)。
(47)『京都日出新聞』一九一九年一〇月九日。
(48) 同前、一九一九年一〇月三一日。
(49) 同前、一九一九年一一月二一日、二三日。
(50) 同前、一九二〇年七月八日夕刊(七月七日夕方発行)、一二月二〇日夕刊(一二月一九日夕方発行)。
(51) 同前、一九二〇年七月八日夕刊、一二月一七日夕刊(一二月一六日夕方発行)。
(52) 同前、一九一九年一二月二〇日。
(53)「京都市会会議録」一九一九年一二月二二日、安藤謙介市長発言。

第六章　戦後不況と都市計画事業反対運動

（1）『京都日出新聞』一九一九年一二月二〇日夕刊（一二月一九日夕方発行）、一二月二〇日。「改まらんとする京都」（『大阪朝日新聞』〔京都付録〕一九一九年一二月二〇日）も、「二千五百四十万円の巨資を投じて、大小十四の路線を作り、京都の天地に新動脈を与ふると共に、昔ながらの優美さは傷つけまいとする計画である」と好意的に報じた。すでに京都市が一九一八年四月に周辺町村を編入する前に「大京都市の建設」など、「大京都」の用語が使用されていた（『大阪朝日新聞』〔京都付録〕一九一八年三月八日、四月一日）。本書冒頭の序章で述べたように、一九一八年以降二〇年代にかけて「大」や「グレイト」が日本の都市名に関して本格的に使われるようになる。この京都での本格的な始まりは、市区改正案の公表の頃からである。

（2）「都市権限拡張の必要」『京都日出新聞』一九一九年一二月二〇日。

（3）「大京都改造観――更に南方に発展を要す」『京都日出新聞』一九一九年一二月二四日。永田兵三郎工務課長は、一二月一九日に新聞記者を前に、京都市区改正案について説明している。その中で、「現在人家稠密の場所、即ち丸太町以南伏見に至る迄を商業地域となし」、「四条以南、七条以西朱雀野《すざくの》・大内・壬生等を工業地域となし、淀川以南巨椋池《おぐらいけ》を中心とせる付近を特殊工業地となし、危険物不衛生等の会社工場を建設せしむべき方針なり」と、市街地の南部や、西方、さらに南方への開発を視野に入れている。大阪との関係についても、交通機関の完備により約三〇分の距離となるので、大阪が「住宅難、不衛生地」の関係上、京都市に住居を定める人々が多くなり、京都市はなお一層の人口が増加するだろう、と論じた（『京都日出新聞』一九一九年一二月二〇日）。

（4）『京都日出新聞』一九一九年一二月二〇日。

（5）同前。

（6）同前、一九一九年一二月二一日。原文の「宮川主事補」は、「宮川技師」の誤りと推定。

（7）同前、一九一九年一二月二三日。

（8）京都市長安藤謙介宛内田誠治ら一〇名連署（陳情者一七七名）「高瀬川保存ノ請願書」一九二〇年一月一九日（「陳情ニ関スル重要書類」〔一九二〇年度～一九二九年度〕所収、「京都市永年保存文書」マイクロフィルム）。

（9）『京都日出新聞』一九一九年一二月二一日。

（10）同前。

(11)『京都日出新聞』一九一九年一二月一二日。
(12)『大阪朝日新聞』(京都付録)一九一九年一二月一一日。
(13)『京都日出新聞』一九一九年一二月二八日。
(14)同前、一九一九年一二月二三日夕刊(二二日夕方発行)。
(15)同前、一九一九年一二月二三日、二四日夕刊(二三日夕方発行)。
(16)同前。
(17)都市計画京都地方委員会「都市計画ニ関スル請願並ニ意見書」(一九二一年六月)一九頁(「浜岡(泰)家文書」六七九四―六―一、京都市歴史資料館架蔵写真写真帳No.km158)。
(18)清水晋之助『京都名所図会』(笹田弥兵衛、一八九五年)一八、一九頁。京都市編『新撰京都名勝誌』(京都市役所、一九一五年)二三〇、二三一頁。
(19)内務省で都市計画事業に関わってきた飯沼一省(内務事務官)は、一九一九年に公布された都市計画法第十条の「風致地区」の規定は「名勝地」であることが必要ではなく、都市の内外の「自然美を維持」して破壊しないようにするためのものと見ることができる、とする。田園都市論も、歴史的景観の重要さに注目していない。イギリスの田園都市論の老大家のレサビーは、文明の唯一の最高の目的は美しい都市を造りその中に美しく生活することである、と言っているという(飯沼一省『都市計画の理論と法制』(良書普及会、一九二七年)六~六五頁、二八二~二八四頁)。すなわち、一九二〇年代になっても、歴史的景観(歴史的「風致」)という概念はまだ十分に形成されておらず、一九一九年一二月に、河原町線沿線の下層民の生活問題と対抗する形で、木屋町通と高瀬川保存が歴史的景観の脈絡の中で提起されたのは、きわめて新しい。
(20)京都府『京都名所』(同、一九二八年)一二〇、一二二頁。京都市『京都名勝誌』(同、一九二八年)三一八~三二〇頁。
(21)京都市区改正委員会「京都市区改正委員会議事速記録」(京都市歴史資料館架蔵写真帳No.館73)一一~八頁。
(22)同前、一四~一七頁。
(23)同前、一七~三二頁。永田工務課長の答弁によると、原案に対し、木屋町線なら約六〇万円安くなり、寺町線なら約七〇万円高くなるという(同前、三〇頁)。
(24)前掲、京都市区改正委員会「京都市区改正委員会議事速記録」一七~二一、二九頁。
(25)同前、二一~二五、二六、三一、四〇~四六頁。

(26) 同前、五〇〜五二頁。
(27) 『京都日出新聞』一九一九年一二月二八日。
(28) 前掲、「京都市区改正委員会議事速記録」五三〜五六頁。
(29) 同前、五六〜五八頁。
(30) 同前、五六〜六五頁。
(31) 『京都日出新聞』一九一九年一二月二六日夕刊（二五日夕方発行）、二八日夕刊（二七日夕方発行）。
(32) 同前、一九一九年一二月二八日夕刊（二七日夕方発行）。
(33) 同前。
(34) 同前、一九一九年一二月二六日。
(35) 同前、一九一九年一二月二九日。

第七章　歴史的景観問題の本格的登場と公共性

(1) 『官報』一九一九年四月五日。
(2) たとえば、都市計画事業中の下水道事業では、事業費の四分の一の受益者負担金を求めた（「都市計画下水道事業継続費ニ対スル受益者負担金調」『市行政・四〜七　地方課』一九三五年、所収、「京都府庁文書」、京都府立総合資料館所蔵）。
(3) 「勅令第五号、東京市区改正土地建物処分規則」（一八八九年一月二八日公布）の第一条。なお、東京市区改正条例（一八八九年一月一日施行）では、「市区改正に係る土地建物処分方法は別に之を定む」とある（「勅令第六十二号、東京市区改正条例」第十五条）。
(4) 「京都市都市計画ノ経過」（「浜岡（泰）家文書」六七九二―一、京都市歴史資料館架蔵写真帳No.km158）。
(5) 『京都日出新聞』一九二〇年一月一日。
(6) 同前。
(7) 同前、一九二〇年一月八日。
(8) 同前、一九二〇年一月一七日、二一日。内田誠次ら一七八名の「高瀬川保存ニ関スル陳情書」一九二〇年一月二〇日（「陳情ニ関スル重要書類」〔一九二〇年度〜一九二六年度〕所収、「京都市永年保存文書」マイクロフィルム）。この三年前、一九一七年一月二四日に高瀬船組合代表者の高島源助が、一之船入《いちのふないり》（第一入江）の無償下付を出願し、埋立工事を行おうとした。これに反発し、遅くとも同年三月二三日までに、高瀬川保存期成同盟会が作られた。高瀬川保存期成同盟会は、一之船入が埋立てられたなら、「外観上の風致は全然損傷せらる丶」のみならず、「歴史的事業の面影は全く消失して」しまう、等と景観と歴史的事業の面影が重要であると主張した（京都府知事宛「願書」一九一七年一月二四日、京都市長宛「御願」一九一七年三月二三日、「高瀬川旧船入場一件」（一九三四年度）所収、「京都市永年保存文書」マイクロフィルム）。

（9）「京都市会会議録」一九二〇年一月一二日（一九二〇年度上、「京都市永年保存文書」京都市会事務局図書室所蔵）。

（10）『京都日出新聞』一九二〇年一月二〇日。

（11）前掲、「京都市都市計画ノ経過」。

（12）『京都日出新聞』一九二〇年一月二五日夕刊（二四日夕方発行）、二七日。

（13）同前、一九二〇年一月二九日夕刊（二八日夕方発行）。

（14）同前、一九二〇年二月三日夕刊（二日夕方発行）、二月三日。京都市民大会「宣言」（一九二〇年二月二日）（都市計画京都地方委員会「都市計画ニ関スル請願書並ニ意見書写」（一九二一年六月）「浜岡（泰）文書」六七九四―六―一）。

（15）高瀬川保存期成同盟会幹部とは、一九二〇年一月一九日付の一七七名の「高瀬川保存ノ請願書」（前掲、「陳情ニ関スル重要書類」一九二〇年度～一九二九年度）を安藤京都市長に提出するため、二月六日付で特に連署した一〇人のメンバーのこと。住所や職業は、前記の請願書と一九二〇年一月二〇日付の「高瀬川保存ニ関スル陳情書」（前掲、「陳情ニ関スル重要書類」（一九二〇年度～一九二六年度）所収）の署名一七八名中に記載のもの。高瀬川保存期成同盟会関係者とは、一月二〇日付の陳情書に署名した一七八名の者。職業に関しては、交詢社『日本紳士録』（一九二五年）（『明治・大正・昭和京都人名録』（日本図書センター、一九八九年）所収）も参考にした。

（16）『京都日出新聞』一九二〇年二月三日。

（17）木屋町住民旅館其他有志総代「意見書」一九二〇年二月九日（前掲、「陳情ニ関スル重要書類」（一九二〇年度～一九二六年度）所収）。

（18）「京都市会会議録」一九二〇年二月五日（一九二〇年度上）。

（19）同前。

（20）同前。

(21) 同前。
(22) 京都市長安藤謙介宛内田誠次ら一〇名連署（陳情者一七七名）「高瀬川保存ノ請願書」一九二〇年二月六日（「陳情ニ関スル重要書類」〔一九二〇年度～一九二九年度〕所収、「京都市永年保存文書」マイクロフィルム）。
(23) 『京都日出新聞』一九二〇年二月七日。
(24) 同前。
(25) 同前、一九二〇年二月八日。
(26) 同前、一九二〇年二月九日。
(27) 同前。
(28) 同前。
(29) 同前、一九二〇年二月一〇日。京都市市政史編さん委員会『京都市政史　第一巻　市政の形成』（京都市、二〇〇九年）三四五頁（松下孝昭執筆）。
(30) 『京都日出新聞』一九二〇年二月一四日。もっともこの記事の執筆者は、高瀬川保存期成同盟会・西園寺別邸と今出川通に対する田中町民、浄土寺の路線の修正を原案に復活すべきという人々の運動に対し、その目的に「大磐石の如き一定不動の熱と理由があるかに就ては尚首肯《しゅこう》し難い点がある」（同前）と、運動の理念と公共性について留保している。
(31) 『京都日出新聞』一九二〇年二月一五日。『京都日出新聞』に先立ち、『大阪朝日新聞』（京都付録）は、「高瀬川の烽火」と木屋町線への変更反対運動を大きく報じ、「変更論者の論旨薄弱」と変更反対派の主張を取り上げた（一九二〇年二月二日）。また木屋町線への変更を主導した委員たちを批判し、「市民は都市百年の大計に立脚して情実委員の跋扈を抑制し、一方都市計画を理想に近づけざるべからず」と論じた（二月一〇日）。
(32) 『京都日出新聞』一九二〇年二月一五日。高瀬川保存期成同盟会の刺激を受け、市内田中町民（西園寺公別邸を避けて道を屈曲させることに反対）・浄土寺町民（修正案反対）・下鴨町民（第六号線〔現・下鴨本通〕の路線修正要求）などの運動が起きた（『京都日出新聞』一九二〇年二月一七日夕刊〔一六日夕方発行〕）。このうち、以下で述べるように下鴨町民の運動も、都市改造事業に関し、歴史的景観の問題が登場した点で新しい（本第2節（6））。
(33) 『京都日出新聞』一九二〇年二月一七日。
(34) 同前、一九二〇年二月一九日。

(35)『大阪朝日新聞』(京都付録)一九二〇年二月一一日。
(36)『京都日出新聞』一九二〇年二月一三日夕刊(一二日夕方発行)。
(37)高田繁太郎他二四六七名「請願書」一九二〇年二月二六日(都市計画京都地方委員会「都市計画ニ関スル請願書並ニ意見書写」〔一九二一年六月〕、「浜岡(泰)家文書」六七九四―六―一、京都市歴史資料館架蔵写真帳No.km158)。
(38)『京都日出新聞』一九二〇年三月二日。
(39)同前、一九二〇年二月一〇日、一八日、二〇日、三月一一日。
(40)京都市有志者三千弐百名「上申書」一九二〇年三月一三日(「陳情ニ関スル重要書類」〔一九二〇年度～一九二六年度〕所収、「京都市永年保存文書」マイクロフィルム)。
(41)同前。
(42)「木屋町線及河原町線犠牲調査」(「浜岡(泰)家文書」六七九四―五)。河原町線派も、立ち退き戸数を河原町線六四七戸、木屋町線五一四戸と差が一三三戸しかないように主張した。これは住宅・納屋を問わず計上したからのようである(同前)。
(43)「京都市会会議録」一九二〇年三月一七日(一九二〇年度上)。
(44)同前。この他、四号線が熊野神社前より岡崎神社前に達し、黒谷ならびに真如堂の西麓に沿って左に曲がることになっていたのを、西の方に偏しているとして東にずらした。この結果、確定路線の左折点(岡崎天王町四六番地の三)を経て、東へ鹿ヶ谷宮ノ前町七四番地の一の住友邸前に至って左折して、北白川久保田町七番地付近に達してさらに左折し、吉田山北端において確定路線に連絡させることにした。また、六号線は五号線の延長と考え、六号線を下鴨宮河町一番地において旧葵橋(現・出町橋)を渡り、河原町今出川上ル二丁目後藤町一八二番地付近において左折し、出町今出川上る青龍町二三四番地付近において確定路線に連絡させる、という修正を提案した。
(45)「京都市会会議録」一九二〇年三月一七日(一九二〇年度上)。
(46)同前。
(47)『京都日出新聞』一九二〇年五月七日、一二日、一三日。
(48)同前、一九二〇年二月二日夕刊(一日夕方発行)、二〇日、二四日夕刊(二三日夕方発行)、二五日。
(49)同前、一九二〇年五月二八日、六月五日。
(50)同前、一九二〇年六月一一日夕刊(一〇日夕方発行)、一一日、一七日夕刊(一六日夕方発行)。この後、六月二一日の市

会に安藤市長は、後任下級助役として水入善三郎（市庶務課長）を推薦し、満場一致で可決され、同日付で馬淵京都府知事から認可された（同前、一九二〇年六月二三日夕刊〔二二日夕方発行〕、二四日夕刊〔二三日夕方発行〕、「京都市会会議録」一九二〇年六月二一日〔一九二〇年度下〕）。
(51) 『京都日出新聞』一九二〇年六月七日。
(52) 「京都市会会議録」一九二〇年六月二一日（一九二〇年度下）。
(53) 「京都市都市計画設計変更に関する意見書」一九二〇年六月二一日（「京都市会会議録」一九二〇年度下、所収）。
(54) 「京都市会会議録」一九二〇年六月二一日（一九二〇年度下）。
(55) 同前（井林清兵衛市議の発言）。
(56) 「京都市会会議録」一九二〇年六月二一日（一九二〇年度下）。
(57) 「京都市区改正委員会議事速記録」（一九二一年一二月二五日）、『京都日出新聞』一九二〇年七月二日、七月三日夕刊（二日夕方発行）。前掲、「京都市都市計画ノ経過」。
(58) 『京都日出新聞』一九二〇年七月三日。
(59) 同前、一九二〇年二月一七日夕刊（一六日夕方発行）。
(60) 京都市下鴨町民代表者「下鴨線再調査請願」（前掲、「陳情ニ関スル重要書類」〔一九二〇年度～一九二九年度〕所収）。
(61) 『京都日出新聞』一九二〇年七月三日。
(62) 同前、一九二〇年七月四日夕刊（三日発行）。
(63) 同前、一九二〇年八月一〇日。
(64) 同前、一九二〇年九月一五日。
(65) 同前。
(66) 「都市膨張も又無限苦」（社説）（『京都日出新聞』一九二〇年七月四日）。
(67) 市財務課〔主税係長〕桐村〔早太郎〕「技術計画と財政計画の調和」（『京都日出新聞』一九二〇年八月一一日）。桐村の名前と地位は、「市政機関の更改」（『京都日出新聞』一九二〇年七月八日）による。
(68) 前掲、京都市市政史編さん委員会編『京都市政史　第一巻　市政の形成』五〇〇、五〇一頁（伊藤之雄執筆）、『京都日出新聞』一九二〇年九月三日。

(69)堀川保存期成同盟会代表林駒次郎他「陳情書」一九二〇年七月一二日、八月一一日(京都市役所収受)(「陳情ニ関スル重要書類」〔一九二〇年度～一九二六年度〕所収、「京都市永年保存文書」マイクロフィルム)。『京都日出新聞』一九二〇年九月一二日、『大阪朝日新聞』(京都付録)一九二〇年八月一一日、九月一二日。

(70)『京都日出新聞』一九二〇年九月一〇日。

(71)「京都市区改正委員会ノ決議尊重ニ関スル陳情書」(前掲、「陳情ニ関スル重要書類」〔一九二〇年度～一九二六年度〕所収)。『京都日出新聞』一九二〇年九月二五日。

(72)『京都日出新聞』一九二三年四月三日。

(73)同前、一九二〇年一〇月六日。

(74)「京都市区改正委員会決議尊重ニ関スル意見書」一九二〇年一〇月五日(前掲、「陳情ニ関スル重要書類」〔一九二〇年～一九二六年度〕所収)。

(75)『京都日出新聞』一九二〇年一一月一〇日。『大阪朝日新聞』(京都付録)一九二〇年一一月一〇日。

(76)「市区改正修正案ニ対スル陳情書」一九二〇年一一月一一日(前掲、「陳情ニ関スル重要書類」〔一九二〇年度～一九二六年度〕所収)。

(77)伊藤豊之助他「意見書」(一九二〇年一一月)(都市計画京都地方委員会「都市計画ニ関スル請願書並ニ意見書」〔一九二一年六月〕)、「浜岡(泰)家文書」六九七四―六―一)。

(78)『大阪朝日新聞』(京都付録)一九二〇年一一月一〇日。

(79)『京都日出新聞』一九二〇年一一月一三日夕刊(一二日夕方発行)。

(80)『〔第一回〕都市計画京都地方委員会議事速記録』一九二〇年一一月一二日(京都市歴史資料館架蔵写真帳No.館73)。

(81)『京都日出新聞』一九二〇年一〇月一三日。

(82)同前、一九二〇年一〇月一五日夕刊(一四日夕方発行)。

(83)前掲、京都市市政史編さん委員会編『京都市政史　第一巻　市政の形成』三四七頁(松下孝昭執筆)。

(84)『京都日出新聞』一九二〇年一〇月一五日。

(85)同前。

(86)同前、一九二〇年一〇月一六日。

(87) 同前、一九二〇年一〇月一七日夕刊（一六日夕方発行）。
(88) 同前、一九二〇年一〇月一七日。
(89) 同前、一九二〇年一〇月二〇日、二三日。
(90) 同前、一九二〇年一〇月二七日夕刊（二六日夕方発行）、三〇日夕刊（二九日夕方発行）。
(91) 同前、一九二〇年一一月一一日夕刊（一〇日夕方発行）、一四日夕刊（一三日夕方発行）、一二月五日夕刊（四日夕方発行）。
(92) 前掲、京都市市政史編さん委員会編『京都市政史　第一巻　市政の形成』三四八頁（松下孝昭執筆）。
(93) 『京都日出新聞』一九二〇年一一月一五日、一六日。
(94) 同前、一九二〇年一一月二一日。
(95) 本章では平常時の都市改造事業を検討したが、一九二五年（大正一四）五月二三日の北但震災の復興をめぐって、豊岡町（現・豊岡市）当局は、震災への義捐金《ぎえんきん》を主に道路の拡張、公営住宅・「シビックセンター」・町役場の建築費など、公共事業に使用しようとした。しかし、被災した住民のうちで、下層民を中心に罹災民会《りさいみんかい》が、また小商店主などにより復興同盟会がつくられ、いずれも義捐金を公共事業にあてるよりも個人分配を増やすことを要求した。なかでも下層民を中心とした罹災民会は、公共事業を不要だとした。結局、義捐金の下層民個人への分配額は多くなったが、義捐金の三分の二は公共事業等に使われ、義捐金を原則的に公共事業に多く使う、という原則は維持された（伊藤之雄『大正デモクラシーと政党政治』山川出版社、一九八七年、三四三〜三五四頁）。

現在、この北但震災後に拡張された道路が、豊岡市街地の道路網の核になっており、第二次世界大戦後のモータリゼーションにも対応している。未来にまで責任を持って震災復興をどのように行うかをめぐり、個別利害をどのように抑え、また尊重すべきか、北但震災復興の事例は参考となる。

第八章　市長不在下の市幹部技術職員の事業計画推進

(1) 『京都日出新聞』一九二一年二月四日。
(2) 同前、一九二一年二月六日夕刊（二月五日夕方発行）。
(3) 同前、一九二一年一月二〇日。

（4）「第三回京都市区改正委員会決議尊重ニ関スル陳情書」（「陳情ニ関スル重要書類」一九二〇～一九二六年度、「京都市永年保存文書」マイクロフィルム）。
（5）田中清志（京都市役所内）『京都都市計画概要』（京都市役所、一九四四年）二七頁。
（6）『京都日出新聞』一九二二年二月六日夕刊（二月五日夕方発行）。
（7）同前。
（8）同前、一九二二年三月一日夕刊（二月二八日夕方発行）。
（9）同前、一九二二年三月八日。
（10）同前。
（11）同前、一九二二年四月一五日、二二日。
（12）同前、一九二二年四月二七日夕刊（四月二六日夕方発行）、二九日。
（13）同前、一九二二年四月二七日夕刊（四月二六日夕方発行）。
（14）同前。
（15）同前。
（16）同前、一九二二年六月一四日。最終的に京都都市計画区域は、第三回都市計画京都地方委員会で、市の中心から半径六マイルの圏内に含まれる一市三町二七カ村の全部および一町五カ村の一部にわたる区域と決定し、一九二二年八月二日に内閣の認可を得た（第十章第4節）。
（17）京都市「都市計画京都地方委員会経過概要」（一九二二年七月八日）（京都市歴史資料館架蔵写真帳No.館73）二～六頁。
（18）『京都日出新聞』一九二二年六月一二日夕刊（六月一一日夕方発行）。
（19）『大阪朝日新聞』（京都付録）一九二二年七月八日。
（20）同前、一九二二年七月七日。
（21）「第二回都市計画京都地方委員会議事速記録」（一九二二年七月八日）（京都市歴史資料館架蔵写真帳No.館73）八～九頁。
（22）前掲、「都市計画京都地方委員会経過概要」（一九二二年七月八日）一三～一三頁。
（23）前掲、「第二回都市計画京都地方委員会議事速記録」（一九二二年七月八日）一五頁。
（24）同前、一五、一六頁。

(25) 同前、六〇、六一頁。
(26) 同前、一七、一八頁。
(27) 同前、一七頁。なお、一五号線の市電（旧京電）を狭軌から広軌にする計画は、一九二六年九月一日にこの線を廃止（八月六日より休止）し、八月七日に広軌線として、東山三条から東へ三条通りに市電を走らせる形に修正されて、実施された。
(28) 『京都日出新聞』一九二一年七月九日夕刊（七月八日夕方発行）。市議の職業・所属政派・新選か再選かについては、『京都日出新聞』一九二一年五月二五日「新選市会議員一覧」による。以下も同様。再選市議の木屋町線への賛成・反対については、本書第七章参照。
(29) 前掲、「第二回都市計画京都地方委員会議事速記録」（一九二一年七月八日）九〜一一、二七〜二九頁。
(30) 同前、二〇〜二三、二九〜三一、三八頁。
(31) 同前、四九、五〇頁。
(32) 同前、六九、七〇頁。
(33) 同前、七一、七二頁。
(34) 同前、七四〜八五頁。
(35) 同前、八七〜九一頁。
(36) 同前、九一〜九九頁。
(37) 同前、五〇〜六九頁。
(38) 『京都日出新聞』一九二一年五月一八日。
(39) 『大阪朝日新聞』（京都付録）一九二一年五月一七日、二〇日、二三日。木屋町線拡張支持か、河原町線拡張または寺町線拡張支持かについては、第七章参照のこと。
(40) 『大阪朝日新聞』（京都付録）一九二一年五月一〇日、一二日、一五日、一七日、二四日。
(41) 同前、一九二一年五月一三日、一五日、一六日、一九日、二五日。
(42) 『京都日出新聞』一九二一年五月二五日。
(43) 同前、一九二一年五月二六日夕刊（五月二五日夕方発行）。
(44) 同前、一九二一年五月二五日、二七日。

(45)『京都日出新聞』一九二一年五月二五日、六月六日夕刊(五日夕方発行)、七日、八日、一一日、一五日夕刊(一四日夕方発行)。
(46)京都市政史編さん委員会編『京都市政史』第一巻(京都市、二〇〇九年)三四八頁(松下孝昭執筆部分)、「京都市会会議録」一九二一年七月二日(「京都市永年保存文書」京都市会事務局図書室所蔵)。
(47)『京都日出新聞』一九二一年七月二七日夕刊(七月二六日夕方発行)。馬淵府知事は市会で市長の第一候補に選出され、市長に事実上決定してから数日経った頃、市長の抱負として、電燈統一による電力供給の増大をまず挙げた。都市計画事業については、それに次いで、「やりさへすれば既に出来上がつたといつてい、」と抽象的に述べたにすぎない(『大阪朝日新聞』〔京都付録〕一九二一年七月九日)。馬淵は知事として京都の都市計画事業の状況は理解していたが、当初から、木屋町線と河原町線・寺町線の争いや、事業を積極的にするのか漸進的に進めるのかなど、市内の政争に巻き込まれるのを避け、市内の動向が定まるのを待つ姿勢であったのだろう。
(48)「京都市会会議録」一九二一年七月二七日。
(49)『京都日出新聞』一九二一年七月一〇日。
(50)同前、一九二一年七月一五日。

第九章　市民・市議と市幹部技術職員による公共性の決定

(1)「京都市会会議録」一九二一年八月五日(「京都市永年保存文書」京都市会事務局図書室所蔵)。
(2)同前。
(3)同前、一九二一年九月一七日。
(4)同前。
(5)同前。
(6)同前。
(7)「第二回都市計画京都地方委員会議事速記録」(一九二一年七月八日)(京都市歴史資料館架蔵写真帳№館73)三一～三二、四五～四六頁。
(8)前掲、「京都市会会議録」一九二一年九月一七日。
(9)同前。

(10) 同前。
(11) 『京都日出新聞』一九二一年一〇月二日。
(12) 同前、一九二一年一〇月一四日。
(13) 同前。
(14) 同前。
(15) 馬淵鋭太郎京都市長宛杉本重太郎木屋町線期成同盟会委員長の「大正八年法律第四十四号ニ拠リ高瀬川ヲ史蹟名勝地ニ指定セラレント京都市会上申意見ニ対シ反対意見陳情書」一九二一年九月二四日（「陳情ニ関スル重要書類」一九二〇～一九二六年度「京都市永年保存文書」）。
(16) 「鴨川と高瀬川」（京都市編『京都の歴史4　桃山の開花』〔学芸書林、一九六九年〕五四五～五四九頁）。
(17) 同前、五五二頁。
(18) 馬淵鋭太郎京都市長宛杉本重太郎木屋町線期成同盟会委員長「高瀬川史蹟名勝保存指定上申ニ対スル反対意見再度陳情書」一九二一年一〇月七日（市役所では一〇月八日に収受）（前掲、「陳情ニ関スル重要書類」一九二〇～一九二六年度）。
(19) 『大阪朝日新聞』（京都付録）一九二一年九月一八日。九月一七日の意見書は、本第1節（2）で述べたように、四名の市議を提出者とし、二四名の市議の賛成を得ていた（合計三〇名）。しかし、同前の「京都付録」は、市議一七名の提出者により提出されたと、賛成市議の数をかなり少なく報じている。
(20) 『大阪朝日新聞』（京都付録）一九二一年九月二〇日、一〇月一六日。
(21) 同前、一九二一年九月二九日。もっとも高瀬川の「史蹟保存は絶対的」と、高瀬川保存論者の主張も紹介はしている（同前、一九二一年九月二九日、三〇日、「高瀬川研究の一発見」（一）・（二））。
(22) 『大阪朝日新聞』（京都付録）一九二一年一一月一八日、一二月二二日、二四日。
(23) 同前、一九二三年七月二日「借地借家の争議調停で各階級の徳望家を」など。
(24) 『京都日出新聞』一九二一年一〇月二七日夕刊（一〇月二六日夕方発行）、八木伊三郎市議の報告（「京都市会会議録」一九二一年一二月一九日）。
(25) 『京都日出新聞』一九二一年一〇月二七日夕刊（一〇月二六日夕方発行）。
(26) 同前。

(27)『京都日出新聞』一九二一年一一月五日。
(28)同前、一九二一年一一月一八日。
(29)「京都市会会議録」一九二一年一一月一八日。
(30)同前。
(31)同前。
(32)同前。
(33)同前。
(34)同前、一九二一年一二月一九日。
(35)同前。
(36)同前。同時に馬淵市長は、かつて市が買収した旧京都電気鉄道（単線・狭軌）と、市電（複線・広軌）の軌道を、市電に合わせて統一する問題、すなわち軌隔統一問題も関係している、と述べている（同前）。木屋町線が狭軌・単線であるからである。
(37)「京都市会会議録」一九二一年一二月一九日。
(38)木屋町線期成同盟会・河原町線反対同志会「京都市会ノ決議セル都市計画電鉄路線五号線変更建議ニ対スル反対意見書」（前掲、「陳情ニ関スル重要書類」一九二〇～一九二六年度）。『京都日出新聞』一九二一年一二月二〇日夕刊（一二月一九日夕方発行）、一二月二一日。『大阪朝日新聞』（京都付録）一九二一年一二月二四日。
(39)八木伊三郎（京都高瀬川保存に関する市会実行委員会委員長）ら五名「陳情書」一九二一年一二月二八日（前掲、「陳情ニ関スル重要書類」一九二〇年～一九二六年度）。
(40)木屋町線期成同盟会「京都都市計画電鉄路線五号線ニ関シ大正十年十二月二十八日付ヲ以テ市会議員八木伊三郎氏外四名ヨリ提出セラレタル陳情書ニ対シ反対意見陳情書」一九二一年一二月三〇日、木屋町線期成同盟会「京都市区改正委員会決議尊重ニ関スル陳情書」一九二〇年一〇月一三日（前掲、「陳情ニ関スル重要書類」一九二〇年～一九二六年度）。一九二〇年一〇月の「陳情書」にも名を連ね、同年一一月段階では、木屋町線期成同盟会の委員長として地元新聞に報じられている安田種次郎市議（『京都日出新聞』一九二〇年一一月一〇日）が、一九二一年一二月の「陳情書」の一三人の連名の中に入っていない理由は不明。また、木屋町線派は「陳情書」に多くの市民の賛成を得たと、数を強調しているが、それがどの程度正確なものか、また正当な形で数えられたのかの確認ができない。このことは木屋町線派の集会に参加している人数と比べても疑いが生じる。

(41) 前掲、木屋町線期成同盟会「京都都市計画電鉄路線五号線ニ関シ大正十年十二月二十八日付ヲ以テ市会議員八木伊三郎氏外四名ヨリ提出セラレタル陳情書ニ対シ反対意見陳情書」一九二一年一二月三〇日。

(42) 同前。

(43) 『京都日出新聞』一九二二年一月一〇日夕刊（九日夕方発行）、一〇日。

(44) 同前、一九二二年一月一一日。

(45) 同前、一九二二年一月二四日夕刊（二三日夕方発行）。

(46) 同前、一九二二年四月二〇日。

(47) 都市計画京都地方委員会委員宛木屋町線期成同盟会・河原町線反対同志会「陳情書」一九二二年五月一日（前掲、「陳情ニ関スル重要書類」一九二〇年～一九二六年度）。

(48) 京都市会実行委員会「陳情書」一九二二年五月四日（「浜岡（泰）家文書」六七九二一―三、京都市歴史資料館所蔵）。

(49) 『京都日出新聞』一九二二年五月九日、二八日、二九日。逆に、木屋町線拡張に好意的トーンを示していた『大阪朝日新聞』（京都付録）は「混沌たる路線問題」（一九二二年五月二四日）と、いずれに決着するか見通しが定かでないと見た。木屋町線反対高瀬川保存同盟会は、一九二二年五月付の「陳情書」を出し、河原町線拡張が正当な要求であることを訴えた（前掲、「浜岡（泰）家文書」六七九七）。なお、五月二八日付で『京都日出新聞』は、都市計画京都地方委員会委員中で、木屋町線拡張に賛成者一九名、反対者（河原町線拡張に賛成者）一一名、他は態度不明者と、これまでの京都市会での流れと異なり、木屋町線拡張の方針が続行されると推定している。これは、若林府知事・山県治郎内務省都市計画局長・長延連府内務部長・宮脇府警察部長・馬淵京都市長（前京都府知事）・今村惟善京都市助役など、内務官僚や京都市幹部が都市計画京都地方委員会の「原案」（一九二二年七月八日に木屋町線続行を再確認）を支持していると推定しているからである。

(50) 都市計画京都地方委員会委員宛木屋町線遂行同盟会「確定五号線路木屋町断行陳情書」一九二二年六月五日（前掲、「陳情ニ関スル重要書類」一九二〇年～一九二六年度）。内務省は、米騒動に先立つ一九一七年八月に地方局の中に救護課を新設していた。米騒動後の一九一八年一二月に、救護課は社会課と改称され、内務省行政において初めて「社会」の名称が用いられた。一九二〇年八月には、社会課は社会局に昇格した。各大都市でも社会事業（社会政策）への取り組みが始まった。

大阪市では、米騒動直前の七月に庶務課内に救済係が設置され、一一月には救済課となり、一九二〇年四月には社会部に昇格して、全国的にも注目される社会事業を次々に実施していった。京都市でも、米騒動後の一九一八年一二月に勧業課のもとに救済係が新設された。一九二〇年七月には、救済係は独立して社会課となった。社会課の中に、調査、経営の二つの係が置かれた。経営係の職務分掌は、⑴慈恵・救済、⑵風俗改良、⑶棄児・迷児・遺児、⑷市場、⑸職業紹介所、⑹託児所、⑺簡易食堂、⑻他課に属さない社会的事業、の八点であった（京都市市政史編さん委員会編『京都市政史　第一巻　市政の形成』〔京都市、二〇〇九年〕四三四、四三五頁、松下孝昭執筆）。木屋町線拡張か河原町線拡張かで問題となるのは、河原町線拡張のために多数の下層民が立ち退く必要があることであり、職務分掌では、主に（1）の分野である。

(51)『京都日出新聞』一九二二年六月八日夕刊（六月七日夕方発行）。

(52) 同前、一九二二年六月九日夕刊（六月八日夕方発行）。

(53)「閑話」（『京都日出新聞』一九二二年六月八日）。

(54) 都市計画京都地方委員会委員馬淵京都市長宛木屋町通住民六七名署名の「陳情書」一九二二年六月七日（前掲、「陳情ニ関スル重要書類」一九二〇～一九二六年度）。

(55)『大阪朝日新聞』（京都付録）一九二二年六月六日。

(56)『京都日出新聞』一九二二年六月一〇日。

(57) 同前、一九二二年六月一〇日夕刊（六月九日夕方発行）。

(58) 同前。

(59)「京都市会会議録」一九二一年九月一七日。

(60)「第三回都市計画京都地方委員会議事速記録」（一九二二年六月九日）（京都市歴史資料館架蔵写真帳No.館73）一一～一四頁。

(61) 同前、一四～七七頁。奥繁三郎委員からは、ここですぐに決せずに調査委員会を設置して、慎重に調査する動議が提案された。これは委員の中の迷いを示している。しかし調査委員を置く動議は、いろいろ両線についての質疑があった後、賛成者少数で否決された。

(62) 前掲、「第三回都市計画京都地方委員会議事速記録」（一九二二年六月九日）五一～五四頁。

(63)『京都日出新聞』一九二二年六月一〇日夕刊（六月九日夕方発行）。

(64) 同前、一九二二年六月一〇日。
(65) 前掲、「第三回都市計画京都地方委員会議事速記録」（一九二二年六月九日）八五頁。
(66) 『京都日出新聞』一九二二年六月一〇日。
(67) 同前、一九二二年六月一一日夕刊（六月一〇日夕方発行）。
(68) 同前、一九二二年六月一二日「閑話」。
(69) 同前、一九二二年六月一九日夕刊（六月一八日発行）。
(70) 同前、一九二二年七月二日「都市計画打切り論起る――天引論より此方が先決問題」（社説）。同時に同紙社説は、河原町線反対派のみならず、都市計画事業打ち切り論は、昨今市内の「有産者階級や知識階級」の間にしきりに高唱されている、とも見た。この原因は、家屋税法の改正によって負担が著しく増えたからだと論じる。今度の市税家屋税法改正で、市内の場所によっては負担が減少したところもあるが、立派な建物や広大な庭園を有する者の負担額は二倍から三倍以上の増加となっている、と報じた（同前）。
(71) 『京都日出新聞』一九二二年七月八日。
(72) 同前、一九二二年七月一一日。
(73) 京都市の学区については、長塩哲郎編『京都市学区大観』（京都市学区調査会、一九三七年）がある。また、京都市市政史編さん委員会編『京都市政史　第一巻　市政の形成』（京都市、二〇〇九年）は、各所に京都近代の歴史の中における学区に触れて叙述している。一九〇四年から一九四〇年の学区廃止までの京都市の学区制度廃止問題については、松下孝昭「京都市の学区制度廃止問題」（『京都市政史編さん通信』第四号、二〇〇〇年一二月）、一九一八年の京都市の市域拡張と学区制度については、松下孝昭「京都市の都市構造の変動と地域社会――一九一八年の市域拡張と学区制度を中心に」（伊藤之雄編著『近代京都の改造――都市経営の起源　一八五〇～一九一八年』〔ミネルヴァ書房、二〇〇六年〕）が考察している。
(74) 河原町線延期二条以北期成同盟会「河原町線拡張ニ関スル陳情書」（前掲、「陳情ニ関スル重要書類」一九二〇～一九二六年度）。『京都日出新聞』一九二二年七月三〇日。
(75) ただし、首都東京の都市計画事業になると、内務省側も東京市側も都市の実情を同様によく知っているので、京都市の場合に比べて内務省側の介入の度合いが少し強くなるようである。
現在の八重洲通に相当する東京駅東口から南東方向へ、亀島橋までの槙町線の拡幅にあたり、東京市は「南線」（日本橋区とその南の京橋区との境界線上の街路と並行する京橋区側の街路を拡幅、京橋区北槇町―中橋和泉町―松尾町一丁目）を提案した。これに対して内務省は、「北線」（両区の境界線上の街路を日本橋区側に拡幅、日本橋区上槇町―下槇町―京橋区松尾町一丁目）を提案した。「南線」は京橋区側を拡幅するので、永久的建物が少ないため買収費用が少額で済むが、借地・借家人が多く人口密度が高いので多くの立ち退き者が出る。一九二〇年八月六日の都市計画東京地方委員会では、日本橋区側を拡幅する「北線」案が決定された（佐藤美弥「都市計画反対運動と住民・政党・政治家――槇町線問題の再検討を中心に」〔安在邦夫他編『近代日本の政党と社会』日本経済評論社、二〇〇九年〕）。このように、内務省は東京市側の案に対案を立て、東京地方委員会でも団結して内務省案を通すような、京都では考えられないほどの強い関与を行った。

ところが、東京地方委員会での「北線」の決定に対し、日本橋区側では「南線」への変更を求めて強い反対運動を起こし、京橋区側でも「北線」決定を守るため運動を起こした。これ以降、内務省側は沈黙を守り続けた。一一月六日の常務委員会では意外なほど円滑に内務省の原案が可決された。一一月一一日の市部特別委員会に出された案には、計画路線付近の地帯収用を行うという条件がついていた。これは、道路の幅員を超えて土地を収用し、都市計画事業に役立て、日本橋区側のみが立ち退きをするのではないということで、日本橋区側の反対運動をなだめるためであった。二〇日の東京地方委員会では内務省原案通り決定された。この決定はのちに都市計画中央委員会にかけられたが、内務大臣は認可しなかった。東京市が難色を示したためである（前掲、佐藤美弥「都市計画反対運動と住民・政党・政治家」）。東京の場合も、京都の場合と同様に、事業計画をめぐる政争に内務省は積極的には介入せず、事業を実施する自治体が地方委員会の決定に難色を示せば、それを強引に最終決定としないことが注目される。その後、八重洲通は越沢明氏が指摘するように、関東大震災後の帝都復興事業で区画整理の方法により完成した（越沢明『東京の都市計画』〔岩波新書、一九九一年〕三二頁）。なお、本書の立場は、住民運動や地元民の意思を最重要視すべきと主張することでも、越沢氏のように地域の意思や運動を視野の広い合理的な事業の阻害要因としてとらえることでもない。京都市では、高瀬川という歴史的景観を保存すべきとの現代にも繋がる重要な考え方が、木屋町線反対運動の中から出てきた。それを考慮し、都市の改造に際しては、自治体の首長・技術職員や学者等、広い視野と専門知識を持つ上に地元をよく知っている専門家が主体となり、地元の市会議員も含め住民とのコミュニケーションを十分に取り、彼らの要望をよく理解し、また専門家としての意見を十分に説明することが必要である。その上で市会や他の市部局と調整して企画を立て、政府〔や道・府・県〕とも連携・調整して公共性のある計画に成熟させるべきである、というものである。

第十章　戦後不況下の都市計画事業の推進

（1）京都市「都市計画京都地方委員会経過概要」（一九二一年七月八日）七～一一頁（京都市歴史資料館架蔵写真帳No.館73）。
（2）『京都日出新聞』一九二一年三月一一日夕刊（一〇日夕方発行）。
（3）「京都市会会議録」一九二一年三月二八日（「京都市永年保存文書」京都市会事務局図書室所蔵）。
（4）前掲、京都市「都市計画京都地方委員会経過概要」（一九二一年七月八日）六～八頁。
（5）「京都市会会議録」一九二一年三月二八日。
（6）『京都日出新聞』一九二一年一月二四日夕刊（二三日夕方発行）。
（7）「京都市会会議録」一九二一年三月二八日。
（8）同前。
（9）同前。
（10）同前。
（11）同前。
（12）同前。
（13）同前。
（14）同前。
（15）『京都日出新聞』一九二一年八月二一日夕刊（八月二〇日夕方発行）。
（16）同前、一九二一年八月二四日夕刊（八月二三日夕方発行）。
（17）『大阪朝日新聞』（京都付録）一九二一年八月二三日。
（18）『京都日出新聞』一九二一年八月二四日。
（19）伊藤之雄『大正デモクラシーと政党政治』（山川出版社、一九八七年）一〇三頁。
（20）持田信樹『都市財政の研究』（東京大学出版会、一九九三年）第三章。
（21）『京都日出新聞』一九二一年九月一日夕刊（八月三一日夕方発行）。
（22）前掲、京都市「都市計画京都地方委員会経過概要」（一九二一年七月八日）一三頁。
（23）『京都日出新聞』一九二一年九月一日夕刊（八月三一日夕方発行）。同新聞には都市計画法第十一条とあるが誤り。

(24)『京都日出新聞』。
(25)同前。
(26)同前、一九二二年八月二六日。
(27)同前、一九二二年八月二四日。『大阪朝日新聞』(京都付録)(一九二二年八月二四日)も、延期反対論者の説として、同様の記事を紹介した。すでに一九二一年七月八日、京都市当局は都市計画京都地方委員会に参考として提出した資料の中で、「街路改良費」への国庫補助の先例として、一九二〇年度以降、東京市が一二分の五、横浜市・神戸市・名古屋市・大阪市が三分の一を受けていることを示している(前掲、京都市「都市計画京都地方委員会経過概要」〔一九二一年七月八日〕一四～一八頁)。
(28)『京都日出新聞』一九二二年八月二五日。
(29)同前、一九二二年八月二七日、二八日夕刊(二七日夕方発行)。前掲、「京都市会会議録」一九二二年九月一九日。
(30)『京都日出新聞』一九二二年八月二七日、二八日、二九日夕刊(二八日夕方発行)。
(31)同前、一九二二年九月四日夕刊(九月三日夕方発行)。
(32)同前。
(33)「第四回都市計画京都地方委員会議事速記録」(一九二二年九月八日)(京都市歴史資料館架蔵写真帳No.館73)、三一、三二頁。京都市議の旧河原町線拡張派、旧木屋町線拡張派については、第七章～第九章と表9－1を参照。
(34)前掲、「第四回都市計画京都地方委員会議事速記録」三二、三三頁。それまで京都市で一般に用いられた「拡築」と同じ意味で、当時から「拡張」が用いられた。ここは京都市で「拡張」が用いられた早い例である。その後、「拡築」という用語は使われなくなっていき、第二次世界大戦後は「拡張」という用語に取って代わられた。
(35)同前、三三、三四頁。
(36)伊藤之雄『京都の近代と天皇——御所をめぐる伝統と革新の都市空間』(千倉書房、二〇一〇年)三〇～三三頁。この岩倉の建議を、高木博志氏は、京都御所や京都を、国際社会の中で「日本文化」・「伝統」として利用する文化戦略の登場と論じている(高木博志『近代天皇制と古都』〔岩波書店、二〇〇六年〕一一八、一一九頁)。
(37)前掲、「第四回都市計画京都地方委員会議事速記録」三五、三六頁。
(38)同前、三四～四〇頁。

(39) 同前、四〇、四一頁。
(40) 同前、四一～四七頁。
(41) 『大阪朝日新聞』（京都付録）一九二二年八月二八日。
(42) 『京都日出新聞』一九二二年九月一三日夕刊（一二日夕方発行）、一三日、一四日夕刊（一三日夕方発行）、一四日。『大阪朝日新聞』（京都付録）一九二二年九月一一日の記事は、京都府警察部刑事課が九日以来の協議の結果、木屋町・河原町線問題で活動を開始したと報じた。
(43) 『京都日出新聞』一九二二年九月一四日。『大阪朝日新聞』（京都付録）一九二二年九月一三日。
(44) 『京都日出新聞』一九二二年九月一八日夕刊（一七日夕方発行）。
(45) 『大阪朝日新聞』（京都付録）一九二二年九月二〇日。同期成同盟会の延期要求の理由は、住宅が払底している、営業上顧客を失う、郊外線が便利である、財政上でぜひその必要があること、の四点である。
(46) 「会報」（『都市公論』第四巻第一二号、一九二一年一二月）。
(47) 『京都日出新聞』一九二二年六月七日。
(48) 「京都市会会議録」一九二二年九月一九日。この他、田中は収入のあまり見込めない烏丸線の北進よりも、熊野神社より出町に迂回する線（熊野神社前―百万遍―河原町今出川―出町）の方が良い、とした。同じ提案が、すでに同年三月二七日の市会で西尾林太郎市議からも出されている（本章第1節）。同路線は、京都市が市電を敷設した際の一期線になっていたが、京都帝大が市電が東山通（東大路通）を熊野神社前から北進すると、振動で実験設備に狂いが生じることや、医科大学病院の患者に影響することを挙げて、北進させるならゴムのタイヤにすべき、と要求してきたので、敷設されないままになっていた。田中の意見は、この出町への線が敷設されるなら、現在ある旧京都電気鉄道の出町―寺町通―寺町二条―木屋町二条―木屋町通―七条内浜へと南下する路線と、出町から東山線（東大路線）で七条通へ南下する路線の二つが並行して南北の交通が強化されるというものである。さらに田中は、烏丸線北進の代案として、大宮七条から現在の西大路七条（当時は西大路は造られていない）までの路線も提案した（前掲、「京都市会会議録」、図4-1）。
(49) 「京都市会会議録」一九二二年九月一九日。
(50) 『都市公論』においても、一九二二年一〇月号の巻頭言では、国庫補助はむしろ「市政を毒する」恐れがあるので廃止する方が「自営」と「自治の誇」を生み出させると論じられた。他方、都市研究会幹部会では「都市計画事業促進に関する建議」を可決し、「重要なる都市計画事業に対する」国庫の補助を求めている（七巻一〇号、一九二二年一〇月）。
(51)「京都市会会議録」一九二二年九月一九日。
(52) 同前。
(53) 永田兵三郎「大京都市の建設」（『都市公論』五巻三号、一九二二年三月）。
(54)「京都市会会議録」一九二二年九月一九日、一〇月一三日。
(55) 同前。
(56) 同前、一九二二年一〇月一三日。
(57) 同前。市は移転料の他、借家の所有者には家賃の三カ月分を老舗料として払い、借家人には家賃一カ月分を払うことになる。しかし鈴木市議の意見にあるように、自宅に住む者は三カ月分をもらうのに、借家人は一カ月というのは借家人に不公平との見方があった。このことが、一九二三年一一月に河原町線敷設のため老舗料を払う際に問題となった。借家人は最終家賃三カ月分は借家人が受け取るべきだと主張し、家主と対立した。「温情ある家主」たちは、規定期間内に引っ越した借家人に各自の老舗料三カ月分すべてを与えたという。市当局は、移転料と家賃とは家主および借家人が連署した領収書に対して支払うが、それを誰が取るのかは、各家主と借家人の問題である、と説明した（『京都日出新聞』一九二三年一一月六日）。このように、老舗料の配分は借家人の要求で彼らに有利な形で分配される場合も出てきたようである。
(58)「京都市会会議録」一九二二年一〇月一三日。
(59) 田中清志（京都市役所内）『京都都市計画概要』（京都市役所、一九四四年）三一六、三一七、三二〇頁。
(60) 同前、二七、二八頁。前掲、「京都市会会議録」一九二二年三月一一日。
(61)「京都市会会議録」一九二二年三月一一日。永田兵三郎工務部長は、同じ市会で、この区域について、「東は東山一体、北は松ヶ崎から鷹ケ峰三尾の景勝の辺まで及んで居ります。西は嵐山から更に西山一体を含み、南は宇治川の水を以て境して居るのであります」と説明している。
(62) 秋元せき「近代京都における地域開発構想と地方財界――伏見港修築と京阪運河計画をめぐって」（『京都市歴史資料館紀要』第二三号、二〇一一年三月）三三、三四頁。
(63) 京都市市政史編さん委員会『京都市政史　第一巻　市政の形成』（京都市、二〇〇九年）四八八、四八九頁（伊藤之雄執筆）。

(64) 前掲、秋元せき「近代京都における地域開発構想と地方財界」三五頁。
(65) 前掲、京都市市政史編さん委員会『京都市政史　第一巻　市政の形成』四八八、四八九頁（伊藤之雄執筆）。
(66)「京都市会会議録」一九二二年三月一一日（九九七、九九八頁）。
(67) 同前、一九二二年三月一一日。
(68) 同前。
(69) 同前。
(70)「第三回都市計画京都地方委員会議事速記録」（一九二二年六月九日）五〜九頁（京都市歴史資料館架蔵写真帳No.館73）。
(71) 京都府都市計画課「防火地区設定理由書」（「浜岡（泰）家文書」六七九三―四、京都市歴史資料館架蔵写真帳No.km158）。この「防火地区設定理由書」には、執筆者名も作成年月日も入っていない。この文書が一九二二年三月一八日の京都都市計画第一回常務委員会の資料であることは、『京都日出新聞』一九二二年三月一九日の「大京都市建設の前提たる防火地区制定は原案を可決」の記事の中の「大京都防災地区設定の理由」（一）〜（四）と、この文書の「防火地区設定理由書」（一）〜（四）の見出しが一致していることで確認できる。
(72)『京都日出新聞』一九二二年四月四日。
(73) 同前、一九二二年二月二〇日夕刊（一九日夕方発行）。
(74) 同前、一九二二年三月一八日夕刊（一七日夕方発行）、三月一九日夕刊（一八日夕方発行）、三月一九日。
(75) 前掲、京都府都市計画課「防火地区設定理由書」。
(76) 同前。太平洋戦争時に京都市は幸い本格的な空襲を受けなかった。しかし、もし京都市が、当時の東京都・横浜市・大阪市・名古屋市などと同様に絨緞爆撃を受けていたなら、この程度の防火地区ではまったく役に立たなかったであろう。私たちが、過去の事実から二十数年後を予想することがいかに困難であるかを示している。
(77)『京都日出新聞』一九二二年三月一九日夕刊（一八日夕方発行）。
(78) 同前、一九二二年三月一九日。
(79) 同前、一九二二年四月四日。
(80) 山県治郎「防火地区の設定に就て」（『都市公論』五巻五号、一九二二年五月）。
(81) 前掲、「第四回都市計画京都地方委員会議事速記録」三、四頁。これは市街地建築物法第十三条の規定により決定するので、都市計画法第三条の規定によって審議に付されたのである。
(82) 前掲、「第四回都市計画京都地方委員会議事速記録」四頁。
(83) 同前、一一頁。
(84) 同前、一一頁。
(85) 同前、八～一〇頁。
(86) 同前、一二、一三頁。
(87) 同前、一三、一四頁。
(88) 同前、一四、一五頁。

第十一章　関東大震災と都市計画事業

(1) 阿南常一「都市と財源問題」(『都市公論』六巻一号、一九二三年一月)。受益者負担については、一九二〇年一月一日施行の都市計画法第六条二項に「主務大臣必要と認むるときは勅令(施行令九条十条)の定むる所に依り都市計画事業に因り著しく利益を受くる者をして其の受くる利益の限度に於て前項の費用の全部又は一部を負担せしむることを得」と、早くから規定されている。また一九二二年一〇月に、大阪市の道路舗装工事の受益者負担に関する規定がすでに認可されたことが紹介された。さらに東京市の道路舗装工事費受益者負担規程が紹介された(「東京市に於ける道路舗装工事費受益者負担規程」『都市公論』五巻一一号、一九二二年一一月)。ただ、もっと費用のかかる道路拡張事業全般に、受益者負担を行っていくのかについて、まだこの段階では都市研究会や内務官僚の間でも、以下で述べるように合意がなく、一九二三年の震災前にも意見が分かれていたのである。
(2) 阿南常一「間地税及び土地増加税の設定に就て」(『都市公論』六巻六号、一九二三年六月)。
(3) 池田宏「都市計画事業の財政策に就て」(『都市公論』六巻七号、一九二三年七月)。都市研究会理事の渡辺鉄蔵も、池田と同様の立場である(渡辺鉄蔵「都市計画と土地政策並財源」『都市公論』六巻八号、一九二三年八月)。
(4) 後藤新平「都市計画に必要なる知識及財源」(『都市公論』六巻八号、一九二三年八月)。
(5) 「都市研究会総会の記」(『都市公論』六巻六号、一九二三年六月)。
(6) 同前。

（7）『都市公論』二巻二号（一九一九年二月）。
（8）「都市研究会総会の記」（『都市公論』六巻六号、一九二三年六月）。筆者（伊藤）が人名を名簿の中から拾い、肩書・略歴をつけた。
（9）『京都日出新聞』一九二三年九月一二日。
（10）同前。
（11）同前、一九二三年一〇月一二日。意見書を提出したその他の市議は、寺村助右衛門（参事会員、公正会）、若村徳三郎（参事会員、公正会）、橋本永太郎（公正会、旧木屋町線派）らである（「京都市会会議録」一九二三年一〇月一八日）。公正会員で、参事会員でもある市議中で比較的有力な者が多かった。
（12）西山昭仁「近世京都における地震災害」（吉越昭久・片平博文編『京都の歴史災害』思文閣出版、二〇一二年）一九五頁。
（13）岡田篤正「京都周辺の活断層からみた地震の環境と長期予測」（前掲、吉越昭久・片平博文編『京都の歴史災害』）一五三頁。
（14）『京都日出新聞』一九二三年一〇月一六日。
（15）「京都市会会議録」一九二三年一〇月一八日（「京都市永年保存文書」京都市会事務局図書室所蔵）。
（16）『京都日出新聞』一九二三年一〇月一一日夕刊（一〇日夕方発行）。和田技師も第二回都市計画講習会に参加している（「講習生」名簿」。『都市公論』五巻四号、一九二二年四月）。なお、京都市主事の重永潜は、一九二二年四月号の『都市公論』（五巻四号）誌上に、碁盤格子型と放射線系統の二つの様式の街路について、米欧の例を挙げて得失を論じた（重永潜「市街系統の研究」）。重永の結論は、都市の形態に合せ、両様式の長所を取り入れて都市計画を行うべき、とするものである。京都市は全体として碁盤格子型に街路が設定されたが、下鴨地区は南端の葵公園を中心に北へ放射線状の市街が展開している。これは加茂川と高野川に挟まれた三角型の地形であることに応じたものといえる。重永の考えの延長にある都市計画である。
（17）『京都日出新聞』一九二三年一〇月一一日夕刊（一〇日夕方発行）。この大火は、天明八年（一七八八）一月三〇日に宮川町団栗坂辻子より出火した。近世京都の最も大規模な火事で、被災規模は一四二四町、三万九七二〇戸と群を抜いていた（渡邉泰崇「近世京都の大火」（前掲、吉越昭久・片平博文編『京都の歴史災害』）八〇～八三頁）。
（18）『京都日出新聞』一九二三年一〇月一一日夕刊（一〇日夕方発行）。

(19) 関東大震災の大きな被害を受けた横浜市ですら、関内地区の例に見られたように、一九三八年になっても全体的には多くの建物が木造建築であり、耐火建造物はそれほど多くはない。その後も街並みは根本的には変わらず、太平洋戦争末期の焼夷弾による空襲によって焼失してしまった（百瀬敏夫「昭和初期、中区火災保険図」〔横浜市史資料室『市史通信』一八号、二〇一三年一一月三〇日〕）。
(20) 『京都日出新聞』一九二三年一〇月一一日夕刊（一〇日夕方発行）。
(21) 同前。
(22) 同前、一九二三年一〇月二三日夕刊（二二日夕方発行）。
(23) 同前。
(24) 石田頼房『日本近代都市計画の百年』（自治体研究社、一九八七年）第五章、越沢明『東京の都市計画』（岩波新書、一九九一年）第一章、中邨章『東京市政と都市計画――明治大正期・東京の政治と行政』（敬文堂、一九九三年）第三章、渡辺俊一『都市計画の誕生――国際比較からみた日本近代都市計画』（柏書房、一九九三年）第一二章。
(25) 『京都日出新聞』一九二三年一〇月二三日夕刊（二二日夕方発行）。
(26) 同前、一九二三年一〇月二五日夕刊（二四日夕方発行）。
(27) 『京都日出新聞』一九二三年一〇月二五日夕刊（二四日夕方発行）。『大阪朝日新聞』（京都付録）一九二三年一〇月二四日、二五日。
(28) 『京都日出新聞』、一九二三年一一月二日。
(29) 同前、一九二三年一〇月二八日夕刊（二七日夕方発行）。堀川保存運動は、堀川を暗渠にするか埋め立ててしまう計画が出たことに対し、歴史的景観を保存することを掲げ、一九二〇年七月には始まっていた（第七章第3節（2））。
(30) 『大阪朝日新聞』（京都付録）一九二三年一〇月二八日。
(31) 『京都日出新聞』一九二三年一〇月二六日。
(32) 同前、一九二三年一〇月二二日。
(33) 『大阪朝日新聞』（京都付録）一九二三年一一月一五日。
(34) 『京都日出新聞』一九二三年一〇月二九日夕刊（二八日夕方発行）。
(35) 『大阪朝日新聞』（京都付録）一九二三年一二月一日。

(36) 同前、一九二三年一二月二七日。
(37) 『京都日出新聞』一九二四年三月九日。
(38) 京都市市政史編さん委員会編『京都市政史』第三巻（京都市、二〇一五年）八二頁。
(39) 『京都日出新聞』一九二四年二月三日。『大阪朝日新聞』（京都付録）一九二四年二月三日。橋本は一九一九年九月に府議に当選し、一九二八年九月まで在任した。その間、「典型的な官僚」の若林知事攻撃の先頭に立ったり、府会を無視して原案を執行した池田知事を弾劾したりするなど、「闘士」をもって聞こえたという。一九一七年五月から四期にわたって一九三三年まで市議も務めた（京都府議会事務局編『京都府議会歴代職員録』（京都府議会、一九六一年）三三三、三三四頁、京都市会事務局編『京都市会史』（京都市会事務局、一九五九年）五一、五七、六二、七一頁）。
(40) 『京都日出新聞』一九二四年二月九日。
(41) 「第五回都市計画京都地方委員会議事速記録」（一九二四年二月八日）（京都市歴史資料館架蔵写真帳№.館73）一～八頁。
(42) 同前、一一～一三頁。
(43) 同前、一四頁。
(44) 同前。橋本府議の当時の住所は、下京区下数珠屋町東洞院東入ル西玉水町で、拡張されることが決まっている河原町通から約二〇〇メートルと、道路幅の一〇倍なら受益者負担を求められる可能性が高い。市電の走る烏丸通に近く、東本願寺の正面で旅館業を営み、同寺関係の客を主な顧客とする橋本にとって、河原町通の拡張で直接の便宜や利益がないにもかかわらず、道路幅員の一〇倍ということで受益者負担を求められることは納得いかなかったのであろう。また同じような地域の支持者たちから一〇倍に対する修正の要望が出されていたので、自分も含め、その代弁者として常務委員会で発言したのであろう。
(45) 『京都日出新聞』一九二三年一一月一八日。
(46) 同前、一九二四年六月二八日。
(47) 前掲、「第三回都市計画京都地方委員会議事速記録」（一九二二年六月九日）八七、八八頁。
(48) 同前、八八～八九頁。
(49) 前掲、「第四回都市計画京都地方委員会議事速記録」（一九二二年九月八日）二、三頁。
(50) 前掲、「第五回都市計画京都地方委員会議事速記録」（一九二四年二月八日）六〇～六二頁。

（51）『京都日出新聞』一九二四年二月三日。
（52）前掲、「第五回都市計画京都地方委員会議事速記録」（一九二四年二月八日）四九～五二頁。
（53）同前、六五、六六頁。

第十二章　幹部職員の欧米視察報告

（1）『京都日出新聞』一九二四年四月一八日。
（2）同前、一九二四年三月二一日夕刊（三〇日夕方発行）。同年四月一八日～五月一四日までの一三回にわたる「日出講檀」連載。永田の他、八木技師が一九二三年四月二三日に神戸を出港して欧米視察を行い、二四年三月一七日に帰国した。八木はロンドンからベルリン・パリを経て、ニューヨークに回った。八木は道路・下水を中心に「文化住宅」なども視察してきたが、永田のように大きな記事になっていない（『京都日出新聞』一九二四年三月一九日）。
（3）二〇世紀に入ると、世界的な規模で都市化が進展し、それに伴って欧米の近代都市計画は、当初の西欧・北米という枠を大きく越えて、世界中に伝播していった。日本においてそれらを紹介したパイオニアは、池田宏（京都帝大法科大学出身の内務官僚、一九一四年五月から一九一八年四月まで東京市区改正委員会の幹事、後藤新平内相の下で初代の都市計画課長）、関一（東京高等商業学校卒、同校教授となりベルギー留学後、一九一四年に大阪市助役に迎えられる、一九一七年春から同市の「都市改良計画調査会」を主宰、一九二四年より大阪市長）、片岡安（東京帝大工科大学建築学科卒の建築家、一九一六年に日本初の都市計画の大著『現代都市之研究』を公刊）の三人であった。また彼らは一九二〇年の都市計画法の制定に大きな影響を与えた（渡辺俊一『「都市計画」の誕生――国際比較からみた日本近代都市計画』〔柏書房、一九九三年〕九、一八～一九頁）。筆者は、「都市計画事業の思想と展開――都市研究会・内務省と京都市　一九一九年～一九二二年」（『法学論叢』一七六巻二・三号、二〇一四年一二月）や「関東大震災と都市計画事業――都市研究会・内務省と京都市　一九二三年～一九二四年春」（『法学論叢』一七六巻五・六号、二〇一五年三月）において、都市計画事業の形成と展開過程において、とりわけ池田宏の役割が重要であったことを論じた。京都市においても、日露戦争後に三大事業を始める前、一九〇〇年二月から一二月まで大槻龍治助役が欧米各地を視察した。大槻は中でもドイツのベルリンが日本の参考になるとして、特に熱心に視察、帰国後の一九〇一年九月に市に報告書を提出し、京都市は上下水道と道路拡張を速やかに実施すべきと提言した（京都市市政史編さん委員会『京都市政史　第一巻　市政の形成』〔京都市、二〇〇九年〕一八九頁〔伊藤之雄執筆〕）。

（4）『京都日出新聞』一九二四年四月一八日。
（5）前掲、渡辺俊一『「都市計画」の誕生』一一九頁。
（6）『京都日出新聞』一九二四年四月一八日。
（7）前掲、京都市市政史編さん委員会『京都市政史　第一巻』四九一、四九二頁（伊藤之雄執筆）。
（8）『京都日出新聞』一九二四年三月三一日夕刊（三〇日夕方発行）、四月一九日、二一日。
（9）同前。
（10）前掲、京都市市政史編さん委員会『京都市政史　第一巻』四九二頁（伊藤之雄執筆）。
（11）『京都日出新聞』一九二四年四月二二日。
（12）同前。
（13）たとえば、河原町線の最初の工事にあたる寺町今出川から丸太町間の軌道工事（一九二四年三月四日に着手、九月二九日に竣工）の工法においても永田の欧米視察の成果が活かされている。従来は砂利を敷いたのに対し、今回は全部コンクリートで固めた。これで市電の動揺が少なくなり、軌道の維持費も安くなる見込みであるという（『大阪朝日新聞』〔京都付録〕一九二四年九月三〇日）。
（14）この頃までの京都市の上水道建設については、京都市上下水道局編『京都市水道百年史　叙述編』（京都市上下水道局、二〇一三年）一～二九頁参照。
（15）京都市水道局『水道事業年報（上水道編・下水道編・雑編）一九三八年度』（京都市水道局、一九四〇年）下水道編、一頁。
（16）『京都日出新聞』一九二四年四月二三日、二四日。
（17）同前。都市計画事業の中でも下水道は先の課題であった。一九二二年初頭でも、日本では下水道について一般的に知識が乏しかったことを、米元晋一「下水改良と糞尿問題」は論じている（『都市公論』五巻一号、一九二二年一月）。三河島汚水処分場の記事としては、都市研究会から、太田辛一「東京市の汚水処分に就て」（『都市公論』五巻八号、一九二二年八月）が、永田の渡欧米の前に紹介されていた。
（18）前掲、京都市水道局『水道事業年報（上水道編・下水道編・雑編）一九三八年度』下水道編、二、一九、二〇、二四頁。京都市『鳥羽下水処理場概要』（京都市、発行年不明）一～五頁。

(19)『京都日出新聞』一九二四年五月六日。
(20) 同前、一九二四年五月一〇日。
(21) 同前、一九二四年五月一一日。
(22) 同前。
(23) 秋元せき「近代京都における地域開発構想と地方財界——伏見港改修と京阪運河計画をめぐって」(『京都市歴史資料館紀要』二三号、二〇一一年三月)三四、三五頁。
(24)『京都日出新聞』一九二四年五月一一日。
(25) 同前、一九二四年五月一四日。
(26) 同前、一九二四年五月一一日、一四日。
(27) 前掲、秋元せき「近代京都における地域開発構想と地方財界」三九~四六頁。
(28)『京都日出新聞』一九二三年一二月二五日、一九二四年三月二一日。『大阪朝日新聞』(京都付録)一九二三年五月六日。
(29)『大阪朝日新聞』(京都付録)一九二三年一二月一六日。
(30)『京都日出新聞』一九二三年一二月二五日。
(31) 同前。
(32) 同前、一九二四年三月二一日。
(33) 下級助役の水入善三郎も一九二一年一〇月までに都市研究会の特別会員として入会していた(『都市公論』四巻一〇号、一九二一年一〇月)。また、水入助役の後任の多久安信(下級)助役は、一九二二年一〇月四日・五日の両日にわたって東京市の主催で行われた「六大市長招待会」に京都市長を代理して出席し、都市計画事業の京都市の懸案について報告している(『都市公論』五巻一一号、一九二二年一一月)。このように、当時の他の京都市助役と比べ、今井助役には都市計画事業や都市研究会との積極的な接点が見出せない。
(34)『京都日出新聞』一九二四年九月一六日夕刊(九月一五日夕方発行)、『大阪朝日新聞』(京都付録)一九二四年九月一六日。『大阪朝日新聞』(京都付録)は、同年四月末より馬淵市長や市役所に対する批判のキャンペーンを始め、「〔市役所は〕怠業を通り越してまるで休業の状態だ」「馬淵市長の秕政が祟つた」等と攻撃した(同前、一九二四年四月二九日)。それは、五月末には「底の知れない醜劣さ、京都の市会議員気質」等という市会批判にも及び、市長が再選を狙っているので、そこにつけ込んだ市議が「私利」を図ろうとしていると報じた。具体的には、記念博覧会成功の記念品として「金時計をバラ撒く」計画や、海外視察に名を借りた中国や「満洲」への「遊覧旅行」計画などである（同前、一九二四年五月二九日）。その後、六月七日（「市民大会」、油小路《あぶらのこうじ》顕道《けんどう》会館）、八日（「市長糾弾の」第二回演説会、四条大宮下ル更雀寺《こうじゃくじ》）、一一日（京都市会で定員二五〇名を超過する三三〇名の傍聴者、田中新七市議や西尾林太郎市議らの市政批判）、一一日夜（市政批判演説会、大超寺《だいちょうじ》）など、六月前半には市政批判の市民大会などが開催され、市長の辞職を求める決議がなされた（同前、一九二四年六月八日、九日、一〇日、一二日、一三日）。

(35)『京都日出新聞』一九二四年九月一六日。

第十三章　財源難と事業の公共性をめぐる争い

(1)『京都日出新聞』一九二四年一月四日。
(2) 同前、一九二四年一月七日。
(3) 同前、一九二四年三月九日。
(4) 同前、一九二四年八月三日夕刊（二日夕方発行）、五日夕刊（四日夕方発行）。
(5) 同前、一九二四年八月七日夕刊（六日夕方発行）。
(6) 同前、一九二四年八月一七日夕刊（一六日夕方発行）。
(7) 同前、一九二四年五月六日、二三日。「京都市第九十号議案　自大正十三年度至大正十五年度京都府京都市都市計画事業費継続年期及支出方法」（一九二四年五月二二日提出）添付の「京都市継続費都市計画収支計算表」（「京都市会会議録」一九二四年五月二七日収録〔「京都市永年保存文書」京都市会事務局図書室所蔵〕）。
(8)『京都日出新聞』一九二四年七月三〇日夕刊（二九日夕方発行）。
(9) 同前。
(10) 同前。
(11)「京都市第百三十六号議案」（「京都市会会議録」一九二四年九月二〇日）。
(12)「京都市会会議録」一九二四年九月二〇日。
(13) 受益者負担金反対運動に関しては、京都市の都市計画事業の例が、反対運動側に好意的な観点からすでに検討されている。

この研究によると、第一に根拠となる法令は、一九一九年の都市計画法第六条二項、同施行令第九条四号および同年の内務省令第二八号（以下省令二八号）の規定を受けて、一九二四年二月八日に都市計画京都地方委員会に付議され可決された「京都都市計画事業道路新設拡築受益者負担に関する件」である。これに基づき、同年三月一二日に内務省令第七号（以下、省令七号）が公布された。同月三一日には、省令七号六条に基づき、負担区画および負担金額を定める省令九号が公布施行された。これらにより旧市内では道路幅員の五倍、新市域では一〇倍の区域に対し、道路新設の場合は工事費の三分の一、道路拡幅の場合は工事費の四分の一の負担金を、間口負担金と面積負担金に二等分して賦課するように規定された。

第二に、京都の都市計画事業受益者負担金反対運動は、一九二四年一〇月五日に烏丸線沿線住民が「負担金拒否市民有志大会」を開いたのが発端である。住民は沿道受益者負担金を不服として、一〇月二九日に京都府知事に訴願したが、翌一九二五年二月二七日に池田宏府知事は「訴願の理由相立たず」と却下の採決を下した。そこで四月一一日、住民は「受益者負担金徴収処分及之に対する裁決取消」を求める訴訟を起こした。しかし、一九二九年七月一八日に原告敗訴となった。この他六路線、一一ケースの反対運動が起き、三条通の一ケースのみ、一九三六年三月三日に原告勝訴の判決を得た。

第三に、これらの反対運動の主張は、①受益者負担金賦課は遡及できない、②法令には、「著るしく利益を受くる者をして其の受くる利益の限度に於て」費用の全部または一部を負担（都市計画法第六条二項）、「著るしく利益を受くる者」（都市計画法施行令九条第四号）とあるが、そうした「受益」がないか、逆に受損である、③受益者負担は、「其の工事費」「要する費用に充つる為」（前掲、省令七号三条）とあるが、すでに烏丸線北進の工事は終えており、受益者負担金が河原町線工事に使われるために徴収されるのは違法である、等というものである。

第四に、京都市における受益者負担金反対運動は、一定の論理を持っていたが、内務省・府・市側はかたくなに形式論・法文解釈論を守り、実態を見て本質を論じることなく、受益者負担制度を守り抜こうとしたので、かえって急いで作られた制度を円満に育てることを阻害する結果となった、という（石田頼房『日本近代都市計画史研究』柏書房、一九九二年〔新装版〕一八七～一九七頁）。本章では、すでに述べてきた都市研究会や内務省の都市計画事業の公共性という論理が、各都市の当局者・市会議員を中心に支持され、京都市民にまで支持を広げながら、事業を推進する意思が共有されているという新しい枠組みの中で反対運動をとらえ直し、池田知事ら当局の判断までの過程を再検討する。

(14)『大阪朝日新聞』（京都付録）一九二四年一〇月三日、四日、五日。

(15)『京都日出新聞』一九二四年一〇月六日、七日。

(16) 同前、一九二四年一〇月六日。
(17) 同前、一九二四年一〇月一日。
(18) 同前、一九二四年一〇月六日。
(19) 同前。
(20) 同前、一九二四年一〇月七日夕刊（六日夕方発行）、八日。受益者負担に関し、京都市当局と反対運動側に中立的立場の『大阪朝日新聞』（京都付録）は、相国寺での反対住民大会の参加者を「二百十余名」と、『京都日出新聞』より少し多めに報じている（同、一九二四年一〇月七日）。
(21) 『京都日出新聞』一九二四年一〇月七日。
(22) 『大阪朝日新聞』（京都付録）一九二四年一〇月四日。
(23) 『京都日出新聞』一九二四年一〇月八日夕刊（七日夕方発行）。
(24) 同前。
(25) 同前。
(26) 同前、一九二四年一〇月九日夕刊（八日夕方発行）。
(27) 同前、一九二四年一〇月八日夕刊、九日夕刊。
(28) 『大阪朝日新聞』（京都付録）一九二四年一〇月一五日。
(29) 『京都日出新聞』一九二四年一〇月三〇日夕刊（二九日夕方発行）、三一日夕刊（三〇日夕方発行）。『大阪朝日新聞』（京都付録）一九二四年一〇月三〇日。
(30) 京都市「都市計画京都地方委員会経過概要」（一九二一年七月八日）一三～一五頁（京都市歴史資料館架蔵写真帳No.館73）。
(31) 「京都市会会議録」一九二四年一〇月二八日。
(32) 『京都日出新聞』一九二四年一一月八日夕刊（七日夕方発行）。
(33) 同前、一九二四年一一月二三日夕刊（二二日夕方発行）、二六日。
(34) 同前、一九二四年一一月二四日、二五日、二六日夕刊（二五日夕方発行）。
(35) 『大阪朝日新聞』（京都付録）一九二四年一一月二三日。
(36) 同前、一九二四年一一月二四日。

(37)『京都日出新聞』一九二四年一一月二六日。
(38)「京都市会会議録」一九二四年一二月二日。
(39)『京都日出新聞』一九二四年一二月二一日。
(40)「京都市会会議録」一九二四年一二月二二日。
(41) 同前。
(42)『京都日出新聞』一九二四年一二月二三日夕刊（二二日夕方発行）。
(43)『大阪朝日新聞』（京都付録）一九二五年一月一四日。
(44)『京都日出新聞』一九二五年一月二一日夕刊（二〇日夕方発行）。
(45) これらについての一九二四年一〇月七日付市当局の「声明書」および、一九二五年一月一九日付の市当局の「弁明書」、同年二月二七日付の池田知事の「裁決」の内容については、『京都日出新聞』（一九二四年一〇月八日夕刊（七日夕方発行））、同（一九二五年一月二一日夕刊（二〇日夕方発行））、同（一九二五年三月一日夕刊（二月二八日夕方発行））を参照のこと。
(46)『京都日出新聞』一九二五年三月一日夕刊（二月二八日夕方発行）。

第十四章　事業計画方針の最終決定と「大京都」

(1)「付録」（「第二回都市計画京都地方委員会議事速記録」一九二一年七月八日）一～七頁（京都市歴史資料館架蔵写真帳No.館73）。
(2) 同前、二六頁。
(3) 京都市「都市計画京都地方委員会経過概要」（一九二一年七月八日）五～一一頁（京都市歴史資料館架蔵写真帳No.館73）。
(4) 前掲、第三回・第四回「都市計画京都地方委員会議事速記録」。前掲、京都市「都市計画京都地方委員会経過概要」（一九二一年七月）五～一一五頁。第六回「都市計画京都地方委員会議事速記録」（一九二五年三月二六日）七頁。
(5) 田中蔵六（都市計画事務官）の発言（「第七回都市計画京都地方委員会議事速記録」（一九二六年八月一一日）二六頁）。土地区画整理については、持田信樹氏は関東大震災の前と後の東京市浅草区周辺の変貌を紹介しながら、めざましく展開した理由は、⑴行政サイドの政策的要請、⑵土地所有者の経済行動の二点であると考えられるとしている（持田信樹『都市財政の研究』〔東京大学出版会、一九九三年〕一四七～一五一頁）。これは土地所有者の経済行動（利益）という点では同じであるが、行政サイドのみではなく、財政難下で都市計画事業を公共性のあるものとして推進しようとする行政・市議・市民の要望と言い換えることができる。
(6)「特別都市計画法」(『官報』号外、一九二三年一二月二四日)。
(7) 前掲、「第六回都市計画京都地方委員会議事速記録」二、三頁。
(8) 同前、七頁。
(9) 同前、四六～四九頁。
(10) 同前、四九、五〇頁。
(11)『京都日出新聞』一九二五年五月二七日「都市計画上の区画整理」(一)。
(12) 同前、一九二五年四月八日。
(13)『大阪朝日新聞』(京都滋賀版) 一九二五年四月二八日。
(14)『京都日出新聞』一九二六年八月一三日夕刊（一二日夕方発行)。
(15) 同前、一九二五年五月二七日～六月一日「都市計画上の土地区画整理」(一)～(五)。
(16) 同前、一九二五年五月九日夕刊（五月八日夕方発行)。
(17) 同前、一九二五年五月三日、九日夕刊（八日夕方発行)。「市会協議会」は田原を高級助役として承認するのかどうかをめぐり、賛否両派に分かれた。約四時間も議論の末、投票を行い、わずか八票の差で承認することに決まった、引続き開かれた参事会では、市長反対派の大島は、田原の年俸一万円は高すぎるとして、八〇〇〇円（現在の二八〇〇万円くらい）に減額するよう主張したが、今度は一票の差で決まった。助役の推薦に、「かくの如き紛擾を見たのは未曾有の出来事である」という（『大阪朝日新聞』(京都滋賀版) 一九二五年五月九日)。
(18)『京都日出新聞』一九二五年一二月二七日。
(19) 同前、一九二六年九月一日「大関係ある区画整理と補助道路」(二)。
(20) 同前、一九二六年九月三日「大関係ある区画整理と補助道路」(四)。
(21) 前掲、「第七回都市計画京都地方委員会議事速記録」二六頁。なお、田中都市計画事務官は、同委員会で質問に答えて、提出された区画整理案については、内務大臣が適当と認めて発案したのであるから、別に会長（池田宏京都府知事）の意見がどうとか、あるいは京都市長（安田耕之助）の意見がどうとかいうことには左右されずして発案になったものです、と発言している（同前、三〇頁）。この発言の言葉尻をとらえると、内相が、内務官僚である府知事や、市長の意見を考慮せずに事業を発案したように見える。しかし、これまで述べたように事実は京都市が作成して府にも意見を求めた案を多少修正して内相が承認して発案しているので、府知事や市長個人の意見を今さら聞く必要はないということにすぎない。

(22) 『京都日出新聞』一九二五年五月三一日。

(23) 同前、一九二六年二月一五日。

(24) 京都市市政史編さん委員会『京都市政史　第一巻　市政の形成』（京都市、二〇〇九年）三四八〜三五〇頁（松下孝昭執筆）。

(25) 『大阪朝日新聞』（京都滋賀版）一九二五年一〇月一五日。区画整理事業に関し、この『大阪朝日新聞』（京都滋賀版）一九二五年一〇月一五日）と、『京都日出新聞』（一九二六年九月一日「大関係ある区画整理と補助道路」（二））の二つは、同じ幹線道路である一号線と三号線のルートを文章で紹介しながら、一号線は終点の部分がかなり異なり、三号線はまったく異なっている。本書では『京都日出新聞』の方が正確と判断して、一号線・三号線のルートに関しては、その叙述を用いる。その理由は第一に、一九一九年一二月二五日の京都市区改正委員会で修正された「京都市区改正設計」が幹線道路の拡張の基本となっていると考えられるが、『京都日出新聞』の叙述はほぼそれと同じであるのに対し、『大阪朝日新聞』の叙述は、それと大幅に異なるからである（京都市区改正委員会「京都市区改正委員会議事速記録」〔京都市歴史資料館架蔵写真帳№館73〕参照）。第二に、『京都日出新聞』の記事は、一八回にわたる「大関係ある区画整理と補助道路」という特集記事の一つの中で叙述されており、区画整理や補助道路についても具体的に報道しており、記事も正確であると推定できる。それに対し、『大阪朝日新聞』の記事は「京都滋賀版」への一回限りの報道記事で、この点で記者が十分に状況を掌握していない可能性が強いといえる。

(26) 『大阪朝日新聞』（京都滋賀版）一九二六年二月一四日。

(27) 同前、一九二六年一〇月二二日。

(28) 前掲、「第七回都市計画京都地方委員会議事速記録」一〜五頁。

(29) 同前、七〜一四頁。

(30) 『京都日出新聞』一九二六年八月一三日夕刊（一二日夕方発行）。

(31) 前掲、「第七回都市計画京都地方委員会議事速記録」一五頁。

(32) 同前、一八、一九頁。
(33) 同前、二〇～二二頁。
(34) 同前、二五～三〇頁。
(35) 同前、六四～六六頁。
(36) 『京都日出新聞』一九二六年八月一三日、九月一〇日「大関係ある区画整理と補助道路」（一〇）。
(37) 同前、一九二六年一〇月三一日。
(38) 『大阪朝日新聞』（京都滋賀版）一九二六年一一月二一日。京都の区画整理事業について、「住民の側から事業へかかわろうとするアプローチがほとんど見られない」、「その過程で住民の意思、あるいはそれを集約したと考えられる市会での議論が、そこに介在するということはほとんど観察できないのである」等として、「京都においても『都市専門官僚制』が成立したと考えられる」との見解もある（中川理『京都と近代――せめぎ合う都市空間の歴史』〔鹿島出版会、二〇一五年〕三一八、三一九、三三一頁）。しかし、中川氏の研究は都市空間についての重要な視点を示しているが、京都の区画整理事業の過程を丁寧に考証していない。このため、本書で述べてきたように、要所要所で、区画整理案が京都市議のかなりの数が参加している都市計画京都地方委員会や、京都市会で審議され、その承認を得ていることに気づいていない。さらに最後の段階では地主の代表の意向すら聞いている。だから区画整理に反対する目立った住民運動が今のところ確認されないのである。中川氏は大阪の都市計画事業への検討を背景に出された「都市専門官僚制」（小路田泰直）という定義が定かではない枠組みに乗ったため、京都の区画整理事業の理解が不十分になったのであろう。ちなみに、小路田氏は、区画整理事業も含めた大阪の都市計画事業の立案・展開過程をほとんど分析していない（本書冒頭の序章）。
(39) 『大阪朝日新聞』（京都滋賀版）一九二七年一月五日。
(40) 前掲、京都市市政史編さん委員会編『京都市政史　第一巻　市政の形成』五〇七、五〇八頁（伊藤之雄執筆）。
(41) 同前、五〇二～五〇五頁（伊藤之雄執筆）。
(42) 鶴田佳子・佐藤圭二「近代都市計画初期における京都市の市街地開発に関する研究――一九一九年都市計画法第一三条認可土地区画整理を中心として」（『日本建築学会計画系論文集』四五八号、一九九四年四月）は、「受益者負担金制度に対する住民反対運動や、不況により」事業は当初の一〇年計画より遅れていったと、特に論証なく、受益者負担の問題を財源の問題と同等か、それ以上に事業の遅れの要因として重視している。しかし、烏丸線北進問題で示したように（第十三章第3

節)、府市当局やジャーナリズムも含め、受益者負担反対者は全市民に対する公共性をわきまえない一部の者たちとみなされた。その上で府当局は、市当局の要望を入れ、内務省と連携して反対者を抑圧していったので、受益者負担の反対運動は工事の遅れには関係しなかった。

(43) 同前、鶴田佳子・佐藤圭二論文。

(44) 前掲、京都市市政史編さん委員会編『京都市政史 第一巻 市政の形成』五〇五～五〇七頁(伊藤之雄執筆)。なお、一九三一年には区画整理事業の対象地区内の都市計画道路を築造する際の工事費の一部を市が補助するとの「内規」が市から出された。京都市の土地区画整理事業の設計水準から見た事業の評価は、民間組合施行のものは(都市計画法第十二条認可)、多くが六メートル又はそれ以上の区画道路の幅員を持っている等、一九三三年に内務省通牒として出された設計標準の宅地や敷地割り調査会特別委員会で決定された設計標準に準じている。他方、都市計画事業としての強制力を持つ形で、市が代執行したり、組合施行したりしたものは(都市計画法第十三条認可)、元来より多くの既存宅地を含んでいたので、六メートル未満の区画道路の幅員の割合が第十二条認可のものより多い等、設計水準は若干低い。しかしながら、全体として京都市の積極的な試みを反映して、周到な事前調査・計画がなされ、良質の市街地開発に効果を果たした(前掲、鶴田佳子・佐藤圭二「近代都市計画初期における京都市の市街地開発に関する研究」)。

(45) 前掲、京都市市政史編さん委員会編『京都市政史 第一巻 市政の形成』四九六、四九七、五一二頁(伊藤之雄執筆)。上水道については、京都市上下水道局編『京都市水道百年史』〈叙述編〉(京都市上下水道局、二〇一三年、一二五～一三四、一四七～一五一、一六二～一六四頁)が詳細に論じている。

(46) 中嶋節子「京都の風致地区指定過程に重層する意図とその主体」(高木博志編『近代日本の歴史都市――古都と城下町』思文閣出版、二〇一三年)。京都においては、一九二七年(昭和二)に東山の山地利用と風致保存をめぐる景観論争が起こった(中川理「東山をめぐる二つの価値観」〔加藤哲弘・中川理・並木誠士編『東山/京都風景論』昭和堂、二〇〇六年〕)。

(47) 丸山宏「帝都における風致地区」(中川理編『近代日本の空間編成史』思文閣出版、二〇一七年)四六五～四六八頁。

(48) 前掲、「第十回都市計画京都地方委員会議事速記録」(一九二九年一一月一一日)。

(49) 前掲、京都市市政史編さん委員会『京都市政史 第一巻 市政の形成』五一七～五二〇頁(伊藤之雄執筆)。前掲、中嶋節子「京都の風致地区指定過程に重層する意図とその主体」は、風致地区のあり方についての二つの考えが対抗していたとする。市会選出委員は、明治以来の史跡名勝地保存や名勝地周辺地域の公園化構想の延長上で考えた。これに対し技術者たちは、昭和初期の都市美運動の高まりを背景とし、都市計画として面的な自然環境の保全を考えた。そこに「眺望」という明快な保全基準が合意され、農学系・土木系という専門を超えて風致地区のイメージが定まった。それは、眺望を保全する枠組みの下で、開発や利用も否定されるものではないとの考えで、手を加えることで望ましい眺望を得ることができるという発想に繋がっていく、とする。手を加えることで望ましい眺望を得ることができるとの技術者たちの考え方は、本書で示したように、三大事業が完成した一九一三年にみられる、西洋の近代化を積極的に受け入れながら歴史的景観（歴史的「風致」）を保存する、という考え方の広い意味での延長にある。

なお、一九三〇年から三一年にかけて京都の風致地区設定への議論が進展する中で、一九三〇年八月、永田兵三郎（前京都市工務部長から電気局長）は、京阪電車は七条以北を鴨川の底に入れ地下線路化すること、琵琶湖疏水の水を二〇〇個（毎秒約五・六立方メートル）位、鴨川に放流すること、疏水は現在のままとして、灌漑・水運・「風致」・工業各種に利用することの三点を提案している。次いで、翌三一年三月一〇日の京都市会で、土岐嘉平市長は京阪電鉄地下線化論を展開した。その理由として、騒音がなくなり、「見つともないこともなく」（景観が良くなる）、交通事故もなく、速力も増すことを挙げた。また、疏水を二条で鴨川に落とすことも提案した（白木正俊「日本近代都市における河川改修の史的考察——京都市の鴨川水系を事例に」『二十世紀研究』一六号、二〇一五年一二月）。永田は京都帝大理工科大学土木科出身で、一九二〇年代初頭に河原町線拡張か木屋町線拡張かの対立が生じた際に、高瀬川を保存するという歴史的景観の問題にはまったく関心を示さなかった。この永田が「風致」（景観）に関心を示すようになってくるところに、一九三〇年頃にかけての景観への関心の高まりを見ることができる。

(50) 前掲、丸山宏「帝都における風致地区」四六九、四七〇、四七二〜四七九、四八四頁。

(51) 同前、四八〇、四八一頁。

(52) 岩沢周一「京都風致地区の指定と其の後」（『公園緑地』一巻六号、一九三七年六月）。岩沢は都市計画京都地方委員会技師。

(53) 山口敬太「神戸背山の開発と風致保護——部落有林野の解体と山地の近代化」（前掲、中川理編『近代日本の空間編成史』一二九、一三五〜一三八、一四六〜一五〇頁）。

(54) 前掲、京都市市政史編さん委員会『京都市政史　第一巻　市政の形成』五二〇、五二一頁（伊藤之雄執筆）。

(55) 前掲、京都市市政史編さん委員会編『京都市政史　第一巻　形成編』四〇二〜四一四頁（松下孝昭執筆）。小野芳朗編著

『水系都市京都——水インフラと都市拡張』（思文閣出版、二〇一五年）は、伏見市の側から京都市への伏見市の編入問題を論じている。同氏は、『京都市政史』が都市計画事業から伏見市の編入を論じているのは、都市計画事業を過大視している、と批判する。また、都市計画事業を盾にとって、京都府・市側が強硬な姿勢をとったとしても、「編入には伏見市会の同意が必要であり、伏見市側の事情が説明されねばならない」（一七三頁）とする。私は、編入問題について、伏見市側の事情を研究する意義を否定するつもりはない。しかし、「編入には伏見市会の同意が必要」との見解からの批判は、法令や当時の権力関係などをわかっていない的外れなものである。一九一一年（明治四四）四月六日改定の市制では、「市の廃置分合を為さむとするときは、関係ある市町村会及府県参事会の意見を徴して内務大臣之を定む」（第三条）とある。伏見市の編入については、伏見市会の同意は必要なく、京都市会・伏見市会と、京都府参事会（府知事が議長として主導）の意見を集めて、内務大臣が決定するのである。それまで歴代の内相は、京都の都市計画事業や都市計画区域を承認してきており、京都市への伏見市の編入は佐上知事や京都市側の希望でもある。伏見市会が編入に賛成するのが望ましいが、このような流れや法令と権力関係の下で、たとえ伏見市会が反対しても、内相が編入の決定をするのは間違いない。そこで伏見市は、伏見の名を残すという条件付きで編入に同意したのである。すなわち、伏見市の編入について、都市計画事業の流れから論じるのは、正しい解釈といえる。

結章　近代京都の都市改造から考える

（1）京都市市政史編さん委員会編『京都市政史　第一巻　市政の形成』（京都市、二〇〇九年）五八七〜五九一頁（伊藤之雄執筆）。

（2）同前、六〇八、六〇九頁（伊藤之雄執筆）、六七五、六七六頁（松中博執筆）。京都市の建物の強制疎開については、入山洋子「京都における建物強制疎開について」（『京都市政史編さん通信』二九号、二〇〇七年）、川口朋子『建物疎開と都市防空——「非戦災都市」京都の戦中・戦後』（京都大学学術出版会、二〇一四年）がある。後者は建物疎開をさせられた住民の立場に立って、行政の対応を批判的にとらえている。

（3）京都市市政史編さん委員会編『京都市政史　第二巻　市政の展開』（京都市、二〇一二年）五八一〜五八四、五九七〜五九九、六〇一〜六〇五、六三五〜六三八頁（徳久恭子執筆）。

（4）同前、六三九〜六六五、六七一、六七二頁（徳久恭子執筆）。

主要参考文献

本書で直接引用したもののみに限る。京都市市政史編さん委員会編『京都市政史』第一～五巻（京都市、二〇〇三～二〇一五年）や、以下に示す拙著や拙論の中で引用されて、事実確定がなされている一次史料や文献は省略した。

史　料

○未刊行史料

◆京都市会事務局図書室（京都市）所蔵

「京都市会会議録」（「京都市永年保存文書」）
「京都市会議事録」（「京都市永年保存文書」）
「京都市会決議録」（「京都市永年保存文書」）
「陳情ニ関スル重要書類」（一九二〇年度～一九二六年度）（「京都市永年保存文書」マイクロフィルム）
「陳情ニ関スル重要書類」（一九二〇年度～一九二九年度）（「京都市永年保存文書」マイクロフィルム）
「高瀬川旧船入場一件」（一九三四年度）（「京都市永年保存文書」マイクロフィルム）

◆京都市歴史資料館所蔵

「浜岡（泰）家文書」（京都市歴史資料館架蔵写真帳No.km158）
京都市区改正委員会「京都市区改正委員会議事速記録」（京都市歴史資料館架蔵写真帳No.館73）
京都市「都市計画京都地方委員会経過概要」（一九二一年七月八日）（京都市歴史資料館架蔵写真帳No.館73）
都市計画京都地方委員会「都市計画京都地方委員会議事速記録」第一～七回（京都市歴史資料館架蔵写真帳No.館73）

◆その他の所蔵
「都市計画下水道事業継続費ニ対スル受益者負担金調」(『市行政・四～七　地方課』〔一九三五年〕所収、「京都府庁文書」京都府立総合資料館所蔵)。

「大森鍾一文書」(東京大学近代法政資料センター所蔵)

○刊行史料
京都市役所編『京都市統計書』第一回～第三回

○新聞・雑誌
『大阪朝日新聞』
『大阪朝日新聞京都付録』(国立国会図書館新聞閲覧室所蔵)
『大阪朝日新聞』(京都滋賀版)(国立国会図書館新聞閲覧室所蔵)
『京都日出新聞』(一八九七年七月まで『日出新聞』、一九四二年四月まで『京都日出新聞』、その後、『京都新聞』)
『東京朝日新聞』
『報知新聞』(国立国会図書館新聞閲覧室所蔵)
『官報』
都市研究会編『都市公論』二巻二号～六巻八号、一九一九年二月～一九二三年八月(〔復刻版〕不二出版、一九八八年、一九八九年)

単行本
赤木須留喜『東京都政の研究——普選下の東京市政の構造』(未來社、一九七七年)
飯塚一幸『明治期の地方制度と名望家』(吉川弘文館、二〇一七年)
飯沼一省『都市計画の理論と法制』(良書普及会、一九二七年)
池田宏遺稿集刊行会『池田宏都市論集』(同会、一九四〇年)

石田頼房『日本近代都市計画の百年』（自治体研究社、一九八七年）
石田頼房『日本近代都市計画史研究』（柏書房、一九九二年〔新装版〕）
石塚裕道『日本近代都市論――東京：一八六八～一九二三』（東京大学出版会、一九九一年）
伊藤之雄『大正デモクラシーと政党政治』（山川出版社、一九八七年）
伊藤之雄編著『近代京都の改造――都市経営の起源　一八五〇～一九一八年』（ミネルヴァ書房、二〇〇六年）
伊藤之雄『京都の近代と天皇――御所をめぐる伝統と革新の都市空間　一八六八～一九五二』（千倉書房、二〇一〇年）
伊藤之雄『原敬――外交と政治の理想』上・下巻（講談社、二〇一四年）
稲吉晃『海港の政治史――明治から戦後へ』（名古屋大学出版会、二〇一四年）
大石嘉一郎・金澤史男編『近代日本都市史研究――地方都市からの再構成』（日本経済評論社、二〇〇三年）
大西比呂志『横浜市政史の研究――近代都市における政党と官僚』（有隣堂、二〇〇四年）
小野芳朗編著『水系都市京都――水インフラと都市拡張』（思文閣出版、二〇一五年）
川口朋子『建物疎開と都市防空――「非戦災都市」京都の戦中・戦後』（京都大学学術出版会、二〇一四年）
京都市編『新撰京都名勝誌』（京都市役所、一九一五年）
京都市編『京都名勝誌』（京都市役所、一九二八年）
京都市『鳥羽下水処理場概要』（京都市、一九三九年）
京都市編『京都市政史』下巻（京都市企画部庶務課、一九四〇年）
京都市編『京都の歴史4　桃山の開花』（京都市史編さん所、一九七九年）
京都市会事務局編『京都市会史』（京都市会事務局、一九五九年）
京都市参事会編『伯林市行政ノ既往及現在』（東枝律書房、一九〇一年）
京都市市政史編さん委員会編『京都市政史』第一～五巻（京都市、二〇〇三～一五年）
京都市上下水道局編『京都市水道百年史　叙述編』（京都市上下水道局、二〇一三年）
京都市水道局編『水道事業年報（上水道編・下水道編・雑編）一九三八年度』（京都市水道局、一九四〇年）下水道編
京都市役所編『京都市三大事業誌――水道編』第一・二・四集（京都市役所、一九一二・一九一三年）
京都市役所編『京都市三大事業誌――第二琵琶湖疏水編』第一・四集（京都市役所、一九一二・一九一三年）

京都府『京都名所』（同、一九二八年）
京都府議会事務局編『京都府議会歴代議員録』（京都府議会、一九六一年）
交詢社出版局編『日本紳士録』（一九二五年）〔『明治・大正・昭和京都人名録』〔日本図書センター、一九八九年復刻版〕所収〕
越沢明『東京の都市計画』（岩波新書、一九九一年）
越沢明『復興計画――幕末・明治の大火から阪神・淡路大震災まで』（中公新書、二〇〇五年）
小路田泰直『日本近代都市史研究序説』（柏書房、一九九一年）
小林丈広編著『都市下層の社会史』（解放出版社、二〇〇三年）
櫻井良樹『帝都東京の近代政治史――市政運営と地域政治』（日本経済評論社、二〇〇三年）
芝村篤樹『日本近代都市の成立――一九二〇・三〇年代の大阪』（松籟社、一九九八年）
清水晋之助『京都名所図会』（笹田弥兵衛、一八九五年）
鈴木勇一郎『近代日本の大都市形成』（岩田書院、二〇〇四年）
高木博志『近代天皇制と古都』（岩波書店、二〇〇六年）
田中清志編（京都市役所内）『京都都市計画概要』（京都市役所、一九四四年）
長塩哲郎編『京都市学区大観』（京都市学区調査会、一九三七年）
中川理『京都と近代――せめぎ合う都市空間の歴史』（鹿島出版会、二〇一五年）
中邨章『東京市政と都市計画――明治大正期・東京の政治と行政』（敬文堂、一九九三年）
ユルゲン・ハーバーマス著、細谷貞雄・山田正行訳『公共性の構造転換――市民社会の一カテゴリーについての探究』（未來社、一九七三年〔新版〕一九九四年、原著は一九六二年刊行）〔原著は、Jürgen Habermas. *Strukturwandel der Öffentlichkeit. Untersuchungen zu einer Kategorie der bürgerlichen Gesellschaft*. Luchterhand. Neuwied am Rhein 1962.〕
渡辺俊一『「都市計画」の誕生――国際比較からみた日本近代都市計画』（柏書房、一九九三年）
原田敬一『日本近代都市史研究』（思文閣出版、一九九七年）
橋本哲哉編『近代日本の地方都市――金沢／城下町から近代都市へ』（日本経済評論社、二〇〇六年）
藤森照信『明治の東京計画』（岩波書店、一九八二年）
松山恵『江戸・東京の都市史――近代移行期の都市・建築・社会』（東京大学出版会、二〇一四年）

丸山宏・伊従勉・高木博志編『近代京都研究』（思文閣出版、二〇〇八年）
御厨貴『首都計画の政治――形成期明治国家の実像』（山川出版社、一九八四年）
持田信樹『都市財政の研究』（東京大学出版会、一九九三年）

論　文

秋元せき「明治地方自治制形成期における大都市参事会制の位置――京都市の事例を中心に」（『日本史研究』四七二号、二〇〇一年一二月）
秋元せき「近代京都における地域開発構想と地方財界――伏見港改修と京阪運河計画をめぐって」（『京都市歴史資料館紀要』二三号、二〇一一年三月）
秋元せき「重永潜と粟野秀穂」〔コラム〕（小林丈広編著『京都における歴史学の誕生――日本史研究の創造者たち』〔ミネルヴァ書房、二〇一四年〕所収）。
伊藤之雄「都市経営と京都市の改造事業の形成――一八九五～一九〇七年」（伊藤之雄編著『近代京都の改造――都市経営の起源　一八五〇～一九一八年』ミネルヴァ書房、二〇〇六年）
伊藤之雄「日露戦後の都市改造事業の展開――京都市の都市経営・一九〇七～一九一一」（『法学論叢』一六〇巻五・六号、二〇〇七年三月）
伊藤之雄「第一次世界大戦後の都市計画事業の形成――京都市を事例に　一九一八～一九一九」（『法学論叢』一六六巻六号、二〇一〇年三月）
伊藤之雄「第一次世界大戦後の都市計画事業と景観問題の登場――京都市を事例に　一九二〇年の転換」『法学論叢』一七一巻一～三号、二〇一二年四～六月）
伊藤之雄「京都市都市計画事業の一九二一年前半――河原町通拡築か木屋町通か」上・下（『京都市政史編さん通信』四三号・四四号、二〇一二年九月、一二月）
伊藤之雄「大正デモクラシーと都市計画事業の確定――京都市を事例に　一九二一年後半～一九二二年前半」（『法学論叢』一七二巻四・五・六号、二〇一三年三月）
伊藤之雄「原敬の政党政治――イギリス風立憲君主制と戦後経営」（伊藤之雄編著『原敬と政党政治の確立』千倉書房、二〇一

四年）
伊藤之雄「都市計画事業の思想と展開――都市研究会・内務省と京都市　一九一九年～一九二二年」（『法学論叢』一七六巻二・三巻、二〇一四年一二月）
伊藤之雄「戦後不況と都市計画事業のゆらぎ――京都市の事例　一九二二年の事業延期論と運動」（『京都市政史編さん通信』四八号、二〇一五年一月）
伊藤之雄「関東大震災と都市計画事業――都市研究会・内務省と京都市　一九二三年～一九二四年春」（『法学論叢』一七六巻五・六号、二〇一五年三月）
伊従勉「都市改造の自治喪失の起源――一九一九年京都市区改正設計騒動の顛末」（丸山宏・伊従勉・高木博志編『近代京都研究』思文閣出版、二〇〇八年）
入山洋子「京都における建物強制疎開について」（『京都市政史編さん通信』二九号、二〇〇七年）
岩沢周一「京都風致地区　指定と其の後」（『公園緑地』一巻六号、一九三七年六月）
宇田正「近代大阪の都市化と市営電気軌道事業の一寄与――市区改正との関連において」（大阪歴史学会編『近代大阪の歴史的展開』吉川弘文館、一九七六年）
岡田篤正「京都周辺の活断層からみた地震の環境と長期予測」（吉越昭久・片平博文編『京都の歴史災害』思文閣出版、二〇一二年）
小野芳朗「帝国の風景序説――城下町岡山における田村剛の風景利用」（高木博志編『近代日本の歴史都市――古都と城下町』思文閣出版、二〇一三年）
加来良行「近代水道の成立と都市社会――大阪市営水道を中心に」（広川禎秀編『近代大阪の行政・社会・経済』青木書店、一九九八年）
金澤史男「終章　総括」（大石嘉一郎・金澤史男編『近代日本都市史研究――地方都市からの再構成』日本経済評論社、二〇〇三年）
吉良芳恵「横須賀市における屎尿処理問題――市営化とその展開」（鈴木勇一郎・高嶋修一・松本洋幸編著『近代都市の装置と統治――一九一〇～三〇年代』日本経済評論社、二〇一三年）
小林丈広「都市名望家の形成とその条件――市制特例期京都の政治構造」（『ヒストリア』一四五号、一九九四年一二月）

櫻井良樹「関東大震災以前における東京市内交通機関をめぐる公益性の議論」（前掲、鈴木勇一郎・高嶋修一・松本洋幸編著『近代都市の装置と統治』）
佐藤美祢「都市計画反対運動と住民・政党・政治家――槇町線問題の再検討を中心に」（安在邦夫他編『近代日本の政党と社会』日本経済評論社、二〇〇九年）
佐野方郁「京都市の都市改造事業と外債」（前掲、伊藤之雄編著『近代京都の改造』）
白木正俊「明治後期の琵琶湖疏水と電気事業」（前掲、伊藤之雄編著『近代京都の改造』）
白木正俊「日本近代都市における河川改修の史的考察――京都市の鴨川水系を事例に」（『二十世紀研究』一六号、二〇一五年一二月）
鈴木栄樹「京都市の都市改造と道路拡築事業」（前掲、伊藤之雄編著『近代京都の改造』）
高久嶺之介「琵琶湖疏水をめぐる政治動向再論」上・下（『社会科学』六四号、六六号、二〇〇一年〔のち、同『近代日本と地域振興――京都府の近代』思文閣出版、二〇一一年、に収録〕）
高嶋修一「試論・都市の公共と非公共――二〇世紀の日本および東アジア都市を手掛かりに」（高嶋修一・名武なつ紀編著『都市の公共と非公共――二〇世紀の日本と東アジア』日本経済評論社、二〇一三年）
高村直助「日露戦後における公益事業と横浜市財政」（横浜近代史研究会・横浜開港資料館編『横浜の近代――都市の形成と展開』日本経済評論社、一九九七年）
田中真人「日本最初の路面電車――京都電気鉄道と京都市電」（田中真人・宇田正・西藤二郎編『京都滋賀鉄道の歴史』京都新聞社、一九九八年）
田中真人「京都電気鉄道の『栄光』」（前掲、伊藤之雄編著『近代京都の改造』）
鶴田佳子・佐藤圭二「近代都市計画初期における京都市の市街地開発に関する研究――一九一九年都市計画法第一三条認可土地区画整理を中心として」（『日本建築学会計画系論文集』四五八号、一九九四年四月）
中嶋節子「管理された東山――近代の景観意識と森林施業」（加藤哲弘・中川理・並木誠士編『東山／京都風景論』昭和堂、二〇〇六年）
中嶋節子「京都の風致地区指定過程に重層する意図とその主体」（前掲、高木博志編『近代日本の歴史都市』）
中川理「東山をめぐる二つの価値観」（前掲、加藤哲弘・中川理・並木誠士編『東山／京都風景論』）

中川理「都市計画事業として実施された土地区画整理」(前掲、丸山宏・伊従勉・高木博志編『近代京都研究』)
西山昭仁「近世京都における地震災害」(前掲、吉越昭久・片平博文編『京都の歴史災害』)
原田敬一「都市経営と市営事業について――一九〇二年大阪瓦斯会社問題」(『鷹陵史学』二二号、一九九六年九月)
原田敬一「都市経営と市営事業について」(新修大阪市史編纂委員会編『新修大阪市史』第六巻〔大阪市、一九九四年〕)
堀勇良「市区改正条例準用時代の都市計画――横浜市区改正局と横浜市区改正委員会」(前掲、横浜近代史研究会・横浜開港資料館編『横浜の近代』)
松下孝昭「京都市の学区制度廃止問題」(『京都市政史編さん通信』四号、二〇〇〇年一二月)
松下孝昭「京都市の都市構造の変動と地域社会――一九一八年の市域拡張と学区制度を中心に」(前掲、伊藤之雄編著『近代京都の改造』)
松山恵「東京市区改正計画の具体化に関する一考察」(中川理編『近代日本の空間編成史』思文閣出版、二〇一七年)
松中博「防疫行政の展開と京都市の伝染病院」(前掲、伊藤之雄編著『近代京都の改造』)
松本洋幸「戦間期の水道問題」(坂本一登・五百旗頭薫編著『日本政治史の新地平』吉田書店、二〇一三年)
丸山宏「帝都における風致地区」(前掲、中川理編『近代日本の空間編成史』)
持田信樹「都市行財政システムの受容と変容」(今井勝人・馬場哲編著『都市化の比較史――日本とドイツ』(日本経済評論社、二〇〇四年)
百瀬敏夫「昭和初期、中区火災保険図」(横浜市史史料室『市史通信』一八号、二〇一三年一一月三〇日)。
山口敬太「神戸背山の開発と風致保護――部落有林野の解体と山地の近代化」(前掲、中川理編『近代日本の空間編成史』)
山口由等「日用品小売市場の展開――公益市場と私設市場」(前掲、鈴木勇一郎・高嶋修一・松本洋幸編著『近代都市の装置と統治』)
横井敏郎「明治後期都市政治団体の研究――京都市における『市政団体』の形成と変容」(馬原鉄男・岩井忠熊編『天皇制国家の統合と支配』文理閣、一九九二年)
渡邉泰崇「近世京都の大火」(前掲、吉越昭久・片平博文編『京都の歴史災害』)

あとがき

私の専門の一つの柱は、日本の近現代の地域史である。大学院の修士課程一年次から五年九カ月の間、大阪府高槻市の市史編さんの嘱託として働き、史料調査・収集・整理と目録作成、史料の解読作業を行ったことが発端である。週一日のこのアルバイトのおかげで、私は地方自治体の行政文書、市会・町会の議事録などがどのような形で保存されているかや、各個人の所有文書（史料）がどんな形で存在しているかなどについて、一通り理解した。

その後、縁があり、五つの自治体史に関わることになる。まず兵庫県北部地方で、城崎町史（近現代担当の専門委員〔近現代部会長〕として、史料収集・研究会の指揮、担当部分の執筆）・豊岡市史（担当部分執筆）・出石町史（担当部分執筆）の三自治体史に携わった。さらに京都市の西隣の亀岡市で、亀岡市史（近現代担当の専門委員〔近現代史部会長〕として史料収集・研究会の指揮、担当部分の執筆）編さんに参加した。このうち城崎町史と亀岡市史では、近現代部分の原稿すべてに目を通し、必要な場合は執筆者に加筆・修正を依頼する役も務めた。

最後に関わったのが、一九九九年（平成一一）四月から編さん事業が本格的に始まり、二〇一五年三月まで続いた『京都市政史』（全五巻）である。私は編さん委員会の代表を務めるとともに、明治期から太平洋戦争直後までをまとめた巻である「形成編」の部会長を務め、担当部分の原稿を執筆するとともに、市政史編さん事業すべての指揮をした。

本書の土台となったのは、一六年間続いた京都市政史の編さんの合間に書きためてきた、九本の論文である。しかし本書をまとめる際に、論理を明晰にするため、全面的に書き直した。一六年間、毎週一日、市政史編さんの事務局が置かれていた京都市歴史資料館に出勤した。時間的にはかなりの負担であったが、しだいに楽しみになっていった。

市政史の編さんに関連するほとんどすべての史料と、市政史の対象範囲である明治期から二〇〇〇年を一応の区切りとする現代までの原稿すべてに目を通し、必要に応じて執筆者に加筆・修正を願った。こうした作業を通じて、私は京都や日本の主要都市の近現代についての数多くを学び、私なりに大きな流れをつかむことができた。これが本書の最大の強みといえよう。

京都市政史は、京都市の市政一〇〇周年（「自治一〇〇周年」）の記念事業として始まった。本書でも述べたように、京都市が、府知事が市長を兼任する市制特例から、独自の市長を置くことができる市制に変わった一八九八年（明治三一）一〇月から数えて一〇〇年の記念である。

この記念事業の一つとして、京都市政史を編さんしようと尽力されたのは、当時の京都市歴史資料館次長であった山添敏文氏であった。山添氏が、村松岐夫先生（当時、京都大学大学院法学研究科教授）に市政史編さんの中心メンバーの紹介を依頼したことから、最終的に私が編さん代表に就くことになった。その意味で、山添氏と村松先生のご努力とご決断がなければ、この本は存在しなかったといえる。お二人に深く感謝したい。

同様に本書の誕生のためにお世話になったのは、市政史編さんの事務局のメンバーの皆様である。事務局の方々が、市政史のために史料の収集・整理から提出された原稿の整理に至るまで、熱心に取り組んでくださったおかげで、京都の近現代史研究の水準を一気に引き上げる市政史が完成したと自負している。またその成果の上に、本書の史料的根拠も飛躍的に充実した。以下に主な方のお名前を列記して、心からの謝意を表したい（現職を付記する）。

小林丈広（同志社大学文学部教授）・秋元せき（京都市歴史資料館員）・松中博（同前）・井上幸治（同嘱託）・野地秀俊（同前）・吉住恭子（同前）・青谷美羽・入山洋子・川口朋子・小山俊樹（帝京大学文学部教授）・齊藤紅葉・佐竹朋子（公益財団法人郡山城史跡・柳沢文庫保存会学芸員）・佐野方郁（大阪大学日本語日本文化教育センター准教授）・白木正俊・杉本弘幸・寺嶋一根（琵琶湖疏水記念館員）・福家崇洋（富山大学人文学部准教授）・松下佐知子・森川正則（奈良大学文学部准教授）。

同様に、京都市政史の執筆を担当された方々にも、本書は多くを負っている。とりわけ編さん委員として、各人の担当部分の執筆のみならず、全体の企画や各担当分野の責任を担ってくださった松下孝昭（形成編、神戸女子大学文学部教授）・秋月謙吾（展開編部会長、京都大学大学院法学研究科教授）、大西裕（展開編、神戸大学大学院法学研究科教授）・伊多波良雄（財政編部会長、同志社大学経済学部教授）に感謝したい。力作ぞろいの各原稿を読む作業を通して、私は明治初年から現代に至るまで、文化面も含めて京都の歴史の様々な局面を学び、京都の都市改造を研究するにあたっての幅広い知識と時代感覚を身につけることができた。

また山添氏を引き継いだ京都市歴史資料館の歴代の次長や、同館の研究部門の管理職であった伊東宗裕（日本近世史）・宇野日出生（日本中世史）両氏には、市政史編さんの進行に伴う様々な問題に、誠意をもって対応していただいた。

市政史編さんが始まった時に歴史資料館長を務めておられた村井康彦先生（京都女子大学名誉教授、日本古代史・中世史）と、そのあとを継ぎ現在も館長をしておられる井上満郎先生（京都産業大学名誉教授、日本古代史）は、市政史編さんが気持ちよく進むよう、環境整備に心を配ってくださった。また様々な機会に、京都の古代から前近代全般に対するご見解や知識を惜しみなく教示してくださった。本書に、京都の近現代の都市改造事業というテーマを超えた前近代からの時間的広がりが見えるところがあるならば、何よりもお二人のおかげである。

市政史編さんに着手する前の約二年間、私はハーヴァード大学で研究を行った。また市政史完成直後の半年間は、オックスフォード大学で研究を行った。この間、ニューヨーク・ボストン・ワシントン・フィラデルフィア・サンフランシスコ・モントリオール・オタワ等のアメリカとカナダの諸都市、イギリスのロンドン・ヨーク・マンチェスター・グラスゴー・エディンバラ・オックスフォード・ケンブリッジ等の諸都市に短い間であれ滞在し、博物館や書物等でその歴史を学ぶ機会を得た。本書に京都から日本の都市、世界の都市への広がりがあるとすれば、学会等で訪れたその他の欧米やアジアの諸都市に加えて、これらの都市をじっくりと見聞することができたからである。在外研究を認めてくださった京都大学大学院法学研究科の教授会に感謝したい。

ミネルヴァ書房の田引勝二氏とは『明治天皇――むら雲を吹く秋風にはれそめて』（ミネルヴァ評伝選、二〇〇六年）以来のお付き合いで、これまでに専門書を中心に六冊の編集の労をとっていただいている。馬が合うということであろう。七冊目の本書についても、いつもながら気持ちのよいお仕事ぶりで、心から御礼を申したい。

ところで、私はすでに近代京都の都市改造や行政の変貌を描いた編著『近代京都の改造――都市経営の起源　一八五〇～一九一八年』（ミネルヴァ書房、二〇〇六年）を出版している。また、近代京都の御所・御苑の空間の利用について、京都の都市の改造と関連づけて論じた『京都の近代と天皇――御所をめぐる伝統と革新の都市空間　一八六八～一九五二』（千倉書房、二〇一〇年）も執筆している。本書と合わせ、二冊の著作が京都や日本の都市の現在と未来を考える素材となれば幸いである。

二〇一七年八月　台風が去り快晴の空を仰ぎつつ

伊藤之雄

近現代京都の都市改造略年表

西暦	和暦	市政の動向	国と社会の動き
一八六八	慶応 四 明治 元		**3月**五箇条の誓文（御所の紫宸殿）。
一八六九	二		**3月**天皇東行（事実上の東京遷都）。
一八七一	四	**10月**最初の京都博覧会開催（日本初の博覧会）。	**7月**廃藩置県。
一八七七	一〇	**2月**京都神戸間の鉄道開通に伴い京都停車場（後の京都駅）開設。	**2月**西南戦争が始まる。
一八七八	一一		**7月**郡区町村編制法・地方税規則など公布。
一八七九	一二	**3月**上京・下京両区設置。	この年、コレラ流行。
一八八〇	一三	**6月**上下京連合区会開設。	**4月**区町村会法公布。
一八八一	一四	**1月**北垣国道が府知事就任。	**10月**国会開設の詔書。
一八八二	一五	**10月**京都商工会議所設立。	
一八八三	一六	**11月**勧業諮問会開催。上下京連合区会が琵琶湖疏水起工を決議。	**1月**右大臣岩倉具視が京都皇宮保存の意見書提出。
一八八五	一八	**6月**琵琶湖疏水起工式。	**4月**『日出新聞』（後の『京都日出新聞』、『京都新聞』）創刊。
一八八六	一九		この年、コレラ流行。
一八八八	二一	**6月**南禅寺村など鴨東九カ村を区部に編入。	
一八八九	二二	**2月**京都公民会結成。**4月**京都市に市制が施行されるが市制特例適用。伏見・淀・柳原など町制施行。**6月**最初の市会・市参事会開催。	**2月**大日本帝国憲法発布。**4月**市制・町村制施行。

一八九〇	二三	**2月**北垣府知事が市政の方針を演説。**4月**琵琶湖疏水竣工式。**10月**市会が市制特例撤廃を陳情。	**7月**第一回衆議院議員選挙。**11月**帝国議会開設。
一八九四	二七	**4月**平安茶話会結成。**7月**「京都市三大問題」完成祝賀会開催。	**8月**日清戦争宣戦布告。
一八九五	二八	**10月**平安遷都千百年紀念祭挙行。	**3月**平安神宮創建。**4月**第四回内国勧業博覧会開催。京都電気鉄道会社が市街鉄道営業開始。
一八九七	三〇	**10月**市公同組合設置標準諭達。	**5月**帝国京都博物館開館。
一八九八	三一	**10月**市制特例撤廃。市議事堂内に市役所設置（初代民選市長に内貴甚三郎就任）。	
一八九九	三二		**8月**京都・園部間の鉄道開通。
一九〇〇	三三	**6月**内貴市長が市会で京都策を述べる。**11月**立憲政友会京都支部結成。	**9月**立憲政友会創立。
一九〇一	三四	**12月**大槻龍治助役のベルリン視察報告書刊行。	この年、京都商工銀行・鴨東銀行など休業。
一九〇三	三六	**4月**市立紀念動物園開園。	
一九〇四	三七	**7月**岡崎公園開園。**10月**西郷菊次郎が市長就任。	**2月**日露戦争宣戦布告。
一九〇六	三九	**3月**西郷市長が三大事業実施を市会に提案。**11月**市会が第二琵琶湖疏水と上水道案可決。**12月**市臨時事業部設置。	この年、織物消費税反対運動盛ん。
一九〇七	四〇	**3月**市会会派至誠会結成。市会が道路拡張・電気鉄道（市電）建設案可決。	
一九〇八	四一	**10月**三大事業起工式挙行。	
一九〇九	四二	**6月**三大事業についてフランスとの外債契約が成立。**11月**道路拡築部設置。	
一九一〇	四三	**2月**道路拡張計画の変更の陳情がある。	**8月**京都・舞鶴間の鉄道全通。

一九一一	四四	**7月**西郷市長辞任。	**4月**市制改正。
一九一二	明治四五 大正　元	**6月**三大事業竣工祝賀会開催。	**7月**明治天皇崩御。**9月**大葬。
一九一三	二		**2月**護憲運動盛り上がる。
一九一四	三	**8月**市事業部を設置し水利・電気等の事業を統合。	
一九一五	四		**11月**京都で大正天皇即位大礼。
一九一七	六	**6月**岡崎公園内に市公会堂開設。	
一九一八	七	**4月**朱雀野村など隣接一六カ町村を市に編入。**5月**市会瀆職事件で大野盛郁市長辞職。**6月**東京市区改正条例を京都市などに準用。市が京都電気鉄道会社買収。	**8月**米騒動が激化。
一九一九	八	**12月**第一回京都市区改正委員会が開催され、京都市区改正道路拡張計画決定。	**4月**都市計画法、市街地建築物法を公布。
一九二〇	九	**1月**木屋町通拡張反対・高瀬川保存運動が始まる。**7月**市都市計画課など設置。**11月**第一回都市計画京都地方委員会が開催される。	**10月**第一回国勢調査実施。
一九二一	一〇	**11月**市会が木屋町通拡張を河原町通拡張に変更する意見書を可決。	**4月**市制・町村制改正（市の二級選挙制採用）。
一九二二	一一	**7月**河原町通拡張決定。**8月**京都都市計画区域決定。	
一九二三	一二		**9月**関東大震災。
一九二四	一三	**3月**京都都市計画用途地域決定。	
一九二五	一四	**10月**小山花ノ木地区で市内最初の土地区画整理事業着手。	
一九二六	大正一五 昭和　元		**6月**府県制・市制・町村制改正（普通選挙制採用）。**12月**大正天皇崩御。

一九二七	二	**4月**市役所新庁舎竣工。	
一九二八	三	**5月**市バス営業開始。	**2月**普選による最初の総選挙。**11月**京都で昭和天皇即位大礼。
一九二九	四	**4月**中京区・左京区・東山区を増区し各区役所を開設。**5月**伏見町に市制施行。	
一九三〇	五	**1月**京都都市計画風致地区指定。**5月**市観光課設置。**8月**失業応急下水道事業着工。	この年、世界恐慌が波及し失業者の運動盛ん。
一九三一	六	**4月**伏見市など隣接二七カ市町村を京都市に編入。	**9月**満州事変始まる。
一九三二	七	**9月**市の推計人口が一〇〇万人突破。	
一九三三	八		**3月**日本が国際連盟脱退。
一九三四	九	**1月**吉祥院下水処理場竣工。	
一九三五	一〇	**5月**都市計画下水道事業着工。	
一九三六	一一	**7月**横大路塵芥焼却場業務開始。	
一九三七	一二		**7月**日中戦争が全面化する。
一九四一	一六	**1月**市内に町内会結成。**2月**国民学校令により学区廃止（翌年四月に実質廃止）。	**8月**巨椋池干拓工事竣工。**12月**太平洋戦争始まる。
一九四四	一九	**10月**第一次建物疎開。	
一九四五	二〇		**8月**敗戦。**9月**連合国軍京都進駐。
一九四九	二四	**4月**雲ケ畑村など市域編入。	**3月**ドッジ＝ライン実施。**8月**シャウプ勧告。
一九五〇	二五	**2月**高山義三が市長就任。**10月**京都国際文化観光都市建設法公布・施行。**12月**乙訓郡大枝村など市に編入。	**6月**朝鮮戦争勃発。**7月**金閣寺焼失。
一九五一	二六		**9月**サンフランシスコ講和会議。

一九五二	二七		**4月**サンフランシスコ平和条約発効（進駐軍撤退）。**5月**京都駅新駅舎完成。
一九五五	三〇	**9月**北区・南区発足し九区となる。	**11月**自由民主党結成。この年、神武景気。
一九五六	三一	**3月**市の財政再建団体指定。	**10月**日ソ国交回復。**12月**日本の国際連合加盟決定。この年、「もはや戦後ではない」流行。
一九五八	三三		**4月**比叡山ドライブウェイ開通。この年、岩戸景気。
一九五九	三四	**11月**乙訓郡久世村・大原野村を市に編入。	
一九六〇	三五	**4月**京都会館開館。	**6月**日米安全保障条約改正。
一九六一	三六	**7月**市電北野線廃止。	
一九六二	三七	**7月**財政再建計画完了を告示。	
一九六四	三九	この年、名勝「双ヶ丘」売却問題起こる（最終的解決は一九七九年）。	**10月**東海道新幹線開業、東京オリンピック開催。**12月**京都タワービル竣工。
一九六五	四〇		**11月**嵐山高雄パークウェイ開通。
一九六六	四一	**2月**井上清一が市長就任。**8月**市の長期開発計画案発表。	**1月**古都保存法公布。**5月**国立京都国際会館開館。この年、いざなぎ景気。
一九六七	四二	**2月**富井清が市長就任。	**8月**公害対策基本法公布。
一九六八	四三		**6月**（新）都市計画法、大気汚染防止法公布。
一九七〇	四五	**6月**市風致地区条例施行。**11月**「哲学の道」開通。	**3月**大阪で万国博覧会開会。
一九七一	四六	**2月**船橋求己が市長就任。**7月**公害対策室設置。	**7月**環境庁設置。
一九七二	四七	**4月**市街地景観条例施行。	**9月**日中国交正常化。
一九七三	四八	**12月**京都市独自の建物高度制限実施。	この年、第四次中東戦争、第一次石油危機（オイルショック）。

一九七四	四九	**7月**市公害防止基本計画策定。	この年、戦後初のマイナス成長。
一九七六	五一	**10月**山科区・西京区発足。	**3月**国鉄山陰線高架開通（京都～二条間）。
一九七八	五三	**9月**市電全廃。	**8月**日中平和友好条約調印。
一九八一	五六	**5月**地下鉄烏丸線（京都～北大路間）開通。**8月**今川正彦が市長就任。	
一九八三	五八	**3月**洛西ニュータウン建設事業完成。**8月**市基本構想策定。	
一九八六	六一	**5月**市が古都税問題による入洛客減少を発表。	
一九八七	六二		**5月**京阪電鉄線の地下化（東福寺―三条間）完成。この年、京都市の推計人口が戦後初の減少。
一九八八	六三	**4月**総合設計制度の導入（建物の高度制限緩和）。**6月**地下鉄烏丸線（京都～竹田間）開業。	
一九八九	昭和六四 平成　元	**8月**田邊朋之が市長就任。	**1月**昭和天皇崩御。この年、冷戦終結。
一九九〇	二	**5月**鴨川東岸線道路（冷泉通～塩小路通間）開通。	
一九九四	六	**11月**平安建都一二〇〇年記念式典。	**10月**京都御苑に和風迎賓館建設を閣議決定。**12月**「古都京都の文化財」の世界遺産登録。
一九九五	七	**10月**京都コンサートホール開館。	**1月**阪神・淡路大震災。
一九九六	八	**2月**桝本頼兼が市長就任。	
一九九七	九	**10月**地下鉄東西線開業。	**9月**ＪＲ京都駅ビル開業。**12月**京都で国連気候変動枠組条約第三回締約国会議（ＣＯＰ３）開催。

（出所）京都市市政史編さん委員会編『京都市政史』第一巻、第二巻（京都市、二〇〇九年、二〇一二年）の「略年表」をもとに筆者が項目を削除・加筆して作成。

《著者紹介》

伊藤之雄（いとう・ゆきお）

1952年　福井県大野市生まれ。

1981年　京都大学大学院文学研究科博士課程満期退学。

名古屋大学文学部助教授，京都大学大学院法学研究科教授等を経て，
現　在　京都大学大学院法学研究科教授（法学部教授を兼任）。

主　著　『大正デモクラシーと政党政治』山川出版社，1987年。

『立憲国家の確立と伊藤博文』吉川弘文館，1999年。

『立憲国家と日露戦争』木鐸社，2000年。

『政党政治と天皇　日本の歴史22』講談社，2002年（講談社学術文庫版，2010年）。

『昭和天皇と立憲君主制の崩壊』名古屋大学出版会，2005年。

『明治天皇』ミネルヴァ書房，2006年。

『元老西園寺公望』文春新書，2007年。

『山県有朋』文春新書，2009年。

『伊藤博文』講談社，2009年（講談社学術文庫版，2015年）。

『京都の近代と天皇』千倉書房，2010年。

『昭和天皇伝』文藝春秋，2011年（文春文庫版，2014年）。

『伊藤博文をめぐる日韓関係』ミネルヴァ書房，2011年。

『原敬』上・下巻，講談社選書メチエ，2014年。

『元老』中公新書，2016年，ほか。

「大京都」の誕生
――都市改造と公共性の時代　1895～1931年――

2018年２月28日　初版第１刷発行　〈検印省略〉

定価はカバーに
表示しています

著　者　伊　藤　之　雄
発行者　杉　田　啓　三
印刷者　中　村　勝　弘

発行所　株式会社　ミネルヴァ書房
607-8494　京都市山科区日ノ岡堤谷町１
電話代表　(075)581-5191
振替口座　01020-0-8076

中村印刷・新生製本

ISBN978-4-623-08117-2
Printed in Japan

人名索引

あ 行

か　行

さ 行

た 行

な　行

は　行

ま　行

や 行

ら 行

わ 行

事項索引

※「三大事業」「都市計画事業」などは頻出するため省略した。

あ 行

か 行

さ　行

た　行

な　行

は　行

ま 行

や 行

ら 行